药明康德经典译丛

有机人名反应
——机理及合成应用
（原书第六版）

Name Reactions

A Collection of Detailed Mechanisms and Synthetic Applications

Sixth Edition

〔美〕李杰(Jie Jack Li) 原著

荣国斌 译
朱士正 校

科 学 出 版 社
北 京

图字：01-2024-3766 号

内 容 简 介

本书精选了 186 个最重要的一直在普遍应用的经典的或当代的有机人名反应或试剂。每个反应均给出一步步详尽的电子转移机理和众多具体的合成应用。全书还有 2 800 多篇直至 2020 年度以综述和应用为主的参考文献，此外还提供了不少有机人名反应发现者的简历和栩栩如生的为人风貌。

本中译本是根据 2020 年出版的原书第六版翻译的，可供化学、制药、材料和生物类等专业的大专院校师生和相关科研工作者参考使用。

First published in English under the title
Name Reactions: A Collection of Detailed Mechanisms and Synthetic Applications
by Jie Jack Li, edition: 6
Copyright © Springer Nature Switzerland AG, 2021
This edition has been translated and published under licence from
Springer Nature Switzerland AG.
Springer Nature Switzerland AG takes no responsibility and shall not be made liable for the accuracy of the translation.

图书在版编目（CIP）数据

有机人名反应：机理及合成应用：原书第六版 /（美）李杰著；荣国斌译. -- 北京：科学出版社，2025. 1. --（药明康德经典译丛）. -- ISBN 978-7-03-080003-9

I. O621.25

中国国家版本馆 CIP 数据核字第 202425E60J 号

责任编辑：谭宏宇 / 责任校对：郑金红
责任印制：黄晓鸣 / 封面设计：殷 靓

科学出版社 出版
北京东黄城根北街 16 号
邮政编码：100717
http://www.sciencep.com

南京展望文化发展有限公司排版
苏州市越洋印刷有限公司印刷
科学出版社发行 各地新华书店经销

*

2025 年 1 月第 一 版 开本：B5（720×1000）
2025 年 1 月第一次印刷 印张：38 1/4
字数：584 000

定价：198.00 元

（如有印装质量问题，我社负责调换）

献给

David R. Williams 教授

译校者的话

有机化学是一门富有个人特色和高度竞争性的学科。化学家已发现了难以计数的各类有机反应，其中被称之有机人名反应的是以一位或多位化学家的姓氏来归类和命名的。有机人名反应是有机化学的一大特色并占有机反应的核心地位，许多有机人名反应的发现者获得诺贝尔化学奖的表彰。毫无疑义的是，要学好有机化学，了解熟悉有机人名反应是基本要求；要做好有机化学，掌握运用有机人名反应是素质要求。

国内外涉及有机人名反应的著作也有一些，由 Jie Jack Li 编著的 *Name Reactions* 则是颇有特色的一种。它并不追求齐全，但能从广大读者对反应的基本需求出发，强调时代感，着眼于基础性、应用性和新颖性；每个反应均通过图式的展示给出详尽而又完整的一步步电子转移的过程以方便理解学习，又为读者了解相关进展提供了众多文献资料和应用信息。由我们译校的该书第二版中文版《有机人名反应及机理》于2003年由华东理工大学出版社出版，第四版和第五版中文版《有机人名反应——机理及应用》先后在2009年和2015年由科学出版社出版发行。中文版上市后受到读者的欢迎，已多次重印。事隔数年，Li 在2020年再次编写了该书第六版。诚如他在新版"前言"中所表明的，新版压缩了篇幅，增加了烯烃复分解等新的内容，提供了更多的反应实例并更新了参考文献，使新版更为实用方便并更能反映当代进展。

我们有幸再次将原书第六版译成中文版《有机人名反应——机理及合成应用》。译校工作对原著的一些差错做了改正并适当增加了少许注释和缩略词；一些英文人名、单位名、商标名和天然产物名未作翻译；一些读者都能理解的如 Base、equiv、Example、Figure、or、quant、reflux、step、to、then、yield 及 anti、cis、dr、E、ee、etc.、syn、trans、Z 等常见英文单词和专用词头也未作翻译。希望新中文版能继续为我国的有机化学工作者和学习者所欢迎而成为一种常用和不可或缺的工具参考书。

荣国斌（华东理工大学 ronggb@ecust.edu.cn）
朱士正（中国科学院上海有机化学研究所 zhusz@mail.sioc.ac.cn）
2024年3月于上海

前　言

　　本书第五版出版至今已有七年了,其间也发生了不少变化。作者的职业又从学术界转回到工业界。因为第五版书本体量过大而显得使用不便,故我从中删去了一些反应而可以把更多的空间让位于扩展和更新更有用的人名反应,参考文献也已修订到能查阅到的2020年。

　　与前版一样,每个反应都有一步步详尽的电子流动的机理并附有原始论文和特别是综述性文章的最新参考文献。又因增加了许多合成案例,使本书对高年级本科生和研究生学习人名反应的机理和合成应用及备考上都将是必不可少的参考用书,同样也会适用于所有无论是工业界还是学术界的化学家们的研究所需。

　　一如既往,我欢迎你的评论,请发邮件给我:lijiejackli@hotmail.com!

2020年3月1日于San Mateo,CA

Jie Jack Li

（首字母）缩略词

●—	聚合物载体
Δ	reaction heated under reflux 回流状态下的加热反应
A	adenosine 腺苷
Ac	acetyl 乙酰基
	acac acetylacetonate 乙酰基丙酮酸酯（盐）
ACC	acetyl–CoA carboxylase 乙酰辅酶 A 羧基酶
ADDP	1,1'-(azodicarbonyl)dipiperidine 1,1'–(偶氮二羰基)二哌啶
AD	asymmetric dihydroxylation 不对称双羟基化反应
AD–mix–α	AD with (DHQ)$_2$–PHAL AD 反应试剂 (DHQ)$_2$–PHAL
AD–mix–β	AD with (DHQD)$_2$–PHAL AD 反应试剂 (DHQD)$_2$–PHAL
AIBN	2,2'-azobisisobutyronitrile 2,2'- 偶氮二异丁腈
Alpine-borane®	B–isopinocamphenyl–9–borabicyclo[3.3.1]-nonane B–3α– 蒎烯 –9– 硼杂双环 [3.3.1] 壬烷
AOM	p-anisyloxymethyl 对甲氧基苯氧甲基
aq	aqueous 水相
Ar	aryl 芳基
ARA	asymmetric reductive amination 不对称还原胺基化
ATH	asymmetrictransfer hydrogenation 不对称转移氢化反应
ATPH	tris(2,6–diphenyl)phenoxyaluminane 三 (2,6– 二苯基) 苯氧基铝酸盐
B:	generic base （广义）碱
9–BBN	9–borabicyclo[3.3.1]nonane 9– 硼双环 [3.3.1] 壬烷
BBEDA	bis–benzylidene ethylenediamine 双–亚苄基亚乙基二胺
BINAP	2,2'-bisdiphenylphosphino)–1,1'-binaphthyl 2,2'- 双（二苯基膦）-1,1'- 联萘
BINOL	1,1'-bi-2-naphthaol 1,1'- 双 –2– 萘酚
bmim	1-bytyl–3–methylimidazolium 1– 丁基 –3– 甲基咪唑啉
Bn	benzyl 苄基
Boc	t-butyloxycarbonyl 叔丁氧羰基
BQ	benzoquinone 苯醌
BPR	back pressure regular 背压调节器
BT	benzotriazol 苯并噻唑
Bz	benzoyl 苯甲酰基
CAN	cerium ammonium nitrate 硝酸铈铵
CBS	Corey-Bakshi-Shibata

Cbz	benzyloxycarbonyl 苄氧羰基
3CC	three-component condensation 三组分缩合
4CC	four-component condensation 四组分缩合
CCB	calcium channel blockers 钙通道阻滞剂
CD4	cluster of differentiation 4 四区分度的白细胞分化簇（群）
CDK	cyclin-dependent kinase 周期素依赖性激酶
CFC	continuous flow centrifugation 连续流动离心
Cod	1,5–cyclooctadiene 环辛–1,5–二烯
conc	concentrated 浓（的）
COPC	calbonyl-olefin [2+2] photocycloaddition 光促[2+2]羰基烯基加成反应
Cp	cyclopentyl 环戊基
CPME	cyclopentyl methyl ether 环戊基甲基醚
CSA	camphorsulfonic acid 樟脑磺酸
CuTC	copper(I) thiophene–2–carboxylate 2–噻吩甲酸铜(I)
Cy	cyclohexyl 环己基
DABCO	1,4-diazabicyclo [2.2.2] octane 1,4–二氮杂–双环[2.2.2]辛烷
dba	dibenzylideneacetone 二亚苄基丙酮
DBU	1,8-diazabicyclo [5.4.0] undec-7-ene 1,5–二氮杂双环[5.4.0]十一碳–7–烯
***o*-DCB**	*ortho*-dichlorobenzene 邻二氯苯
DCC	dicyclohexylcarbodiimide 二环己基碳二亚胺
DCE	dichloroethane 二氯乙烷
DDQ	2,3-dichloro-5,6-dicyano-p-benzoquinone 2,3–二氯–5,6–二氰基苯醌
de	diastereomeric excess 非对映体过量
DEAD	diethyl azodicarboxylate 偶氮二甲酸二乙酯
DEL	DNAencoded library 有DNA编码的图书馆
DET	diethyl tartrate 酒石酸二乙酯
(DHQ)$_2$-PHAL	1,4-Bis(9-*O*-dihydroquinine)phthalazine 1,4–双(9–*O*–二氢奎尼基)–2,3–二氮杂萘
(DHQD)$_2$-PHAL	1,4-Bis(9-*O*-dihydroquinidine)phthalazine 1,4–双(9–*O*–二氢奎尼定基)–2,3–二氮杂萘
DIAD	diisopropyl azodicarboxylate 偶氮二甲酸二异丙酯
DIBAL	diisobutylaluminium hydride 二异丁基氢化铝
DIC	*N*,*N*'-diisopropylcarbodimide *N*,*N*'-二异丙基碳二亚胺
DIPT	diisopropyl tartrate 酒石酸二异丙酯

DIPEA	diisopropylethylamine	二异丙基乙基胺
DKR	dynamic kinetic resolution	动态动力学拆分
DLP	dilauroyl peroxide	二月桂基过氧化物
DMA	*N,N*-dimethylacetamide	*N,N*– 二甲基乙酰胺
DMAP	4-dimethylaminopyridine	4– 二甲氨基吡啶
DME	1,2-dimethoxyethane	1,2– 二甲氧基乙烷
DMF	*N,N*-dimethylformamide	*N,N*– 二甲基甲酰胺
DMFDMA	dimethylformamide dimethyl acetal	二甲基甲酰胺二甲缩醛
DMP	Dess-Martin periodinane	Dess-Martin 超碘酸酯
DMPU	*N,N*′-Dimethylpropyleneurea	*N,N*′– 二甲基丙烯基脲
DMS	dimethylsulfide	二甲硫醚
DMSO	dimethyl sulfoxide	二甲亚砜
DMSY	dimethylsulfoxonium methylide	二甲基氧化锍亚甲基
DMT	4,4′-dimethoxytrityl	4,4′– 二甲氧基三苯甲基
DPP-4	dipeptidyl peptidase IV	二肽基肽酶 IV
DPPA	diphenoxyphosphinyl azide	二苯氧基磷酰叠氮化物
dppb	1,4-bis(diphenylphosphino)butane	1,4– 二（二苯基膦基）丁烷
dppe	1,2-bis(diphenylphosphino)ethane	1,2– 二（二苯基膦基）乙烷
dppf	1,1′-bis(diphenylphosphino)ferrocene	1,1′– 二（二苯基膦基）二茂铁
dppp	1,3-bis(diphenylphosphino)propane	1,3– 二（二苯基膦基）丙烷
dr	diastereomeric ratio	非对映异构体比例
DTBAD	di-*tert*-butylazodicarboxylate	偶氮二甲酸二叔丁酯
DTBMP	2,6-di-*tert*-butyl-4-methylpyridine	2,6– 二叔丁基 –4– 甲基吡啶
DTBP	di-*tert*-butyl peroxide	双叔丁基 – 过氧化物
E1	unimolecular elimination	单分子消除
E1cb	unimolecular elimination via carbanion	经碳负离子单分子消除
E2	bimolecular elimination	双分子消除
EAN	ethylammonium nitrate	乙胺硝酸盐
EDCI	1-ethyl-3-(3-dimethylaminopropyl)carbodiimide	1– 乙基 –3–(3– 二甲氨基丙基）碳二亚胺
EDDA	ethylenediamine–*N,N*′–diacetic acid	*N,N*′– 乙二胺二乙酸

EDG	electron-donating group 供电子基团
EDTA	ethylenediamine acetic acid 乙二胺四乙酸
ee	enantiomeric excess 对映体过量
Ei	two groups leave at about the same time and bond to each other as they are doing so 两个基团在协同消除的同时相互键连
EMC	Meerwein-Eschenmoser-Claisen
ERK	extracellular signal-regulated kinase 细胞外信号调节激酶
Eq	equivalent 当量
Equiv	equivalent 当量
Et	ethyl 乙基
EtOAc	ethyl acetate 乙酸乙酯
EWG	electron-withdrawing group 吸电子基团
FEP	fluorinated ethelene propene 全氟化乙烯丙烯
Fmoc	9-fluorenylmethyloxycarbonyl protecting group 9-芴基甲氧基羰基
Fod	1,1,1,2,2,3,3–heptafluoro–7,7–dimethyl–4,6–octadionate 1,1,1,2,2,3,3– 七氟 –7,7– 二甲基辛 –4,6– 二酮，亦称 Siever 试剂
FVP	flash vacuum pyrolysis 真空闪解
HCV	hepatitis virus C 抗原病毒 C
HFIP	hexafluoroisopropanol 六氟异丙醇
HKR	hydrolitic kinrtic resolution 水解动力学拆分
HMDS	hexamethyldisilazane 六甲基二硅胺
HMPA	hexamethylphosphoramide 六甲基磷酰胺
HMTA	hexamethylenetetramine 六亚甲基四胺（乌洛托品）
HMTTA	1,1,4,7,10,10-hexamethyltriethylenetetramine 1,1,4,7,10,10-六甲基三亚乙基四胺
HOMO	Highest Occupied Molecular Orbital 最高已占轨道
hν	光照或光激发(irradiation with light)，h 是普朗克常数，ν 是光的波数
IBDA	iodosobenzenediacetate 1,1– 二乙酰氧基碘苯，亦称 PIDA
IBX	*o*–iodoxybenzoic acid 邻碘酰基苯甲酸
IDH1	isocitrate hydrogenase 1 异柠檬酸脱氢酶 I
Imd	*i*midazole 咪唑
IMDA	intramolecular Diels–Alde rreaction 分子内 Diels–Alder 反应

IPA	isopropyl alcohol(Indian pale ale) 异丙醇（印度淡强麦酒）
IPB	insoluble polymer bound 聚合物不溶边界
Ipr	diisopropyl–phenylimidazoliun derivative 二异丙基–苯基咪唑衍生物
JAK	Janus kinase 二面神激酶
Johnphos	2–(二叔丁基膦)联苯
KHMDS	potassium hexamethyldisilazide 六甲基二硅胺钾
L	ligand 配体
LAH	lithium aluminium hydride 四氢锂铝
LDA	lithium diisopropylamide 二异丙基胺基锂
LHMDS	lithium hexamethyldisilazide 六甲基二硅烷基胺化锂
LUMO	Lowest Unoccupied Molecular Orbital 最低未占轨道
LTMP	lithium 2,2,6,6–tetramethylpiperidide 2,2,6,6–四甲基哌啶锂
M	Metal 金属
MBIs	Mechanism-based inhibitors 机制导向的抑制剂
m–CPBA	*m*-chloroperbenzoic acid 间氯过氧苯甲酸
MCRs	multicomponent reaction 多组分反应
Mes	mesityl 间三甲苯基
min	minute 分（钟）
Mincle	macrophage-inducible C-type lectin 巨噬菌体诱导的C类外源聚集素
MLCT	metal to ligand charge transfer 金属向配体的电荷转移
MOM	methoxymethyl 甲氧基甲基
MPL	medium pressure lamp 中压灯
MPM	methylphenylmethyl 甲苯基甲基
MPS	mopholine-polysulfide 吗啉-多硫代物
Mes	mesyl 甲磺酰基
Ms	methanesulfonyl 甲磺酰基
MS	molecular sieves 分子筛
MWI	microwave irradiation 微波激发
MTBE	methyl tertiary butyl ether 甲基叔丁基醚
MVK	methyl vinyl ketone 甲基乙烯基酮
MWI	Microwave Irradiation 微波激发
n	normal 正
NaDA	sodium diisopropylamide 二异丙基胺基钠
nbd	2,5-norbornadiene 2,5–降冰片二烯
NBE	norbornadene 降冰片烯

NBS	*N*-bromosuccinimide	*N*– 溴代琥珀酰亚胺
NCL	native chemical ligation	天然的化学联系
NCS	*N*–chlorosuccinimide	*N*– 氯代琥珀酰亚胺
Nf	nonafluorobutanesulfonyl	九氟丁磺酰基
NFSI	*N*–fluorobezenesulfonimide	*N*– 氟苯酰亚胺
NHC	*N*–heterocyclic carbene	*N*– 杂环卡宾
NIS	*N*–iodosuccinimide	*N*– 碘代琥珀酰亚胺
NMM	*N*–methyl morpholine	*N*– 甲基吗啉
NMO	*N*–methyl morpholine	*N*– 甲基吗啉 –*N*– 氧化物
NMMO	同 NMO	
NMP	*N*–methyl–2–pyrrolidinone	*N*– 甲基 –2– 吡咯酮
Nos	2– or 4–nitrobenzenesulfonyl	2– 或 4- 硝基苯磺酰基
N–PSP	*N*-phenylselenophthalimide	*N*– 苯硒基邻苯二甲酰亚胺
N–PSS	*N*-phenylselenosuccinimide	*N*– 苯硒基丁二甲酰亚胺
NRI	noradrenaline reuptake inhibitor	去甲肾上腺素再吸收抑制剂
Ns	nosylate	间硝基苯磺酸酯
Nu	nucleophile	亲核（物）
Nuc	nucleophile	亲核（物）
PAR–1	protease activated receptor–1	蛋白酶活化的受体-1
PARP	poly(ADP-ribosyl) polymerase	聚 (ADP-核糖基) 聚合酶
PCC	pyridinium chlorochromate	氯铬酸吡啶盐
PDC	pyridinium dichromate	重铬酸吡啶盐
PDI	phosphinyl dipeptide sostere	氧膦基二肽（电子）等排物
PE	premature ejaculation	早发
PEG	polyeyhelene glycol	聚乙二醇
PEPPSI	pyridine-enhanced pre-catalyst preparation,stabilization and initiation	吡啶增强的前催化剂制备、稳定和引发
1,10–phen	1,10–Phenanthroline	1,10– 邻二氮杂菲（菲咯啉）
PIDA	phenyliodine diacetate	二乙酰化苯基碘
Pin	pinacol	频哪醇
Piv	pivaloyl	特戊酰基
PivOH	Pivalic acid	三甲基乙酸（新戊酸）
PMB	*p*-methoxybenzyl	对甲氧基苄基
PNB	*p*-nitrobenzyl	对硝基苄基

PPA	polyphosphoric acid 多聚磷酸
PPSE	trimethyl silyl polyphosphate 三甲硅基聚磷酸酯
PPTS	pyridinium *p*-toluenesulfonate 对甲苯磺酸吡啶盐
PT	phenyl tetrazolyl 苯基四唑基
PTADS	tetrakis[(*R*)–(+)–*N*–(*p*–dodecylphenylsulphonyl)prolinato] 四 [(*R*)–(+)–*N*–(*p*– 十二烷基苯磺酰) 卟啉]
PTSA	*p*-toluenesulfonic acid 对甲苯磺酸
PyPh$_2$P	diphenyl 2–pyridylphosphine 二苯基 2– 吡啶基膦
Pyr	pyridine 吡啶
rac	racemic 消旋的
rt	室温
quant	quantitative 定量
Red–Al	sodium bis(2-methoxyethoxy)aluminum hydride 二 (2–甲氧基乙基) 氢化铝钠
rr	regioisomeric ratio 位置异构比
Salen	*N*,*N*′-disalicylidene ethylenediamine *N*,*N*′– 亚乙基双水杨基亚胺
Sec	secondary 仲
Selectfluor	1–Chloromethyl–4–fluoro–1,4–diazoniabicyclo[2.2.2]octane bis(tetrafluoroborate) 1– 氯甲基–4– 氟–1,4– 二氮杂双环 [2.2.2] 辛烷双 (四氟硼酸盐)
SET	single electron transfer 单电子转移
SIBX	stabilized IBX 稳定的 IBX
SM	starting material 起始原料
SMC	sodium methyl carbonate 碳酸单甲酯钠
SMEAH	sodium bis(2-methoxyethoxy)aluminum hydride 二 (2–甲氧基乙基) 氢化铝钠
S$_N$1	unimolecular nuclephilic substitution 单分子亲核取代反应
S$_N$2	bimolecular nuclephilic substitution 双分子亲核取代反应
S$_N$Ar	nucleophilic substitution on an aromatic ring 芳环上的亲核取代反应
Solv	solvent 溶剂
SSRI	selective serotonin reuptake inhibitor 选择性 5– 羟色胺再生抑制剂
T3P	propylphosphonic ahnhydrate 丙基膦酸脱水化物
TBABB	tetra-*n*-butylammonium bibenzoate 联苯甲酸四丁基铵盐

TBAF	tetra–*n*–butylammonium fluoride 四正丁基氟化胺
TBAI	tetra–*n*–butylammonium iodede 四正丁基碘化胺
TBAO	1,3,3–trimethyl–6–azabicyclo[3.2.1]octane 1,3,3– 三甲基 –6– 氮杂双环 [3.2.1] 辛烷
TBDMS	*tert*-butyldimethylsilyl 叔丁基二甲基硅基
TBDPS	*ert*-butyldiphenylsilyl 叔丁基二苯基硅基
TBHP	*tert*-butylhydroperoxide 叔丁基氢过氧化物
TBS	*tert*-butyldimethylsilyl 叔丁基二甲基硅基
***t*–Bu**	*tert*-butyl 叔丁基
TDI	thiophosphinyl dipeptide isostere 硫代膦酰基二肽 (电子) 等排物
TDS	thexyl dimethyl silyl 二甲基 (2- 叔丁基乙基) 硅基
TEA	triethylamine 三乙胺
TEMPO	2,2,6,6–tetramethylpiperidinyloxy 四甲基哌啶基氧 (基)
TEOC	2–(trimethylsilyl)ethoxycarbonyl 2– 三甲基硅基乙氧羰基
Tert	tertiary 叔
TES	triethyl silyl 三乙基硅基
Tf	trifluoromethanesulfonyl 三氟甲磺酰基
TFA	trifluoroacetic acid 三氟乙酸
TFAA	trifluoroacetic anhydride 三氟乙酸酐
TFE	trifluoroethanol 三氟乙醇
TFEA	trifluoethyl trifluoacetate 三氟乙酸三氟乙 (醇) 酯
TFP	tris(2-furyl)phosphine 三 (2– 呋喃基) 膦
TFPAA	trifluoroperacetic acid 三氟过乙酸
THF	tetrahydrofuran 四氢呋喃
TIPS	triisopropylsilyl 三异丙基硅基
TMDS	tetramethyldisiloxane 四甲基二硅氧烷
TMEDA	*N,N,N′,N′*–tetramethyl 1,2–ethanediamine *N,N,N′,N′*– 四甲基乙二胺
TMG	1,1,3,3–tetramethylguanidine 1,1,3,3– 四甲基胍
TMOF	trimethyl orthoformate 原甲酸三甲酯
TMP	2,2,6,6–tetramethylpiperidine 2,2,6,6– 四甲基哌啶
TMS	trimethylsilyl 三甲基硅基
TMSCl	trimethylsilyl chrolide 三甲基氯硅烷
TMSCN	trimethylsilyl cyanide 三甲基氰硅烷
TMSI	trimethylsilyl iodide 三甲基碘硅烷
TMSOTf	Trimethylsilyl triflate 三甲基三氟甲磺酰基硅烷
TMU	tetramethylurea 四甲基脲

Tol	toluene or *p*-tolyl 甲苯或对甲苯基
Tol-BINAP	2,2'-bis(di-*p*-tolylphosphino)-1,1'-binaphthyl 2,2'–二(对甲苯基磷)–1,1'–联萘
TosMIC	(*p*-tolylsulfonyl)methyl isocyanide 对甲苯磺酰基甲基异氰
TPPO	triphenylphosphine oxide 三苯基膦氧化物
Trisyl	2,4,6–Triisopropylbenzenesulphonyl 2,4,6–三异丙基苯磺酰基
TrxR	thioredoxin reductase 硫氧还蛋白还原酶
Ts	tosyl 对甲苯磺酰基
TsO	tosylate 对甲苯磺酸酯(盐)
TTBP	2,4,6-tri-*tert*-butylpyrimidine 2,4,6–三叔丁基吡啶
UHP	urea hydrogen peroxide complex 脲过氧化氢配合物
UV	ultraviolet 紫外光 依据波长可分为 UVA、UVB、UVC 三个区间
VAPOL	2,2'–diphenyl–(4-bipheny-anthrol) 2,2'–二苯基–(4–二苯蒽酚)
VMR	vinylogous Mannich reaction 插烯基 Mannich 反应
WERSA	Water extract of rice straw ash 稻草灰的水提取物
XPhos	2-dicyclohexylphosphino-2',4',6'-triisopropylbiphenyl 2–二环己基膦–2',4',6'–三异丙基联苯
Xantphos	4,5–双(二苯基膦)–9,9–二甲基氧杂蒽

目　录

译校者的话
前言
(首字母)缩略词

Alder 烯反应 ……………………………………………… 1
Aldol 缩合反应 …………………………………………… 4
Arndt-Eistert 同系增碳反应 ……………………………… 7
Baeyer-Villiger 氧化反应 ………………………………… 10
Baker-Venkataraman 重排反应 …………………………… 13
Bamford-Stevens 反应 …………………………………… 16
Barbier 偶联反应 ………………………………………… 19
Barton-McCombie 去氧反应 ……………………………… 22
Beckmann 重排反应 ……………………………………… 25
　　反常的 Beckmann 重排反应 ………………………… 28
Benzilic(二苯乙醇酸)重排 ……………………………… 29
Benzoin(苯偶姻)缩合反应 ……………………………… 32
Bergman 环化反应 ………………………………………… 35
Biginelli 反应 ……………………………………………… 38
Birch 还原反应 …………………………………………… 41
Bischler-Napieralski 反应 ………………………………… 44
Brook 重排反应 …………………………………………… 47
Brown 硼氢化反应 ………………………………………… 50
Bucherer-Bergs 反应 ……………………………………… 53
　　Büchner 扩环反应 …………………………………… 56
Buchwald-Hartwig 氨基化反应 …………………………… 59
Burgess 试剂 ……………………………………………… 64
Cadiot-Chodkiewicz 偶联反应 …………………………… 67
Cannizzaro 反应 …………………………………………… 70
Catellani 反应 ……………………………………………… 73
Chan-Lam C—X(杂)键偶联反应 ………………………… 77
Chapman 重排反应 ……………………………………… 81
Chichibabin 吡啶合成反应 ……………………………… 83
Chugaev 消除反应 ………………………………………… 86
Claisen 缩合反应 ………………………………………… 89
Claisen 重排反应 ………………………………………… 91

对位Claisen重排反应 … 94
　　反常Claisen重排反应 … 97
　　Eschenmoser–Claisen酰胺缩酮重排反应 … 100
　　Ireland–Claisen硅基烯酮缩酮重排反应 … 103
　　Johnson–Claisen原酸酯重排反应 … 106
Clemmensen还原反应 … 109
Cope消除反应 … 112
Cope重排反应 … 115
　　氧负离子Cope重排反应 … 118
　　O–Cope重排反应 … 120
　　硅氧基Cope重排反应 … 122
Corey–Bakshi–Shibata(CBS)还原反应 … 124
Corey–Chaykovsky反应 … 128
Corey–Fuchs反应 … 131
Curtius重排反应 … 134
Dakin氧化反应 … 137
Dakin–West反应 … 140
Darzens缩合反应 … 144
de Mayo反应 … 147
Demjanov重排反应 … 151
　　Tiffeneau–Demjanov重排反应 … 153
Dess–Martin超碘酸酯氧化反应 … 157
Dieckmann缩合反应 … 162
Diels–Alder反应 … 166
　　杂原子Diels–Alder反应 … 170
　　反转电子要求的Diels–Alder反应 … 173
Dienone–Phenol（二烯酮–酚）重排反应 … 176
Dötz反应 … 179
Eschweiler–Clarke还原胺基化反应 … 182
Favorskii重排反应 … 186
　　似Favorskii重排反应 … 190
Ferrier碳环化反应 … 191
Ferrier烯糖烯丙基重排反应 … 194
Fischer吲哚合成反应 … 197
Friedel–Crafts反应 … 200
　　Friedel–Crafts酰基化反应 … 200
　　Friedel–Crafts烷基化反应 … 204
Friedländer喹啉合成反应 … 206
Fries重排反应 … 209

- Gabriel 合成反应 … 212
  - Ing-Manske 程序 … 216
- Gewald 氨基噻吩合成 … 218
- Glaser 偶联反应 … 221
  - Eglinton 偶联反应 … 224
- Gould-Jacobs 反应 … 228
- Grignard 反应 … 231
- Grob 碎片化反应 … 235
- Hajos-Wiechert 反应 … 238
- Hantzsch 二氢吡啶合成反应 … 241
- Heck 反应 … 244
- Henry 硝基化合物的 aldol 反应 … 248
- Hiyama 反应 … 251
- Hofmann 消除反应 … 254
- Hofmann 重排反应 … 256
- Hofmann-Löffler-Freytag 反应 … 259
- Horner-Wadsworth-Emmons 反应 … 262
  - Still-Gennari 磷酸酯反应 … 266
- Houben-Hoesch 反应 … 269
- Hunsdiecker-Borodin 反应 … 272
- Jacobsen-Katsuki 环氧化反应 … 275
- Jones 氧化反应 … 279
  - Collins 氧化反应 … 282
  - PCC 氧化反应 … 284
  - PDC 氧化反应 … 286
- Julia-Kocienski 烯基化反应 … 288
- Julia-Lythgoe 烯基化反应 … 291
- Knoevenagel 缩合反应 … 294
- Knorr 吡唑合成反应 … 298
- Koenig-Knorr 苷化反应 … 301
- Krapcho 反应 … 305
- Kröhnke 吡啶合成反应 … 307
- Kumada 交叉偶联反应 … 310
- Lawesson 试剂 … 314
- Leuckart-Wallach 反应 … 317
- Lossen 重排反应 … 320
- McMurry 偶联反应 … 323
- Mannich 反应 … 326
- Markovnikov(马氏)规则 … 329

反马氏规则 ⋯⋯⋯⋯⋯⋯⋯⋯⋯⋯⋯⋯⋯⋯⋯⋯⋯⋯ 332
Martin 硫烷脱水剂 ⋯⋯⋯⋯⋯⋯⋯⋯⋯⋯⋯⋯⋯⋯ 335
Meerwein-Ponndorf-Verley 还原反应 ⋯⋯⋯⋯⋯ 339
Meisenheimer 配合物 ⋯⋯⋯⋯⋯⋯⋯⋯⋯⋯⋯⋯⋯ 342
Meyer-Schuster 重排反应 ⋯⋯⋯⋯⋯⋯⋯⋯⋯⋯ 345
Michael 加成反应 ⋯⋯⋯⋯⋯⋯⋯⋯⋯⋯⋯⋯⋯⋯⋯ 348
Michaelis-Arbuzov 膦酸酯合成反应 ⋯⋯⋯⋯⋯ 352
Minisci 反应 ⋯⋯⋯⋯⋯⋯⋯⋯⋯⋯⋯⋯⋯⋯⋯⋯⋯ 355
Mitsunobu 反应 ⋯⋯⋯⋯⋯⋯⋯⋯⋯⋯⋯⋯⋯⋯⋯ 358
Miyaura 硼基化反应 ⋯⋯⋯⋯⋯⋯⋯⋯⋯⋯⋯⋯⋯ 362
Morita-Baylis-Hillman 反应 ⋯⋯⋯⋯⋯⋯⋯⋯⋯ 366
Mukaiyama Aldol 反应 ⋯⋯⋯⋯⋯⋯⋯⋯⋯⋯⋯⋯ 370
Mukaiyama Michael 加成反应 ⋯⋯⋯⋯⋯⋯⋯⋯ 373
Mukaiyama 试剂 ⋯⋯⋯⋯⋯⋯⋯⋯⋯⋯⋯⋯⋯⋯⋯ 376
Nazarov 环化反应 ⋯⋯⋯⋯⋯⋯⋯⋯⋯⋯⋯⋯⋯⋯ 380
Neber 重排反应 ⋯⋯⋯⋯⋯⋯⋯⋯⋯⋯⋯⋯⋯⋯⋯ 383
Nef 反应 ⋯⋯⋯⋯⋯⋯⋯⋯⋯⋯⋯⋯⋯⋯⋯⋯⋯⋯⋯ 386
Negishi 交叉偶联反应 ⋯⋯⋯⋯⋯⋯⋯⋯⋯⋯⋯⋯ 389
Newman-Kwart 重排反应 ⋯⋯⋯⋯⋯⋯⋯⋯⋯⋯ 393
Nicholas 反应 ⋯⋯⋯⋯⋯⋯⋯⋯⋯⋯⋯⋯⋯⋯⋯⋯ 396
Noyori 不对称氢化反应 ⋯⋯⋯⋯⋯⋯⋯⋯⋯⋯⋯ 399
Nozaki-Hiyama-Kishi 反应 ⋯⋯⋯⋯⋯⋯⋯⋯⋯ 403
烯烃复分解反应 ⋯⋯⋯⋯⋯⋯⋯⋯⋯⋯⋯⋯⋯⋯⋯ 407
Oppenauer 氧化反应 ⋯⋯⋯⋯⋯⋯⋯⋯⋯⋯⋯⋯⋯ 412
Overman 重排反应 ⋯⋯⋯⋯⋯⋯⋯⋯⋯⋯⋯⋯⋯⋯ 415
Paal-Knorr 吡咯合成反应 ⋯⋯⋯⋯⋯⋯⋯⋯⋯⋯ 418
Parham 环化反应 ⋯⋯⋯⋯⋯⋯⋯⋯⋯⋯⋯⋯⋯⋯ 421
Passerini 反应 ⋯⋯⋯⋯⋯⋯⋯⋯⋯⋯⋯⋯⋯⋯⋯⋯ 424
Paternö-Büchi 反应 ⋯⋯⋯⋯⋯⋯⋯⋯⋯⋯⋯⋯⋯ 427
Pauson-Khand 反应 ⋯⋯⋯⋯⋯⋯⋯⋯⋯⋯⋯⋯⋯ 430
Payne 重排反应 ⋯⋯⋯⋯⋯⋯⋯⋯⋯⋯⋯⋯⋯⋯⋯ 433
Petasis 反应 ⋯⋯⋯⋯⋯⋯⋯⋯⋯⋯⋯⋯⋯⋯⋯⋯⋯ 436
Peterson 烯基化反应 ⋯⋯⋯⋯⋯⋯⋯⋯⋯⋯⋯⋯⋯ 440
Pictet-Spengler 四氢异喹啉合成反应 ⋯⋯⋯⋯⋯ 443
Pinacol(频呐醇)重排反应 ⋯⋯⋯⋯⋯⋯⋯⋯⋯⋯ 446
Pinner 反应 ⋯⋯⋯⋯⋯⋯⋯⋯⋯⋯⋯⋯⋯⋯⋯⋯⋯ 449
Polonovski 反应 ⋯⋯⋯⋯⋯⋯⋯⋯⋯⋯⋯⋯⋯⋯⋯ 452
Polonovski-Potier 重排反应 ⋯⋯⋯⋯⋯⋯⋯⋯⋯ 455
Prins 反应 ⋯⋯⋯⋯⋯⋯⋯⋯⋯⋯⋯⋯⋯⋯⋯⋯⋯⋯ 458

反应	页码
Pummerer 重排反应	462
Ramberg–Bäcklund 反应	465
Reformatsky 反应	468
Ritter 反应	471
Robinson 增环反应	474
Sandmeyer 反应	477
Schiemann 反应	480
Schmidt 重排反应	483
Shapiro 反应	486
Sharpless Asymmetric 不对称羟胺化反应	489
Sharpless 不对称双羟化反应	493
Sharpless 不对称环氧化反应	497
Simmons–Smith 反应	501
Smiles 重排反应	504
Truce-Smile 重排反应	507
Sommelet–Hauser 重排反应	510
Sonogashira 反应	513
Stetter 反应	516
Stevens 重排反应	520
Stille 偶联反应	523
Strecker 氨基酸合成反应	527
Suzuki–Miyaura 偶联反应	530
Swern 氧化反应	533
Takai 反应	536
Tebbe 试剂	540
Tsuji–Trost 烯丙基化反应	543
Ugi 反应	547
Ullmann 偶联反应	552
Vilsmeier–Haack 反应	555
von Braun 反应	559
Wacker 氧化工序	561
Wagner–Meerwein 重排反应	564
Williamson 醚合成	567
Wittig 反应	570
[1,2]Wittig 重排反应	574
[2,3]Wittig 重排反应	577
Wolff 重排反应	580
Wolff–Kishner- 黄鸣龙还原反应	583

Alder烯反应

　　Alder烯反应，又常称氢-烯丙基加成反应，是一个亲烯体经过烯丙基转移加成到一个烯烃上的反应。由一个烯烃π键和烯丙基C—Hσ键的四电子体系参与的一个周环反应，双键发生迁移并形成新的C—Hσ键和C—Cσ键。

X=Y: C=C, C≡C, C=O, C=N, N=N, N=O, S=O, *etc*.

Example 1[5]

Example 2, 此处醛中的羰基替代了烯基参与反应[7]

Example 3, 分子内Alder烯反应[8]

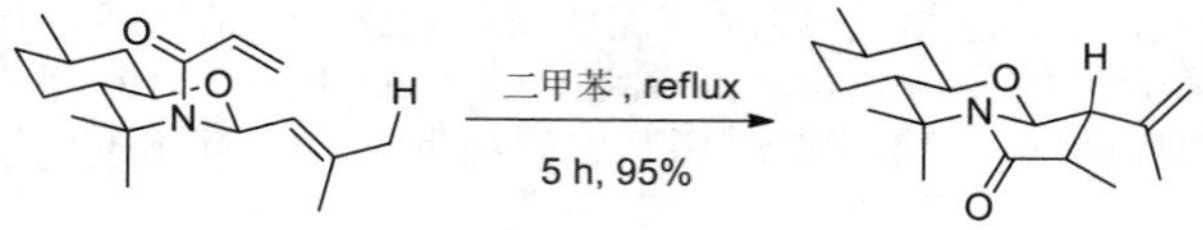

二甲苯, reflux
5 h, 95%

Example 4, Co化物催化的Alder烯反应[9]

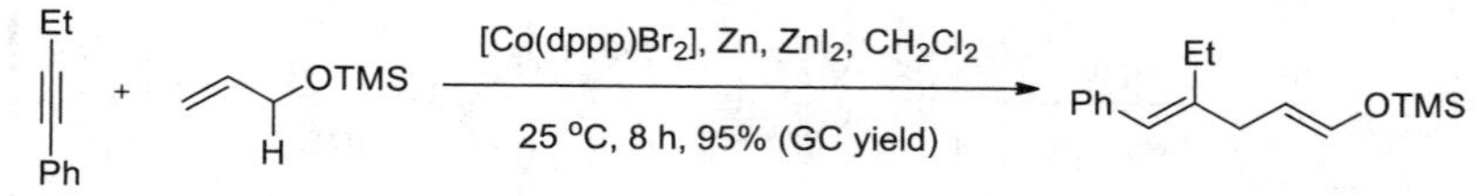

[Co(dppp)Br$_2$], Zn, ZnI$_2$, CH$_2$Cl$_2$
25 °C, 8 h, 95% (GC yield)

Example 5, 腈参与的Alder烯反应[10]

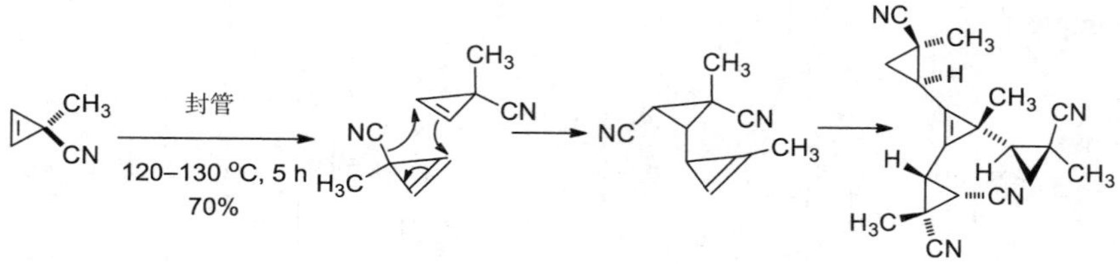

封管
120–130 °C, 5 h
70%

Example 6[11]

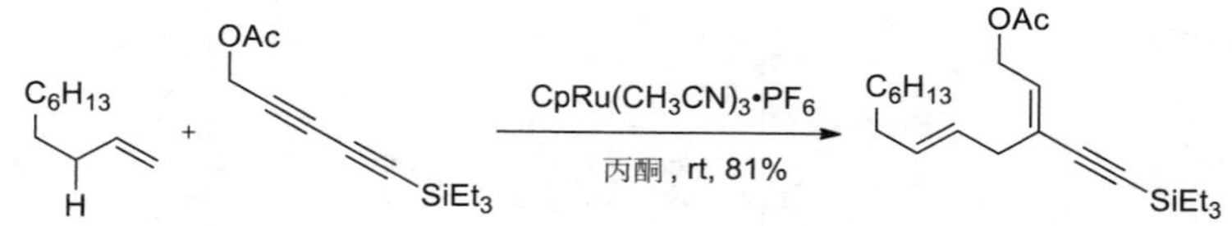

CpRu(CH$_3$CN)$_3$·PF$_6$
丙酮, rt, 81%

Example 7[13]

[CpRu(CH$_3$CN)$_3$]PF$_6$ (6 mol %)
(R)-CSA (12 mol %)
THF/ 丙酮, 50 °C, 1.5 h
43%

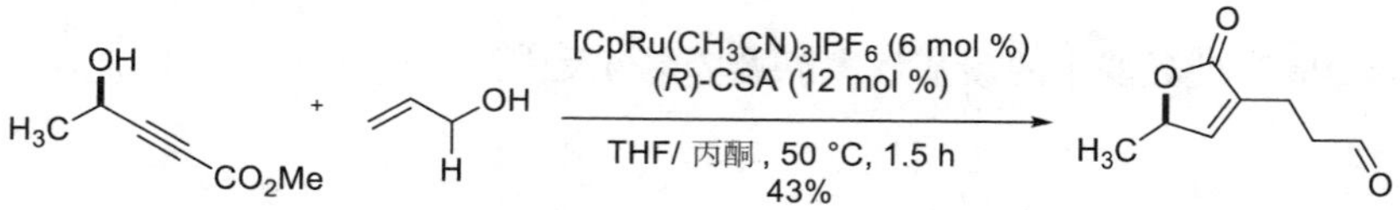

Example 8, Pd化物催化的分子内Alder烯反应[14]

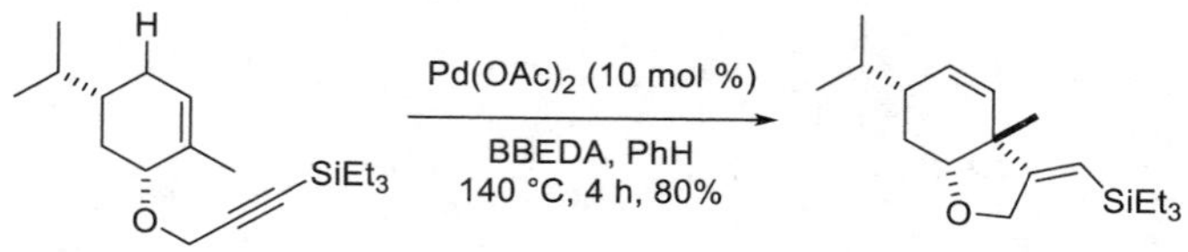

Pd(OAc)$_2$ (10 mol %)
BBEDA, PhH
140 °C, 4 h, 80%

Example 9, 由高张力和键角扭曲驱动的Alder烯反应[15]

References

1. Alder, K.; Pascher, F.; Schmitz, A. *Ber.* **1943,** *76,* 27−53. 阿尔德(K. Alder, 1902−1958)和他的导师狄尔斯(O. Diels, 1876-1954)都是德国人。他们因对二烯合成的研究而共享1950年度诺贝尔化学奖。
2. Oppolzer, W. *Pure Appl. Chem.* **1981,** *53,* 1181−1201. (Review).
3. Johnson, J. S.; Evans, D. A. *Acc. Chem. Res.* **2000,** *33,* 325−335. (Review).
4. Mikami, K.; Nakai, T. In *Catalytic Asymmetric Synthesis;* 2nd edn.; Ojima, I., ed.; Wiley−VCH: New York, **2000,** 543−568. (Review).
5. Sulikowski, G. A.; Sulikowski, M. M. *e-EROS Encyclopedia of Reagents for Organic Synthesis* **2001,** Wiley: Chichester, UK.
6. Brummond, K. M.; McCabe, J. M. *The Rhodium(I)-Catalyzed Alder ene Reaction.* In *Modern Rhodium-Catalyzed Organic Reactions* **2005,** 151−172. (Review).
7. Miles, W. H.; Dethoff, E. A.; Tuson, H. H.; Ulas, G. *J. Org. Chem.* **2005,** *70,* 2862−2865.
8. Pedrosa, R.; Andres, C.; Martin, L.; Nieto, J.; Roson, C. *J. Org. Chem.* **2005,** *70,* 4332−4337.
9. Hilt, G.; Treutwein, J. *Angew. Chem. Int. Ed.* **2007,** *46,* 8500−8502.
10. Ashirov, R. V.; Shamov, G. A.; Lodochnikova, O. A.; Litvynov, I. A.; Appolonova, S. A.; Plemenkov, V. V. *J. Org. Chem.* **2008,** *73,* 5985−5988.
11. Cho, E. J.; Lee, D. *Org. Lett.* **2008,** *10,* 257−259.
12. Curran, T. T. *Alder Ene Reaction.* In *Name Reactions for Homologations-Part II*; Li, J. J., Ed.; Wiley: Hoboken, NJ, **2009,** pp 2−32. (Review).
13. Trost, B. M.; Quintard, A. *Org. Lett.* **2012,** *14,* 4698−4670.
14. Nugent, J.; Matousova, E.; Banwell, M. G.; Willis, A. C. *J. Org. Chem.* **2017,** *82,* 12569−12589.
15. Gupta, S.; Lin, Y.; Xia, Y.; Wink, D. J.; Lee, D. *Chem. Sci.* **2019,** *10,* 2212−2217.
16. Imino-ene reaction: Hou, L.; Kang, T.; Yang, L.; Cao, W.; Feng, X. *Org. Lett.* **2020,** *22,* 1390−1395.

Aldol缩合反应

Aldol反应是一个烯醇离子和羰基化合物缩合而形成一个β-羟基羰基化合物，有时又接着脱水给出一个共轭烯酮的反应。一个简单的实例是一个烯醇化物对一个醛(Aldehyde)加成而给出一个醇(alcohol)，故名为Aldol。

Example 1[3]

Example 2[8]

© Springer Nature Switzerland AG 2021
J. J. Li, *Name Reactions*, https://doi.org/10.1007/978-3-030-50865-4_2

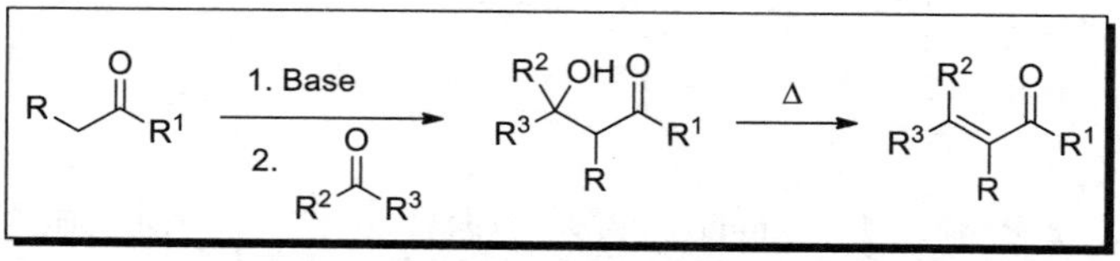

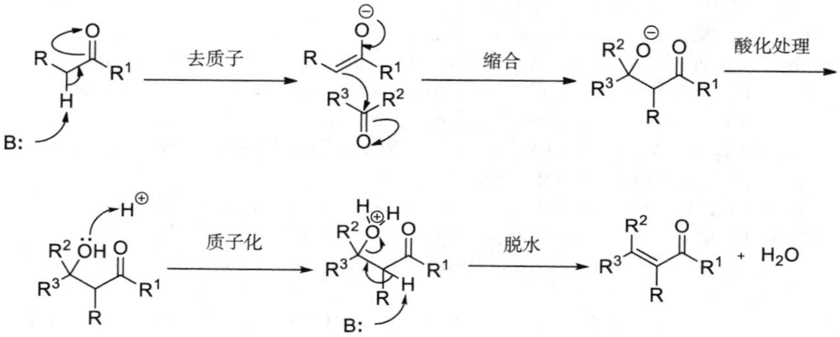

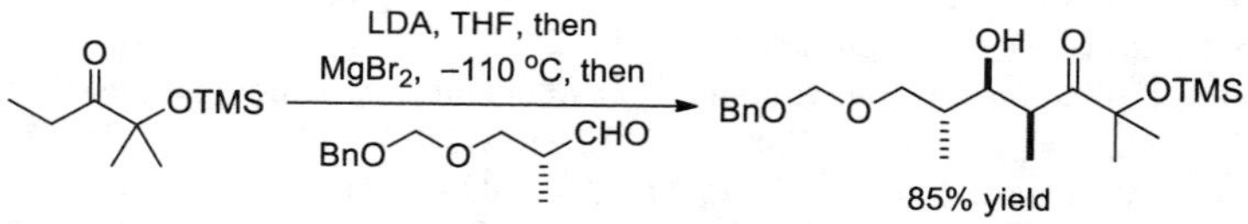

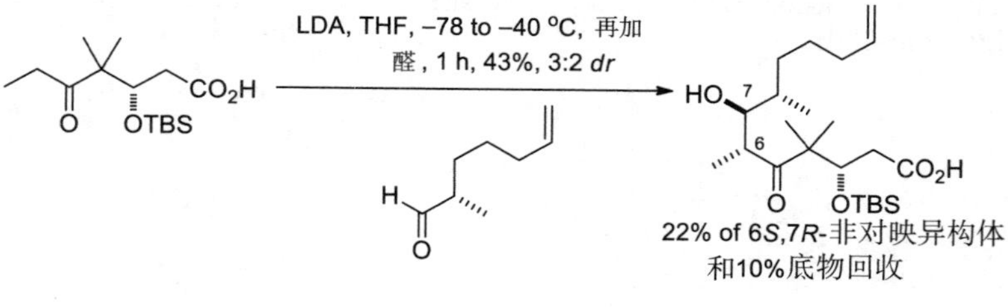

Example 3, 对映选择性 Mukaiyama aldol 反应[10]

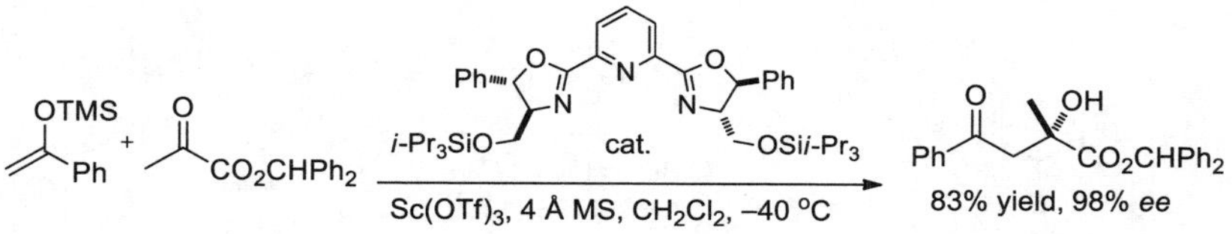

Example 4, 有机催化的分子间 aldol 反应[12]

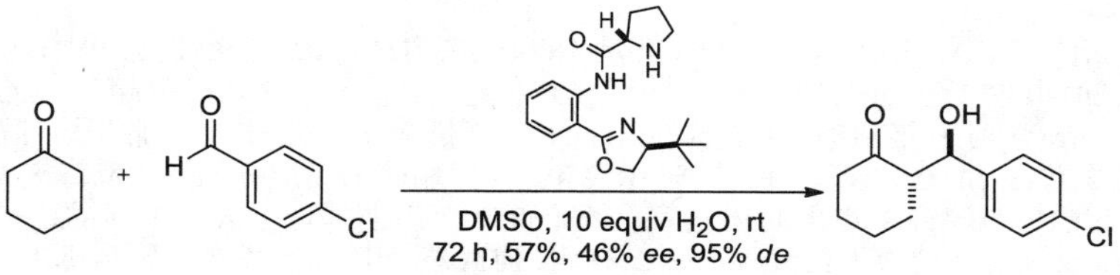

Example 5, 分子内 aldol 反应[13]

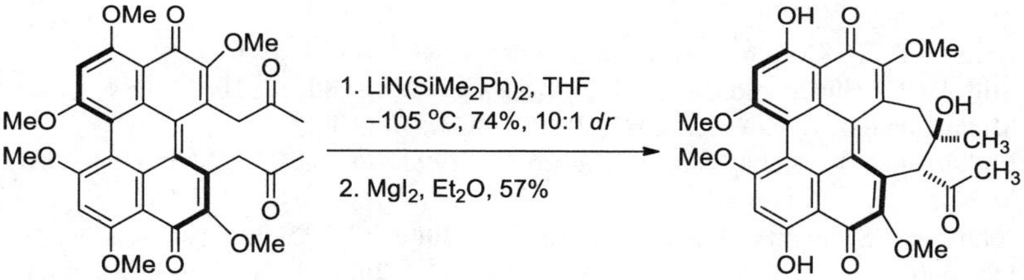

Example 6, 分子内插烯 aldol 反应[14]

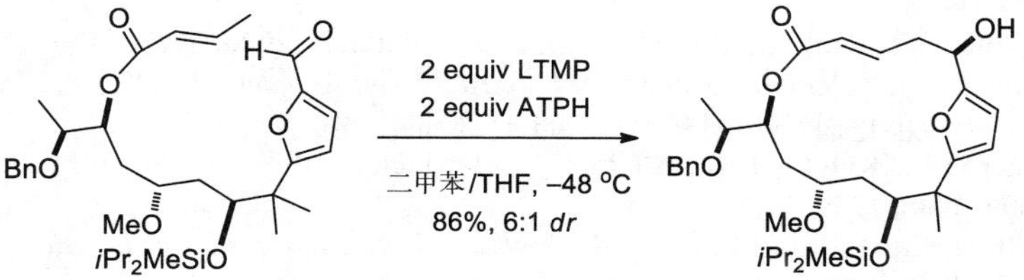

Example 7, 少见的一个立体专一性逆 aldol 反应[15]

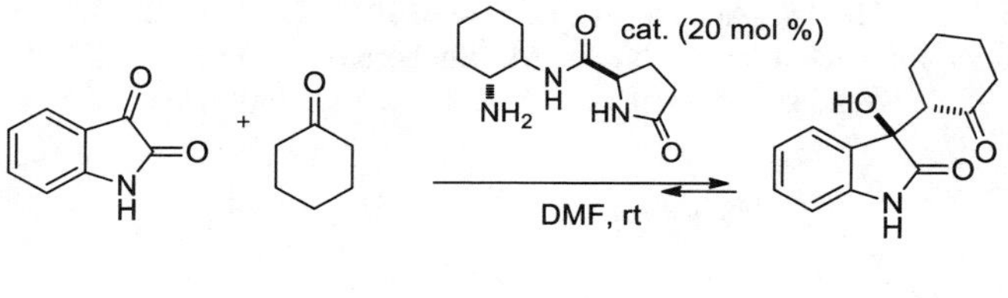

Example 8, 一个少见的分子间插烯的aldol反应[16]

[Scheme: (E)-tridec-2-enal + HCHO, catalyst: (S)-2-(diphenyl(trimethylsilyloxy)methyl)pyrrolidine (20 mol%), AcOH (50 mol%), CHCl$_3$/TFE (13:1), 0 °C, 60 h, 70% → α-triticene]

References

1. Wurtz, C. A. *Bull. Soc. Chim. Fr.* **1872**, *17*, 436–442. 武慈(C. A. Wurtz, 1817–1884)出生于法国的斯特拉斯堡。获得博士学位后于1843年跟随李比希(J. von Liebig)学习一年, 1874年成为Sorbonne的有机化学系主任并在那儿培养出如克拉夫兹(J. M. Crafts)、菲梯希(W. R. Fittig)、傅瑞德尔(C. Friedel)和范特霍夫(J. H. van't Hoff)等许多杰出的化学家。两个烷基卤用钠处理生成一个新的C—C键的Wurtz反应在合成上已经不再那么有用, 但武慈于1872年发现的aldol反应已是有机合成的一个重要基础反应。勃伦丁(A. P. Borodin)和武慈一样也对aldol反应作出过贡献。1872年, 勃伦丁在俄罗斯化学会上报告说在一个醛的反应中发现了一个新的性质类似醇的副产物。他注意到该物与武慈在同年发表的论文中描述过的一个化合物是相似的。
2. Nielsen, A. T.; Houlihan, W. J. *Org. React.* **1968**, *16*, 1–438. (Review).
3. Still, W. C.; McDonald, J. H., III. *Tetrahedron Lett.* **1980**, *21*, 1031–1034.
4. Mukaiyama, T. *Org. React.* **1982**, *28*, 203–331. (Review).
5. Mukaiyama, T.; Kobayashi, S. *Org. React.* **1994**, *46*, 1–103. (Review on tin(II) enolates).
6. Johnson, J. S.; Evans, D. A. *Acc. Chem. Res.* **2000**, *33*, 325–335. (Review).
7. Denmark, S. E.; Stavenger, R. A. *Acc. Chem. Res.* **2000**, *33*, 432–440. (Review).
8. Yang, Z.; He, Y.; Vourloumis, D.; Vallberg, H.; Nicolaou, K. C. *Angew. Chem. Int. Ed.* **1997**, *36*, 166–168.
9. Mahrwald, R. (ed.) *Modern Aldol Reactions*, Wiley–VCH: Weinheim, Germany, **2004**. (Book).
10. Desimoni, G.; Faita, G.; Piccinini, F. *Eur. J. Org. Chem.* **2006**, 5228–5230.
11. Guillena, G.; Najera, C.; Ramon, D. J. *Tetrahedron: Asymmetry* **2007**, *18*, 2249–2293. (使用有机催化剂对映选择性导向aldol反应的综述论文)
12. Doherty, S.; Knight, J. G.; McRae, A.; Harrington, R. W.; Clegg, W. *Eur. J. Org. Chem.* **2008**, 1759–1766.
13. O'Brien, E. M.; Morgan, B. J.; Kozlowski, M. C. *Angew. Chem. Int. Ed.* **2008**, *47*, 6877–6880.
14. Gazaille, J. A.; Abramite, J. A.; Sammakia, T. *Org. Lett.* **2012**, *14*, 178–181.
15. Wang, J.; Deng, Z.-X.; Wang, C.-M.; Xia, P.-J.; Xiao, J.-A.; Xiang, H.-Y.; Chen, X.-Q.; Yang, H. *Org. Lett.* **2018**, *20*, 7535–7538.
16. Kutwal, M. S.; Dev, S.; Appayee, C. *Org. Lett.* **2019**, *21*, 2509–2513.
17. Vojackova, P.; Michalska, L.; Necas, M.; Shcherbakov, D.; Bottger, E. C.; Sponer, J.; Sponer, J. E.; Svenda, J. *J. Am. Chem. Soc.* **2020**, *142*, 7306–7311.

Arndt–Eistert 同系增碳反应

羧酸经重氮甲烷处理增加一个同系碳。

Example 1, 一个氨基酸的同系增碳反应[7]

Example 2, 一个有趣的变异反应[9]

Example 3[10]

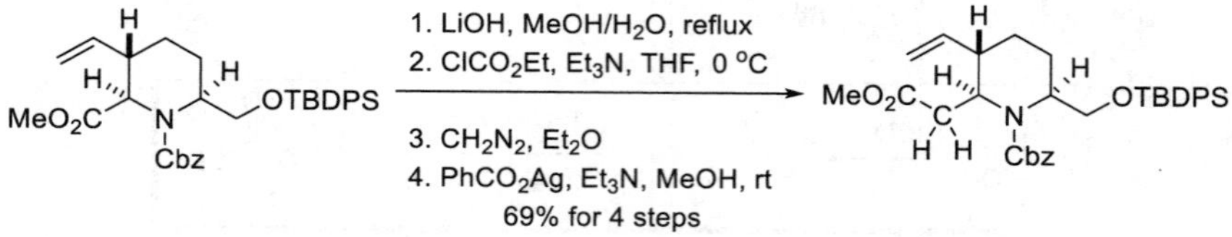

Example 4[10]

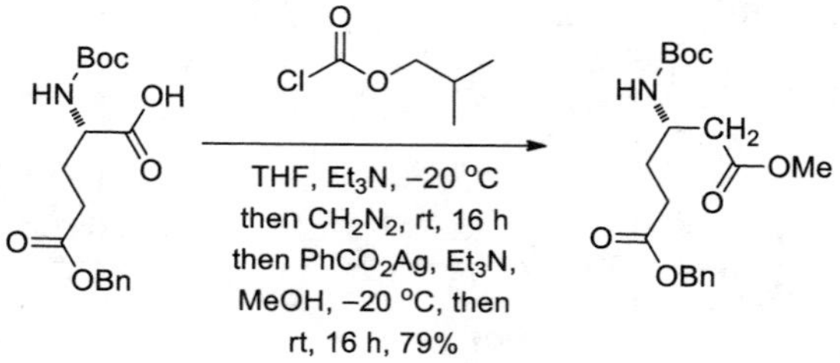

Example 5, 银化物催化的流动Arndt–Eistert反应–Wolff重排反应[12]

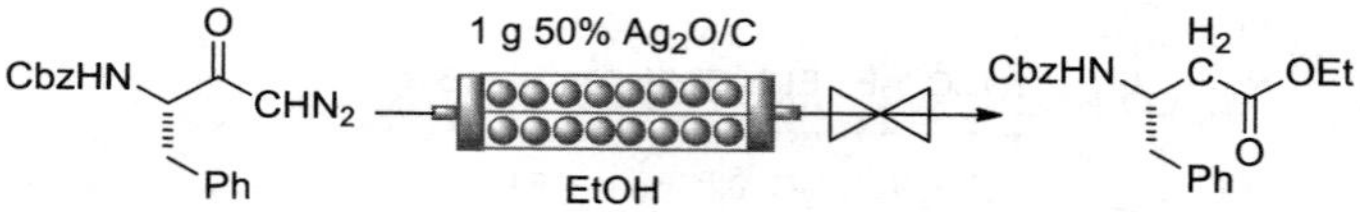

Example 6, Arndt–Eistert反应–Wolff重排反应流程[13]

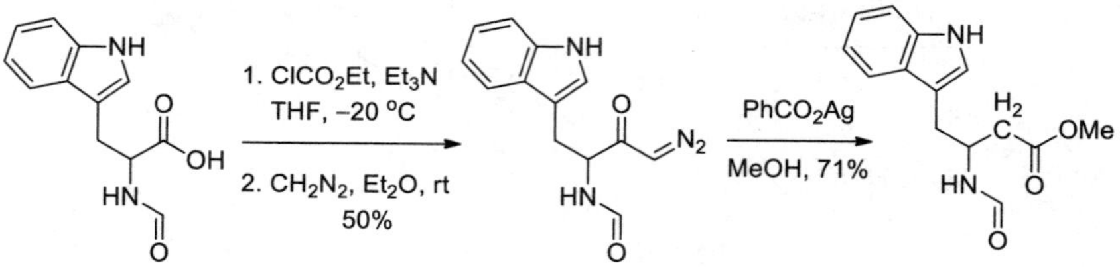

Example 7, α-芳氨基重氮酮[14]

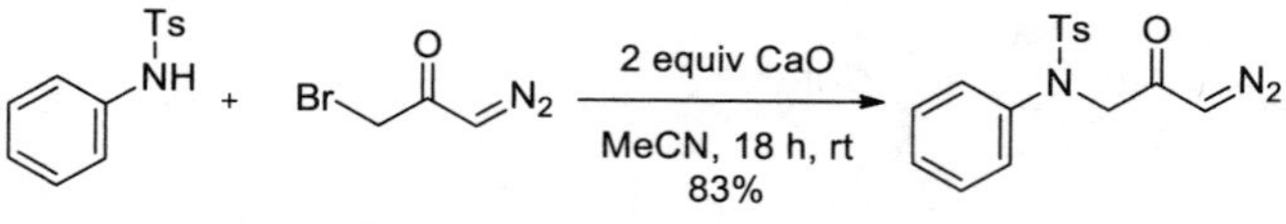

References

1. Arndt, F.; Eistert, B. *Ber.* **1935**, *68*, 200–208. 阿恩特 (F. Arndt, 1885–1969) 出生于德国汉堡。在 Breslau 大学期间他花了大量精力研究重氮甲烷的合成及其和醛、酮、酰氯的反应并发现了 Arndt-Eistert 同系增碳反应。实验室中他广为人知的形象是他极大的烟瘾。埃斯忒特 (B. Eistert, 1902–1978) 出生于 Ohlau, Silesia, 是阿恩特的博士生，后来进入 I. G. Farbenindustrie 工作，该公司在第二次世界大战后因盟军处理超级联合企业而转为 BASF 公司。
2. Podlech, J.; Seebach, D. *Angew. Chem. Int. Ed.* **1995**, *34*, 471–472.
3. Matthews, J. L.; Braun, C.; Guibourdenche, C.; Overhand, M.; Seebach, D. In *Enantioselective Synthesis of β-Amino Acids* Juaristi, E. ed.; Wiley-VCH: Weinheim, Germany, 1996, pp 105–126. (Review).
4. Katritzky, A. R.; Zhang, S.; Fang, Y. *Org. Lett.* **2000**, *2*, 3789–3791.
5. Vasanthakumar, G.-R.; Babu, V. V. S. *Synth. Commun.* **2002**, *32*, 651–657.
6. Chakravarty, P. K.; Shih, T. L.; Colletti, S. L.; Ayer, M. B.; Snedden, C.; Kuo, H.; Tyagarajan, S.; Gregory, L.; Zakson-Aiken, M.; Shoop, W. L.; Schmatz, D. M.; Wyvratt, M. J.; Fisher, M. H.; Meinke, P. T. *Bioorg. Med. Chem. Lett.* **2003**, *13*, 147–150.
7. Gaucher, A.; Dutot, L.; Barbeau, O.; Hamchaoui, W.; Wakselman, M.; Mazaleyrat, J.-P. *Tetrahedron: Asymmetry* **2005**, *16*, 857–864.
8. Podlech, J. In *Enantioselective Synthesis of β-Amino Acids (2nd Ed.)* Wiley: Hoboken, NJ, **2005**, pp 93–106. (Review).
9. Spengler, J.; Ruiz-Rodriguez, J.; Burger, K.; Albericio, F. *Tetrahedron Lett.* **2006**, *47*, 4557–4560.
10. Toyooka, N.; Kobayashi, S.; Zhou, D.; Tsuneki, H.; Wada, T.; Sakai, H.; Nemoto, H.; Sasaoka, T.; Garraffo, H. M.; Spande, T. F.; Daly, J. W. *Bioorg. Med. Chem. Lett.* **2007**, *17*, 5872–5875.
11. Fuchter, M. J. *Arndt–Eistert Homologation.* In *Name Reactions for Homologations-Part I*; Li, J. J., Ed.; Wiley: Hoboken, NJ, **2009**, pp 336–349. (Review).
12. Pinho, V. D.; Gutmann, B.; Kappe, C. O. *RSC Adv.* **2014**, *4*, 37419–37422.
13. Zarezin, D. P.; Shmatova, O. I.; Nenajdenko, V. G. *Org. Biomol. Chem.* **2018**, *16*, 5987–5998.
14. Castoldi, L.; Ielo, L.; Holzer, W.; Giester, G.; Roller, A.; Pace, V. *J. Org. Chem.* **2018**, *83*, 4336–4347.

Baeyer–Villiger 氧化反应

通式：

富电子的烷基（多取代碳原子）先迁移。迁移能力为叔烷基 > 环己基 > 仲烷基 > 苄基 > 苯基 > 伯烷基 > 甲基 > 氢。取代苯基的迁移能力为 p-MeO-Ar > p-Me-Ar > p-Cl-Ar > p-Br-Ar > p-NO$_2$-Ar。

Example 1, UHP[4]

Example 2, 内酰胺的化学选择性[5]

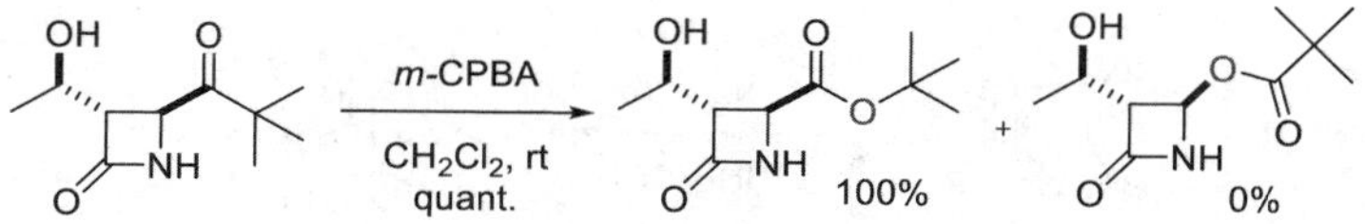

Example 3, 内酯的化学选择性[6]

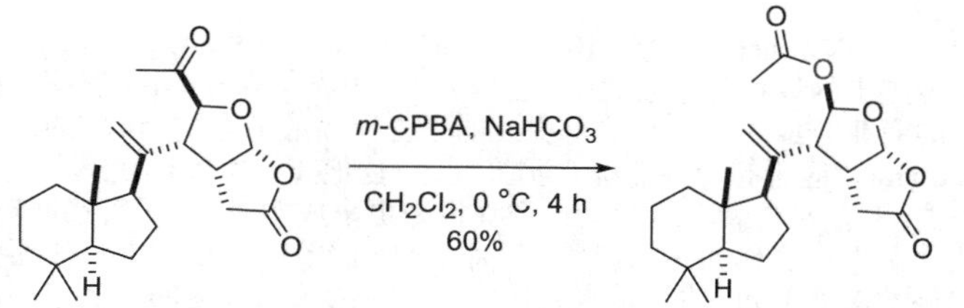

Example 4, 酯的化学选择性[8]

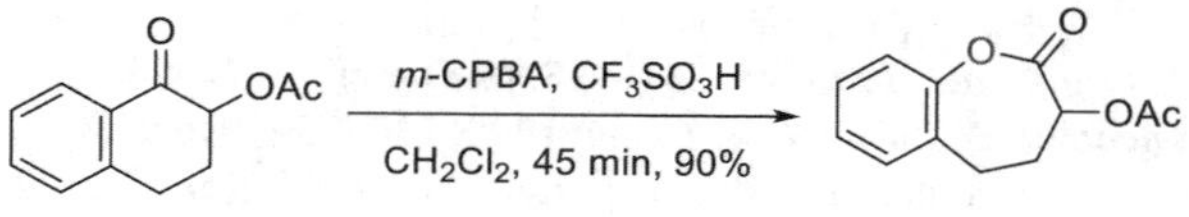

Example 5, 一个TFPAA促进的串联反应[11]

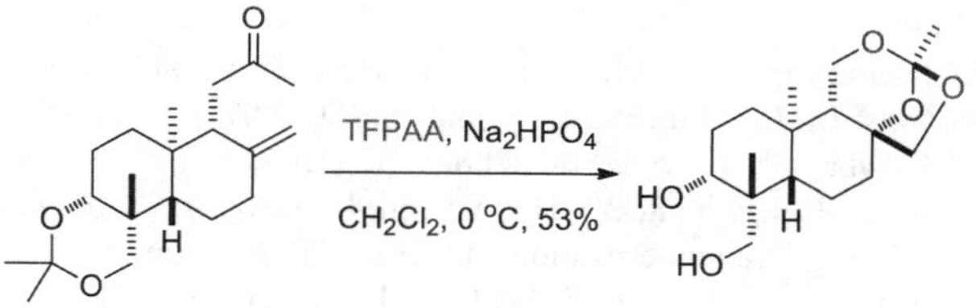

Example 6, 一个用于合成恩替卡韦(entecative，治疗乙肝药物)的流程[12]

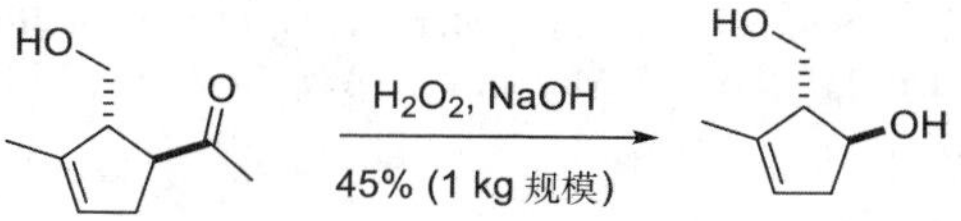

Example 7, 一锅煮Baeyer−Villiger氧化反应−烯丙基氧化反应[13]

(+)-salimabromide

References

1. v. Baeyer, A.; Villiger, V. *Ber.* **1899**, *32*, 3625−3633. 拜耳(A. von Baeyer, 1835−1917)是史上最杰出的有机化学家之一，建树颇丰。Baeyer-Drewson 靛蓝合成反应实现了靛蓝的商业合成。另一个值得提及的是巴比妥酸的合成，该酸的命名来自其女朋友Barbara。他所有的兴趣都在实验室里，让他离开实验台是最令他感到不快的事。一次，一位来访者表示幸运给拜耳带来更多成功时，拜耳直接回应说，我做的事可比你多得多。作为一名科学家，拜耳毫无虚荣心，与那个时代那些如李比希那样的科学大家不同，他总是真诚地学习他人的长处。他的衣装中不可或缺的一份子是那顶标志性的美钞绿色的帽子，当欣赏所得到的新化合物时，他总会将手指放在帽檐上对其表示敬意。获得1905年度诺贝尔化学奖。他的学生费歇尔(E. Fischer)在50岁时比他早三年获得1902年度诺贝尔化学奖。维利格(V. Villiger, 1868-1934)是瑞士人，在慕尼黑与拜耳一起工作了11年。
2. Krow, G. R. *Org. React.* **1993**, *43*, 251−798. (Review).
3. Renz, M.; Meunier, B. *Eur. J. Org. Chem.* **1999**, 737−750. (Review).
4. Wantanabe, A.; Uchida, T.; Ito, K.; Katsuki, T. *Tetrahedron Lett.* **2002**, *43*, 4481−4485.
5. Laurent, M.; Ceresiat, M.; Marchand-Brynaert, J. *J. Org. Chem.* **2004**, *69*, 3194−3197.
6. Brady, T. P.; Kim, S. H.; Wen, K.; Kim, C.; Theodorakis, E. A. *Chem. Eur. J.* **2005**, *11*, 7175−7190.
7. Curran, T. T. *Baeyer−Villiger Oxidation*. In *Name Reactions for Functional Group Transformations*; Li, J. J., Ed.; Wiley: Hoboken, NJ, **2007**, pp 160−182. (Review).
8. Demir, A. S.; Aybey, A. *Tetrahedron* **2008**, *64*, 11256−11261.
9. Zhou, L.; Liu, X.; Ji, J.; Zhang, Y.; Hu, X.; Lin, L.; Feng, X. *J. Am. Chem. Soc.* **2012**, *134*, 17023−17026. (Desymmetrization and Kinetic Resolution).
10. Uyanik, M.; Ishihara, K. *ACS Catal.* **2013**, *3*, 513−520. (Review).
11. Wang, B.-L.; Gao, H.-T.; Li, W.-D. Z. *J. Org. Chem.* **2015**, *80*, 5296−5301.
12. Xu, H.; Wang, F.; Xue, W.; Zheng, Y.; Wang, Q.; Qiu, F. G.; Jin, Y. *Org. Process Res. Dev.* **2018**, *22*, 377−384.
13. Palm, A.; Knopf, C.; Schmalzbauer, B.; Menche, D. *Org. Lett.* **2019**, *21*, 1939−1942.
14. Ma, X.; Liu, Y.; Du, L.; Zhou, J.; Marko, I. E. *Nat. Commun.* **2020**, *1*, 914.

Baker–Venkataraman 重排反应

碱催化下转变 α-酰氧酮为 β-二酮的重排反应，后者可用于制备（类）黄酮。

Example 1, 氨甲酰基 Baker–Venkataraman 重排反应[5]

Example 2, 氨甲酰基上发生 Baker–Venkataraman 重排反应后再环化[6]

Example 3, Baker–Venkataraman 重排反应[9]

Example 4, Baker–Venkataraman 重排反应[10]

Example 5, *C*-芳基苷存在下的反应[11]

Example 6, 烯醇化的 Baker–Venkataraman 重排反应 [12]

References

1. Baker, W. *J. Chem. Soc.* **1933**, 1381–1389. 贝克(W. Baker, 1900–2002)出生于英国的Buncorn，分别在曼彻斯特跟拉普沃斯(A. Lapworth)，在牛津跟罗宾森(R. Robinson)学习化学。1943年，贝克第一个确认青霉素中含有硫原子。罗宾森曾为此对贝克说，那真是你礼帽上的荣誉标记。贝克在布里斯托尔大学(University of Bristol)开始独立的科学生涯，并于1965年在化学院院长的岗位上退休。贝克因是一位世纪化学家而为人所知，退休后还在世达47年。
2. (a) Chadha, T. C.; Mahal, H. S.; Venkataraman, K. *Curr. Sci.* **1933**, *2*, 214–215. (b) Mahal, H. S.; Venkataraman, K. *J. Chem. Soc.* **1934**, 1767–1771. 维恩卡塔拉曼(K. Venkataraman)在曼彻斯特得罗宾森(R.Robinson)指导下学习，后来回到印度并成为位于Poona的国立化学实验室的主任。
3. Kraus, G. A.; Fulton, B. S.; Wood, S. H. *J. Org. Chem.* **1984**, *49*, 3212–3214.
4. Reddy, B. P.; Krupadanam, G. L. D. *J. Heterocycl. Chem.* **1996**, *33*, 1561–1565.
5. Kalinin, A. V.; da Silva, A. J. M.; Lopes, C. C.; Lopes, R. S. C.; Snieckus, V. *Tetrahedron Lett.* **1998**, *39*, 4995–4998.
6. Kalinin, A. V.; Snieckus, V. *Tetrahedron Lett.* **1998**, *39*, 4999–5002.
7. Thasana, N.; Ruchirawat, S. *Tetrahedron Lett.* **2002**, *43*, 4515–4517.
8. Santos, C. M. M.; Silva, A. M. S.; Cavaleiro, J. A. S. *Eur. J. Org. Chem.* **2003**, 4575–4585.
9. Krohn, K.; Vidal, A.; Vitz, J.; Westermann, B.; Abbas, M.; Green, I. *Tetrahedron: Asymmetry* **2006**, *17*, 3051–3057.
10. Yu, Y.; Hu, Y.; Shao, W.; Huang, J.; Zuo, Y.; Huo, Y.; An, L.; Du, J.; Bu, X. *E. J. Org. Chem.* **2011**, 4551–4563.
11. Yao, C.-H.; Tsai, C.-H.; Lee, J.-C. *J. Nat. Prod.* **2016**, 1719–1723.
12. St-Gelais, A.; Alsarraf, J.; Legault, J.; Gauthier, C.; Pichette, A. *Org. Lett.* **2018**, *20*, 7424–7428.
13. Kshatriya, R.; Jejurkar, V. P.; Saha, S. *Tetrahedron* **2018**, *74*, 811–833. (Review).
14. Liu, Q.; Mu, Y.; An, Q.; Xun, J.; Ma, J.; Wu, W.; Xu, M.; Xu, J.; Han, L.; Huang, X. *Bioorg. Chem.* **2020**, *94*, 103420.

Bamford–Stevens反应

Bamford-Stevens反应和Shapiro反应(参见486页)有相同的机理。前者使用如Na、NaOMe、LiH、NaH、NaNH$_2$为碱和加热等条件,后者使用烷基锂和格氏试剂为碱。结果是Bamford-Stevens反应得到多取代的热力学稳定的烯,Shapiro反应一般得到少取代的动力学产物烯。

在质子性溶剂(S–H)中：

在非质子性溶剂中：

Example 1, 串联Bamford–Stevens–脂肪族Claisen热重排反应[6]

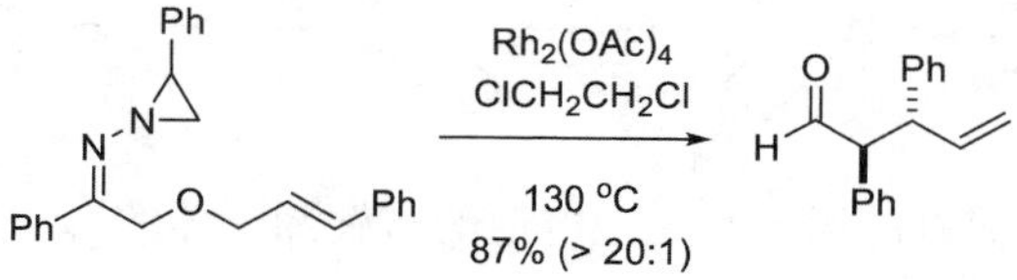

底物N–氮杂环丙基亚胺亦称Eschenmoser腙

Example 2, 热Bamford–Stevens反应[6]

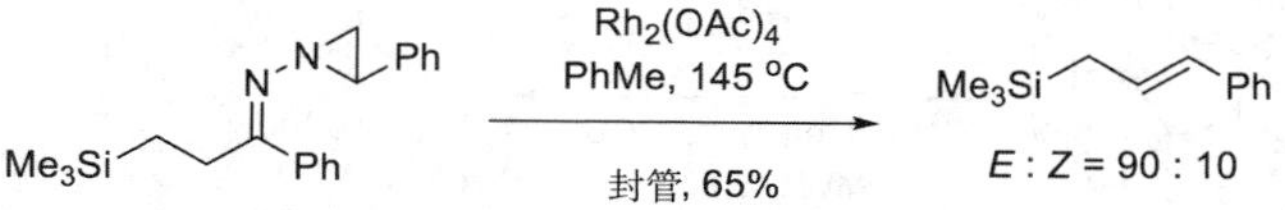

Example 3[7]

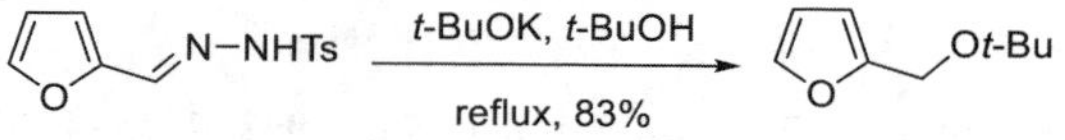

Example 4[8]

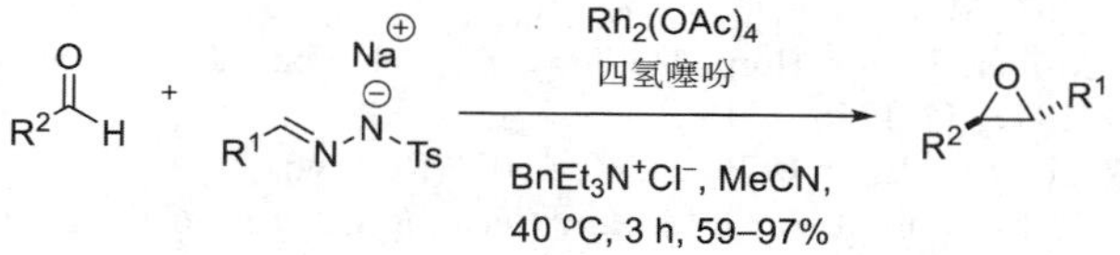

Example 5, 经流动Bamford–Stevens反应从芳基磺酸腙到重氮酯[11]

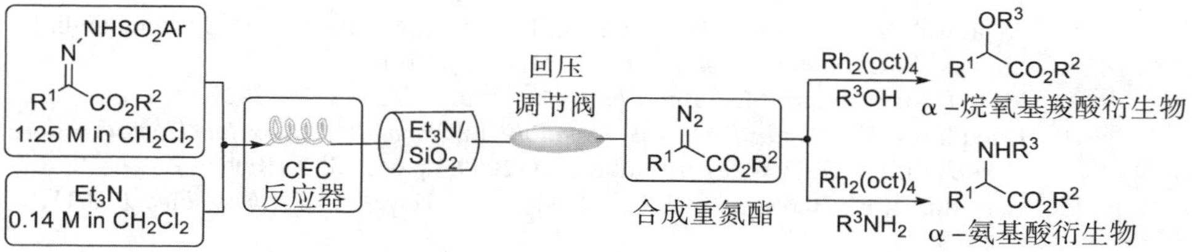

CFC = 连续流动离心

Example 6, 合成卡宾前体[12]

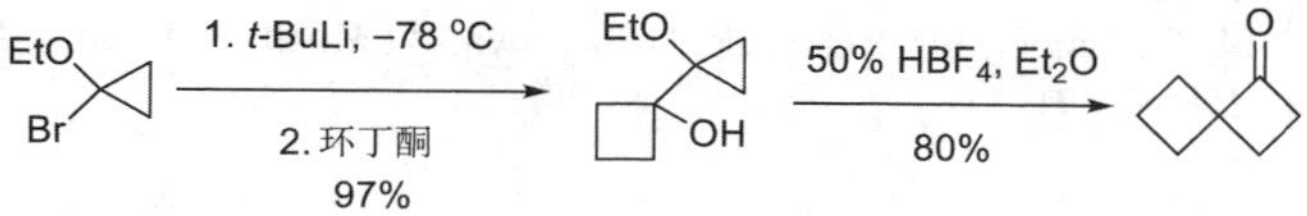

Example 7, 微波促进的用于有机光电池的富勒烯受体的合成[12]

References

1. Bamford, W. R.; Stevens, T. S. M. *J. Chem. Soc.* **1952,** 4735–4740. 史蒂文思(T. Stevens, 1900–2000)出生于苏格兰的Renfrew, 是又一位百岁化学家。他和他的学生班福特(W.R.Bamford)在英国的谢菲尔德大学(University of Sheffield)发表了本论文。史蒂文思的另一个人名反应是McFadyen-Stevens反应。
2. Felix, D.; Müller, R. K.; Horn, U.; Joos, R.; Schreiber, J.; Eschenmoser, A. *Helv. Chim. Acta* **1972,** *55,* 1276–1319.
3. Shapiro, R. H. *Org. React.* **1976,** *23,* 405–507. (Review).
4. Adlington, R. M.; Barrett, A. G. M. *Acc. Chem. Res.* **1983,** *16,* 55–59. (Review on the Shapiro reaction).
5. Chamberlin, A. R.; Bloom, S. H. *Org. React.* **1990,** *39,* 1–83. (Review).
6. Sarkar, T. K.; Ghorai, B. K. *J. Chem. Soc., Chem. Commun.* **1992,** *17,* 1184–1185.
7. Chandrasekhar, S.; Rajaiah, G.; Chandraiah, L.; Swamy, D. N. *Synlett* **2001,** 1779–1780.
8. Aggarwal, V. K.; Alonso, E.; Hynd, G.; Lydon, K. M.; Palmer, M. J.; Porcelloni, M.; Studley, J. R. *Angew. Chem. Int. Ed.* **2001,** *40,* 1430–1433.
9. May, J. A.; Stoltz, B. M. *J. Am. Chem. Soc.* **2002,** *124,* 12426–12427.
10. Humphries, P. *Bamford–Stevens Reaction.* In *Name Reactions for Homologations-Part II*; Li, J. J., Ed.; Wiley: Hoboken, NJ, **2009,** pp 642–652. (Review).
11. Bartrum, H. E.; Blakemore, D. C.; Moody, C. J.; Hayes, C. J. *Chem. Eur. J.* **2011,** *17,* 9586–9589.
12. Rosenberg, M.; Schrievers, T.; Brinker, U. H. *J. Org. Chem.* **2016,** *81,* 12388–12400.
13. Campisciano, V.; Riela, S.; Noto, R.; Gruttadauria, M.; Giacalone, F. *RSC Adv.* **2014,** *108,* 63200–63207.
14. Meichsner, E.; Nierengarten, I.; Holler, M.; Chesse, M.; Nierengarten, J.-F. *Helv. Chim. Acta* **2018,** *101,* e180059.
15. Jana, S.; Li, F.; Empel, C.; Verspeek, D.; Aseeva, P.; Koenigs, R. M. *Chem. Eur. J.* **2020,** *26,* 2586–2591.

Barbier 偶联反应

Barbier 反应是在 Mg、Al、Zn、In、Sn 或它们的盐存在下在烷基卤代物和作为亲电体的羰基底物之间发生的一类反应。反应产物是伯、仲或叔醇。参见 231 页上的格氏反应。

$$R^1R^2C=O \xrightarrow{R^3X, M} [R^3\text{-}M] \longrightarrow R^1R^2C(OH)R^3$$

通常认为,就地生成的有机金属中间体(金属为 Mg、Li、Sm、Zn、La 等)立即被羰基化合物捕获。但最近的实验和理论研究都表明,Barbier 偶联反应是通过单电子转移(SET)路径而实现的。

有机金属中间体就地生成：

$$R^3\text{-}X \xrightarrow{SET\text{-}1} [R^3\text{-}X]^{\bullet} M^{\oplus} \xrightarrow{-MX} [R^3]^{\bullet} \longrightarrow R^3 \cdot M \xrightarrow{SET\text{-}2} R^3\text{-}M$$

离子机理：

SET 机理：

Example 1[6]

Example 2[9]

$$\text{Me} \underset{\text{NHCO}_2\text{Et}}{\overset{\text{O}}{\underset{|}{\text{C}}}}\text{Ph} + \text{Br}\diagdown\diagdown \xrightarrow[0\ °C,\ 82\%,\ 95\%\ de]{\text{Zn, THF, aq. NH}_4\text{Cl}} \text{Me}\underset{\text{NHCO}_2\text{Et}}{\overset{\text{HO}\ \ \text{Ph}}{\underset{|}{\text{C}}}}\diagdown\diagdown$$

Example 3[10]

$$n\text{-C}_4\text{H}_9\text{Br} + \text{H}_3\text{C}\diagdown\diagdown\text{Cl} \xrightarrow[\text{THF, rt, 1.5 h, 86\%}]{\text{Mg}\ \ 20\ \text{mol\%}\ \text{CuCN}} \text{H}_3\text{C}\diagdown\diagdown n\text{-C}_4\text{H}_9 + \underset{n\text{-C}_4\text{H}_9}{\diagdown\diagdown}$$

10 : 90

Example 4, 分子内 Barbier 反应[11]

<chemical structure: aryl ether with pendant iodoalkyl chain, —OBn aryl group; n-BuLi, THF, −78 °C, 96% → tetrahydropyran product with OH>

Example 5, 下列五步反应可以整个一锅化完成[12]

<chemical scheme: (Ipc)$_2$BCl + BrCH$_2$C≡CH>

1. 1 equiv In, THF, rt, 30 min.
2. 正己烷

→ (Ipc)$_2$B–allenyl

1. PhCOCH$_3$, THF, −78 °C, 1 h
2. −78 °C to rt, 2 h
3. F$_3$B·OEt$_2$, (5 mol %), 2 equiv CH$_3$CHO, rt, 16 h
77%, 5 steps

→ Ph-C(OH)(CH$_3$)-CH$_2$-C≡CH, 36% ee

Example 6, 克服张力和立体位阻的一个由铜化物促进的Barbier反应[13]

<chemical scheme: TMSO-substituted bicyclic vinyl bromide with methoxypyranone, n-Bu$_2$CuCN·LiCN, Et$_2$O, −50 °C, 70% → hydroxyl product>

Example 7, CpTiCl$_2$ 是一个改进型Ti(III)催化剂[14]

锰屑还原 CpTiCl$_3$ 到 CpTiCl$_2$

Example 8, 由Co(II)催化的芳基卤与芳香醛或亚胺之间的Barbier反应[15]

References

1. Barbier, P. *C. R. Hebd. Séances Acad. Sci.* **1899**, *128,* 110–111. 巴比耶(P. Barbier, 1848–1922) 出生于法国的Luzy。他用Zn和Mg研究萜类化合物并建议他的学生格利雅(V. Grignard)用Mg。格利雅发明了格氏试剂并获得1912年度诺贝尔化学奖。
2. Grignard, V. *C. R. Hebd. Séances Acad. Sci.* **1900**, *130,* 1322–1324.
3. Moyano, A.; Pericás, M. A.; Riera, A.; Luche, J.-L. *Tetrahedron Lett.* **1990**, *31*, 7619–7622. (Theoretical study).
4. Alonso, F.; Yus, M. *Rec. Res. Dev. Org. Chem.* **1997**, *1*, 397–436. (Review).
5. Russo, D. A. *Chem. Ind.* **1996**, *64*, 405–409. (Review).
6. Basu, M. K.; Banik, B. *Tetrahedron Lett.* **2001**, *42*, 187–189.
7. Sinha, P.; Roy, S. *Chem. Commun.* **2001**, 1798–1799.
8. Lombardo, M.; Gianotti, K.; Licciulli, S.; Trombini, C. *Tetrahedron* **2004**, *60*, 11725–11732.
9. Resende, G. O.; Aguiar, L. C. S.; Antunes, O. A. C. *Synlett* **2005**, 119–120.
10. Erdik, E.; Kocoglu, M. *Tetrahedron Lett.* **2007**, *48*, 4211–4214.
11. Takeuchi, T.; Matsuhashi, M.; Nakata, T. *Tetrahedron Lett.* **2008**, *49*, 6462–6465.
12. Hirayama, L. C.; Haddad, T. D.; Oliver, A. G.; Singaram, B. *J. Org. Chem.* **2012**, *77*, 4342–4353.
13. Rizzo, A.; Tauner, D. *Org. Lett.* **2018**, *20*, 1841–1844.
14. Roldan-Molina, E.; Padial, N. M.; Lezama, L.; Oltra, J. E. *Eur. J. Org. Chem.* **2018**, 5997–6001.
15. Presset, M.; Paul, J.; Cherif, G. N.; Ratnam, N.; Laloi, N.; Leonel, E.; Gosmini, C.; Le Gall, E. *Chem. Eur. J.* **2019**, *25*, 4491–4495.
16. Beaver, M. G.; Shi, Xi.; Riedel, J.; Patel, P.; Zeng, A.; Corbett, M. T.; Robinson, J. A.; Parsons, A. T.; Cui, S.; Baucom, K.; et al. *Org. Process Res. Dev.* **2020**, *24*, 490–499.

Barton–McCombie 去氧反应

醇的硫羰基衍生物可发生自由基裂解脱氧反应。

Example 1[2]

Example 2[5]

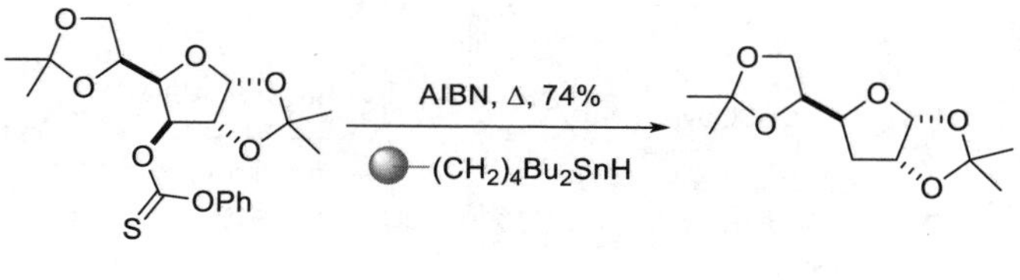

Example 3[6]

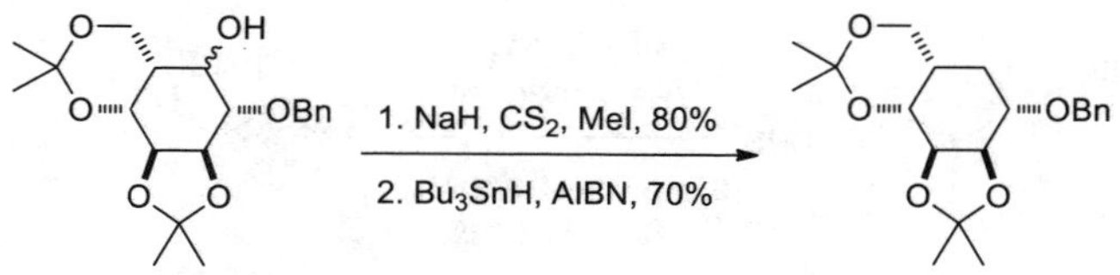

Example 4[7]

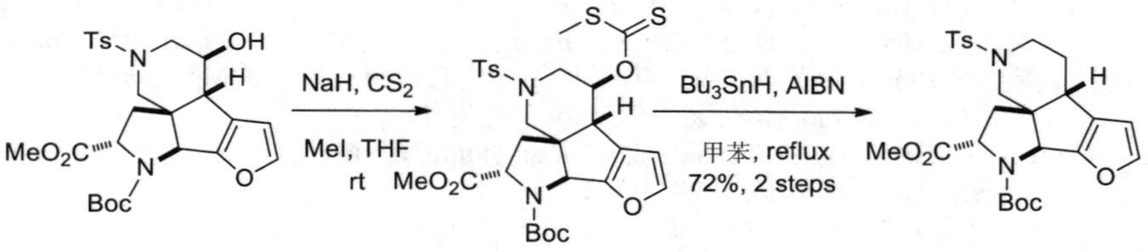

Example 5[8]

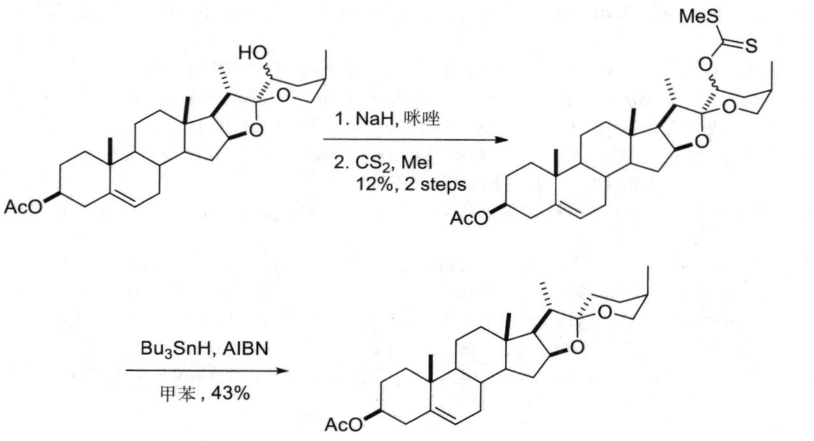

Example 6 [10]

Example 7 [11]

References

1. Barton, D. H. R.; McCombie, S. W. *J. Chem. Soc., Perkin Trans. 1* **1975**, 1574–1585. 麦考姆比 (S. McCombie) 是巴顿 (D. Barton) 的学生，其操作的第一个 Barton-McCombie 去氧反应所用到的底物及三正丁基锡化物均借自他组。后在被 Merck 公司收购的先灵葆雅 (Schering-Plough) 公司工作多年，现已退休。
2. Gimisis, T.; Ballestri, M.; Ferreri, C.; Chatgilialoglu, C.; Boukherroub, R.; Manuel, G. *Tetrahedron Lett.* **1995**, *36*, 3897–3900.
3. Zard, S. Z. *Angew. Chem. Int. Ed.* **1997**, *36*, 673–685.
4. Lopez, R. M.; Hays, D. S.; Fu, G. C. *J. Am. Chem. Soc.* **1997**, *119*, 6949–6950.
5. Boussaguet, P.; Delmond, B.; Dumartin, G.; Pereyre, M. *Tetrahedron Lett.* **2000**, *41*, 3377–3380.
6. Gómez, A. M.; Moreno, E.; Valverde, S.; López, J. C. *Eur. J. Org. Chem.* **2004**, 1830–1840.
7. Deng, H.; Yang, X.; Tong, Z.; Li, Z.; Zhai, H. *Org. Lett.* **2008**, *10*, 1791–1793.
8. Mancuso, J. *Barton–McCombie deoxygenation.* In *Name Reactions for Homologations-Part I*; Li, J. J., Ed.; Wiley: Hoboken, NJ, **2009**, pp 614–632. (Review).
9. McCombie, S. W.; Motherwell, W. B.; Tozer, M. J. *The Barton–McCombie Reaction*, In *Org. React.* **2012**, *77*, pp 161–591. (Review).
10. Sulake, R. S.; Lin, H.-H.; Hsu, C.-Y.; Weng, C.-F.; Chen, C. *J. Org. Chem.* **2015**, *80*, 6044–6051.
11. Satyanarayana, V.; Chaithanya Kumar, G.; Muralikrishna, K.; Singh Yadav, J. *Tetrahedron Lett.* **2018**, *59*, 2828–2830.
12. McCombie, S. W.; Quiclet-Sire, B.; Zard, S. Z. *Tetrahedron* **2018**, *74*, 4969–4979. (Review of mechanism).
13. Wu, J.; Baer, R. M.; Guo, L.; Noble, A.; Aggarwal, V. K. *Angew. Chem. Int. Ed.* **2019**, *58*, 18830–18834.

Beckmann 重排反应

肟在酸介质中异构化为酰胺。
质子酸中：

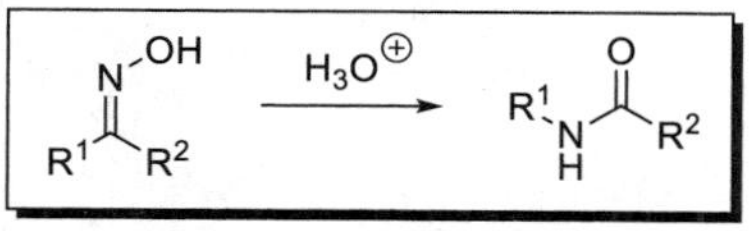

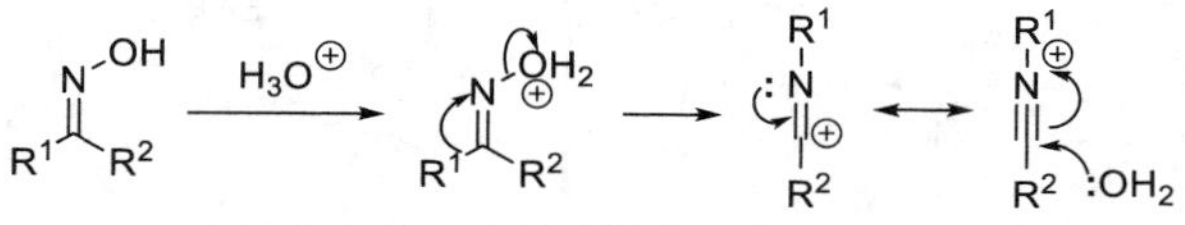

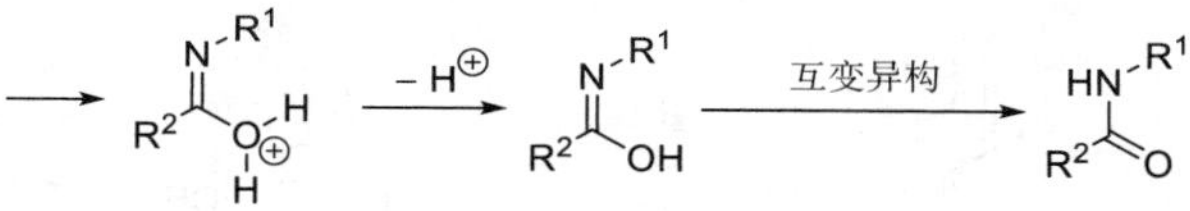

用 PCl_5：

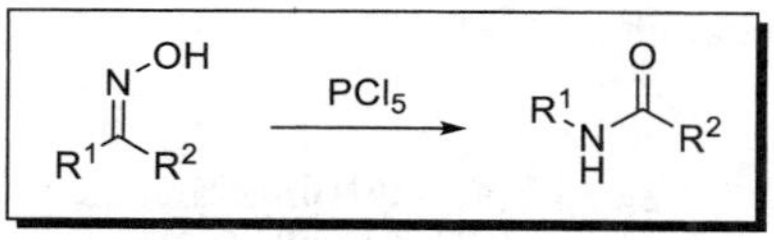

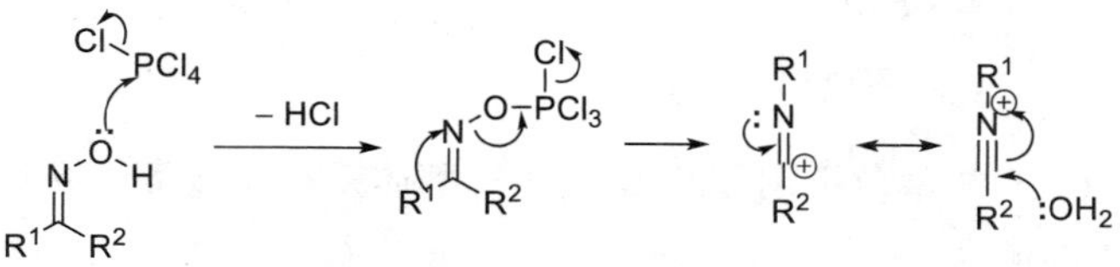

仍然是与离去基反式的取代基发生迁移

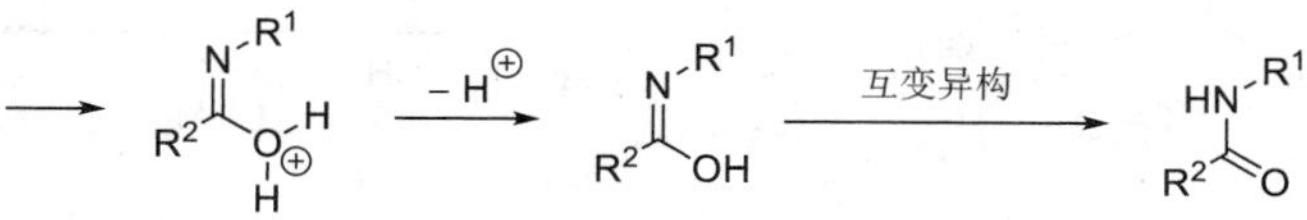

Example 1, 微波 (MW) 反应 [3]

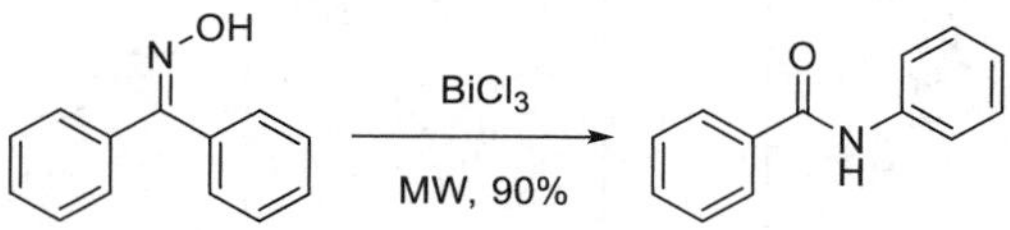

（二苯甲酮肟 + $BiCl_3$ / MW, 90% → N-苯基苯甲酰胺）

Example 2[4]

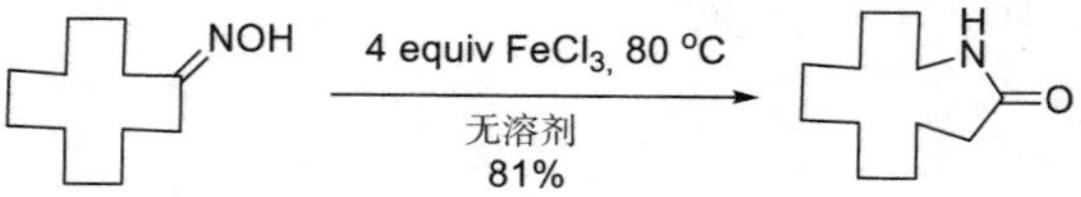

[structure: cyclododecanone oxime] → 4 equiv FeCl₃, 80 °C, 无溶剂, 81% → [lactam]

Example 3[6]

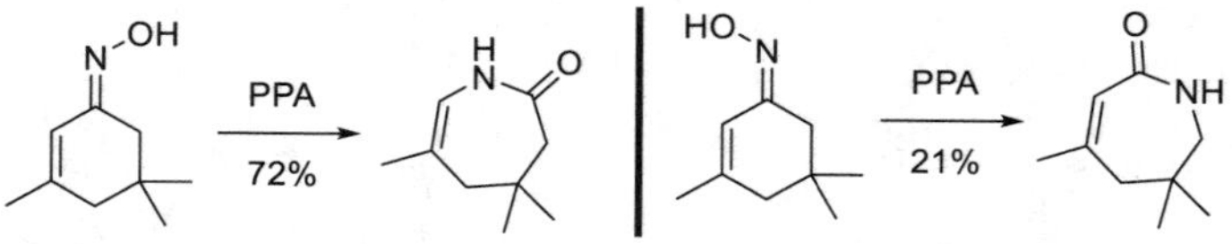

[structure] —PPA, 72%→ [azepinone] | [structure] —PPA, 21%→ [azepinone]

Example 4[8]

[structure, syn] —p-TsCl/Et₃N, THF, 10% K₂CO₃, 80%→ [OEt-substituted azepinone]

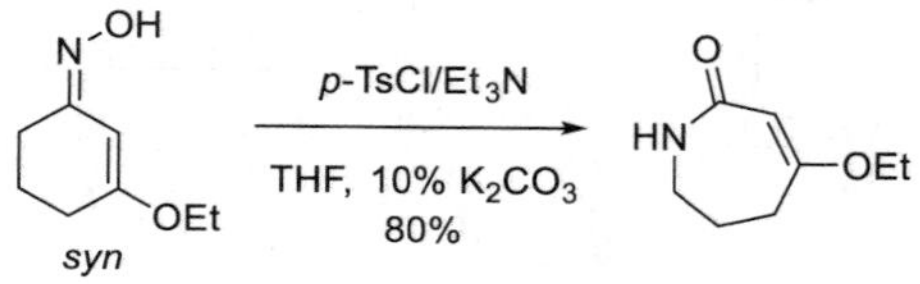

Example 5, 自由基 Beckmann 重排[11]

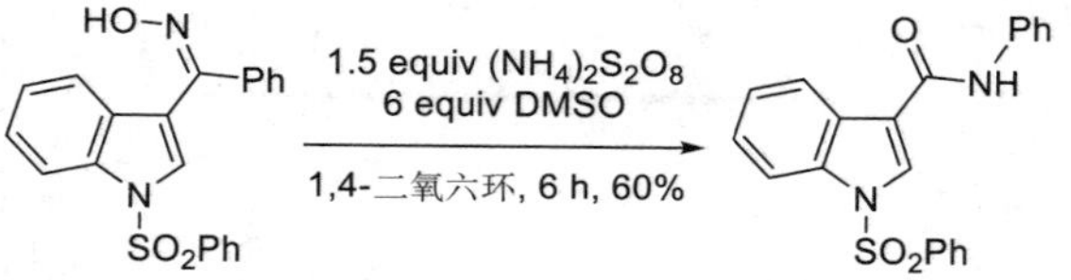

[indole oxime structure] —1.5 equiv (NH₄)₂S₂O₈, 6 equiv DMSO, 1,4-二氧六环, 6 h, 60%→ [indole amide]

Example 6, 有机催化下用硼酸/全氟频哪醇体系在环境条件下发生的 Beckman 重排反应[12]

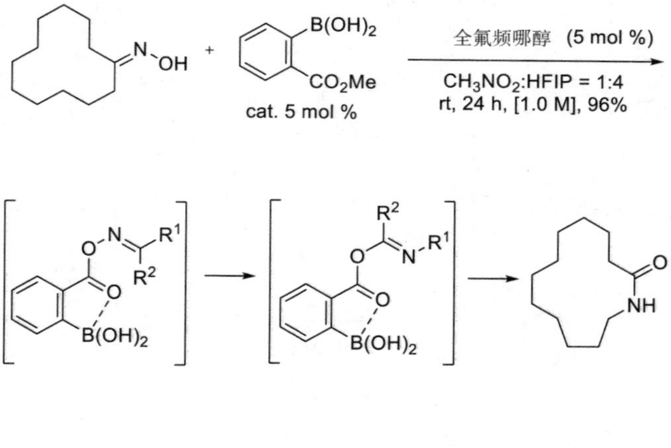

[cyclododecanone oxime] + [2-(B(OH)₂)-benzoate CO₂Me, cat. 5 mol %] —全氟频哪醇 (5 mol %), CH₃NO₂:HFIP = 1:4, rt, 24 h, [1.0 M], 96%→ [lactam]

[intermediate 1] → [intermediate 2] → [macrolactam product]

Example 7, 穿心莲内酯衍生物的Beckman重排反应[13]

References

1. Beckmann, E. *Chem. Ber.* **1886**, *89*, 988. 贝克曼(E. O. Beckmann, 1853–1923)出生于德国的Solingen并在莱比锡学习化学和药学。除了本反应外, 他还发明了由冰点和沸点下降来测量相对分子质量的方法, 所需温度计被俗称为贝克曼温度计。
2. Gawley, R. E. *Org. React.* **1988**, *35*, 1–420. (Review).
3. Thakur, A. J.; Boruah, A.; Prajapati, D.; Sandhu, J. S. *Synth. Commun.* **2000**, *30*, 2105–2011.
4. Khodaei, M. M.; Meybodi, F. A.; Rezai, N.; Salehi, P. *Synth. Commun.* **2001**, *31*, 2047–2050.
5. Torisawa, Y.; Nishi, T.; Minamikawa, J.-i. *Bioorg. Med. Chem. Lett.* **2002**, *12*, 387–390.
6. Hilmey, D. G.; Paquette, L. A. *Org. Lett.* **2005**, *7*, 2067–2069.
7. Fernández, A. B.; Boronat, M.; Blasco, T.; Corma, A. *Angew. Chem. Int. Ed.* **2005**, *44*, 2370–2373.
8. Collison, C. G.; Chen, J.; Walvoord, R. *Synthesis* **2006**, 2319–2322.
9. Kumar, R. R.; Vanitha, K. A.; Balasubramanian, M. *Beckmann Rearrangement*. In *Name Reactions for Homologations-Part II*; Li, J. J., Ed.; Wiley: Hoboken, NJ, **2009**, pp 274–292. (Review).
10. Faraldos, J. A.; Kariuki, B. M.; Coates, R. M. *Org. Lett.* **2011**, *13*, 836–839.
11. Mahajan, P. S.; Humne, V. T.; Tanpure, S. D.; Mhaske, S. B. *Org. Lett.* **2016**, *18*, 3450–3453.
12. Mo, X.; Morgan, T. D. R.; Ang, H. T.; Hall, D. G. *J. Am. Chem. Soc.* **2018**, *140*, 5264–5271.
13. Wang, W.; Wu, Y.; Yang, K.; Wu, C.; Tang, R.; Li, H.; Chen, L. *Eur. J. Med. Chem.* **2019**, *173*, 282–293.
14. Zhang, Y.; Shen, S.; Fang, H.; Xu, T. *Org. Lett.* **2020**, *22*, 1244–1248.

反常的Beckmann重排反应

当迁移基(如R¹)从中间体上离去时会生成稳定的产物腈。

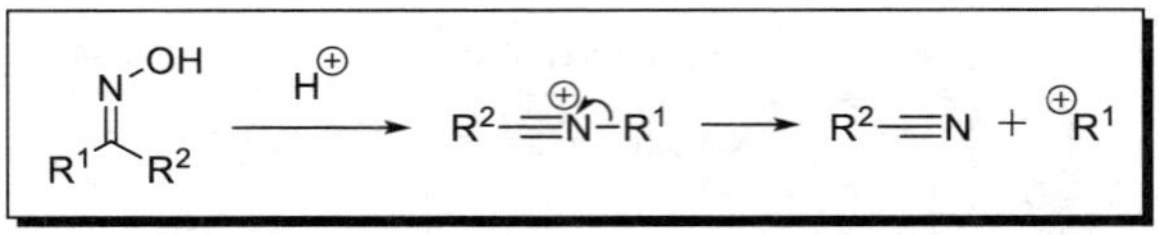

Example 1[9]

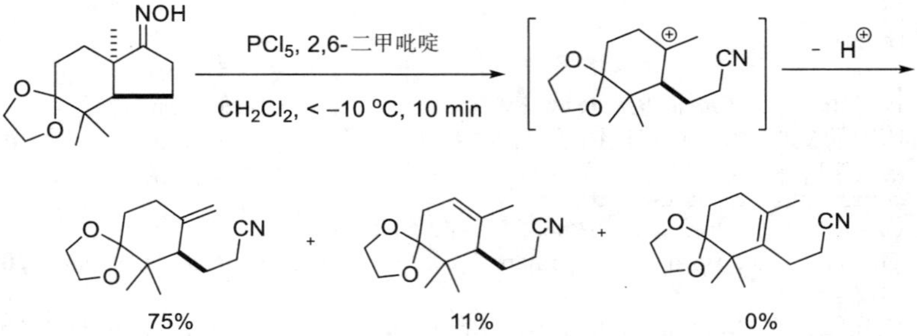

Example 2[10]

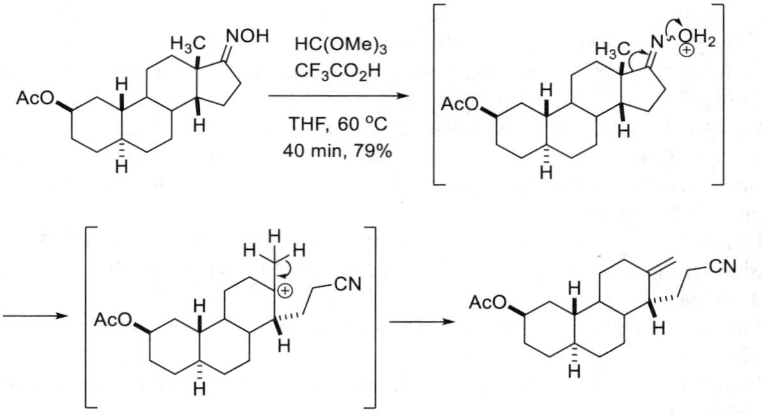

References

1. Cao, L.; Sun, J.; Wang, X.; Zhu, R. *Tetrahedron* **2007**, *63*, 5036–5041.
2. Wang, C.; Rath, N. P.; Covey, D. F. *Tetrahedron* **2007**, *63*, 7977–7984.
3. Gui, J.; Wang, Y.; Tian, H.; Gao, Y.; Tian, W. *Tetrahedron Lett.* **2014**, *55*, 4233–4235.
4. Alhifthi, A.; Harris, B. L.; Goerigk, L.; White, J. M.; Williams, S. J. *Org. Biomol. Chem.* **2017**, *15*, 0105–10115.

Benzilic(二苯乙醇酸)重排

二苯乙二酮由芳基迁移重排为二苯乙醇酸。

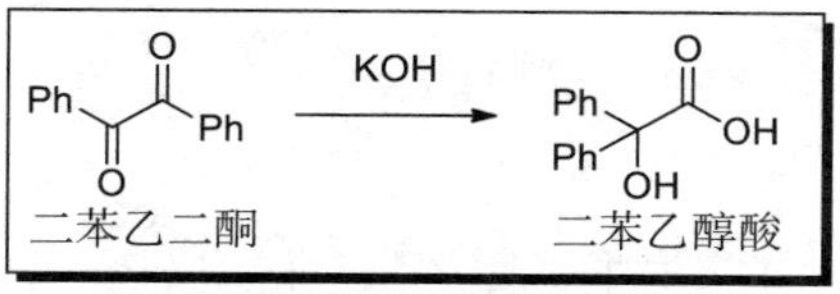

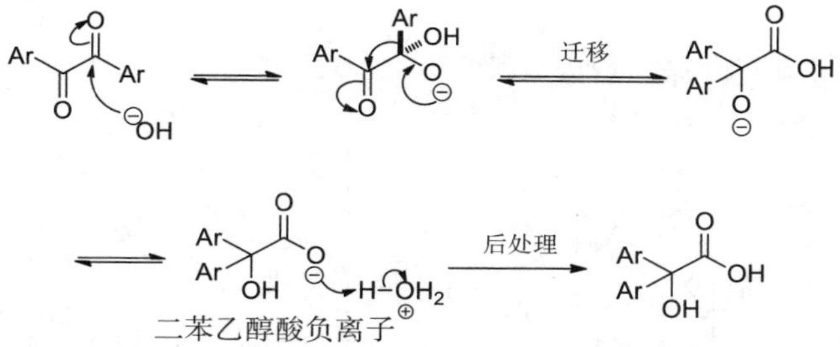

羧酸在最后一步去质子(后处理前)生成二苯乙醇酸负离子并驱动反应正向进行。

Example 1[3]

Example 2[6]

Example 3, 逆二苯乙醇酸重排 [7]

© Springer Nature Switzerland AG 2021
J. J. Li, *Name Reactions*, https://doi.org/10.1007/978-3-030-50865-4_10

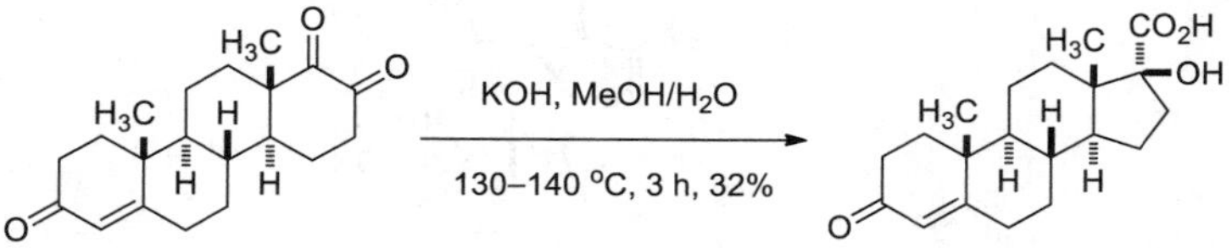

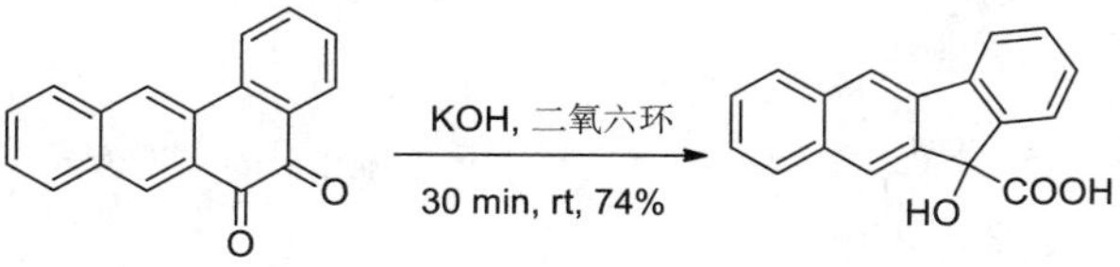

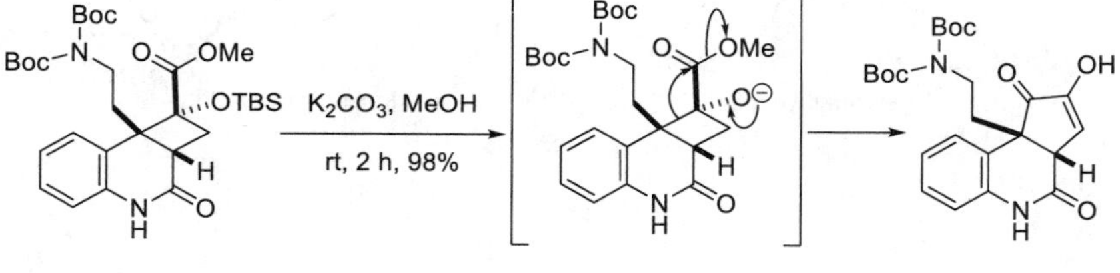

Example 4, 环丁-1,2-二酮[9]

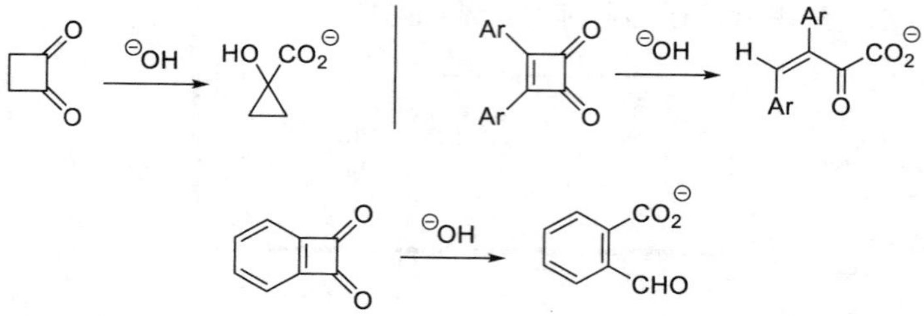
⊖OH
HO CO2⊖
Ar
O
H
CO2⊖
CHO

Example 5, 仿生的二苯乙醇酸重排[10]

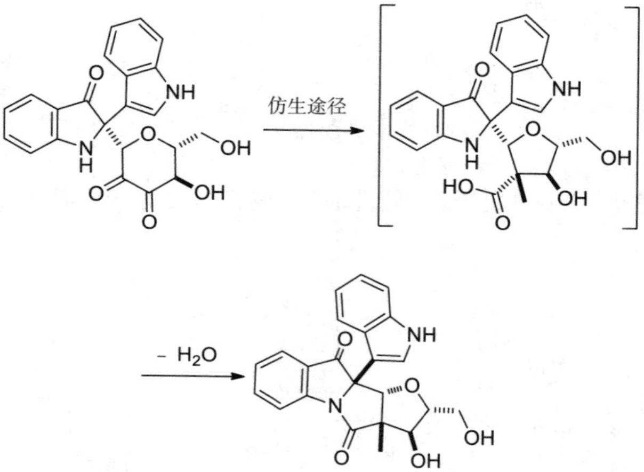
NH
OH
仿生途径
HO
- H2O
N

Example 6, 苯醌型安沙霉素(ansamycin)经二苯乙醇酸重排转为含环戊烯酮的大环内酰胺型安沙霉素[11]

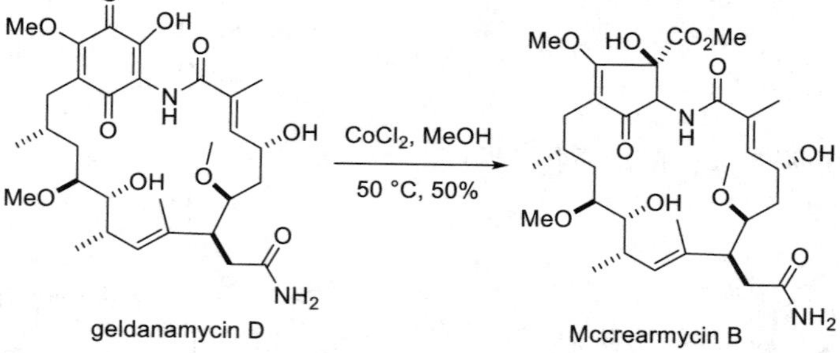
MeO
OH
NH2
CoCl2, MeOH
50 °C, 50%
CO2Me
geldanamycin D
Mccrearmycin B

Example 7, 仿生的二苯乙醇酸重排[12]

References

1. Liebig, J. *Justus Liebigs Ann. Chem.* **1838,** 27.李比希(J. von Liebig, 1803–1873)在巴黎受到盖吕萨克(J. L. Gay-Lussac, 1778–1850)的指导获得Ph. D.学位。他被任命为吉森大学(Giessen University)的化学系主任，该任命因李比希过于年轻而激起已在那儿工作的教授们强烈的妒忌。好在时间证明了这个挑选是极其明智的。李比希让吉森大学短期内就从一所平庸的大学成为欧洲有机化学的"圣地"。李比希被认为是现代有机化学之父。许多经典的人名反应都是在有他姓氏的*Justus Liebig Annalen der Chemie*上发表的。
2. Zinin, N. *Justus Liebigs Ann. Chem.* **1839,** *31*, 329.
3. Georgian, V.; Kundu, N. *Tetrahedron* **1963,** *19*, 1037–1049.
4. Robinson, J. M.; Flynn, E. T.; McMahan, T. L.; Simpson, S. L.; Trisler, J. C.; Conn, K. B. *J. Org. Chem.* **1991,** *56*, 6709–6712.
5. Fohlisch, B.; Radl, A.; Schwetzler-Raschke, R.; Henkel, S. *Eur. J. Org. Chem.* **2001,** 4357–4365.
6. Patra, A.; Ghorai, S. K.; De, S. R.; Mal, D. *Synthesis* **2006,** *15*, 2556–2562.
7. Selig, P.; Bach, T. *Angew. Chem. Int. Ed.* **2008,** *47*, 5082–5084.
8. Kumar, R. R.; Balasubramanian, M. *Benzilic Acid Rearrangement*. In *Name Reactions for Homologations-Part II*; Li, J. J., Ed.; Wiley: Hoboken, NJ, **2009**, pp 395–405. (Review).
9. Sultana, N.; Fabian, W. M. F. *Beilstein J. Org. Chem.* **2013,** *9,* 594–601.
10. Xiao, M.; Wu, W.; Wei, L.; Jin, X.; Yao, X.; Xie, Z. *Tetrahedron* **2015,** *71,* 3705–3714.
11. Wang, X.; Zhang, Y.; Ponomareva, L. V.; Qiu, Q.; Woodcock, R.; Elshahawi, S. I.; Chen, X.; Zhou, Z.; Hatcher, B. E.; Hower, J. C.; et al. *Angew. Chem. Int. Ed.* **2017,** *56*, 2994–2998.
12. Noack, F.; Hartmayer, B.; Heretsch, P. *Synthesis* **2018,** *50,* 809–820.
13. Novak, A. J. E.; Grigglestone, C. E.; Trauner, D. *J. Am. Chem. Soc.* **2019,** *141,* 15515–15518.

Benzoin(苯偶姻)缩合反应

氰根离子催化下芳香醛缩合为苯偶姻的反应。现在大部分场合下氰根离子已为噻唑鎓盐或杂环卡宾所代替。参见第516页上的Stetter反应。

Example 1[2]

Example 2[7]

Example 3[7]

© Springer Nature Switzerland AG 2021
J. J. Li, *Name Reactions*, https://doi.org/10.1007/978-3-030-50865-4_11

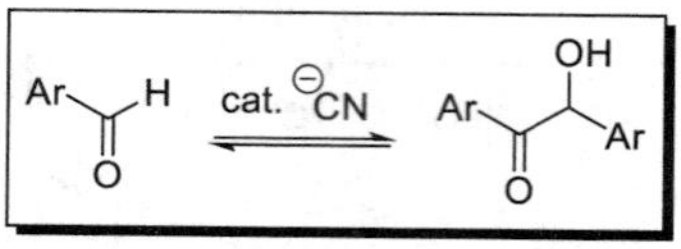

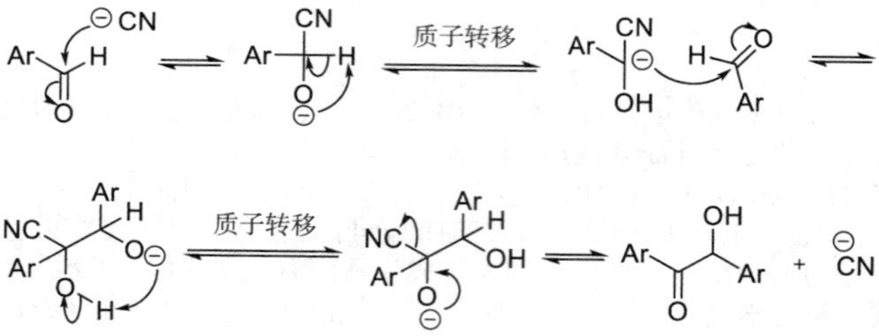

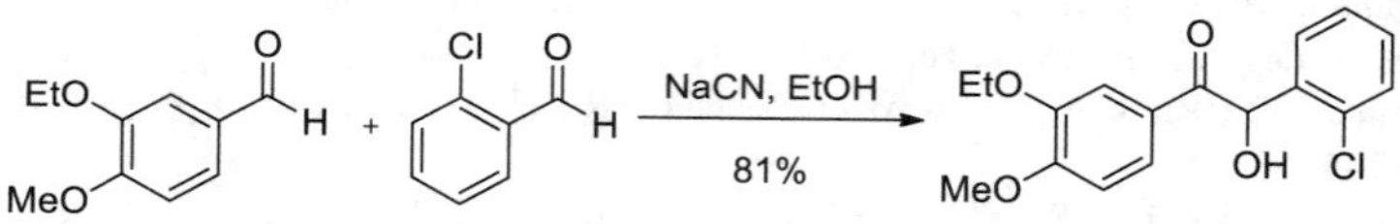

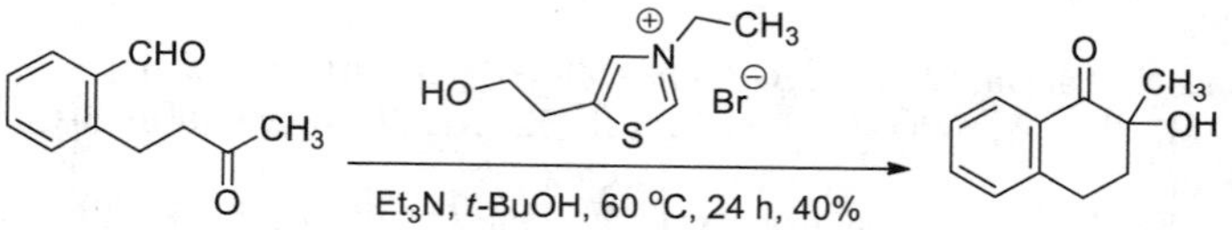

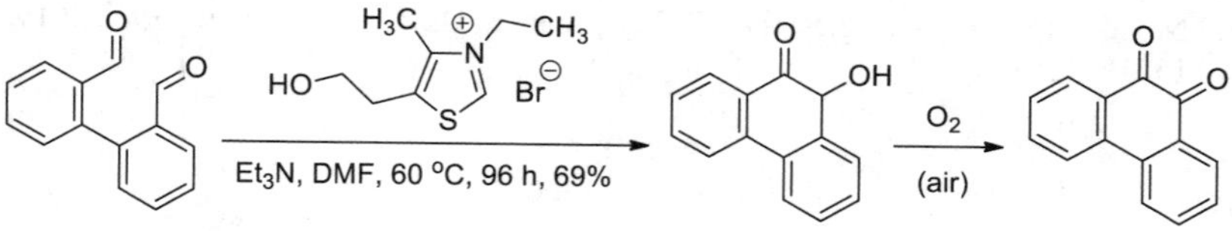

Example 4，伴随着Brook重排[9]

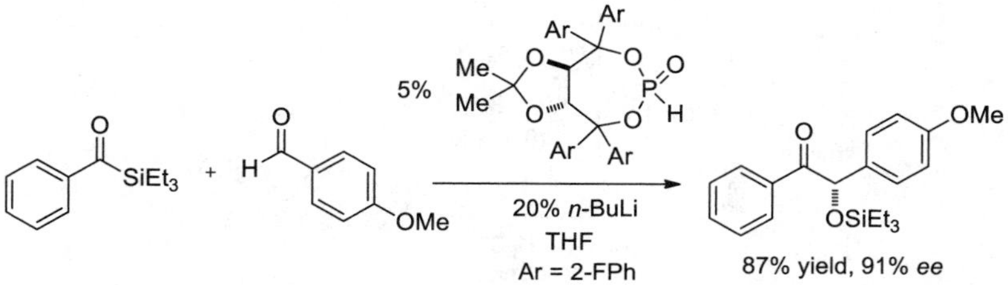

Example 5[10]

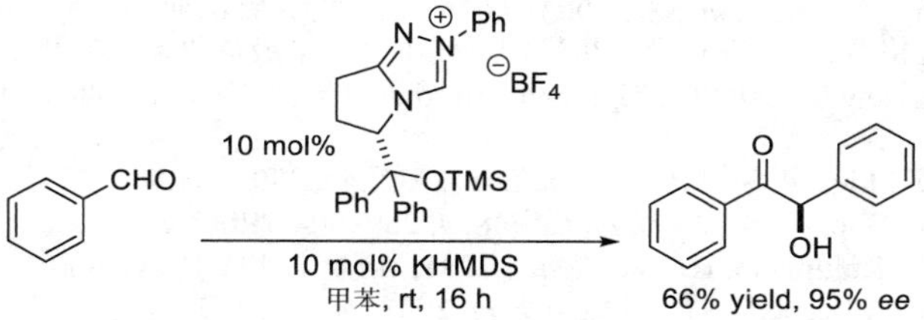

Example 6[12]

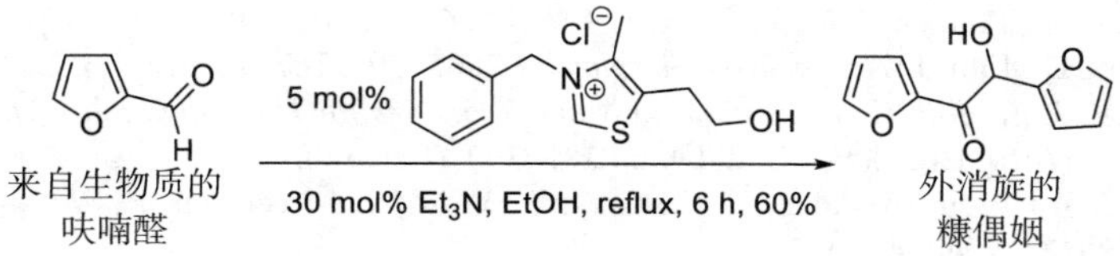

Example 7，NHC催化的交叉Benzoin缩合反应产生总体由底物控制的非对映选择性[13]

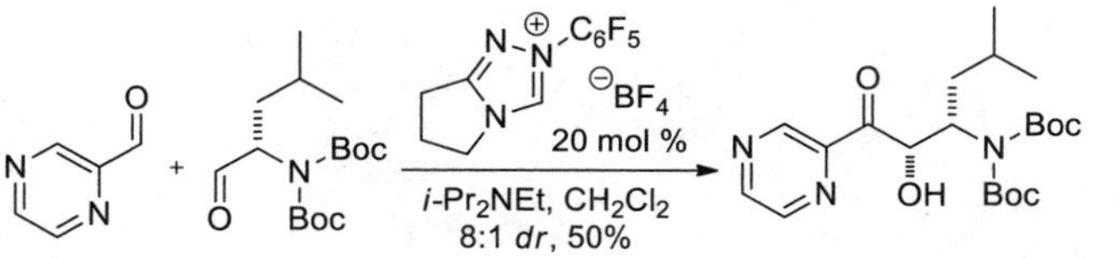

Example 8, 水相中NHC催化的不对称Benzoin缩合反应

References

1. Lapworth, A. J. *J. Chem. Soc.* **1903**, *83*, 995−1005. 拉普沃斯(A. Lapworth, 1872−1941)出生于苏格兰，是对有机反应机理的近代解释作出最重要贡献的开拓者之一。他在位于英国New Cross的The Goldmiths' Institute 的化学系工作期间发现了苯偶姻缩合反应。
2. Buck, J. S.; Ide, W. S. *J. Am. Chem. Soc.* **1932**, *54*, 3302−3309.
3. Ide, W. S.; Buck, J. S. *Org. React.* **1948**, *4*, 269−304. (Review).
4. Stetter, H.; Kuhlmann, H. *Org. React.* **1991**, *40*, 407−496. (Review).
5. White, M. J.; Leeper, F. J. *J. Org. Chem.* **2001**, *66*, 5124−5131.
6. Hachisu, Y.; Bode, J. W.; Suzuki, K. *J. Am. Chem. Soc.* **2003**, *125*, 8432−8433.
7. Enders, D.; Niemeier, O. *Synlett* **2004**, 2111−2114.
8. Johnson, J. S. *Angew. Chem. Int. Ed.* **2004**, *43*, 1326−1328. (Review).
9. Linghu, X.; Potnick, J. R.; Johnson, J. S. *J. Am. Chem. Soc.* **2004**, *126*, 3070−3071.
10. Enders, D.; Han, J. *Tetrahedron: Asymmetry* **2008**, *19*, 1367−1371.
11. Cee, V. J. *Benzoin Condensation*. In *Name Reactions for Homologations-Part I*; Li, J. J., Ed.; Wiley: Hoboken, NJ, **2009**, pp 381−392. (Review).
12. Kabro, A.; Escudero-Adan, E. C.; Grushin, V. V.; van Leeuwen, P. W. N. M. *Org. Lett.* **2012**, *14*, 4014−4017.
13. Duan, A.; Fell, J. S.; Yu, P.; Lam, C. Y.-h.; Gravel, M.; Houk, K. N. *J. Org. Chem.* **2019**, *84*, 13565−13571.

Bergman环化反应

从烯二炔经电环化反应生成1,4–苯基双自由基。

Δ 或
hv
氢供体

电环化
可逆的
烯二炔
1,4–苯基双自由基

Example 1[6]

DMSO, 180 °C, 24 h, 60%

Example 2[7]

hv
THF, 45%

© Springer Nature Switzerland AG 2021
J. J. Li, *Name Reactions*, https://doi.org/10.1007/978-3-030-50865-4_12

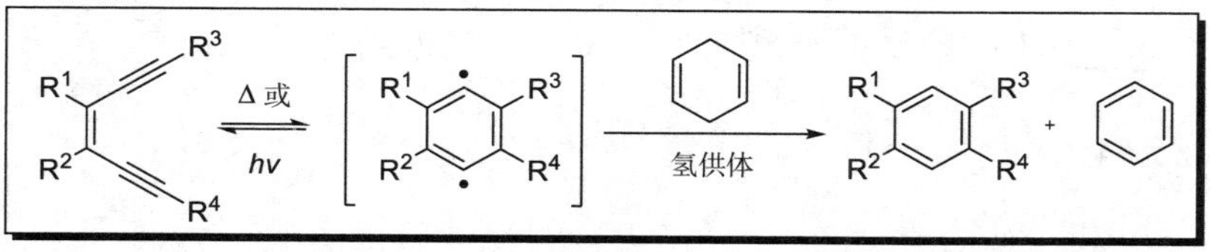

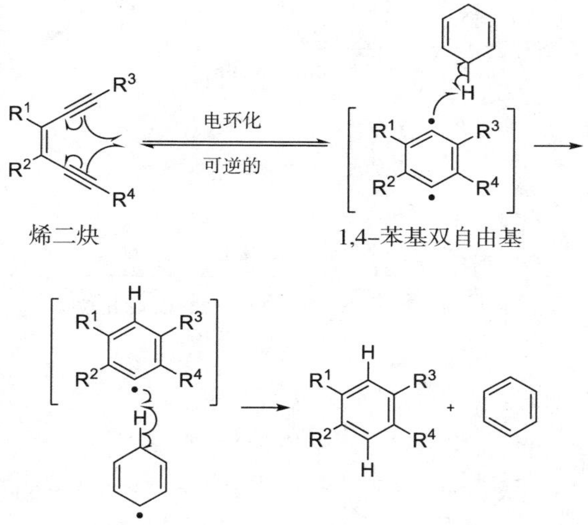

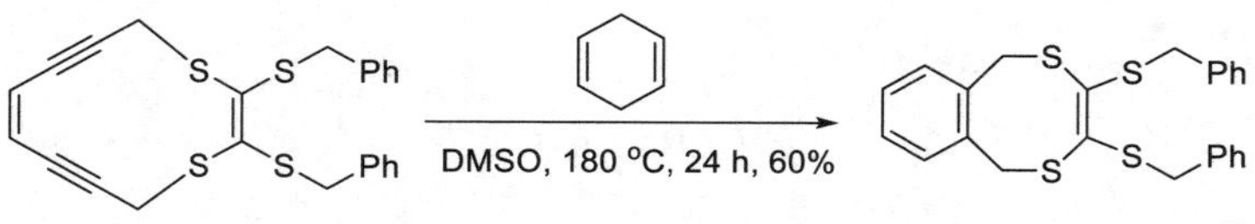

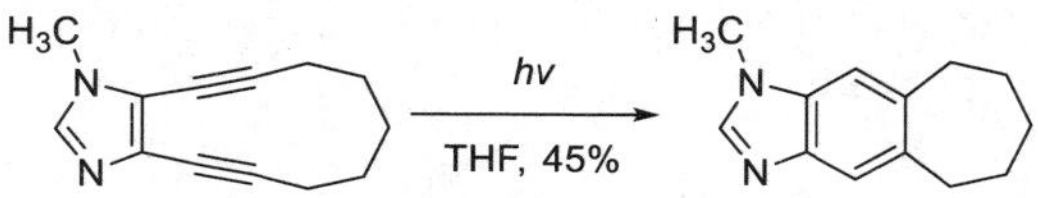

Example 3, Wolff 重排反应后再Bergman环化反应 [8]

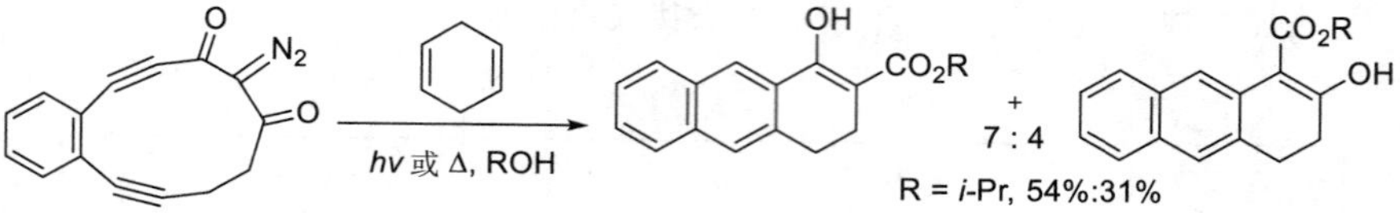

Example 4 [10]

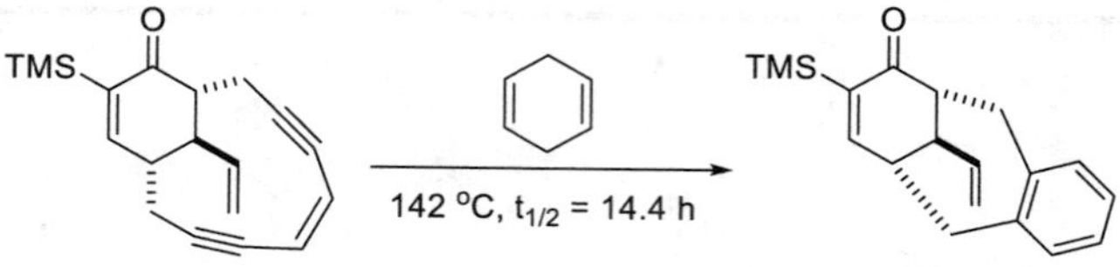

Example 5 [12]

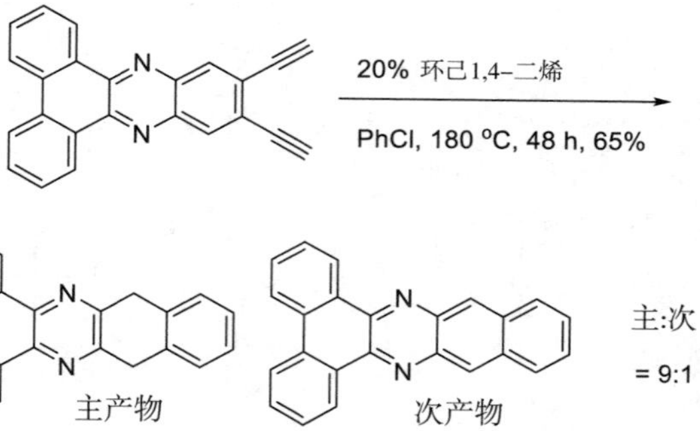

主产物   次产物   主:次 = 9:1

Example 5 [13]

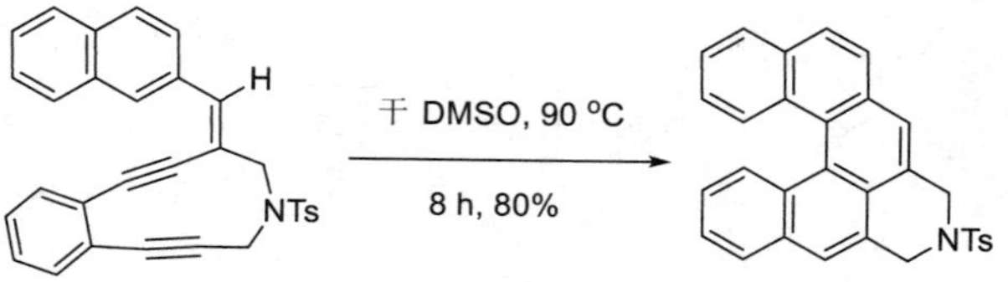

Example 6, 很流畅地对对苯炔的亲核加成反应 [15]

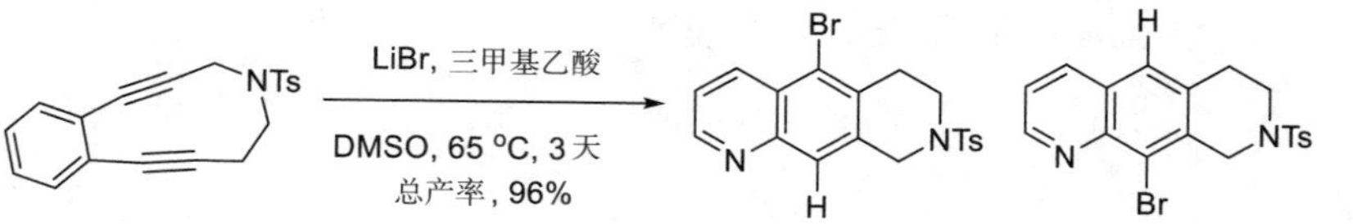

Example 7 [14]

References

1. Jones, R. R.; Bergman, R. G. *J. Am. Chem. Soc.* **1972,** *94,* 660–661. 贝格曼 (R. G. Bergman, 1942–)是加利福尼亚大学伯克利分校(University of California, Berkeley)的教授。他发现的Bergman环化反应对早先就了解的烯二炔类化合物的抗癌机理作出了圆满的注释。
2. Bergman, R. G. *Acc. Chem. Res.* **1973,** *6,* 25–31. (Review).
3. Myers, A. G.; Proteau, P. J.; Handel, T. M. *J. Am. Chem. Soc.* **1988,** *110,* 7212–7214.
4. Yus, M.; Foubelo, F. *Rec. Res. Dev. Org. Chem.* **2002,** *6,* 205–280. (Review).
5. Basak, A.; Mandal, S.; Bag, S. S. *Chem. Rev.* **2003,** *103,* 4077–4094. (Review).
6. Bhattacharyya, S.; Pink, M.; Baik, M.-H.; Zaleski, J. M. *Angew. Chem. Int. Ed.* **2005,** *44,* 592–595.
7. Zhao, Z.; Peacock, J. G.; Gubler, D. A.; Peterson, M. A. *Tetrahedron Lett.* **2005,** *46,* 1373–1375.
8. Karpov, G. V.; Popik, V. V. *J. Am. Chem. Soc.* **2007,** *129,* 3792–3793.
9. Kar, M.; Basak, A. *Chem. Rev.* **2007,** *107,* 2861–2890. (Review).
10. Lavy, S.; Pérez-Luna, A.; Kündig, E. P. *Synlett* **2008,** 2621–2624.
11. Pandithavidana, D. R.; Poloukhtine, A.; Popik, V. V. *J. Am. Chem. Soc.* **2009,** *131,* 351–356.
12. Spence, J. D.; Rios, A. C.; Frost, M. A.; et al. *J. Org. Chem.* **2012,** *77,* 10329–10339.
13. Das, E.; Basak, A. *Tetrahedron* **2013,** *69,* 2184–2192.
14. Williams, D. E.; Bottriell, H.; Davies, J.; Tietjen, I.; Brockman, M. A.; Andersen, R. J. *Org. Lett.* **2015,** *17,* 5304–5307.
15. Das, E.; Basak, S.; Anoop, A.; Chand, S.; Basak, A. *J. Org. Chem.* **2019,** *84,* 2911–2921.
16. Das, E.; Basak, A. *J. Org. Chem.* **2020,** *85,* 2697–2703.

Biginelli 反应

该反应亦称嘧啶酮合成反应,指芳香醛、尿素和 β–二羰基化合物在酸性醇溶液中一锅煮的缩合反应。此类缩合反应已得到扩展,属于多组分反应(MCRs)的一种。

Example 1[4]

Example 2[5]

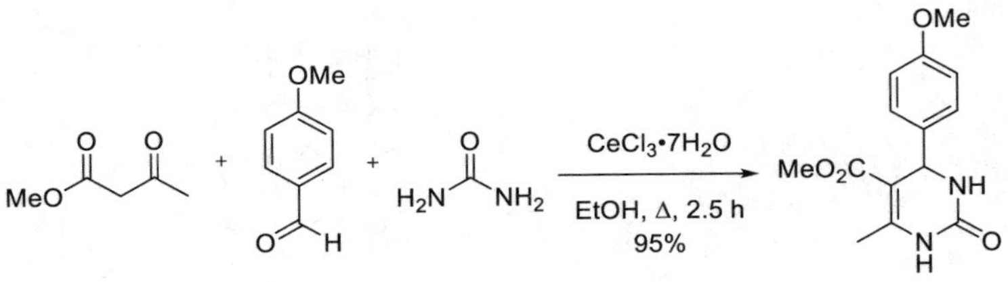

Example 3, 微波（μW）诱导的 Biginelli 综合反应[9]

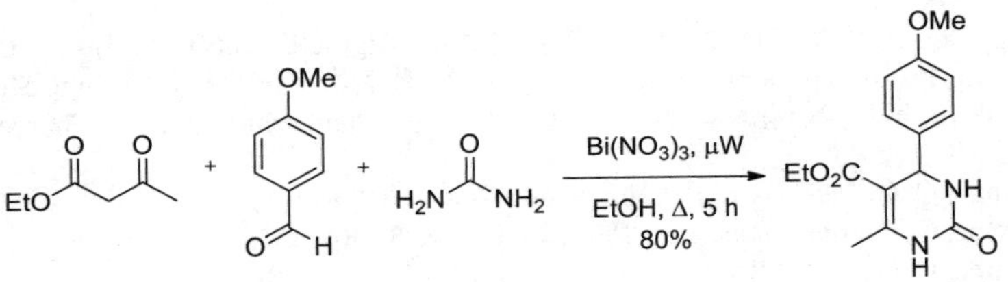

Example 3[10]

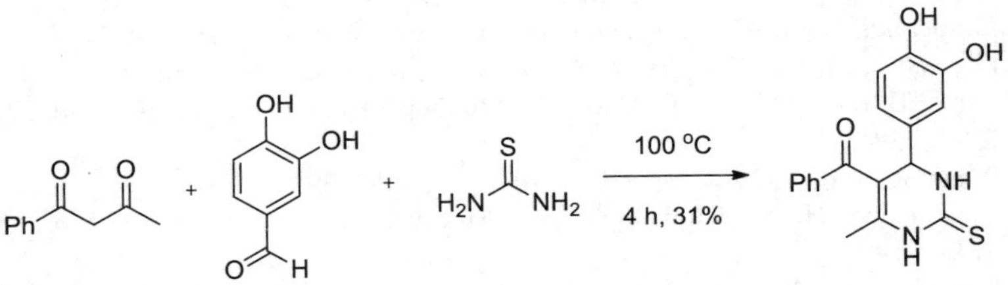

Example 4, 二重有机催化体系[13]

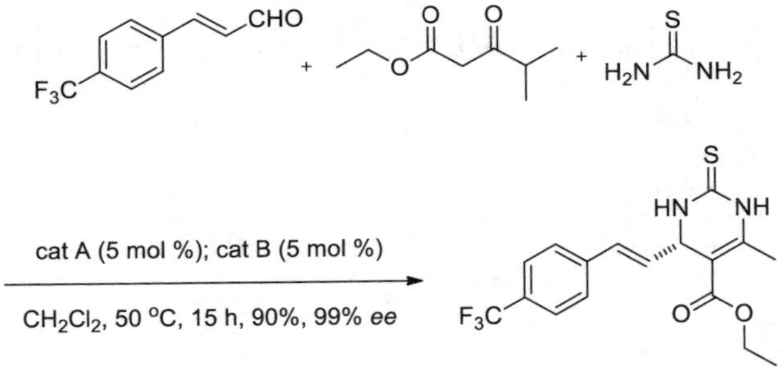

催化剂A　　　　　催化剂B

References

1. Biginelli, P. *Ber.* **1891**, *24*, 1317. 比吉内利(P. Biginelli, 1860–1937)当时在意大利罗马的Instituto Superiore disantita发表此文, 此后去了佛罗伦萨的Hugo Shiff[著名的Shiff(席夫)碱]化学实验室工作。他还是I.Guareschi(Guareschi-Thorpe缩合反应的发现者)的学生。
2. Kappe, C. O. *Tetrahedron* **1993**, *49*, 6937–6963. (Review).
3. Kappe, C. O. *Acc. Chem. Res.* **2000**, *33*, 879–888. (Review).
4. Kappe, C. O. *Eur. J. Med. Chem.* **2000**, *35*, 1043–1052. (Review).
5. Ghorab, M. M.; Abdel-Gawad, S. M.; El-Gaby, M. S. A. *Farmaco* **2000**, *55*, 249–255.
6. Bose, D. S.; Fatima, L.; Mereyala, H. B. *J. Org. Chem.* **2003**, *68*, 587–590.
7. Kappe, C. O.; Stadler, A. *Org. React.* **2004**, *68*, 1–116. (Review).
8. Limberakis, C. *Biginelli Pyrimidone Synthesis* In *Name Reactions in Heterocyclic Chemistry*; Li, J. J., Ed.; Wiley: Hoboken, NJ, **2005**, pp 509–520. (Review).
9. Banik, B. K.; Reddy, A. T.; Datta, A.; Mukhopadhyay, C. *Tetrahedron Lett.* **2007**, *48*, 7392–7394.
10. Wang, R.; Liu, Z.-Q. *J. Org. Chem.* **2012**, *77*, 3952–3958.
11. Nagarajaiah, H.; Mukhopadhyay, A.; Moorthy, J. N. *Tetrahedron Lett.* **2016**, *57*, 5135–5149.
12. Kaur, R.; Chaudhary, S.; Kumar, K.; Gupta, M. K.; Rawal, R. K. *Eur. J. Med. Chem.* **2017**, *132*, 108–134.
13. Yu, H.; Xu, P.; He, H.; Zhu, J.; Lin, H.; Han, S. *Tetrahedron: Asymmetry* **2017**, *28*, 257–265.
14. Yu, S.; Wu, J.; Lan, H.; Gao, L.; Qian, H.; Fan, K.; Yin, Z. *Org. Lett.* **2020**, *22*, 102–105.

Birch 还原反应

Birch 还原反应是用溶于液氨的碱金属 Li、Na、K 在醇存在下将一个芳环经 1,4-还原为相应的环己二烯的反应。

带供电子取代基的苯环：

带吸电子取代基的苯环：

Example 1, Birch还原烷基化[4]

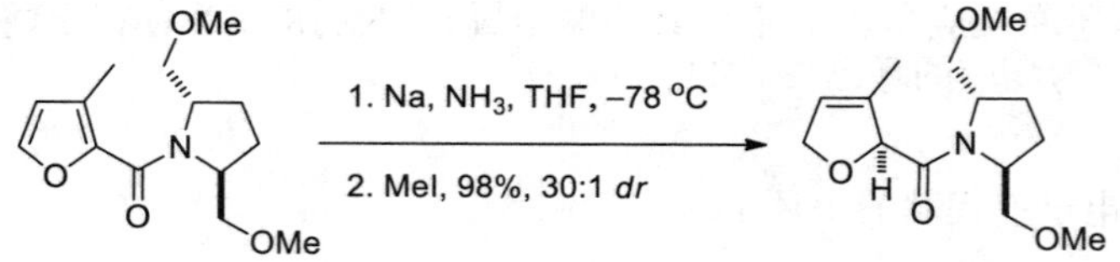

Example 2[7]

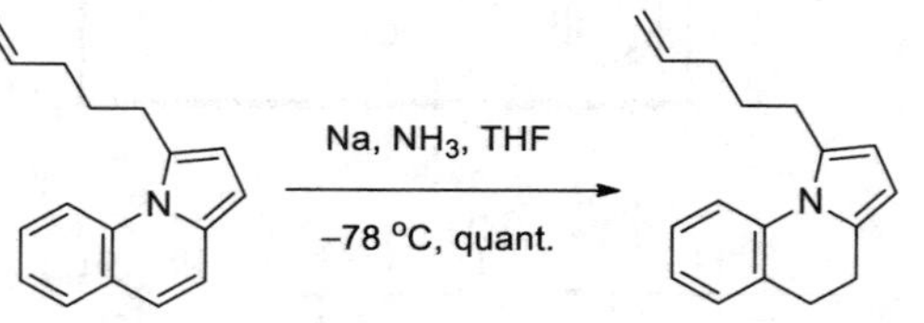

Example 3, 彻底还原产物[8]

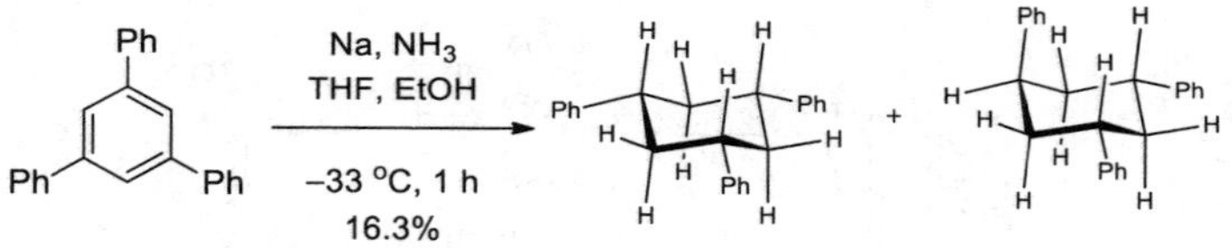

Example 4, Birch还原烷基化[9]

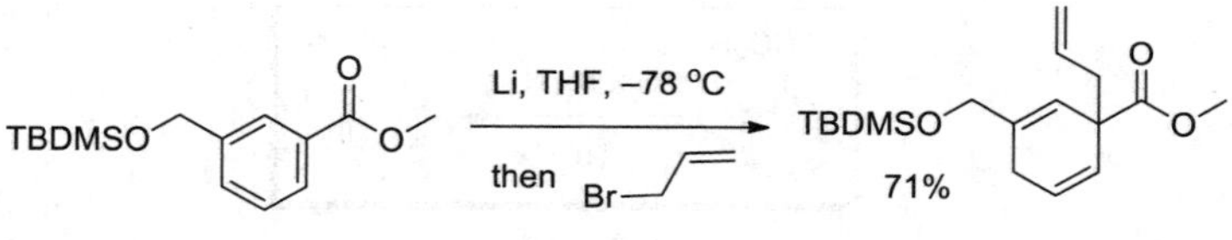

Example 5[10]

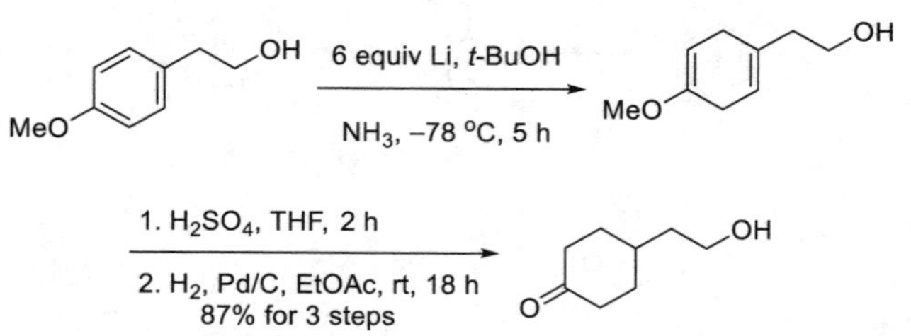

Example 6, 无氨的化学选择性Birch还原反应[11]

Example 7, 分子内供氢导向的Birch还原反应[12]

羟基作为分子内氢源

Example 8, α,β–不饱和酰亚胺的Birch还原反应[13]

References

1. Birch, A. J. *J. Chem. Soc.* **1944**, 430–436. 伯奇(A. Birch, 1915–1995)是澳大利亚人，第二次世界大战时于牛津大学罗宾森实验室发现Birch还原反应。Birch还原反应的发现对开发避孕药和许多其他药物帮助极大。
2. Rabideau, P. W.; Marcinow, Z. *Org. React.* **1992**, *42*, 1–334. (Review).
3. Birch, A. J. *Pure Appl. Chem.* **1996**, *68*, 553–556. (Review).
4. Donohoe, T. J.; Guillermin, J.-B. *Tetrahedron Lett.* **2001**, *42*, 5841–5844.
5. Pellissier, H.; Santelli, M. *Org. Prep. Proced. Int.* **2002**, *34*, 611–642. (Review).
6. Subba Rao, G. S. R. *Pure Appl. Chem.* **2003**, *75*, 1443–1451. (Review).
7. Kim, J. T.; Gevorgyan, V. *J. Org. Chem.* **2005**, *70*, 2054–2059.
8. Gealis, J. P.; Müller-Bunz, H.; Ortin, Y. *Chem. Eur. J.* **2008**, *14*, 1552–1560.
9. Fretz, S. J.; Hadad, C. M.; Hart, D. J.; Vyas, S.; Yang, D. *J. Org. Chem.* **2013**, *78*, 83–92.
10. Desrat, S.; Remeur, C.; Roussi, F. *Org. Biomol. Chem.* **2015**, *13*, 5520–5531.
11. Lei, P.; Ding, Y.; Zhang, X.; Adijiang, A.; Li, H.; Ling, Y.; An, J. *Org. Lett.* **2018**, *20*, 3439–3442.
12. Zhu, X.; McAtee, C. C.; Schindler, C. S. *J. Am. Chem. Soc.* **2019**, *141*, 3409–3413.
13. Sengupta, A.; Hosokawa, S. *Synlett* **2019**, *30*, 709–712.

Bischler–Napieralski 反应

β-苯乙基酰胺在回流的氧氯化磷作用下转化为二氢异喹啉的合成反应。

Example 1[3]

Example 2[5]

© Springer Nature Switzerland AG 2021
J. J. Li, *Name Reactions*, https://doi.org/10.1007/978-3-030-50865-4_15

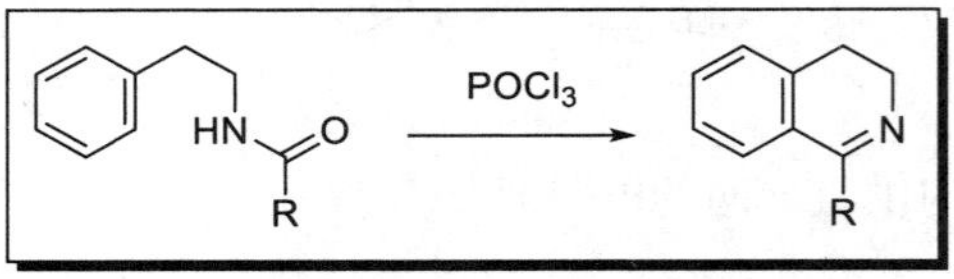

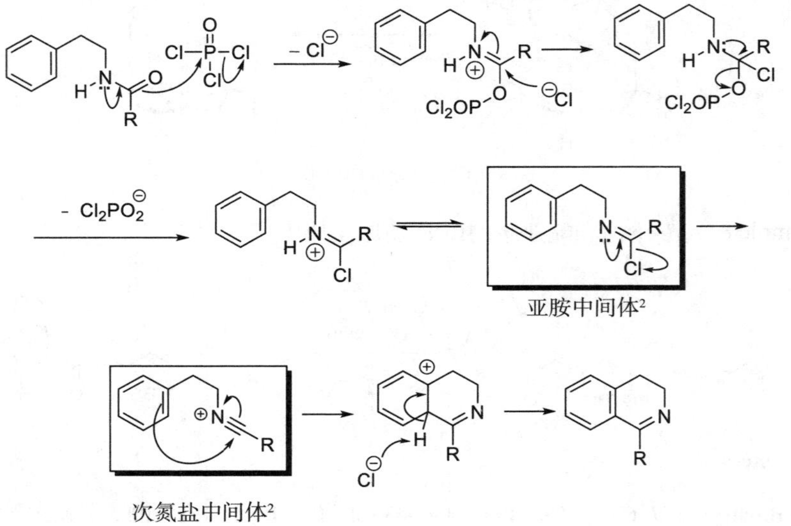

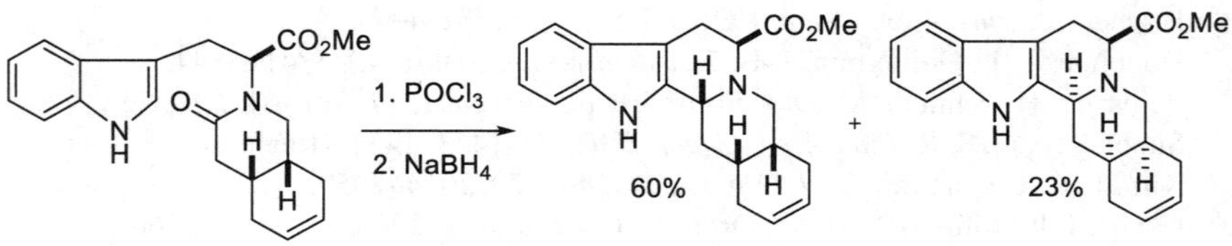

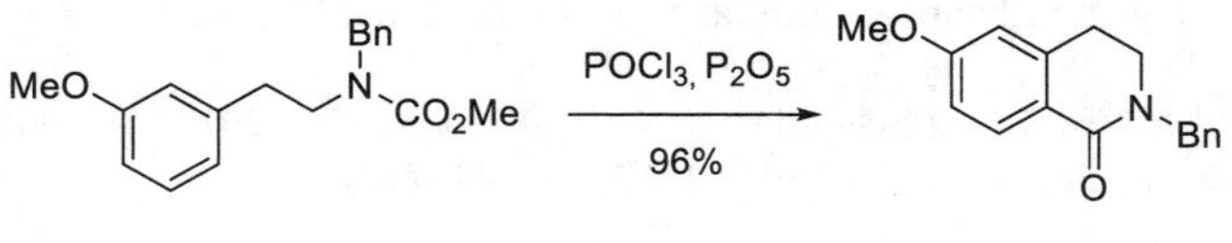

Example 3[7]

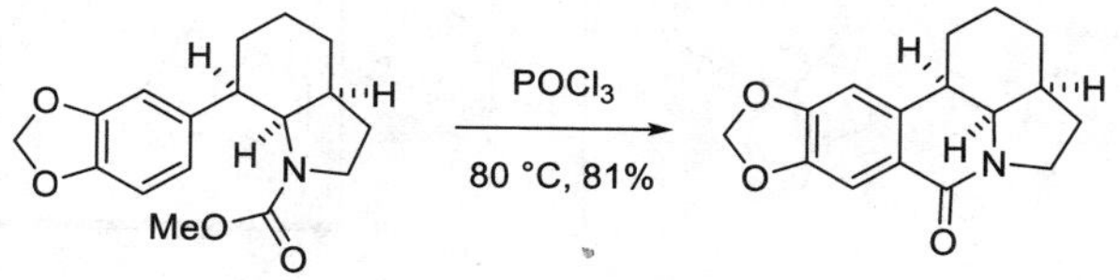

Example 4[8]

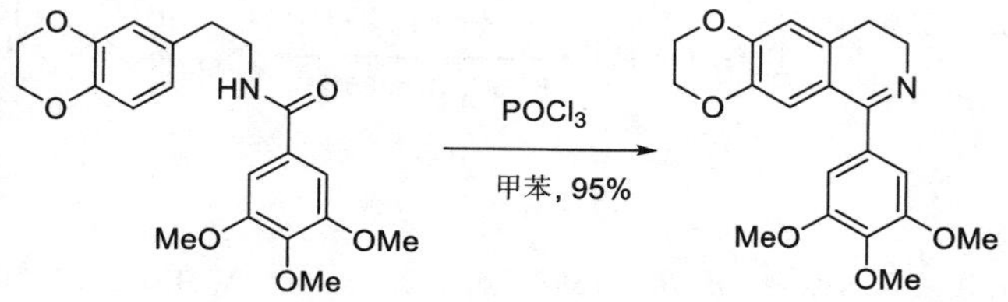

Example 5[10]

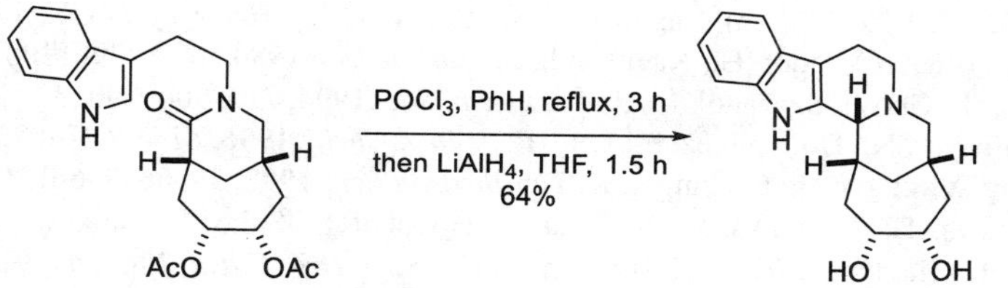

Example 6, 一个未预见到的 Bischler–Napieralski (B–N)反应[11]

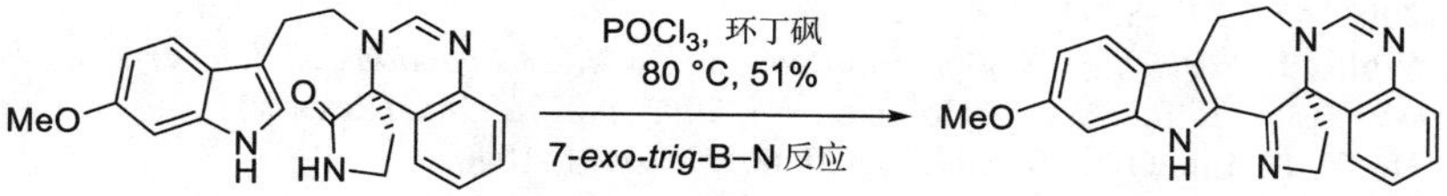

Example 7, 直接观察到Bischler–Napieralski反应中生成的中间体[12]

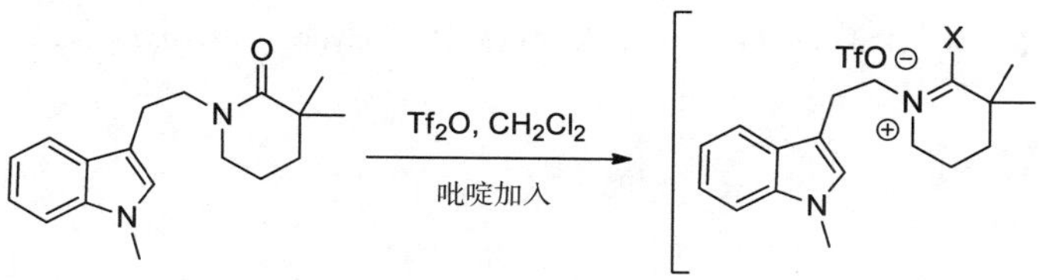

Example 8, 一个新的 Bischler–Napieralski 反应[13]

References

1. Bischler, A.; Napieralski, B. *Ber.* **1893,** *26,* 1903–1908. A. Bischler 与其同事 B. Napieralski 在瑞士 Basel Chemical Works 研究生物碱时一起发现了 Bischler-Napieralski 反应。B.Napieralski 还在苏黎世大学（University of Zurich）兼职。
2. Mechanistic studies: (a) Fodor, G.; Gal, J.; Phillips, B. A. *Angew. Chem. Int. Ed. Engl.* **1972,** *11,* 919–920. (b) Nagubandi, S.; Fodor, G. *J. Heterocycl. Chem.* **1980,** *17,* 1457–1463. (c) Fodor, G.; Nagubandi, S. *Tetrahedron* **1980,** *36,* 1279–1300.
3. Aubé, J.; Ghosh, S.; Tanol, M. *J. Am. Chem. Soc.* **1994,** *116,* 9009–9018.
4. Sotomayor, N.; Domínguez, E.; Lete, E. *J. Org. Chem.* **1996,** *61,* 4062–4072.
5. Wang, X.-j.; Tan, J.; Grozinger, K. *Tetrahedron Lett.* **1998,** *39,* 6609–6612.
6. Ishikawa, T.; Shimooka, K.; Narioka, T.; Noguchi, S.; Saito, T.; Ishikawa, A.; Yamazaki, E.; Harayama, T.; Seki, H.; Yamaguchi, K. *J. Org. Chem.* **2000,** *65,* 9143–9151.
7. Banwell, M. G.; Harvey, J. E.; Hockless, D. C. R.; Wu, A. W. *J. Org. Chem.* **2000,** *65,* 4241–4250.
8. Capilla, A. S.; Romero, M.; Pujol, M. D.; Caignard, D. H.; Renard, P. *Tetrahedron* **2001,** *57,* 8297–8303.
9. Wolfe, J. P. *Bischler–Napieralski Reaction.* In *Name Reactions in Heterocyclic Chemistry*; Li, J. J., Ed.; Wiley: Hoboken, NJ, **2005,** pp 376–385. (Review).
10. Ho, T.-L.; Lin, Q.-x. *Tetrahedron* **2008,** *64,* 10401–10405.
11. Buyck, T.; Wang, Q.; Zhu, J. *Org. Lett.* **2012,** *14,* 1338–1341.
12. White, K. L.; Mewald, M.; Movassaghi, M. *J. Org. Chem.* **2015,** *80,* 7403–7411.
13. Xie, C.; Luo, J.; Zhang, Y.; Zhu, L.; Hong, R. *Org. Lett.* **2017,** *19,* 3592–3595.
14. Min, L.; Yang, W.; Weng, Y.; Zheng, W.; Wang, X.; Hu, Y. *Org. Lett.* **2019,** *21,* 2574–2577.
15. Amer, M. M.; Olaizola, O.; Carter, J.; Abas, H.; Clayden, J. *Org. Lett.* **2020,** *22,* 253–256.

Brook 重排反应

α-硅基氧负离子经一个五配位的硅中间体通过可逆过程重排为α-硅氧基碳负离子的反应。该反应又称[1,2]Brook重排反应或[1,2]硅基迁移反应。

[1,2] Brook 重排反应

[1,3] Brook 重排反应

[1,4] Brook 重排反应

Example 1[6]

Example 2, [1,2] Brook重排反应后再逆[1,5] Brook重排反应[8]

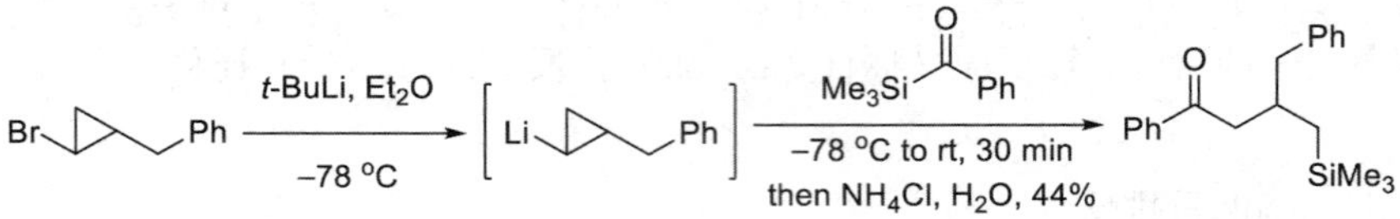

Example 3, [1,5] Brook 重排反应[9]

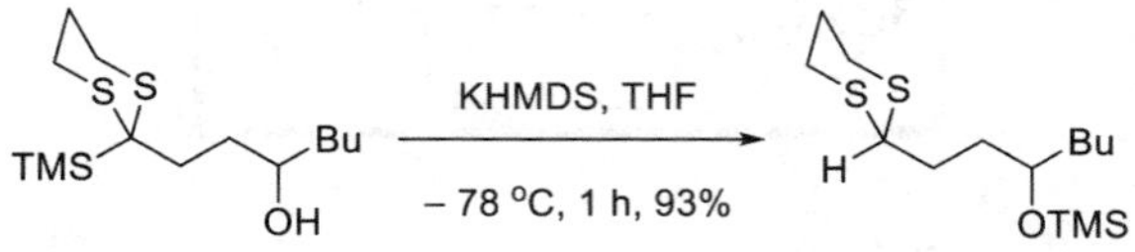

Example 4, 逆 [1,4] Brook 重排反应[10]

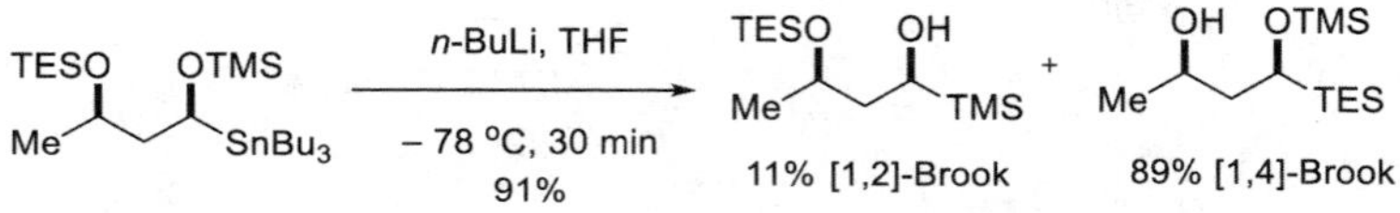

Example 5, 逆 Brook 重排反应[12]

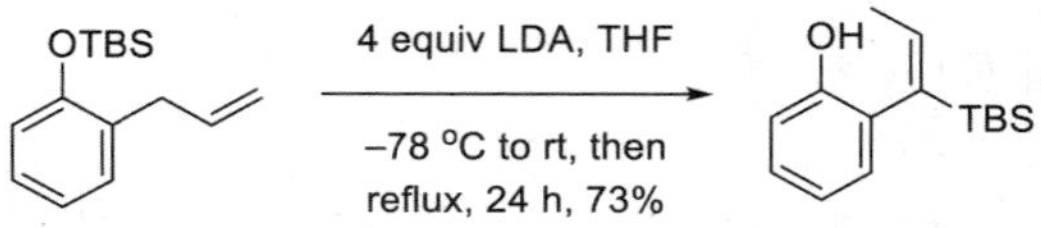

Example 6, 逆 Brook 重排反应[13]

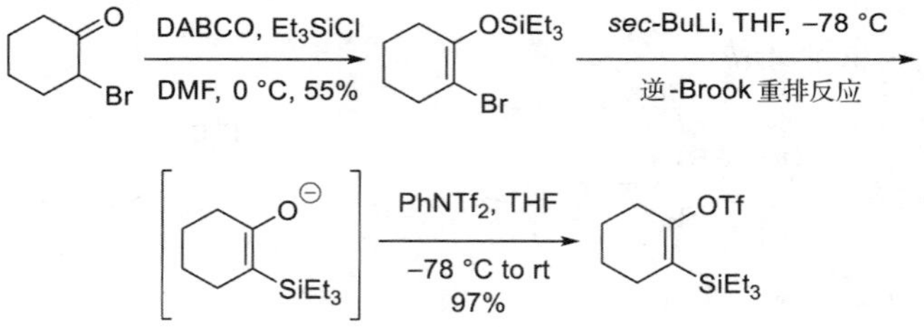

另一种：

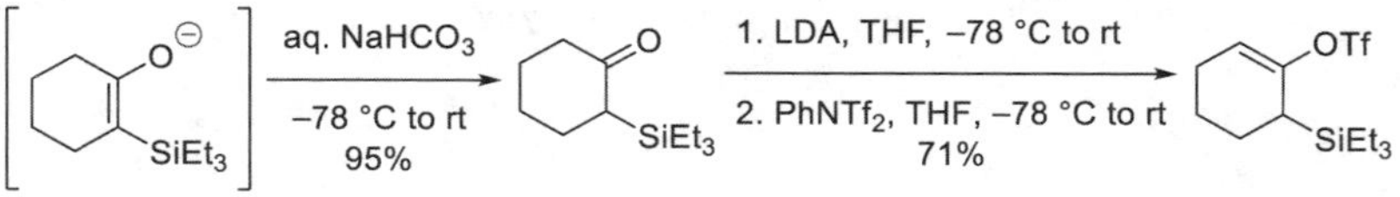

Example 7，Brook重排反应产生环丙烷 [14]

另外也可以：

References

1. Brook, A. G. *J. Am. Chem. Soc.* **1958**, *80*, 1886–1889. 布鲁克(A. G. Brook，1924–2013)出生于加拿大多伦多，是多伦多大学(University of Toronto)Lash Miller化学实验室的教授。
2. Brook, A. G. *Acc. Chem. Res.* **1974**, *7*, 77–84. (Review).
3. Bulman Page, P. C.; Klair, S. S.; Rosenthal, S. *Chem. Soc. Rev.* **1990**, *19*, 147–195. (Review).
4. Fleming, I.; Ghosh, U. *J. Chem. Soc., Perkin Trans. 1* **1994**, 257–262.
5. Moser, W. H. *Tetrahedron* **2001**, *57*, 2065–2084. (Review).
6. Okugawa, S.; Takeda, K. *Org. Lett.* **2004**, *6*, 2973–2975.
7. Matsumoto, T.; Masu, H.; Yamaguchi, K.; Takeda, K. *Org. Lett.* **2004**, *6*, 4367–4369.
8. Clayden, J.; Watson, D. W.; Chambers, M. *Tetrahedron* **2005**, *61*, 3195–3203.
9. Smith, A. B., III; Xian, M.; Kim, W.-S.; Kim, D.-S. *J. Am. Chem. Soc.* **2006**, *128*, 12368–12369.
10. Mori, Y.; Futamura, Y.; Horisaki, K. *Angew. Chem. Int. Ed.* **2008**, *47*, 1091–1093.
11. Greszler, S. N.; Johnson, J. S. *Org. Lett.* **2009**, *11*, 827–830.
12. He, Y.; Hu, H.; Xie, X.; She, X. *Tetrahedron* **2013**, *69*, 559–563.
13. Chari, J. V.; Ippoliti, F. M.; Garg, N. K. *J. Org. Chem.* **2019**, *84*, 3652–3655.
14. Tang, F; Ma, P.-J.; Yao, Y.; Xu, Y.-J.; Lu, C.-D. *Chem. Commun.* **2019**, *55*, 3777–3780.
15. Lee, N.; Tan, C.-H.; Leow, D. *Asian J. Org. Chem.* **2019**, *8*, 25–31. (Review).
16. Kondoh, A.; Aita, K.; Ishikawa, S.; Terada, M. *Org. Lett.* **2020**, *22*, 2105–2110.

Brown硼氢化反应

硼烷与烯烃加成生成的有机硼烷经碱性氧化给出醇的反应，反应的位置选择性是反马氏规则的。

Example 1[2]

Example 2[7]

© Springer Nature Switzerland AG 2021
J. J. Li, *Name Reactions*, https://doi.org/10.1007/978-3-030-50865-4_17

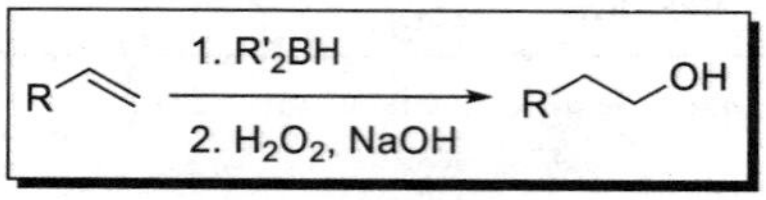

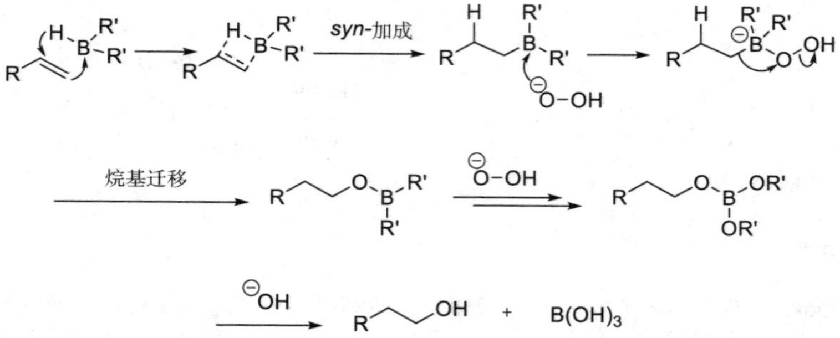

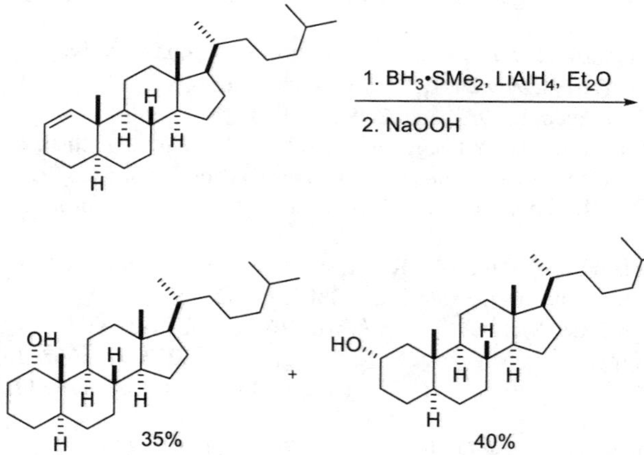

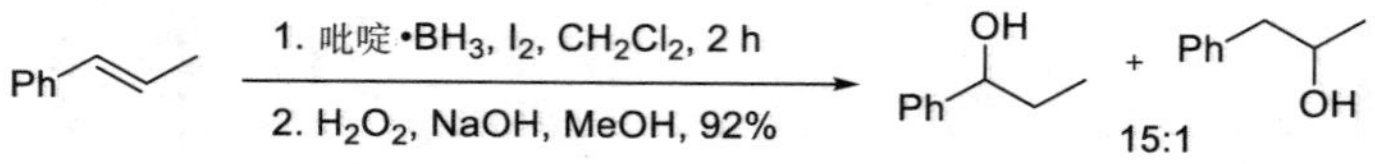

Example 3[8]

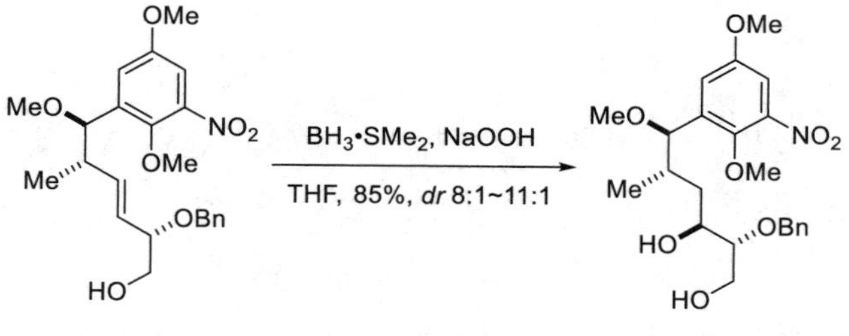

Example 4, 不对称硼氢化反应[10]

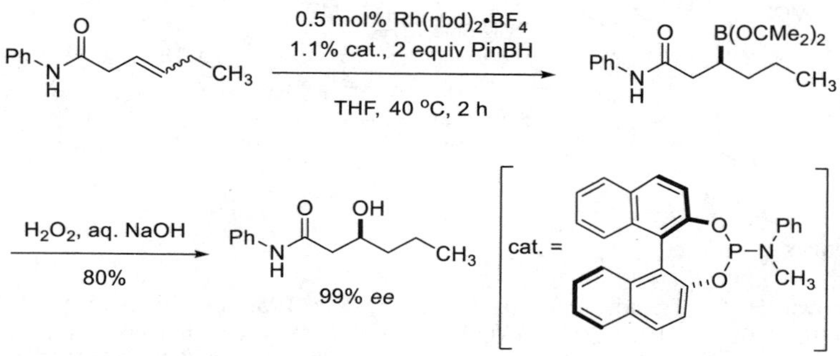

Example 5[11]

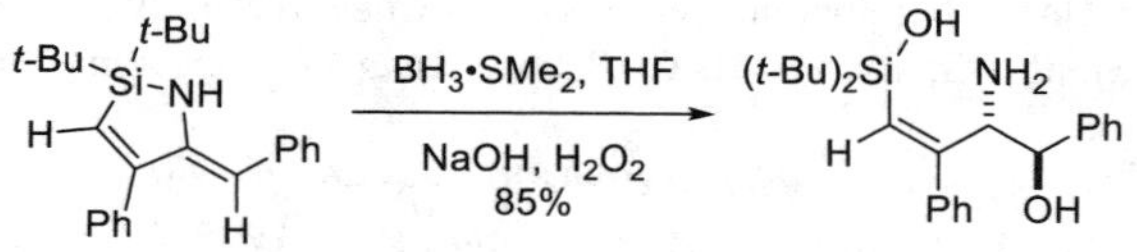

Example 6, 一锅煮 CBS 还原–Brown 硼氢化反应[12]

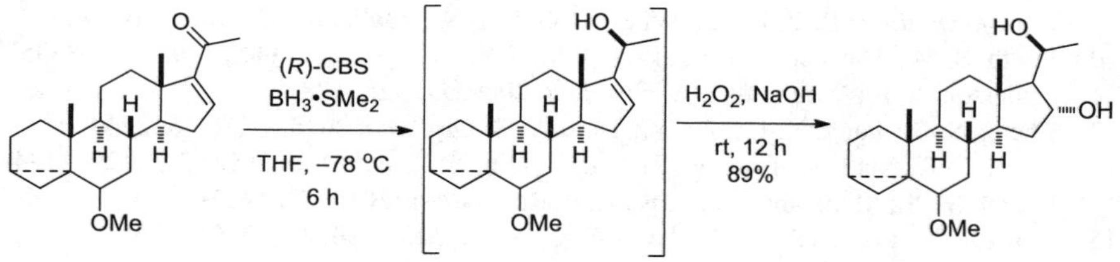

Example 7, 很优秀的非对映选择性的Brown硼氢化反应，双键上面好像被两个哌啶环完全屏蔽掉了[13]

Example 8, 简洁有效的反应[14]

References

1. Brown, H. C.; Tierney, P. A. *J. Am. Chem. Soc.* **1958**, *80*, 1552–1558. 美国人布朗(H. C. Brown, 1912-2004)先在缅因州立大学(Wayne State University)，后到普渡大学(Purdue University)从事其科学生涯。在普渡大学工作期间与德国人维梯希(G. Wittig, 1897-1987)因各自对有机硼和有机磷的工作而共享1981年度诺贝尔化学奖。
2. Nussim, M.; Mazur, Y.; Sondheimer, F. *J. Org. Chem.* **1964**, *29*, 1120–1131.
3. Pelter, A.; Smith, K.; Brown, H. C. *Borane Reagents,* Academic Press: New York, **1972**. (Book).
4. Brewster, J. H.; Negishi, E. *Science* **1980**, *207*, 44–46. (Review).
5. Fu, G. C.; Evans, D. A.; Muci, A. R. *Adv. Catal. Proc.* **1995**, *1*, 95–121. (Review).
6. Hayashi, T. *Comprehensive Asymmetric Catalysis I–III* **1995**, *1*, 351–364. (Review).
7. Clay, J. M.; Vedejs, E. *J. Am. Chem. Soc.* **2005**, *127*, 5766–5767.
8. Carter K. D.; Panek J. S. *Org. Lett.* **2004**, *6*, 55–57.
9. Clay, J. M. *Brown Hydroboration Reaction*. In *Name Reactions for Functional Group Transformations*; Li, J. J., Ed.; Wiley: Hoboken, NJ, **2007**, pp 183–188. (Review).
10. Smith, S. M.; Thacker, N. C.; Takacs, J. M. *J. Am. Chem. Soc.* **2008**, *130*, 3734–3735.
11. Anderson, L. L.; Woerpel, K. A. *Org. Lett.* **2009**, *11*, 425–428.
12. Cheng, S.-L.; Jiang, X.-L.; Shi, Y.; Tian, W.-S. *Org. Lett.* **2015**, *17*, 2346–2349.
13. Chen, Z.-T.; Xiao, T.; Tang, P.; Zhang, D.; Qin, Y. *Tetrahedron* **2018**, *74*, 1129–1134.
14. Reddy, M. S.; Manikanta, G.; Krishna, P. R. *Synthesis* **2019**, *51*, 1427–1434.
15. Srinivasu, K.; Nagaiah, K.; Yadav, J. S. *ChemistrySelect* **2020**, *5*, 2763–2766.

Bucherer–Bergs反应

羰基化合物和KCN及$(NH_4)_2CO_3$反应，或羟氰化合物和$(NH_4)_2CO_3$反应生成乙内酰脲的合成反应。该反应也是一个多组分反应(MCRs)。

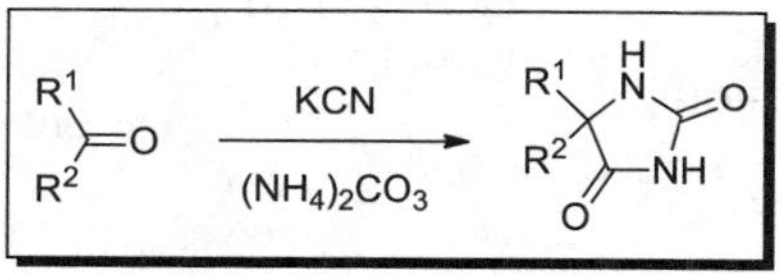

$(NH_4)_2CO_3 = 2\ NH_3 + CO_2 + H_2O$

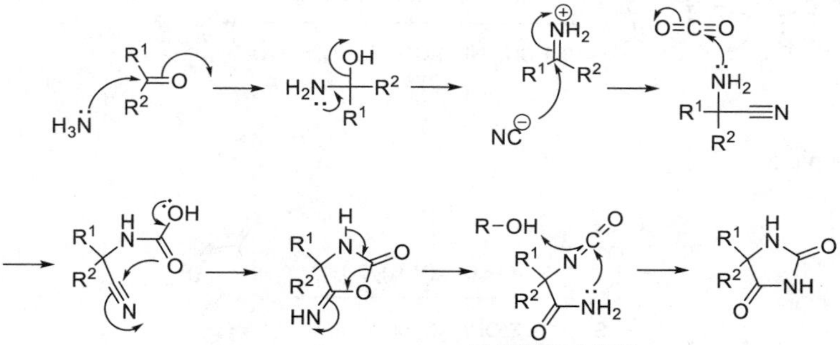

异氰酸酯中间体

Example 1[5]

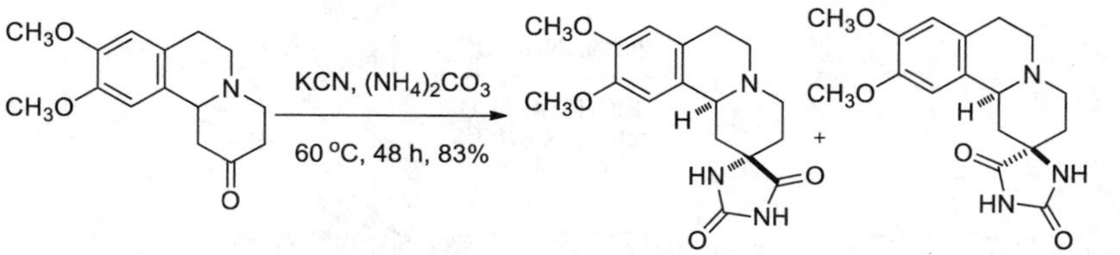

Example 2[6]

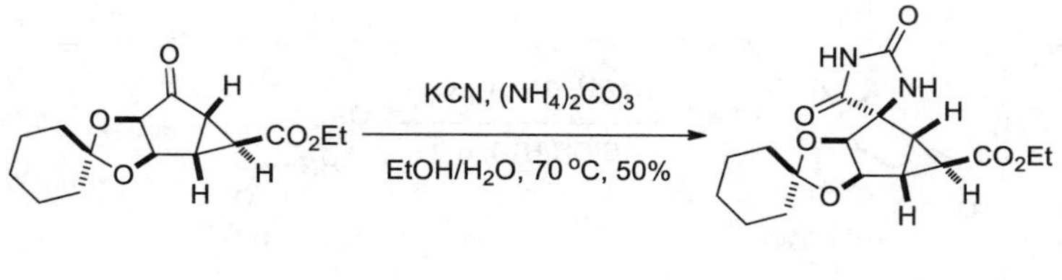

Example 3, 硼酸化合物的反应[7]

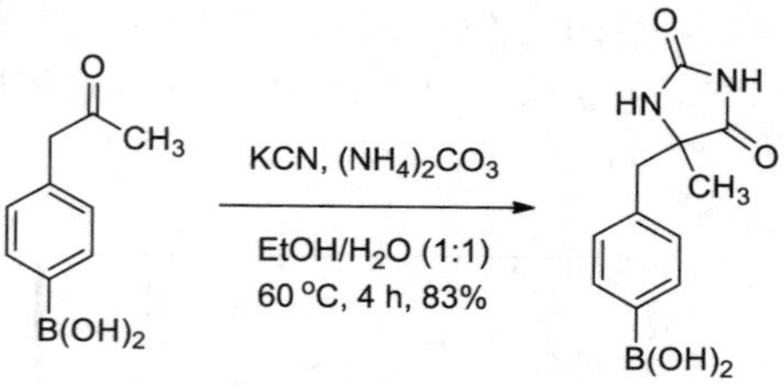

Example 4[9]

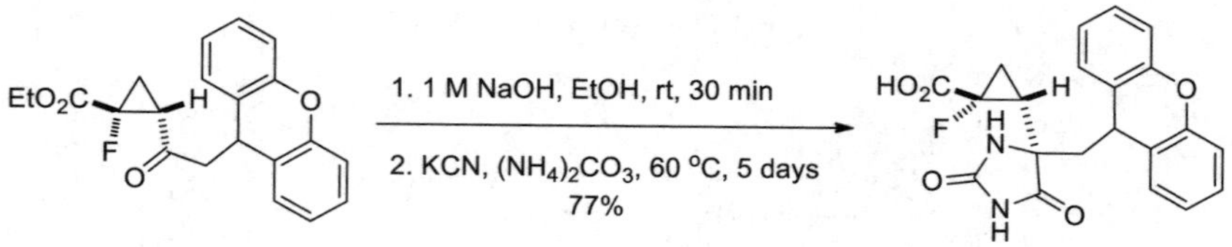

Example 5[11]

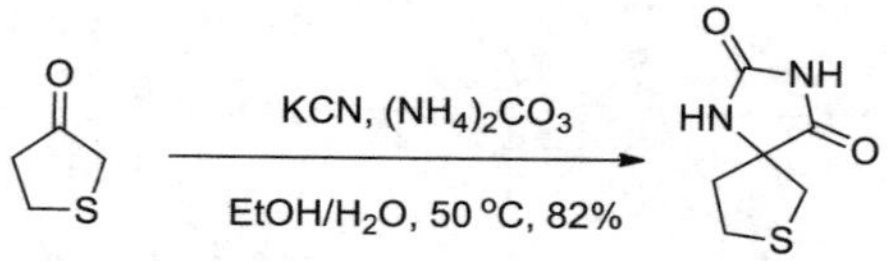

Example 6, β–酮酯的反应[12]

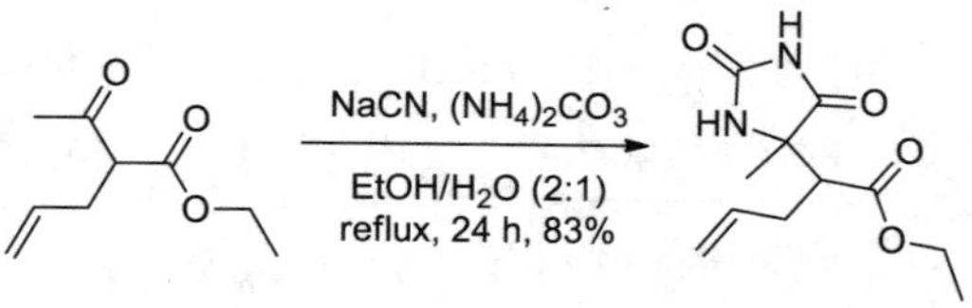

Example 7, 经由Buchnrer–Bergs反应得到天然产物的衍生物[13]

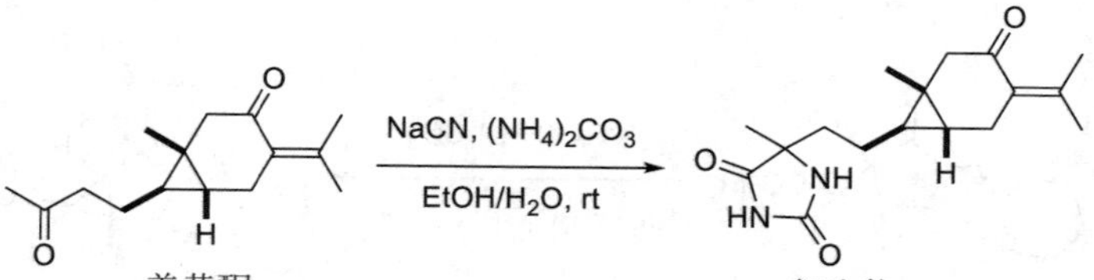

姜黄酮 → 衍生物

Example 8, 二茂铁乙内酰脲[13]

References

1. Bergs, H. Ger. Pat. 566, 094, **1929**.伯格斯(H. G. Bergs)在德国的I. G. Farben工作。
2. Bucherer, H. T., Steiner, W. *J. Prakt. Chem.* **1934**, *140*, 291–316. (Mechanism).
3. Ware, E. *Chem. Rev.* **1950**, *46,* 403–470. (Review).
4. Wieland, H. In *Houben–Weyl's Methoden der organischen Chemie*, Vol. XI/2, **1958**, p 371. (Review).
5. Menéndez, J. C.; Díaz, M. P.; Bellver, C.; Söllhuber, M. M. *Eur. J. Med. Chem.* **1992**, *27*, 61–66.
6. Domínguez, C.; Ezquerra, A.; Prieto, L.; Espada, M.; Pedregal, C. *Tetrahedron: Asymmetry* **1997**, *8*, 511–514.
7. Zaidlewicz, M.; Cytarska, J.; Dzielendziak, A.; Ziegler-Borowska, M. *ARKIVOC* **2004**, *iii,* 11–21.
8. Li, J. J. *Bucherer–Bergs Reaction*. In *Name Reactions in Heterocyclic Chemistry*, Li, J. J., Ed.; Wiley: Hoboken, NJ, **2005**, pp 266–274. (Review).
9. Sakagami, K.; Yasuhara, A.; Chaki, S.; Yoshikawa, R.; Kawakita, Y.; Saito, A.; Taguchi, T.; Nakazato, A. *Bioorg. Med. Chem.* **2008**, *16*, 4359–4366.
10. Wuts, P. G. M.; Ashford, S. W.; Conway, B.; Havens, J. L.; Taylor, B.; Hritzko, B.; Xiang, Y.; Zakarias, P. S. *Org. Process Res. Dev.* **2009**, *13*, 331–335.
11. Oba, M.; Shimabukuro, A.; Ono, M.; Doi, M.; Tanaka, M. *Tetrahedron: Asymmetry* **2013**, *24*, 464–467.
12. Šmit, B. M.; Pavlović, R. Z. *Tetrahedron* **2015**, *71*, 1101–1108.
13. Tomohara, K.; Ito, T.; Furusawa, K.; Hasegawa, N.; Tsuge, K.; Kato, A.; Adachi, I. *Tetrahedron Lett.* **2017**, *58*, 3143–3147.
14. Bisello, A.; Cardena, R.; Rossi, S.; Crisma, M.; Formaggio, F.; Santi, S. *Organometal.* **2017**, *36*, 2190–2197.
15. Lamberth, C. *Bioorg. Med. Chem.* **2020**, *28*, 115471.

Büchner 扩环反应

苯环在重氮乙酸酯作用下生成环庚2,4,6-三烯酸酯的反应。分子内的 Büchner 反应用途更广。

Example 1, 分子内 Büchner 扩环反应[7]

Example 2, 分子内 Büchner 扩环反应[8]

Example 3, 使用 Grubbs 催化剂的分子内 Büchner 扩环反应[9]

Example 4, 分子间 Büchner 反应[10]

Example 5, 分子内 Büchner 扩环反应[12]

Example 6, 流体中的位置选择性和对映选择性的分子间Büchner 扩环反应[13]

Example 7, 流体中的分子间Büchner 扩环反应[14]

IPB Cu-BOX = 与不溶聚合物键连的铜–双噁唑啉配合物

Example 8, 室温下由Au-或Zn-配合物催化的逆Büchner 环丙烷化反应[15]

References

1. Büchner, E. *Ber.* **1896**, *29*, 106–109. 布希诺 (E. Büchner, 1860–1917) 于1907年因发酵工作而获得诺贝尔化学奖。有机实验室常见的布氏漏斗就是他发明的。
2. von E. Doering, W.; Knox, L. H. *J. Am. Chem. Soc.* **1957**, *79*, 352–356.
3. Marchard, A. P.; Brockway, N. M. *Chem. Rev.* **1974**, *74*, 431–469. (Review).
4. Anciaux, A. J.; Demoncean, A.; Noels, A. F.; Hubert, A. J.; Warin, R.; Teyssié, P. *J. Org. Chem.* **1981**, *46*, 873–876.
5. Duddeck, H.; Ferguson, G.; Kaitner, B.; Kennedy, M.; McKervey, M. A.; Maguire, A. R. *J. Chem. Soc., Perkin Trans. 1* **1990**, 1055–1063.
6. Doyle, M. P.; Hu, W.; Timmons, D. *J. Org. Lett.* **2001**, *3*, 933–935.
7. Manitto, P.; Monti, D.; Speranza, G. *J. Org. Chem.* **1995**, *60*, 484–485.
8. Crombie, A. L; Kane, J. L., Jr.; Shea, K. M.; Danheiser, R. L. *J. Org. Chem.* **2004**, *69*, 8652–8667.
9. Galan, B. R.; Gembicky, M.; Dominiak, P. M.; Keister, J. B.; Diver, S. T. *J. Am. Chem. Soc.* **2005**, *127*, 15702–15703.
10. Panne, P.; Fox, J. M. *J. Am. Chem. Soc.* **2007**, *129*, 22–23.
11. Gomes, A. T. P. C.; Leão, R. A. C.; Alonso, C. M. A.; Neves, M. G. P. M. S.; Faustino, M. A. F.; Tomé, A. C.; Silva, A.M. S.; Pinheiro, S.; de Souza, M. C. B. V.; Ferreira, V. F.; Cavaleiro, J. A. S. *Helv. Chim. Acta* **2008**, *91*, 2270–2283.
12. Foley, D. A.; O'Leary, P.; Buckley, N. R.; Lawrence, S. E.; Maguire, A. R. *Tetrahedron* **2013**, *69*, 1778–1794.
13. Fleming, G. S.; Beeler, A. B. *Org. Lett.* **2017**, *19*, 5268–5271.
14. Crowley, D. C.; Lynch, D.; Maguire, A. R. *J. Org. Chem.* **2018**, *83*, 3794–3805.
15. Mato, M.; Herlé, B.; Echavarren, A. M. *Org. Lett.* **2018**, *20*, 4341–4345.
16. Hoshi, T.; Ota, E.; Inokuma, Y.; Yamaguchi, J. *Org. Lett.* **2019**, *21*, 10081–10084.

Buchwald–Hartwig 氨基化反应

Buchwald–Hartwig 氨基化反应是从芳基卤代物或芳基磺酸酯出发生成芳香胺的通用方法。运用该策略的关键点是要用到催化量的由各种亲电子配体配位的钯。催化剂的再生是必须有如叔丁氧钠一类强碱存在的。

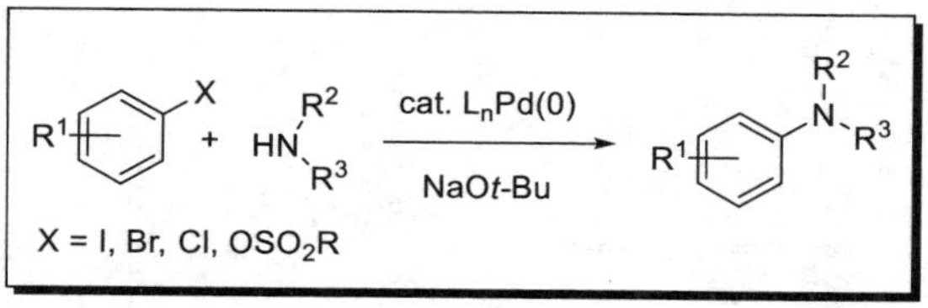

R^1-Ar-X + HNR^2R^3 $\xrightarrow[\text{NaO}t\text{-Bu}]{\text{cat. L}_n\text{Pd(0)}}$ R^1-Ar-NR^2R^3

X = I, Br, Cl, OSO$_2$R

机理:

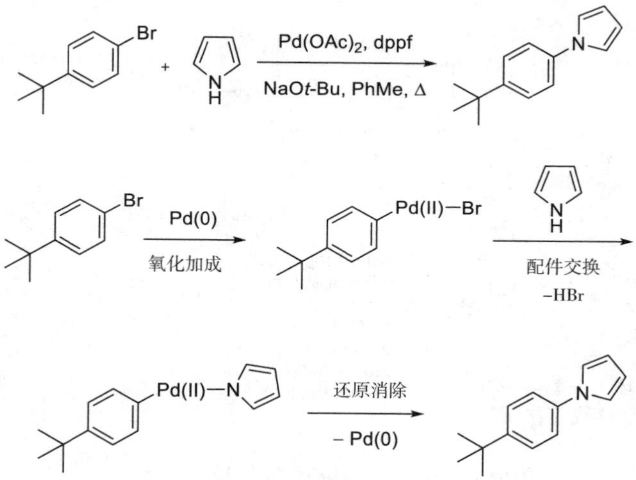

4-*t*-Bu-C$_6$H$_4$-Br + 吡咯-H $\xrightarrow[\text{NaO}t\text{-Bu, PhMe, }\Delta]{\text{Pd(OAc)}_2\text{, dppf}}$ 4-*t*-Bu-C$_6$H$_4$-N(吡咯)

4-*t*-Bu-C$_6$H$_4$-Br $\xrightarrow[\text{氧化加成}]{\text{Pd(0)}}$ 4-*t*-Bu-C$_6$H$_4$-Pd(II)-Br $\xrightarrow[-\text{HBr}]{\text{配件交换}}$

4-*t*-Bu-C$_6$H$_4$-Pd(II)-N(吡咯) $\xrightarrow[-\text{Pd(0)}]{\text{还原消除}}$ 4-*t*-Bu-C$_6$H$_4$-N(吡咯)

催化循环见下页

Example 1[3]

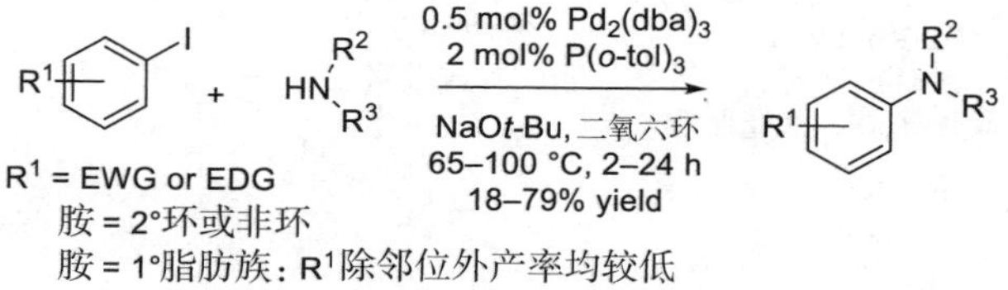

R^1-Ar-I + HNR^2R^3 $\xrightarrow[\substack{\text{NaO}t\text{-Bu, 二氧六环} \\ 65\text{–}100\ °C,\ 2\text{–}24\ h \\ 18\text{–}79\%\ \text{yield}}]{\substack{0.5\ \text{mol\%}\ \text{Pd}_2(\text{dba})_3 \\ 2\ \text{mol\%}\ \text{P}(o\text{-tol})_3}}$ R^1-Ar-NR^2R^3

R^1 = EWG or EDG
胺 = 2°环或非环
胺 = 1°脂肪族：R^1除邻位外产率均较低

催化循环：

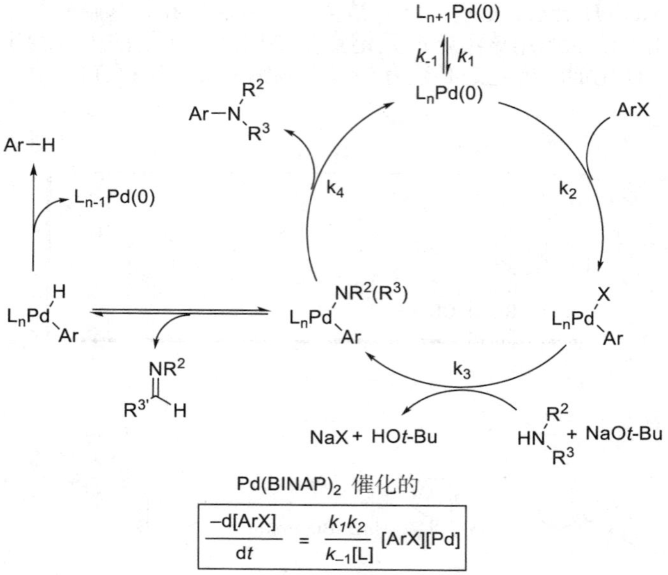
L_{n+1}Pd(0)
k-1 k1
LnPd(0)
ArX
k2
Ar—N R2 R3
k4
Ar—H
Ln-1Pd(0)
LnPd H Ar
LnPd NR2(R3) Ar
LnPd X Ar
NR2
R3' H
k3
NaX + HOt-Bu
HN R2 R3 + NaOt-Bu
Pd(BINAP)2 催化的
–d[ArX] / dt = k1k2 / k–1[L] [ArX][Pd]

Example 2[4]

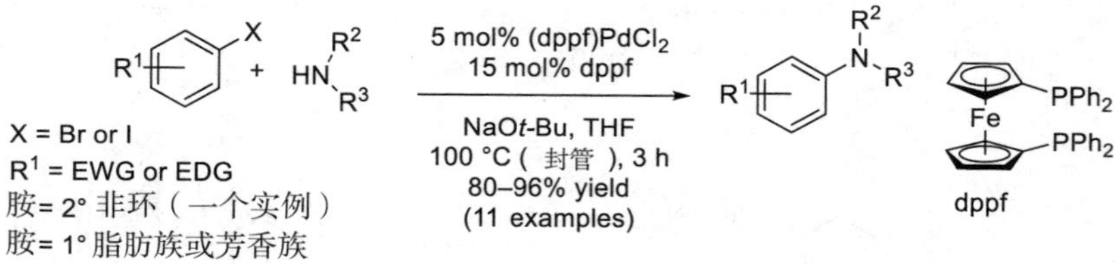
X
R1
HN R2 R3
5 mol% (dppf)PdCl2
15 mol% dppf
NaOt-Bu, THF
100 °C (封管), 3 h
80–96% yield
(11 examples)
R2 N R3
R1
Fe
PPh2
PPh2
dppf
X = Br or I
R1 = EWG or EDG
胺= 2° 非环（一个实例）
胺= 1° 脂肪族或芳香族

Example 3, 室温下的Buchwald–Hartwig 氨基化反应[9]

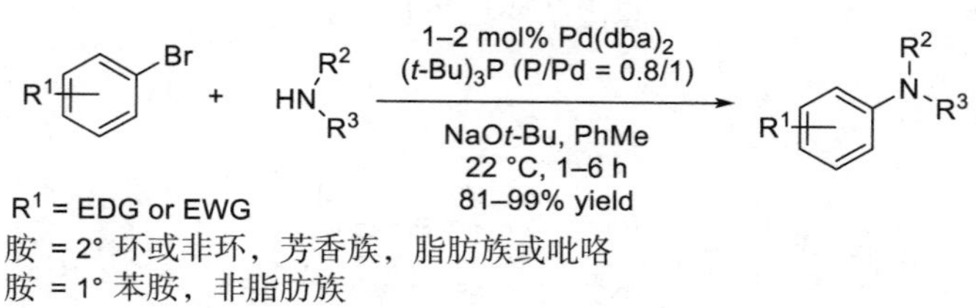
Br
R1
HN R2 R3
1–2 mol% Pd(dba)2
(t-Bu)3P (P/Pd = 0.8/1)
NaOt-Bu, PhMe
22 °C, 1–6 h
81–99% yield
R2 N R3
R1
R1 = EDG or EWG
胺 = 2° 环或非环，芳香族，脂肪族或吡咯
胺 = 1° 苯胺，非脂肪族

Example 4[10]

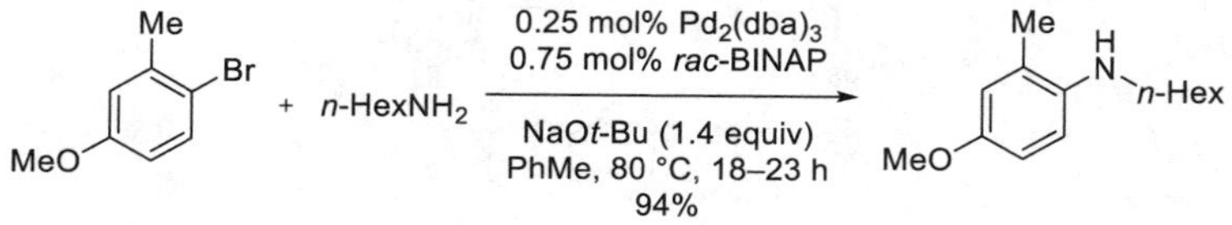

Me-C6H3(Br)(OMe) + n-HexNH2 → Me-C6H3(NH-n-Hex)(OMe)

0.25 mol% Pd$_2$(dba)$_3$
0.75 mol% rac-BINAP
NaOt-Bu (1.4 equiv)
PhMe, 80 °C, 18–23 h
94%

Example 5[11]

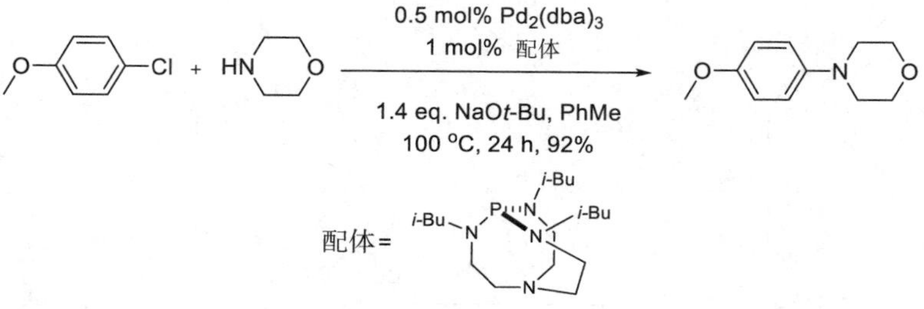

MeO-C6H4-Cl + HN(morpholine) → MeO-C6H4-N(morpholine)

0.5 mol% Pd$_2$(dba)$_3$
1 mol% 配体
1.4 eq. NaOt-Bu, PhMe
100 °C, 24 h, 92%

配体 = (i-Bu)$_3$-substituted phosphazene (P(N(i-Bu))$_3$ bicyclic cage)

Example 6[12]

2-iodo-methylbenzoate + 4-(OCF$_3$)aniline → MeO$_2$C-C6H4-NH-C6H4-OCF$_3$

Pd(OAc)$_2$, Cs$_2$CO$_3$
DPE-Phos, PhMe, 95 °C
95%

DPE-Phos = bis(2-diphenylphosphinophenyl) ether

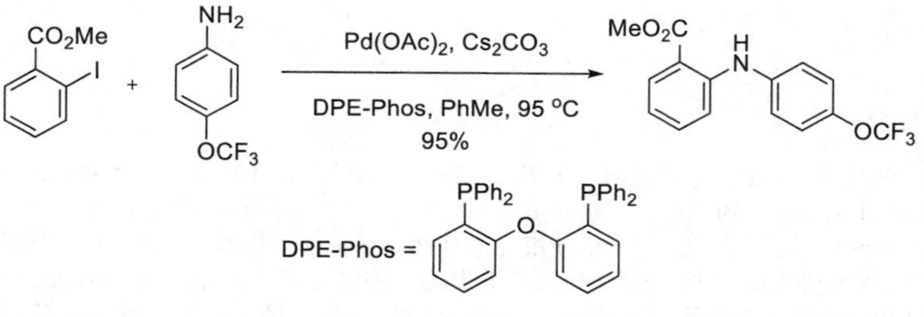

Example 7, 挥发性胺的氨基化反应[14]

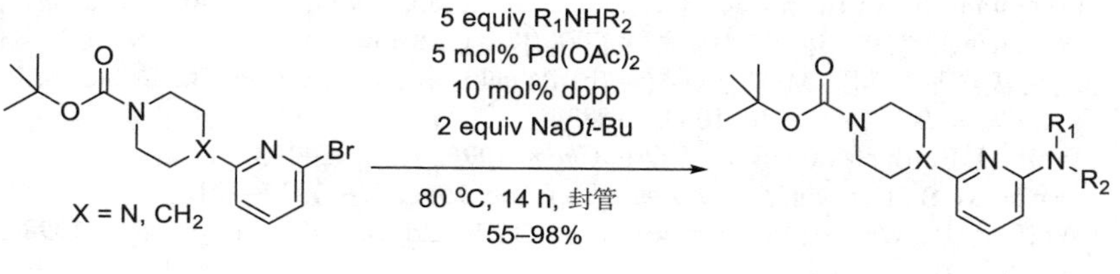

Boc-N(piperazine/piperidine X)-pyridine-Br + R$_1$NHR$_2$ → Boc-N(X)-pyridine-NR$_1$R$_2$

X = N, CH$_2$

5 equiv R$_1$NHR$_2$
5 mol% Pd(OAc)$_2$
10 mol% dppp
2 equiv NaOt-Bu
80 °C, 14 h, 封管
55–98%

Example 8[15]

3-MeO-C6H4-NH$_2$ + 2,6-dichloro-isonicotinate t-Bu ester → 3-MeO-C6H4-NH-(6-chloro-pyridin-2-yl)-4-CO$_2$t-Bu

1 mol% Pd(OAc)$_2$
2 mol% XPhos
1.4 equiv NaOt-Bu
甲苯, rt, 4 d, 67%

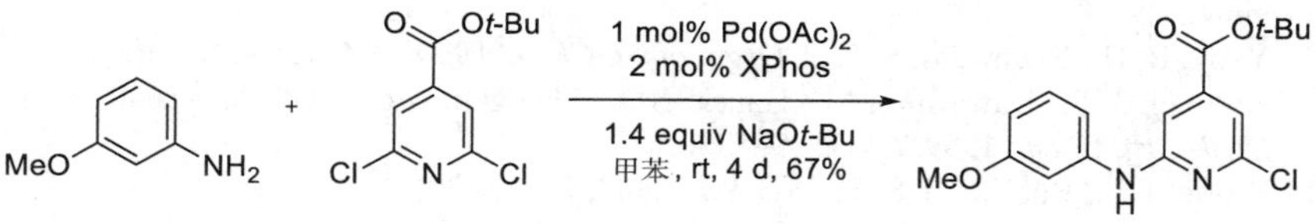

XPhos =

Example 9，一个醛和一个酰胺之间的偶联用于合成聚合酶抑制剂HCV NS5A[17]

References

1. (a) Paul, F.; Patt, J.; Hartwig, J. F. *J. Am. Chem. Soc.* **1994**, *116*, 5969–5970. 哈特维希(J. Hartwig)1990年于加利福尼亚大学伯克利分校(University of California, Berkeley)在贝格曼(R. Bergman)和安德森(R. Anderson)指导下获得Ph.D.学位。2006年他从耶鲁大学移往伊利诺依大学厄巴纳-香槟分校(Urbana-Champaign, University of Illinoi)，又于2011年来到加利福尼亚大学伯克利分校工作。本反应是哈特维希与柏奇渥(S. Buchwald)各自独立发现的。(b) Mann, G.; Hartwig, J. F. *J. Org. Chem.* **1997**, *62*, 5413–5418. (c) Mann, G.; Hartwig, J. F. *Tetrahedron Lett.* **1997**, *38*, 8005–8008.
2. (a) Guram, A. S.; Buchwald, S. L. *J. Am. Chem. Soc.* **1994**, *116*, 7901–7902. 柏奇渥(S. Buchwald)1982年于哈佛大学在诺尔斯(J. Knowles)指导下获得Ph.D.学位。现在麻省理工学院(MIT)任教授。(b) Palucki, M.; Wolfe, J. P.; Buchwald, S. L. *J. Am. Chem. Soc.* **1996**, *118*, 10333–10334.
3. Wolfe, J. P.; Buchwald, S. L. *J. Org. Chem.* **1996**, *61*, 1133–1135.
4. Driver, M. S.; Hartwig, J. F. *J. Am. Chem. Soc.* **1996**, *118*, 7217–7218.
5. Wolfe, J. P.; Wagaw, S.; Marcoux, J.-F.; Buchwald, S. L. *Acc. Chem. Res.* **1998**, *31*, 805–818. (Review).
6. Hartwig, J. F. *Acc. Chem. Res.* **1998**, *31*, 852–860. (Review).
7. Frost, C. G.; Mendonça, P. *J. Chem. Soc., Perkin Trans. 1* **1998**, 2615–2624. (Review).
8. Yang, B. H.; Buchwald, S. L. *J. Organomet. Chem.* **1999**, *576*, 125–146. (Review).
9. Hartwig, J. F.; Kawatsura, M.; Hauck, S. I.; Shaughnessy, K. H.; Alcazar-Roman, L. M. *J. Org. Chem.* **1999**, *64*, 5575–5580.
10. Wolfe, J. P.; Buchwald, S. L. *Org. Syn.* **2002**, *78*, 23–30.

11. Urgaonkar, S.; Verkade, J. G. *J. Org. Chem.* **2004,** *69*, 9135–9142.
12. Csuk, R.; Barthel, A.; Raschke, C. *Tetrahedron* **2004,** *60*, 5737–5750.
13. Janey, J. M. *Buchwald–Hartwig amination,* In *Name Reactions for Functional Group Transformations*; Li, J. J., Corey, E. J. Eds.; Wiley: Hoboken, NJ, **2007,** pp 564–609. (Review).
14. Li, J. J.; Wang, Z.; Mitchell, L. H. *J. Org. Chem.* **2007,** *72,* 3606–3607.
15. Lorimer, A. V.; O'Connor, P. D.; Brimble, M. A. *Synthesis* **2008,** 2764–2770.
16. Witt, A.; Teodorovic, P.; Linderberg, M.; Johansson, P.; Minidis, A. *Org. Process Res. Dev.* **2013,** *17*, 672–678.
17. (a) Rodgers, J. D.; Shepard, S.; Li, Y.-L.; Zhou, J.; Liu, P.; Meloni, D.; Xia, M. WO 2009114512 (2009); (b) Kobierski, M. E.; Kopach, M. E.; Martinelli, J. R.; Varie, D. L.; Wilson, T. M.; WO 2016205487 (2016).
18. Weber, P.; Biafora, A.; Doppiu, A.; Bongard, H.-J.; Kelm, H.; Goossen, L. J. *Org. Process Res. Dev.* **2019,** *23*, 1462–1470.
19. Kashani, S. K.; Jessiman, J. E.; Newman, S. G. *Org. Process Res. Dev.* **2020,** in press.

Burgess 试剂

Burgess 试剂，一个中性的白色晶体，*N*-三乙基铵磺酰基氨基甲酸甲酯 [$CH_3O_2CN^- SO_2N^+(C_2H_5)_3$]，能有效地将仲醇或叔醇转化为烯烃。反应经过一个 Ei 机理，两个基团几乎同时从底物消除下来并协同成键。

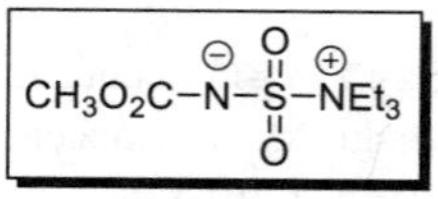

$$CH_3O_2C-N^{\ominus}-\underset{\underset{O}{\|}}{\overset{\overset{O}{\|}}{S}}-N^{\oplus}Et_3$$

制备[2]

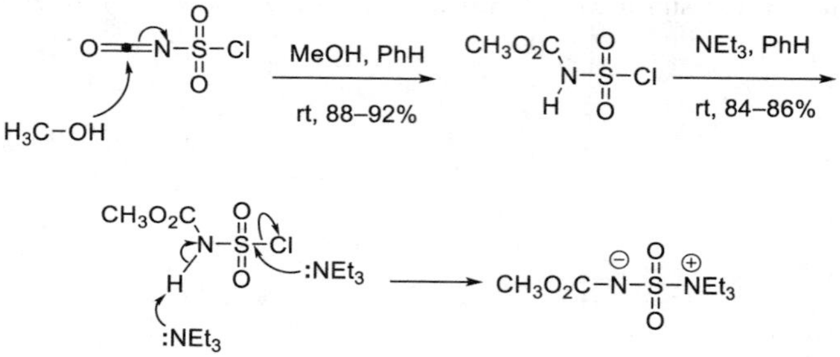

（反应方程式）

脱水机理[5]

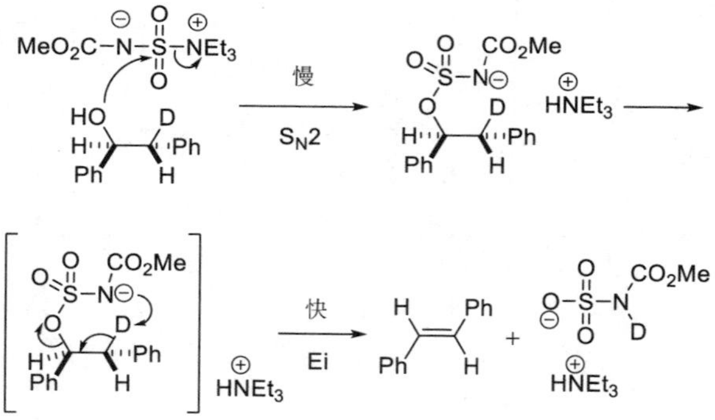

（反应方程式）

Example 1, 伯醇的羟基被取代而未消除[3]

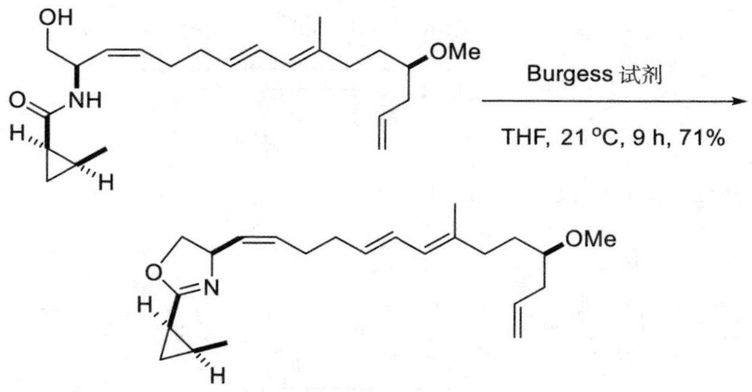

Example 2, 脱水[6]

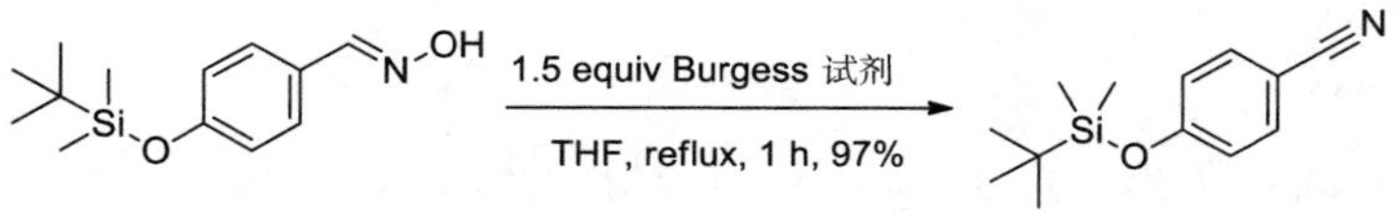

Example 3, 脱水[7]

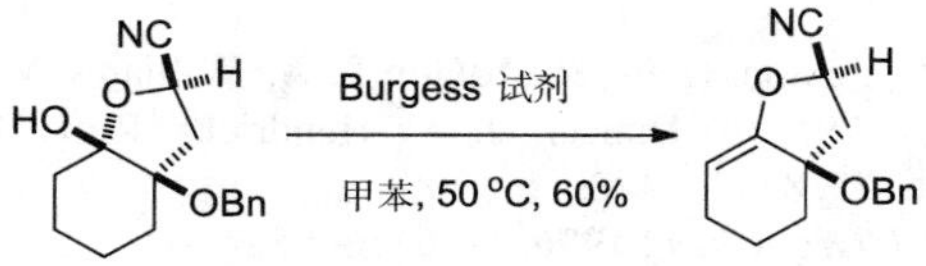

Example 4[8]

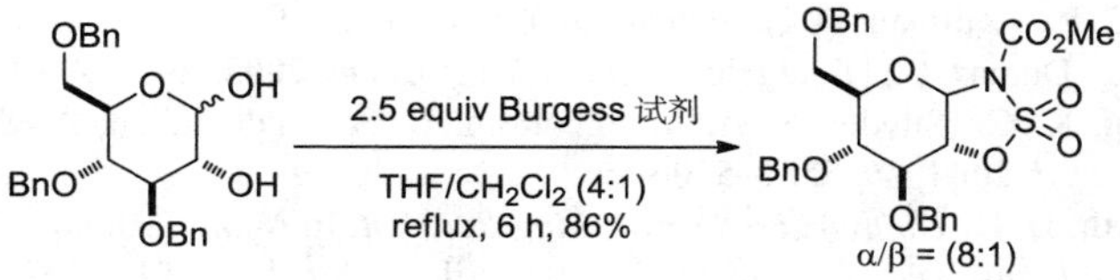

Example 5, 环脱水后发生一个新颖的甲酰氨基磺酰化作用[10]

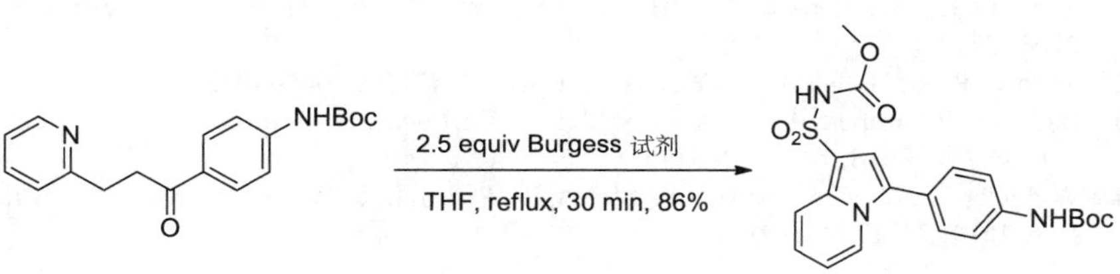

Example 6, Burgess试剂有利于醇在DMSO中的氧化[12]

DMSO, N₂, rt, 5 min
89%

Example 7, Burgess试剂促进的扩环作用[13]

THF, reflux, 1 h, 87%

References

1. (a) Atkins, G. M., Jr.; Burgess, E. M. *J. Am. Chem. Soc.* **1968**, *90*, 4744–4745. (b) Burgess, E. M.; Penton, H. R., Jr.; Taylor, E. A., Jr. *J. Am. Chem. Soc.* **1970**, *92*, 5224–5226. (c) Atkins, G. M., Jr.; Burgess, E. M. *J. Am. Chem. Soc.* **1972**, *94*, 6135–6141. (d) Burgess, E. M.; Penton, H. R., Jr.; Taylor, E. A. *J. Org. Chem.* **1973**, *38*, 26–31.
2. (a) Burgess, E. M.; Penton, H. R., Jr.; Taylor, E. A.; Williams, W. M. *Org. Synth. Coll. Edn.* **1987**, *6*, 788–791. (b) Duncan, J. A.; Hendricks, R. T.; Kwong, K. S. *J. Am. Chem. Soc.* **1990**, *112*, 8433–8442.
3. Wipf, P.; Xu, W. *J. Org. Chem.* **1996**, *61*, 6556–6562.
4. Lamberth, C. *J. Prakt. Chem.* **2000**, *342*, 518–522. (Review).
5. Khapli, S.; Dey, S.; Mal, D. J. *Indian Inst. Sci.* **2001**, *81*, 461–476. (Review).
6. Miller, C. P.; Kaufman, D. H. *Synlett* **2000**, *8*, 1169–1171.
7. Keller, L.; Dumas, F.; D'Angelo, J. *Eur. J. Org. Chem.* **2003**, 2488–2497.
8. Nicolaou, K. C.; Snyder, S. A.; Longbottom, D. A.; Nalbandian, A. Z.; Huang, X. *Chem. Eur. J.* **2004**, *10*, 5581–5606.
9. Holsworth, D. D. *The Burgess Dehydrating Reagent*. In *Name Reactions for Functional Group Transformations*; Li, J. J., Ed.; Wiley: Hoboken, NJ, **2007**, pp 189–206. (Review).
10. Li, J. J.; Li, J. J.; Li, J.; et al. *Org. Lett.* **2008**, *10*, 2897–2900.
11. Werner, L.; Wernerova, M.; Hudlicky, T. et al. *Adv. Synth. Catal.* **2012**, *354*, 2706–2712.
12. Sultane, P. R.; Bielawski, C. W. *J. Org. Chem.* **2017**, *82*, 1046–1052.
13. Badarau, E.; Robert, F.; Massip, S.; Jakob, F.; Lucas, S.; Frormann, S.; Ghosez, L. *Tetrahedron* **2018**, *74*, 5119–5128.
14. Widlicka, D. W.; Gontcharov, A.; Mehta, R.; Pedro, D. J.; North, R. *Org. Process Res. Dev.* **2019**, *23*, 1970–1978.

Cadiot−Chodkiewicz 偶联反应

从炔基卤代烃和炔基铜合成双炔基化合物，参见 Castro−Stephens 反应[*]。

$$R^1\!-\!\!\equiv\!\!-X + Cu\!-\!\!\equiv\!\!-R^2 \longrightarrow R^1\!-\!\!\equiv\!\!-\!\!\equiv\!\!-R^2$$

$$R^1\!-\!\!\equiv\!\!-X + Cu\!-\!\!\equiv\!\!-R^2 \xrightarrow{\text{氧化加成}} R^1\!-\!\!\equiv\!\!-\underset{X}{Cu}\!-\!\!\equiv\!\!-R^2$$

Cu(III) 中间体

$$\xrightarrow{\text{还原消除}} CuX + R^1\!-\!\!\equiv\!\!-\!\!\equiv\!\!-R^2$$

Example 1[3]

$$\text{(CH}_3)_3C\!-\!\!\equiv\!\!-Br + \equiv\!\!-CH_2OH \xrightarrow[\text{EtNH}_2,\text{MeOH} \atop 30-40\,^\circ\text{C},\,70-80\%]{\text{cat. CuCl, NH}_2\text{OH}\cdot\text{HCl}} \text{(CH}_3)_3C\!-\!\!\equiv\!\!-\!\!\equiv\!\!-CH_2OH$$

Example 2[7]

TBS−≡ + Br−≡−C(Me)=CH−CH₂OH $\xrightarrow[\text{30\% }n\text{-BuNH}_2,\text{H}_2\text{O},\,92\%]{\text{cat. CuCl, NH}_2\text{OH}\cdot\text{HCl}}$ TBS−≡−≡−C(Me)=CH−CH₂OH

Example 3[9]

[Macrocycle starting materials with MeO/OMe groups and terminal alkynes with Br] $\xrightarrow[\text{哌啶, MeOH} \atop \text{rt, 3.5 h, 80\%}]{\text{CuBr, NH}_2\text{OH}\cdot\text{HCl}}$ [Cyclic product]ₙ

n = 1 to 7
n = 1, 8%
n = 2, 11%
n = 3, 32%
n = 4, 8%
n = 5, 13%
n = 6, 3%
n = 7, 8%

---

* 译者注：Castro−Stephens 反应是炔基铜与芳基或烯基卤化物之间的偶联反应。卡斯特洛 (C. E. Castro) 和斯蒂芬斯 (R. D. Stephens) 都在加利福尼亚大学河滨分校 (Riverside，University of California) 的化学系工作。

© Springer Nature Switzerland AG 2021
J. J. Li, *Name Reactions*, https://doi.org/10.1007/978-3-030-50865-4_22

Example 4, 轮烷和因组分间的弱相互作用而能穿梭般来回移动的开关分子的活性模块合成可通过 Cadiot–Chodkiewicz 反应而实现[10]

Example 5, Au 配合物催化的在终端炔和炔基高价碘试剂之间发生的交叉 Cadiot–Chodkiewicz 反应[13]

Ta-Au = Ph$_3$P-Au-N (benzotriazole) Tf$^−$

Phen = 1,10-菲咯啉 =

Example 6, 本例中应用Cadiot−Chodkiewicz反应的效果要优于Sonogashi反应[14]

References

1. Chodkiewicz, W.; Cadiot, P. *C. R. Hebd. Seances Acad. Sci.* **1955**, *241*, 1055–1057. 卡迪特(P. Cadiot, 1923–)和肖特基维奇(W. Chodkiewitz, 1921–)都是法国化学家。
2. Cadiot, P.; Chodkiewicz, W. In *Chemistry of Acetylenes;* Viehe, H. G., ed.; Dekker: New York, **1969**, 597–647. (Review).
3. Gotteland, J.-P.; Brunel, I.; Gendre, F.; Désiré, J.; Delhon, A.; Junquéro, A.; Oms, P.; Halazy, S. *J. Med. Chem.* **1995**, *38*, 3207–3216.
4. Bartik, B.; Dembinski, R.; Bartik, T.; Arif, A. M.; Gladysz, J. A. *New J. Chem.* **1997**, *21*, 739–750.
5. Montierth, J. M.; DeMario, D. R.; Kurth, M. J.; Schore, N. E. *Tetrahedron* **1998**, *54*, 11741–11748.
6. Negishi, E.-i.; Hata, M.; Xu, C. *Org. Lett.* **2000**, *2*, 3687–3689.
7. Marino, J. P.; Nguyen, H. N. *J. Org. Chem.* **2002**, *67*, 6841–6844.
8. Utesch, N. F.; Diederich, F.; Boudon, C.; Gisselbrecht, J.-P.; Gross, M. *Helv. Chim. Acta* **2004**, *87*, 698–718.
9. Bandyopadhyay, A.; Varghese, B.; Sankararaman, S. *J. Org. Chem.* **2006**, *71*, 4544–4548–4548.
10. Berna, J.; Goldup, S. M.; Lee, A.-L.; Leigh, D. A.; Symes, M. D.; Teobaldi, G.; Zerbetto, F. *Angew. Chem. Int. Ed.* **2008**, *47*, 4392–4396.
11. Glen, P. E.; O'Neill, J. A. T.; Lee, A.-L. *Tetrahedron* **2013**, *69*, 57–68.
12. Sindhu, K. S.; Thankachan, A. P.; Sajitha, P. S.; Anilkumar, G. *Org. Biomol. Chem.* **2015**, *13*, 6891–6905. (Review).
13. Li, X.; Xie, X.; Sun, N.; Liu, Y. *Angew. Chem. Int. Ed.* **2017**, *56*, 6994–6998.
14. Kanikarapu, S.; Marumudi, K.; Kunwar, A. C.; Yadav, J. S.; Mohapatra, D. K. *Org. Lett.* **2017**, *19*, 4167–4170.
15. Geng, J.; Ren, Q.; Chang, C.; Xie, X.; Liu, J.; Du, Y. *RSC Adv.* **2019**, *9*, 10253–10263.
16. Radhika, S.; Harry, N. A.; Neetha, M.; Anilkumar, G. *Org. Biomol. Chem.* **2019**, *17*, 9081–9094. (Review).
17. Kaldhi, D.; Vodnala, N.; Gujjarappa, R.; Kabi, A. K.; Nayak, S.; Malakar, C. C. *Tetrahedron Lett.* **2020**, *61*, 151775.

Cannizzaro 反应

碱诱导下，两个醛之间歧化为一个醇和一个羧酸。若起始底物中有一个是 α-酮醛，则也能发生分子内 Cannizarro 歧化反应（见例 1、例 5 和例 6）。醛是芳香醛、甲醛或其他无 α-H 的脂肪醛。

Pathway A:

最后一步羧酸去质子化驱动反应进行

Pathway B:

Example 1, 分子内 Cannizzaro 歧化反应 [3]

Example 2[4]

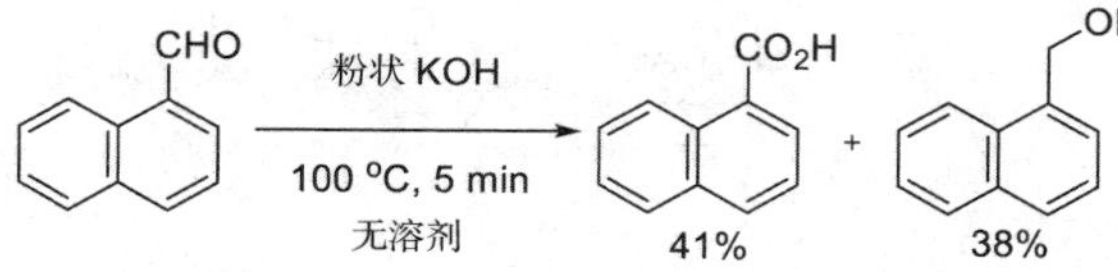

[反应式: 1-萘甲醛 + 粉状 KOH, 100 °C, 5 min, 无溶剂 → 1-萘甲酸 (41%) + 1-萘甲醇 (38%)]

Example 3[6]

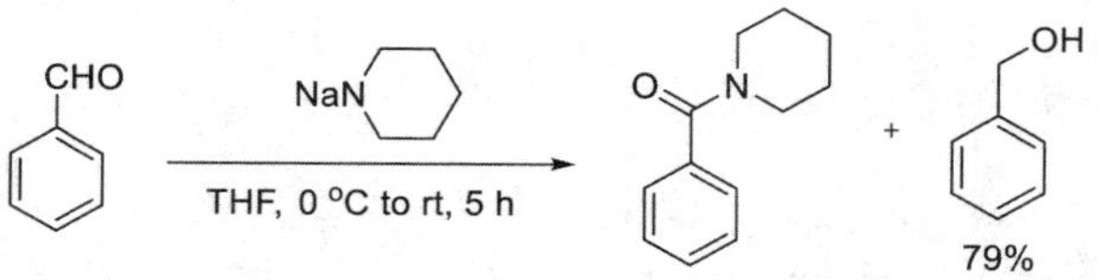

[反应式: PhCHO + NaN(piperidine), THF, 0 °C to rt, 5 h → PhC(O)N(piperidine) + PhCH₂OH (79%)]

Example 4[8]

[反应式: 3-硝基苯甲醛 + 1 equiv TMG, H₂O, rt, 10 h → 3-硝基苄醇 (42%) + 3-硝基苯甲酸 (43%)]

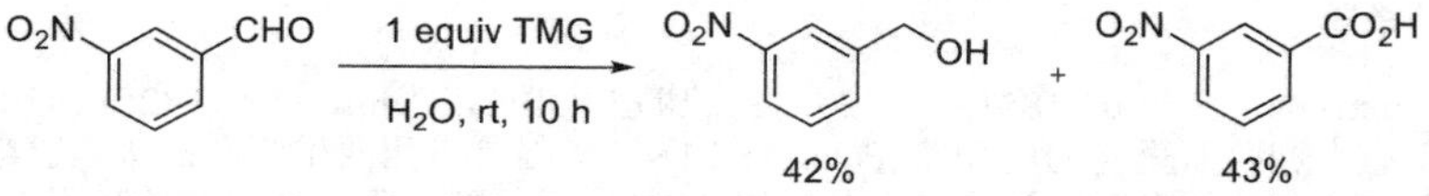

TMG 是一个有机碱

Example 5, 分子内 Cannizzaro 反应导致去对称化[9]

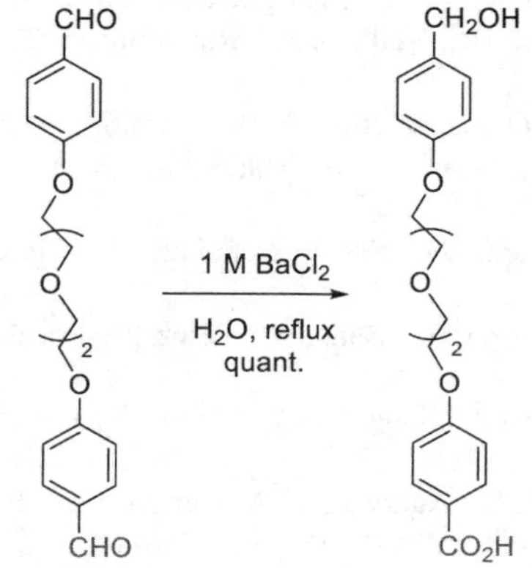

[反应式: 双醛底物 + 1 M BaCl₂, H₂O, reflux, quant. → 羟甲基/羧酸去对称化产物]

Example 6, 分子内 N–Cannizzaro 反应[11]

Example 7, 碾磨下的 Cannizzaro 反应[12]

References

1. Cannizzaro, S. *Ann.* **1853**, *88*, 129–130. 康尼扎罗 (S. Cannizarro, 1826–1910) 出生于意大利西西里岛的巴勒莫 (Palermo), 1847 年因参与西西里叛乱而逃亡巴黎。回到意大利后他发现苄醇可以由苄醛用 KOH 处理得到。康尼扎罗对从政很有兴趣，曾任意大利参议员并当选为副总统。
2. Geissman, T. A. *Org. React.* **1944**, *1*, 94–113. (Review).
3. Russell, A. E.; Miller, S. P.; Morken, J. P. *J. Org. Chem.* **2000**, *65*, 8381–8383.
4. Yoshizawa, K.; Toyota, S.; Toda, F. *Tetrahedron Lett.* **2001**, *42*, 7983–7985.
5. Reddy, B. V. S.; Srinvas, R.; Yadav, J. S.; Ramalingam, T. *Synth. Commun.* **2002**, *32*, 219–223.
6. Ishihara, K.; Yano, T. *Org. Lett.* **2004**, *6*, 1983–1986.
7. Curini, M.; Epifano, F.; Genovese, S.; Marcotullio, M. C.; Rosati, O. *Org. Lett.* **2005**, *7*, 1331–1333.
8. Basavaiah, D.; Sharada, D. S.; Veerendhar, A. *Tetrahedron Lett.* **2006**, *47*, 5771–5774.
9. Ruiz-Sanchez, A. J.; Vida, Y.; Suau, R.; Perez-Inestrosa, E. *Tetrahedron* **2008**, *64*, 11661–11665.
10. Shen, M.-G.; Shang, S.-B.; Song, Z.-Q.; Wang, D.; Rao, X.-P.; Gao, H.; Liu, H. *J. Chem. Res.* **2013**, *37*, 51–52.
11. Sud, A.; Chaudhari, P. S.; Agarwal, I.; Mohammad, A. B.; Dahanukar, V. H.; Bandichhor, R. *Tetrahedron Lett.* **2017**, *58*, 1891–1894.
12. Chacon-Huete, F.; Messina, C.; Chen, F.; Cuccia, L.; Ottenwaelder, X.; Forgione, P. *Green Chem.* **2018**, *20*, 5261–5265.
13. Janczewski, L.; Walczak, M.; Fraczyk, J.; Kaminski, Z. J.; Kolesinska, B. *Synth. Commun.* **2019**, *49*, 3290–3300.

Catellani 反应

在催化量的 Pd 和降冰片烯协同作用下芳香碘代物可实现邻位烷基化和芳基化。[1]第一个报道成功的是芳香碘代物的双邻位烷基化，随后 Heck 反应也报道出来了。[2]一个邻位无取代的芳香碘代物和一个脂肪族碘代物及一个终端烯烃在 Pd 和降冰片烯协同作用下，以碱为催化剂，生成 2,6-二取代烯基芳烃。类似地，一个邻位被取代的芳香碘代物反应后可生成带有两个不同邻位取代的芳香烯烃。[3]

Example 1, 一个通过活化 C—I 键和 C—H 键发生的三组分反应构筑起三个相邻的 C—C 键[2]

一个邻取代芳基碘的反应机理：涉及 Pd(0)、Pd(Ⅱ) 和 Pd(Ⅳ) 中间体和 Pd 及降冰片烯的催化循环[1-3]

反应起始于一个取代的芳香碘代物对 Pd(0) 的氧化加成，接着降冰片烯立体选择性地插入生成 cis,exo-配合物 (2)。因几何构型 β-H 消除不会发生，而一个五元钯环 (3) 则由分子内 C—H 键活化而产生。脂肪族碘代物对 3 进行氧化加成给出一个Pd(Ⅳ)中间体**(4)**。4通过一个选择性的烷基迁移到芳香环进行的还原消除反应生成**5**，降冰片烯同时发生反插入，同样由于立体的影响而给出2,6-二取代芳香钯(Ⅱ)物种**(6)**，**6**与终端烯烃反应放出有机产物和Pd(0)。其他的终端过程也可以通过熟知的如Suzuki 或Sonogashira 偶联那样，芳香基-Pd键发生氢解、氨基化或氰化。所述方案还可扩展用于成环反应。因此，本反应是非常丰富多彩的，可用于合成多类官能化的芳香化合物。

Example 2，Lautens小组首次报道了应用最终一步分子内的Heck反应合成稠芳香化合物。[4,1e]

Example 3，利用本反应对各种官能团的高度兼容性，Lautens小组实现了合成木脂素[(+)–linoxepin]所需前体化合物的关键一步反应。[5]

只要芳香碘代底物带有一个邻位取代基，通过邻位芳基化构筑二芳基组分也是可行的。因邻位效应，3这一类钯环上基本只会进行邻位取代。[1,6]

Example 4，结合Heck反应的芳基芳基偶联反应[7]

Example 5. 邻位有供电子取代基的芳香碘代物与带有吸电子取代基的芳香溴代物及终端烯烃之间成功发生的非对称偶联反应说明适时改变两个芳香卤代物的电子性质就可实现选择性控制。[8]

Example 6, Pd(Ⅳ)中间体的内部螯合作用能抵消邻位效应。[10]

Example 7, 合成苯并[1,6]二氮杂萘酮衍生物[11]

Example 8, 迭代C—H键上的双硅基化[12]

Example 9, 用于双芳基合成的 Borono-Catellani 芳基化反应[13,14]

References

1. (a) Tsuji, J. *Palladium Reagents and Catalysts – New Perspective for the 21st Century*, 2004, John Wiley & Sons, pp. 409–416. (b) Catellani, M. *Synlett* **2003**, 298–313. (c) Catellani, M. *Top. Organomet. Chem.* **2005**, *14*, 21–53. (d) Catellani, M.; Motti, E.; Della Ca′, N. *Acc. Chem. Res.* **2008**, *41*, 1512–1522. (e) Martins, A.; Mariampillai, B.; Lautens, M. *Top Curr Chem* **2010**, *292*, 1–33. (f) Chiusoli, G. P.; Catellani, M.; Costa, M.; Motti, E.; Della Ca′, N.; Maestri, G. *Coord. Chem. Rev.* **2010**, *254*, 456–469. M.Catellani 与其同事在帕尔驮子(University of Parma) 发现了一个从芳香碘代物合成邻二取代烯基芳环的好方法。该反应提供了一个包括底物、催化剂、降冰片烯或其他张力烯的多组分反应。反应中张力烯至关重要, 它通过活化芳环上的三个相邻位置进入配位催化循环并在最后得到再生。
2. (a) Catellani, M.; Frignani, F.; Rangoni, A. *Angew. Chem. Int. Ed. Engl.* **1997**, *36*, 119–122. (b) Catellani, M.; Fagnola, M. C. *Angew. Chem. Int. Ed. Engl.* **1994**, *33*, 2421–2422.
3. Catellani, M;. Cugini, F. *Tetrahedron*, **1999**, *55*, 6595–6602.
4. (a) Lautens, M.; Piguel, S.; Dahlmann, M. *Angew. Chem. Int. Ed. Engl.* **2000**, *39*, 1045–1046. (b) Lautens, M.; Paquin, J.-F.; Piguel, S. *J. Org. Chem.* **2001**, *66*, 8127–8134. (c) Lautens, M.; Paquin, J.-F.; Piguel, S. *J. Org. Chem.* **2002**, *67*, 3972–3974.
5. Weinstabl, H.; Suhartono, M.; Qureshi, Z.; Lautens, M. *Angew. Chem. Int. Ed.* **2013**, *125*, 5413–5416.
6. Maestri, G.; Motti, E.; Della Ca′, N.; Malacria, M.; Derat, E.; Catellani, M. *J. Am. Chem. Soc.* **2011**, *133*, 8574–8585.
7. Motti, E.; Ippomei, G.; Deledda, S.; Catellani, M. *Synthesis* **2003**, 2671–2678.
8. Faccini, F.; Motti, E.; Catellani, M. *J. Am. Chem. Soc.* **2004**, *126*, 78–79.
9. Vicente, J.; Arcas, A.; Juliá-Hernández, F.; Bautista, D. *Angew. Chem. Int. Ed.* **2011**, *50*, 6896–6899.
10. Della Ca′, N.; Maestri, G.; Malacria, M.; Derat, E.; Catellani, M. *Angew. Chem. Int. Ed.* **2011**, *50*, 12257–12261.
11. Elsayed, M. S. A.; Griggs, B.; Cushman, M. *Org. Lett.* **2018**, *20*, 5228–5232.
12. Lv, W.; Yu, J.; Ge, B.; Wen, S.; Cheng, G. *J. Org. Chem.* **2018**, *83*, 12683–12693.
13. Chen, S.; Liu, Z.-S.; Yang, T.; Hua, Y.; Zhou, Z.; Cheng, H.-G.; Zhou, Q. *Angew. Chem. Int. Ed.* **2018**, *57*, 7161–7165.
14. Wang, P.; Chen, S.; Zhou, Z.; Cheng, H.-G.; Zhou, Q. *Org. Lett.* **2019**, *21*, 323–3327.
15. Cheng, H.-G.; Chen, S.; Chen, R.; Zhou, Q. *Angew. Chem. Int. Ed.* **2019**, *58*, 5832–5844. (Review).

Chan-Lam C—X(杂)键偶联反应

各种带NH/OH/SH的底物于室温、空气中与硼酸在催化量乙酸铜及三乙胺(或吡啶)存在下经氧化交叉偶联发生芳构化反应。反应可适用于酰胺、胺、苯胺、叠氮化物、乙内酰脲、肼、酰亚胺、亚胺、亚硝基化物、吡嗪酮、吡啶酮、嘌呤、嘧啶、氨磺酰、亚磺酸盐、亚磺酰胺、脲、醇、酚和硫酚等等。本反应也是一个在N/O上发生烯基化的温和方法。硼酸可以用硅氧烷、锡烷或其他有机金属化合物替代。温和的反应条件使其优于用卤代烃的Buchwald–Hartwig钯催化的交叉偶联反应，尽管硼酸的价格高于卤代烃。从应用性和普适性看，本反应已不亚于Suzuki–Miyaura C—C键交叉偶联反应。

$$Ar-M + H-XR \xrightarrow[\text{弱碱, MC, 空气}]{\text{cat. Cu(AcO)}_2} Ar-XR$$

M = B(OH)$_2$, B(OR)$_2$, B(OR)$_3^-$, BF$_3^-$, SnMe$_3$, Si(OR)$_3$.
X = N, O, S, Se, Te, F, Cl, Br, I.

机理：[4]

Example 1[1a,d]

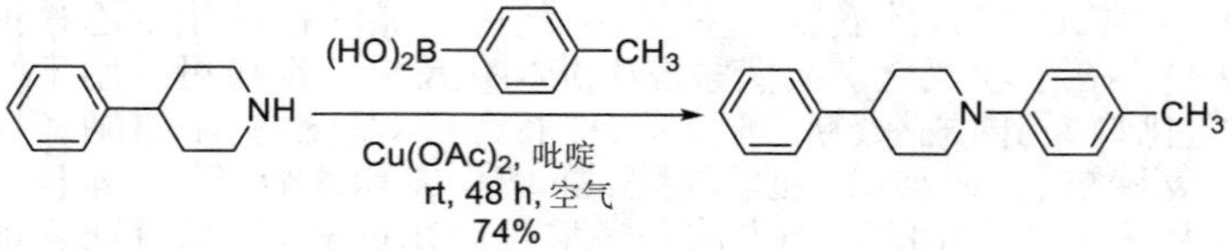
(HO)$_2$B–C$_6$H$_4$–CH$_3$
NH
CH$_3$
Cu(OAc)$_2$, 吡啶
rt, 48 h, 空气
74%

Example 2[5]

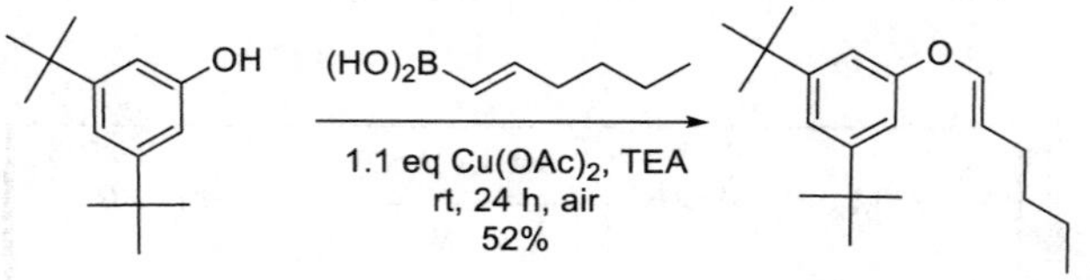
OH
(HO)$_2$B
1.1 eq Cu(OAc)$_2$, TEA
rt, 24 h, air
52%

Example 3[6]

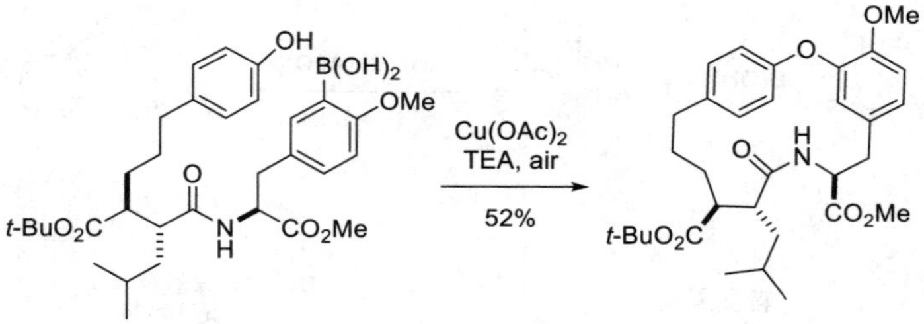
OH
B(OH)$_2$
OMe
t-BuO$_2$C
CO$_2$Me
Cu(OAc)$_2$
TEA, air
52%

Example 4[14]

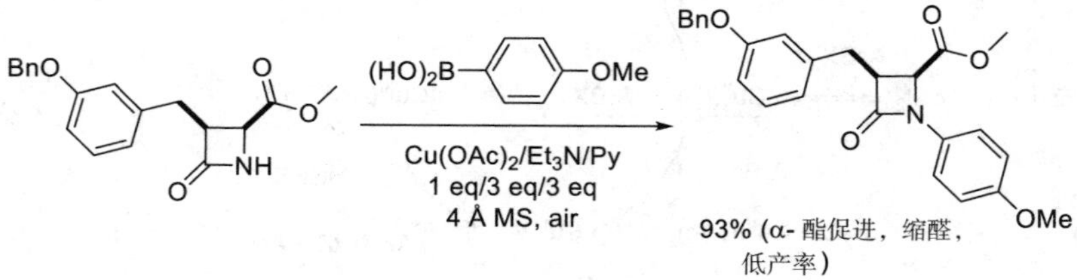
BnO
NH
(HO)$_2$B–C$_6$H$_4$–OMe
Cu(OAc)$_2$/Et$_3$N/Py
1 eq/3 eq/3 eq
4 Å MS, air
OMe
93% (α- 酯促进，缩醛，
低产率)

Example 5[15]

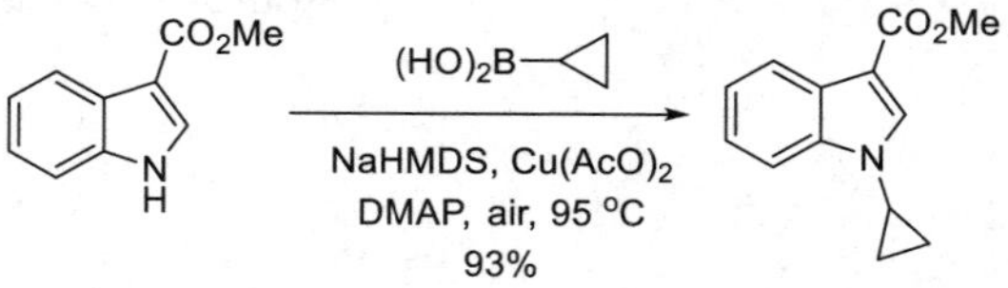
CO$_2$Me
(HO)$_2$B
NaHMDS, Cu(AcO)$_2$
DMAP, air, 95 °C
93%

Example 6, 在芳基硼化物和作为亲核sp³-碳之间的Chan-Lam偶联反应[18]

Example 7, 利用三氟硼化物[20]

References

1. (a) Chan, D. M. T.; Monaco, K. L.; Wang, R.-P.; Winters, M. P. *Tetrahedron Lett.* **1998**, *39*, 2933−2936. (b) Lam, P. Y. S.; Clark, C. G.; Saubern, S.; Adams, J.; Winters, M. P.; Chan, D. M. T.; Combs, A. *Tetrahedron Lett.* **1998**, *39*, 2941−2949. 单(D. Chan)是位于美国Wilmington, DE的DuPont Crop Protection 的化学家, 在威斯康星大学麦迪逊分校(University of Wisconsin, Madison)的特罗斯特(B. Trost)教授指导下进行Ph.D.研究工作。拉姆(P. Lam)是位于美国新泽西州普林斯顿的Bristol-Myyers Squibb 的首席研究员, 曾在DuPont Pharmaceuticals Company工作过。他在罗切斯特大学(University of Rochester)的弗里特里希(L. Friedrich)教授指导下进行Ph.D.研究工作, 先后跟俊(M. Jung)教授和加利福尼亚大学洛杉矶分校(UCLA)的克拉姆(D. Cram)教授从事博士后研究工作。(c) Evans, D. A.; Katz, J. L.; West, T. R. *Tetrahedron Lett.* **1998**, *39*, 2937−2940. 长期从事万古霉素(vancomycin)全合成研究的伊文思(D.A.Evans)小组在一次有机化学会议的壁报上注意到该反应并将其用于O-芳构化反应。(d) Lam, P. Y. S.; Clark, C. G.; Saubern, S.; Adams, J.; Averill, K. M.; Chan, D. M. T.; Combs, A. *Synlett* **2000**, 674−676. (e) Lam, P. Y. S.; Bonne, D.; Vincent, G.; Clark, C. G.; Combs, A. P. *Tetrahedron Lett.* **2003**, *44*, 1691−1694.

2. Reviews: (a) Qiao, J. X.; Lam, P. Y. S. *Syn.* **2011**, 829−856; (b) Chan, D. M. T.; Lam, P. Y. S., Book chapter in *Boronic Acids* Hall, ed. **2005**, Wiley-VCH, 205−240. (c) Ley, S. V.; Thomas, A. W. *Angew. Chem., Int. Ed. Engl.* **2003**, *42*, 5400−5449.

3. Catalytic copper: (a) Lam, P. Y. S.; Vincent, G.; Clark, C. G.; Deudon, S.; Jadhav, P. K. *Tetrahedron Lett.* **2001**, *42*, 3415−3418. (b) Antilla, J. C.; Buchwald, S. L. *Org. Lett.* **2001**, *3*, 2077−2079. (c) Quach, T. D.; Batey, R. A. *Org. Lett.* **2003**, *5*, 4397−4400. (d) Collman, J. P.; Zhong, M. *Org. Lett.* **2000**, *2*, 1233−1236. (e) Lan, J.-B.; Zhang, G.-L.; Yu, X.-Q.; You, J.-S.; Chen, L.; Yan, M.; Xie, R.-G. *Synlett* **2004**, 1095−1097.

4. 部分机理研究工作在Shannon实验室做的: (a) Huffman, L. M.; Stahl, S. S. *J. Am. Chem. Soc.* **2008,** 130, 9196–9197. (b) King, A. E.; Brunold, T. C.; Stahl, S. S. *J. Am. Chem. Soc.* **2009,** 131, 5044. (c) King, A. E.; Huffman, L. M.; Casitas, A.; Costas, M.; Ribas, X.; Stahl, S. S. *J. Am. Chem. Soc.* **2010**, *132*, 12068–12073. (d) Casita, A.; King, A. E.; Prella, T.; Costas, M.; Stahl, S. S.; Ribas, X. *J. Chem. Sci.* **2010,** *1*, 326–330.
5. Vinyl boronic acids: Lam, P. Y. S.; Vincent, G.; Bonne, D.; Clark, C. G. *Tetrahedron Lett.* **2003**, *44*, 4927–4931.
6. Intramolecular: Decicco, C. P.; Song, Y.; Evans, D.A. *Org. Lett.* **2001,** *3*, 1029–1032.
7. Solid phase: (a) Combs, A. P.; Saubern, S.; Rafalski, M.; Lam, P. Y. S. *Tetrahedron Lett.* **1999,** *40*, 1623–1626. (b) Combs, A. P.; Tadesse, S.; Rafalski, M.; Haque, T. S.; Lam, P. Y. S. *J. Comb. Chem.* **2002,** *4*, 179–182.
8. Boronates/borates: (a) Chan, D. M. T.; Monaco, K. L.; Li, R.; Bonne, D.; Clark, C. G.; Lam, P. Y. S. *Tetrahedron Lett.* **2003**, *44*, 3863–3865. (b) Yu, X. Q.; Yamamoto, Y.; Miyuara, N. *Chem. Asian J.* **2008,** *3*, 1517–1522.
9. Siloxanes: (a) Lam, P. Y. S.; Deudon, S.; Averill, K. M.; Li, R.; He, M. Y.; DeShong, P.; Clark, C. G. *J. Am. Chem. Soc.* **2000,** *122*, 7600–7601. (b) Lam, P. Y. S.; Deudon, S.; Hauptman, E.; Clark, C. G. *Tetrahedron Lett.* **2001,** *42*, 2427–2429.
10. Stannanes: Lam, P. Y. S.; Vincent, G.; Bonne, D.; Clark, C. G. *Tetrahedron Lett.* **2002,** *43*, 3091–3094.
11. Thiols: (a) Herradura, P. S.; Pendora, K. A.; Guy, R. K. *Org. Lett.* **2000,** *2*, 2019–2022. (b) Savarin, C.; Srogl, J.; Liebeskind, L. S. . *Org. Lett.* **2002,** *4*, 4309–4312. (c) Xu, H.-J.; Zhao, Y.-Q.; Feng, T.; Feng, Y.-S. *J. Org. Chem.* **2012,** *77*, 2878–2884.
12. Sulfinates: (a) Beaulieu, C.; Guay. D.; Wang, C.; Evans, D. A. *Tetrahedron Lett.* **2004,** *45*, 3233–3236. (b) Huang, H.; Batey, R. A. *Tetrahedron.* **2007,** *63*, 7667–7672. (c) Kar, A.; Sayyed, L.A.; Lo, W.F.; Kaiser, H.M.; Beller, M.; Tse, M. K. *Org. Lett.* **2007,** *9*, 3405–3408.
13. Sulfoximines: Moessner, C.; Bolm, C. *Org. Lett.* **2005,** *7*, 2667–2669.
14. β-Lactam: Wang, W.; *et al. Bio. Med. Chem. Lett.* **2008,** *18*, 1939–1944.
15. Cyclopropyl boronic acid: Tsuritani, T.; Strotman, N. A.; Yamamoto, Y.; Kawasaki, M.; Yasuda, N.; Mase, T. *Org. Lett.* **2008,** *10*, 1653–1655.
16. Alcohols: Quach, T. D.; Batey, R. A. *Org. Lett.* **2003,** *5*, 1381–1384.
17. Fluorides: (a) Ye, Y.; Sanford, M. S. *J. Am. Chem. Soc.* **2013,** *135*, 4648–4651. (b) Fier, P. S.; Luo, J.; Hartwig, J. F. *J. Am. Chem. Soc.* **2013,** *135*, 2552–2559.
18. Moon, P. J.; Halperin, H. M.; Lundgren, R. J. *Angew. Chem., Int. Ed. Engl.* **2016,** *55*, 1894–1898.
19. Vantourout, J. C.; Law, R. P.; Isidro-Llobet, A.; Atkinson, S. J.; Watson, A. J. B. *J. Org. Chem.* **2016,** *81*, 3942–3950.
20. Harris, M. R.; Li, Q.; Lian, Y.; Xiao, J.; Londregan, A. T. *Org. Lett.* **2017,** *19*, 2450–2453.
21. Ando, S.; Hirota, Y.; Matsunaga, H.; Ishizuka, T. *Tetrahedron Lett.* **2019,** *60*, 1277–1280.
22. Clerc, A.; Beneteau, V.; Pale, P.; Chassaing, S. *ChemCatChem* **2020,** *12*, 2060–2065.

Chapman 重排反应

O-芳基亚胺醚热重排为酰胺。

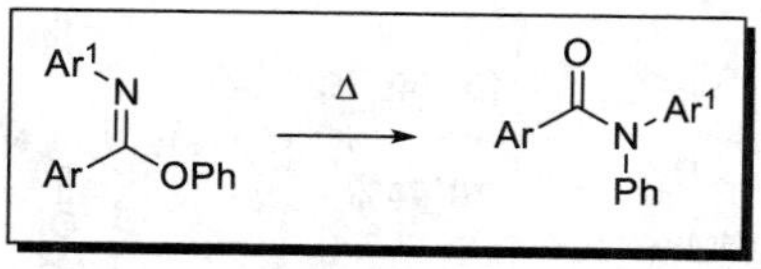

机理：

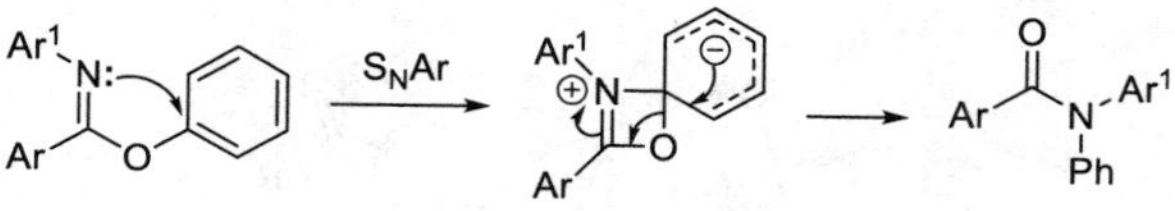

1,3-氮氧杂环丁烯中间体

Example 1[2]

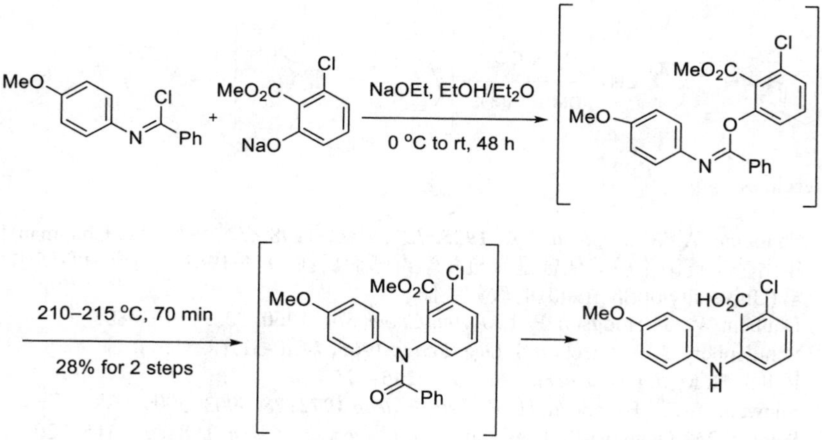

Example 2[4]

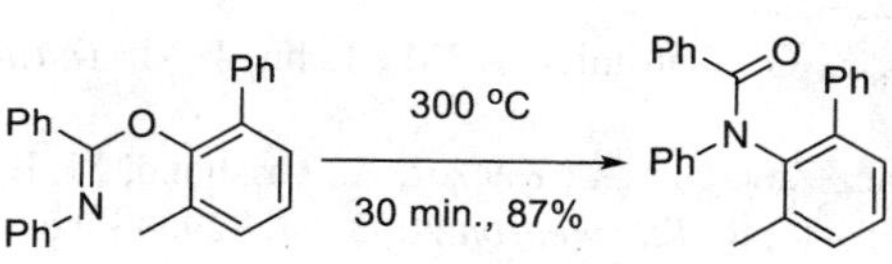

© Springer Nature Switzerland AG 2021
J. J. Li, *Name Reactions*, https://doi.org/10.1007/978-3-030-50865-4_26

Example 3, 两重 Chapman 重排反应 [9]

[Reaction scheme: bis-aryl imidate with C12H25 aryl groups, Me2N, MeO2C substituents → bis-urea product at 110–140 °C, 70–74%]

Example 4, 类 Chapman 热重排反应 [11]

[Reaction scheme: 3-OR benzisothiazole 1,1-dioxide → N-R saccharin-type product, Δ]

Example 5, 类 Chapman 热重排反应 [12]

[Reaction scheme: benzaldehyde methoxycarbonyl hydrazone, I2, K2CO3, DMSO, 88% → 1,3,4-oxadiazol-2(3H)-one intermediate → 5-phenyl-3-methyl-1,3,4-oxadiazol-2(3H)-one]

References

1. Chapman, A. W. *J. Chem. Soc.* **1925**, *127*, 1992–1998. 查坡曼 (A. W. Chapman) 1898 年出生于英国伦敦。他曾是有机化学讲师而后在 1944–1963 年间成为谢菲尔德大学 (University of Sheffield) 的教务主任。
2. Dauben, W. G.; Hodgson, R. L. *J. Am. Chem. Soc.* **1950**, *72*, 3479–3480.
3. Schulenberg, J. W.; Archer, S. *Org. React.* **1965**, *14*, 1–51. (Review).
4. Relles, H. M. *J. Org. Chem.* **1968**, *33*, 2245–2253.
5. Shawali, A. S.; Hassaneen, H. M. *Tetrahedron* **1972**, *28*, 5903–5909.
6. Kimura, M.; Okabayashi, I.; Isogai, K. *J. Heterocycl. Chem.* **1988**, *25*, 315–320.
7. Farouz, F.; Miller, M. J. *Tetrahedron Lett.* **1991**, *32*, 3305–3308.
8. Dessolin, M.; Eisenstein, O.; Golfier, M.; Prange, T.; Sautet, P. *J. Chem. Soc., Chem. Commun.* **1992**, 132–134.
9. Marsh, A.; Nolen, E. G.; Gardinier, K. M.; Lehn, J. M. *Tetrahedron Lett.* **1994**, *35*, 397–400.
10. Almeida, R.; Gomez-Zavaglia, A.; Kaczor, A.; Cristiano, M. L. S.; Eusebio, M. E. S.; Maria, T. M. R.; Fausto, R. *Tetrahedron* **2008**, *64*, 3296–3305.
11. Noorizadeh, S.; Ozhand, A. *Chin. J. Chem.* **2010**, *28*, 1876–1884.
12. Patel, Sh. S.; Chandna, N.; Kumar, S.; Jain, N. *Org. Biomol. Chem.* **2016**, *14*, 56836–5689.
13. Fang, J.; Ke, M.; Huang, G.n; Tao, Y.; Cheng, D.; Chen, F.-E. *RSC Adv.* **2019**, *16*, 9270–9280.

Chichibabin 吡啶合成反应

亦称 Chichibabin 反应，指从醛和氨缩合生成吡啶。

Example 1[3]

Example 2[7]

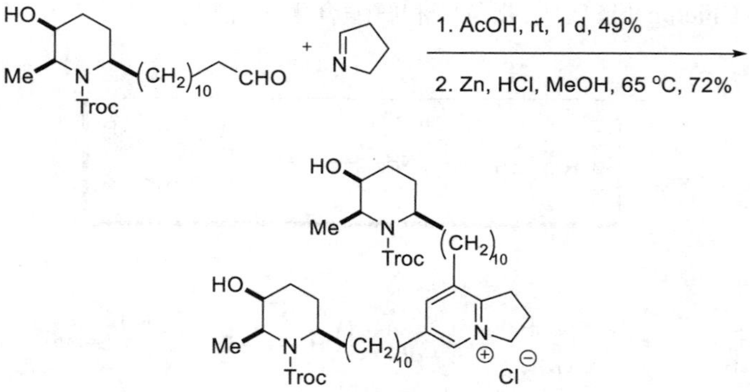

Example 3[8]

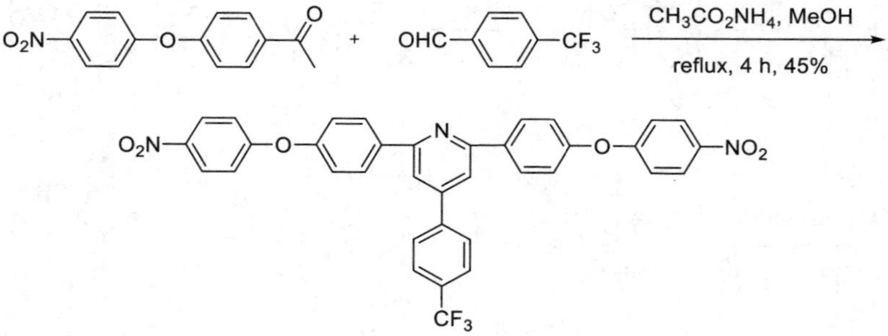

Example 4，一个异常的 Chichibabin 反应[9]

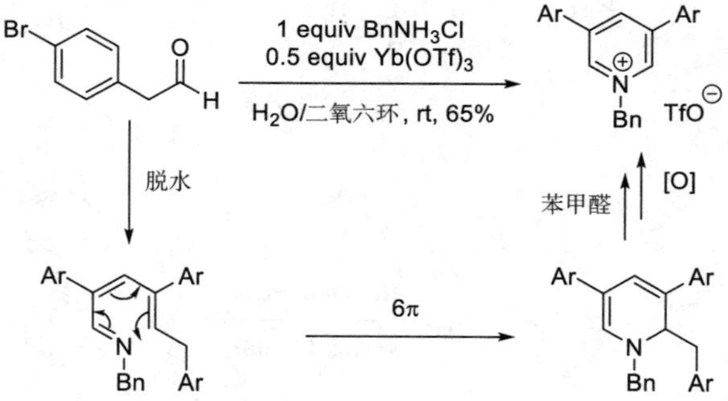

脱水

苯甲醛

[O]

6π

Example 5, 放射性同位素标记的Chichibabin 反应[11]

Example 6, 放射性同位素标记的Chichibabin 反应[13]

References

1. Chichibabin, A. E. *J. Russ. Phys. Chem. Soc.* **1906**, *37*, 1229. 齐齐巴宾(A. E. Chichibabin, 1871−1945)出生于俄罗斯的Kuzemino，是马尔科夫尼科夫(V. M. Markovnikov)所青睐的学生。但马尔科夫尼科夫的继承者泽林斯基(Hell-Volhard-Zelinsky反应的发现者之一)不愿与这个学生合作共事，对齐齐卡宾的Ph.D.论文也颇多微词，这反使齐齐卡宾有一个"自学成才者"的昵称。
2. Frank, R. L.; Riener, E. F. *J. Am. Chem. Soc.* **1950**, *72*, 4182−4183.
3. Weiss, M. *J. Am. Chem. Soc.* **1952**, *74*, 200−202.
4. Kessar, S. V.; Nadir, U. K.; Singh, M. *Indian J. Chem.* **1973**, *11*, 825−826.
5. Shimizu, S.; Abe, N.; Iguchi, A.; Dohba, M.; Sato, H.; Hirose, K.-I. *Microporous Mesoporous Materials* **1998**, *21*, 447−451.
6. Galatasis, P. *Chichibabin (Tschitschibabin) Pyridine Synthesis*. In *Name Reactions in Heterocyclic Chemistry*; Li, J. J., Ed.; Wiley: Hoboken, NJ, **2005**, pp 308−309. (Review).
7. Snider, B. B.; Neubert, B. J. *Org. Lett.* **2005**, *7*, 2715−2718.
8. Wang, X.-L.; Li, Y.-F.; Gong, C.-L.; Ma, T.; Yang, F.-C. *J. Fluorine Chem.* **2008**, *129*, 56−63.
9. Burns, N. Z.; Baran, P. S. *Angew. Chem. Int. Ed.* **2008**, *47*, 205−208.
10. Allais, C.; Grassot, J.-M.; Rodriguez, J.; Constantieux, T. *Chem. Rev.* **2014**, *114*, 10829−10868. (Review).
11. Tanigawa, T.; Komatsu, A.; Usuki, T. *Bioorg. Med. Chem. Lett.* **2015**, *25*, 2046−2049.
12. Khan, F. A. K.; Zaheer, Z.; Sangshetti, J. N.; Patil, R. H.; Farooqui, M. *Bioorg. Med. Chem. Lett.* **2017**, *27*, 567−573.
13. Fuse, W.; Imura, A.; Tanaka, N.; Usuki, T. *Tetrahedron Lett.* **2019**, *60*, 928−930.

Chugaev 消除反应

黄原酸酯热解消除为烯烃。

$$R\text{-CH}_2\text{CH}_2\text{-OH} \xrightarrow[\text{2. CH}_3\text{I}]{\text{1. CS}_2,\ \text{NaOH}} R\text{-CH}_2\text{CH}_2\text{-O-C(=S)-S-CH}_3 \xrightarrow{\Delta} R\text{-CH=CH}_2 + \text{OCS} + \text{CH}_3\text{SH}$$

黄原酸酯

$$R\text{-CH}_2\text{CH}_2\text{-O-C(=S)-S-CH}_3 \xrightarrow{\Delta} [\text{环状过渡态}] \longrightarrow$$

$$R\text{-CH=CH}_2 + H\text{-S-C(=O)-S-CH}_3 \longrightarrow O=C=S\uparrow + CH_3SH\uparrow$$

Example 1[4]

试剂: 1. NaH, CS$_2$, MeI, 90%; 2. HMPA, 230 °C, 90%

Example 2[5]

试剂: CS$_2$, MeI, NaH, THF, rt, 2 h, 51%; 然后 十二碳烷 reflux (216 °C), 48 h, 74%

Example 3, Chugaev *syn*-消除反应后再发生一个分子内烯反应[6]

Example 4, 经Chugaev消除反应发生的芳构化反应[10]

Example 5, 两重Chugaev消除反应[11]

References

1. Chugaev, L. *Ber.* **1899,** 32, 3332. 秋加也夫(L. A. Chugaev, 1873-1922)出生于俄罗斯的莫斯科，曾是彼得格勒的化学教授。门捷列夫(D. Mendeleyev)和瓦尔登(P. Walden)也都任过该职位。秋加也夫将其一生贡献给科学，除了萜类外还研究过Ni和Pt的化学，其研究室的灯光每天亮到凌晨4点多钟是常有的事。
2. Harano, K.; Taguchi, T. *Chem. Pharm. Bull.* **1975,** *23*, 467–472.
3. Ho, T.-L.; Liu, S.-H. *J. Chem. Soc., Perkin Trans. 1* **1984,** 615–617.
4. Fu, X.; Cook, J. M. *Tetrahedron Lett.* **1990,** *31*, 3409–3412.
5. Meulemans, T. M.; Stork, G. A.; Macaev, F. Z.; Jansen, B. J. M.; de Groot, A. *J. Org. Chem.* **1999,** *64*, 9178–9188.
6. Nakagawa, H.; Sugahara, T.; Ogasawara, K. *Org. Lett.* **2000,** *2*, 3181–3183.
7. Fuchter, M. J. *Chugaev elimination*. In *Name Reactions for Functional Group Transformations*; Li, J. J., Ed.; Wiley: Hoboken, NJ, **2007,** pp 334–342. (Review).
8. Ahmed, S.; Baker, L. A.; Grainger, R. S.; Innocenti, P.; Quevedo, C. E. *J. Org. Chem.* **2008,** *73*, 8116–8119.
9. Tang, P.; Wang, L.; Chen, Q.-F.; Chen, Q.-H.; Jian, X.-X.; Wang, F.-P. *Tetrahedron* **2012,** *68*, 5031–5036.
10. He, S.; Hsung, R. P.; Presser, W. R.; Ma, Z.-X.; Haugen, B. J. *Org. Lett.* **2014,** *16*, 2180–2183.
11. Fukaya, K.; Kodama, K.; Tanaka, Y.; Yamazaki, H.; Sugai, T.; Yamaguchi, Y.; Watanabe, A.; Oishi, T.; Sato, T.; Chida, N. *Org. Lett.* **2015,** *17*, 2574–2577.
12. Burroughs, L.; Ritchie, J.; Woodward, S. *Tetrahedron* **2016,** *72*, 1686–1689.
13. He, W.; Ding, Y.; Tu, J.; Que, C.; Yang, Z.; Xu, J. *Org. Biomol. Chem.* **2018,** *16*, 1659–1666.
14. Langlais, M.; Coutelier, O.; Destarac, M. **2019,** *60*, 1522–1525

Claisen 缩合反应

碱催化下酯缩合为 β-酮酯。

Example 1[4]

t-BuOK, 无溶剂, 90 °C, 20 min., 84%

Example 2[6]

3.5 eq. LDA, THF, −45 to −50 °C, then H⁺, 97%

Example 3, 逆 Claisen 缩合反应[9]

5 equiv H$_2$O, 5 mol% In(OTf)$_3$, 无溶剂, 80 °C, 24 h, 85%

Example 4, 无溶剂 Claisen 缩合反应[10]

$$\text{CH}_3\text{C(O)OBn} \xrightarrow[\text{无溶剂, 51\%}]{\text{KO}t\text{-Bu, 100 °C, 30 min.}} \text{CH}_3\text{C(O)CH}_2\text{C(O)OBn} \quad \bullet = {}^{13}\text{C}$$

Example 5, 分子内 Claisen 缩合反应 (Dieckmann 缩合反应)[11]

PhCH₂CH₂CH=CHC(O)OEt + MeC(O)CH₂C(O)OMe $\xrightarrow[\text{Michael 加成}]{\text{NaOEt, EtOH} \atop \text{reflux}}$

[PhCH₂CH₂CH(CH(CO₂Et)C(O)Me)CH₂C(O)OEt] $\xrightarrow{\text{分子内 Claisen 缩合}}$ 2-phenethyl-4,6-dioxocyclohexane-1-carboxylate (CO₂Et)

Example 6, 插烯类 Claisen 缩合反应[12]

N-Boc-Val-Bt + 2,2,6-trimethyl-4H-1,3-dioxin-4-one $\xrightarrow[\text{−78 °C-rt, 68\%}]{\text{LDA, THF}}$ product

References

1. Claisen, R. L.; Lowman, O. *Ber.* **1887**, *20*, 651. 克莱森 (R. L. Claisen, 1851–1930) 出生于德国的 Cologne，可称得上是有机化学史上的名门望族之一。在其独立从事研究工作前曾先后跟凯库勒 (A. Kekule)、武勒 (F. Wöhler)、拜耳 (A. von Baeyer) 和费歇尔 (E. Fischer) 学习过。
2. Hauser, C. R.; Hudson, B. E. *Org. React.* **1942**, *1*, 266–302. (Review).
3. Schäfer, J. P.; Bloomfield, J. J. *Org. React.* **1967**, *15*, 1–203. (Review).
4. Yoshizawa, K.; Toyota, S.; Toda, F. *Tetrahedron Lett.* **2001**, *42*, 7983–7985.
5. Heath, R. J.; Rock, C. O. *Nat. Prod. Rep.* **2002**, *19*, 581–596. (Review).
6. Honda, Y.; Katayama, S.; Kojima, M.; Suzuki, T. *Org. Lett.* **2002**, *4*, 447–449.
7. Mogilaiah, K.; Reddy, N. V. *Synth. Commun.* **2003**, *33*, 73–78.
8. Linderberg, M. T.; Moge, M.; Sivadasan, S. *Org. Process Res. Dev.* **2004**, *8*, 838–845.
9. Kawata, A.; Takata, K.; Kuninobu, Y.; Takai, K. *Angew. Chem. Int. Ed.* **2007**, *46*, 7793–7795.
10. Iida, K.; Ohtaka, K.; Komatsu, T.; Makino, T.; Kajiwara, M. *J. Labelled Compd. Radiopharm.* **2008**, *51*, 167–169.
11. Song, Y. Y.; He, H. G.; Li, Y.; Deng, Y. *Tetrahedron Lett.* **2013**, *54*, 2658–2660.
12. Reber, K. P.; Burdge, H. E. *J. Nat. Prod.* **2018**, *81*, 292–297.

Claisen重排反应

Claisen重排反应、对位Claisen重排反应、Bellus–Claisen重排反应、Corey–Claisen重排反应、Eschenmoser–Claisen重排反应、Ireland–Claisen重排反应、Kazmaier–Claisen重排反应、Saucy–Claisen重排反应、Johnson–Claisen原酸酯重排反应乃至Carroll重排反应都同属于[3,3]σ–重排反应。Claisen重排反应经过一个协同过程，此处显示的箭头推动只是为了方便说明。

Example 1[7]

Example 2[8]

Example 3[9]

© Springer Nature Switzerland AG 2021
J. J. Li, *Name Reactions*, https://doi.org/10.1007/978-3-030-50865-4_30

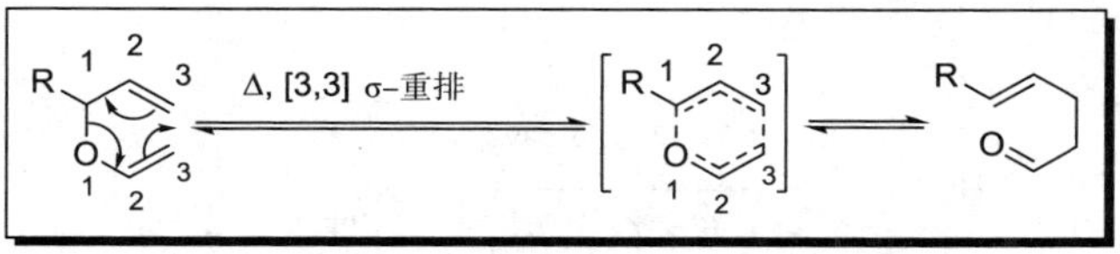

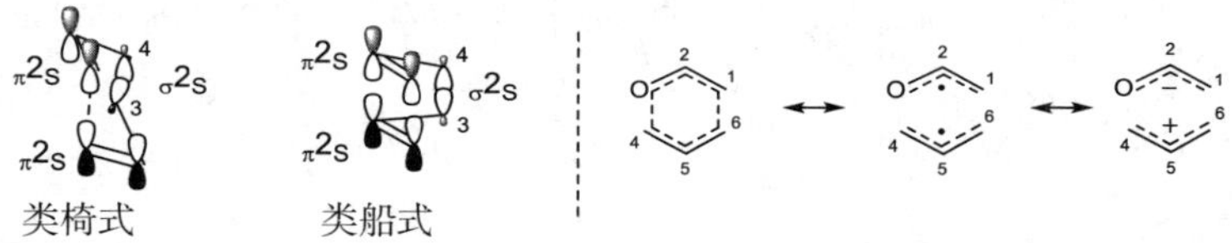

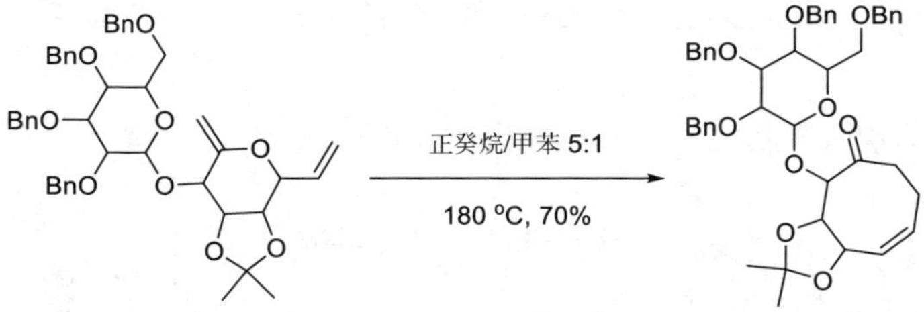

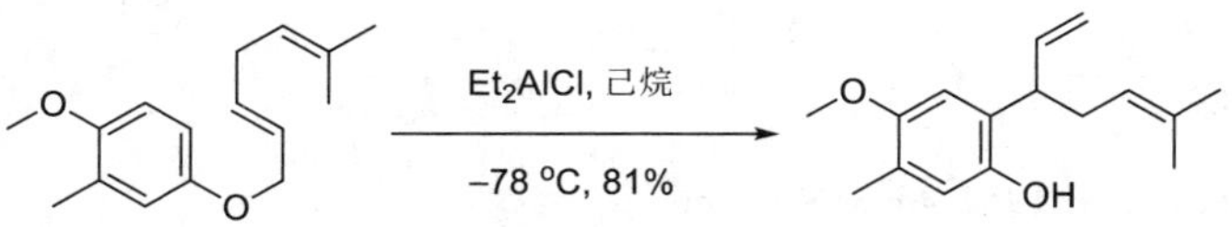

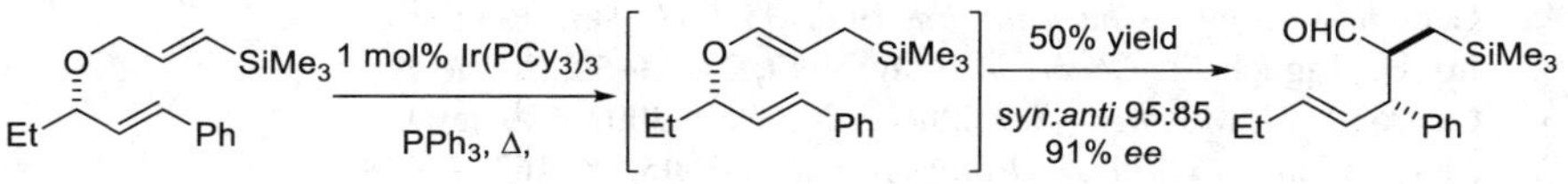

Example 4, 不对称 Claisen 重排反应[10]

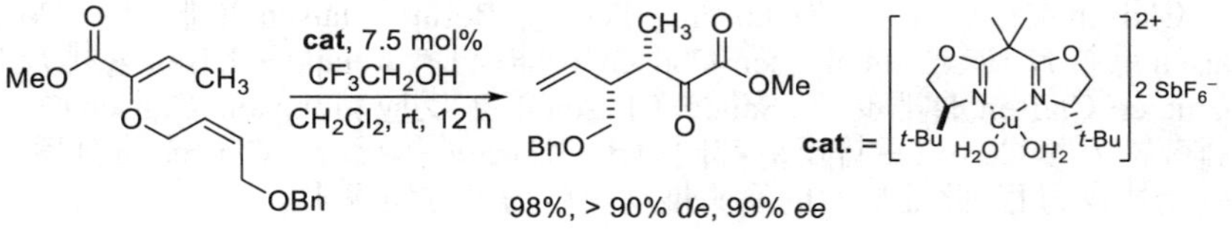

Example 5, 不对称 Claisen 重排反应[11]

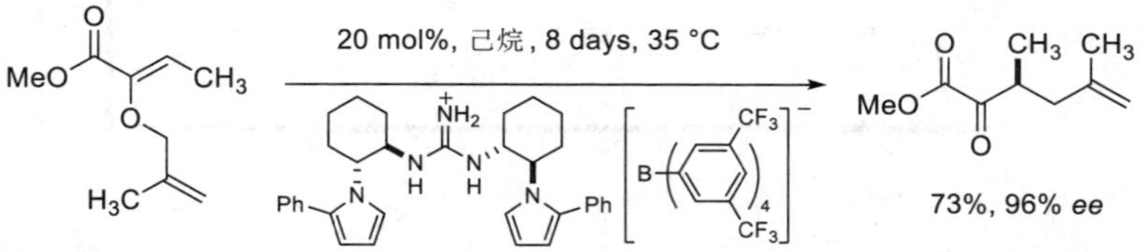

Example 6[13]

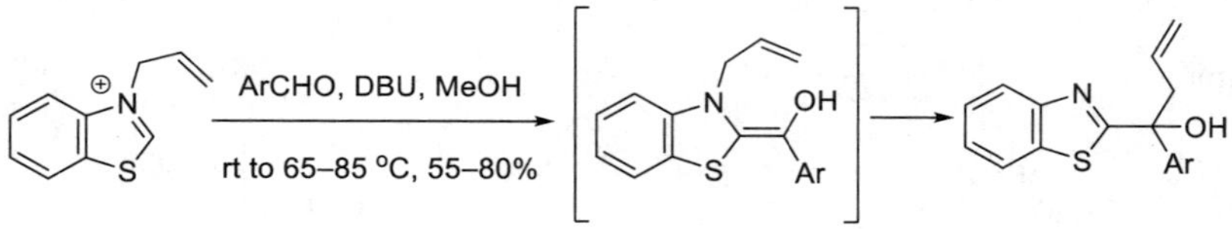

Example 7, 引入苯基[14]

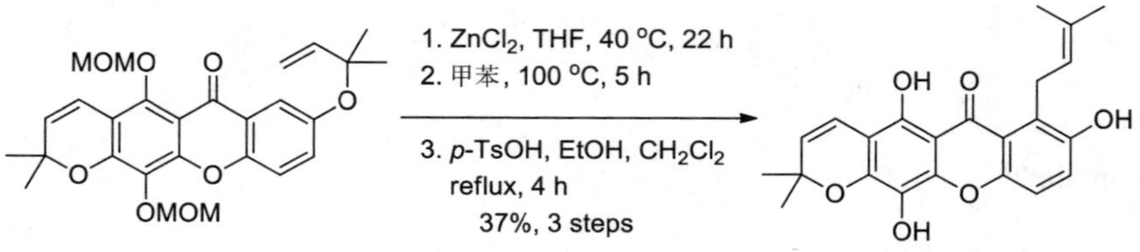

References

1. Claisen, L. *Ber.* **1912,** *45,* 3157–3166.
2. Rhoads, S. J.; Raulins, N. R. *Org. React.* **1975,** *22,* 1–252. (Review).
3. Wipf, P. In *Comprehensive Organic Synthesis;* Trost, B. M.; Fleming, I., Eds.; Pergamon, **1991,** *Vol. 5,* 827–873. (Review).
4. Ganem, B. *Angew. Chem. Int. Ed.* **1996,** *35,* 937–945. (Review).
5. Ito, H.; Taguchi, T. *Chem. Soc. Rev.* **1999,** *28,* 43–50. (Review).
6. Castro, A. M. M. *Chem. Rev.* **2004,** *104,* 2939–3002. (Review).
7. Jürs, S.; Thiem, J. *Tetrahedron: Asymmetry* **2005,** *16,* 1631–1638.
8. Vyvyan, J. R.; Oaksmith, J. M.; Parks, B. W.; Peterson, E. M. *Tetrahedron Lett.* **2005,** *46,* 2457–2460.

9. Nelson, S. G.; Wang, K. *J. Am. Chem. Soc.* **2006,** *128*, 4232–4233.
10. Körner, M.; Hiersemann, M. *Org. Lett.* **2007,** *9*, 4979–4982.
11. Uyeda, C.; Jacobsen, E. N. *J. Am. Chem. Soc.* **2008,** *130*, 9228–9229.
12. Williams, D. R.; Nag, P. P. *Claisen and Related Rearrangements*. In *Name Reactions for Homologations-Part II*; Li, J. J., Ed.; Wiley: Hoboken, NJ, **2009,** pp 33–43. (Review).
13. Alwarsh, S.; Ayinuola, K.; Dormi, S. S.; McIntosh, M. C. *Org. Lett.* **2013,** *15*, 3–5.
14. Ito, S.; Kitamura, T.; Arulmozhiraja, S.; Manabe, K.; Tokiwa, H.; Suzuki, Y. *Org. Lett.* **2019,** *21*, 2777–2781.
15. Miro, J.; Ellwart, M.; Han, S.-J.; Lin, H.-H.; Toste, F. D.; Gensch, T.; Sigman, M. S.; Han, S.-J. *J. Am. Chem. Soc.* **2020,** *142*, 6390–6399.

对位 Claisen 重排反应

正常的邻位Claisen重排反应产物继续重排给出对位Claisen重排反应产物。

Mechanism 1:

Mechanism 2:

Mechanism 3:

Example 1[6]

Example 2[7]

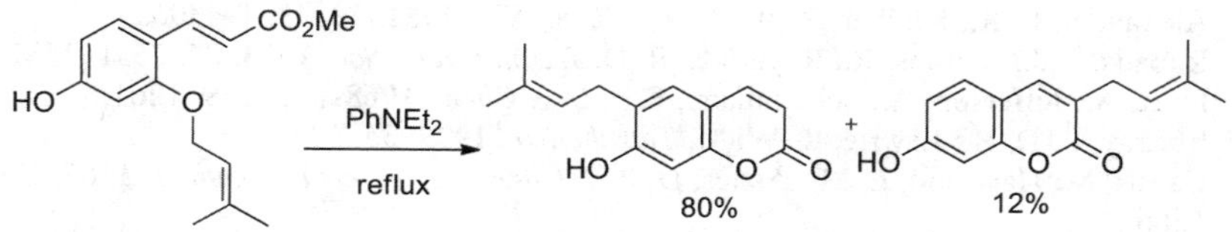

Example 3[8]

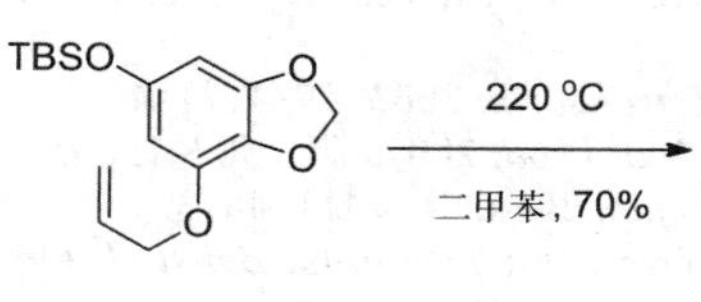

Example 4[10]

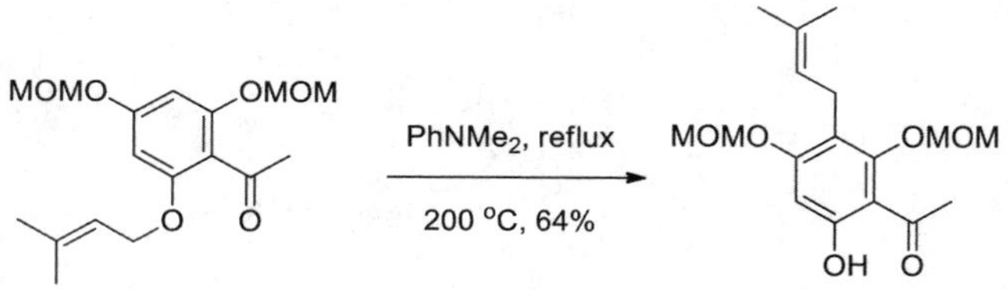

Example 5[11]

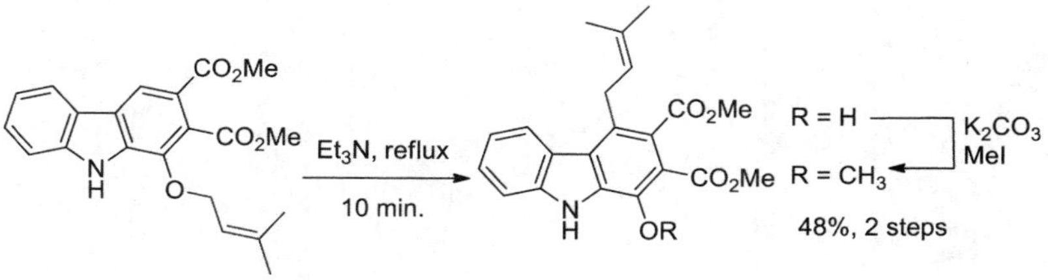

Example 6,[12]

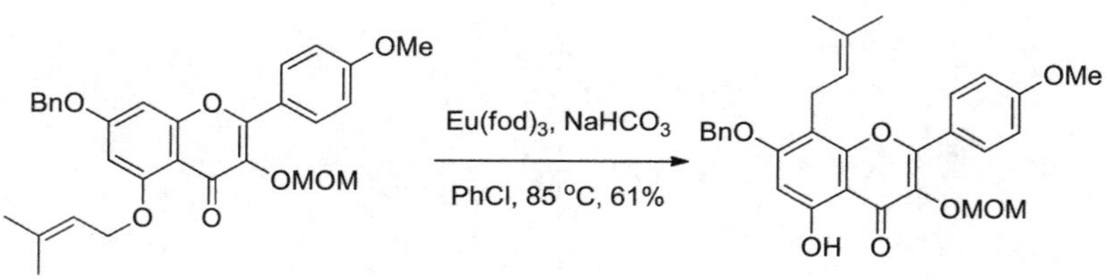

References

1. Alexander, E. R.; Kluiber, R. W. *J. Am. Chem. Soc.* **1951**, *73*, 4304–4306.
2. Rhoads, S. J.; Raulins, R.; Reynolds, R. D. *J. Am. Chem. Soc.* **1953**, *75*, 2531–2532.
3. Dyer, A.; Jefferson, A.; Scheinmann, F. *J. Org. Chem.* **1968**, *33*, 1259–1261.
4. Murray, R. D. H.; Lawrie, K. W. M. *Tetrahedron* **1979**, *35*, 697–699.
5. Cairns, N.; Harwood, L. M.; Astles, D. P. *J. Chem. Soc., Chem. Commun.* **1986**, 1264–1266.
6. Kilényi, S. N.; Mahaux, J.-M.; van Durme, E. *J. Org. Chem.* **1991**, *56*, 2591–2594.
7. Cairns, N.; Harwood, L. M.; Astles, D. P. *J. Chem. Soc., Perkin Trans. 1* **1994**, 3101–3107.
8. Pettus, T. R. R.; Inoue, M.; Chen, X.-T.; Danishefsky, S. J. *J. Am. Chem. Soc.* **2000**, *122*, 6160–6168.
9. Al-Maharik, N.; Botting, N. P. *Tetrahedron* **2003**, *59*, 4177–4181.
10. Khupse, R. S.; Erhardt, P. W. *J. Nat. Prod.* **2007**, *70*, 1507–1509.
11. Jana, A. K.; Mal, D. *Chem. Commun.* **2010**, *46*, 4411–4413.
12. Mei, Q.; Wang, C.; Zhao, Z.; Yuan, W.; Zhang, G. *Beilst. J. Org. Chem.* **2015**, *11*, 1220–1225.
13. Wang, Z.; Wang, H.; Ren, P.; Wang, M. *J. Macromol. Sci. Part A* **2019**, *56*, 794–802.

反常 Claisen 重排反应

正常 Claisen 重排反应的产物继续重排给出 β-碳接到环上的产物。

Example 1[3]

Example 2, 对映选择性芳环 Claisen 重排 [4]

Example 3[5]

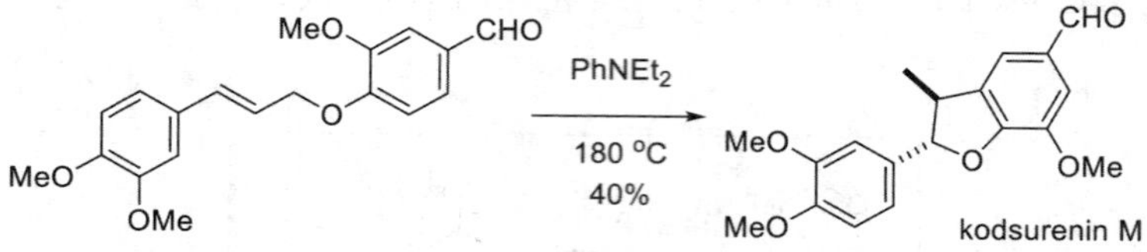

Example 4[6]

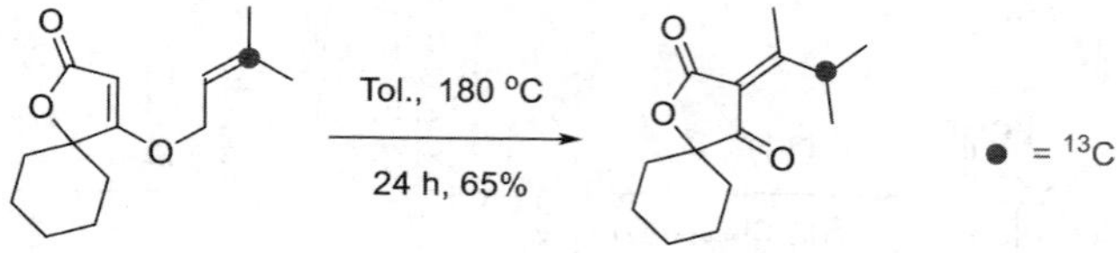

● = ^{13}C

Example 5[7]

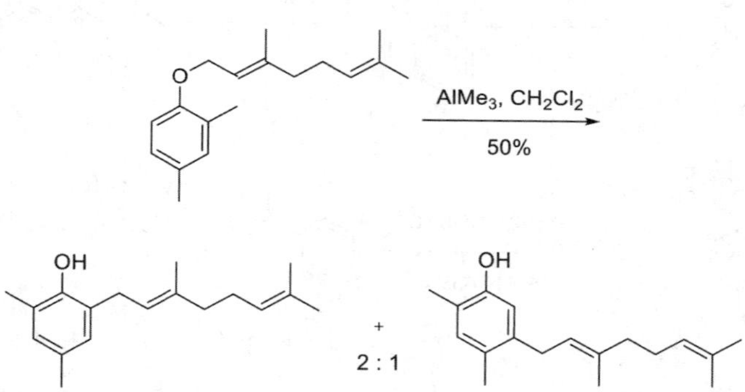

2 : 1

Example 6[10]

微波激发
180 °C, 20 h, 73%

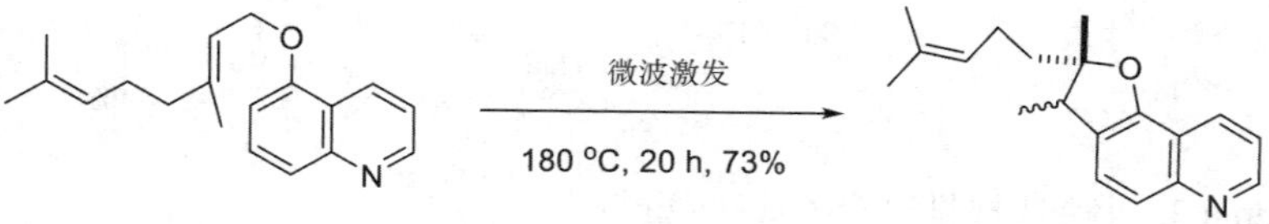

Example 7[11]

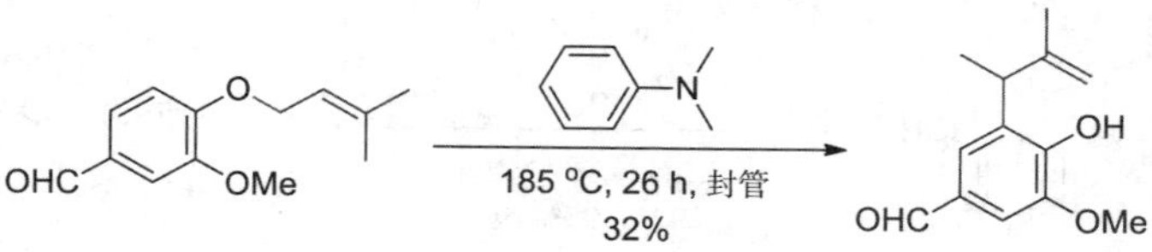

185 °C, 26 h, 封管
32%

References

1. Hansen, H.-J. In *Mechanisms of Molecular Migrations;* vol. 3, Thyagarajan, B. S., ed.; Wiley-Interscience: New York, **1971,** pp 177–236. (Review).
2. Kilényi, S. N.; Mahaux, J.-M.; van Durme, E. *J. Org. Chem.* **1991,** *56,* 2591–2594.
3. Fukuyama, T.; Li, T.; Peng, G. *Tetrahedron Lett.* **1994,** *35,* 2145–2148.
4. Ito, H.; Sato, A.; Taguchi, T. *Tetrahedron Lett.* **1997,** *38,* 4815–4818.
5. Yi, W. M.; Xin, W. A.; Fu, P. X. *J. Chem. Soc., (S),* **1998,** 168.
6. Schobert, R.; Siegfried, S.; Gordon, G.; Mulholland, D.; Nieuwenhuyzen, M. *Tetrahedron Lett.* **2001,** *42,* 4561–4564.
7. Wipf, P.; Rodriguez, S. *Ad. Synth. Catal.* **2002,** *344,* 434–440.
8. Puranik, R.; Rao, Y. J.; Krupadanam, G. L. D. *Indian J. Chem., Sect. B* **2002,** *41B,* 868–870.
9. Williams, D. R.; Nag, P. P. *Claisen and Related Rearrangements.* In *Name Reactions for Homologations-Part II*; Li, J. J., Ed.; Wiley: Hoboken, NJ, **2009,** pp 33–87. (Review).
10. Torincsi, M.; Kolonits, P.; Fekete, J.; Novak, L. *Synth.Commun.* **2012,** *42,* 3187–3199.
11. He, J.; Li, J.; Liu, Z.-Q. *Med. Chem. Res.* **2013,** *22,* 2847–2854.

Eschenmoser–Claisen 酰胺缩酮重排反应

N,O-烯酮缩酮进行 [3,3]σ-重排反应后生成 γ,δ-不饱和酰胺。Eschenmoser 曾受益于 Meerwein 对酰胺交换所作的研究，故 Eschenmoser–Claisen 重排反应有时又称 Meerwein–Eschenmoser–Claisen 重排反应。

Example 1[4]

CH$_3$C(OMe)$_2$NMe$_2$, PhH, 100 °C, 2 h, 75%

Example 2[5]

LiNEt$_2$, THF, −78 °C to rt, 5 h, 78%

(dr 97:3)

Example 3[6]

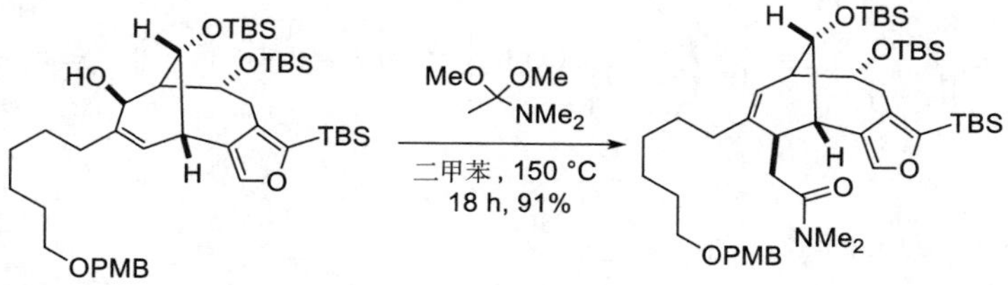

Example 4[8]

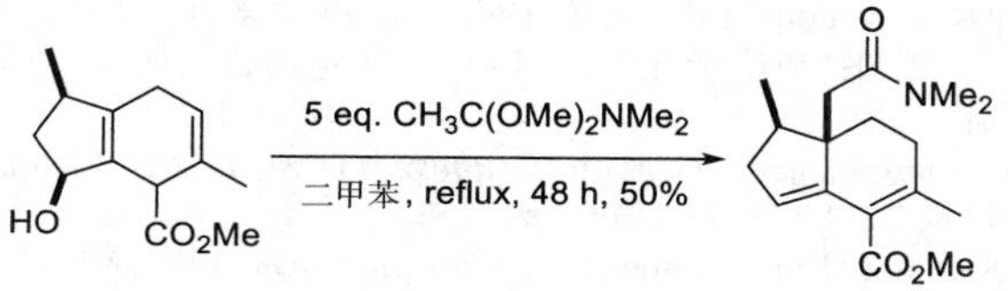

Example 5[9]

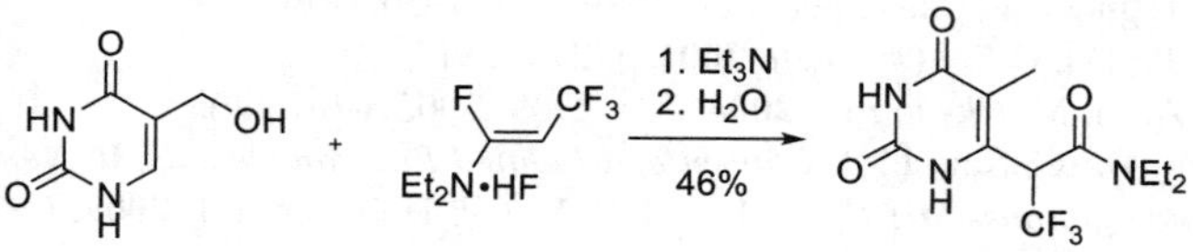

Example 6, 用于全合成 [11]

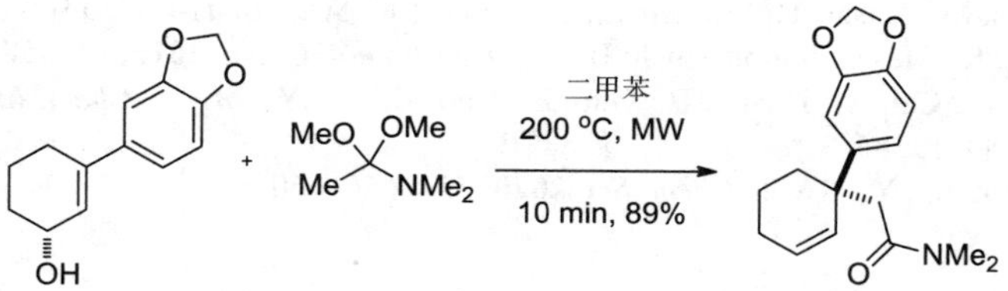

Example 7, 一个一锅煮的非对映选择性的 Meerwein–Eschenmoser–Claisen (MEC) 重排反应[15]

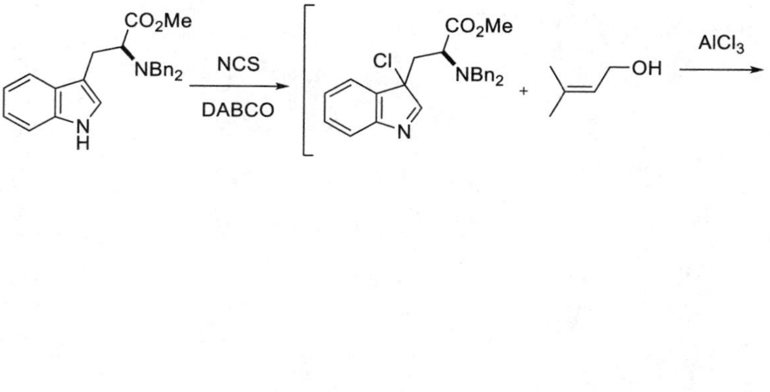

References

1. Meerwein, H.; Florian, W.; Schön, N.; Stopp, G. *Ann.* **1961**, *641*, 1–39.
2. Wick, A. E.; Felix, D.; Steen, K.; Eschenmoser, A. *Helv. Chim. Acta* **1964**, *47*, 2425–2429. 瑞士人艾森默塞(A. Eschenmoser, 1925-)所作的许多工作中最著名的是和R. B.Woodward一起在1973年对维生素B$_{12}$的全合成。他现在在苏黎世理工学院(ETH) 和位于加州La Jolla的斯克利普斯研究所(Scripps Research Institute)工作。
3. Wipf, P. In *Comprehensive Organic Synthesis;* Trost, B. M.; Fleming, I., Eds.; Pergamon, **1991**, *Vol. 5*, 827–873. (Review).
4. Konno, T.; Nakano, H.; Kitazume, T. *J. Fluorine Chem.* **1997**, *86*, 81–87.
5. Metz, P.; Hungerhoff, B. *J. Org. Chem.* **1997**, *62*, 4442–4448.
6. Kwon, O. Y.; Su, D. S.; Meng, D. F.; Deng, W.; D'Amico, D. C.; Danishefsky, S. J. *Angew. Chem. Int. Ed.* **1998**, *37*, 1877–1880.
7. Ito, H.; Taguchi, T. *Chem. Soc. Rev.* **1999**, *28*, 43–50. (Review).
8. Loh, T.-P.; Hu, Q.-Y. *Org. Lett.* **2001**, *3*, 279–281.
9. Castro, A. M. M. *Chem. Rev.* **2004**, *104*, 2939–3002. (Review).
10. Williams, D. R.; Nag, P. P. *Claisen and Related Rearrangements*. In *Name Reactions for Homologations-Part II*; Li, J. J., Ed.; Wiley: Hoboken, NJ, **2009**, pp 60–68. (Review).
11. Walkowiak, J.; Tomas-Szwaczyk, M.; Haufe, G.; Koroniak, H. *J. Fluorine Chem.* **2012**, *143*, 189–197.
12. Yoshida, M.; Kasai, T.; Mizuguchi, T.; Namba, K. *Synlett* **2014**, *25*, 1160–1162.
13. Das, M. K.; De, S.; Shubhashish; B., A. *Org. Biomol. Chem.* **2015**, *13*, 3585–3588.
14. Zhang, X.; Cai, X.; Huang, B.; Guo, L.; Gao, Z.; Jia, Y. *Angew. Chem. Int. Ed.* **2019**, *58*, 13380–13384.
15. Yu, H.; Zong, Y.; Xu, T. *Chem. Sci.* **2020**, *511*, 656–660.

Ireland–Claisen 硅基烯酮缩酮重排反应

由烯丙基烯醇酯和三甲基氯硅烷而来的烯丙基三甲基硅基烯酮缩酮重排反应后生成 γ,δ-不饱和酸。在 E/Z 构型的控制及温和的反应条件方面，Ireland–Claisen 重排反应比其他类型的 Claisen 重排反应要好。

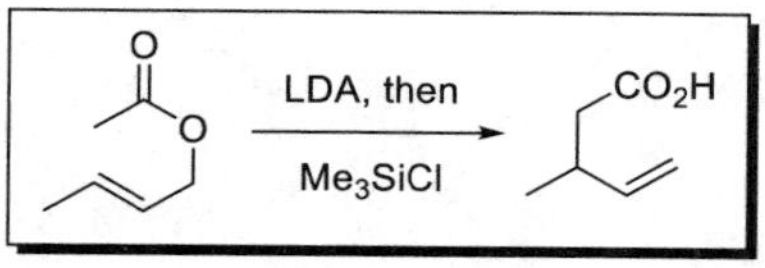

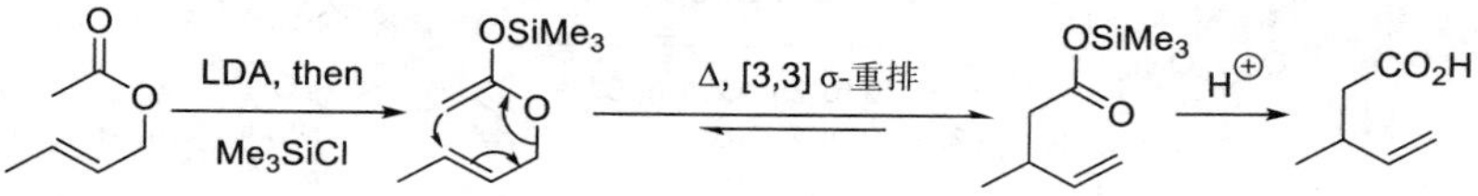

Example 1[2]

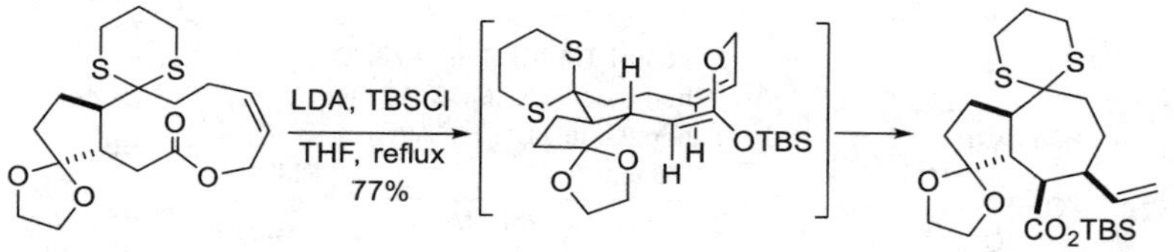

Example 2[3]

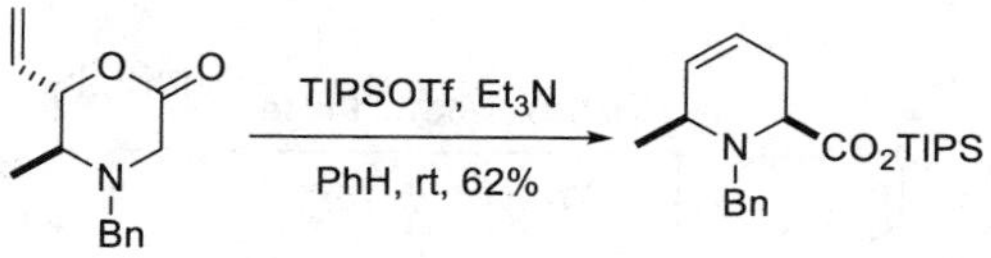

Example 3, 对映选择性烯醇化酯的–Claisen 重排反应[6]

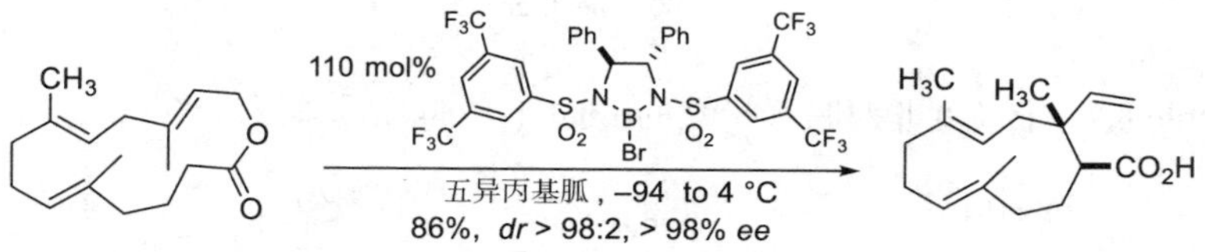

Example 4, 一个修正的Ireland–Claisen 重排反应[8]

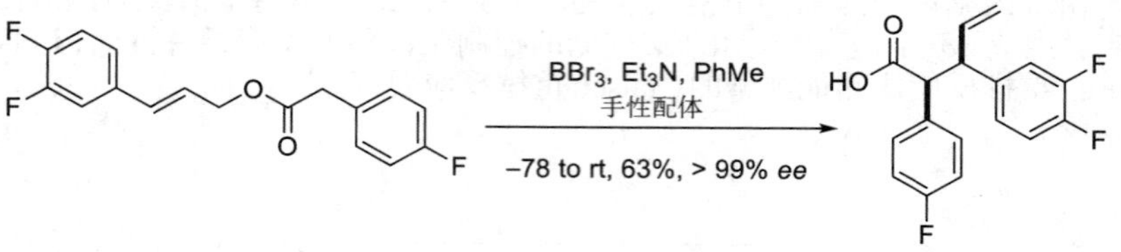

BBr$_3$, Et$_3$N, PhMe
手性配体
−78 to rt, 63%, > 99% ee

Example 5[9]

KHMDS, TMSCl, THF
−78 to 25 °C, 1 h, 81%

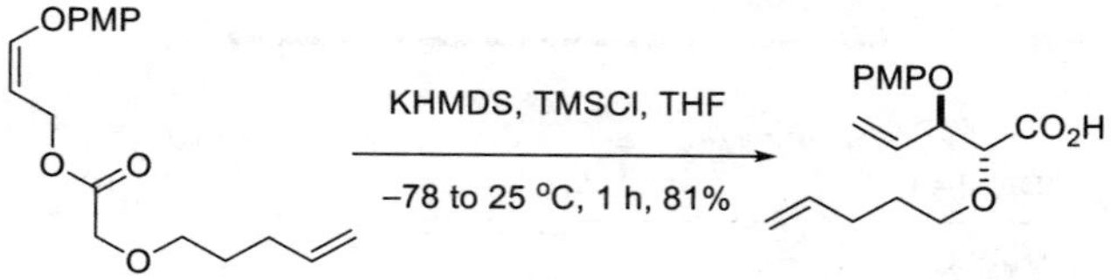

Example 6, 手性转移的Ireland–Claisen 重排反应[11]

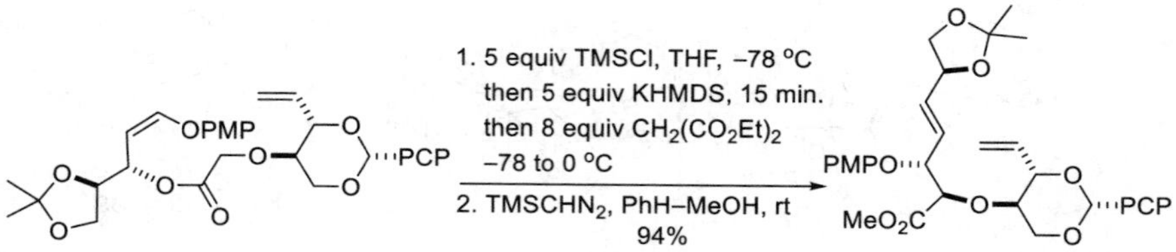

1. 5 equiv TMSCl, THF, −78 °C
   then 5 equiv KHMDS, 15 min.
   then 8 equiv CH$_2$(CO$_2$Et)$_2$
   −78 to 0 °C
2. TMSCHN$_2$, PhH–MeOH, rt
   94%

Example 7, α-烷氧基酯发生立体无序的Ireland–Claisen重排反应[12]

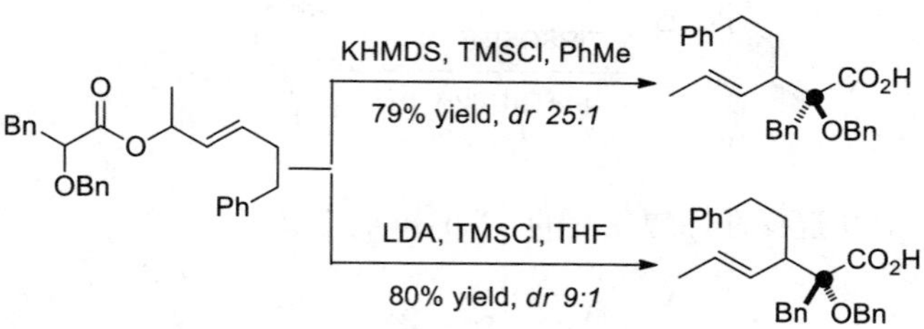

KHMDS, TMSCl, PhMe
79% yield, dr 25:1

LDA, TMSCl, THF
80% yield, dr 9:1

Example 8, 一个高度非对映选择性的Ireland–Claisen重排反应[15]

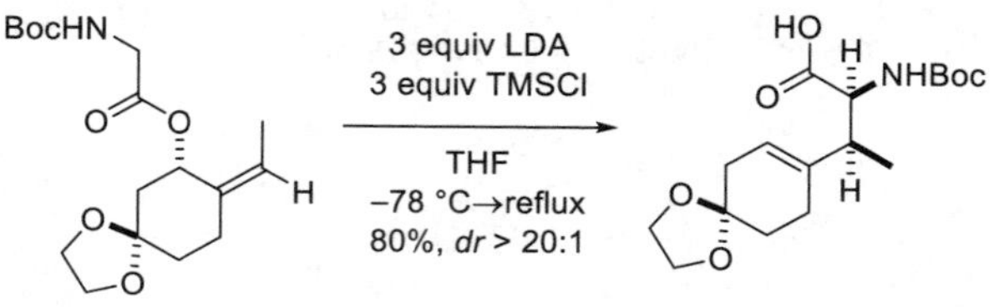

3 equiv LDA
3 equiv TMSCl
THF
−78 °C→reflux
80%, dr > 20:1

References

1. Ireland, R. E.; Mueller, R. H. *J. Am. Chem. Soc.* **1972,** *94,* 5897–5898. Also *J. Am. Chem. Soc.* **1976,** *98,* 2868–2877. 艾尔兰德(R. E. Ireland)在成为弗吉尼亚大学(University of Virginia)教授之前跟约翰逊(W. S. Johnson)学习而获得Ph.D. 学位，后来任加利州理工学院(California Institute of Technology)教授。现已退休。
2. Begley, M. J.; Cameron, A. G.; Knight, D. W. *J. Chem. Soc., Perkin Trans. 1* **1986,** 1933–1938.
3. Angle, S. R.; Breitenbucher, J. G. *Tetrahedron Lett.* **1993,** *34,* 3985–3988.
4. Pereira, S.; Srebnik, M. *Aldrichimica Acta* **1993,** *26,* 17–29. (Review).
5. Ganem, B. *Angew. Chem. Int. Ed.* **1996,** *35,* 936–945. (Review).
6. Corey, E.; Kania, R. S. *J. Am. Chem. Soc.* **1996,** *118,* 1229–1230.
7. Chai, Y.; Hong, S.-p.; Lindsay, H. A.; McFarland, C.; McIntosh, M. C. *Tetrahedron* **2002,** *58,* 2905–2928. (Review).
8. Churcher, I.; Williams, S.; Kerrad, S.; Harrison, T.; Castro, J. L.; Shearman, M. S.; Lewis, H. D.; Clarke, E. E.; Wrigley, J. D. J.; Beher, D.; Tang, Y. S.; Liu, W. *J. Med. Chem.* **2003,** *46,* 2275–2278.
9. Fujiwara, K.; Goto, A.; Sato, D.; Kawai, H.; Suzuki, T. *Tetrahedron Lett.* **2005,** *46,* 3465–3468.
10. Williams, D. R.; Nag, P. P. *Claisen and Related Rearrangements*. In *Name Reactions for Homologations-Part II*; Li, J. J., Ed.; Wiley: Hoboken, NJ, **2009,** pp 45–51. (Review).
11. Nogoshi, K.; Domon, D.; Fujiwara, K.; Kawamura, N.; Katoono, R.; Kawai, H.; Suzuki, T. *Tetrahedron Lett.* **2013,** *54,* 676–680.
12. Crimmins, M. T.; Knight, J. D.; Williams, P. S.; Zhang, Y. *Org. Lett.* **2014,** *16,* 2458–2461.
13. Anugu, R. R.; Mainkar, P. S.; Sridhar, B.; Chandrasekhar, S. *Org. Biomol. Chem.* **2016,** *14,* 1332–1337.
14. Podunavac, M.; Lacharity, J. J.; Jones, K. E.; Zakarian, A. *Org. Lett.* **2018,** *20,* 4867–4870.
15. Zavesky, B. P.; De Jesus Cruz, P.; Johnson, J. S. *Org. Lett.* **2020,** *22,* 3537–3541.

Johnson–Claisen 原酸酯重排反应

烯丙基醇和过量的三烷基乙原酸酯在微量的弱酸存在下加热给出一个混合的原酸酯。从机理上看，原酸酯失去醇生成烯酮缩酮后发生[3,3]σ-重排反应而生成γ,δ-不饱和酯。

Example 1[2]

Example 2[3]

Example 3[4]

Example 4[9]

Example 5[10]

Example 6. 有一定量的微波促进的Johnson–Claisen重排反应[11]

References

1. Johnson, W. S.; Werthemann, L.; Bartlett, W. R.; Brocksom, T. J.; Li, T.-T.; Faulkner, D. J.; Peterson, M. R. *J. Am. Chem. Soc.* **1970,** *92,* 741–743. 约翰逊(W. S. Johnson, 1913–1995)出生于纽约的New Rochelle, 在哈佛大学的菲瑟(L. F. Fieser)指导下只用了2年时间就获得Ph.D.学位。在威斯康星大学(University of Wiscocin)任教授达20年后又到斯坦福大学(Stanford University)并为该校创建了现代的化学系。
2. Paquette, L.; Ham, W. H. *J. Am. Chem. Soc.* **1987,** *109,* 3025–3036.
3. Cooper, G. F.; Wren, D. L.; Jackson, D. Y.; Beard, C. C.; Galeazzi, E.; Van Horn, A. R.; Li, T. T. *J. Org. Chem.* **1993,** *58,* 4280–4286.
4. Schlama, T.; Baati, R.; Gouverneur, V.; Valleix, A.; Falck, J. R.; Mioskowski, C. *Angew. Chem. Int. Ed.* **1998,** *37,* 2085–2087.
5. Giardiná, A.; Marcantoni, E.; Mecozzi, T.; Petrini, M. *Eur. J. Org. Chem.* **2001,** 713–718.
6. Funabiki, K.; Hara, N.; Nagamori, M.; Shibata, K.; Matsui, M. *J. Fluorine Chem.* **2003,** *122,* 237–242.
7. Montero, A.; Mann, E.; Herradón, B. *Eur. J. Org. Chem.* **2004,** 3063–3073.
8. Scaglione, J. B.; Rath, N. P.; Covey, D. F. *J. Org. Chem.* **2005,** *70,* 1089–1092.

9. Zartman, A. E.; Duong, L. T.; Fernandez-Metzler, C.; Hartman, G. D.; Leu, C.-T.; Prueksaritanont, T.; Rodan, G. A.; Rodan, S. B.; Duggan, M. E.; Meissner, R. S. *Bioorg. Med. Chem. Lett.* **2005,** *15*, 1647–1650.
10. Hicks, J. D.; Roush, W. R. *Org. Lett.* **2008,** *10*, 681–684.
11. Williams, D. R.; Nag, P. P. *Claisen and Related Rearrangements*. In *Name Reactions for Homologations-Part II*; Li, J. J., Ed.; Wiley: Hoboken, NJ, **2009,** pp 68–72. (Review).
12. Sydlik, S. A.; Swager, T. M. *Adv. Funct. Mater.* **2013,** *23,* 1873–1882.
13. Egami, H.; Tamaoki, S.; Abe, M.; Ohneda, N.; Yoshimura, T.; Okamoto, T.; Odajima, H.; Mase, N.; Takeda, K.; Hamashima, Y. *Org. Process Res. Dev.* **2018,** *22,* 1029–1033.
14. Zhou, Y.-G.; Wong, H. N. C.; Peng, X.-S. *J. Org. Chem.* **2020,** *85*, 967–976.

Clemmensen 还原反应

醛酮羰基在盐酸中的 Zn/Hg 作用下还原成亚甲基的反应。

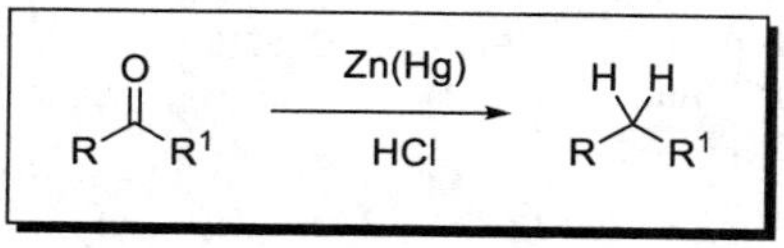

锌–类卡宾机理:[3]

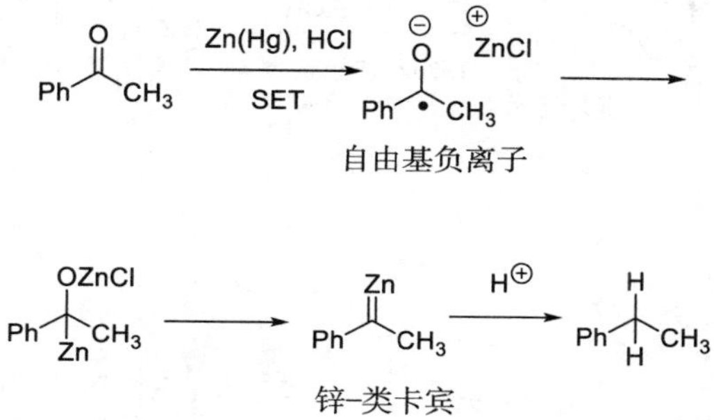

自由基负离子

锌–类卡宾

自由基负离子机理:

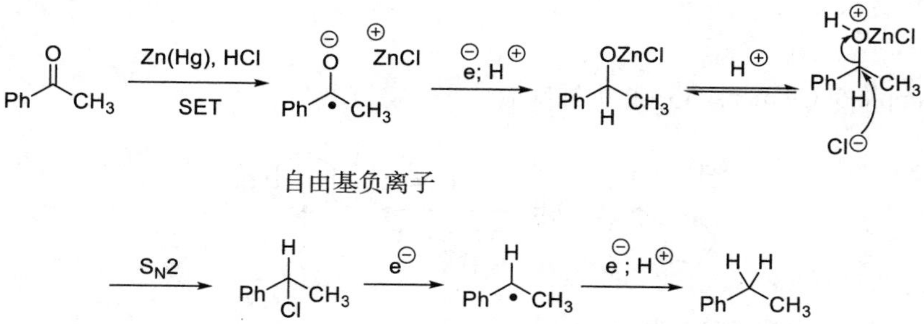

自由基负离子

Example 1[5]

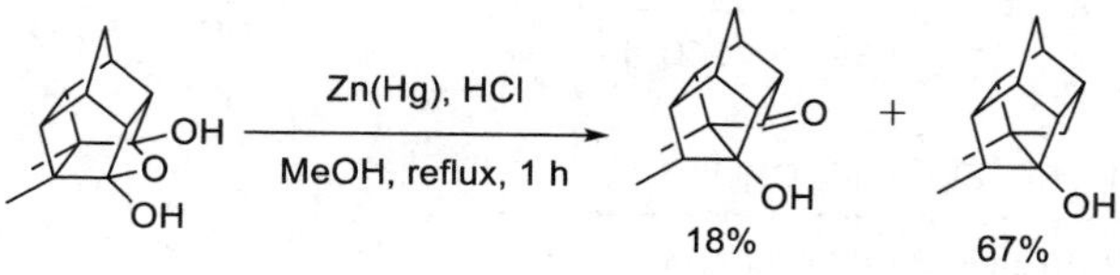

Example 2[6]

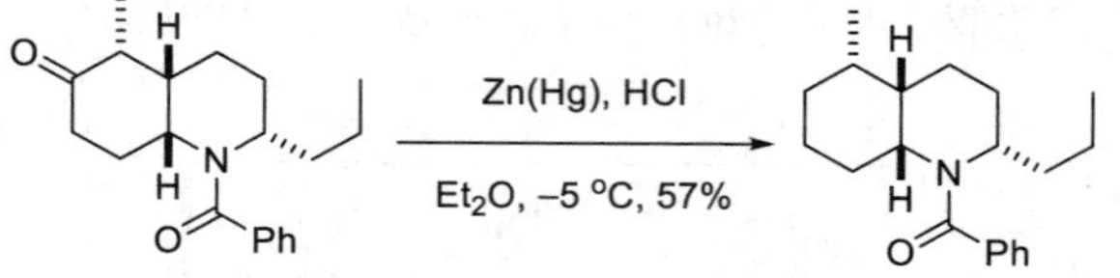

Example 3[7]

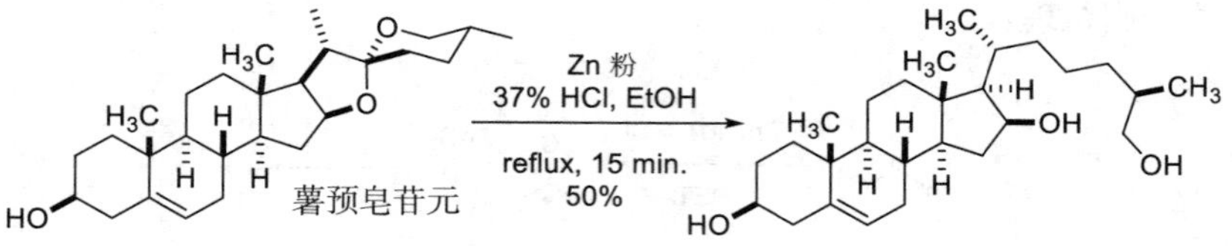

薯预皂苷元

Example 4[9]

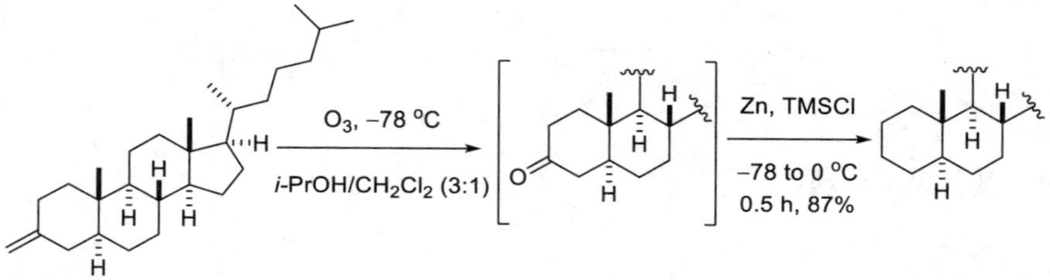

Example 5, Clemensen 还原重排反应[10]

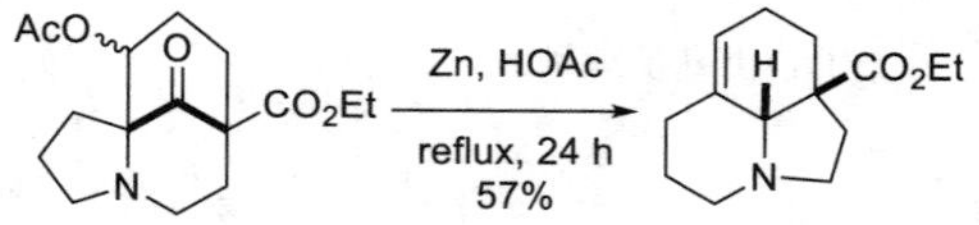

Example 6, 内酯的还原烷基化反应[11]

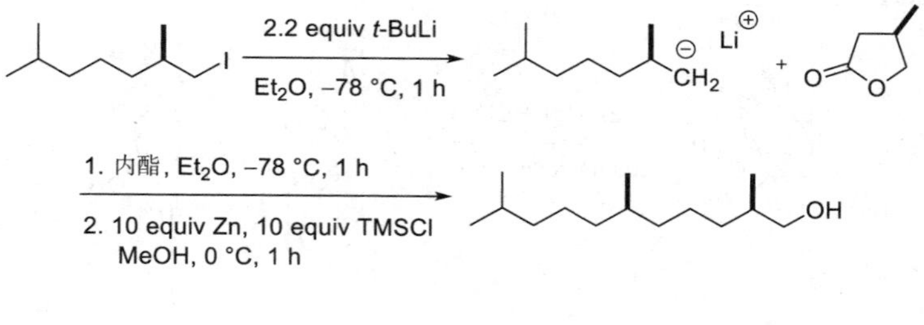

Example 7, 用于合成二桶烷(dibarrelane)衍生物[12]

References

1. Clemmensen, E. *Ber.* **1913**, *46*, 1837–1843. 克莱门森(E. C. Clemmensen, 1876–1941)出生于丹麦的Odense, 在Royal Polytechnic Institute in Copenhagen获得硕士学位。1900年来到美国, 在Park, Davis 和底特律的公司从事化学研究工作14年, 其间发现了醛酮羰基在Zn/Hg作用下还原成亚甲基的反应。后来他又在其他一些化学公司任职并担任 The Clemmensen Chemical Corporation in Newwark, New Jersey 的总裁。
2. Martin, E. L. *Org. React.* **1942**, *1*, 155–209. (Review).
3. Vedejs, E. *Org. React.* **1975**, *22*, 401–422. (Review).
4. Talpatra, S. K.; Chakrabarti, S.; Mallik, A. K.; Talapatra, B. *Tetrahedron* **1990**, *46*, 6047–6052.
5. Martins, F. J. C.; Viljoen, A. M.; Coetzee, M.; Fourie, L.; Wessels, P. L. *Tetrahedron* **1991**, *47*, 9215–9224.
6. Naruse, M.; Aoyagi, S.; Kibayashi, C. *J. Chem. Soc., Perkin Trans. 1* **1996**, 1113–1124.
7. Alessandrini, L.; et al. *Steroids* **2004**, *69*, 789–794.
8. Dey, S. P.; et al. *J. Indian Chem. Soc.* **2008**, *85*, 717–720.
9. Xu, S.; Toyama, T.; Nakamura, J.; Arimoto, H. *Tetrahedron Let.* **2010**, *51*, 4534–4537.
10. Zhang, J.; Wang, Y.-Q.; Wang, X.-W.; Li, W.-D. Z. *J. Org. Chem.* **2013**, *78*, 6154–6162.
11. Cao, J.; Perlmutter, P. *Org. Lett.* **2015**, *15*, 4327–4329.
12. Suzuki, T.; Okuyama, H.; Takano, A.; Suzuki, S.; Shimizu, I.; Kobayashi, S. *J. Org. Chem.* **2014**, *79*, 2803–2808.
13. Sanchez-Viesca, F.; Berros, M.; Gomez, R. *Am. J. Chem.* **2018**, *8*, 8–12.
14. Oyama, K.-i.; Kimura, Y.; Iuchi, S.; Koga, N.; Yoshida, K.; Kondo, T. *RSC Adv.* **2019**, *9*, 31435–31439.

Cope消除反应

N-氧化物热消除为烯烃和N-羟基胺。

Example 1，固相Cope消除反应[5]

Example 2[6]

Example 3[8]

Example 4, 逆cope消除反应 [9]

Example 5 [12]

Example 6, 药物化学中的应用 [13]

Example 7 [13]

Example 8, 与例3相似[14]

References

1. Cope, A. C.; Foster, T. T.; Towle, P. H. *J. Am. Chem. Soc.* **1949,** 71, 3929–3934. 科柏 (A. C. Cope, 1909–1966) 出生于印度的 Dunreith，他在 BrynMawr 和 Columbia 教学时发现了 Cope 重排反应，尔后成为 MIT 的教授和领导并发现了 Cope 消除反应。由美国化学会颁发的 Arthur Cope 奖在有机化学界是颇有声望的奖项。
2. Cope, A. C.; Trumbull, E. R. *Org. React.* **1960,** *11*, 317–493. (Review).
3. DePuy, C. H.; King, R. W. *Chem. Rev.* **1960,** *60*, 431–457. (Review).
4. Gallagher, B. M.; Pearson, W. H. *Chemtracts: Org. Chem.* **1996,** *9*, 126–130. (Review).
5. Sammelson, R. E.; Kurth, M. J. *Tetrahedron Lett.* **2001,** *42*, 3419–3422.
6. Vasella, A.; Remen, L. *Helv. Chim. Acta.* **2002,** *85*, 1118–1127.
7. Garcia Martinez, A.; Teso Vilar, E.; Garcia Fraile, A.; de la Moya Cerero, S.; Lora Maroto, B. *Tetrahedron: Asymmetry* **2002,** *13*, 17–19.
8. O'Neil, I. A.; Ramos, V. E.; Ellis, G. L.; Cleator, E.; Chorlton, A. P.; Tapolczay, D. J.; Kalindjian, S. B. *Tetrahedron Lett.* **2004,** *45*, 3659–3661.
9. Henry, N.; O'Meil, I. A. *Tetrahedron Lett.* **2007,** *48*, 1691–1694.
10. Fuchter, M. J. *Cope Elimination Reaction.* In *Name Reactions for Functional Group Transformations*; Li, J. J., Ed.; Wiley: Hoboken, NJ, **2007,** pp 342–353. (Review).
11. Bourgeois, J.; Dion, I.; Cebrowski, P. H.; Loiseau, F.; Bedard, A.-C.; Beauchemin, A. M. *J. Am. Chem. Soc.* **2009,** *131*, 874–875.
12. Miyatake-Ondozabal, H.; Bannwart, L. M.; Gademann, K. *Chem. Commun.* **2013,** *49*, 1921–1923.
13. Chrovian, C. C.; Soyode-Johnson, A.; Peterson, A. A.; Gelin, C. F.; Deng, X.; Dvorak, C. A.; Carruthers, N. I.; Lord, B.; Fraser, I.; Aluisio, L.; et al. *J. Med. Chem.* **2018,** *61*, 207–223.
14. Hegmann, N.; Prusko, L.; Diesendorf, N.; Heinrich, M. R. *Org. Lett.* **2018,** *20*, 7825–7829.
15. Grassl, S.; Chen, Y.-H.; Hamze, C.; Tuellmann, C. P.; Knochel, P. *Org. Lett.* **2019,** *21*, 494–497.
16. Grassl, S.; Knochel, P. *Org. Lett.* **2020,** *22*, 1947–1950.

Cope 重排反应

Cope 重排反应、含氧 Cope 重排反应和氧负离子 Cope 重排反应都同属 [3,3]σ-重排反应。这是一个协同过程，此处的箭头推动只是为了方便说明。本反应是个平衡反应。参见第 91 页上的 Claisen 重排反应。

Example 1[4]

Example 2[6]

Example 3[9]

Example 4[10]

Example 5[11]

Example 6[12]

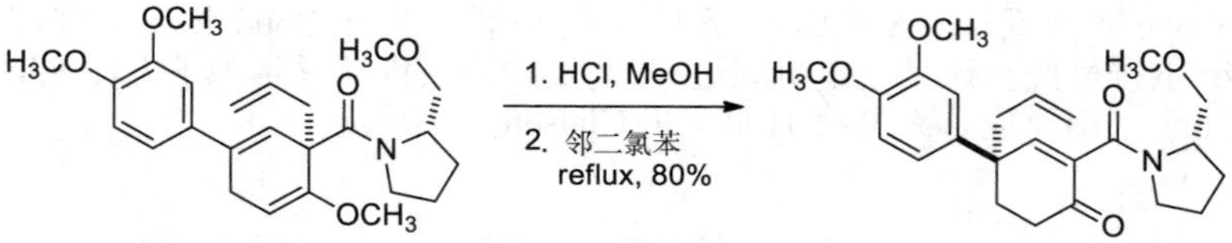

Example 7[14]

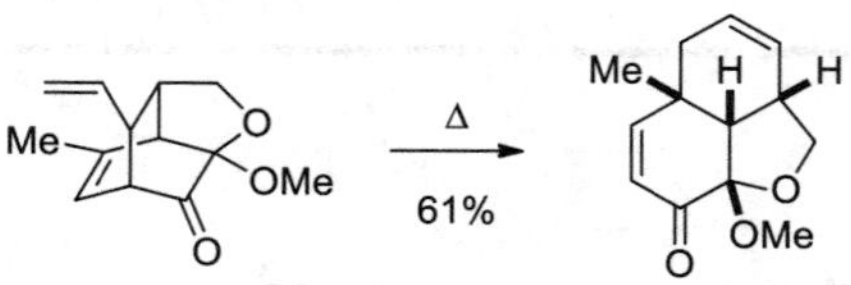

Example 8[15]

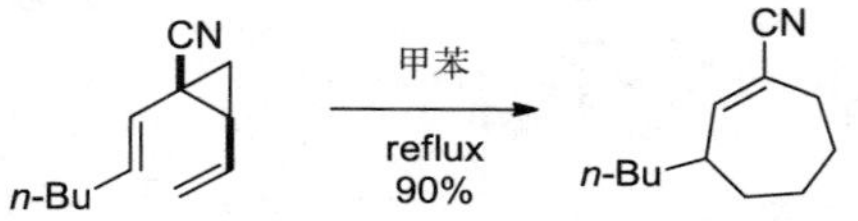

Example 9, 烯丙基化后再2-N-Cope重排反应[16]

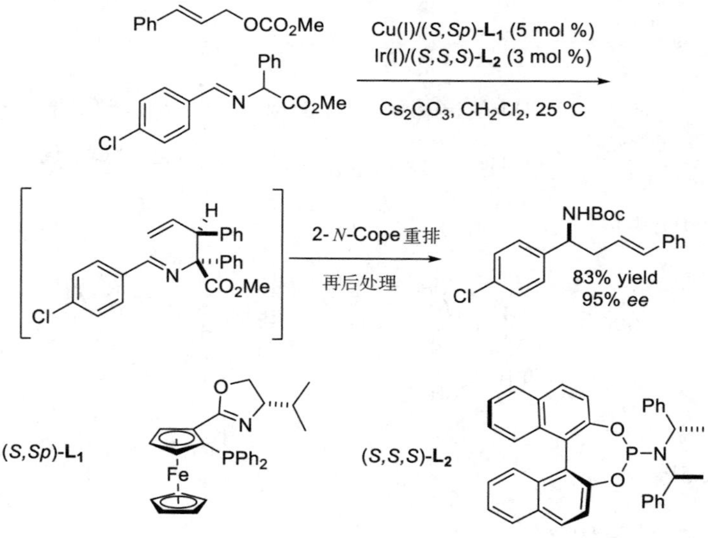

2-N-Cope重排
再后处理

83% yield
95% ee

(S,Sp)-L$_1$

(S,S,S)-L$_2$

References

1. Cope, A. C.; Hardy, E. M. *J. Am. Chem. Soc.* **1940,** *62*, 441–444.
2. Frey, H. M.; Walsh, R. *Chem. Rev.* **1969,** *69*, 103–124. (Review).
3. Rhoads, S. J.; Raulins, N. R. *Org. React.* **1975,** *22*, 1–252. (Review).
4. Wender, P. A.; Schaus, J. M. White, A. W. *J. Am. Chem. Soc.* **1980,** *102*, 6159–6161.
5. Hill, R. K. In *Comprehensive Organic Synthesis* Trost, B. M.; Fleming, I., Eds.; Pergamon, **1991,** *Vol. 5*, 785–826. (Review).
6. Chou, W.-N.; White, J. B.; Smith, W. B. *J. Am. Chem. Soc.* **1992,** *114*, 4658–4667.
7. Davies, H. M. L. *Tetrahedron* **1993,** *49*, 5203–5223. (Review).
8. Miyashi, T.; Ikeda, H.; Takahashi, Y. *Acc. Chem. Res.* **1999,** *32*, 815–824. (Review).
9. Von Zezschwitz, P.; Voigt, K.; Lansky, A.; Noltemeyer, M.; De Meijere, A. *J. Org. Chem.* **1999,** *64*, 3806–3812.
10. Lo, P. C.-K.; Snapper, M. L. *Org. Lett.* **2001,** *3*, 2819–2821.
11. Clive, D. L. J.; Ou, L. *Tetrahedron Lett.* **2002,** *43*, 4559–4563.
12. Malachowski, W. P.; Paul, T.; Phounsavath, S. *J. Org. Chem.* **2007,** *72*, 6792–6796.
13. Mullins, R. J.; McCracken, K. W. *Cope and Related Rearrangements*. In *Name Reactions for Homologations-Part II*; Li, J. J., Ed.; Wiley: Hoboken, NJ, **2009,** pp 88–135. (Review).
14. Ren, H.; Wulff, W. D. *Org. Lett.* **2013,** *15*, 242–245.
15. Yamada, T.; Yoshimura, F.; Tanino, K. *Tetrahedron Lett.* **2013,** *54*, 522–525.
16. Wei, L.; Zhu, Q.; Xiao, L.; Tao, H.-Y.; Wang, C.-J. *Nat. Commun.* **2019,** *10*, 1–12.
17. Wang, Y.; Cai, P.-J.; Yu, Z.-X. *J. Am. Chem. Soc.* **2020,** *142*, 2777–2786.

氧负离子Cope重排反应

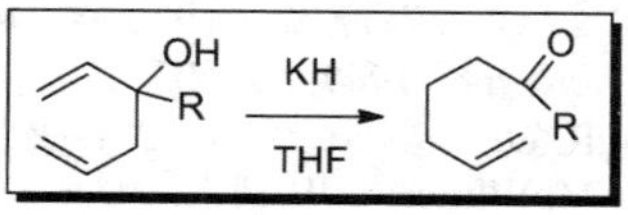

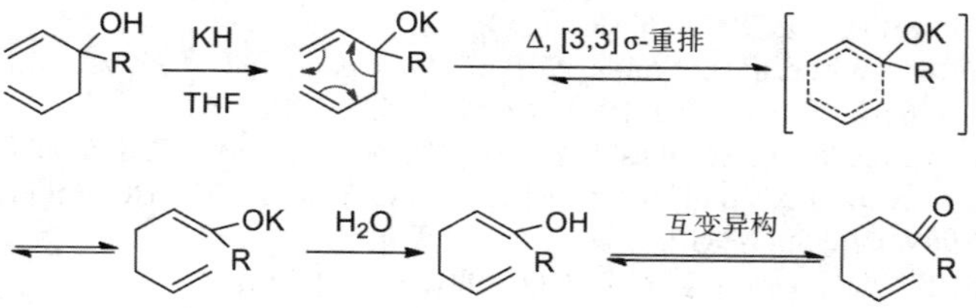

Example 1[1]

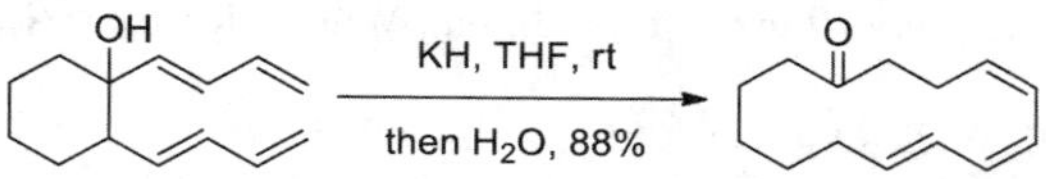

Example 2[4]

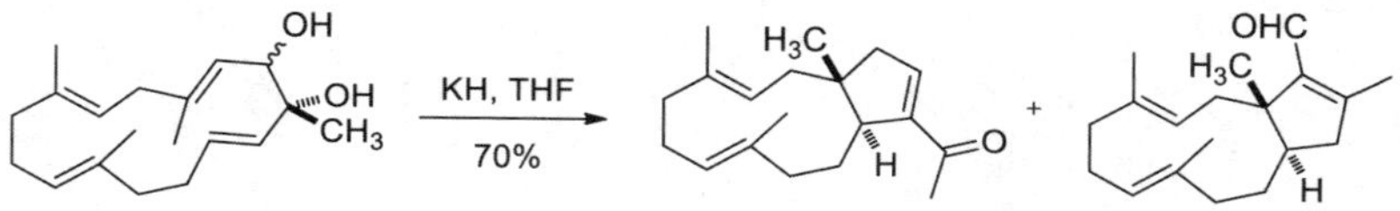

Example 3[5]

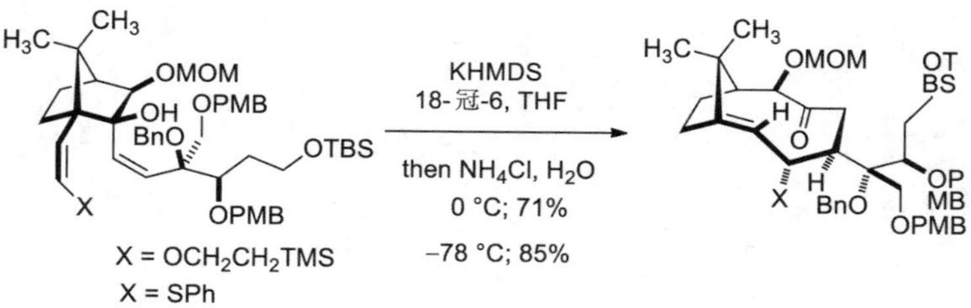

X = OCH$_2$CH$_2$TMS
X = SPh

Example 4[8]

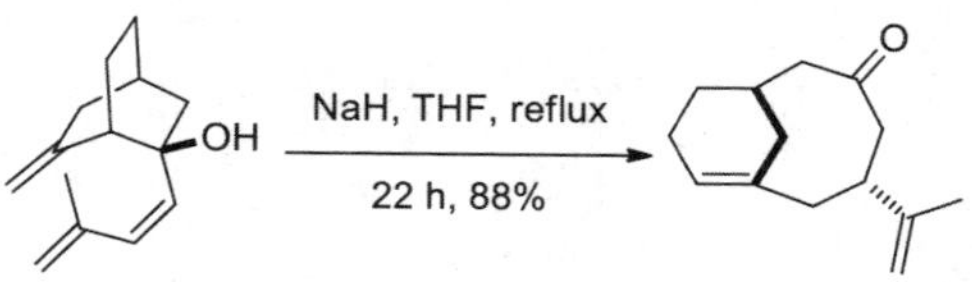

Example 5[9]

Example 6[11]

References

1. Wender, P. A.; Sieburth, S. M.; Petraitis, J. J.; Singh, S. K. *Tetrahedron* **1981**, *37*, 3967–3975.
2. Wender, P. A.; Ternansky, R. J.; Sieburth, S. M. *Tetrahedron Lett.* **1985**, *26*, 4319–4322.
3. Paquette, L. A. *Tetrahedron* **1997**, *53*, 13971–14020. (Review).
4. Corey, E. J.; Kania, R. S. *Tetrahedron Lett.* **1998**, *39*, 741–744.
5. Paquette, L. A.; Reddy, Y. R.; Haeffner, F.; Houk, K. N. *J. Am. Chem. Soc.* **2000**, *122*, 740–741.
6. Voigt, B.; Wartchow, R.; Butenschon, H. *Eur. J. Org. Chem.* **2001**, 2519–2527.
7. Hashimoto, H.; Jin, T.; Karikomi, M.; Seki, K.; Haga, K.; Uyehara, T. *Tetrahedron Lett.* **2002**, *43*, 3633–3636.
8. Gentric, L.; Hanna, I.; Huboux, A.; Zaghdoudi, R. *Org. Lett.* **2003**, *5*, 3631–3634.
9. Jones, S. B.; He, L.; Castle, S. L. *Org. Lett.* **2006**, *8*, 3757–3760.
10. Mullins, R. J.; McCracken, K. W. *Cope and Related Rearrangements*. In *Name Reactions for Homologations-Part II*; Li, J. J., Ed.; Wiley: Hoboken, NJ, **2009**, pp 88–135. (Review).
11. Taber, D. F.; Gerstenhaber, D. A.; Berry, J. F. *J. Org. Chem.* **2013**, *76*, 7614–7617.
12. Roosen, P. C.; Vanderwal, C. D. *Org. Lett.* **2014**, *16*, 368–4371.
13. Anagnostaki, E. E.; Demertzidou, V. P.; Zografos, A. L. *Chem. Commun.* **2015**, *51*, 2364–2367.
14. Fujimoto, Y.; Yanai, H.; Matsumoto, T. *Synlett* **2016**, *27*, 2229–2232.
15. Simek, M.; Bartova, K.; Pohl, R.; Cisarova, I.; Jahn, U. *Angew. Chem. Int. Ed.* **2020**, *59*, 6160–6165.

*O–Cope*重排反应

氧负离子Cope重排反应在低温下就可发生，*O*–Cope重排反应则需在高温下进行，生成热力学稳定的产物。

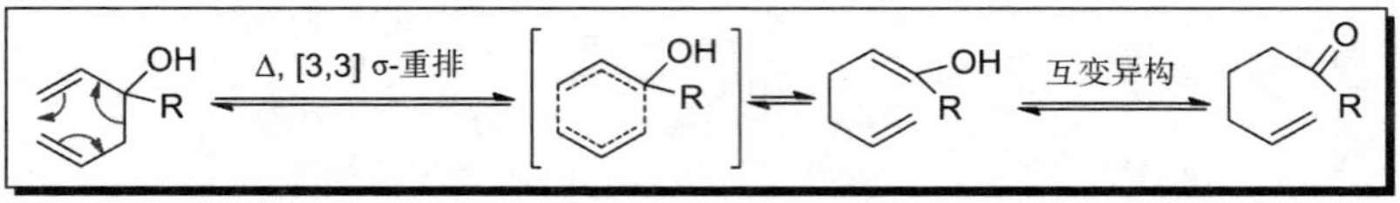

Example 1[2]

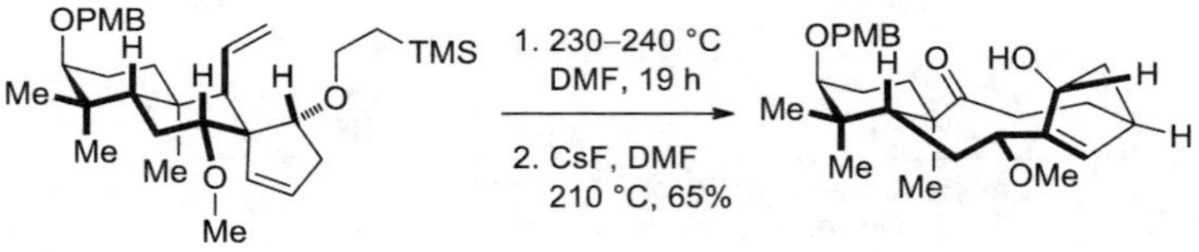

Example 2[3]

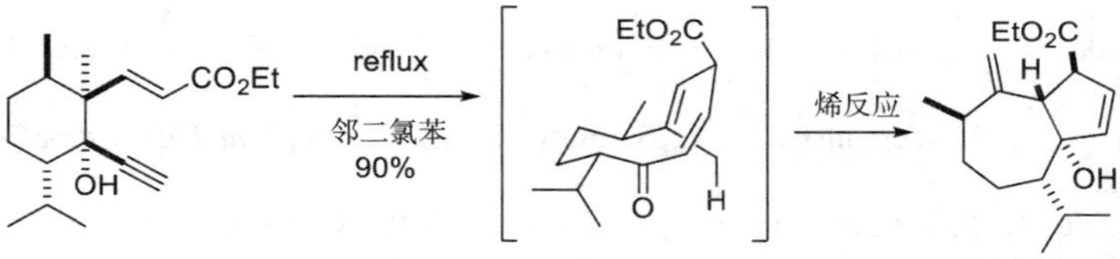

Example 3[4]

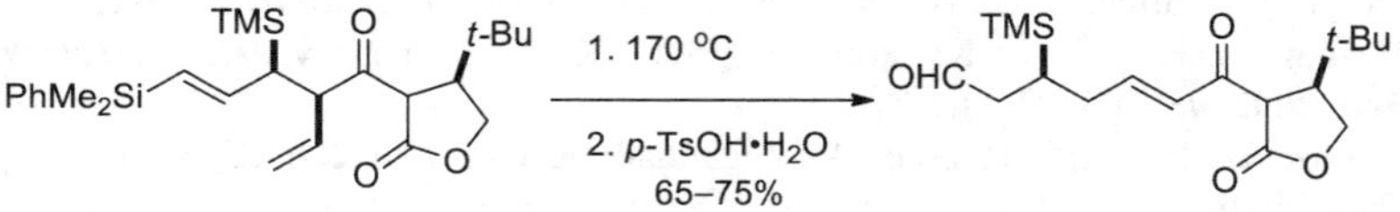

Example 4[6]

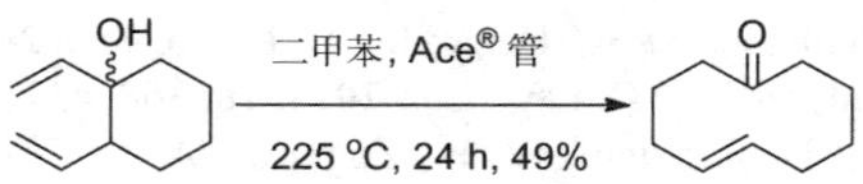

Example 5[8]

甲苯, 120 °C
7 h, 42%

呋喃大牻牛儿酮

Example 6, 热诱导的 *O*-Cope 扩环反应[8]

PhCl, reflux
封管
12–18 h, 91%

References

1. Paquette, L. A. *Angew. Chem. Int. Ed.* **1990**, *29*, 609–626. (Review).
2. Paquette, L. A.; Backhaus, D.; Braun, R. *J. Am. Chem. Soc.* **1996**, *118*, 11990–11991.
3. Srinivasan, R.; Rajagopalan, K. *Tetrahedron Lett.* **1998**, *39*, 4133–4136.
4. Schneider, C.; Rehfeuter, M. *Chem. Eur. J.* **1999**, *5*, 2850–2858.
5. Schneider, C. *Synlett* **2001**, 1079–1091. (Review on siloxy-Cope rearrangement).
6. DiMartino, G.; Hursthouse, M. B.; Light, M. E.; Percy, J. M.; Spencer, N. S.; Tolley, M. *Org. Biomol. Chem.* **2003**, *1*, 4423–4434.
7. Mullins, R. J.; McCracken, K. W. *Cope and Related Rearrangements*. In *Name Reactions for Homologations-Part II*; Li, J. J., Ed.; Wiley: Hoboken, NJ, **2009**, pp 88–135. (Review).
8. Anagnostaki, E. E.; Zografos, A. L. *Org. Lett.* **2013**, *15*, 152–155.
9. Massaro, N. P.; Stevens, J. C.; Chatterji, A.; Sharma, I. *Org. Lett.* **2018**, *20*, 7585–7589.
10. Tang, Q.; Fu, K.; Ruan, P.; Dong, S.; Su, Z.; Liu, X.; Feng, X. *Angew. Chem. Int. Ed.* **2019**, *58*, 11846–11851.
11. Emmetiere, F.; Grenning, A. J. *Org. Lett.* **2020**, *22*, 842–847.

硅氧基 Cope 重排反应

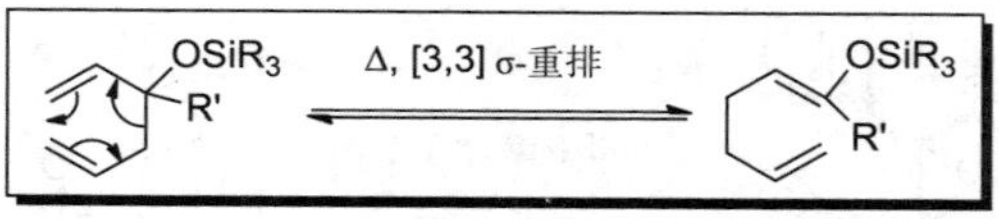

Example 1[1]

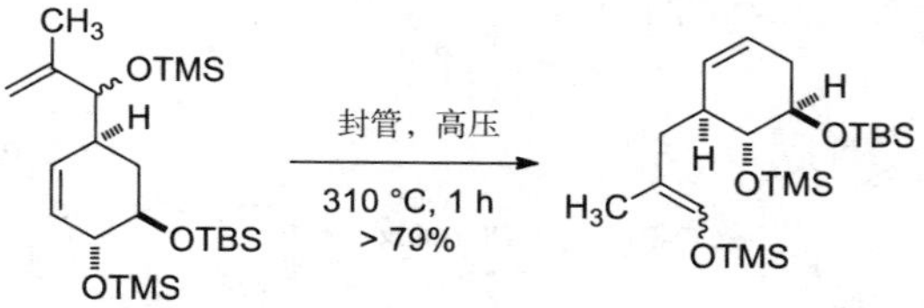

Example 2[2]

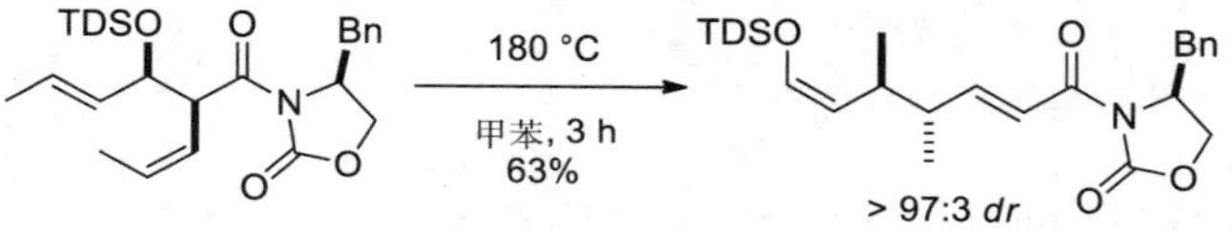

Example 3[3]

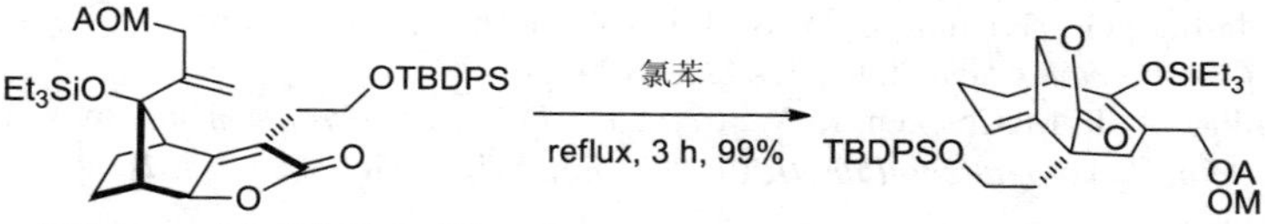

AOM = *p*-MeOC₆H₄OCH₂-

Example 4[4]

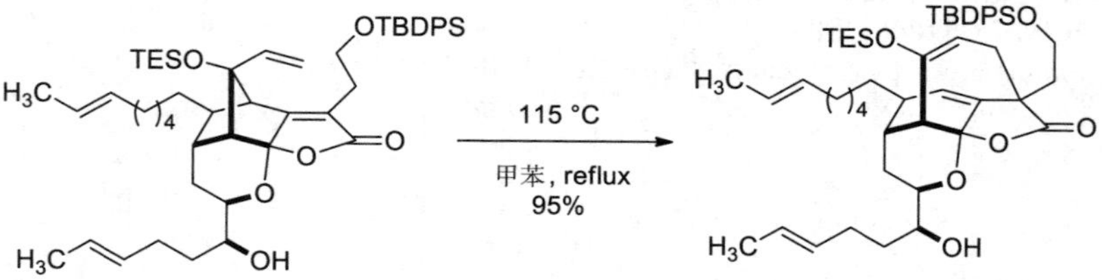

Example 5, 串联的 aldol 反应-硅氧基-Cope 重排反应[6]

References

1. Askin, D.; Angst, C.; Danishefsky, D. J. *J. Org. Chem.* **1987,** *52*, 622–635.
2. Schneider, C. *Eur. J. Org. Chem.* **1998,** 1661–1663.
3. Clive, D. L. J.; Sun, S.; Gagliardini, V.; Sano, M. K. *Tetrahedron Lett.* **2000,** *41*, 6259–6263.
4. Bio, M. M.; Leighton, J. L. *J. Org. Chem.* **2003,** *68*, 1693–1700.
5. Mullins, R. J.; McCracken, K. W. *Cope and Related Rearrangements.* In *Name Reactions for Homologations-Part II*; Li, J. J., Ed.; Wiley: Hoboken, NJ, **2009,** pp 88–135. (Review).
6. Davies, H. M. L.; Lian, Y. *Acc. Chem. Res.* **2012,** *45*, 923–935. (Review).

Check for updates

Corey–Bakshi–Shibata(CBS)还原反应

Corey-Bakshi-Shibata(CBS)试剂是一个来自脯氨酸的手性催化剂。如同熟知的Corey试剂噁唑硼啉那样，本试剂用于酮的对映选择性还原、不对称的Diels-Alder反应和[3+2]环加成反应。

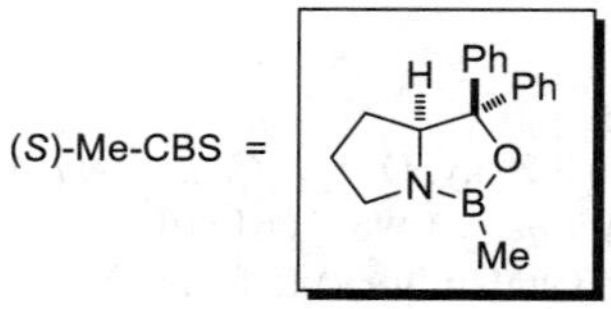
(S)-Me-CBS =
H
Ph
Ph
N
B
O
Me

制备：[1,3]

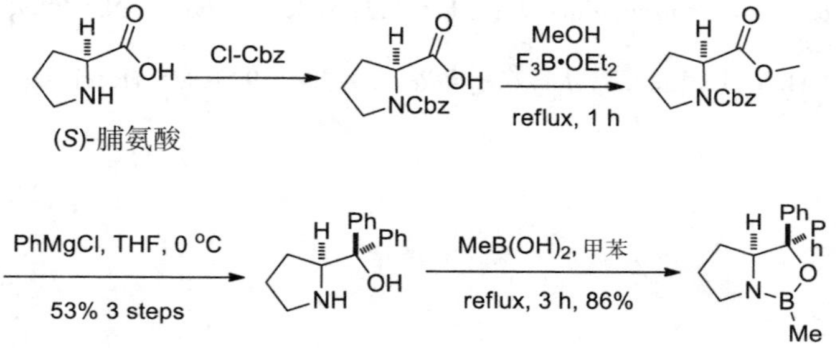
H
O
OH
NH
(S)-脯氨酸
Cl-Cbz
NCbz
MeOH
F3B•OEt2
reflux, 1 h
PhMgCl, THF, 0 °C
53% 3 steps
MeB(OH)2, 甲苯
reflux, 3 h, 86%
Me

Example 1[6]

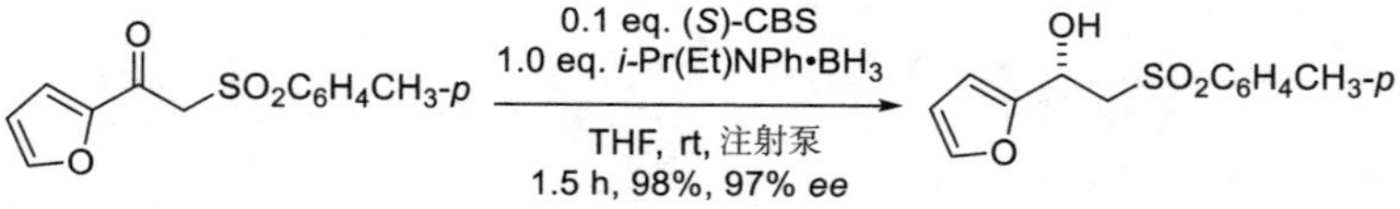
SO2C6H4CH3-p
0.1 eq. (S)-CBS
1.0 eq. i-Pr(Et)NPh•BH3
THF, rt, 注射泵
1.5 h, 98%, 97% ee
OH

Example 2[9]

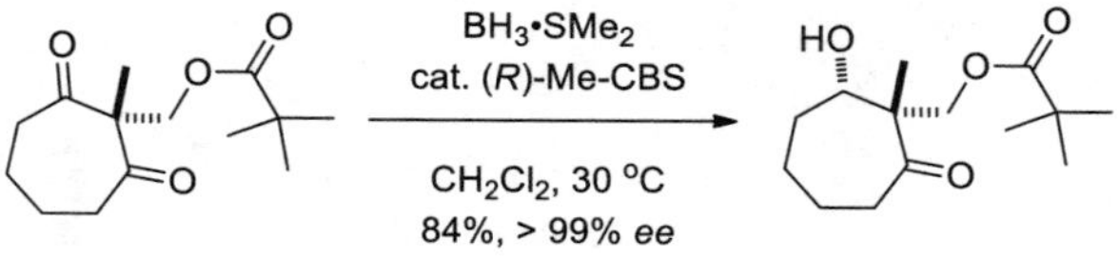
BH3•SMe2
cat. (R)-Me-CBS
CH2Cl2, 30 °C
84%, > 99% ee
HO

© Springer Nature Switzerland AG 2021
J. J. Li, *Name Reactions*, https://doi.org/10.1007/978-3-030-50865-4_34

机理和催化循环:[1,3]

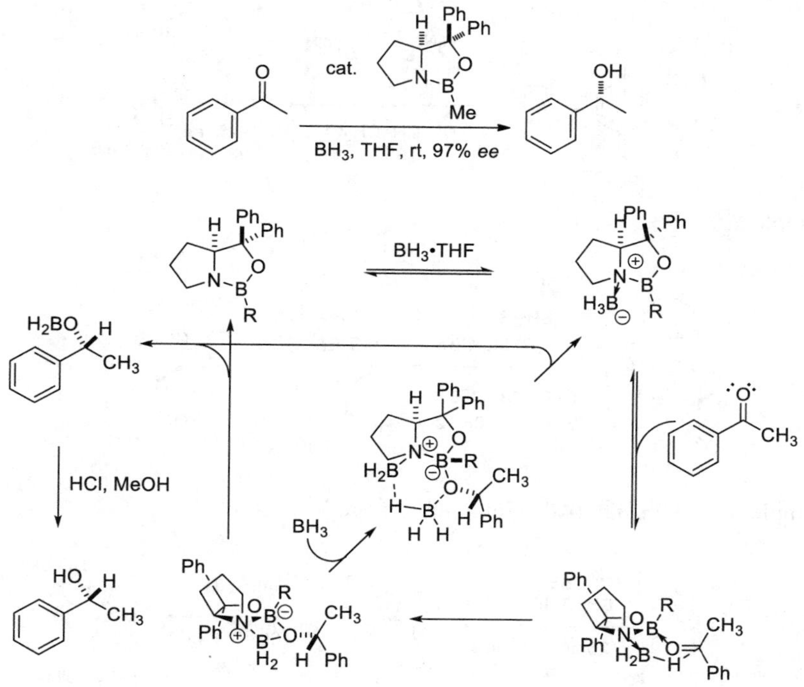

Example 3[11]

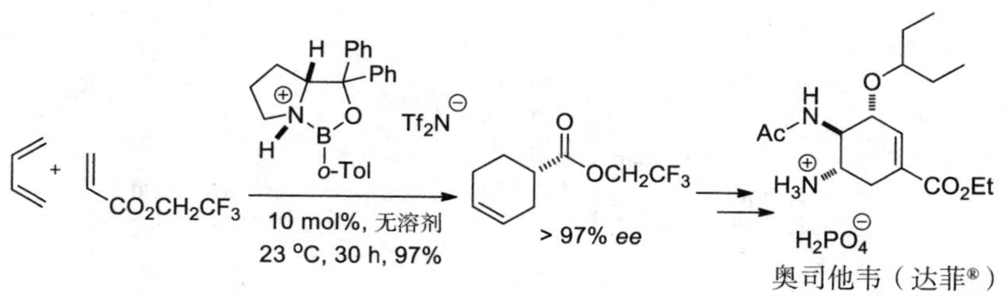

奥司他韦（达菲®）

Example 4, 不对称 [3 + 2] 环加成反应 [10]

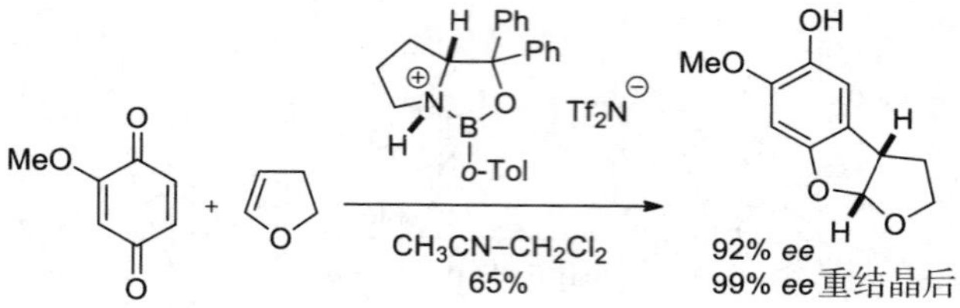

Example 5 [13]

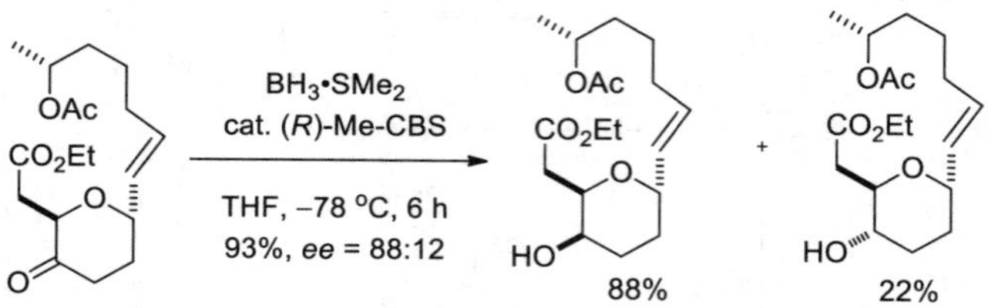

Example 6, 用于古豆醇碱(hygroline)的全合成 [14]

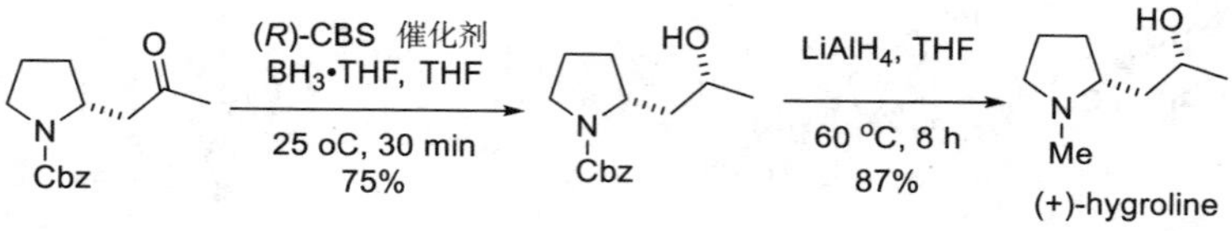

Example 7, 流动微反应器中的CBS还原反应 [15]

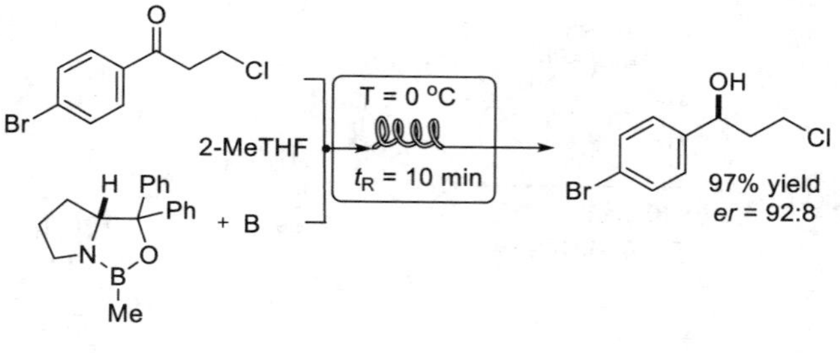

References

1. (a) Corey, E. J.; Bakshi, R. K.; Shibata, S. *J. Am. Chem. Soc.* **1987**, *109*, 5551–5553. (b) Corey, E. J.; Bakshi, R. K.; Shibata, S.; Chen, C.-P.; Singh, V. K. *J. Am. Chem. Soc.* **1987**, *109*, 7925–7926. (c) Corey, E. J.; Shibata, S.; Bakshi, R. K. *J. Org. Chem.* **1988**, *53*, 2861–2863.

2. Reviews: (a) Corey, E. J. *Pure Appl. Chem.* **1990,** *62,* 1209–1216. (b) Wallbaum, S.; Martens, J. *Tetrahedron: Asymm.* **1992,** *3,* 1475–1504. (c) Singh, V. K. *Synthesis* **1992,** 605–617. (d) Deloux, L.; Srebnik, M. *Chem. Rev.* **1993,** *93,* 763–784. (e) Taraba, M.; Palecek, J. *Chem. Listy* **1997,** *91,* 9–22. (f) Corey, E. J.; Helal, C. J. *Angew. Chem. Int. Ed.* **1998,** *37,* 1986–2012. (g) Corey, E. J. *Angew. Chem. Int. Ed.* **2002,** *41,* 1650–1667. (h) Itsuno, S. *Org. React.* **1998,** *52,* 395–576. (i) Cho, B. T. *Aldrichimica Acta* **2002,** *35,* 3–16. (j) Glushkov, V. A.; Tolstikov, A. G. *Russ. Chem. Rev.* **2004,** *73,* 581–608. (k) Cho, B .T. *Tetrahedron* **2006,** *62,* 7621–7643.
3. (a) Mathre, D. J.; Thompson, A. S.; Douglas, A. W.; Hoogsteen, K.; Carroll, J. D.; Corley, E. G.; Grabowski, E. J. J. *J. Org. Chem.* **1993,** *58,* 2880–2888. (b) Xavier, L. C.; Mohan, J. J.; Mathre, D. J.; Thompson, A. S.; Carroll, J. D.; Corley, E. G.; Desmond, R. *Org. Synth.* **1997,** *74,* 50–71.
4. Corey, E. J.; Helal, C. J. *Tetrahedron Lett.* **1996,** *37,* 4837–4840.
5. Clark, W. M.; Tickner-Eldridge, A. M.; Huang, G. K.; Pridgen, L. N.; Olsen, M. A.; Mills, R. J.; Lantos, I.; Baine, N. H. *J. Am. Chem. Soc.* **1998,** *120,* 4550–4551.
6. Cho, B. T.; Kim, D. J. *Tetrahedron: Asymmetry* **2001,** *12,* 2043–2047.
7. Price, M. D.; Sui, J. K.; Kurth, M. J.; Schore, N. E. *J. Org. Chem.* **2002,** *67,* 8086–8089.
8. Degni, S.; Wilen, C.-E.; Rosling, A. *Tetrahedron: Asymmetry* **2004,** *15,* 1495–1499.
9. Watanabe, H.; Iwamoto, M.; Nakada, M. *J. Org. Chem.* **2005,** *70,* 4652–4658.
10. Zhou, G.; Corey, E. J. *J. Am. Chem. Soc.* **2005,** *127,* 11958–11959.
11. Yeung, Y.-Y.; Hong, S.; Corey, E. J. *J. Am. Chem. Soc.* **2006,** *128,* 6310–6311.
12. Patti, A.; Pedotti, S. *Tetrahedron: Asymmetry* **2008,** *19,* 1891–1897.
13. Sridhar, Y.; Srihari, P. *Eur. J. Org. Chem.* **2013,** 578–587.
14. Bhoite, S. P.; Kamble, R. B.; Suryavanshi, G. M. *Tetrahedron Lett.* **2015,** *56,* 4704–4705.
15. De Angelis, S.; De Renzo, M.; Carlucci, C.; Degennaro, L.; Luisi, R. *Org. Biomol. Chem.* **2016,** *14,* 4304–4311.
16. Hughes, D. L. *Org. Process Res. Dev.* **2018,** *22,* 574–584. (Review).
17. Cannon, J. S. *Org. Lett.* **2018,** *20,* 3883–3887.
18. Zhou, Y.-G.; Wong, H. N. C.; Peng, X.-S. *J. Org. Chem.* **2020,** *85,* 967–976.

Corey–Chaykovsky反应

Corey–Chaykovsky反应是利用二甲基氧化锍亚甲基(**1**, Corey叶立德)、二甲基锍亚甲基(**2**)一类硫叶立德和羰基、烯烃、亚胺或硫羰基一类亲电物种(**3**)反应后给出**4**那样的环氧化物、环丙烷、氮杂环丙烷和硫杂环丙烷的反应。

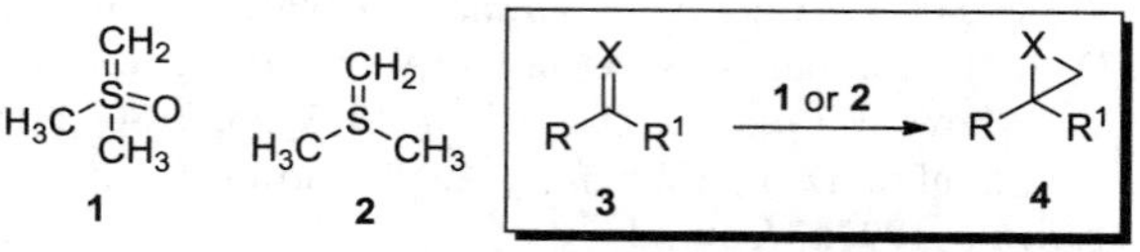

X = O, CH_2, NR^2, S, $CHCOR^3$, $CHCO_2R^3$, $CHCONR_2$, CHCN

制备:[1]

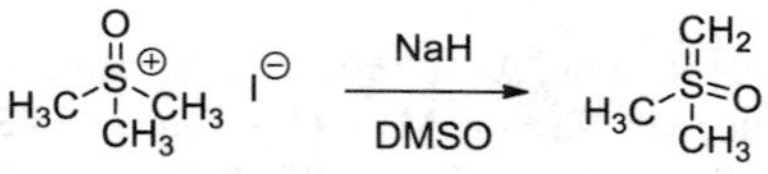

机理:[1]

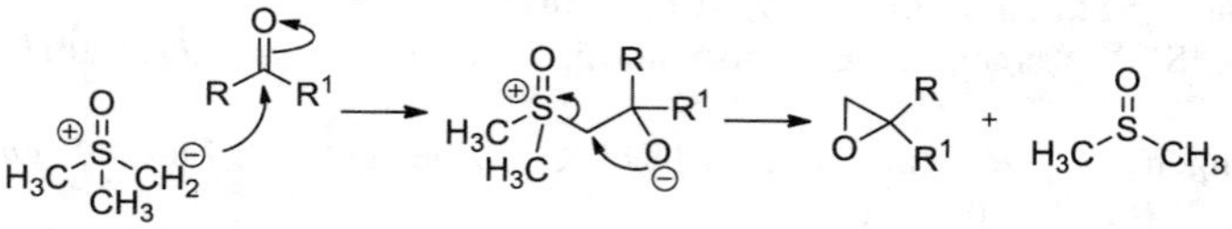

Example 1, 从酮到环氧[11]

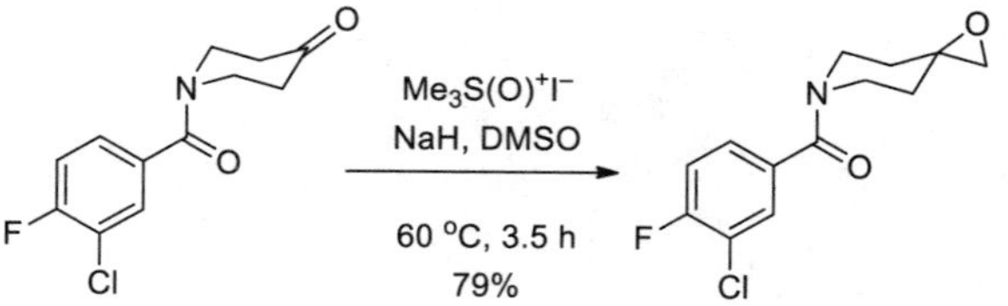

Example 2, 从烯到环丙烷[9]

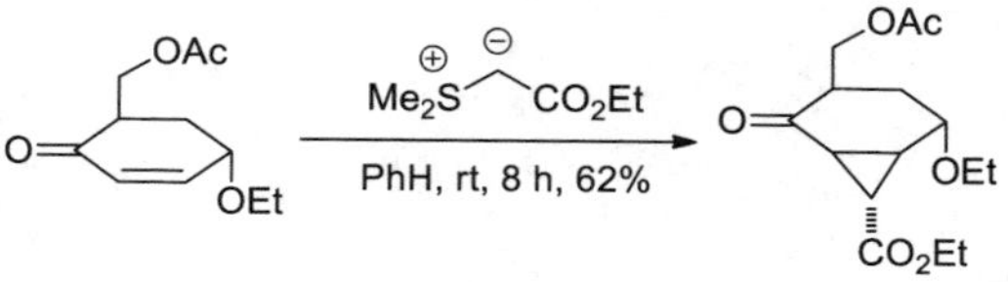

© Springer Nature Switzerland AG 2021
J. J. Li, *Name Reactions*, https://doi.org/10.1007/978-3-030-50865-4_35

Example 3, 利用 N- Corey–Chaykovsky 反应得到氮杂环丙烷[9]

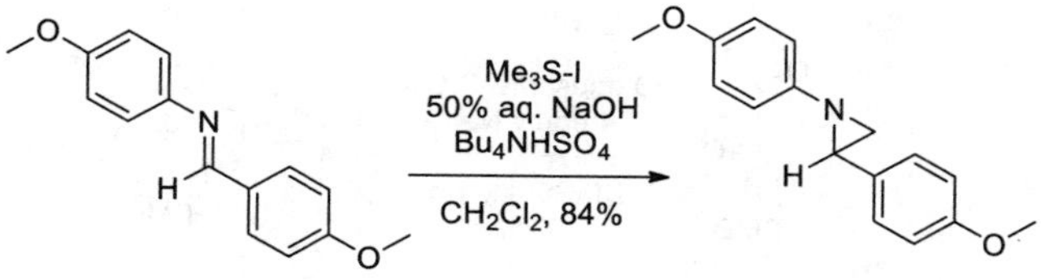

Example 4[12]

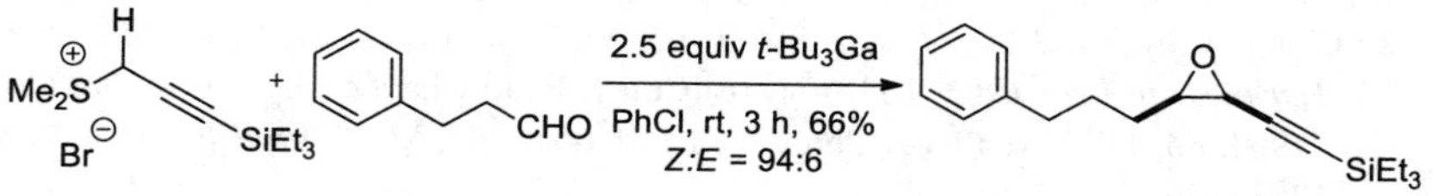

Example 5[13]

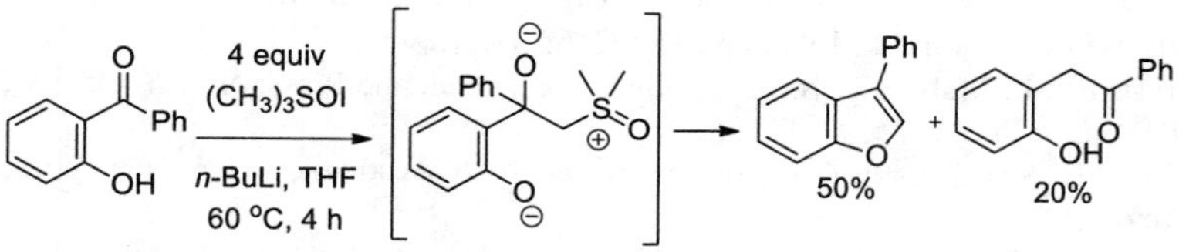

Example 6, 从烯到环丙烷[14]

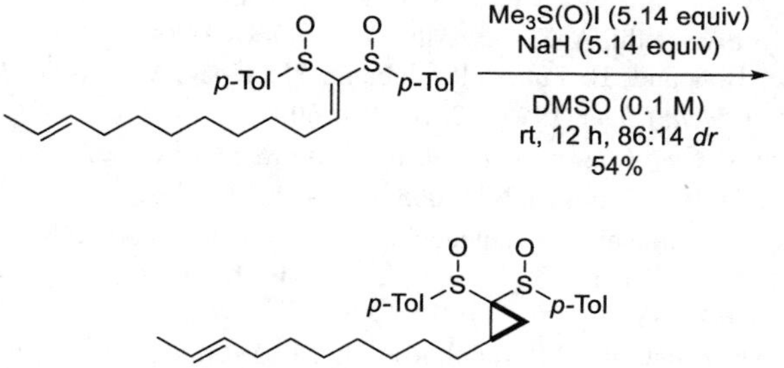

Example 7, 酮酰亚胺酯的非对映选择性氮杂环丙烷化反应[15]

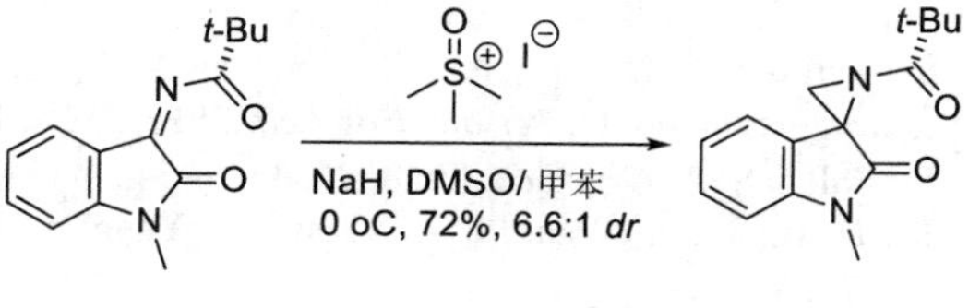

Example 8, 一锅煮反应实现氧代吲哚的螺环丙烷化的Corey-Chaykovsky反应[17]

References

1. (a) Corey, E. J.; Chaykovsky, M. *J. Am. Chem. Soc.* **1962**, *84*, 867–868. (b) Corey, E. J.; Chaykovsky, M. *J. Am. Chem. Soc.* **1962**, *84*, 3782. (c) Corey, E. J.; Chaykovsky, M. *Tetrahedron Lett.* **1963**, 169–171. (d) Corey, E. J.; Chaykovsky, M. *J. Am. Chem. Soc.* **1964**, *86*, 1639–1640. (e) Corey, E. J.; Chaykovsky, M. *J. Am. Chem. Soc.* **1965**, *87*, 1353–1364.
2. Okazaki, R.; Tokitoh, N. In *Encyclopedia of Reagents in Organic Synthesis;* Paquette, L. A., Ed.; Wiley: New York, **1995,** pp 2139–2141. (Review).
3. Ng, J. S.; Liu, C. In *Encyclopedia of Reagents in Organic Synthesis;* Paquette, L. A., Ed.; Wiley: New York, **1995,** pp 2159–2165. (Review).
4. Trost, B. M.; Melvin, L. S., Jr. *Sulfur Ylides;* Academic Press: New York, **1975**. (Review).
5. Block, E. *Reactions of Organosulfur Compounds* Academic Press: New York, **1978**. (Review).
6. Gololobov, Y. G.; Nesmeyanov, A. N. *Tetrahedron* **1987**, *43*, 2609–2651. (Review).
7. Aubé, J. In *Comprehensive Organic Synthesis;* Trost, B. M.; Fleming, I., Ed.; Pergamon: Oxford, **1991**, *Vol. 1*, pp 820–825. (Review).
8. Li, A.-H.; Dai, L.-X.; Aggarwal, V. K. *Chem. Rev.* **1997**, *97*, 2341–2372. (Review).
9. Tewari, R. S.; Awatsthi, A. K.; Awasthi, A. *Synthesis* **1983,** 330–331.
10. Vacher, B.; Bonnaud, B. Funes, P.; Jubault, N.; Koek, W.; Assie, M.-B.; Cosi, C.; Kleven, M. *J. Med. Chem.* **1999**, *42*, 1648–1660.
11. Li, J. J. *Corey–Chaykovsky Reaction*. In *Name Reactions in Heterocyclic Chemistry*; Li, J. J., Ed.; Wiley: Hoboken, NJ, **2005,** pp 1–14. (Review).
12. Nishimura, Y.; Shiraishi, T.; Yamaguchi, M. *Tetrahedron Lett.* **2008**, *49*, 3492–3495.
13. Chittimalla, S. K.; Chang, T.-C.; Liu, T.-C.; Hsieh, H.-P.; Liao, C.-C. *Tetrahedron* **2008,** *64*, 2586–2595.
14. Palko, J. W.; Buist, P. H.; Manthorpe, J. M. *Tetrahedron: Asymmetry* **2013**, *24*, 165–168.
15. Marsini, M. A.; Reeves, J. T.; Desrosiers, J.-N.; Herbage, M. A.; Savoie, J.; Li, Z.; Fandrick, K. R.; Sader, C. A.; McKibben, B.; Gao, D. A.; et al. *Org. Lett.* **2015**, *17*, 5614–5617.
16. Yarmoliuk, D. V.; Serhiichuk, D.; Smyrnov, V.; Tymtsunik, A. V.; Hryshchuk, O. V.; Kuchkovska, Y.; Grygorenko, O. O. *Tetrahedron Lett.* **2018**, *59*, 4611–4615.
17. Hajra, S.; Roy, S.; Saleh, S. A. *Org. Lett.* **2018**, *20*, 4540–54544.
18. Zhang, Z.-W.; Li, H.-B.; Li, J.; Wang, C.-C.; Feng, J.; Yang, Y.-H.; Liu, S. *J. Org. Chem.* **2020**, *85*, 537–547.

Corey–Fuchs 反应

醛在链上增一碳为二溴烯烃后用丁基锂处理生成端基炔烃的合成反应。

Example 1[3]

Example 2[7]

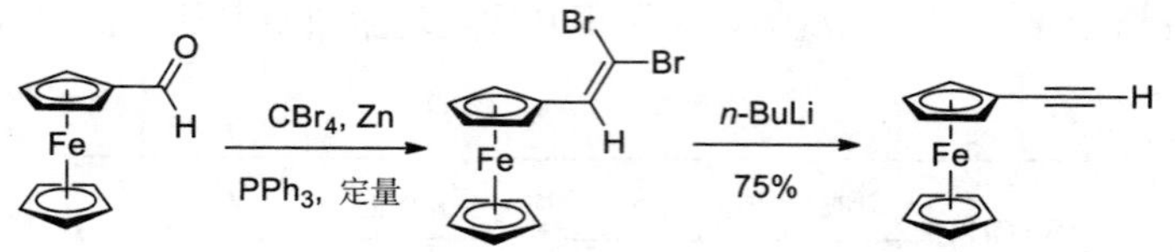

Example 3[8]

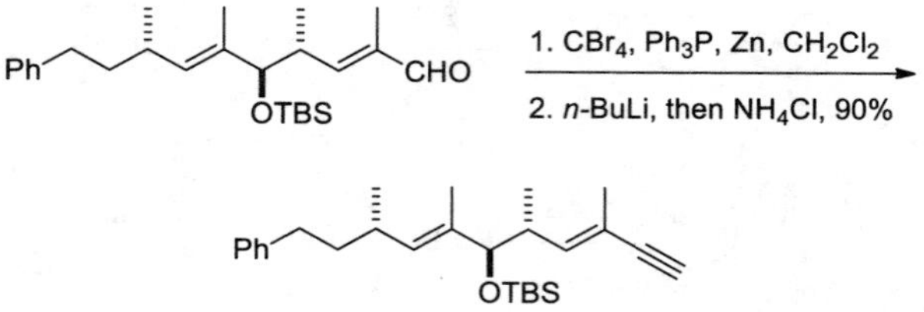

Example 4[10]

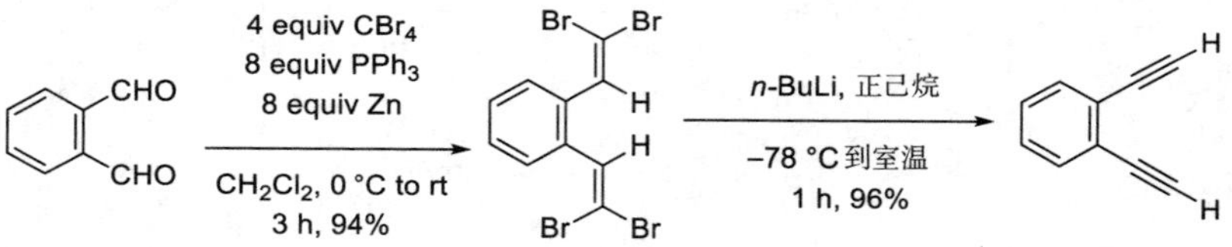

Example 5[12]

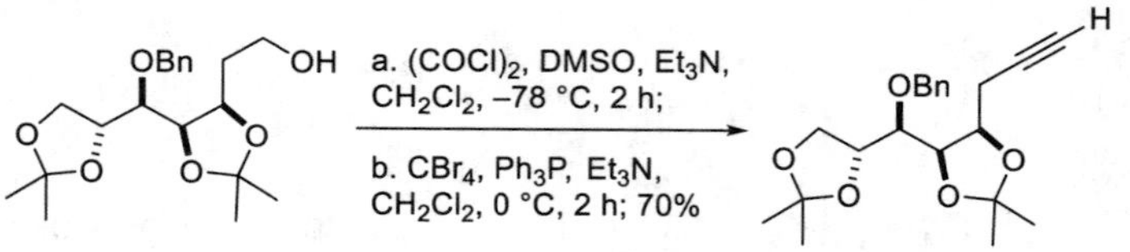

Example 6[12]

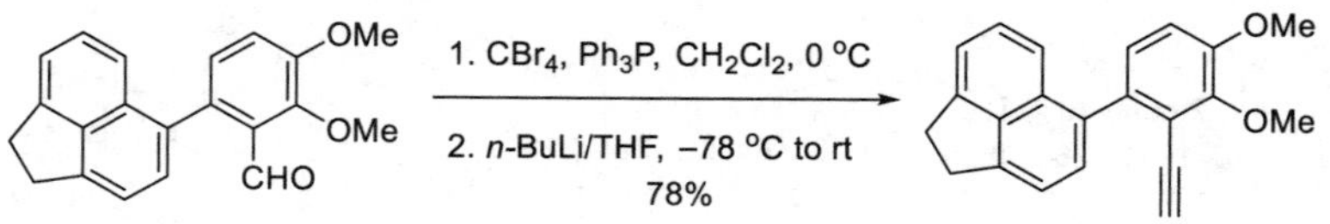

Example 7, 作为Sonogashira反应前体制备终端炔烃[14]

Example 8, 有规模量的Corey–Fuchs 反应[15]

References

1. Corey, E. J.; Fuchs, P. L. *Tetrahedron Lett.* **1972**, *13,* 3769–3772. 富赫斯(P. Fuchs)是普渡大学(Pudue University)教授。
2. 1-溴炔烃的合成 Grandjean, D.; Pale, P.; Chuche, J. *Tetrahe- dron Lett.* **1994**, *35,* 3529–3530.
3. Gilbert, A. M.; Miller, R.; Wulff, W. D. *Tetrahedron* **1999**, *55,* 1607–1630.
4. Muller, T. J. J. *Tetrahedron Lett.* **1999**, *40,* 6563–6566.
5. Serrat, X.; Cabarrocas, G.; Rafel, S.; Ventura, M.; Linden, A.; Villalgordo, J. M. *Tetrahedron: Asymmetry* **1999**, *10,* 3417–3430.
6. Okamura, W. H.; Zhu, G.-D.; Hill, D. K.; Thomas, R. J.; Ringe, K.; Borchardt, D. B.; Norman, A. W.; Mueller, L. J. *J. Org. Chem.* **2002**, *67,* 1637–1650.
7. Tsuboya, N.; Hamasaki, R.; Ito, M.; Mitsuishi, M. *J. Mater. Chem.* **2003**, *13,* 511–513
8. Zeng, X.; Zeng, F.; Negishi, E.-i. *Org. Lett.* **2004**, *6,* 3245–3248.
9. Quéron, E.; Lett, R. *Tetrahedron Lett.* **2004**, *45,* 4527–4531.
10. Sahu, B.; Muruganantham, R.; Namboothiri, I. N. N. *Eur. J. Org. Chem.* **2007**, 2477–2489.
11. Han, X. *Corey–Fuchs Reaction*. In *Name Reactions for Homologations-Part I*; Li, J. J., Ed.; Wiley: Hoboken, NJ, **2009**, pp 393–403. (Review).
12. Pradhan, T. K.; Lin, C. C.; Mong, K. K. T. *Synlett* **2013**, *24,* 219–222.
13. Thomson, P. F.; Parrish, D.; Pradhan, P.; Lakshman, M. K. *J. Org. Chem.* **2015**, *80,* 7435–7446
14. Dumpala, M.; Theegala, S.; Palakodety, R. K. *Tetrahedron Lett.* **2017**, *58,* 1273–1275.
15. Martynow, J.; Hanselmann, R.; Duffy, E.; Bhattacharjee, A. *Org. Process Res. Dev.* **2019**, *23,* 1026–1033.

Curtius 重排反应

受热条件下，烷基、芳基和烯基取代的叠氮化物发生碳到氮的 1,2-迁移并放出氮气而生成异氰酸酯。异氰酸酯产物常就地和亲核物种反应给出氨基甲酸酯、脲和其他的 N–酰基衍生物或异氰酸酯水解生成伯胺。

热重排：

光化学重排：

Example 1, Shioiri–Ninomiya–Yamada 修正法[2]

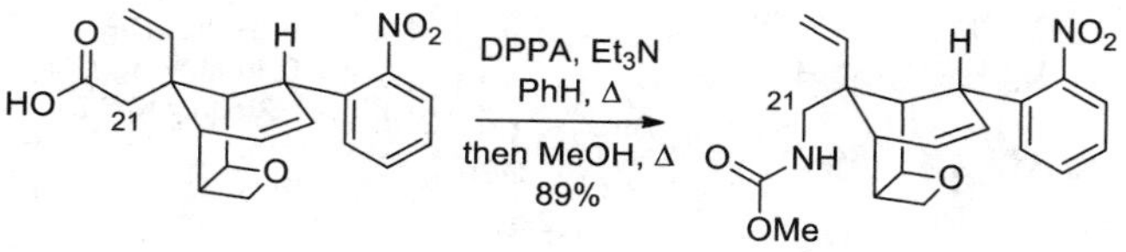

Example 2[3]

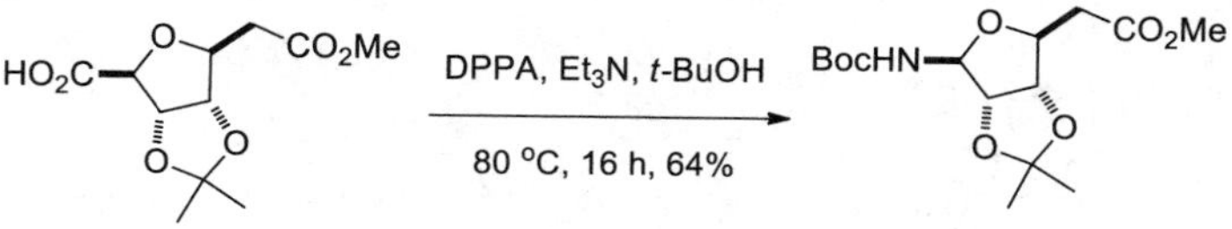

Example 3[4]

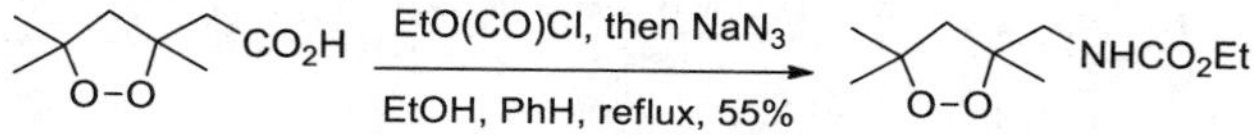

Example 4, Weinstock 对 Curtius 重排反应的修正[6]

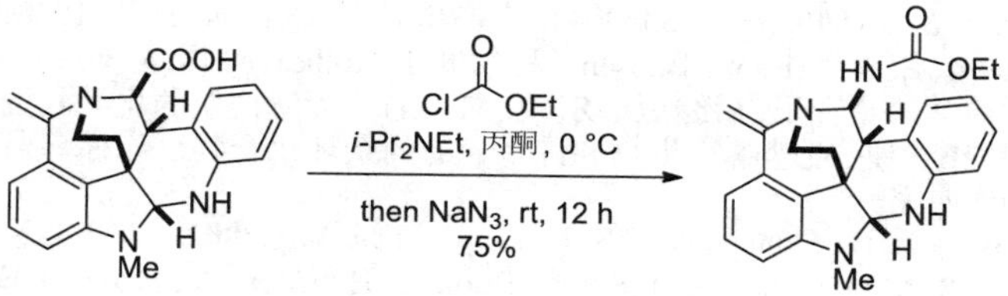

Example 5[7]

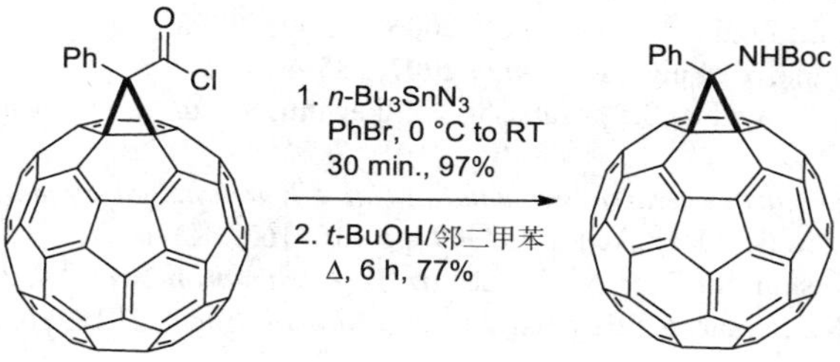

Example 6, Lebel 修正法 [8]

Example 7, 用于全合成 [9]

References

1. Curtius, T. *Ber.* **1890,** *23*, 3033–3041. 库梯乌斯 (T. Curtius, 1857–1928) 出生于德国的 Duiburg, 跟本生 (R. W. Bunsen)、科尔贝 (H.Kolbe)、拜耳 (A. von Baeyer) 等人学习化学前学的是音乐, 后继迈耶尔 (V. Meyer) 成为海德堡的化学教授。他发现了重氮乙酸酯、肼、吡唑啉衍生物和许多含氮的杂环化合物。库梯乌斯还是一位歌唱家和作曲家。
2. Ng, F. W.; Lin, H.; Danishefsky, S. J. *J. Am. Chem. Soc.* **2002,** *124*, 9812–9824.
3. van Well, R. M.; Overkleeft, H. S.; van Boom, J. H.; Coop, A.; Wang, J. B.; Wang, H.; van der Marel, G. A.; Overhand, M. *Eur. J. Org. Chem.* **2003,** 1704–1710.
4. Dussault, P. H.; Xu, C. *Tetrahedron Lett.* **2004,** *45*, 7455–7457.
5. Holt, J.; Andreassen, T.; Bakke, J. M. *J. Heterocycl. Chem.* **2005,** *42*, 259–264.
6. Crawley, S. L.; Funk, R. L. *Org. Lett.* **2006,** *8*, 3995–3998.
7. Tada, T.; Ishida, Y.; Saigo, K. *Synlett* **2007,** 235–238.
8. Sawada, D.; Sasayama, S.; Takahashi, H.; Ikegami, S. *Eur. J. Org. Chem.* **2007,** 1064–1068.
9. Rojas, C. M. *Curtius Rearrangements.* In *Name Reactions for Homologations-Part II*; Li, J. J., Ed.; Wiley: Hoboken, NJ, **2009,** pp 136–163. (Review).
10. Koza, G.; Keskin, S.; Özer, M. S.; Cengiz, B. *Tetrahedron* **2013,** *69,* 395–409.
11. Ghosh, A. K.; Sarkar, A.; Brindisi, M. *Org. Biomol. Chem.* **2018,** *16,* 2006–2027. (Review).
12. Ghosh, A. K.; Brindisi, M.; Sarkar, A. *ChemMedChem* **2018,** *13,* 2351–2373. (Review).
13. Hartrampf, N.; Winter, N.; Pupo, G.; Stoltz, B. M.; Trauner, D. *J. Am. Chem. Soc.* **2018,** *140,* 8675–8680.

Dakin氧化反应

芳香醛酮用碱性过氧化氢氧化为酚。参见第10页上变异的Baeyer–Villiger氧化反应。

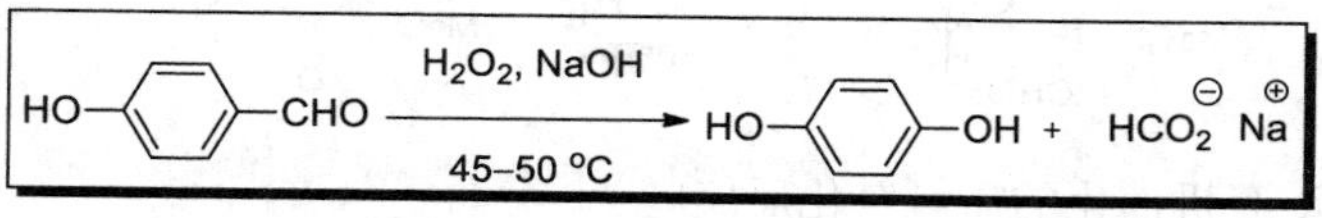

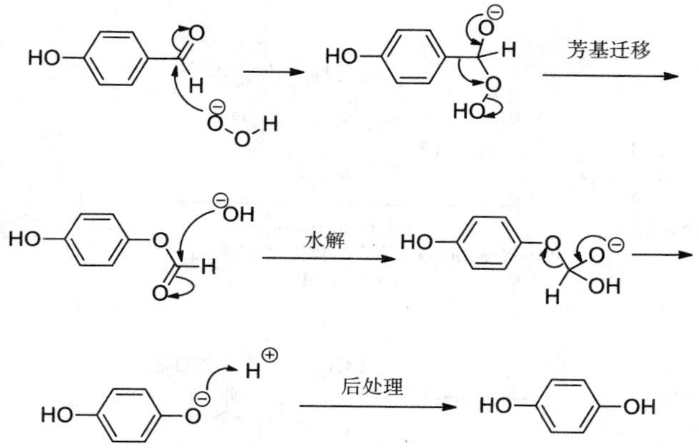

$$\text{HO-C}_6\text{H}_4\text{-CHO} \xrightarrow[45\text{–}50\ ^\circ\text{C}]{\text{H}_2\text{O}_2,\ \text{NaOH}} \text{HO-C}_6\text{H}_4\text{-OH} + \text{HCO}_2^-\ \text{Na}^+$$

机理(芳基迁移、水解、后处理)如图所示。

Example 1[6]

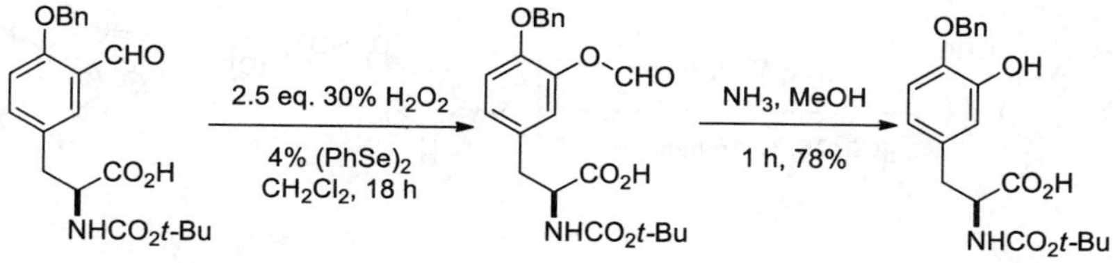

原料（OBn, CHO, NHCO₂t-Bu 的氨基酸）经 2.5 eq. 30% H₂O₂, 4% (PhSe)₂, CH₂Cl₂, 18 h 得到甲酸酯中间体，再经 NH₃, MeOH, 1 h, 78% 得到酚产物。

Example 2[7]

$$\text{HO-C}_6\text{H}_4\text{-CHO} \xrightarrow[\text{无溶剂},\ 55\ ^\circ\text{C},\ 3\ \text{h},\ 83\%]{\text{UHP}} \text{HO-C}_6\text{H}_4\text{-OH}$$

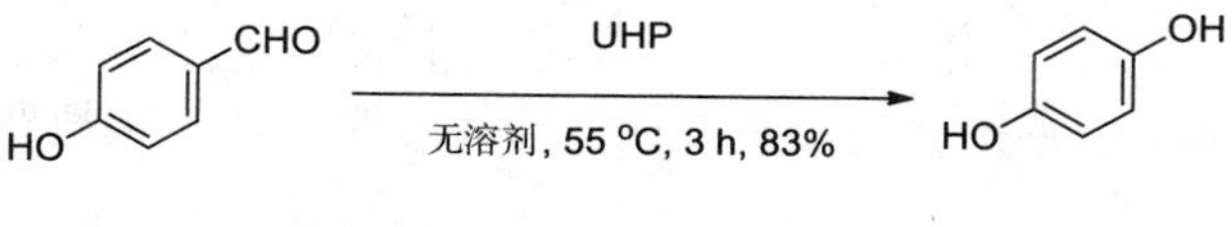

Example 3, 改良的无溶剂Dakin氧化反应[9]

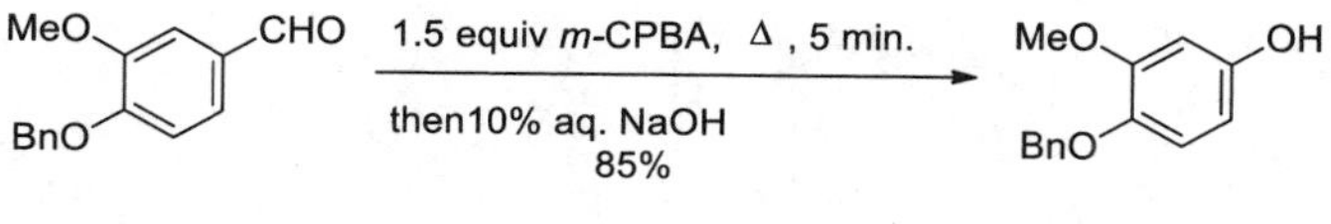

MeO, BnO 取代苯甲醛 经 1.5 equiv m-CPBA, Δ, 5 min. then 10% aq. NaOH, 85% 得到相应的酚。

Example 4[10]

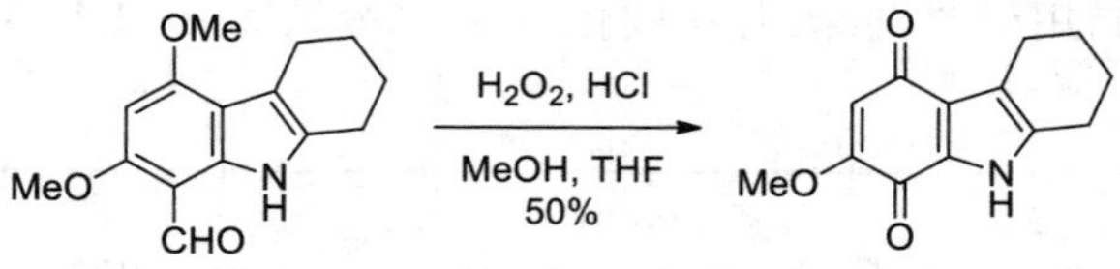

Example 5, 有机催化的需氧氧化反应[11]

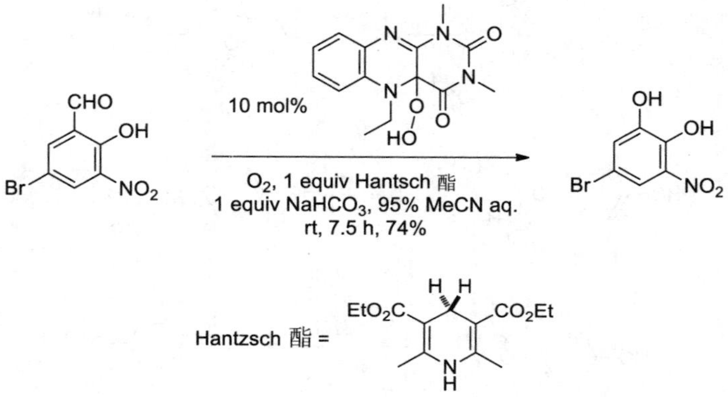

Hantzsch 酯 =

Example 6, 一锅煮反应合成 tryptanthrin[12]

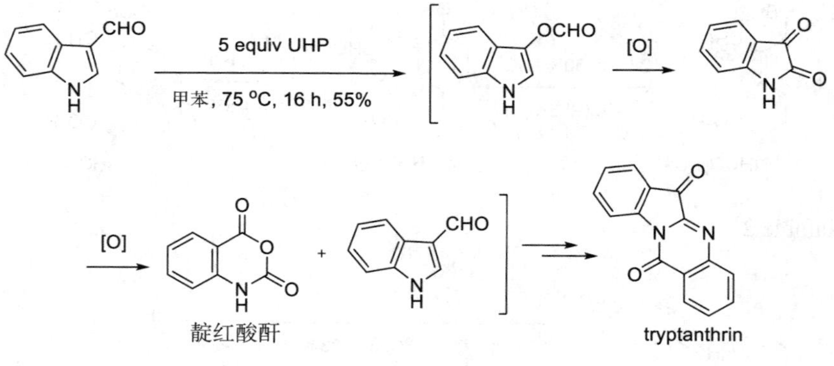

靛红酸酐

tryptanthrin

Example 7, 利用WERSA为催化剂(真成功了！)

$$\text{2-CHO-4-OEt-phenol} \xrightarrow[\text{WERSA, rt, 3 h}]{\text{3 equiv 30\% H}_2\text{O}_2} \text{4-OEt-catechol} \quad 90\%$$

References

1. Dakin, H. D. *Am. Chem. J.* **1909**, *42*, 477–498. 达金(H. D. Dakin，1880–1952)出生于英国伦敦。第一次世界大战期间，他发明了后来成为常用于处理伤口防腐的次氯酸盐溶液(Dakin溶液)。第一次世界大战后来到纽约从事维生素B的研究工作。
2. Hocking, M. B.; Bhandari, K.; Shell, B.; Smyth, T. A. *J. Org. Chem.* **1982**, *47*, 4208–4215.
3. Matsumoto, M.; Kobayashi, H.; Hotta, Y. *J. Org. Chem.* **1984**, *49*, 4740–4741.
4. Zhu, J.; Beugelmans, R.; Bigot, A.; Singh, G. P.; Bois-Choussy, M. *Tetrahedron Lett.* **1993**, *34*, 7401–7404.
5. Guzmán, J. A.; Mendoza, V.; García, E.; Garibay, C. F.; Olivares, L. Z.; Maldonado, L. A. *Synth. Commun.* **1995**, *25*, 2121–2133.
6. Jung, M. E.; Lazarova, T. I. *J. Org. Chem.* **1997**, *62*, 1553–1555.
7. Varma, R. S.; Naicker, K. P. *Org. Lett.* **1999**, *1*, 189–191.
8. Lawrence, N. J.; Rennison, D.; Woo, M.; McGown, A. T.; Hadfield, J. A. *Bioorg. Med. Chem. Lett.* **2001**, *11*, 51–54.
9. Teixeira da Silva, E.; Camara, C. A.; Antunes, O. A. C.; Barreiro, E. J.; Fraga, C. A. M. *Synth. Commun.* **2008**, *38*, 784–788.
10. Alamgir, M.; Mitchell, P. S. R.; Bowyer, P. K.; Kumar, N.; Black, D. St. C. *Tetrahedron* **2008**, *64*, 7136–7142.
11. Chen, S.; Foss, F. W. *Org. Lett.* **2012**, *14*, 5150–5153.
12. Abe, T.; Itoh, T.; Choshi, T.; Hibino, S.; Ishikura, M. *Tetrahedron Lett.* **2014**, *55*, 5268–5270.
13. Saikia, B.; Borah, P. *RSC Adv.* **2015**, *5*, 105583–105586.
14. Pak, Y. L.; Park, S. J.; Song, G.; Yim, Y.; Kang, Hyuk; K., Hwan M.; Bouffard, J.; Yoon, J. *Anal. Chem.* **2018**, *90*, 12937–12943.
15. Gao, D.; Jin, F.; Lee, J. K.; Zare, R. N. *Chem. Sci.* **2019**, *10*, 10974–10978.

Dakin–West 反应

α-氨基酸经噁唑啉中间体直接转化为相应的 α-酰氨基烷基甲基酮。反应在乙酐和吡啶一类碱存在下进行并放出 CO_2。如下所示，α-氨基酸中的手性中心会外消旋化。

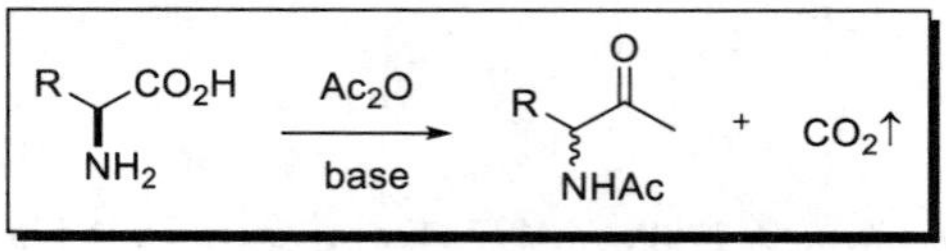

a. Dakin 和 West 提出的机理[1]

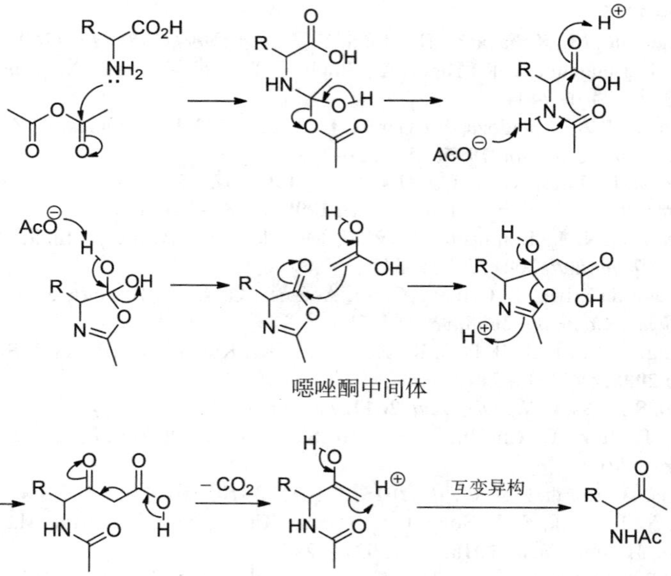

噁唑酮中间体

b. Levene 和 Steiger 提出的机理[2]

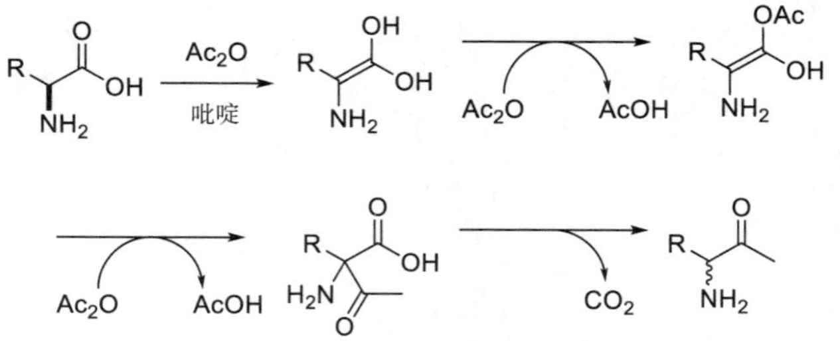

c.　Wiley 提出的 N–酰基肌氨酸进行的机理[3]

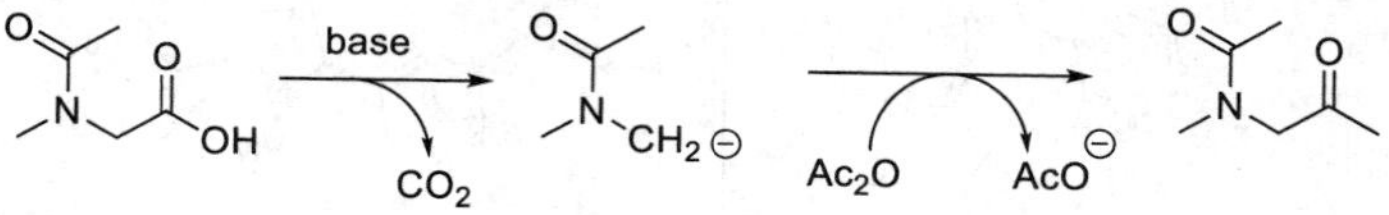

Example 1[5]

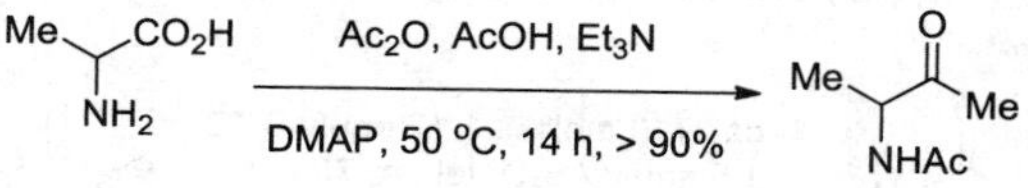

Example 2[7]

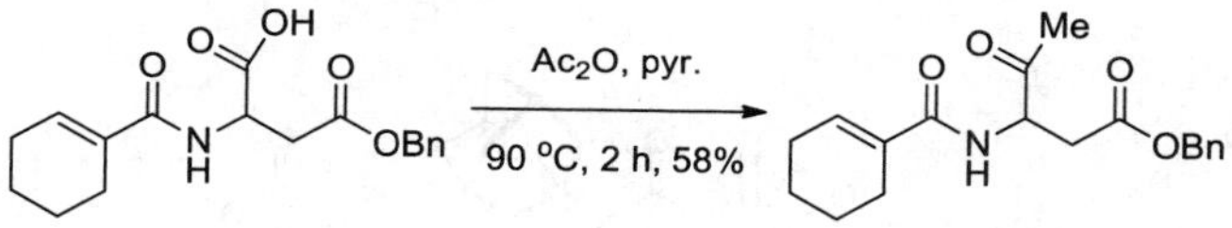

Example 3, 乙腈参与的以杂多酸为催化剂进行的一个绿色 Dakin–West 反应[9]

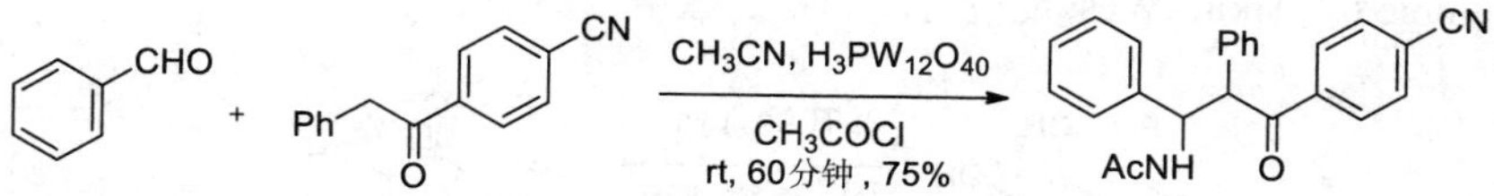

Example 4, 一个高取代吡咯烷上非对映选择性的三氟乙酰化反应[12]

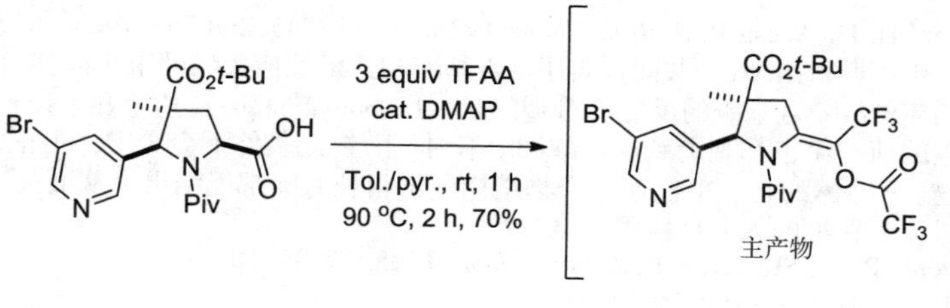

主产物

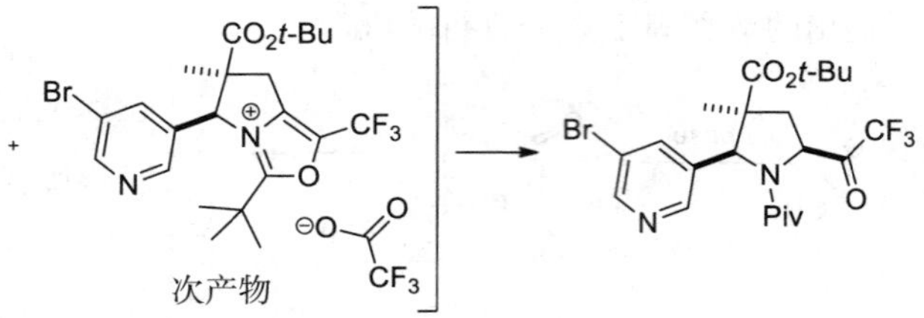

[次产物]

Example 5, 对映选择性的 Dakin–West反应 [13]

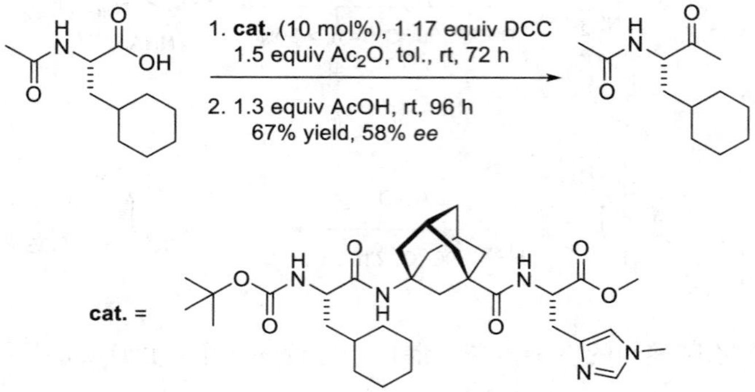

> 1. cat. (10 mol%), 1.17 equiv DCC
>   1.5 equiv Ac_2O, tol., rt, 72 h
> 2. 1.3 equiv AcOH, rt, 96 h
>   67% yield, 58% ee

cat. =

Example 6, Dakin–West 反应可以制备三氟甲基偶姻 [14]

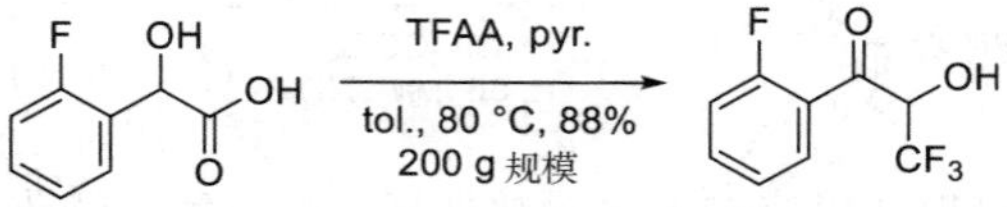

TFAA, pyr.
tol., 80 °C, 88%
200 g 规模

References

1. Dakin, H. D.; West, R. *J. Biol. Chem.* **1928**, *78*, 91, 745, and 757. 1928年，达金和临床医生韦斯特(R.West)共同报告了α-氨基酸和乙酐反应经噁唑啉中间体直接转化为相应的α-酰氨基酮的反应。有趣的是，Levene和Steiger在达金和韦斯特的论文面世的前一年也都观测到酪氨酸和α-苯丙氨酸在此条件下会给出"不正常"的产物。[2,3] 遗憾的是，他们鉴定产物结构化了很长时间都无结果，从而失去了进入可流芳百世的人名反应的机会。
2. Levene, P. A.; Steiger, R.E. *J. Biol. Chem.* **1928**, *79*, 95–103.
3. Wiley, R. H. *Sci.* **1950**, *79*, 95–103.
4. Buchanan, G. L. *Chem. Soc. Rev.* **1988**, *17*, 91–109. (Review).
5. Kawase, M.; Hirabayashi, M.; Koiwai, H.; Yamamoto, K.; Miyamae, H. *Chem. Commun.* **1998**, 641–642.
6. Fischer, R. W.; Misun, M. *Org. Process Res. Dev.* **2001**, *5*, 581–588.
7. Godfrey, A. G.; Brooks, D. A.; Hay, L. A.; Peters, M.; McCarthy, J. R.; Mitchell, D. *J. Org. Chem.* **2003**, *68*, 2623–2632.

8. Khodaei, M. M.; Khosropour, A. R.; Fattahpour, P. *Tetrahedron Lett.* **2005**, *46*, 2105–2108.
9. Rafiee, E.; Tork, F.; Joshaghani, M. *Bioorg. Med. Chem. Lett.* **2006**, *16*, 1221–1226.
10. Tiwari, A. K.; Kumbhare, R. M.; Agawane, S. B.; Ali, A. Z.; Kumar, K. V. *Bioorg. Med. Chem. Lett.* **2008**, *18*, 4130–4132.
11. Dalla-Vechia, L.; Santos, V. G.; Godoi, M. N.; Cantillo, D.; Kappe, C. O.; Eberlin, M. N.; de Souza, R. O. M. A.; Miranda, L. S. M. *Org. Biomol. Chem.* **2012**, *10*, 9013–9020. (Mechanism).
12. Baumann, M.; Baxendale, I. R. *J. Org. Chem.* **2016**, *81*, 11898–11908.
13. Wende, R. C.; Seitz, A.; Niedek, D.; Schuler, S. M. M.; Hofmann, C.; Becker, J.; Schreiner, P. R. *Angew. Chem. Int. Ed.* **2016**, *55*, 2719–2723.
14. Allison, Brett D.; Mani, Neelakandha S. *ACS Omega* **2017**, *2*, 397–408.
15. Dalla Vechia, L.; de Souza, R. O. M. A.; de Mariz e Miranda, L. S. *Tetrahedron* **2018**, *74*, 4359–4371. (Review).

Darzens 缩合反应

α-卤代酯和羰基化合物在碱催化下生成 α,β-环氧酯（缩水甘油酸酯）。

Example 1[4]

Example 2[6]

Example 3[10]

Example 4，一个修正方案[11]

L = [structure with OH groups]

Example 5, 底物控制的立体选择性Darzens缩合反应 [12]

Example 6, 在靛红和重氮乙酰胺之间进行的不对称Darzens缩合反应 [13]

Example 7, Darzens缩合反应再继续Friedel–Crafts烷基化反应 [14]

Example 8, 不对称插烯化N-Darzens缩合反应生成烯基氮杂环丙烷 [15]

Example 9, 对映选择性Darzens缩合反应 [16]

References

1. Darzens, G. A. *Compt. Rend. Acad. Sci.* **1904,** *139,* 1214–1217. 达森(G. A. Darzens，1867–1954)出生于俄罗斯的莫斯科，在巴黎的Ecole Polytechnique 学习并随后在该校任教授。
2. Newman, M. S.; Magerlein, B. J. *Org. React.* **1949,** *5*, 413–441. (Review).
3. Ballester, M. *Chem. Rev.* **1955,** *55*, 283–300. (Review).
4. Hunt, R. H.; Chinn, L. J.; Johnson, W. S. *Org. Syn. Coll. IV*, **1963,** 459.
5. Rosen, T. *Darzens Glycidic Ester Condensation* In *Comprehensive Organic Synthesis;* Trost, B. M.; Fleming, I., Eds.; Pergamon: Oxford, **1991,** *Vol. 2*, pp 409–439. (Review).
6. Enders, D.; Hett, R. *Synlett* **1998,** 961–962.
7. Davis, F. A.; Wu, Y.; Yan, H.; McCoull, W.; Prasad, K. R. *J. Org. Chem.* **2003,** *68*, 2410–2419.
8. Myers, B. J. *Darzens Glycidic Ester Condensation*. In *Name Reactions in Heterocyclic Chemistry*; Li, J. J., Ed.; Wiley: Hoboken, NJ, **2005,** pp 15–21. (Review).
9. Achard, T. J. R.; Belokon, Y. N.; Ilyin, M.; Moskalenko, M.; North, M.; Pizzato, F. *Tetrahedron Lett.* **2007,** *48*, 2965–2969.
10. Demir, A. S.; Emrullahoglu, M.; Pirkin, E.; Akca, N. *J. Org. Chem.* **2008,** *73*, 8992–8997.
11. Liu, G.; Zhang, D.; Li, J.; Xu, G.; Sun, J. *Org. Biomol. Chem.* **2013,** *11*, 900–904.
12. Tanaka, K.; Kobayashi, K.; Kogen, H. *Org. Lett.* **2016,** *18*, 1920–1923.
13. Chai, G.-L.; Han, J.-W.; Wong, H. N. C. *J. Org. Chem.* **2017,** *82*, 12647–12654.
14. Chogii, I.; Das, P.; Delost, M. D.; Crawford, M. N.; Njardarson, J. T. *Org. Lett.* **2018,** *20*, 4942–4945.
15. Mamedov, V. A.; Mamedova, V. L.; Kadyrova, S. F.; Galimullina, V. R.; Khikmatova, Gul'naz Z.; Korshin, D. E.; Gubaidullin, A. T.; Krivolapov, D. B.; Rizvanov, I. Kh.; Bazanova, O. B.; et al. *J. Org. Chem.* **2018,** *83*, 13132–13145.
16. Pan, J.; Wu, J.-H.; Zhang, H.; Ren, X.; Tan, J.-P.; Zhu, L.; Zhang, H.-S.; Jiang, C.; Wang, T. *Angew. Chem. Int. Ed.* **2019,** *58*, 7425–7430.
17. Bierschenk, S. M.; Bergman, R. G.; Raymond, K. N.; Toste, F. D. *J. Am. Chem. Soc.* **2020,** *142*, 733–737.

de Mayo反应

烯酮和烯烃在光促下进行[2+2]环加成反应后接着一个逆Aldol反应给出1,5-二酮。

主产物源自头-尾相连：[1b]

次产物源自头-头相连：

Example 1[3]

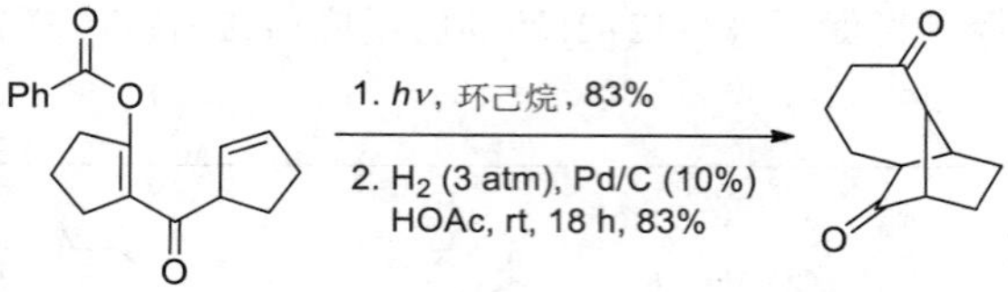

1. $h\nu$, 环己烷, 83%
2. H_2 (3 atm), Pd/C (10%) HOAc, rt, 18 h, 83%

Example 2[6]

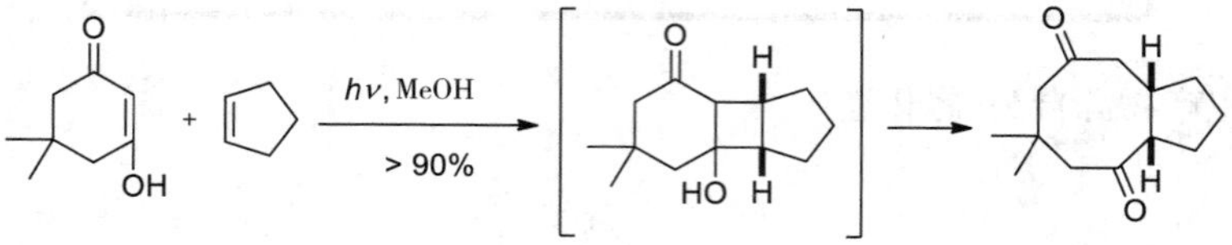

$h\nu$, MeOH
> 90%

Example 3[9]

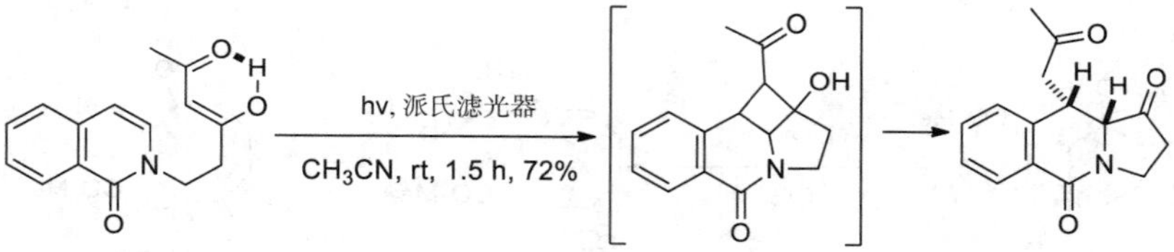

$h\nu$, 派氏滤光器
CH_3CN, rt, 1.5 h, 72%

Example 4[10]

$h\nu$
Et_2O

R = H	70%	100	:	0
R = Me	58%	50	:	50
R = t-Bu	72%	0	:	100

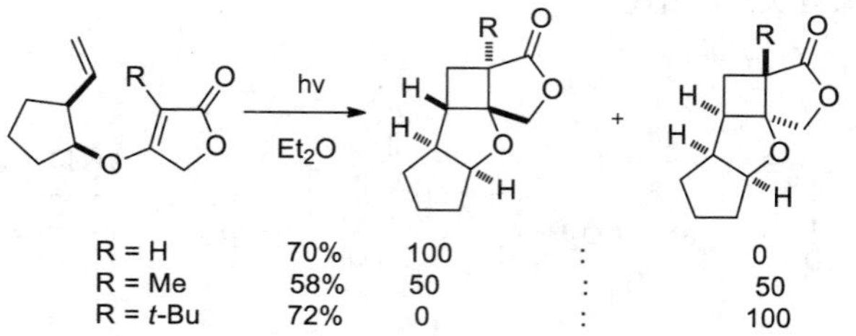

Example 5, 炔烃de Mayo反应后再扩环[15]

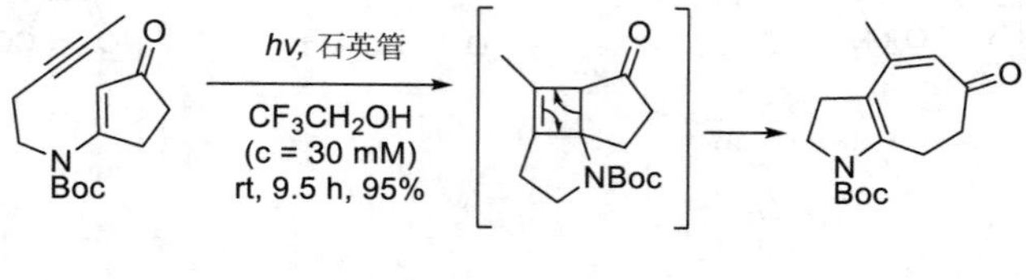

$h\nu$, 石英管
CF_3CH_2OH
(c = 30 mM)
rt, 9.5 h, 95%

Example 6, 经由[2 + 2]环加成反应[16]

*: 结构见第438页

Example 7, 分子间 [2 + 2] 光环加成反应[17]

References

1. (a) de Mayo, P.; Takeshita, H.; Sattar, A. B. M. A. *Proc. Chem. Soc., London* **1962**, 119. 德马约(P. de Mayo)在伦敦大学(University of London)的Birkbeck College 跟巴顿(D. Barton)爵士取得博士学位, 后成为加拿大的University of Western Ontario in London, Ontario 的教授并在该校发现了de Mayo反应。(b) Challand, B. D.; Hikino, H.; Kornis, G.; Lange, G.; de Mayo, P. *J. Org. Chem.* **1969**, *34*, 794−806.
2. de Mayo, P. *Acc. Chem. Res.* **1971**, *4*, 41−48. (Review).
3. Oppolzer, W.; Godel, T. *J. Am. Chem. Soc.* **1978**, *100*, 2583−2584.
4. Oppolzer, W. *Pure Appl. Chem.* **1981**, *53*, 1181−1201. (Review).
5. Kaczmarek, R.; Blechert, S. *Tetrahedron Lett.* **1986**, *27*, 2845−2848.
6. Disanayaka, B. W.; Weedon, A. C. *J. Org. Chem.* **1987**, *52*, 2905−2910.
7. Crimmins, M. T.; Reinhold, T. L. *Org. React.* **1993**, *44*, 297−588. (Review).
8. Quevillon, T. M.; Weedon, A. C. *Tetrahedron Lett.* **1996**, *37*, 3939−3942.
9. Minter, D. E.; Winslow, C. D. *J. Org. Chem.* **2004**, *69*, 1603−1606.
10. Kemmler, M.; Herdtweck, E.; Bach, T. *Eur. J. Org. Chem.* **2004**, 4582−4595.
11. Wu, Y.-J. *de Mayo Reaction* in *Name Reactions in Carbocyclic Ring Formations*, Li, J. J., Ed., Wiley: Hoboken, NJ, 2010; pp 451−488. (Review).
12. Kärkäs, M. D.; Porco, J. A.; Stephenson, C. R. *J. Chem. Rev.* **2016**, *116*, 9683−9747. (Review).
13. Poplata, S.; Tröster, A.; Zou, Y.-Q.; Bach, T. *Chem. Rev.* **2016**, *116*, 9748−9815. (Review).

14. Tymann, D.; Tymann, D. C.; Bednarzick, U.; Iovkova-Berends, L.; Rehbein, J.; Hiersemann, M. *Angew. Chem. Int. Ed.* **2018**, *57,* 15553–15557.
15. Martinez-Haya, R.; Marzo, L.; König, B. *Chem. Comm.* **2018**, *54,* 11602–11605.
16. Petz, S.; Allmendinger, L.; Mayer, P.; Wanner, K. T. *Tetrahedron* **2019**, *75,* 2755–2762.
17. Gu, J.-H.; Wang, W.-J.; Chen, J.-Z.; Liu, J.-S.; Li, N.-P.; Cheng, M.-Ji.; Hu, L.-J.; Li, C.-C.; Ye, W.-C.; Wang, L. *Org. Lett.* **2020**, *22,* 1796–1800.

Demjanov 重排反应

伯胺重氮化生成碳正离子后经 C—C 键迁移而重排为醇。该反应在应用上已更多地被操作更方便的 Tiffeneau–Demyanov 重排反应所取代。

Example 1[3]

Example 2[6]

[Reaction scheme: bicyclic primary amine + NaNO₂, AcOH/H₂O, 100–110 °C, 2 h, 61% → bicyclic alcohol]

Example 3[7]

[Reaction scheme: oxabicyclic amine + NaNO₂, 0–4 °C, 0.25 M H₂SO₄/H₂O → two oxabicyclic alcohol products]

Example 4[8]

[Reaction scheme: steroid amine with dioxolane and MeO group + 5 equiv NaNO₂, 5 equiv AcOH, H₂O/THF (1:1), 0 °C, 2 h, 61% → ring-expanded steroid alcohol]

References

1. Demjanov, N. J.; Lushnikov, M. *J. Russ. Phys. Chem. Soc.* **1903**, *35*, 26–42. 德姆亚诺夫(Nikolai J. Demjanov，1861–1938)是一位俄罗斯化学家。
2. Smith, P. A. S.; Baer, D. R. *Org. React.* **1960**, *11*, 157–188. (Review).
3. Diamond, J.; Bruce, W. F.; Tyson, F. T. *J. Org. Chem.* **1965**, *30*, 1840–184.
4. Kotani, R. *J. Org. Chem.* **1965**, *30*, 350–354.
5. Diamond, J.; Bruce, W. F.; Tyson, F. T. *J. Org. Chem.* **1965**, *30*, 1840–1844.
6. Nakazaki, M.; Naemura, K.; Hashimoto, M. *J. Org. Chem.* **1983**, *48*, 2289–2291.
7. Fattori, D.; Henry, S.; Vogel, P. *Tetrahedron* **1993**, *49*, 1649–1664.
8. Kürti, L.; Czakó, B.; Corey, E. J. *Org. Lett.* **2008**, *10*, 5247–5250.
9. Curran, T. T. *Demjanov and Tiffeneau–Demjanov Rearrangement*. In *Name Reactions for Homologations-Part II*; Li, J. J., Ed.; Wiley: Hoboken, NJ, **2009**, pp 2–32. (Review).

Tiffeneau–Demjanov 重排反应

β-氨基醇重氮化生成碳正离子后经 C—C 键迁移而重排为羰基化合物。

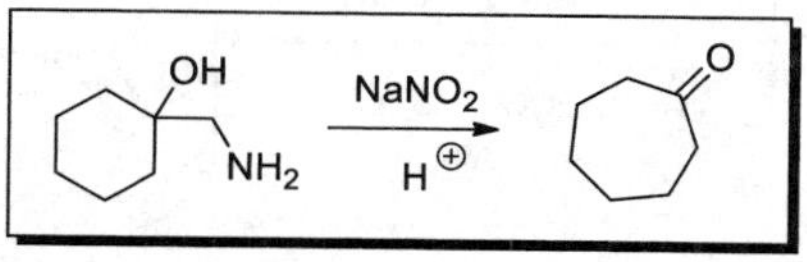

Step 1, 生成 N_2O_3

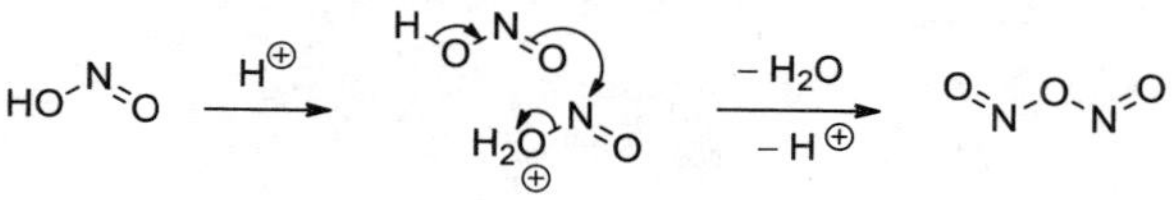

Step 2, 胺转变为重氮盐

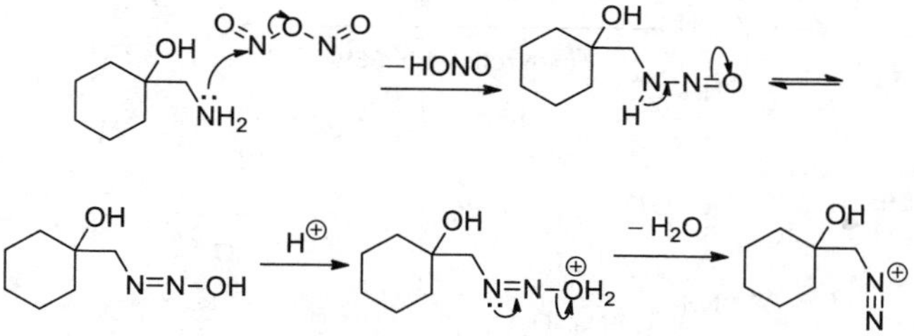

Step 3, 重排扩环

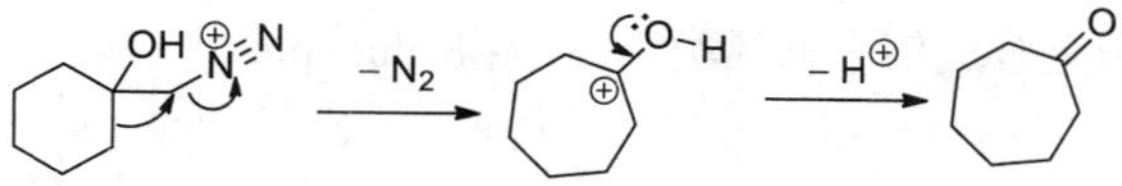

Example 1[5]

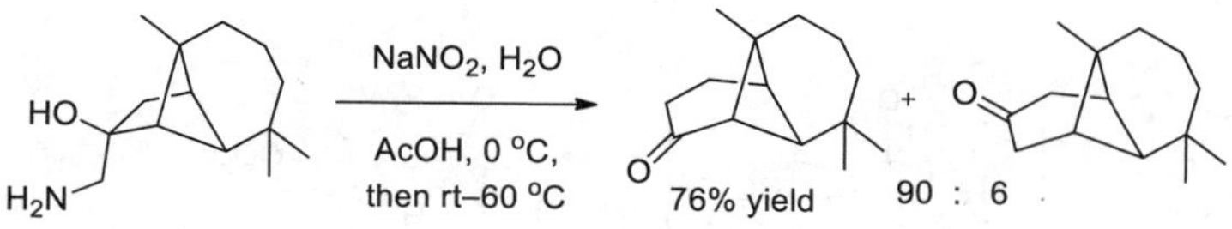

Example 2[6]

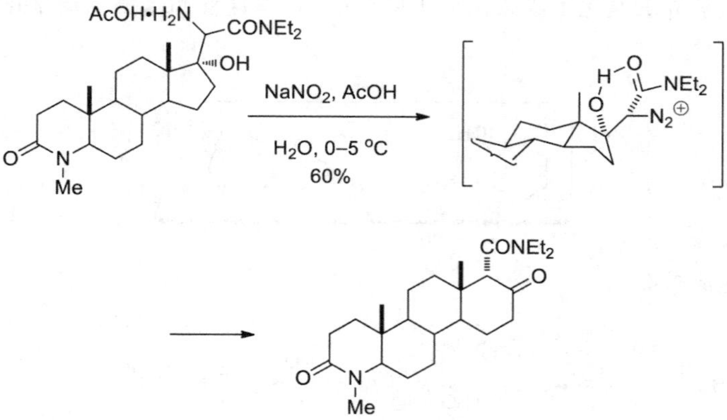

Example 3[7]

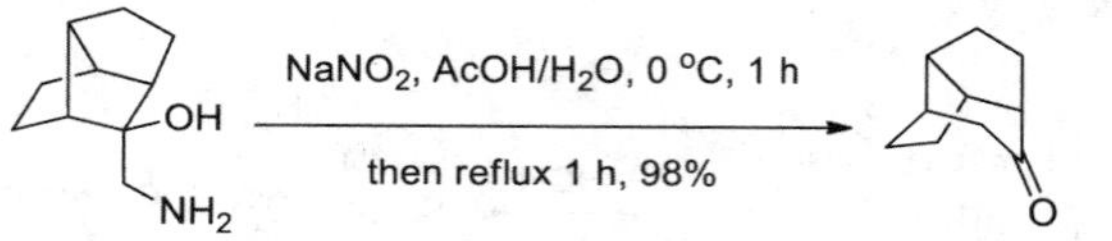

Example 4[9]

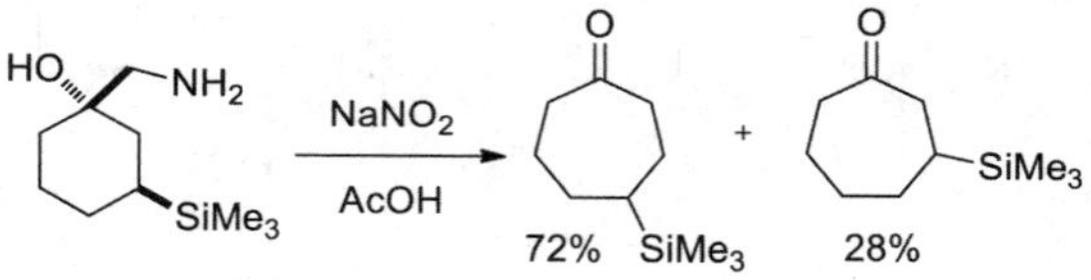

Example 5, 用于全合成倍半萜烯类天然产物echinopine[12]

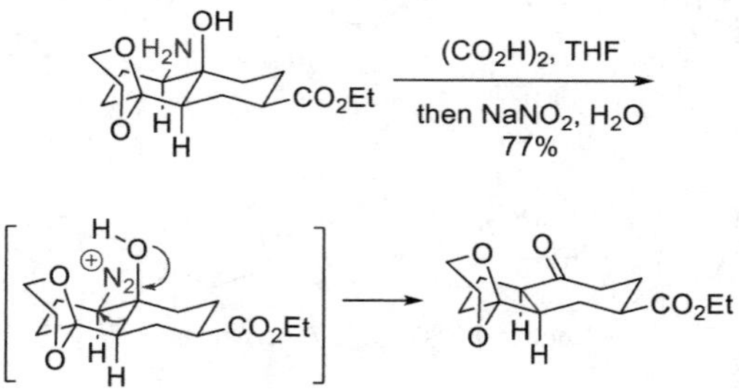

Example 6, *N*-Boc-哌啶酮的扩环[13]

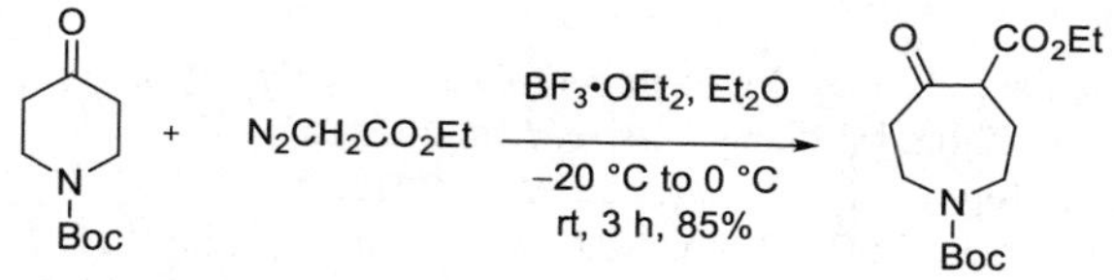

Example 7, 化学选择性和位置选择性的 Tiffeneau–Demjanov 重排反应[14]

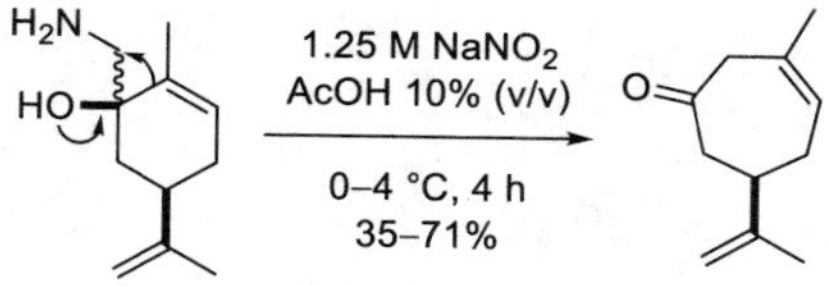

Example 8, 环*N*-磺酰亚胺与由*N*-对甲苯磺酰腙而来的重氮盐中间体之间的一锅煮反应[15]

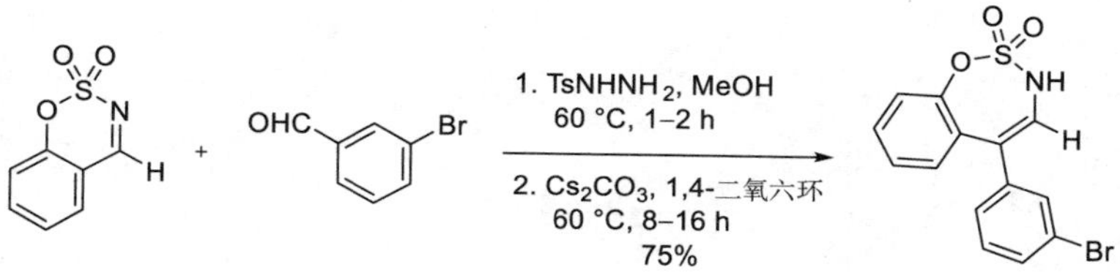

Example 9, 七到八元环的反应[16]

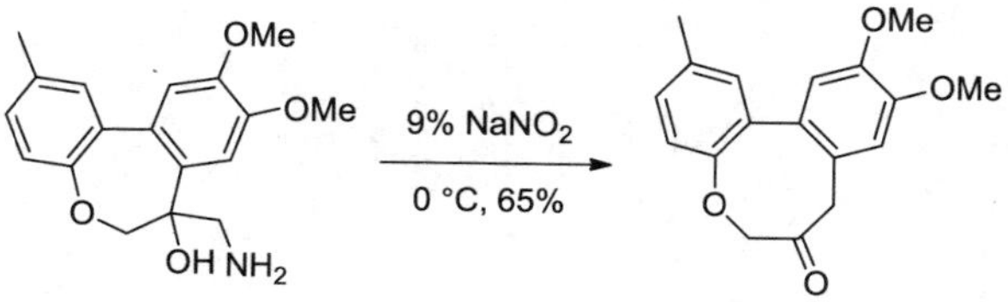

References

1. Tiffeneau, M.; Weill, P.; Tehoubar, B. *Compt. Rend.* **1937**, *205*, 54–56.
2. Smith, P. A. S.; Baer, D. R. *Org. React.* **1960**, *11*, 157–188. (Review).
3. Parham, W. E.; Roosevelt, C. S. *J. Org. Chem.* **1972**, *37*, 1975–1979.
4. Jones, J. B.; Price, P. *Tetrahedron* **1973**, *29*, 1941–1947.
5. Miyashita, M.; Yoshikoshi, A. *J. Am. Chem Soc.* **1974**, *96*, 1917–1925.
6. Steinberg, N. G.; Rasmusson, G. H. *J. Org. Chem.* **1984**, *49*, 4731–4733.
7. Stern, A. G.; Nickon, A. *J. Org. Chem.* **1992**, *57*, 5342–5352.
8. Fattori, D.; Henry, S.; Vogel, P. *Tetrahedron* **1993**, *49*, 1649–1664. (Review).
9. Chow, L.; McClure, M.; White, J. *Org. Biomol. Chem.* **2004**, *2*, 648–650.

10. Curran, T. T. *Demjanov and Tiffeneau–Demjanov Rearrangement*. In *Name Reactions for Homologations-Part II*; Li, J. J., Ed.; Wiley: Hoboken, NJ, **2009,** pp 293–304. (Review).
11. Shi, L.; Meyer, K.; Greaney, M. F. *Angew. Chem. Int. Ed.* **2010,** *49,* 9250–9253.
12. Xu, W.; Wu, S.; Zhou, L.; Liang, G. *Org. Lett.* **2013,** *15,* 1978–1981.
13. Nortcliffe, A.; Moody, C. J. *Bioorg. Med. Lett.* **2015,** *23,* 2730–2735.
14. Alves, L. C.; Ley, S. V.; Brocksom, T. J. *Org. Biomol. Chem.* **2015,** *13,* 7633–7642.
15. Xia, A.-J.; Kang, T.-R.; He, L. *Angew. Chem. Int. Ed.* **2016,** *55,* 1441–1444.
16. Liu, J.; Zhou, X.; Wang, C.; Fu, W.; Chu, W. *Chem. Comm.* **2016,** *52,* 5152–5155.
17. Kohlbacher, S. M.; Ionasz, V.-S.; Ielo, L.; Pace, V. *Monat. Chem.* **2019,** *150,* 2011–2019.

Dess–Martin 超碘酸酯氧化反应

醇用 Dess-Martin 试剂氧化为相应的羰基化合物。Dess-Martin 超碘酸酯试剂，即 1,1,1-三乙酰氧-1,1-二氢-1,2-苯并碘酰-3(1H)-酮(DMP)，是最有用的将伯醇、仲醇转变到相应的醛、酮化合物的氧化剂之一。

制备[1,2]：过硫酸氢钾制剂的制备要比溴酸钾简单和安全，中间体(IBX)也已证明很少有爆炸性[12]

但该试剂易被水汽水解为氧化性更强的邻碘酰基苯甲酸试剂(IBX)[13]

机理[1]

© Springer Nature Switzerland AG 2021
J. J. Li, *Name Reactions*, https://doi.org/10.1007/978-3-030-50865-4_43

Example 1[6]

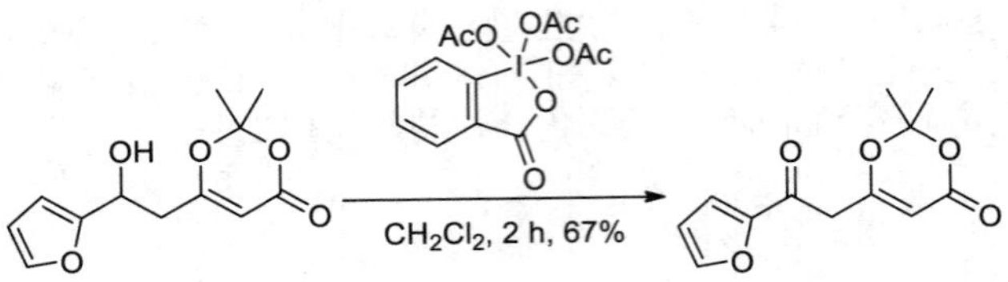

Example 2, 一个非典型的 Dess–Martin 反应[7]

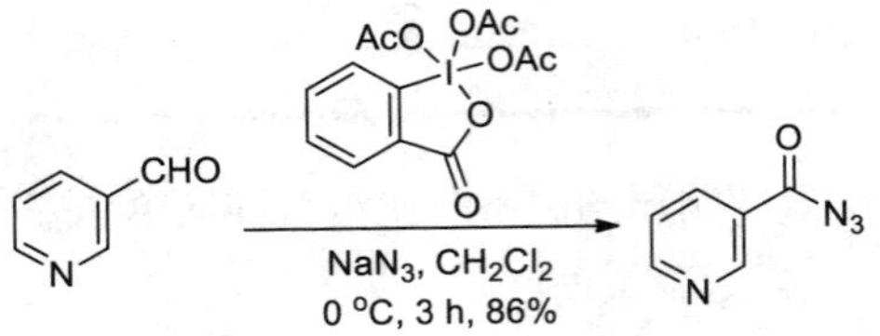

Example 3[10]

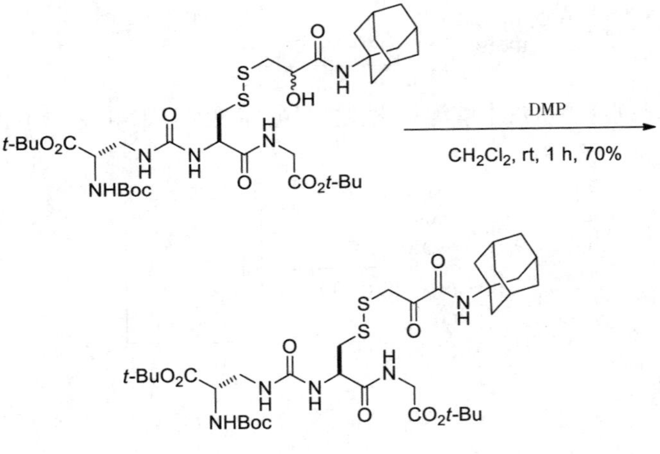

Example 4[11]

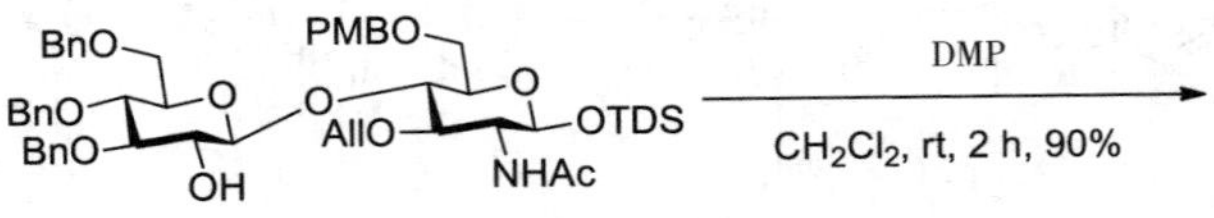

Example 5[12]

Example 6, 用于 (−) − maoecrystal 的全合成 [13]

Example 7, 在 Wacker 类氧化反应中作为一个终端氧化剂 [14]

Example 8, 对甲苯磺酸碘酰基苯甲酸酯 (IBX-OTs) 可替代 DMP [15]

Example 9, 一个二萜生物碱的全合成中用到的Dess-Martin超碘酸酯氧化反应可以在80℃下进行。[16]

Example 10, Cephalostatin I 全合成中用到的反应中稀释(0.08M)对两个仲醇产物的选择性(86∶3)是关键。[17]

References

1. (a) Dess, D. B.; Martin, J. C. *J. Org. Chem.* **1983**, *48*, 4155–4156. 马丁 (J. C. Martin, 1928–1999)在伊利诺依大学厄巴纳–香滨分校(Urbana-Champaign, University of Illinois)和University of Vanderbilt的36年间度过了出色的研究生涯。他分别在University of Vanderbilt和哈佛大学在Don Person教授及P. D. Bartlett指导下接受物理有机化学的训练, 故早期的研究工作集中于碳正离子和双自由基化学上。但他的兴趣还是在探索化学键的极限方面, 特别是有关主族元素的超价化合物。马丁小组在20多年中成功地制备出结构前所未知的S、P、Si、Br等元素的新型化合物, 并最终得到难以置信的被誉为"圣杯"的稳定的五配位碳。尽管这些研究主要是因马丁个人对成键模式的迷恋而推动的, 但也并不是没有实用价值的。两个超价化合物, Martin硫烷(参见第339页, 用于脱水)和Dess-Martin超碘酸酯已经在合成有机化学中得到广泛应用。马丁和他的学生戴斯(D. Dess)在伊利诺依大学厄巴纳–香滨分校(University of Illinois at Urbana-Champaign)发展了这一方法。Martin的传略由丹马克(S. E. Denmark)教授友好提供。 (b) Dess, D. B.; Martin, J. C. *J. Am. Chem. Soc.* **1991**, *113*, 7277–7287.
2. Ireland, R. E.; Liu, L. *J. Org. Chem.* **1993**, *58*, 2899.
3. Meyer, S. D.; Schreiber, S. L. *J. Org. Chem.* **1994**, *59*, 7549–7552.

4. Frigerio, M.; Santagostino, M.; Sputore, S. *J. Org. Chem.* **1999**, *64*, 4537–4538.
5. Nicolaou, K. C.; Zhong, Y.-L.; Baran, P. S. *Angew. Chem. Int. Ed.* **2000**, *39,* 622–625.
6. Bach, T.; Kirsch, S. *Synlett* **2001,** 1974–1976.
7. Bose, D. S.; Reddy, A. V. N. *Tetrahedron* **2003**, *44*, 3543–3545.
8. Tohma, H.; Kita, Y. *Adv. Synth. Cat.* **2004,** *346*, 111–124. (Review).
9. Holsworth, D. D. *Dess–Martin oxidation.* In *Name Reactions for Functional Group Transformations*; Li, J. J., Ed.; Wiley: Hoboken, NJ; **2007,** pp 218–236. (Review).
10. More, S. S.; Vince, R. *J. Med. Chem.* **2008,** *51*, 4581–4588.
11. Crich, D.; Li, M.; Jayalath, P. *Carbohydrate Res.* **2009,** *344*, 140–144.
12. Howard, J. K.; Hyland, C. J. T.; Just, J.; J. A. *Org. Lett.* **2013,** *15*, 1714–1717.
13. Cernijenko, A.; Risgaard, R.; Baran, P. S. *J. Am. Chem Soc.* **2016,** *138*, 9425–9428.
14. Chaudhari, D. A.; Fernandes, R. A. *J. Org. Chem.* **2016,** *81*, 2113–2121.
15. Yusubov, M. S.; Postnikov, P. S.; Yusubova, R. Ya.; Yoshimura, A.; Juerjens, G.; Kirschning, A.; Zhdankin, V. V. *Adv. Synth. Cat.* **2017,** *359*, 3207–3216.
16. Pflueger, J. J.; Morrill, L. C.; de Gruyter, J. N.; Perea, M. A.; Sarpong, R. *Org. Lett.* **2017,** *19*, 4632–4635.
17. Shi, Y.; Xiao, Q.; Lan, Q.; Wang, D.-H.; Jia, L.-Q.; Tang, X.-H.; Zhou, T.; Li, M.; Tian, W.-S. *Tetrahedron* **2019,** *75*, 1722–1738.
18. Zheng, Q.; Maksimovic, I.; Upad, A.; Guber, D.; David, Y. *J. Org. Chem.* **2020,** *85*, 1691–1697.

Check for updates

Dieckmann缩合反应

Dieckmann 酯缩合反应是在分子内进行的Claisen酯缩合反应。

Example 1[4]

Example 2, 而后脱羧反应[6]

Example 3[7]

© Springer Nature Switzerland AG 2021
J. J. Li, *Name Reactions*, https://doi.org/10.1007/978-3-030-50865-4_44

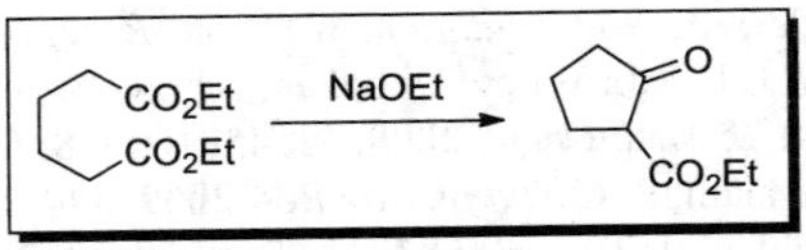

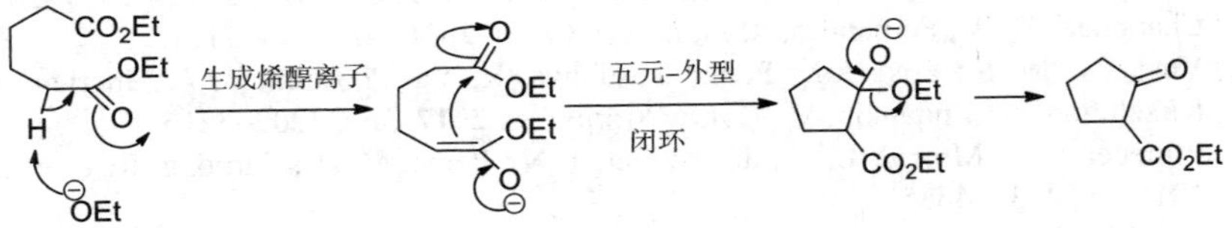

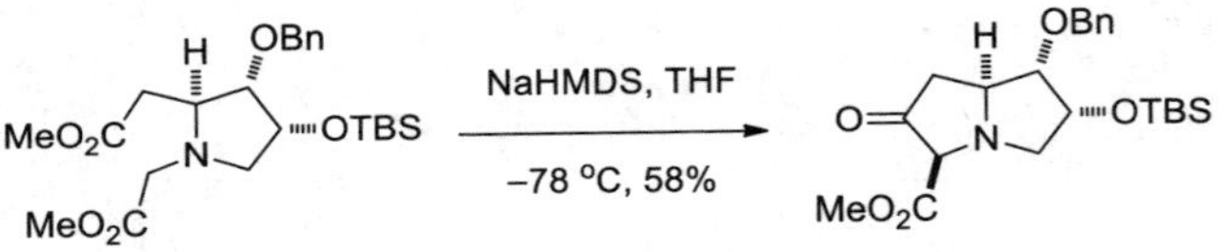

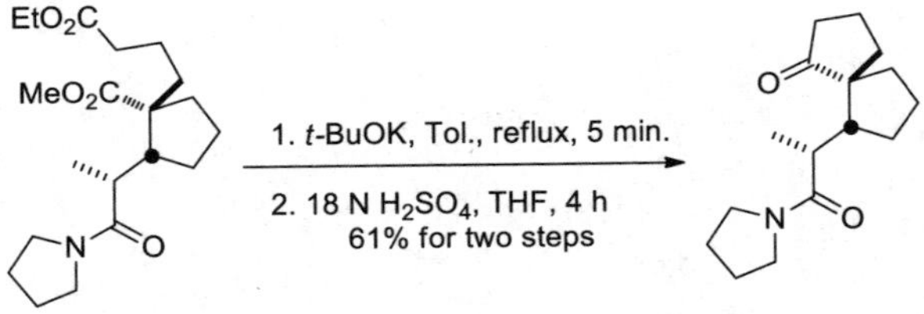

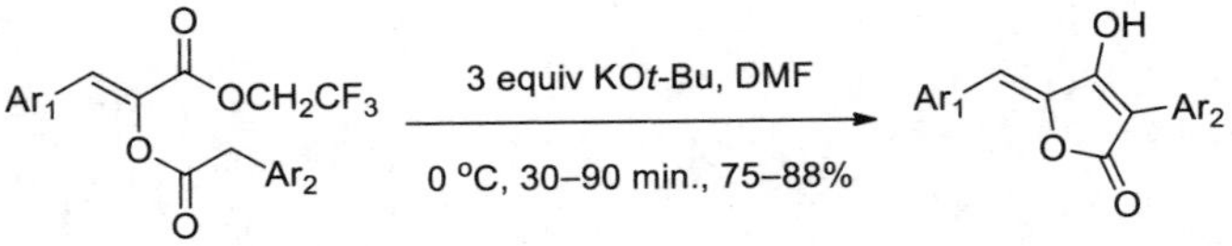

Example 4[8]

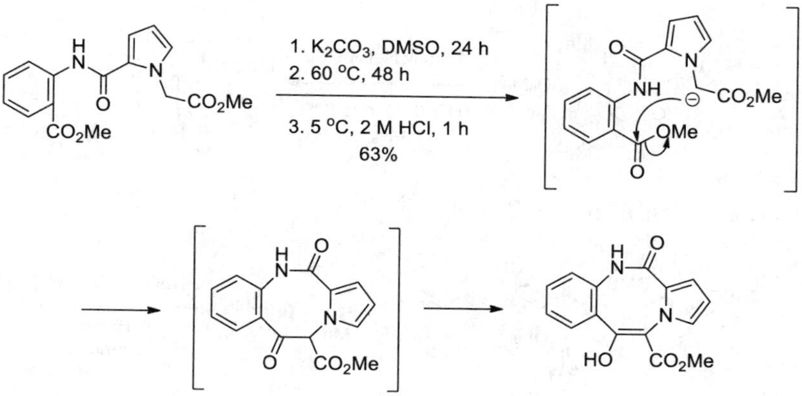

Example 5, Michael–Dieckmann 缩合反应[10]

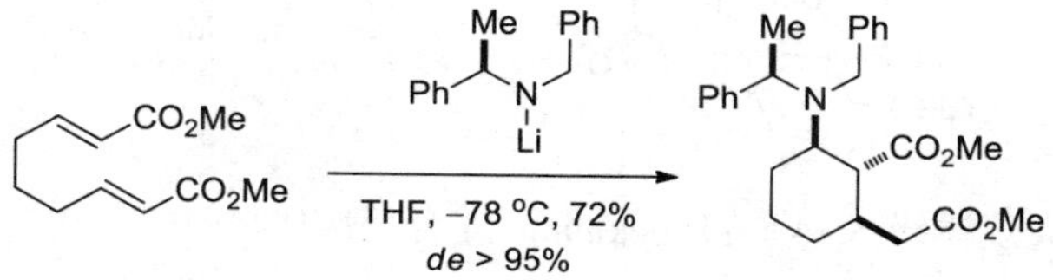

Example 6, 用于制备奥司他韦(达菲)[10]

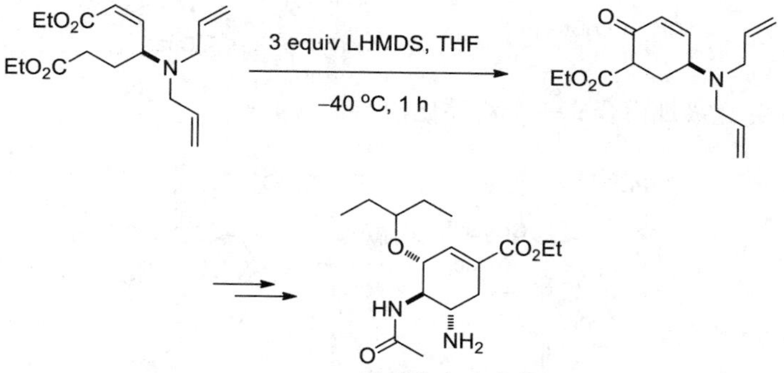

奥司他韦（达菲）

Example 7, 双键貌似发生了旋转，但实际上它有像单键一样的共振结构[11]

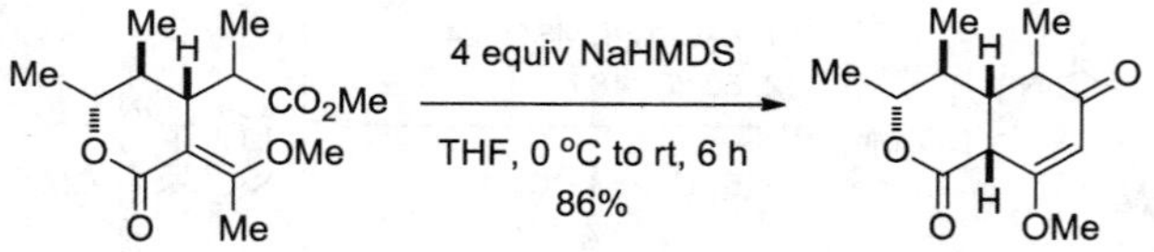

Example 8, 一个烯醇和一个酯[12]

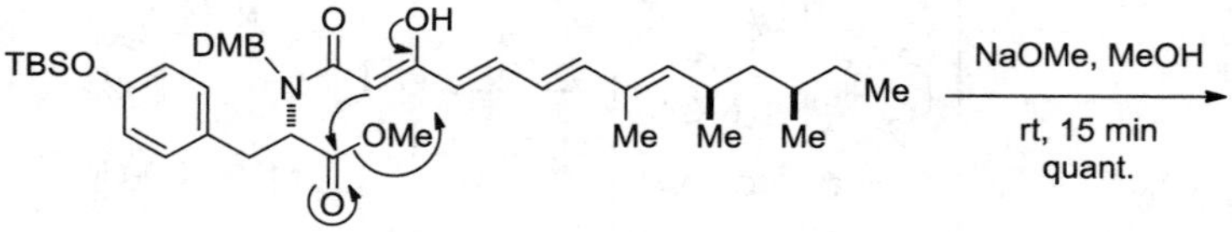

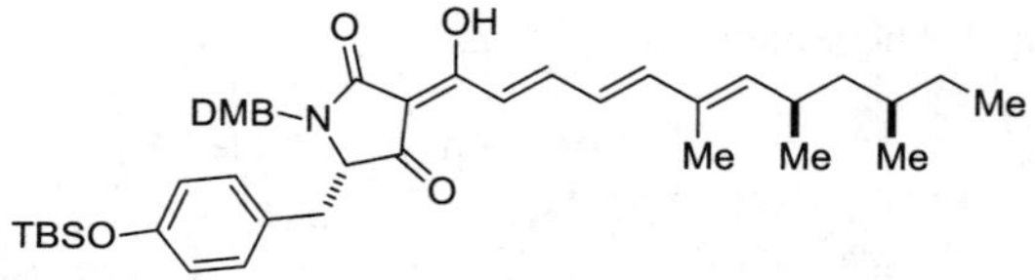

Example 8, 大规模级(5.44 kg) Dieckmann 缩合反应[13]

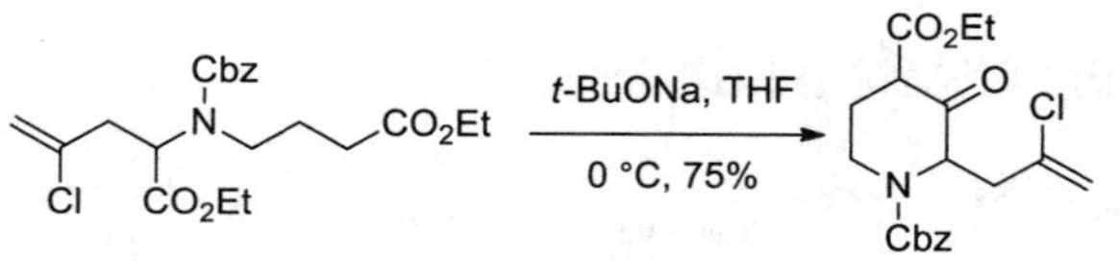

Example 9, 克级规模合成一个双环化物[14]

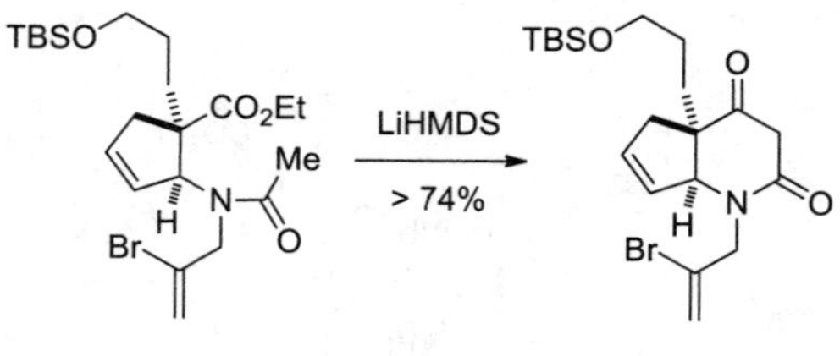

References

1. Dieckmann, W. *Ber.* **1894,** 27, 102. 迪克曼(W. Dieckmann, 1869–1925)出生于德国的汉堡，在慕尼黑跟 E. Bamberger 学习。他曾在拜耳的私人实验室当过助手，后在慕尼黑任教授。56 岁时在 Barvarian Academy of Science 的化学实验室任上去世。
2. Davis, B. R.; Garratt, P. J. *Comp. Org. Synth.* **1991,** 2, 795–863. (Review).

3. Shindo, M.; Sato, Y.; Shishido, K. *J. Am. Chem. Soc.* **1999**, *121*, 6507–6508.
4. Rabiczko, J.; Urbańczyk-Lipkowska, Z.; Chmielewski, M. *Tetrahedron* **2002**, *58*, 1433–1441.
5. Ho, J. Z.; Mohareb, R. M.; Ahn, J. H.; Sim, T. B.; Rapoport, H. *J. Org. Chem.* **2003**, *68*, 109–114.
6. de Sousa, A. L.; Pilli, R. A. *Org. Lett.* **2005**, *7*, 1617–1617.
7. Bernier, D.; Brueckner, R. *Synthesis* **2007**, 2249–2272.
8. Koriatopoulou, K.; Karousis, N.; Varvounis, G. *Tetrahedron* **2008**, *64*, 10009–10013.
9. Takao, K.-i.; Kojima, Y.; Miyashita, T.; Yashiro, K.; Yamada, T.; Tadano, K.-i. *Heterocycles* **2009**, *77*, 167–172.
10. Garrido, N. M.; Nieto, C. T.; Diez, D. *Synlett* **2013**, *24*, 169–172.
11. Ohashi, T.; Hosokawa, S. *Org. Lett.* **2018**, *20*, 3021–3024.
12. Bruckner, S.; Weise, M.; Schobert, R. *J. Org. Chem.* **2018**, *83*, 10805–10812.
13. Xu, H.; Yin, W.; Liang, H.; Nan, Y.; Qiu, F.; Jin, Y. *Org. Process Res. Dev.* **2019**, *23*, 990–997.
14. Hugelshofer, C. L.; Palani, V.; Sarpong, R. *J. Am. Chem. Soc.* **2019**, *141*, 8431–8435.
15. Gao, J.; Rao, P.; Xu, K.; Wang, S.; Wu, Y.; He, C.; Ding, H. *J. Am. Chem. Soc.* **2020**, *142*, 4592–4597.

Diels–Alder 反应

Diels–Alder 反应，逆电子要求的 Diels–Alder 反应及杂原子 Diels–Alder 反应都属于经过协同过程的 [4+2] 环加成反应。此处显示的箭头推动只是为了方便说明。

Example 1，分子内 Diels–Alder 反应用于制备 Scherring–Plougs 凝血因子受体(亦称蛋白酶活化受体1，PAR-1) 拮抗物 vorapaxar (Zontivity)[6]

Example 2[7]

Alder内型规则

Example 3, 分子内 Diels–Alder反应[8]

Example 4, 利用CBS类催化剂进行的一个不对称Diels–Alder反应[9]

Example 5, 逆Diels–Alder 反应[10]

Example 6, 分子内 Diels–Alder 反应[11]

Example 7[12]

Example 8, 分子内 Diels–Alder 环化反应[13]

Example 9, 用于 catharidin 的全合成[14]

Example 10, *exo*- 选择性(较大的硅基取代基有助于该选择性)的分子内 Diels–Alder反应[15]

exo:*endo* = 1 : 0.02
de = 96%

References

1. Diels, O.; Alder, K. *Ann.* **1928**, *460*, 98—122. 狄尔斯(O. Diels, 1876–1954)和他的学生阿尔德(K. Alder, 1902–1958)都是德国人，因对二烯合成的研究而共享1950年度诺贝尔化学奖。论文中他们声称其希望是将Diels-Alder反应用于全合成："我们自己清晰地感到由我们发展出的这个反应是用于解决此类问题的。"
2. Oppolzer, W. In *Comprehensive Organic Synthesis;* Trost, B. M.; Fleming, I., Eds.; Pergamon, **1991**, *Vol. 5*, 315–399. (Review).
3. Weinreb, S. M. In *Comprehensive Organic Synthesis;* Trost, B. M.; Fleming, I., Eds.; Pergamon, **1991**, *Vol. 5*, 401–449. (Review).
4. (a) Rickborn, B. The *retro-Diels–Alder reaction. Part I. C–C dienophiles* in *Org. React.* Wiley: Hoboken, NJ, **1998**, *52*. (b) Rickborn, B. *The retro-Diels–Alder reaction. Part II. Dienophiles with one or more heteroatom* in *Org. React.* Wiley: Hoboken, NJ, **1998**, *53*.
5. Corey, E. J. *Angew. Chem. Int. Ed.* **2002**, *41*, 1650–1667. (Review).
6. (a) Chackalamannil, S.; Asberon, T.; Xia, Y.; Doller, D.; Clasby, M. C.; Czarniecki, M. F. US Patent 6,063,847 (2000). (b) Chelliah, M. V.; Chackalamannil, S.; Xia, Y.; Eagen, K.; Clasby, M. C.; Gao, X.; Greenlee, W.; Ahn, H.-S.; Agans-Fantuzzi, J.; Boykow, G.; et al. *J. Med. Chem.* **2007**, *50*, 5147–5160.
7. Wang, J.; Morral, J.; Hendrix, C.; Herdewijn, P. *J. Org. Chem.* **2001**, *66*, 8478–8482.
8. Saito, A.; Yanai, H.; Sakamoto, W.; Takahashi, K.; Taguchi, T. *J. Fluorine Chem.* **2005**, *126*, 709–714.
9. Liu, D.; Canales, E.; Corey, E. J. *J. Am. Chem. Soc.* **2007**, *129*, 1498–1499.
10. Iqbal, M.; Duffy, P.; Evans, P.; Cloughley, G.; Allan, B.; Lledo, A.; Verdaguer, X.; Riera, A. *Org. Biomol. Chem.* **2008**, *6*, 4649–4661.
11. Gao, S.; Wang, Q.; Chen, C. *J. Am. Chem. Soc.* **2009**, *131*, 1410–1412.
12. Martin, R. M.; Bergman, R. G.; Ellman, J. A. *Org. Lett.* **2013**, *15*, 444–447.
13. Xu, J.; Lin, B.; Jiang, X.; Jia, Z.; Wu, J.; Dai, W.-M. *Org. Lett.* **2019**, *21*, 830–834.
14. Davidson, M. G.; Eklov, B. M.; Wuts, P.; Loertscher, B. M.; Schow, S. R. WO2019070980 (2019).
15. Minamino, K.; Murata, M.; Tsuchikawa, H. *Org. Lett.* **2019**, *21*, 8970–8975.
16. Dyan, O. T.; Borodkin, G. I.; Zaikin, P. A. *Eur. J. Org. Chem.* **2019**, 7271–7306. (Review).
17. Farley, C. M.; Sasakura, K.; Zhou, Y.-Y.; Kanale, V. V.; Uyeda, C. *J. Am. Chem. Soc.* **2020**, *142*, 4598–4603.

杂原子 Diels-Alder 反应

杂原子二烯或杂原子亲双烯参与的 Diels-Alder 反应。典型的有氮原子参与的和氧原子参与的 Diels-Alder 反应。

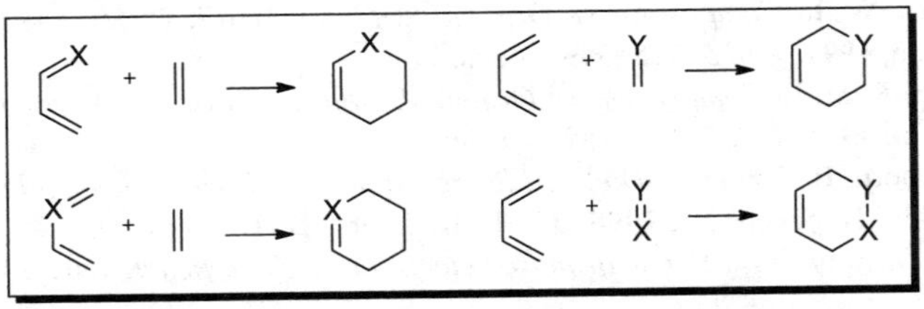

Example 1,

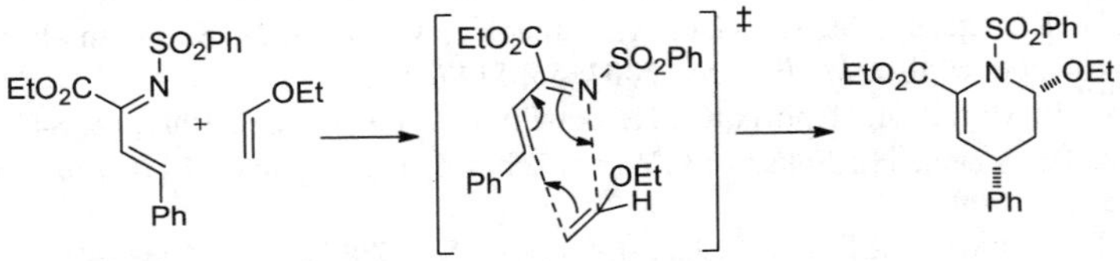

Example 2, 杂亲二烯物对二烯加成 [1]

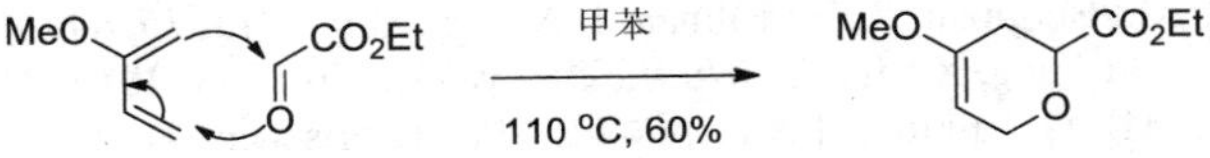

110 °C, 60%

Example 3, 与 Boger 吡啶合成反应相似 [2]

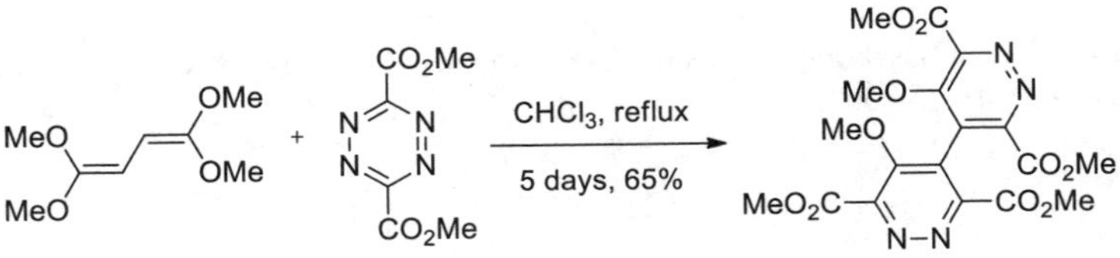

CHCl$_3$, reflux
5 days, 65%

Example 4, 应用 Rawal 二烯 [4]

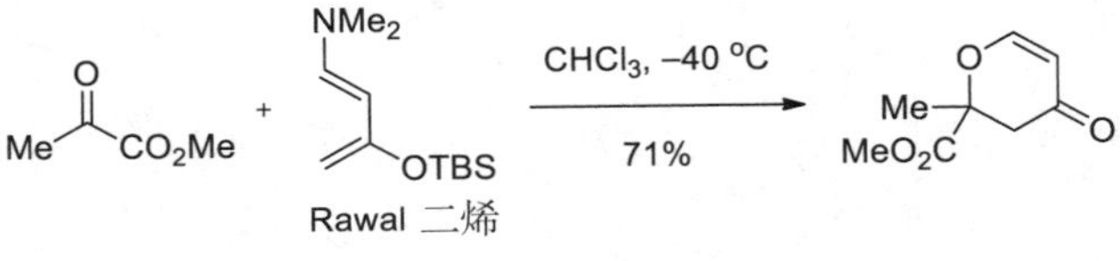

Rawal 二烯

CHCl$_3$, −40 °C
71%

Example 5, 也与 Boger 吡啶合成法相似 [6]

Example 6, 不对称杂 Diels–Alder 反应 [7]

Example 7, 不对称杂 Diels–Alder 反应 [8]

rr = 位置异构比例

Example 8, 不对称杂 Diels–Alder 反应 [10]

Example 9, 对映选择性分子内 O–Diels–Alder 反应[11]

References

1. Wender, P. A.; Keenan, R. M.; Lee, H. Y. *J. Am. Chem. Soc.* **1987**, *109*, 4390–4392.
2. Boger, D. L. In *Comprehensive Organic Synthesis;* Trost, B. M.; Fleming, I., Eds.; Pergamon, **1991**, *Vol. 5*, 451–512. (Review).
3. Boger, D. L.; Baldino, C. M. *J. Am. Chem. Soc.* **1993**, *115*, 11418–11425.
4. Huang, Y.; Rawal, V. H. *Org. Lett.* **2000**, *2*, 3321–3323.
5. Jørgensen, K. A. *Eur. J. Org. Chem.* **2004**, 2093–2102. (Review).
6. Lipińska, T. M. *Tetrahedron* **2006**, *62*, 5736–5747.
7. Evans, D. A.; Kvaerno, L.; Dunn, T. B.; Beauchemin, A.; Raymer, B.; Mulder, J. A.; Olhava, E. J.; Juhl, M.; Kagechika, K.; Favor, D. A. *J. Am. Chem. Soc.* **2008**, *130*, 16295–16309.
8. Liu, B.; Li, K.-N.; Luo, S.-W.; Huang, J.-Z.; Pang, H.; Gong, L.-Z. *J. Am. Chem. Soc.* **2013**, *135*, 3323–3326.
9. Heravi, M. M.; Ahmadi, T.; Ghavidel, M.; Heidari, B.; Hamidi, H. *RSC Adv.* **2015**, *123*, 101999–102075. (Review).
10. Iwasaki, K.; Sasaki, S.; Kasai, Y.; Kawashima, Y.; Sasaki, S.; Ito, T.; Yotsu-Yamashita, M.; Sasaki, M. *J. Org. Chem.* **2017**, *82*, 13204–13219.
11. Ukis, R.; Schneider, C. *J. Org. Chem.* **2019**, *84*, 7175–7188.

反转电子要求的Diels-Alder反应

反转电子要求的Diels-Alder反应(IEDDA)中二烯体带有吸电子基团，亲二烯体带有供电子基团。

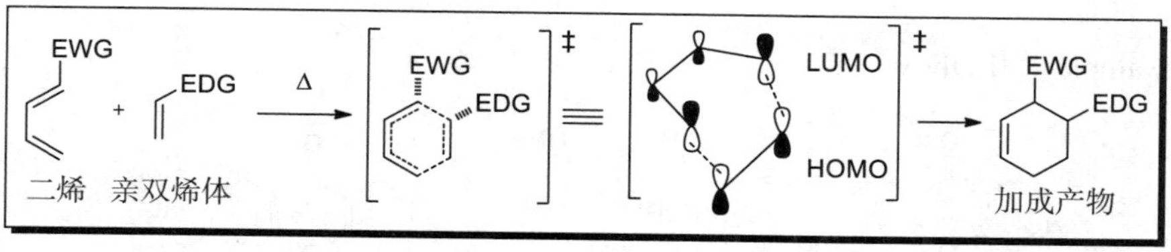

Example 1, 催化的不对称IEDDA[2]

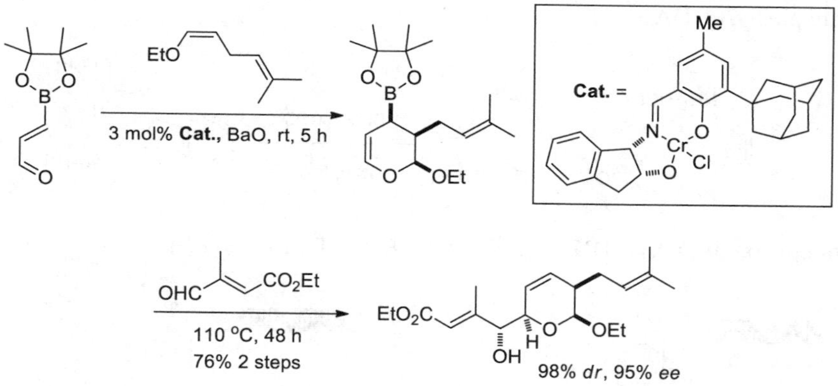

Example 2, 催化的不对称IEDDA[3]

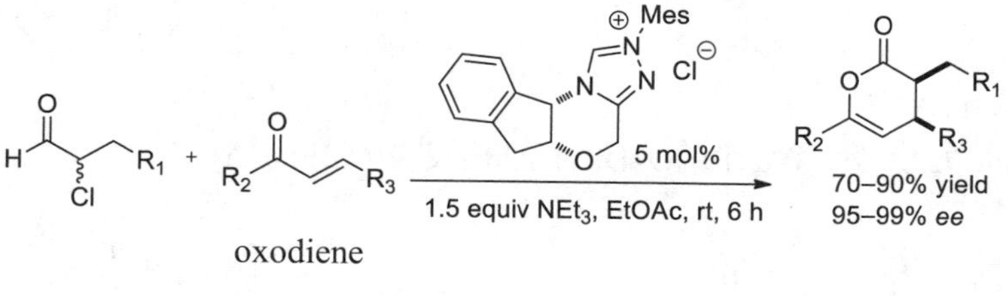

Example 3, 催化的不对称IEDDA[4]

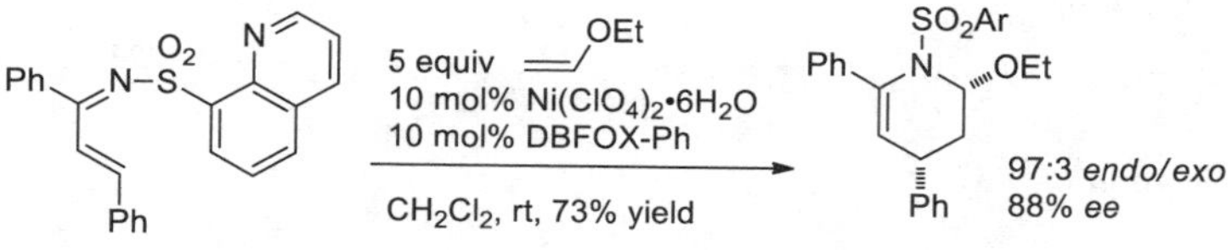

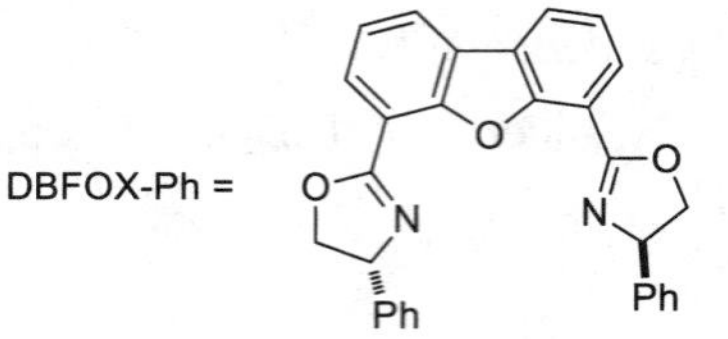

DBFOX-Ph =

Example 4, IEDDA[5]

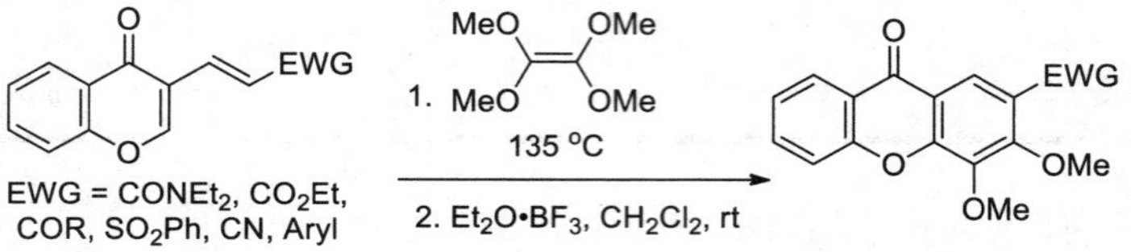

EWG = CONEt₂, CO₂Et, COR, SO₂Ph, CN, Aryl

1. MeO-C(OMe)=C(OMe)-OMe, 135 °C
2. Et₂O·BF₃, CH₂Cl₂, rt

Example 5, IEDDA[6]

DMF, 50 °C, 13 h, 85%

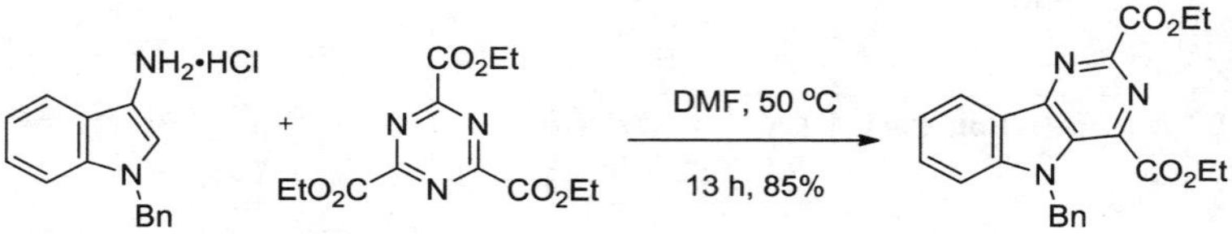

Example 6, IEDDA在DNA–合成编码图书中（DEL）的应用[7]

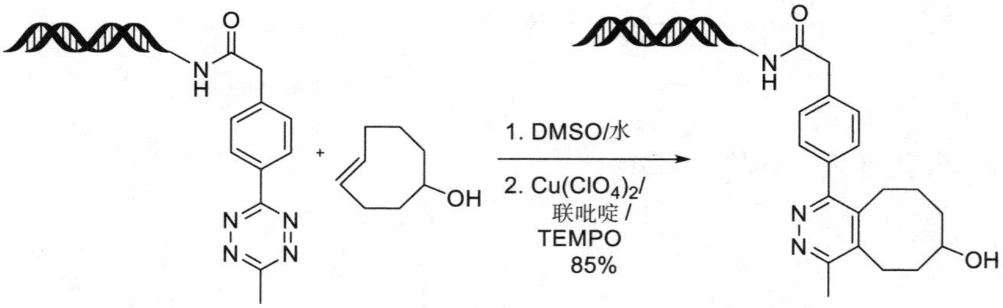

1. DMSO/水
2. Cu(ClO₄)₂/联吡啶/TEMPO
85%

Example 7, 反转电子要求的 *O*–Diels–Alder 反应 (*O*–IEDDA)[8]

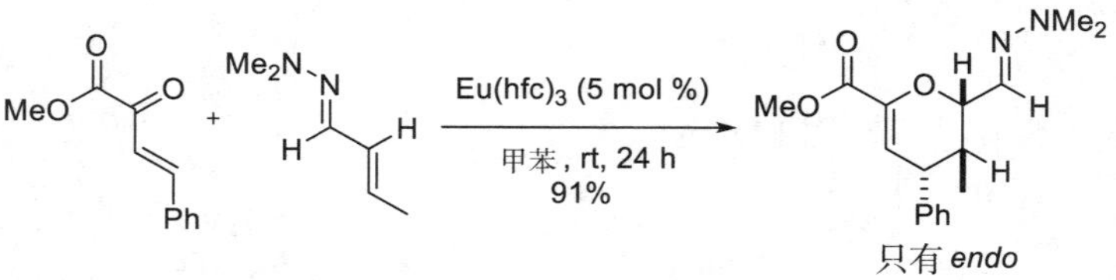

Eu(hfc)₃ (5 mol %)
甲苯, rt, 24 h
91%

只有 endo

Example 8, 脂质体中进行的IEDDA [9]

References

1. Boger, D. L.; Patel, M. *Prog. Heterocycl. Chem.* **1989**, *1*, 30–64. (Review).
2. Gao, X.; Hall, D. G. *J. Am. Chem. Soc.* **2005**, *127*, 1628–1629.
3. He, M.; Uc, G. J.; Bode, J. W. *J. Am. Chem. Soc.* **2006**, *128*, 15088–15089.
4. Esquivias, J.; Gomez Arrayas, R.; Carretero, J. C. *J. Am. Chem. Soc.* **2007**, *129*, 1480–1481.
5. Dang, A.-T.; Miller, D. O.; Dawe, L. N.; Bodwell, G. J. *Org. Lett.* **2008**, *10*, 233–236.
6. Xu, G.; Zheng, L.; Dang, Q.; Bai, X. *Synthesis* **2013**, *45*, 743–752.
7. Li, H.; Sun, Z.; Wu, W.; Wang, X.; Zhang, M.; Lu, X.; Zhong, W.; Dai, D. *Org. Lett.* **2018**, *20*, 7186–7191.
8. Hashimoto, Y.; Ikeda, T.; Ida, A.; Morita, N.; Tamura, O. *Org. Lett.* **2019**, *21*, 4245–4249.
9. Kannaka, K.; Sano, K.; Hagimori, M.; Yamasaki, T. *Bioorg. Med. Chem.* **2019**, *27*, 3613–3618.
10. Zhang, J.; Shukla, V.; Boger, D. L. *J. Org. Chem.* **2019**, *84*, 9397–9445. (Review).
11. Saktura, M.; Grzelak, P.; Dybowska, J.; Albrecht, L. *Org. Lett.* **2020**, *22*, 1813–1817.

Dienone-Phenol (二烯酮-酚)重排反应

酸促进下4,4-二取代环己二烯酮重排为3,4-二取代酚。

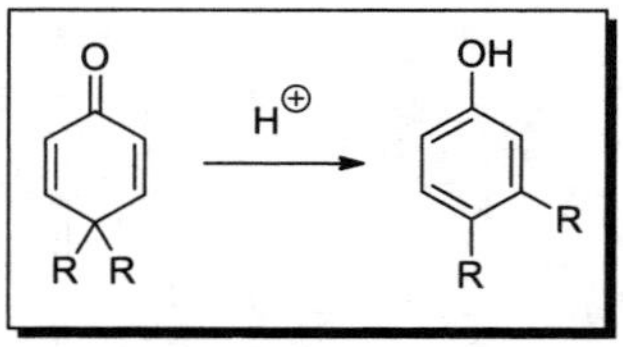

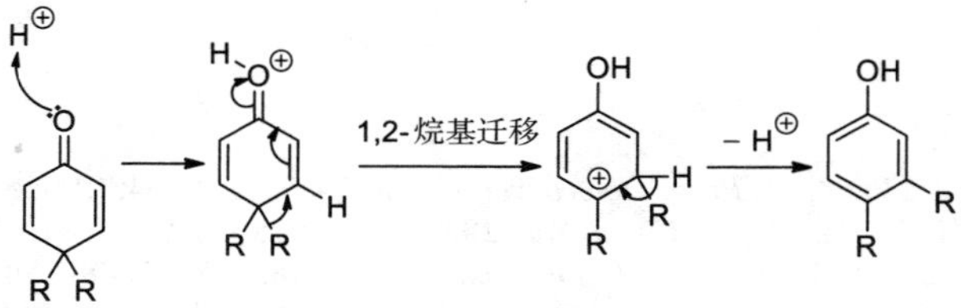

Example 1, 分子内的二烯酮-酚重排反应。[4]

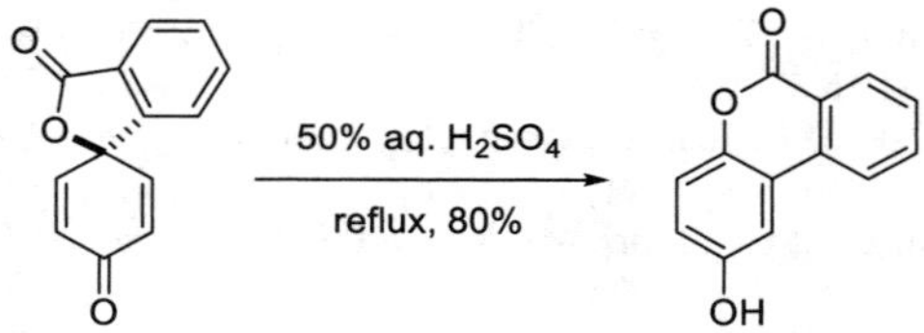

Example 2, 典型的二烯酮-酚重排反应。[5]

Example 3, 分子内的二烯酮-酚重排反应。[9]

© Springer Nature Switzerland AG 2021
J. J. Li, *Name Reactions*, https://doi.org/10.1007/978-3-030-50865-4_46

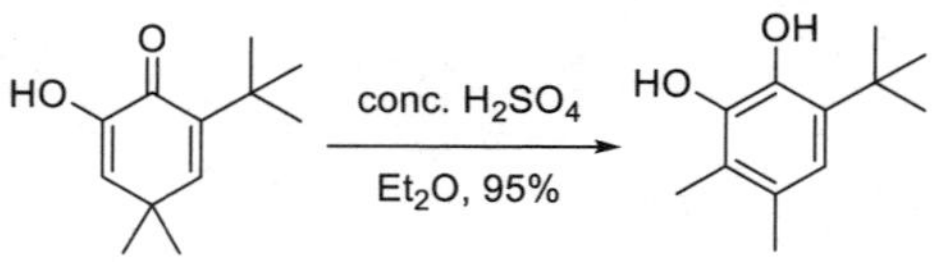

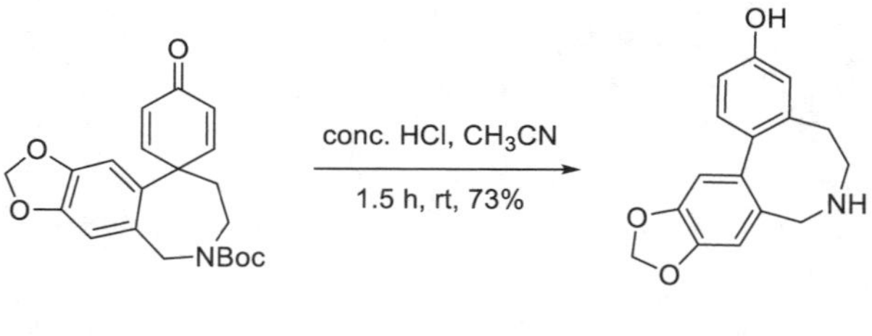

Example 4, 常见的中间体[10]

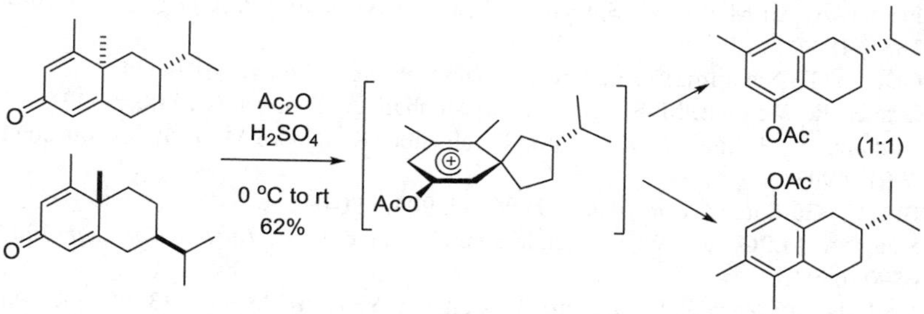

Example 5, 使用一个光学活性的底物进行的二烯酮-酚重排反应[11]

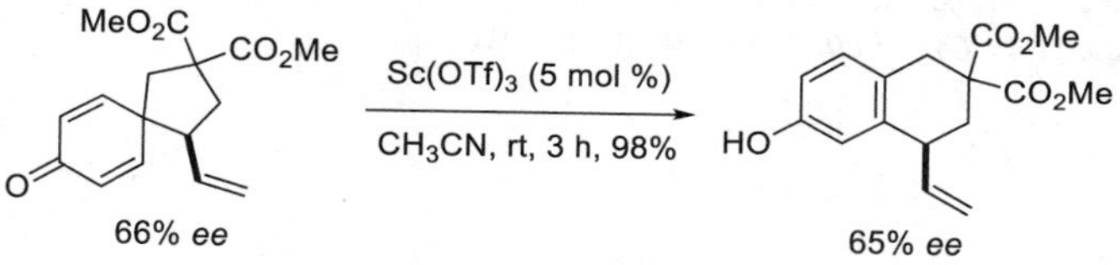

Example 6, 分子内的二烯酮-酚重排反应[12]

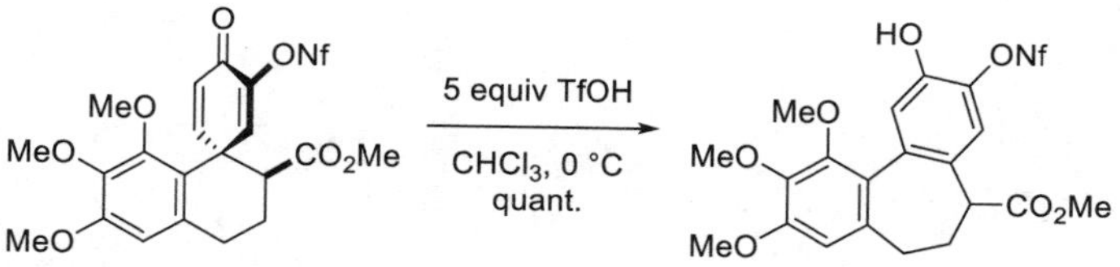

Nf = 九氟丁磺酰基, -SO$_2$CF$_2$CF$_2$CF$_2$CF$_3$, 一个羟基保护基

Example 7, 一个意外的二烯酮-酚重排反应后发生的脱羧反应[13]

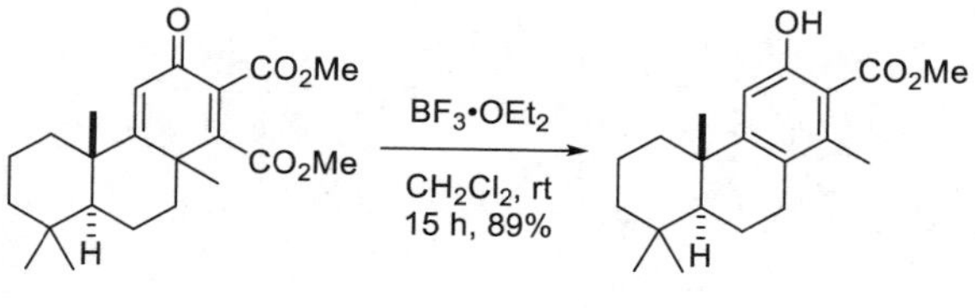

References

1. Shine, H. J. In *Aromatic Rearrangements;* Elsevier: New York, **1967**, pp 55–68. (Review).
2. Schultz, A. G.; Hardinger, S. A. *J. Org. Chem.* **1991**, *56*, 1105–1111.
3. Schultz, A. G.; Green, N. J. *J. Am. Chem. Soc.* **1992**, *114*, 1824–1829.

4. Hart, D. J.; Kim, A.; Krishnamurthy, R.; Merriman, G. H.; Waltos, A.-M. *Tetrahedron* **1992,** *48*, 8179–8188.
5. Frimer, A. A.; Marks, V.; Sprecher, M.; Gilinsky-Sharon, P. *J. Org. Chem.* **1994,** *59*, 1831–1834.
6. Oshima, T.; Nakajima, Y.-i.; Nagai, T. *Heterocycles* **1996,** *43*, 619–624.
7. Draper, R. W.; Puar, M. S.; Vater, E. J.; Mcphail, A. T. *Steroids* **1998,** *63*, 135–140.
8. Kodama, S.; Takita, H.; Kajimoto, T.; Nishide, K.; Node, M. *Tetrahedron* **2004,** *60*, 4901–4907.
9. Bru, C.; Guillou, C. *Tetrahedron* **2006,** *62*, 9043–9048.
10. Sauer, A. M.; Crowe, W. E.; Henderson, G.; Laine, R. A. *Tetrahedron Lett.* **2007,** *48*, 6590–6593.
11. Yoshida, M.; Nozaki, T.; Nemoto, T.; Hamada, Y. *Tetrahedron* **2013,** *69*, 9609–9615.
12. Takubo, K.; Mohamed, A. A. B.; Ide, T.; Saito, K.; Ikawa, T.; Yoshimitsu, T.; Akai, S. *J. Org. Chem.* **2017,** *82*, 13141–13151.
13. Zentar, H.; Arias, F.; Haidour, A.; Alvarez-Manzaneda, R.; Chahboun, R.; Alvarez-Manzaneda, E. *Org. Lett.* **2018,** *20*, 7007–7010.

Dötz 反应

亦称 Dötz 苯环成环反应，指从烯基烷氧基五配位的铬卡宾配合物 (Fischer 卡宾) 和炔烃合成 Cr(CO)$_3$ 配位的氢醌。

Example 1[5]

Example 3[8]

Example 3[8]

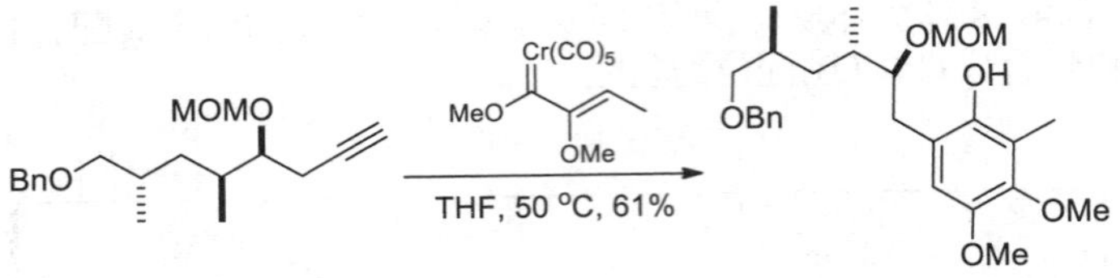

Example 3[9]

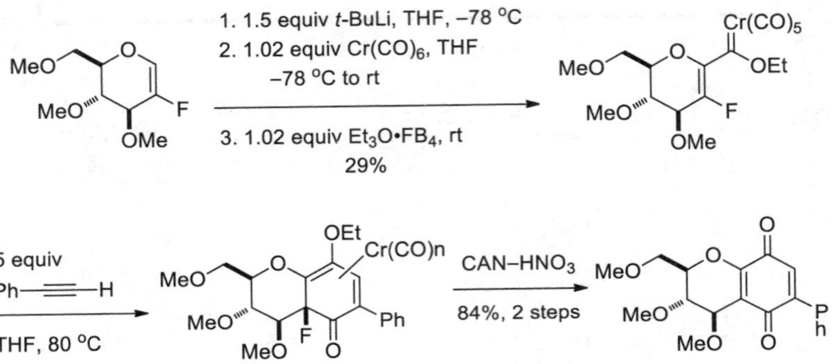

Example 4[10]

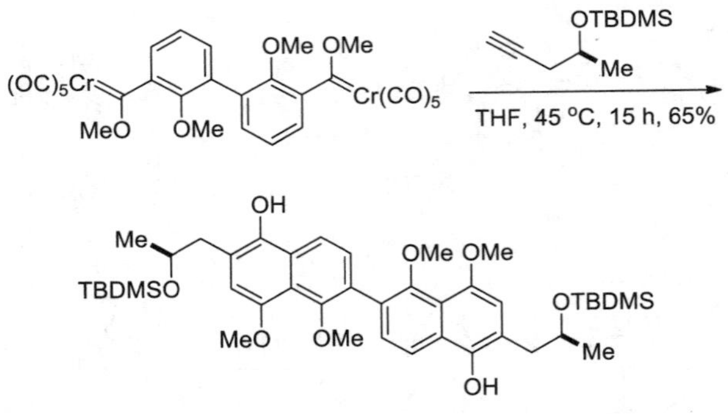

Example 5[11]

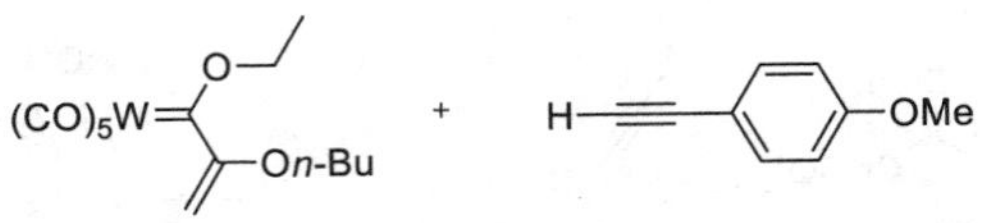

α-烷氧烯基卡宾配合物

Example 6, Dötz 苯环化反应[12]

References

1. Dötz, K. H. *Angew. Chem. Int. Ed.* **1975,** *14*, 644–645. 多尔兹(K. H. Dötz, 1943–)是德国慕尼黑大学的教授。
2. Wulff, W. D. In *Advances in Metal-Organic Chemistry*; Liebeskind, L. S., Ed.; JAI Press, Greenwich, CT; **1989**; *Vol. 1*. (Review).
3. Wulff, W. D. In *Comprehensive Organometallic Chemistry II*; Abel, E. W., Stone, F. G. A., Wilkinson, G., Eds.; Pergamon Press: Oxford, **1995**; *Vol. 12*. (Review).
4. Torrent, M.; Solá, M.; Frenking, G. *Chem. Rev.* **2000,** *100*, 439–494. (Review).
5. Caldwell, J. J.; Colman, R.; Kerr, W. J.; Magennis, E. J. *Synlett* **2001,** 1428–1430.
6. Solá, M.; Duran, M.; Torrent, M. *The Dötz reaction: A chromium Fischer carbene-mediated benzannulation reaction.* In *Computational Modeling of Homogeneous Catalysis* Maseras, F.; Lledós, eds.; Kluwer Academic: Boston; **2002,** 269–287. (Review).
7. Pulley, S. R.; Czakó, B. *Tetrahedron Lett.* **2004,** *45*, 5511–5514.
8. White, J. D.; Smits, H. *Org. Lett.* **2005,** *7*, 235–238.
9. Boyd, E.; Jones, R. V. H.; Quayle, P.; Waring, A. J. *Tetrahedron Lett.* **2005,** *47*, 7983–7986.
10. Fernandes, R. A.; Mulay, S. V. *J. Org. Chem.* **2010,** *75*, 7029–7032.
11. Montenegro, M. M.; Vega-Baez, J. L.; Vazquez, M. A.; Flores-Conde, M. I.; Sanchez, A.; Gonzalez-Tototzin, M.A.; Gutierrez, R. U.; Lazcano-Seres, J. M.; Ayala, F.; Zepeda, L. G.; et al. *J. Organomet. Chem.* **2016,** *825–826*, 41–54.
12. Kotha, S.; Aswar, V. R.; Manchoju, A. *Tetrahedron* **2016,** *72*, 2306–2315.
13. Hirose, T.; Kojima, Y.; Matsui, H.; Hanaki, H.; Iwatsuki, M.; Shiomi, K.; Omura, S.; Sunazuka, T. *J. Antibiot.* **2017,** *70*, 574–581.
14. Fernandes, R. A.; Kumari, A.; Pathare, R. S. *Synlett* **2020,** *31*, 403–420. (Review).

Eschweiler−Clarke 还原胺基化反应

伯胺或仲胺用甲醛和甲酸发生还原甲基化反应。参见第317页上的 Leuckart−Wallach 反应。

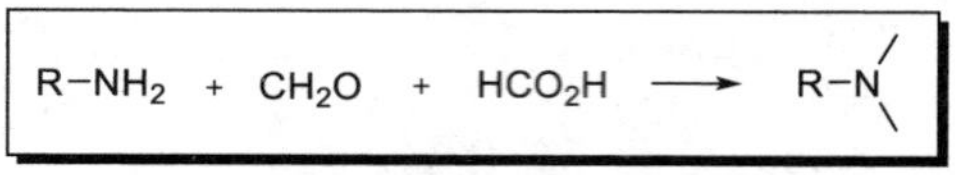

$$R-NH_2 + CH_2O + HCO_2H \longrightarrow R-N$$

甲酸提供负氢，起到还原剂的作用

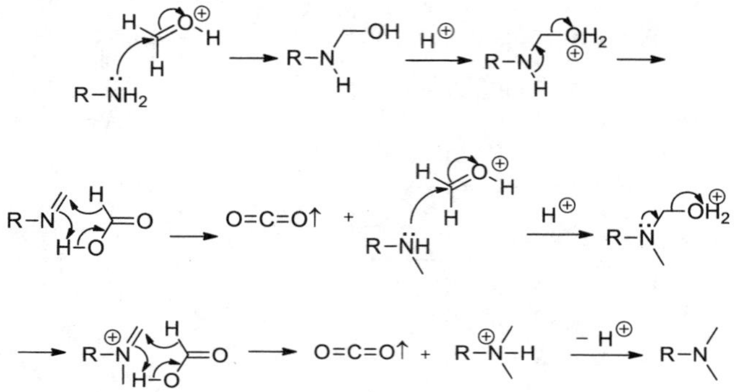

Example 1[7]

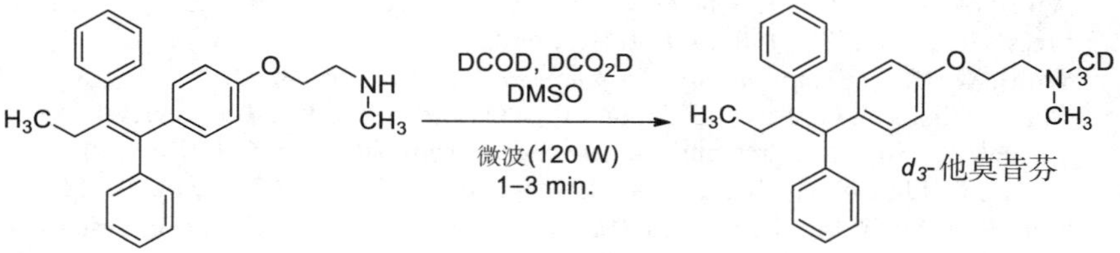

反应条件：DCOD, DCO2D, DMSO, 微波 (120 W), 1−3 min.

产物：d_3-他莫昔芬

Example 2[9]

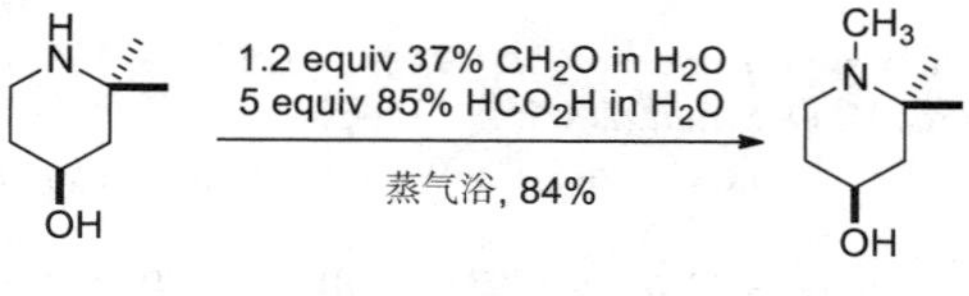

反应条件：1.2 equiv 37% CH_2O in H_2O, 5 equiv 85% HCO_2H in H_2O, 蒸气浴, 84%

Example 3[10]

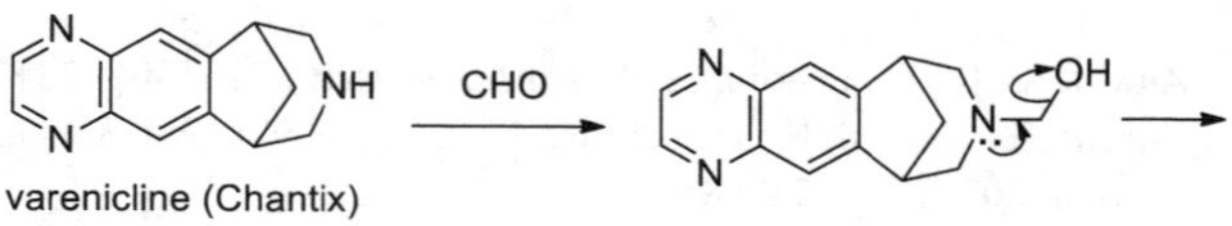

varenicline (Chantix) + CHO

Example 4, 制备用于处理早期突发(PE)的选择性5-羟色胺再生抑制剂(SSRI)[11]

Example 5, 用于合成evogliptin(Suganon), 一个二肽基肽酶IV(DPP-4)抑制剂[12]

Example 6, 用于合成rucaparib(Rubraca), 一个聚(ADP-核糖基)聚合酶抑制剂[13]

Example 7, 用于合成abemaciclib(Verzanio), 一个周期蛋白依赖性激酶[14]

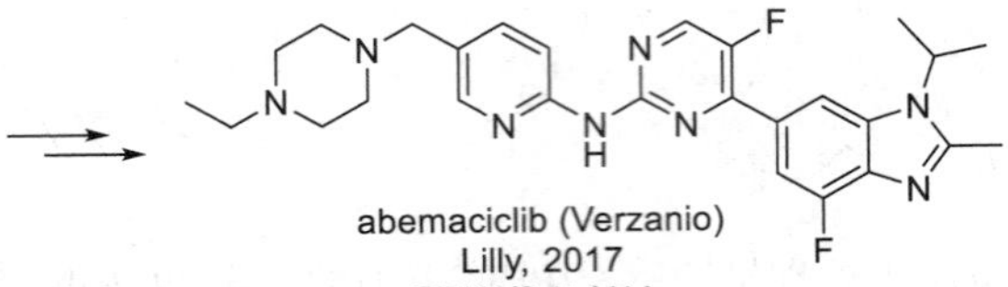

abemaciclib (Verzanio)
Lilly, 2017
CDK4/6 抑制剂

Example 8, 动态动力学拆分-不对称还原胺基化反应[15]

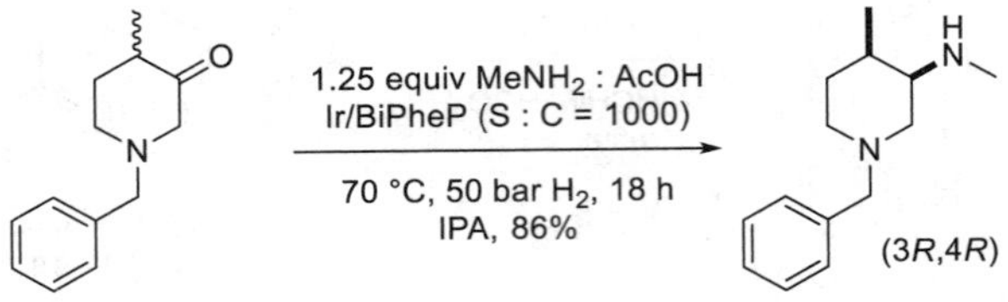

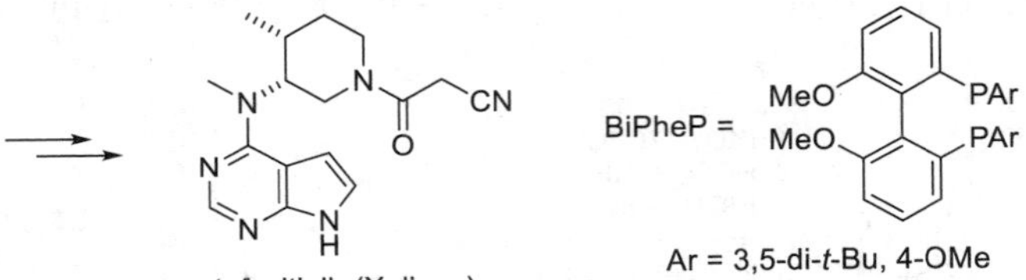

tofacitinib (Xeljanz)
Pfizer, 2018 (for RA)
JAK1/2 抑制剂

BiPheP = (structure shown)

Ar = 3,5-di-*t*-Bu, 4-OMe

References

1. (a) Eschweiler, W. *Chem. Ber.* **1905**, *38*, 880–892. 爱歇维勒(W. Eschweiler，1860–1936)出生于德国的Euskirchen。 (b) Clarke, H. T.; Gillespie, H. B.; Weisshaus, S. Z. *J. Am. Chem. Soc.* **1933**, *55*, 4571–4587. Hans T. Clarke (1887–1927) was born in Harrow, England.
2. Moore, M. L. *Org. React.* **1949**, *5*, 301–330. (Review).
3. Pine, S. H.; Sanchez, B. L. *J. Org. Chem.* **1971**, *36*, 829–832.
4. Bobowski, G. *J. Org. Chem.* **1985**, *50*, 929–931.
5. Alder, R. W.; Colclough, D.; Mowlam, R. W. *Tetrahedron Lett.* **1991**, *32*, 7755–7758.
6. Bulman Page, P. C.; Heaney, H.; Rassias, G. A.; Reignier, S.; Sampler, E. P.; Talib, S. *Synlett* **2000**, 104–106.
7. Harding, J. R.; Jones, J. R.; Lu, S.-Y.; Wood, R. *Tetrahedron Lett.* **2002**, *43*, 9487–9488.
8. Brewer, A. R. E. *Eschweiler–Clarke Reductive Alkylation of Amine*. In *Name Reactions for Functional Group Transformations*; Li, J. J., Ed.; Wiley: Hoboken, NJ, **2007**, pp 86–111. (Review).
9. Weis, R.; Faist, J.; di Vora, U.; Schweiger, K.; Brandner, B.; Kungl, A. J.; Seebacher, W. *Eur. J. Med. Chem.* **2008**, *43*, 872–879.

10 Waterman, K. C.; Arikpo, W. B.; Fergione, M. B.; Graul, T. W.; Johnson, B. A.; Macdonald, B. C.; Roy, M. C.; Timpano, R. J. *J. Pharm. Sci.* **2008**, *97*, 1499–1507.
11 Sasikumar, M.; Nikalje, Milind D. *Synth. Commun.* **2012**, *42*, 3061–3067.
12 Kwak, W. Y.; Kim, H. J.; Mi, J. P.; Yoon, T. H.; Shim, H. J.; Yoo, M. EP 2,415,754 (2012).
13 Gillmore, A. T.; Badland, M.; Crook, C. L.; Castro, N. M.; Critcher, D. J.; Fussell, S. J.; Jones, K. J.; Jones, M. C.; Kougoulos, E.; Mathew, J. S.; et al. *Org. Process Res. Dev.* **2012**, *16*, 1897–1904.
14 Verzijl, G. K. M.; Schuster, C.; Dax, T.; de Vries, A. H. M.; Lefort, L. *Org. Process Res. Dev.* **2018**, *22*, 1817–1822.
15 Afanasyev, O. I.; Kuchuk, E.; Usanov, D. L.; Chusov, D. *Chem. Rev.* **2019**, *119*, 11857–11911. (Review).
16 Hu, L.; Zhang, Y.; Zhang, Q.-W.; Yin, Q.; Zhang, X. *Angew. Chem. Int. Ed.* **2020**, *59*, 5321–5325.

Favorskii 重排反应

可烯醇化的α–卤代酮经烷氧基负离子、羟基负离子或胺基负离子催化分别转化为酯、酸或酰胺。

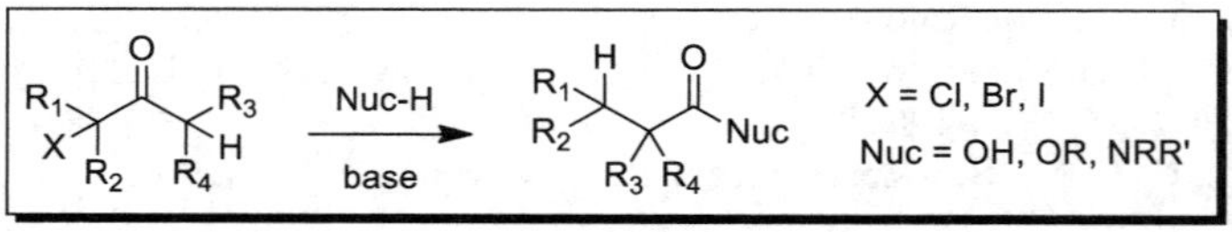

分子内 Favorskii 重排反应:

可烯醇化的α-卤代酮

环丙酮中间体

Example 1[2]

© Springer Nature Switzerland AG 2021
J. J. Li, *Name Reactions*, https://doi.org/10.1007/978-3-030-50865-4_49

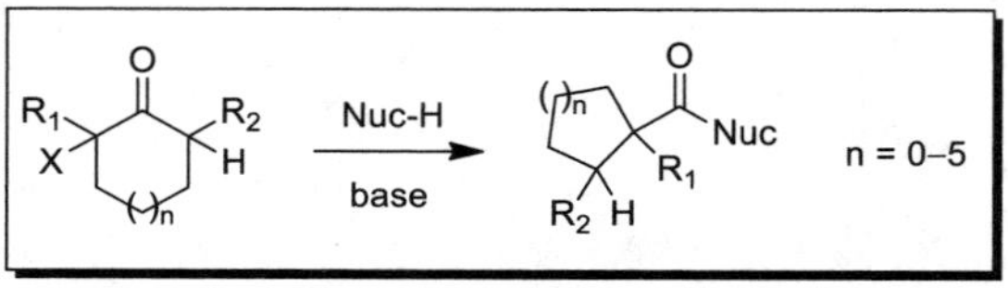

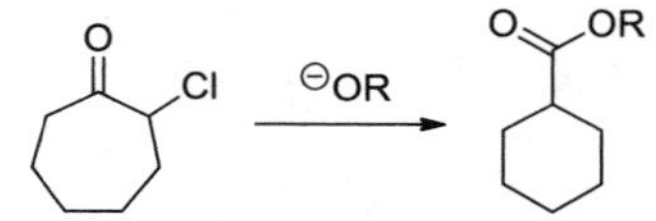

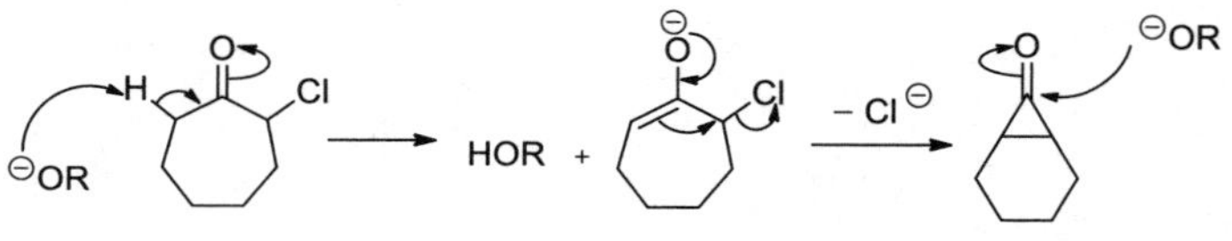

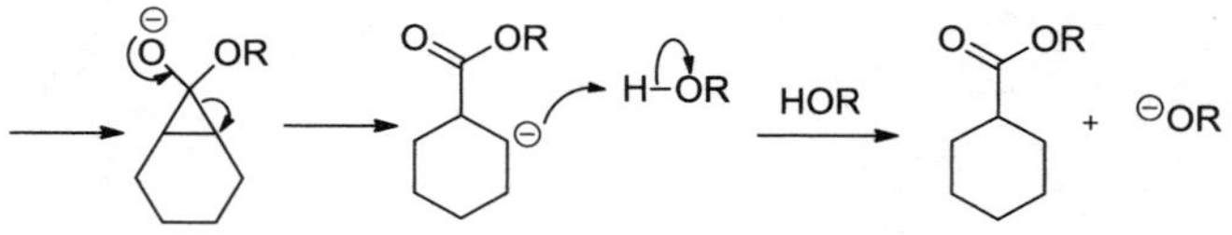

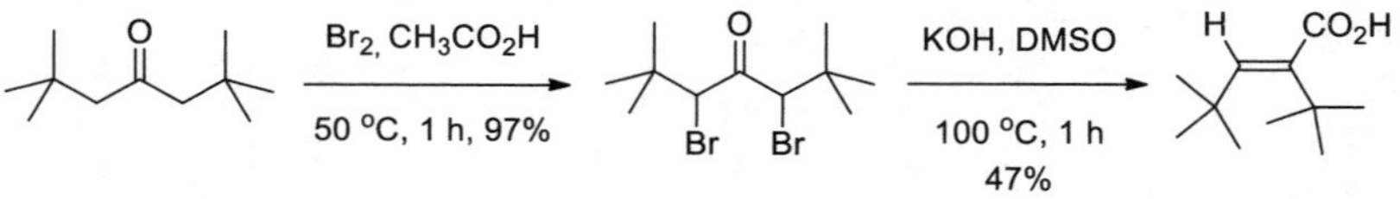

Example 2, 高Favorskii 重排反应 [3]

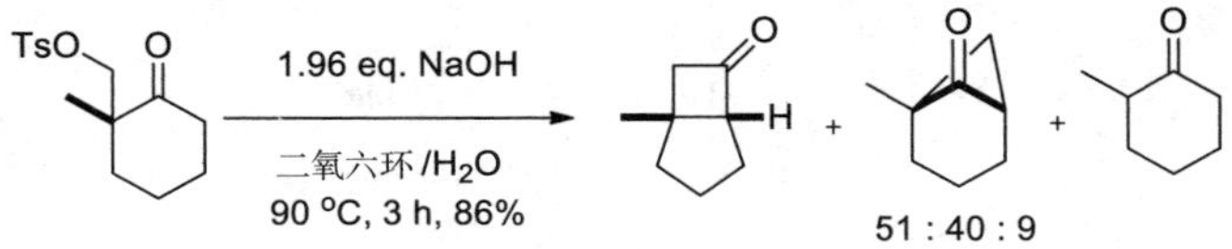

Example 3 [6]

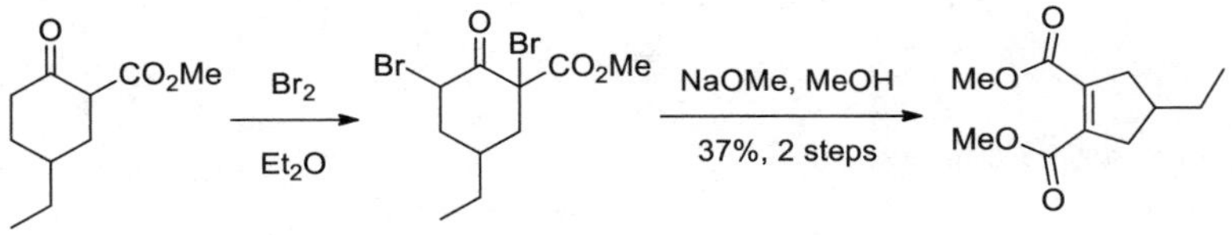

Example 4, 光促 Favorskii 重排反应 [7]

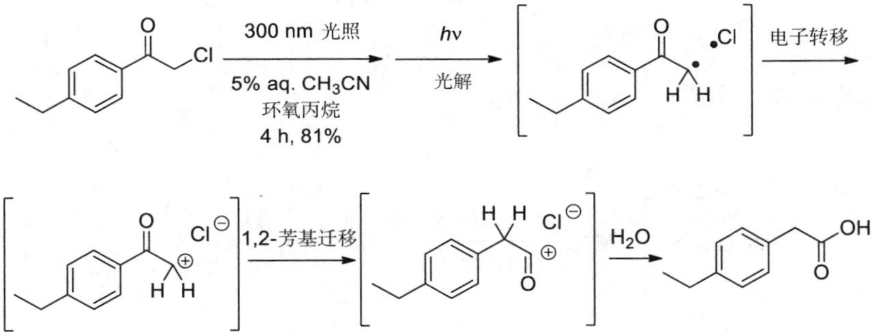

Example 5 [8]

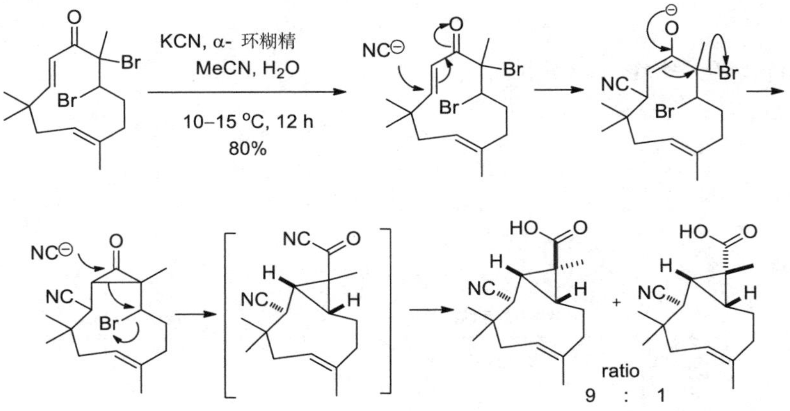

Example 6[10]

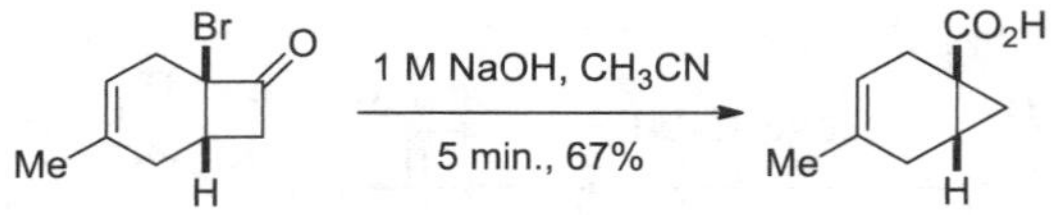

Example 7[11]

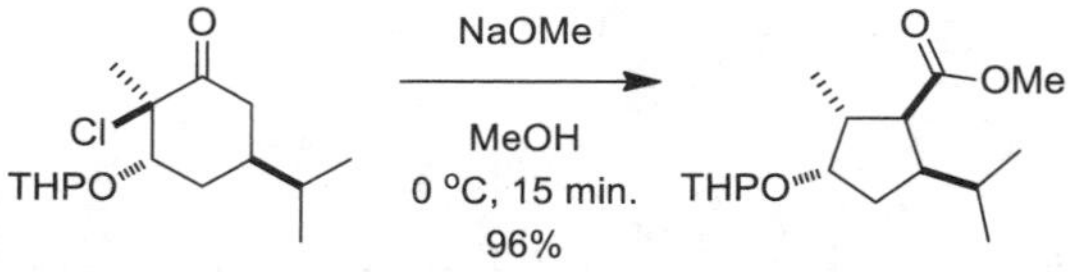

Example 8, 规模级(5 kg)[14]

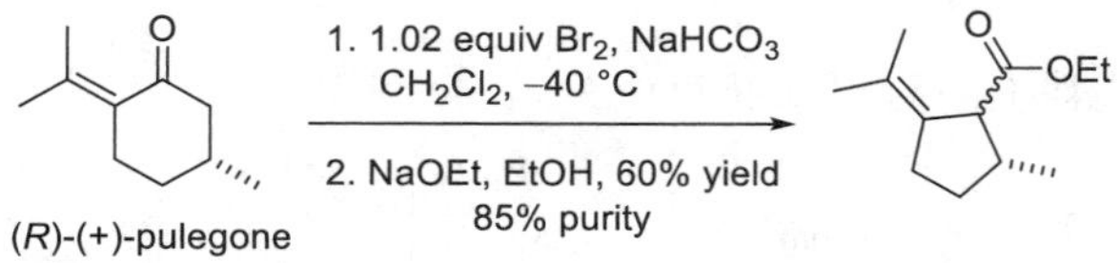

(R)-(+)-pulegone

Example 9, 规模级 (3.5 kg)[15]

热力学稳定的异构体

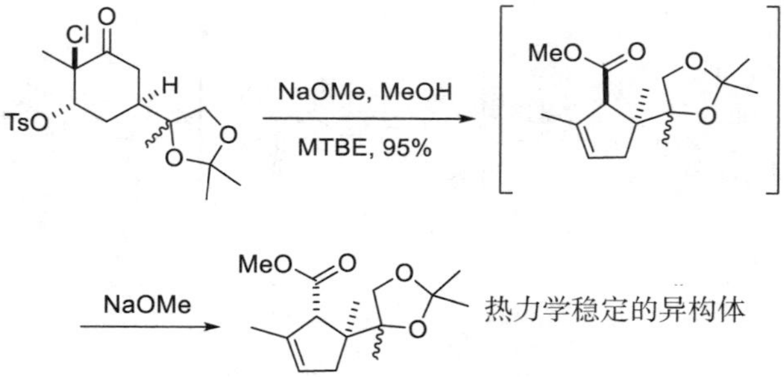

Example 10, 半Favorskii重排反应[16]

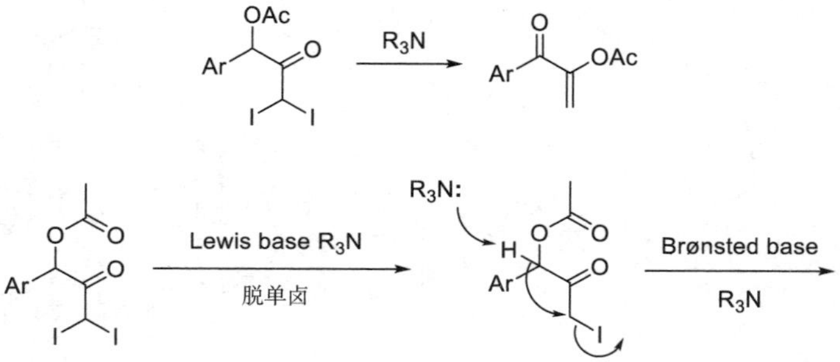

去环异构化
（价键互变异构）

分子内
1,4-酰基迁移

O-烯丙基正离子

References

1. (a) Favorskii, A. E. *J. Prakt. Chem.* **1895**, *51*, 533—563. 法沃斯基(A. E. Favorskii, 1860–1945)出生于俄罗斯的Selo Pavlova，在圣彼得堡大学(St. Petersburg University)学习并自1900年起任该校教授。 (b) Favorskii, A. E. *J. Prakt. Chem.* **1913**, *88*, 658.
2. Wagner, R. B.; Moore, J. A. *J. Am. Chem. Soc.* **1950**, *72*, 3655–3658.
3. Wenkert, E.; Bakuzis, P.; Baumgarten, R. J.; Leicht, C. L.; Schenk, H. P. *J. Am. Chem. Soc.* **1971**, *93*, 3208–3216.
4. Chenier, P. J. *J. Chem. Ed.* **1978**, *55*, 286–291. (Review).
5. Barreta, A.; Waegell, B. In *Reactive Intermediates*; Abramovitch, R. A., ed.; Plenum Press: New York, **1982**, *2*, pp 527–585. (Review).
6. White, J. D.; Dillon, M. P.; Butlin, R. J. *J. Am. Chem. Soc.* **1992**, *114*, 9673–9674.
7. Dhavale, D. D.; Mali, V. P.; Sudrik, S. G.; Sonawane, H. R. *Tetrahedron* **1997**, *53*, 16789–16794.
8. Kitayama, T.; Okamoto, T. *J. Org. Chem.* **1999**, *64*, 2667–2672.
9. Mamedov, V. A.; Tsuboi, S.; Mustakimova, L. V.; Hamamoto, H.; Gubaidullin, A. T.; Litvinov, I. A.; Levin, Y. A. *Chem. Heterocyclic Compd.* **2001**, *36*, 911. (Review).
10. Harmata, M.; Wacharasindhu, S. *Org. Lett.* **2005**, *7*, 2563–2565.
11. Pogrebnoi, S.; Saraber, F. C. E.; Jansen, B. J. M.; de Groot, A. *Tetrahedron* **2006**, *62*, 1743–1748.
12. Filipski, K. J.; Pfefferkorn, J. A. *Favorskii Rearrangement*. In *Name Reactions for Homologations-Part II*; Li, J. J., Ed.; Wiley: Hoboken, NJ, **2009**, pp 238–252. (Review).
13. Kammath, V. B.; Šolomek, T.; Ngoy, B. P.; Heger, D.; Klán, P.; Rubina, M.; Givens, R. S. *J. Org. Chem.* **2013**, *78*, 1718–1729.
14. Lane, J. W.; Spencer, K. L.; Shakya, S. R.; Kallan, N. C.; Stengel, P. J.; Remarchuk, T. *Org. Process Res. Dev.* **2014**, *18*, 31641–1651.
15. Xu, H.; Wang, F.; Xue, W.; Zheng, Y.; Wang, Q.; Qiu, F. G.; Jin, Y. *Org. Process Res. Dev.* **2018**, *22*, 377–384.
16. Sadhukhan, S.; Baire, B. *Org. Lett.* **2018**, *20*, 1748–1751.
17. Shuai, B.; Fang, P.; Mei, T.-S. *Synlet* **2020**, in press.

似 *Favorskii* 重排反应

若没有可烯醇化的氢存在,经典的Favorskii重排反应就不能发生。取而代之的是发生一个导致重排的半苯偶酰过程,可认为是似Favorskii重排反应。

Example 1, Arthur C. Cope的初始发现 [1]

不能烯醇化的酮

Example 2 [5]

Example 3 [6]

References
1. Cope, A. C.; Graham, E. S. *J. Am. Chem. Soc.* **1951,** *73*, 4702–4706.
2. Smissman, E. E.; Diebold, J. L. *J. Org. Chem.* **1965,** *30*, 4005–4007.
3. Sasaki, T.; Eguchi, S.; Toru, T. *J. Am. Chem. Soc.* **1969,** *91*, 3390–3391.
4. Baudry, D.; Begue, J. P.; Charpentier-Morize, M. *Tetrahedron Lett.* **1970,** 2147–2150.
5. Stevens, C. L.; Pillai, P. M.; Taylor, K. G. *J. Org. Chem.* **1974,** *39*, 3158–3161.
6. Harmata, M.; Wacharasindhu, S. *Org. Lett.* **2005,** *7,* 2563–2565.
7. Filipski, K.J.; Pfefferkorn, J. A. *Favorskii Rearrangement*. In *Name Reactions for Homologations-Part II*; Li, J. J., Ed.; Wiley: Hoboken, NJ, **2009,** pp 438–452. (Review).
8. Harmata, M.; Wacharasindhu, S. *Synthesis* **2007,** 2365–2369.
9. Ross, A. G.; Townsend, S. D.; Danishefsky, S. J. *J. Org. Chem.* **2013,** *78*, 204–210.
10. Behnke, N. E.; Siitonen, J. H.; Chamness, S. A.; Kürti, L. *Org. Lett.* **2020,** *78*, 204–210.

Ferrier 碳环化反应

该反应已证明可一步有效地将5,6-不饱和吡喃糖衍生物转化为官能团化的环己酮,这对于制备那些如肌醇一类对映纯的化合物及它们的氨基的、去氧的、不饱和的和选择性O-取代的衍生物,特别是磷酸酯是非常有价值的。此外,这类碳环化产物已被结合进许多有生物和药学意义的复杂化合物。[1,2]

通例:[3]

较复杂的产物:

反应可用于下列结构较复杂的生物活性化合物的合成：

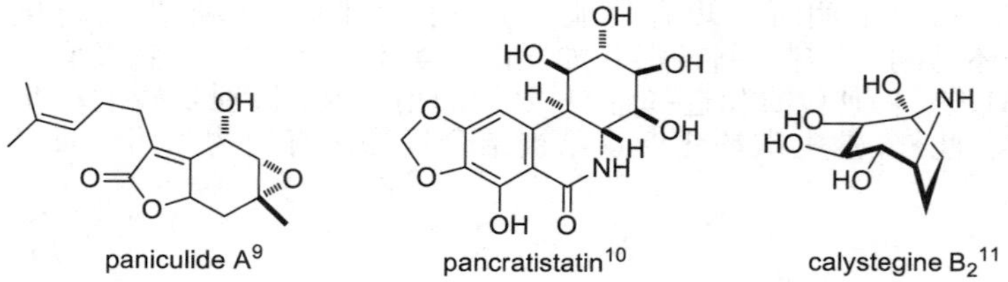

paniculide A[9]   pancratistatin[10]   calystegine B$_2$[11]

修正的己-5-烯酮吡喃糖苷和反应：

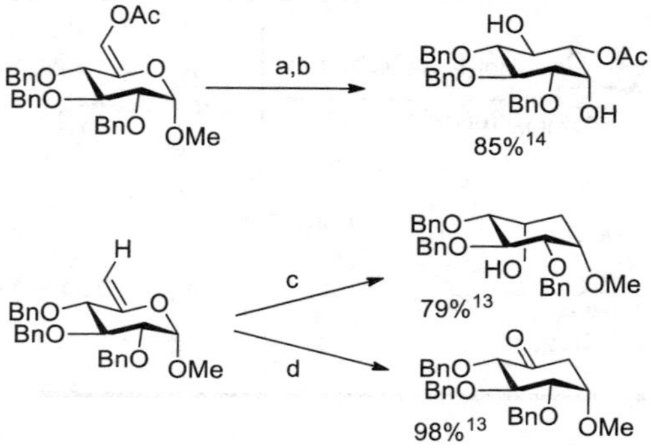

85%[14]

79%[13]

98%[13]

a, Hg(OCOCF$_3$)$_2$, Me$_2$CO, H$_2$O, 0 °C; b, NaBH(OAc)$_3$, AcOH, MeCN, rt; c, i-Bu$_3$Al, PhMe, 40 °C; d, Ti(Oi-Pr)Cl$_3$, CH$_2$Cl$_2$, –78 °C, 15 min. (注：糖苷配基在Al-配合物和Ti-配合物诱导的反应中得到留存)

新颖的类Ferrier碳环化反应的一个实例：[19]

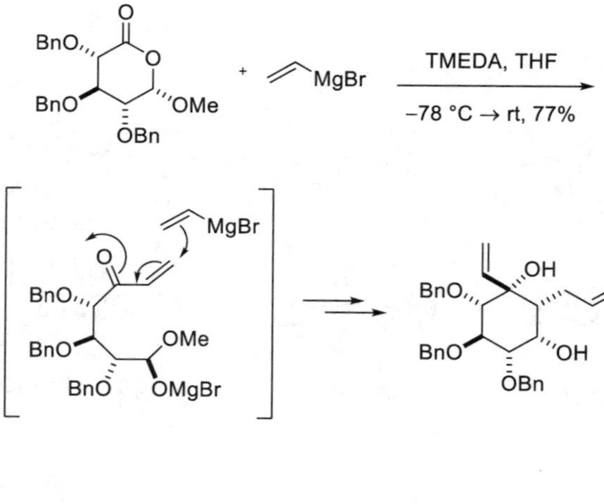

TMEDA, THF
–78 °C → rt, 77%

References

1. Ferrier, R. J.; Middleton, S. *Chem. Rev.* **1993**, *93*, 2779–2831. (Review).
2. Ferrier, R. J. *Top. Curr. Chem.* **2001**, *215*, 277–291 (Review).
3. Ferrier, R. J. *J. Chem. Soc., Perkin Trans. 1* **1979**, 1455–1458. 该发现是1977年新西兰的惠灵顿维多利亚大学(Victoria University of Wellington)的有机化学教授费里尔(R. J. Ferrier)因休假而在爱丁堡大学的药学系所做的。他现在是新西兰Industrial Research Lhd.,Lower Hutt的顾问。
4. Blattner, R.; Ferrier, R. J.; Haines, S. R. *J. Chem. Soc., Perkin Trans. 1*, **1985**, 2413–2416.
5. Chida, N.; Ohtsuka, M.; Ogura, K.; Ogawa, S. *Bull. Chem. Soc. Jpn.* **1991**, *64*, 2118–2121.
6. Machado, A. S.; Olesker, A.; Lukacs, G. *Carbohydr. Res.* **1985**, *135*, 231–239.
7. Sato, K.-i.; Sakuma, S.; Nakamura, Y.; Yoshimura, J.; Hashimoto, H. *Chem. Lett.* **1991**, 17–20.
8. Ermolenko, M. S.; Olesker, A.; Lukacs, G. *Tetrahedron Lett.* **1994**, *35*, 711–714.
9. Amano, S.; Takemura, N.; Ohtsuka, M.; Ogawa, S.; Chida, N. *Tetrahedron* **1999**, *55*, 3855–3870.
10. Park, T. K.; Danishefsky, S. J. *Tetrahedron Lett.* **1995**, *36*, 195–196.
11. Boyer, F.-D.; Lallemand, J.-Y. *Tetrahedron* **1994**, *50*, 10443–10458.
12. Das, S. K.; Mallet, J.-M.; Sinaÿ, P. *Angew. Chem. Int. Ed.* **1997**, *36*, 493–496.
13. Sollogoub, M.; Mallet, J.-M.; Sinaÿ, P. *Tetrahedron Lett.* **1998**, *39*, 3471–3472.
14. Bender, S. L.; Budhu, R. J. *J. Am. Chem. Soc.* **1991**, *113*, 9883–9884.
15. Estevez, V. A.; Prestwich, E. D. *J. Am. Chem. Soc.* **1991**, *113*, 9885–9887.
16. Yadav, J. S.; Reddy, B. V. S.; Narasimha Chary, D.; Madavi, C.; Kunwar, A. C. *Tetrahedron Lett.* **2009**, *50*, 81–84.
17. Chen, P.; Wang, S. *Tetrahedron* **2013**, *69*, 583–588.
18. Chen, P.; Lin, L. *Tetrahedron* **2013**, *69*, 4524–4531.
19. Hedberg, C.; Estrup, M.; Eikeland, E. Z.; Jensen, H. *J. Org. Chem.* **2018**, *83*, 2154–2165.
20. Ausmus, A. P.; Hogue, M.; Snyder, J. L.; Rundell, S. R.; Bednarz, K. M.; Banahene, N.; Swarts, B. M. *J. Org. Chem.* **2020**, *85*, 3182–3191.

Ferrier 烯糖烯丙基重排反应

在Lewis酸存在下，*O*–取代的烯糖衍生物可与*O*–、*S*–、*C*–或较少见到的*N*–、*P*–和卤化物等亲核物种反应给出2,3–不饱和糖基产物。[1,2]这个烯丙基转移已被称为Ferrier反应，或为避免混乱而称“Ferrier Ⅰ反应”或“Ferrier重排反应”。但该反应实际上是费歇尔在水相中加热三*O*–乙酰基–*D*–己烯糖时所发现的。[3]当反应涉及碳亲核物种时已俗称“碳Ferrier反应”，[4]尽管Ferrier小组在这个领域只是发现了三*O*–乙酰基–*D*–己烯糖在酸催化下二聚给出*C*–配糖产物的反应。[5]通用的反应可以用*O*–乙酰基–*D*–己烯糖分别与*O*–、*S*–、*C*–亲核物种反应给出相应的2,3–不饱和糖基产物来表示。Lewis酸通常被用作催化剂，BF_3是最常用的。中间体产物是烯丙氧基碳负离子，配糖产物的产率很高且以假a–键为主（通常，*α,β*–之比为7:1）。给出的实例[4,6,7]是大量文献报道[1]中的典型。

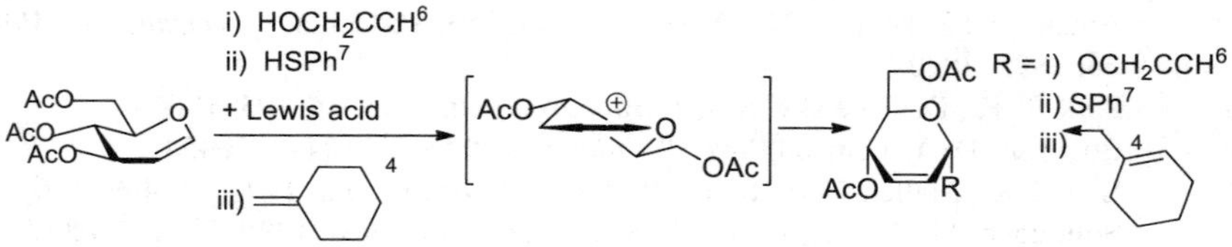

通例[4]

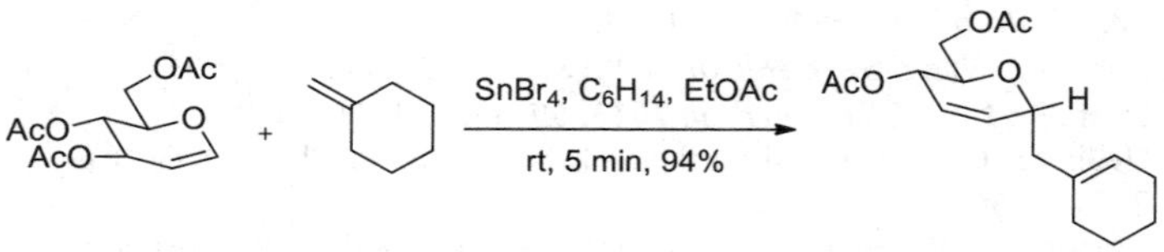

更复杂的产物可直接由相应的邻二醇而来：

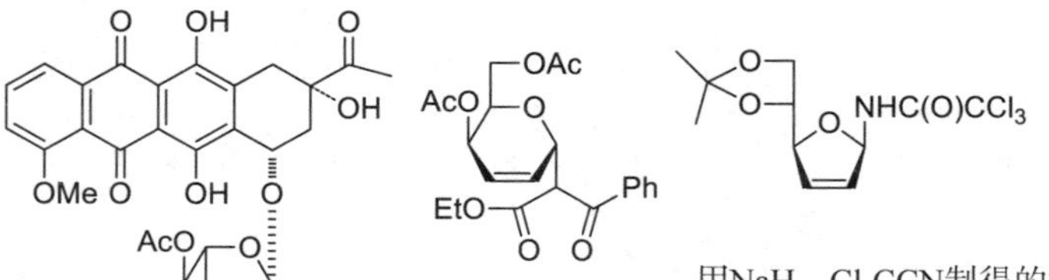

benzene, BF_3•OEt_2, 5 °C, 10 min, (67%, α-异构体).[8]

$PhCOCH_2CO_2Et$, BF_3•OEt_2, rt, 15 min, (81% α-异构体).[9]

用NaH、Cl_3CCN制得的3–三氯乙酰胺烯糖发生自发的α-重排 (78% α-异构体).[10]

© Springer Nature Switzerland AG 2021
J. J. Li, *Name Reactions*, https://doi.org/10.1007/978-3-030-50865-4_51

无酸催化下生成的产物：

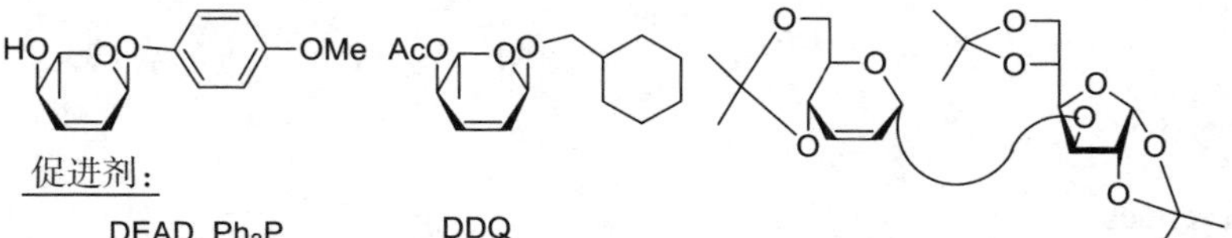

促进剂：
DEAD, Ph₃P
(80%, α-异头物)¹¹

DDQ
(88%, 主要 α)¹²

（双-2,4,6-三甲基吡啶）高氯酸碘鎓盐
(65%, 主要 α)¹³

烯糖的 C-3 离去基：
羟基　　　乙酰氧基　　　戊-4-烯酰氧基

修正的烯糖和它们的反应：

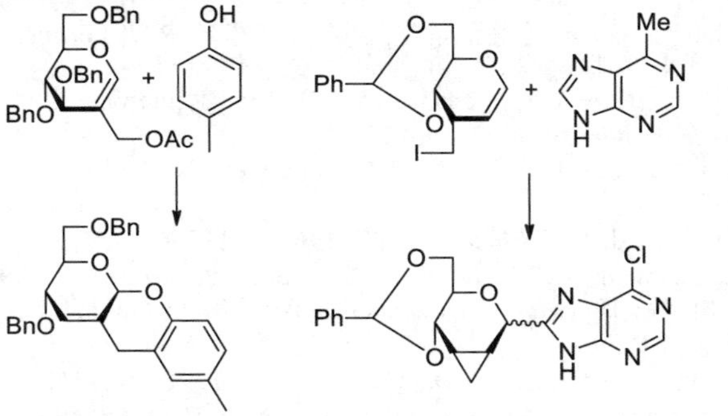

BF₃·OEt₂, CH₂Cl₂, 0 °C
(70%, 主要 α)¹⁴

AgNO₃, Na₂CO₃, reflux MeNO₂,
6 h (58%, α,β 1:1).¹⁵

一个使用价廉的蒙脱石K-10陶土为催化剂的反应：

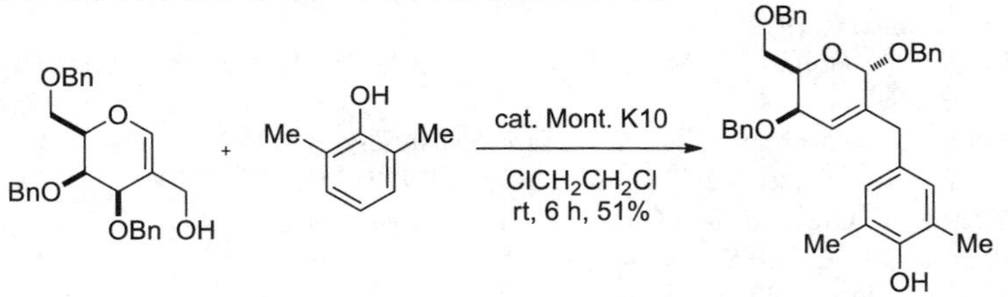

cat. Mont. K10
ClCH₂CH₂Cl
rt, 6 h, 51%

近时的一个实例，Au(I)催化的串联1,3-酰氧基迁移/Ferrier重排反应²¹

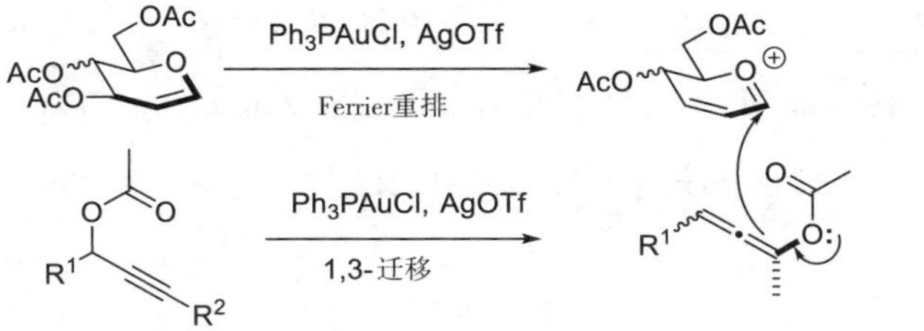

Ph₃PAuCl, AgOTf
Ferrier重排

Ph₃PAuCl, AgOTf
1,3-迁移

$\xrightarrow{\text{亲核进攻}}$

References

1. Ferrier, R. J.; Zubkov, O. A. 烯糖转移为2,3-不饱和糖基衍生物, 见 *Org. React.* **2003**, *62*, 569–736. (Review). 在费歇尔报告了水也能参与该反应的50年后，在Birkbeck College, University of London的George Overrend's Department 工 作 的 瑞 恩(Ann Ryan)偶然发现对硝基酚看似也是个参与者。[16] 建议她做该实验的她最直接的导师费里尔而后发现简单的醇在高温下也可参与。[16] 在值得一提的如Nagendra Prasad 和George Sankey等其他学生共事下，费里尔(R. J. Ferrier)详尽研究了此反应。但他们并未将其扩展到非常重要的C-亲核物种。
2. Ferrier, R. J. *Top. Curr. Chem.* **2001**, *215*, 153–175. (Review).
3. Fischer, E. *Chem. Ber.* **1914**, *47*, 196–210.
4. Herscovici, J.; Muleka, K.; Boumaïza, L.; Antonakis, K. *J. Chem. Soc., Perkin Trans. 1* **1990**, 1995–2009.
5. Ferrier, R. J.; Prasad, N. *J. Chem. Soc. (C)* **1969**, 581–586.
6. Moufid, N.; Chapleur, Y.; Mayon, P. *J. Chem. Soc., Perkin Trans. 1* **1992**, 999–1007.
7. Whittman, M. D.; Halcomb, R. L.; Danishefsky, S. J.; Golik, J.; Vyas, D. *J. Org. Chem.* **1990**, *55*, 1979–1981.
8. Klaffke, W.; Pudlo, P.; Springer, D.; Thiem, J. *Ann.* **1991**, 509–512.
9. Yougai, S.; Miwa, T. *J. Chem. Soc., Chem. Commun.* **1983**, 68–69.
10. Armstrong, P. L.; Coull, I. C.; Hewson, A. T.; Slater, M. J. *Tetrahedron Lett.* **1995**, *36*, 4311–4314.
11. Sobti, A.; Sulikowski, G. A. *Tetrahedron Lett.* **1994**, *35*, 3661–3664.
12. Toshima, K.; Ishizuka, T.; Matsuo, G.; Nakata, M.; Kinoshita, M. *J. Chem. Soc., Chem. Commun.* **1993**, 704–705.
13. López, J. C.; Gómez, A. M.; Valverde, S.; Fraser-Reid, B. *J. Org. Chem.* **1995**, *60*, 3851–3858.
14. Booma, C.; Balasubramanian, K. K. *Tetrahedron Lett.* **1993**, *34*, 6757–6760.
15. Tam, S. Y.-K.; Fraser-Reid, B. *Can. J. Chem.* **1977**, *55*, 3996–4001.
16. Ferrier, R. J.; Overend, W. G.; Ryan, A. E. *J. Chem. Soc. (C)* **1962**, 3667–3670.
17. Ferrier, R. J. *J. Chem. Soc.* **1964**, 5443–5449.
18. De, K.; Legros, J.; Crousse, B.; Bonnet-Delpon, D. *Tetrahedron* **2008**, *64*, 10497–10500.
19. Kumaran, E.; Santhi, M., Balasubramanian, K. K.; Bhagavathy, S. *Carbohydr. Res.* **2011**, *346*, 1654–1661.
20. Okazaki, H.; Hanaya, K.; Shoji, M.; Hada, N.; Sugai, T. *Tetrahedron* **2013**, *69*, 7931–7935.
21. Huang, N.; Liao, H.; Yao, H.; Xie, T.; Zhang, S.; Zou, K.; Liu, X.-W. *Org. Lett.* **2018**, *20*, 16–19.
22. Bhardwaj, M.; Rasool, F.; Tatina, M. B.; Mukherjee, D. *Org. Lett.* **2019**, *21*, 3038–3042.

Fischer 吲哚合成反应

芳基腙环合生成吲哚。

Example 1[3]

Example 2[3]

Example 3[10]

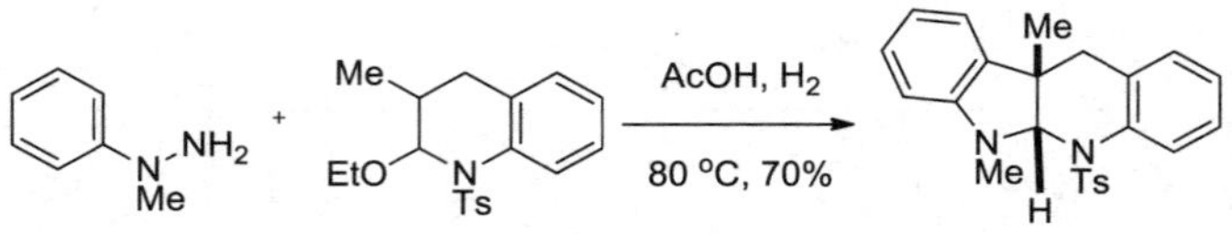

Example 4[12]

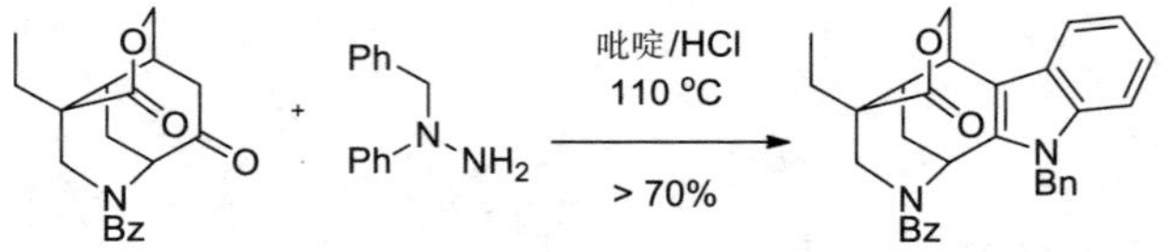

Example 5, 一个生态友好的工业级 Fischer 吲哚环化反应 (3 kg 级)[13]

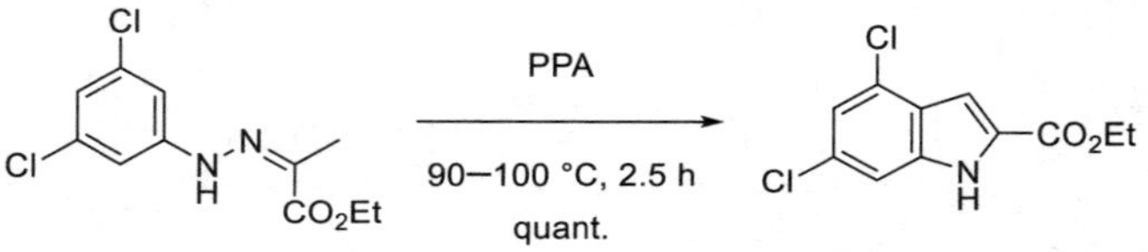

Example 6, 还原间隙性吲哚化反应 [14]

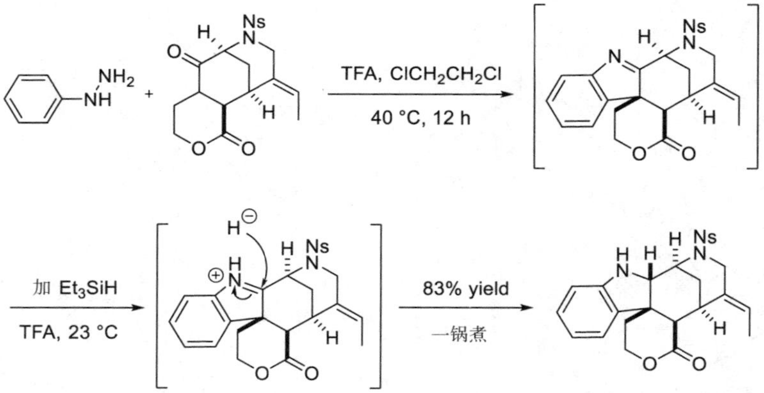

Example 7, 在微流反应器中经由还原间隙性吲哚化反应生成的稠吲哚因环[15]

References

1. (a) Fischer, E.; Jourdan, F. *Ber.* **1883**, *16*, 2241–2245. 无可争议，费歇尔(H. E. Fischer, 1852–1919)是最伟大的有机化学家。他出生于德国邻近波恩的Euskirvhen。他的父亲Lorenz曾这样谈到年幼的他："这个孩子做生意是太蠢了，看在上帝的份上，让他去读书吧。"费歇尔先在波恩读书，后去斯特拉斯堡跟拜耳学习。他因对糖和嘌呤系列的合成成就获得1902年度的诺贝尔化学奖，他的导师拜耳三年后也获得了诺贝尔化学奖。第一次世界大战中他不幸失去了儿子和他所有的财产，战后他就自尽了。(b) Fischer, E.; Hess, O. *Ber.* **1884**, *17*, 559.
2. Robinson, B. *The Fisher Indole Synthesis,* Wiley: New York, NY, **1982**. (Book).
3. Martin, M. J.; Trudell, M. L.; Arauzo, H. D.; Allen, M. S.; LaLoggia, A. J.; Deng, L.; Schultz, C. A.; Tan, Y.; Bi, Y.; Narayanan, K.; Dorn, L. J.; Koehler, K. F.; Skolnick, P.; Cook, J. M. *J. Med. Chem.* **1992**, *35*, 4105–4117.
4. Hughes, D. L. *Org. Prep. Proc. Int.* **1993**, *25*, 607–632. (Review).
5. Bosch, J.; Roca, T.; Armengol, M.; Fernández-Forner, D. *Tetrahedron* **2001**, *57*, 1041–1048.
6. Ergün, Y.; Patir, S.; Okay, G. *J. Heterocycl. Chem.* **2002**, *39*, 315–317.
7. Pete, B.; Parlagh, G. *Tetrahedron Lett.* **2003**, *44*, 2537–2539.
8. Li, J.; Cook, J. M. *Fischer Indole Synthesis*. In *Name Reactions in Heterocyclic Chemistry*; Li, J. J., Ed.; Wiley: Hoboken, NJ, **2005**, pp 116–127. (Review).
9. Borregán, M.; Bradshaw, B.; Valls, N.; Bonjoch, J. *Tetrahedron: Asymmetry* **2008**, *19*, 2130–2134.
10. Boal, B. W.; Schammel A. W.; Garg, N. K. *Org. Lett.* **2013**, *11*, 3458–3461.
11. Donald, J. R.; Taylor, R. J. K. *Synlett* **2009**, 59–62.
12. Adams, G. L.; Carroll, P. J.; Smith, A. B. III *J. Am. Chem. Soc.* **2013**, *135*, 519–523.
13. Yang, X.; Zhang, X.; Yin, D. *Org. Process Res. Dev.* **2018**, *22*, 1115–1118.
14. Picazo, E.; Morrill, L. A.; Susick, R. B.; Moreno, J.; Smith, J. M.; Garg, N. K. *J. Am. Chem. Soc.* **2018**, *149*, 6483–56492.
15. Duong, A. T.-H.; Simmons, B. J.; Alam, M. P.; Campagna, J.; Garg, N. K.; John, V. *Tetrahedron Lett.* **2019**, *60*, 322–326.
16. Ghiyasabadi, Z.; Bahadorikhalili, S.; Saeedi, M.; Karimi-Niyazagheh, M.; Mirfazli, S. S. *J. Heterocycl. Chem.* **2020**, *57*, 606–610.

Friedel–Crafts 反应

Friedel–Crafts 酰基化反应

Lewis 酸存在下芳香族底物与酰氯或酸酐反应生成酰基化芳香族产物。

Example 1, 分子间 Friedel–Crafts 酰基化反应[6]

Example 2, 分子内 Friedel–Crafts 酰基化反应[7]

Example 3, 分子内 Friedel–Crafts 酰基化反应[8]

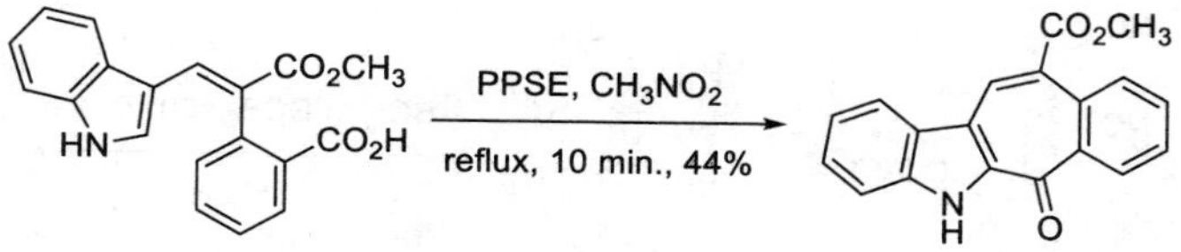

Example 4, 分子内 Friedel–Crafts 酰基化反应[9]

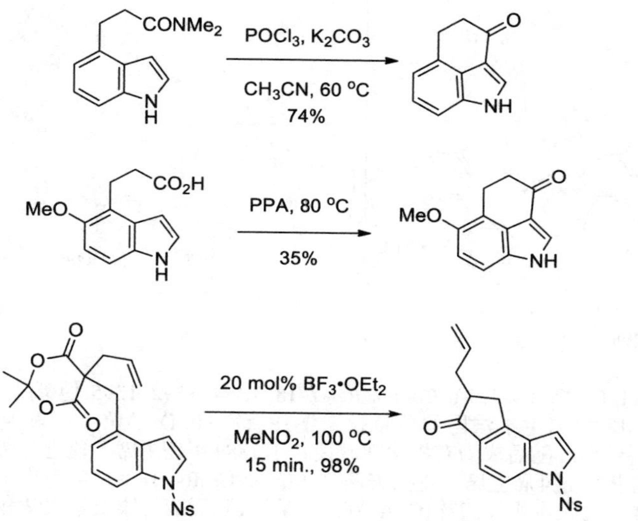

Example 5, 酰基离子的"动力学捕获"[11]

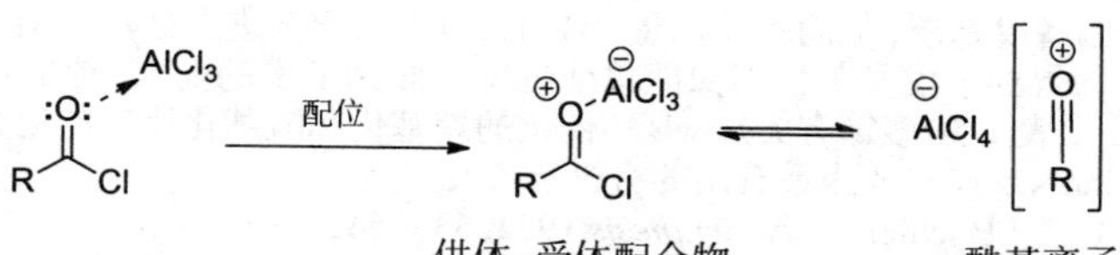

供体-受体配合物　　　酰基离子

Example 6, 经由 Friedel–Crafts 酰基化反应再在温和条件下消除而引入一个丙烯酰基[12]

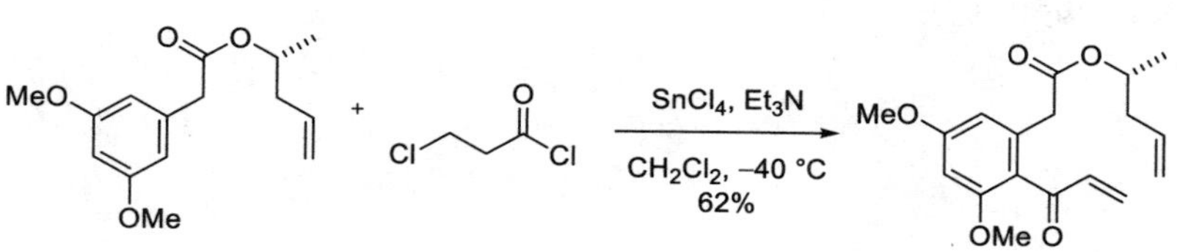

Example 7, 分子内就地发生的Friedel–Crafts酰基化反应[13]

References

1. Friedel, C.; Crafts, J. M. *Compt. Rend.* **1877**, *84*, 1392–1395. 傅瑞特尔 (C. Friedel, 1832–1899) 出生于法国的斯特拉斯堡并获得 Ph. D. 学位。1869年，他在 Sobonne 跟武慈学习，随后成为有机化学教授并于1884年任主席。他也是法国化学会的发起者，担任过4届主席。克拉夫茨 (J. Mason Crafts, 1839–1917) 出生于麻省的波士顿，年轻时跟本生和武慈 (C. A. Wurts) 学习，随后成为康奈尔大学和MIT的有机化学教授。从1874年到1891年，他在巴黎的 Ecole de Mines 和傅列特尔合作并一起发现了 Friedel–Crafts 反应。克拉夫茨于1892年回到MIT并在后来担任校长一职。Friedel–Crafts 反应是机遇和明锐观测力的结果。1877年，他们都在武慈实验室工作，为了制备戊基碘，他们将戊基氯、铝和碘以苯为溶剂进行处理。结果并未生成戊基碘，却得到了戊基苯！不像简单地将反应倾倒了事的前人，他们仔细探究了该反应。发表了50多篇有关Lewis酸催化的烷基化和酰基化反应的论文及专利。Friedel-Crafts 反应也成为最有用的有机合成反应之一。
2. Pearson, D. E.; Buehler, C. A. *Synthesis* **1972**, 533–542. (Review).
3. Hermecz, I.; Mészáros, Z. *Adv. Heterocycl. Chem.* **1983**, *33*, 241–330. (Review).
4. Metivier, P. *Friedel-Crafts Acylation.* In *Friedel-Crafts Reaction* Sheldon, R. A.; Bekkum, H., eds.; Wiley-VCH: New York. **2001**, pp 161–172. (Review).
5. Basappa; Mantelingu, K.; Sadashira, M. P.; Rangappa, K. S. *Indian J. Chem. B.* **2004**, *43B*, 1954–1957.

6. Olah, G. A.; Reddy, V. P.; Prakash, G. K. S. *Chem. Rev.* **2006,** *106*, 1077–1104. (Review).
7. Simmons, E.M.; Sarpong, R. *Org. Lett.* **2006,** *8*, 2883–2886.
8. Bourderioux, A.; Routier, S.; Beneteau, V.; Merour, J.-Y. *Tetrahedron* **2007,** *63*, 9465–9475.
9. Fillion, E.; Dumas, A. M. *J. Org. Chem.* **2008,** *73*, 2920–2923.
10. de Noronha, R. G.; Fernandes, A. C.; Romao, C. C. *Tetrahedron Lett.* **2009,** *50*, 1407–1410.
11. Huang, Z.; Jin, L.; Han, H.; Lei, A. *Org. Biomol. Chem.* **2013,** *11*, 1810–1814.
12. Allu, S. R.; Banne, S.; Jiang, J.; Qi, N.; He, Y. *J. Org. Chem.* **2019,** *84*, 7227–7237.
13. Tejerina, L.; Martínez-Díaz, M. V.; Torres, T. *Org. Lett.* **2019,** *21*, 2908–2912.
14. Patil, D. V.; Kim, H. Y.; Oh, K. *Org. Lett.* **2020,** *22*, 3018–3022.

Friedel–Crafts 烷基化反应

Lewis 酸存在下芳香族底物与烷基卤、烯烃、炔烃和醇等烷基化试剂反应发生一个烷基被引入芳香环的反应。

Example 1[1]

Example 2, 一个分子内的 Friedel–Crafts 烷基化反应[6]

Example 3, 非对映选择性的 Friedel–Crafts 烷基化反应[7]

Example 4, 经由Friedel−Crafts烷基化反应建立一个季碳中心[8]

Example 5, Friedel−Crafts烷基化反应再进行缩环反应[9]

References

1. Patil, M. L.; Borate, H. B.; Ponde, D. E. *Tetrahedron Lett.* **1999**, *40*, 4437–4438.
2. Meima, G. R.; Lee, G. S.; Garces, J. M. *Friedel−Crafts Alkylation.* In *Friedel−Crafts Reaction* Sheldon, R. A.; Bekkum, H., eds.; Wiley-VCH: New York. **2001**, pp 550–556. (Review).
3. Bandini, M.; Melloni, A. *Angew. Chem. Int. Ed.* **2004**, *43*, 550–556. (Review).
4. Poulsen, T. B.; Jorgensen, K. A. *Chem. Rev.* **2008**, *108*, 2903–2915. (Review).
5. Silvanus, A. C.; Heffernan, S. J.; Liptrot, D. J.; Kociok-Kohn, G.; Andrews, B. I.; Carbery, D. R. *Org. Lett.* **2009**, *11*, 1175–1178.
6. Kargbo, R. B.; Sajjadi-Hashemi, Z.; Roy, S.; Jin, X.; Herr, R. J. *Tetrahedron Lett.* **2013**, *54*, 2018–2021.
7. Dethe, D. H.; Dherange, B. D. *J. Org. Chem.* **2018**, *83*, 3392–3396.
8. Hodges, T. R.; Benjamin, N. M.; Martin, S. F. *Org. Lett.* **2017**, *19*, 2254–2257.
9. Turnu, F.; Luridiana, A.; Cocco, A. *Org. Lett.* **2019**, *21*, 7329–7332.
10. Gallo, R. D. C.; Momo, P. B.; Day, D. P.; Burtoloso, A. C. B. *Org. Lett.* **2020**, *22*, 2339–2343.

Friedländer 喹啉合成反应

亦称Friedländer 缩合反应。α–氨基醛或α–氨基酮和另一个醛或酮与至少一个羰基的α–亚甲基缩合生成一个取代的喹啉。反应可被酸、碱或加热所促进。

Example 1[5]

Example 2[7]

© Springer Nature Switzerland AG 2021
J. J. Li, *Name Reactions*, https://doi.org/10.1007/978-3-030-50865-4_54

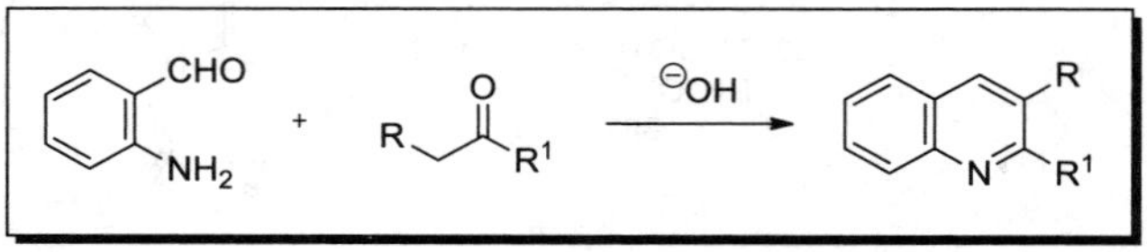

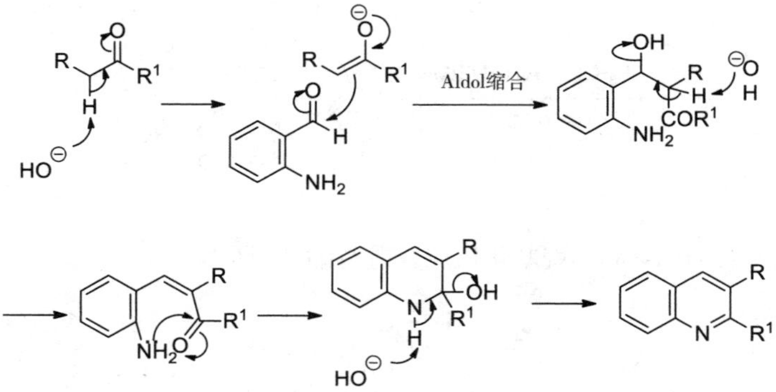

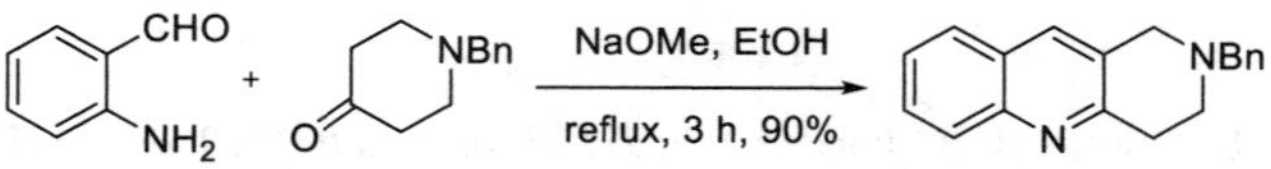

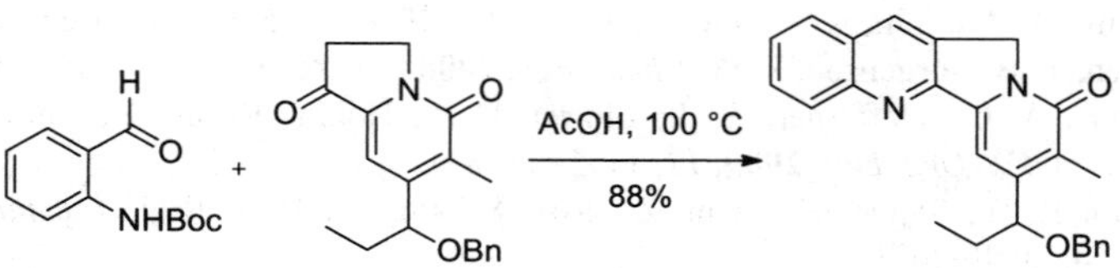

Example 3[8]

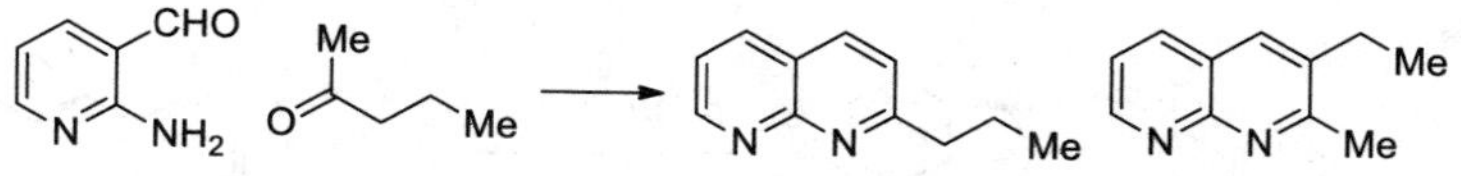

反应条件	转化率	比例
NaOH, rt	> 99%	37:63
吡咯烷, 5% H$_2$SO$_4$, rt	97%	86:14
TBAO, 5% H$_2$SO$_4$, rt	> 99%	87:13
TBAO, 5% H$_2$SO$_4$, slow addition, 65 °C	> 99%	94:6

Example 4[10]

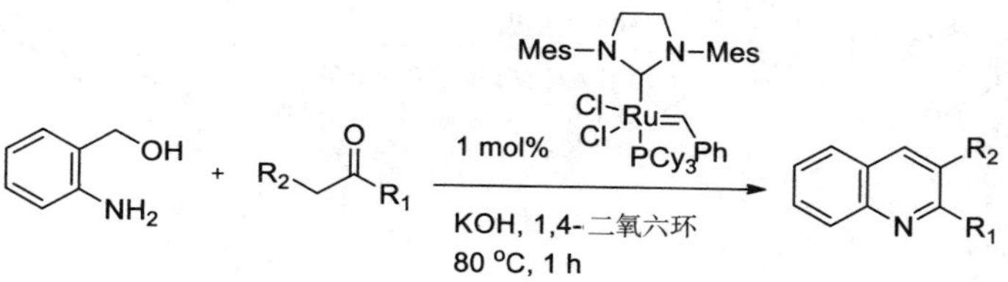

Example 5, 使用T3P作为偶联剂[11]

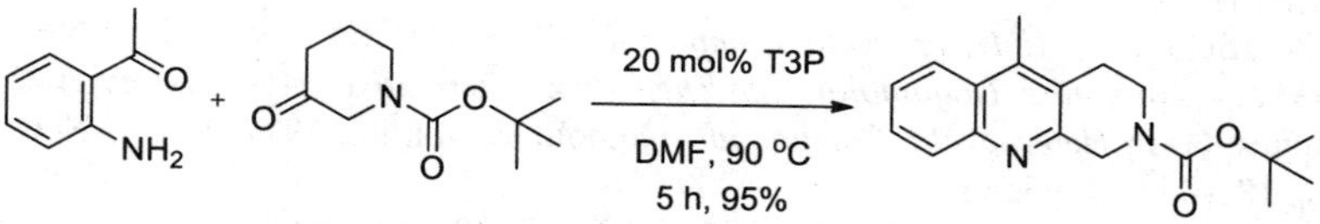

Example 6, 水相中NHC−Cu(Ⅰ)催化的氟代邻氨基苯基酮与炔烃发生的Friedländer类环化反应[12]

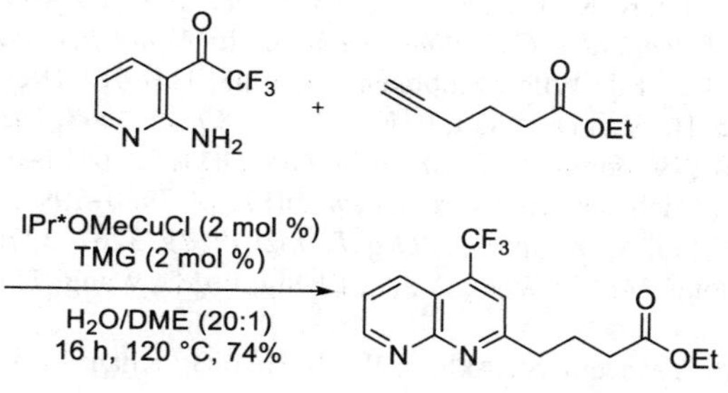

Example 7, 用于一款杀虫丹，长春布宁[(+)–eburnamonine]的全合成[13]

Example 8, 有机催化下具阻转异构选择性的Friedländer 喹啉杂环化反应[14]

References

1. Friedländer, P. *Ber.* **1882**, *15*, 2572–2575. 傅瑞德兰特(P. Friedländer, 1857–1923)出生于普鲁士的Konigsburg，曾跟Carl Graebe 和拜耳学习，喜爱音乐，是一个颇有造诣的钢琴家。
2. Elderfield, R. C. In *Heterocyclic Compounds*, Elderfield, R. C., ed.; Wiley: New York, **1952**, *4*, *Quinoline, Isoquinoline and Their Benzo Derivatives*, 45–47. (Review).
3. Jones, G. In *Heterocyclic Compounds*, Quinolines, vol. 32, **1977**; Wiley: New York, pp 181–191. (Review).
4. Cheng, C.-C.; Yan, S.-J. *Org. React.* **1982**, *28*, 37–201. (Review).
5. Shiozawa, A.; Ichikawa, Y.-I.; Komuro, C. *Chem. Pharm. Bull.* **1984**, *32*, 2522–2529.
6. Gladiali, S.; Chelucci, G.; Mudadu, M. S. *J. Org. Chem.* **2001**, *66*, 400–405.
7. Henegar, K. E.; Baughman, T. A. *J. Heterocycl. Chem.* **2003**, *40*, 601–605.
8. Dormer, P. G.; Eng, K. K.; Farr, R. N. *J. Org. Chem.* **2003**, *68*, 467–477.
9. Pflum, D. A. *Friedländer Quinoline Synthesis*. In *Name Reactions in Heterocyclic Chemistry*; Li, J. J., Ed.; Wiley: Hoboken, NJ, **2005**, 411–415. (Review).
10. Vander Mierde, H.; Van Der Voot, P. *Eur. J. Org. Chem.* **2008**, 1625–1631.
11. Augustine, J. K.; Bombrun, A. *Tetrahedron Lett.* **2011**, *52*, 6814–6818.
12. Czerwiński, P.; Michalak, M. *J. Org. Chem.* **2017**, *82*, 7980–7997.
13. Pandey, G.; Mishra, A.; Khamrai, J. *Org. Lett.* **2017**, *19*, 3267–3270.
14. Shao, Y.-D.; Dong, M. M.; Wang, Y.-A.; Cheng, P.-M.; Wang, T. *Org. Lett.* **2019**, *21*, 4831–4836.
15. Nainwal, L. M.; Tasneem, S.; Akhtar, W.; Verma, G.; Khan, M. F.; Parvez, S. *Eur. J. Med. Chem.* **2019**, *164*, 121–170. (Review).

Fries 重排反应

Lewis 酸催化的酚酯和内酰胺重排为2-羰基酚或4-羰基酚的反应，亦称 Fries–Finck 重排反应。

Example 1[5]

Example 2[6]

[structure: 1,4-diacetoxynaphthalene] → 10% Bi(OTf)$_3$, PhMe, 110 °C, 15 h, 64% → [2-acetyl-1-hydroxy-4-acetoxynaphthalene]

Example 3, 光促Fries重排反应[7]

[N-(naphthalen-1-yl)-2-phenylacetamide] → 低压汞灯, 254 nM, MeCN, 36 h, 65% → [1-amino-2-(phenylacetyl)naphthalene]

Example 4, 邻位Fries重排反应[8]

[aryl propynyl ketone with OCONEt$_2$ and two OMe groups] → 2.1 equiv LTMP, −78 °C to rt, 97% → [chromone product with CONEt$_2$]

Example 5, 硫杂Fries重排反应[9]

[2-chlorophenyl triflate] → LDA, THF, −78 °C then H$_3$O$^+$, 80% → [2-chloro-6-(trifluoromethylsulfonyl)phenol]

Example 6, 远程负离子硫杂Fries重排反应[10]

[2-(2-(methylsulfonyloxy)phenyl)-1H-indole] → 3 equiv NaH, DMF, 0 °C to rt, 2 h, 64% → [3-(methylsulfonyloxy)-2-(2-hydroxyphenyl)-1H-indole]

Example 7, 一个连串的Snieckus-Fries重排、Si→C负离子重排和Claisen–Schimidt缩合反应[11]

Example 8, 使用NaDA和芳基氨基甲酸酯实现的Snieckus–Fries重排反应[12]

References

1. Fries, K.; Finck, G. *Ber.* **1908**, *41*, 4271–4284. 弗里斯(K. T. Fries, 1875–1962)出生于莱茵河畔Wiesbaden的Kiedrich, 在津克(T. Zincke)指导下获得Ph. D.学位。芬克(G. Finck)也一起发现了酚酯的重排反应, 但他的名字常被忽视。Fries 重排反应还是应该称Fries–Finck 重排反应才更完美。
2. Martin, R. *Org. Prep. Proced. Int.* **1992**, *24*, 369–435. (Review).
3. Boyer, J. L.; Krum, J. E.; Myers, M. C. *J. Org. Chem.* **2000**, *65*, 4712–4714.
4. Guisnet, M.; Perot, G. *The Fries rearrangement*. In *Fine Chemicals through Heterogeneous Catalysis* **2001**, 211–216. (Review).
5. Tisserand, S.; Baati, R.; Nicolas, M. *J. Org. Chem.* **2004**, *69*, 8982–8983.
6. Ollevier, T.; Desyroy, V.; Asim, M.; Brochu, M.-C. *Synlett* **2004**, 2794–2796.
7. Ferrini, S.; Ponticelli, F.; Taddei, M. *Org. Lett.* **2007**, *9*, 69–72.
8. Macklin, T. K.; Panteleev, J.; Snieckus, V. *Angew. Chem. Int. Ed.* **2008**, *47*, 2097–2101.
9. Dyke, A. M.; Gill, D. M.; Harvey, J. N.; Hester, A. J.; Lloyd-Jones, G. C.; Munoz, M. P.; Shepperson, I. R. *Angew. Chem. Int. Ed.* **2008**, *47*, 5067–5070.
10. Xu, X.-H.; Taniguchi, M.; Azuma, A.; Liu, G. K.; Tokunaga, E.; Shibata, N. *Org. Lett.* **2013**, *15*, 686–689.
11. Kumar, S. N.; Bavikar, S. R.; Kumar, C. N. S. S. P.; Yu, I, F.; Chein, R.-J. *Org. Lett.* **2018**, *20*, 5362–5366.
12. Ma, Y.; Woltornist, R. A.; Algera, R. F.; Collum, D. B. *J. Org. Chem.* **2019**, *84*, 9051–9051.
13. Alessi, M.; Patel, J. J.; Zumbansen, K.; Snieckus, V. *Org. Lett.* **2020**, *22*, 2147–2151.

Gabriel 合成反应

邻苯二甲酰亚胺的钾盐和烷基卤反应制备伯胺。

Example 1[2]

Example 2[6]

Example 3[8]

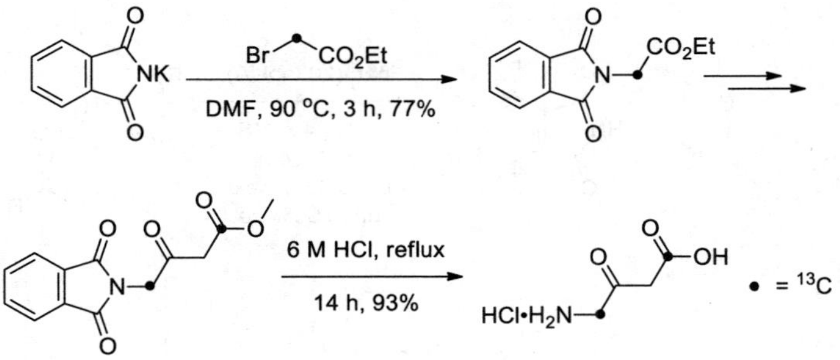

Example 4[9]

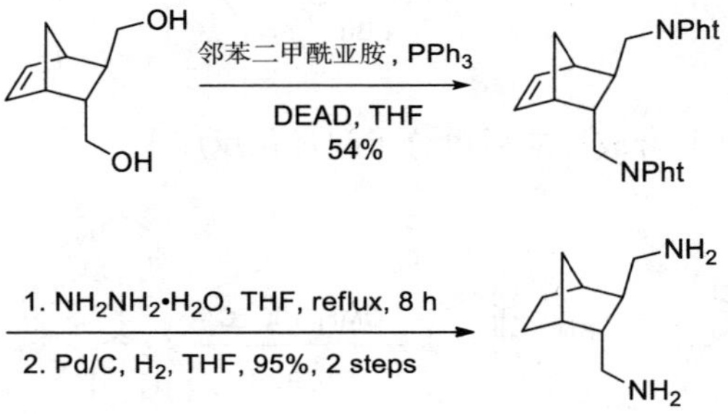

Example 5, 应用于药物化学 [14]

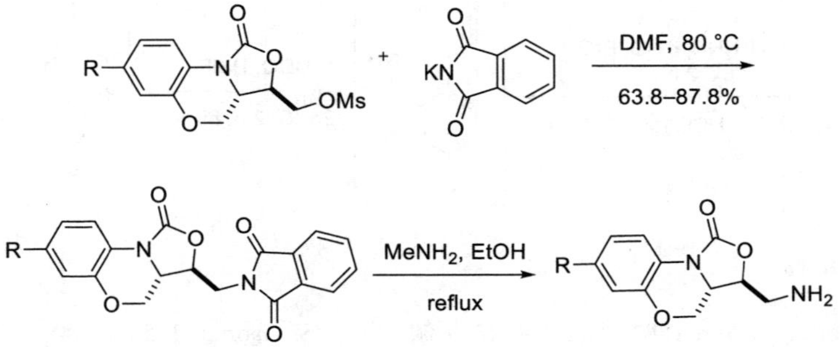

Example 6, 对映选择性 Gabriel 合成 [15]

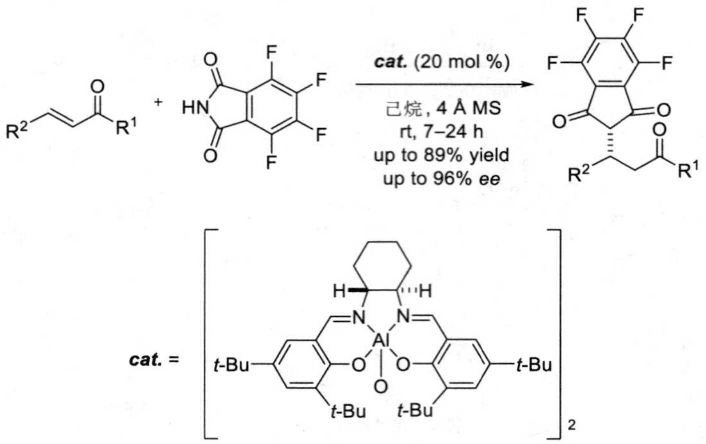

己烷, 4 Å MS
rt, 7–24 h
up to 89% yield
up to 96% ee

Example 7, Gabriel 合成反应后再分子间环化反应 [16]

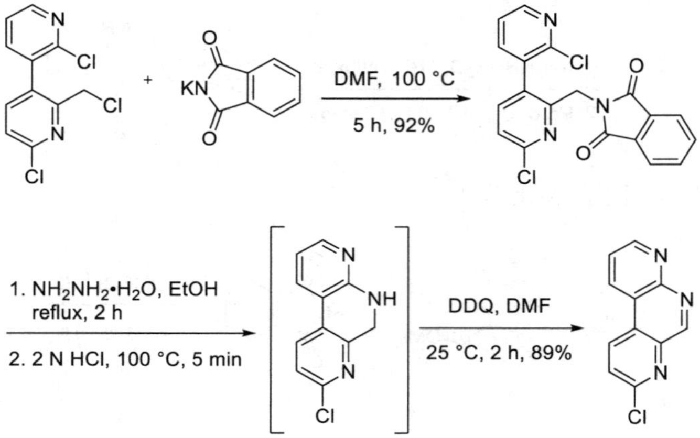

References

1. Gabriel, S. *Ber.* **1887**, *20*, 2224–2226. 伽布列尔 (S. Gabrial, 1851–1924) 出生于德国柏林，先后分别在柏林和海德堡跟霍夫曼、本生学习。他在柏林教学并发现了制备伯胺的 Gabriel 反应。他是费歇尔的好朋友，常常代他去上课教学。
2. Sheehan, J. C.; Bolhofer, V. A. *J. Am. Chem. Soc.* **1950**, *72*, 2786–2788.
3. Han, Y.; Hu, H. *Synthesis* **1990**, 122–124.
4. Ragnarsson, U.; Grehn, L. *Acc. Chem. Res.* **1991**, *24*, 285–289. (Review).
5. Toda, F.; Soda, S.; Goldberg, I. *J. Chem. Soc., Perkin Trans. 1* **1993**, 2357–2361.
6. Sen, S. E.; Roach, S. L. *Synthesis*, **1995**, 756–758.

7. Khan, M. N. *J. Org. Chem.* **1996,** *61*, 8063–8068.
8. Iida, K.; Tokiwa, S.; Ishii, T.; Kajiwara, M. *J. Labelled. Compd. Radiopharm.* **2002,** *45*, 569–570.
9. Tanyeli, C.; Özçubukçu, S. *Tetrahedron Asymmetry* **2003,** *14,* 1167–1170.
10. Ahmad, N. M. *Gabriel synthesis.* In *Name Reactions for Functional Group Transformations*; Li, J. J., Ed.; Wiley: Hoboken, NJ, **2007,** pp 438–450. (Review).
11. Al-Mousawi, S. M.; El-Apasery, M. A.; Al-Kanderi, N. H. *ARKIVOC* **2008,** *(16),* 268–278.
12. Richter, J. M. *Name Reactions in Heterocyclic Chemistry-II*, Li, J. J., Ed.; Wiley: Hoboken, NJ, 2011, pp 11–20. (Review).
13. Cytlak, T.; Marciniak, B.; Koroniak, H. In *Efficient Preparations of Fluorine Compounds*; Roesky, H. W., ed.; Wiley: Hoboken, NJ, (2013), pp 375–378. (Review).
14. Xue, T.; Ding, S.; Guo, B.; Zhou, Y.; Sun, P.; Wang, H.; Chu, W.; Gong, G.; Wang, Y.; Chen, X.; Yang, Y. *J. Med. Chem.* **2014,** *57*, 7770–7791.
15. Avidan-Shlomovich, S.; Ghosh, H.; Szpilman, A. M. *ACS Catal.* **2015,** *5*, 336–342.
16. Fernandez, S.; Ganiek, M. A.; Karpacheva, M.; Hanusch, F. C.; Reuter, S.; Bein, T.; Auras, F.; Knochel, P. *Org. Lett.* **2016,** *18*, 3158–3161.
17. Chen, J.; Park, J.; Kirk, S. M.; Chen, H.-C.; Li, X.; Lippincott, D. J.; Melillo, B.; Smith, A. B. *Org. Process Res. Dev.* **2019,** *23*, 2464–2469.

Ing–Manske 程序

Gabriel 反应的一个变异。肼与相应的邻苯二甲酰亚胺化物反应后给出伯胺。

Example 1[6]

Example 2, 用于制备人类白细胞分化抗原簇(群)4(CD4)受体调节剂[10]

Example 3，用于制备D$_3$多巴胺受体激动剂[11]

N$_2$H$_4$·H$_2$O, EtOH
reflux, 过夜
89%

References

1. Ing, H. R.; Manske, R. H. F. *J. Chem. Soc.* **1926,** 2348–2351. 英格(H. R. Ing)是牛津大学的药理化学(Pharmacological Chemistry at Oxford)教授。他在牛津的同事曼斯克(R. H. F. Manske)原籍德国，去牛津前在加拿大受过训练，后又回到加拿大任Union Rubber Company，Guelph，Ontario的研究主任。
2. Ueda, T.; Ishizaki, K. *Chem. Pharm. Bull.* **1967,** *15*, 228–237.
3. Khan, M. N. *J. Org. Chem.* **1995,** *60*, 4536–4541.
4. Hearn, M. J.; Lucas, L. E. *J. Heterocycl. Chem.* **1984,** *21*, 615–622.
5. Khan, M. N. *J. Org. Chem.* **1996,** *61*, 8063–8063.
6. Tanyeli, C.; Özçubukçu, S. *Tetrahedron: Asymmetry* **2003,** *14*, 1167–1170.
7. Ariffin, A.; Khan, M. N.; Lan, L. C.; May, F. Y.; Yun, C. S. *Synth. Commun.* **2004,** *34*, 4439–4445.
8. Ali, M. M.; Woods, M.; Caravan, P.; Opina, A. C. L.; Spiller, M.; Fettinger, J. C.; Sherry, A. D. *Chem. Eur. J.* **2008,** *14*, 7250–7258.
9. Nagarapu, L.; Apuri, S.; Gaddam, C.; Bantu, R. *Org. Prep. Proc. Int.* **2009,** *41*, 243–247.
10. Chawla, R.; Van Puyenbroeck, V.; Pflug, N. C.; Sama, A.; Ali, R.; Schols, D.; Vermeire, K.; Bell, T. W. *J. Med. Chem.* **2016,** *59*, 2633–2647.
11. Battiti, F. O.; Cemaj, S. L.; Guerrero, A. M.; Shaik, A. B.; Lam, J.; Rais, R.; Slusher, B. S.; Deschamps, J. R.; Imler, G. H.; Newman, A. H.; Bonifazi, A. *J. Med. Chem.* **2019,** *62*, 6287–6314.

Gewald 氨基噻吩合成

酮、腈的 α-活泼亚甲基和硫在碱性促进下生成氨基噻吩的反应。

Example 1[4]

82%，吗啉

Example 2[7]

S_8, EtOH, 吗啉, 60 °C, 5 h, 74%

Example 3[9]

4'-nitroacetophenone + NC-CH2-CN →(HN(TMS)3, HOAc, 甲苯, 65 °C, 90%, Knoevenagel 缩合)→ 2-(4-nitrophenyl)propylidene malononitrile

→(1.2 原子当量 S_8, 1 equiv $NaHCO_3$, THF, H_2O, 80–85%)→ 2-amino-3-cyano-4-(4-nitrophenyl)thiophene

Example 4[10]

3'-(ethoxycarbonyl)acetophenone + NC-CH2-CO_2Et →(3 equiv 吗啉, 1 equiv S_8, 55 °C, 24 h, 85% 转化率, 64% yield)→ ethyl 2-amino-4-(3-(ethoxycarbonyl)phenyl)thiophene-3-carboxylate

Example 5[11]

benzoylacetonitrile + methyl cyanoacetate →(3 equiv 吗啉, 2 equiv S_8, MeOH, 20–45 °C, 24 h, 72%)→ methyl 2-amino-5-cyano-4-phenylthiophene-3-carboxylate

↓ 缩合 → 叶林 (ylidene intermediate)
→ 加硫 → 叶林–硫加成物
↓ 二聚 → 二聚体
→ 再环化 → methyl 2-amino-5-cyano-4-phenylthiophene-3-carboxylate
→ 环化 →

Example 6, N-甲基哌嗪功能化的聚丙烯腈纤维质催化剂[12]

Example 7, NaAlO$_2$是一个环境友好且价廉的催化剂[13]

References

1. (a) Gewald, K. *Z. Chem.* **1962**, *2*, 305–306. (b) Gewald, K.; Schinke, E.; Böttcher, H. *Chem. Ber.* **1966**, *99*, 94–100. (c) Gewald, K.; Neumann, G.; Böttcher, H. *Z. Chem.* **1966**, *6*, 261. (d) Gewald, K.; Schinke, E. *Chem. Ber.* **1966**, *99*, 271–275. 格瓦尔特(K. Gewald, 1930–2017)是Technical University of Dresden教授。
2. Mayer, R.; Gewald, K. *Angew. Chem. Int. Ed.* **1967**, *6*, 294–306. (Review).
3. Gewald, K. *Chimia* **1980**, *34*, 101–110. (Review).
4. Bacon, E. R.; Daum, S. J. *J. Heterocycl. Chem.* **1991**, *28*, 1953–1955.
5. Sabnis, R. W. *Sulfur Rep.* **1994**, *16*, 1–17. (Review).
6. Sabnis, R. W.; Rangnekar, D. W.; Sonawane, N. D. *J. Heterocycl. Chem.* **1999**, *36*, 333–345. (Review).
7. Gütschow, M.; Kuerschner, L.; Neumann, U.; Pietsch, M.; Löser, R.; Koglin, N.; Eger, K. *J. Med. Chem.* **1999**, *42*, 5437.
8. Tinsley, J. M. *Gewald Aminothiophene Synthesis*. In *Name Reactions in Heterocyclic Chemistry*; Li, J. J., Ed.; Wiley: Hoboken, NJ, **2005**, pp 193–198. (Review).
9. Barnes, D. M.; Haight, A. R.; Hameury, T.; McLaughlin, M. A.; Mei, J.; Tedrow, J. S.; Dalla Riva Toma, J. *Tetrahedron* **2006**, *62*, 11311–11319.
10. Tormyshev, V. M.; Trukhin, D. V.; Rogozhnikova, O. Yu.; Mikhalina, T. V.; Troitskaya, T. I.; Flinn, A. *Synlett* **2006**, 2559–2564.
11. Puterová, Z.; Andicsová, A.; Végh, D. *Tetrahedron* **2008**, *64*, 11262–11269.
12. Ma, L.; Yuan, L.; Xu, C.; Li, G.; Tao, M.; Zhang, W. *Synthesis* **2013**, *45*, 45–52.
13. Bai, R.; Liu, P.; Yang, J.; Liu, C.; Gu, Y. *ACS Sustainable Chem. Eng.* **2015**, *3*, 1292–1297.
14. Bozorov, K.; Nie, L. F.; Zhao, J.; Aisa, H. A. *Eur. J. Med. Chem.* **2017**, *140*, 465–493.
15. Shipilovskikh, S. A.; Rubtsov, A. E. *J. Org. Chem.* **2019**, *84*, 15788–15796.
16. Madacsi, R.; Traj, P.; Hackler, L. Jr.; Nagy, L. I.; Kari, B.; Puskas, L. G.; Kanizsai, I. *J. Heterocycl. Chem.* **2020**, *57*, 635–652.

Check for updates

Glaser 偶联反应

有时亦称Glaser–Hey 偶联反应，指两分子端基炔烃在氧气氛中由铜催化发生自氧化偶联反应。

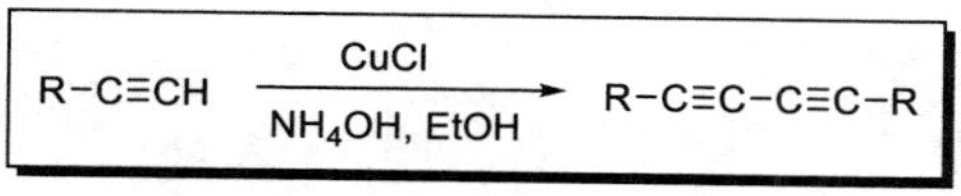
R−C≡CH
CuCl
NH4OH, EtOH
R−C≡C−C≡C−R

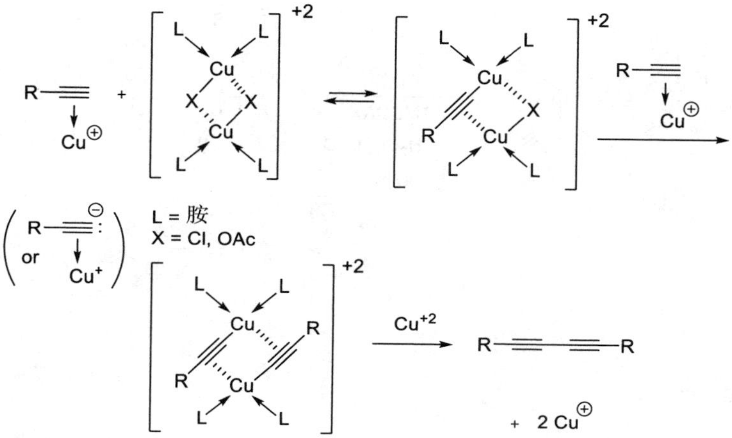
L = 胺
X = Cl, OAc
Cu+2
+ 2 Cu

自由基机理也是可能的：

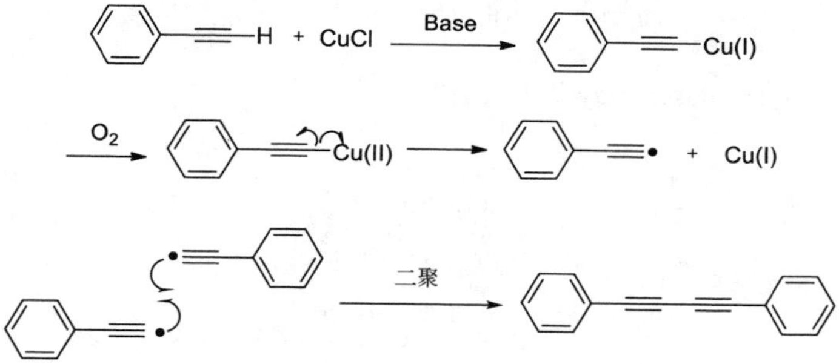
CuCl
Base
Cu(I)
O2
Cu(II)
二聚

Example 1[1]

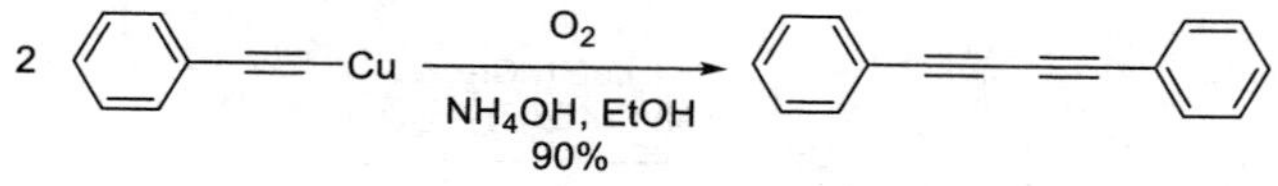
O2
NH4OH, EtOH
90%

© Springer Nature Switzerland AG 2021
J. J. Li, *Name Reactions*, https://doi.org/10.1007/978-3-030-50865-4_58

Example 2, 同偶联[2]

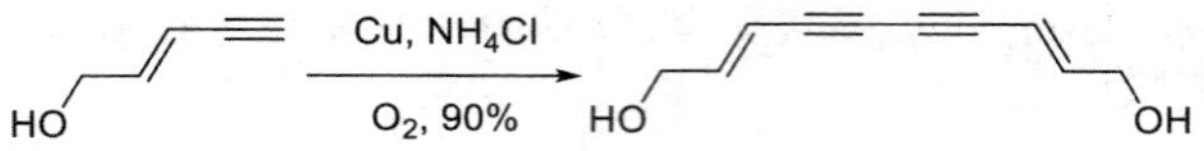

Example 3[7]

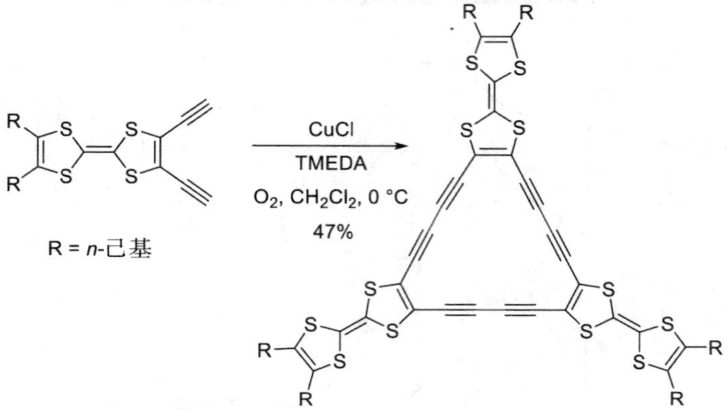

R = n-己基

Example 4[9]

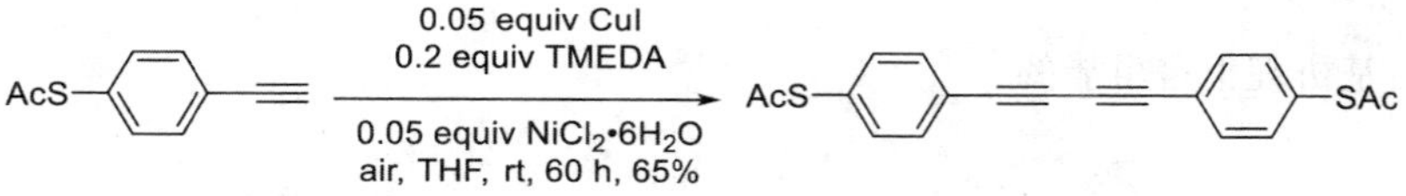

Example 5, 大环 Glaser–Hay 偶联反应[10]

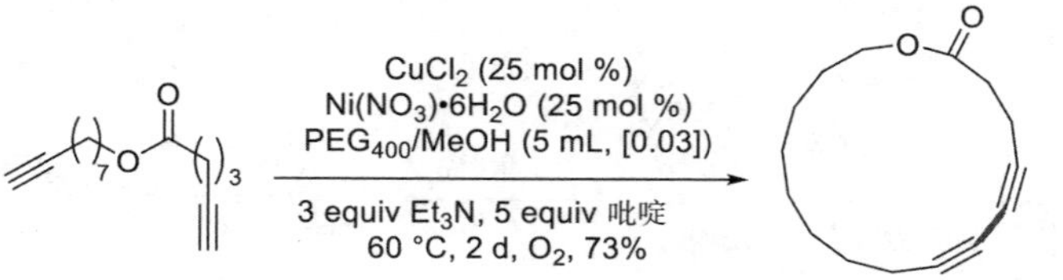

Example 6, 用于制备氨基酸的大环 Glaser–Hay 偶联反应[13]

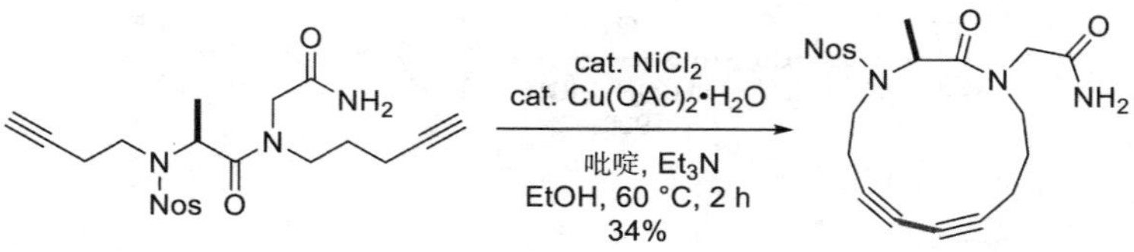

References

1. Glaser, C. *Ber.* **1869,** 2, 422–424. 格拉塞(A. Glaser, 1841-1935)受过李比希(J.von Liebig)和斯特莱克(A. Strecker)指导，1869年发现本反应并成为教授，第一次世界大战后任巴斯夫董事会(Board of BASF)主席。
2. Bowden, K.; Heilbron, I.; Jones, E. R. H.; Sondheimer, F. *J. Chem. Soc.* **1947,** 1583–1590.
3. Hoeger, S.; Meckenstock, A.-D.; Pellen, H. *J. Org. Chem.* **1997,** 62, 4556–4557.
4. Siemsen, P.; Livingston, R. C.; Diederich, F. *Angew. Chem. Int. Ed.* **2000,** 39, 2632–2657. (Review).
5. Youngblood, W. J.; Gryko, D. T.; Lammi, R. K.; Bocian, D. F.; Holten, D.; Lindsey, J. S. *J. Org. Chem.* **2002,** 67, 2111–2117.
6. Moriarty, R. M.; Pavlovic, D. *J. Org. Chem.* **2004,** 69, 5501–5504.
7. Andersson, A. S.; Kilsa, K.; Hassenkam, T.; Gisselbrecht, J.-P.; Boudon, C.; Gross, M.; Nielsen, M. B.; Diederich, F. *Chem. Eur. J.* **2006,** 12, 8451–8459.
8. Gribble, G. W. *Glaser Coupling.* In *Name Reactions for Homologations-Part I*; Li, J. J., Ed.; Wiley: Hoboken, NJ, **2009,** pp 236–257. (Review).
9. Muesmann, T. W. T.; Wickleder, M. S.; Christoffers, J. *Synthesis* **2011,** 2775–2780.
10. Bédard, A.-C.; Collins, S. K. *J. Am. Chem. Soc.* **2011,** 133, 19976–19981.
11. Sindhu, K. S.; Anilkumar, G. *RSC Adv.* **2014,** 4, 27867–27887. (Review).
12. Godin, É.; Bédard, A.-C.; Raymond, M.; Collins, S. K. *J. Org. Chem.* **2017,** 82, 7576–7582.
13. Okorochenkov, S.; Krchňák, V. *ACS Comb. Sci.* **2019,** 21, 316–322.

Eglinton 偶联反应

端基炔烃在氧气氛中由化学剂量或过量的 Cu(OAc)$_2$ 促进发生氧化偶联反应,是 Glaser 偶联反应的变异。

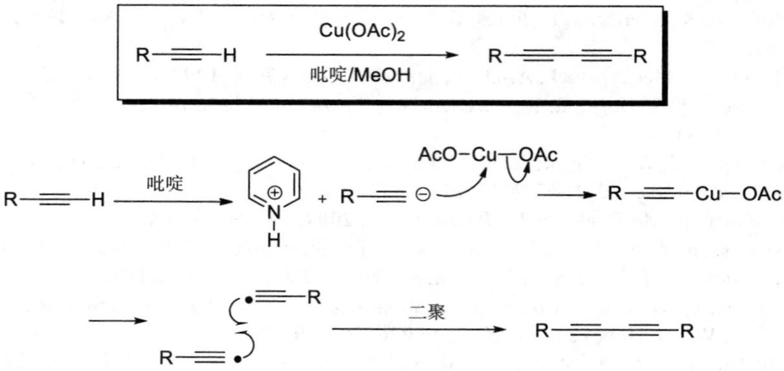

Example 1, 同偶联反应[2]

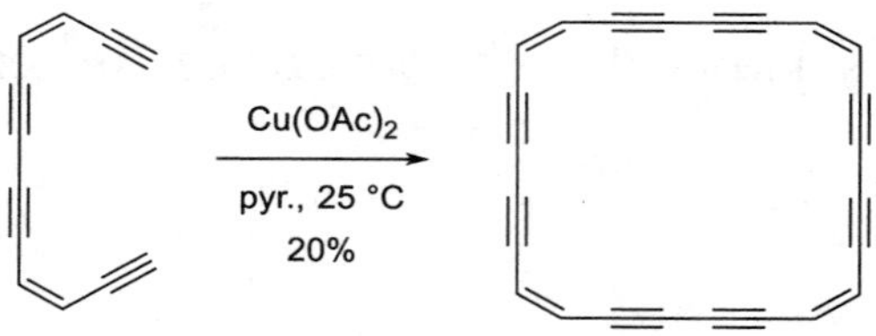

Example 2, 交叉偶联反应[3]

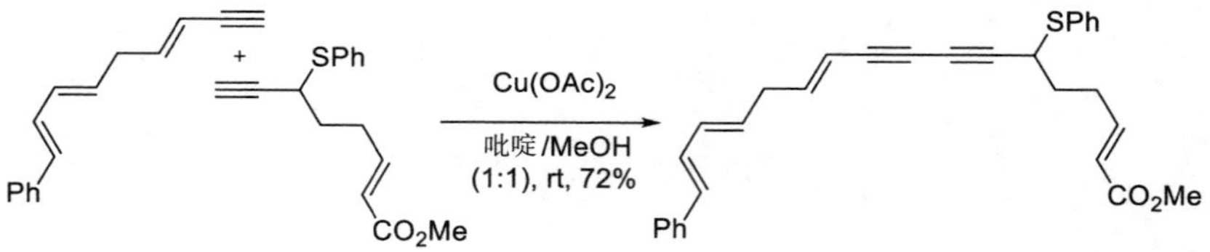

Example 3, 同偶联反应[4]

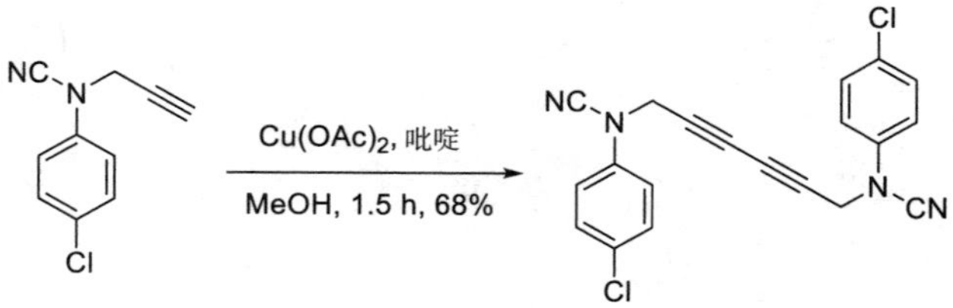

Example 4[5]

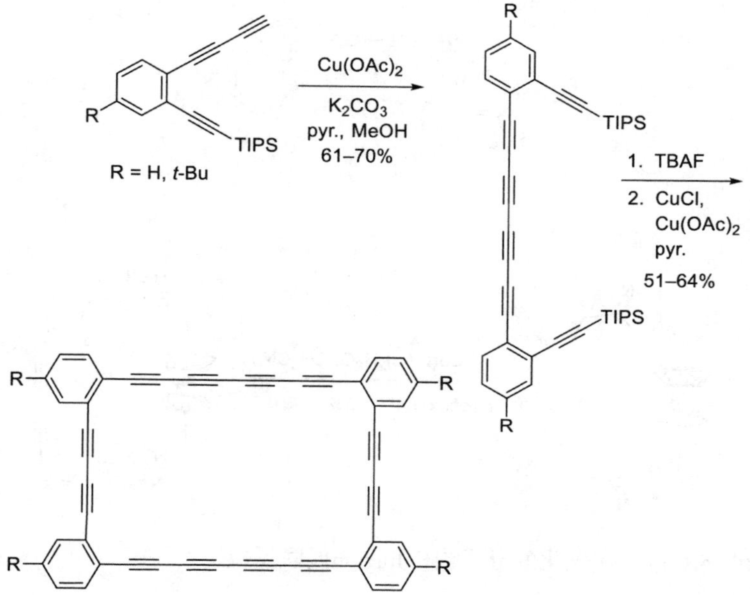

Example 5[11]

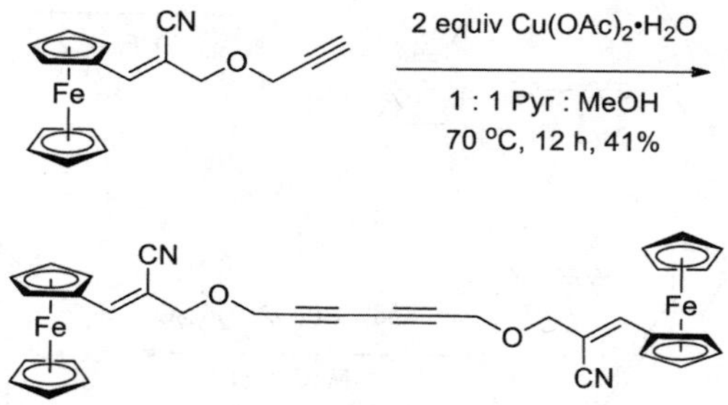

Example 6[12]

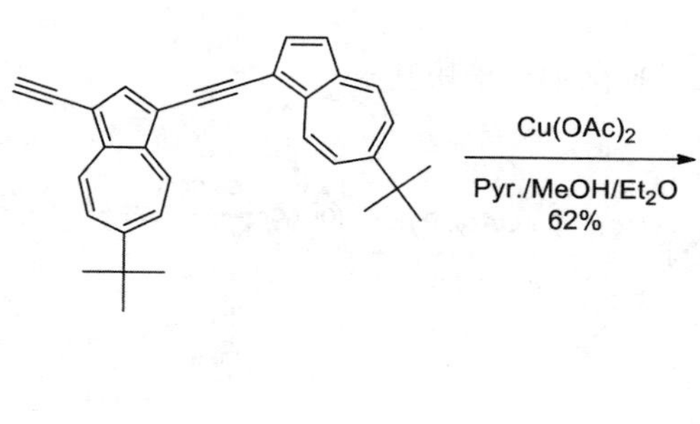

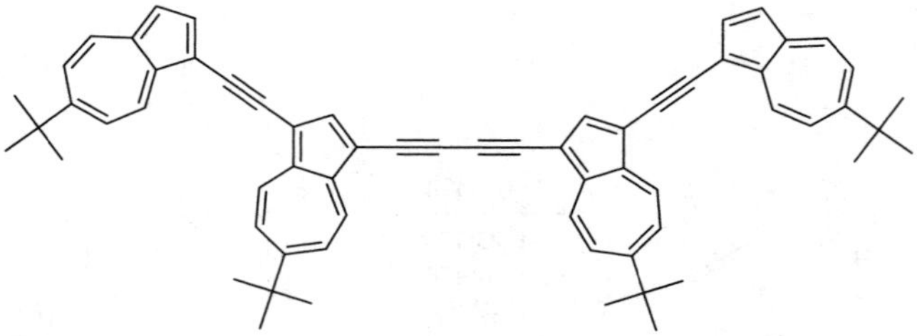

Example 7[13]

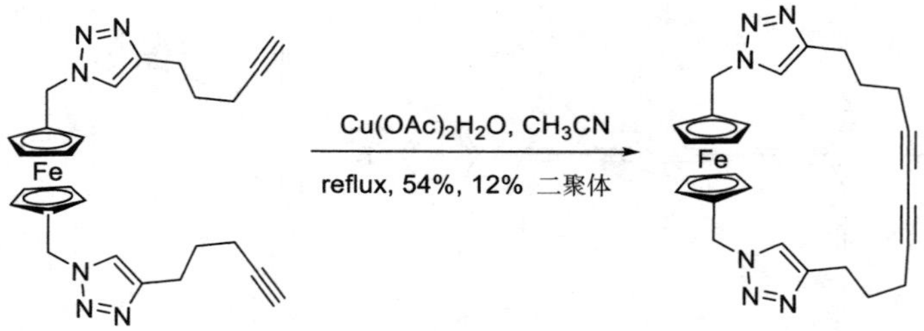

Example 8, Cu(OAc)$_2$催化的分子内Eglington偶联反应[14]

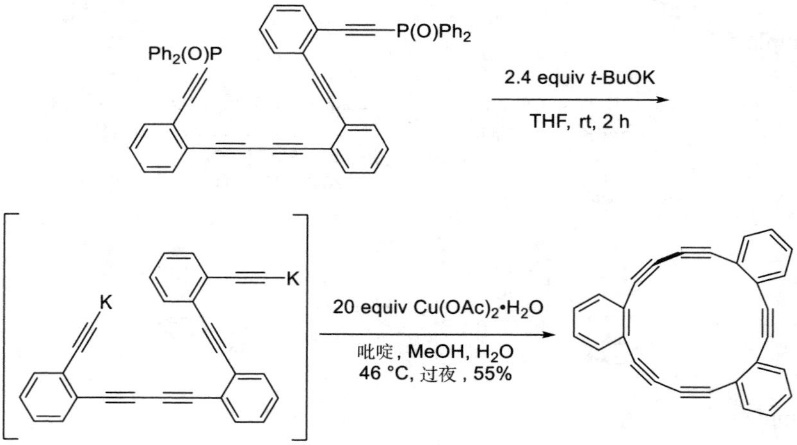

Example 9, 应用二钴掩蔽剂保护炔基[15]

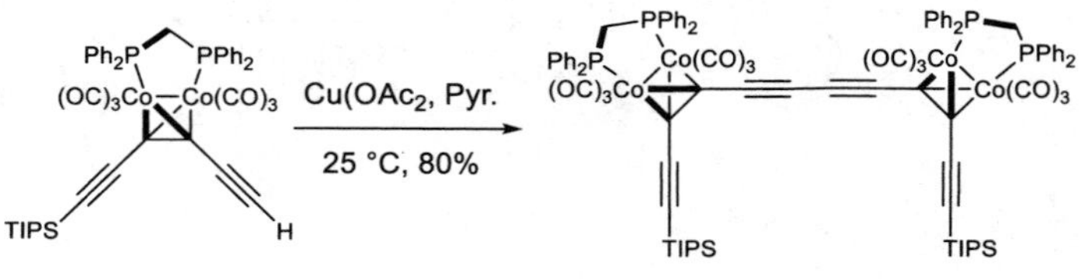

References

1. (a) Eglinton, G.; Galbraith, A. R. *Chem. Ind.* **1956,** 737–738. 埃格林顿(G. Eglinton, 1927-2016)出生于英国威尔士的Cardiff，是布里斯托尔大学的荣誉退休教授。
(b) Behr, O. M.; Eglinton, G.; Galbraith, A. R.; Raphael, R. A. *J. Chem. Soc.* **1960,** 3614–3625. (c) Eglinton, G.; McRae, W. *Adv. Org. Chem.* **1963,** *4*, 225–328. (Review).
2. McQuilkin, R. M.; Garratt, P. J.; Sondheimer, F. *J. Am. Chem. Soc.* **1970,** *92*, 6682–6683.
3. Nicolaou, K. C.; Petasis, N. A.; Zipkin, R. E.; Uenishi, J. *J. Am. Chem. Soc.* **1982,** *104*, 5558–5560.
4. Srinivasan, R.; Devan, B.; Shanmugam, P.; Rajagopalan, K. *Indian J. Chem., Sect. B* **1997,** *36B*, 123–125.
5. Haley, M. M.; Bell, M. L.; Brand, S. C.; Kimball, D. B.; Pak, J. J.; Wan, W. B. *Tetrahedron Lett.* **1997,** *38*, 7483–7486.
6. Nakanishi, H.; Sumi, N.; Aso, Y.; Otsubo, T. *J. Org. Chem.* **1998,** *63*, 8632–8633.
7. Kaigtti-Fabian, K. H. H.; Lindner, H.-J.; Nimmerfroh, N.; Hafner, K. *Angew. Chem. Int. Ed.* **2001,** *40*, 3402–3405.
8. Siemsen, P.; Livingston, R. C.; Diederich, F. *Angew. Chem. Int. Ed.* **2000,** *39*, 2632–2657. (Review).
9. Inouchi, K.; Kabashi, S.; Takimiya, K.; Aso, Y.; Otsubo, T. *Org. Lett.* **2002,** *4*, 2533–2536.
10. Xu, G.-L.; Zou, G.; Ni, Y.-H.; DeRosa, M. C.; Crutchley, R. J.; Ren, T. *J. Am. Chem. Soc.* **2003,** *125*, 10057–10065.
11. Shanmugam, P.; Vaithiyananthan, V.; Viswambharan, B.; Madhavan, S. *Tetrahedron Lett.* **2007,** *48*, 9190–9194.
12. Miljanic, O. S.; Dichtel, W. R.; Khan, S. I.; Mortezaei, S.; Heath, J. R.; Stoddart, J. F. *J. Am. Chem. Soc.* **2007,** *129*, 8236–8246.
13. White, N. G.; Beer, P. D. *Beilst. J. Org. Chem.* **2012,** *8*, 246–252.
14. Peng, L.; Xu, F.; Suzuma, Y.; Orita, A.; Otera, J. *J. Org. Chem.* **2013,** *78*, 12802–12808.
15. Kohn, D. R.; Gawel, P.; Xiong, Y.; Christensen, K. E.; Anderson, H. L. *J. Org. Chem.* **2018,** *83*, 2077–2086.
16. Zhang, S.; Zhao, L. *Nat. Commun.* **2019,** *10*, 1–10.
17. Gu, M.-D.; Lu, Y.; Wang, M.-X. *J. Org. Chem.* **2020,** *85*, 2312–2320.

Gould–Jacobs 反应

Gould–Jacobs反应涉及如下顺序反应：
a. 苯胺用烷氧基亚甲基丙二酸酯或酰基丙二酸酯取代生成苯胺基亚甲基丙二酸酯；
b. 环化为4-羟基-3-烷氧羰基喹啉(4-羟基主要以羰基形式存在)；
c. 皂化为酸；
d. 脱羧给出4-羟基喹啉。反应可扩展为Skraup一类无取代的带吡啶稠合的杂环化合物。

R = 烷基；R′ = 烷基、芳基或 H；R″ = 烷基或 H

Example 1[3]

Example 2[7]

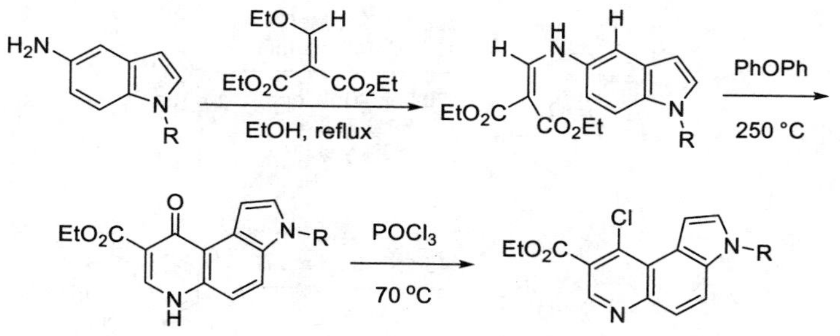

Example 3, 微波促进的 Gould–Jacobs 反应[8]

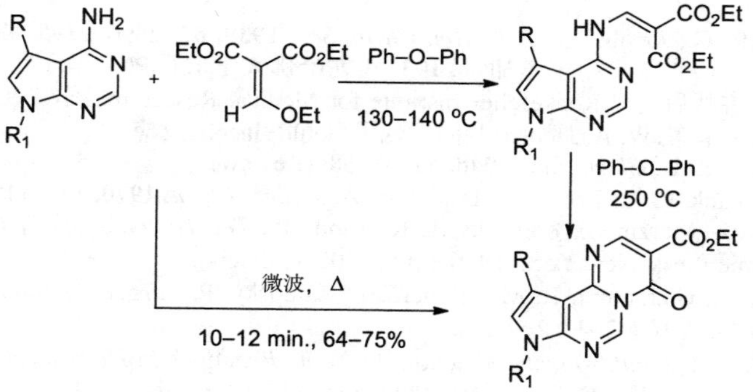

Example 4[9]

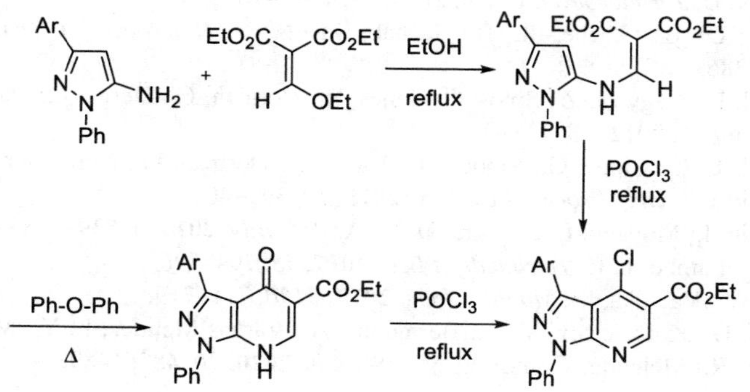

Example 5, 在一种新颖的三模式裂解器中进行Gould–Jacobs反应[11]

流动反应器, MeCN
150 °C, 0.5 mL/min

80 bar, 4 mL loop
99% 转化率
83% yield

FVP
450 °C, 0.25 mbar

99% 转化率
86% yield

References

1. Gould, R. G.; Jacobs, W. A. *J. Am. Chem. Soc.* **1939**, *61*, 2890–2895. 古尔特(R. G. Gould)于1909年出生于芝加哥, 1933年在哈佛大学取得Ph.D.学位。在哈佛和艾奥瓦任讲师后再到Rockefelier Institute for Medical Research工作并在该研究所与其同事杰卡布(W. A. Jacobs)共同发现了Gould–Jacobs反应。
2. Reitsema, R. H. *Chem. Rev.* **1948**, *53*, 43–68. (Review).
3. Cruickshank, P. A., Lee, F. T., Lupichuk, A. *J. Med. Chem.* **1970**, *13*, 1110–1114.
4. Elguero J., Marzin C., Katritzky A. R., Linda P., *The Tautomerism of Heterocycles*, Academic Press, New York, **1976**, pp 87–102. (Review).
5. Milata, V.; Claramunt, R. M.; Elguero, J.; Zálupský, P. *Targets in Heterocyclic Systems* **2000**, *4*, 167–203. (Review).
6. Curran, T. T. *Gould–Jacobs Reaction*. In *Name Reactions in Heterocyclic Chemistry*; Li, J. J., Ed.; Wiley: Hoboken, NJ, **2005,** 423–436. (Review).
7. Ferlin, M. G.; Chiarelotto, G.; Dall'Acqua, S.; Maciocco, E.; Mascia, M. P.; Pisu, M. G.; Biggio, G. *Bioorg. Med. Chem.* **2005**, *13*, 3531–3541.
8. Desai, N. D. *J. Heterocycl. Chem.* **2006**, *43*, 1343–1348.
9. Kendre, D. B.; Toche, R. B.; Jachak, M. N. *J. Heterocycl. Chem.* **2008,** *45*, 1281–1286.
10. Lengyel, L.; Nagy, T. Z.; Sipos, G.; Jones, R.; Dormán, G.; Üerge, L.; Darvas, F. *Tetrahedron Lett.* **2012,** *53*, 738–743.
11. Lengyel, L. C.; Sipos, G.; Sipőcz, T.; Vágó, T.; Dormán, G.; Gerencsér, J.; Makara, G.; Darvas, F. *Org. Process Res. Dev.* **2015,** *19*, 399–409.
12. Malvacio, I.; Moyano, E. L.; Vera, D. M. A. *RSC Adv.* **2016,** *6*, 83973–83981.
13. Trah, S.; Lamberth, C. *Tetrahedron Lett.* **2017,** *58*, 794–796.
14. Milata, V.; Vaculka, M. *Monat. Chem.* **2019,** *5150*, 711–719.
15. Orozco, D.; Kouznetsov, V. V.; Bermudez, A.; Vargas Mendez, L. Y.; Mendoza Salgado, A. R.; Melendez Gomez, C. M. *RSC Adv.* **2020,** *10*, 4876–4898.

Grignard 反应

由有机卤代物和镁金属制得的有机镁化合物(格氏试剂)对亲电物种的加成反应。

$$R-X \xrightarrow{Mg(0)} R-MgX \xrightarrow{R^1COR^2} \underset{OH}{R^1 R^2 \atop R}$$

生成格氏试剂：

$$\text{///Mg//Mg///} + R-X \longrightarrow \text{///Mg··Mg///} \cdots R \cdots X$$

$$\xrightarrow[\text{SET}]{\text{SET}} \text{///Mg//Mg///} + R\cdot \ \cdot MgX \longrightarrow R-MgX$$

格氏反应，离子机理：

$$\underset{R-MgX}{R^2 \underset{\delta^-}{\overset{\delta^+}{C}} O \atop \delta^- \ \delta^+} \longrightarrow \left[\underset{R-MgX}{R^2 \atop R^1} \underset{O}{C} \right]^{\ddagger} \longrightarrow \underset{OMgX}{R^1 R^2 \atop R}$$

自由基机理：

$$\underset{R\cdot MgX}{R^2 \atop R^1} C=O \longrightarrow \underset{MgX}{R^2 \atop R^1} \underset{O}{C} \cdot R \cdot \longrightarrow \underset{OMgX}{R^1 R^2 \atop R} \xrightarrow{H^{\oplus}} \underset{OH}{R^1 R^2 \atop R}$$

Example 1[4]

金刚烷酮肟 $\xrightarrow[\text{reflux, 甲苯/醚, 76\%}]{\text{EtMgBr}}$ 氮杂环丙烷产物

这个反应又称 Hoch–Cambell 氮杂环丙烷合成反应，酮肟与过量格氏试剂反应接着水解生成氮杂环丙烷；

Example 2[5]

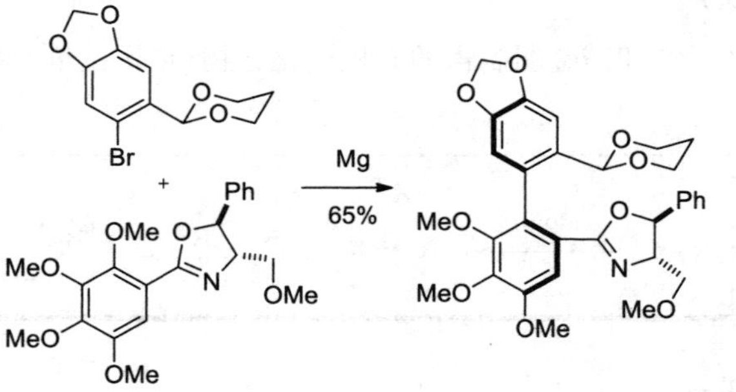

Example 5[10]

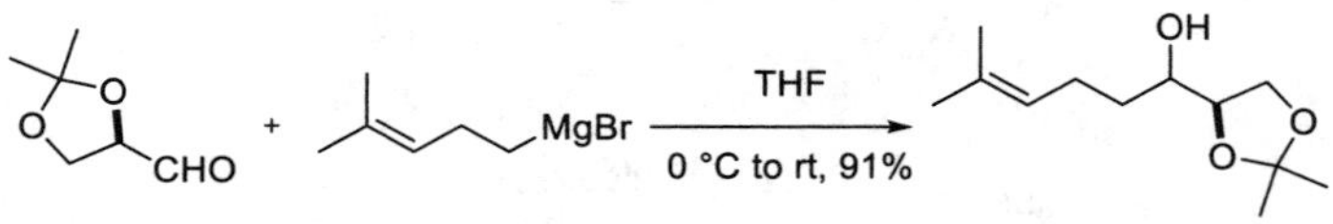

Example 6[11]

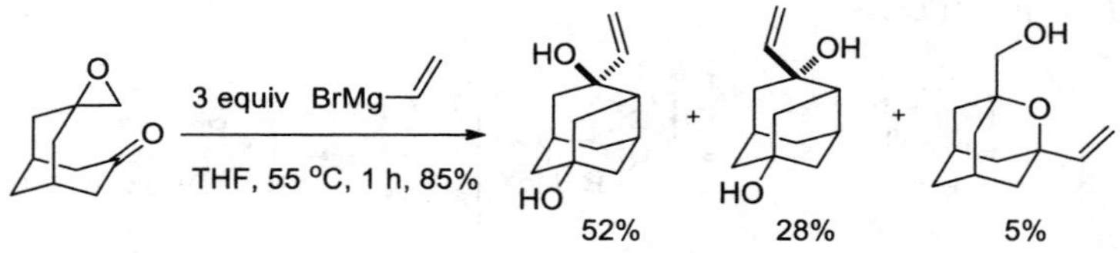

Example 7, 不对称共轭加成[12]

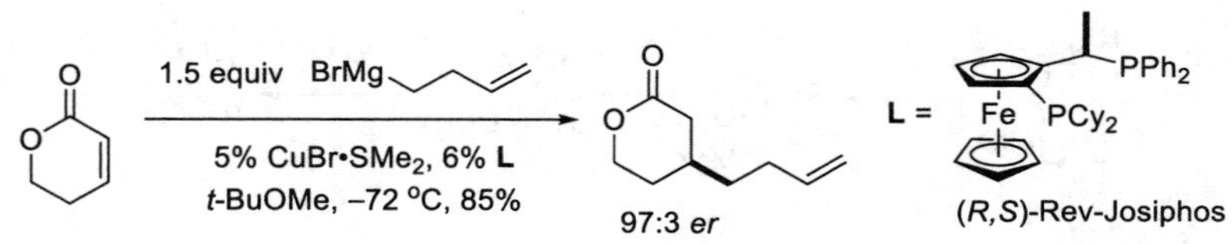

Example 7, 铜化物催化下格氏试剂参与的位置选择性和对映选择性的烯丙基化反应[13]

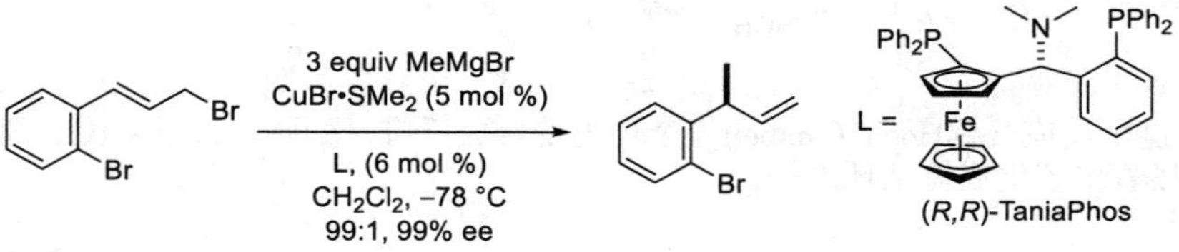

Example 8, 格氏试剂对脂肪族醛的加成反应未涉及单电子转移过程[14]

（反应式：2,2-二苯基环丙烷甲醛 + 烯丙基MgBr (3 equiv), THF, rt, 83% → 加成产物，syn/anti = 68:32，无开环产物）

（反应式：2,2-二苯基环丙烷甲醛 + Ph₃CMgBr (3 equiv), THF, rt, 38% → 加成产物，syn/anti = 77:23，无开环产物）

Example 9, 碳酸单甲酯钠是一个有效的C1源[15]

（反应式：环己烯基乙炔基MgBr + MeOC(O)ONa (2 equiv), THF, rt, 24 h, 83% → 环己烯基丙炔酸）

（反应式：PhCH₂CH₂MgBr + MeOC(O)ONa (2 equiv), THF, rt, 24 h → [PhCH₂CH₂C(O)OM], M = Na or MgBr）

（反应式：正己基Li, THF, rt, 24 h, 37% → PhCH₂C(O)C₈H₁₇）

Example 10, 格氏羧基化反应[16]

（反应式：2-碘-1,3,5-三(2H-1,2,3-三唑-2-基)苯 + 1. i-PrMgCl (1.05 equiv), THF, 4 °C；2. CO_2, −25 °C, 97% → 2,4,6-三(2H-1,2,3-三唑-2-基)苯甲酸）

References

1. Grignard, V. *C. R. Acad. Sci.* **1900,** *130*, 1322–1324.法国人格利雅(Victor Grignard, 1871–1935)是P. Barbier(Barbier反应的发现者)的同事, 于1912年因格氏试剂的成就获得诺贝尔化学奖。
2. Ashby, E. C.; Laemmle, J. T.; Neumann, H. M. *Acc. Chem. Res.* **1974,** *7*, 272–280. (Review).
3. Ashby, E. C.; Laemmle, J. T. *Chem. Rev.* **1975,** *75*, 521–546. (Review).
4. Sasaki, T.; Eguchi, S.; Hattori, S. *Heterocycles* **1978,** *11*, 235–242.
5. Meyers, A. I.; Flisak, J. R.; Aitken, R. A. *J. Am. Chem. Soc.* **1987,** *109*, 5446–5452.
6. *Grignard Reagents* Richey, H. G., Jr., Ed.; Wiley: New York, **2000**. (Book).
7. Holm, T.; Crossland, I. In *Grignard Reagents* Richey, H. G., Jr., Ed.; Wiley: New York, **2000,** Chapter 1, pp 1–26. (Review).
8. Shinokubo, H.; Oshima, K. *Eur. J. Org. Chem.* **2004,** 2081–2091. (Review).
9. Graden, H.; Kann, N. *Cur. Org. Chem.* **2005,** *9*, 733–763. (Review).
10. Babu, B. N.; Chauhan, K. R. *Tetrahedron Lett.* **2008,** *50*, 66–67.
11. Mlinaric-Majerski, K.; Kragol, G.; Ramljak, T. S. *Synlett* **2008,** 405–409.
12. Mao, B.; Fañanás-Mastral, M.; Feringa, B. L. *Org. Lett.* **2013,** *15*, 286–289.
13. van der Molen, N. C.; Tiemersma-Wegman, T. D.; Fañanás-Mastral, M.; Feringa, B. L. *J. Org. Chem.* **2015,** *80*, 4981–4984.
14. Otte, D. A. L.; Woerpel, K. A. *Org. Lett.* **2015,** *17*, 3906–3909.
15. Hurst, T. E.; Deichert, J. A.; Kapeniak, L.; Lee, R.; Harris, J.; Jessop, P. G.; Snieckus, V. *Org. Lett.* **2019,** *21*, 3882–3885.
16. Roth, R.; Schmidt, G.; Prud'homme, A.; Abele, S. *Org. Process Res. Dev.* **2019,** *23*, 234–243.
17. Hosoya, M.; Nishijima, S.; Kurose, N. *Org. Process Res. Dev.* **2020,** *24*, 405–414.

Grob 碎片化反应

主要包括一个涉及五原子体系协同过程的C—C键裂解反应。

通式：

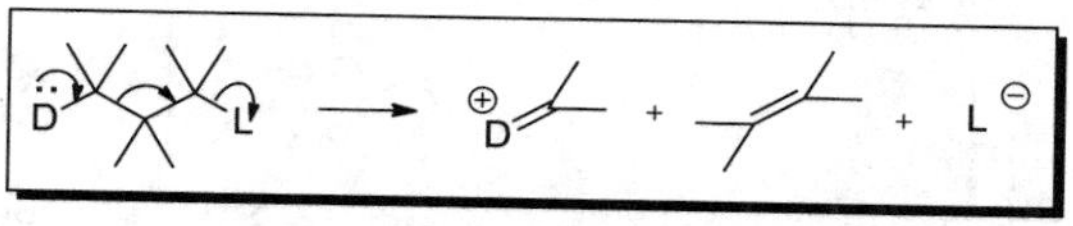

D = O^-, NR_2; L = OH_2^+, OTs, I, Br, Cl

Example 1[2]

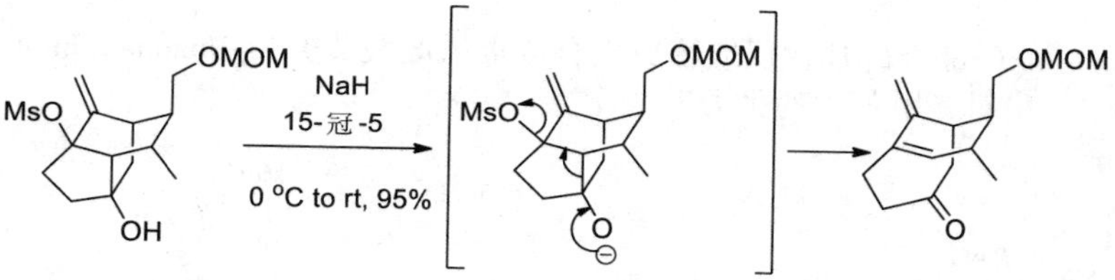

Example 2, *N*–Grob碎片化反应[3]

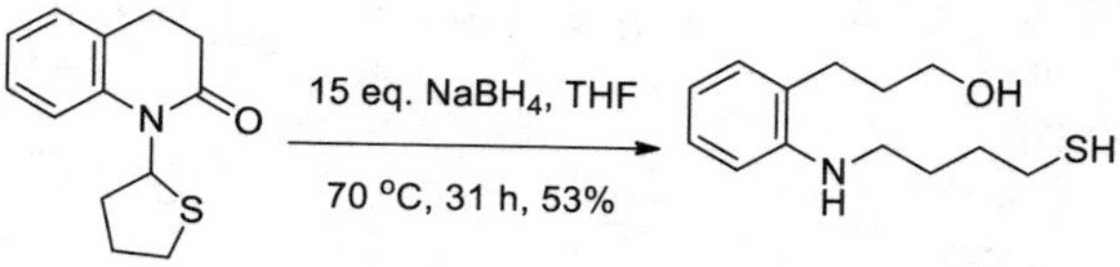

Example 3[7]

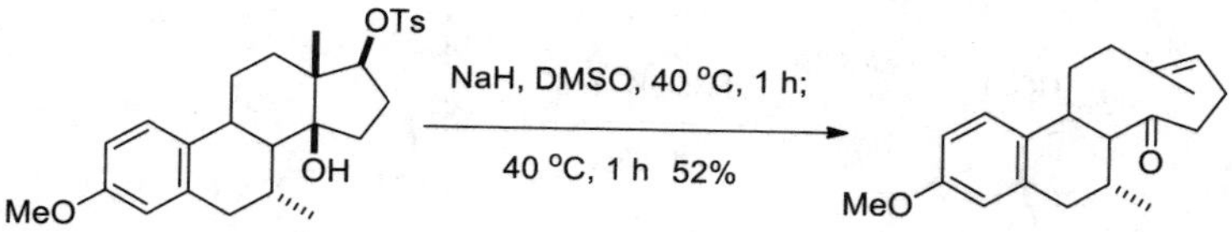

Example 4[8]

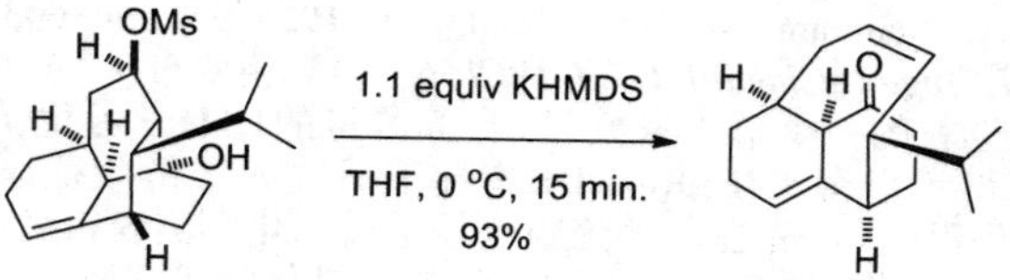

© Springer Nature Switzerland AG 2021
J. J. Li, *Name Reactions*, https://doi.org/10.1007/978-3-030-50865-4_61

Example 5[8]

[Reaction scheme: cyclohexanone with OH and alkynyl-Ph-Pt⁺ substituents → 5 mol% PtCl₄, i-PrOH, 100 °C, 甲苯, 83% → OHC-furan product with Ph and Me. Intermediate shows Grob-类碎片化 with [Pt⁺] elimination.]

Example 6, Grob类碎片化反应释放出合成类风湿关节炎药物haouamine A所需前体中二聚对二甲苯中的张力[12]

[Reaction scheme: polycyclic MeO/OMe-substituted amine with CH₂OH → p-TsOH, H₂O/甲苯, 110 °C, 6 h, 74% → haouamine A precursor]

Example 7, Grob碎片化反应用于海洋天然产物clavulactone同类物的制备[13]

[Reaction scheme: bicyclic HO/OBn/OTs substrate → t-BuOK, THF, rt, 83% → macrocyclic enone with OBn]

References

1. (a) Grob, C. A.; Baumann, W. *Helv. Chim. Acta* **1955**, *38*, 594–603. (b) Grob, C. A.; Schiess, P. W. *Angew. Chem. Int. Ed.* **1967**, *6*, 1–15. 格罗布(C. A. Grob, 1917–2003)出生于英国伦敦的一个瑞士家庭里, 在苏黎世的ETH学习化学, 1943年在诺贝尔化学奖获得者卢奇卡(L. Ruzicka)指导下研究人工甾族抗原而取得Ph. D.学位。随后来到巴塞尔, 先在药学院跟也是诺贝尔化学奖获得者的赖希施泰因(T. Reichstein)一起工作, 1947年以后到大学的有机化学研究所, 在那里他的科研能力不断得到体现并成为研究所的所长, 1960年继赖希施泰因任主席。1955年他发现的1,4-二溴化物在Zn存在下经还原消除溴而发生的异裂碎片化已成为一个通用的反应模式。异裂碎片化反应现在已经以他的人名反应进入教材。由烯基正离子引发活泼中间体的第一个实验证明也是格罗伯自己做的。格罗伯为人谦和，总是审慎行事。他不喜出头露面，但又尽心尽职地积极担承社会职责。格罗布于2003年12月15日86岁时故于瑞士巴塞尔的家中。(Schiess, P. *Angew. Chem. Int. Ed.* **2004**, *43*, 4392.) A review[10] revealed that Grob was not even the first to investigate such reactions.

2. Yoshimitsu, T.; Yanagiya, M.; Nagaoka, H. *Tetrahedron Lett.* **1999**, *40*, 5215–5218.
3. Hu, W.-P.; Wang, J.-J.; Tsai, P.-C. *J. Org. Chem.* **2000**, *65*, 4208–4029.
4. Molander, G. A.; Le Huerou, Y.; Brown, G. A. *J. Org. Chem.* **2001**, *66*, 4511–4516.
5. Paquette, L. A.; Yang, J.; Long, Y. O. *J. Am. Chem. Soc.* **2002**, *124*, 6542–6543.
6. Barluenga, J.; Alvarez-Perez, M.; Wuerth, K.; *et al. Org. Lett.* **2003**, *5*, 905–908.
7. Khripach, V. A.; Zhabinskii, V. N.; Fando, G. P.; *et al. Steroids* **2004**, *69*, 495–499.
8. Maimone, T. J.; Voica, A.-F.; Baran, P. S. *Angew. Chem. Int. Ed.* **2008**, *47*, 3054–3056.
9. Barbe, G.; St-Onge, M.; Charette, A. B. *Org. Lett.* **2008**, *10*, 5497–5499.
10. Prantz, K.; Mulzer, J. *Chem. Rev.* **2010**, *110,* 3741–4766. (Review).
11. Umland, K.-D.; Palisse, A.; Haug, T. T.; Kirsch, S. F. *Angew. Chem. Int. Ed.* **2011**, *50*, 9965–9968.
12. Cao, L.; Wang, C.; Wipf. P. *Org. Lett.* **2019**, *21*, 1538–1541.
13. Gu, Q.; Wang, X.; Sun, B.; Lin, G. *Org. Lett.* **2019**, *21*, 5082–5085.
14. Rivero-Crespo, M. A.; Tejeda-Serrano, M.; Perez-Sanchez, H.; Ceron-Carrasco, J. P.; Leyva-Perez, A. *Angew. Chem. Int. Ed.* **2020**, *59*, 3846–3849.

Hajos–Wiechert 反应

(S)–(–)–脯氨酸催化的不对称 Robinson 增环反应。

Hajos–Wiechert 酮

Example 1, 分子内 Hajos–Wiechert 反应[1a]

Example 2[3]

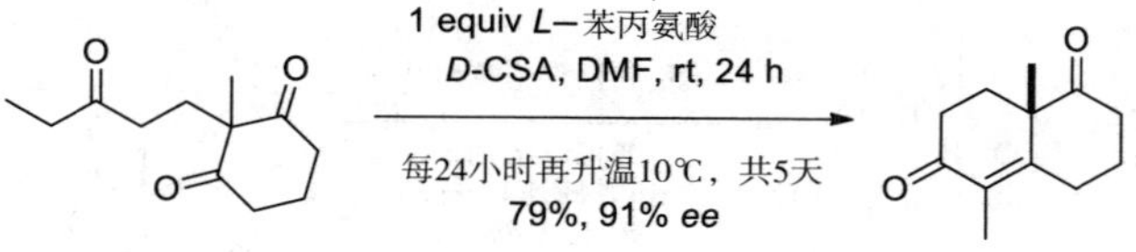
1 equiv *L*–苯丙氨酸
D-CSA, DMF, rt, 24 h
每24小时再升温10℃，共5天
79%, 91% *ee*

Wieland–Miescher 酮

Example 3[8]

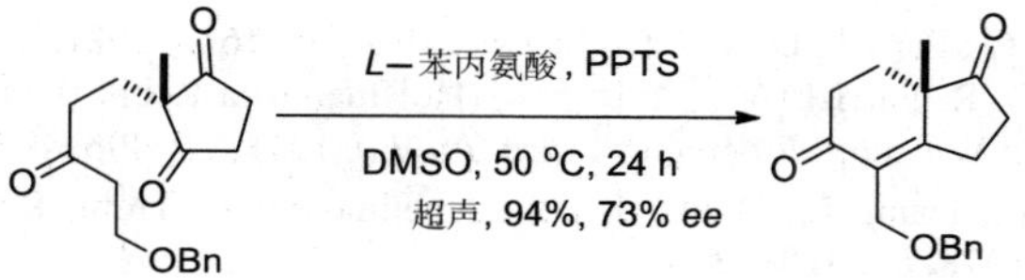
L–苯丙氨酸 , PPTS
DMSO, 50 °C, 24 h
超声, 94%, 73% *ee*
OBn
OBn

Hajos–Wiechert 酮

Example 4[9]

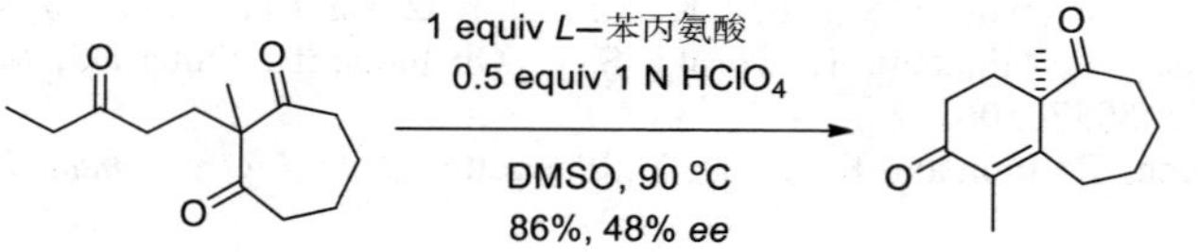
1 equiv *L*–苯丙氨酸
0.5 equiv 1 N HClO4
DMSO, 90 °C
86%, 48% *ee*

Example 5, 基于咔唑母体的双官能团化有机催化剂[14]

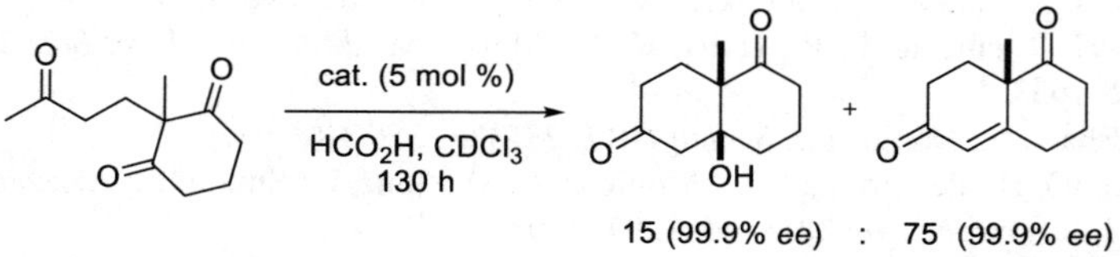
cat. (5 mol %)
HCO2H, CDCl3
130 h
OH
15 (99.9% *ee*) : 75 (99.9% *ee*)

Wieland–Miescher 酮

cat. =

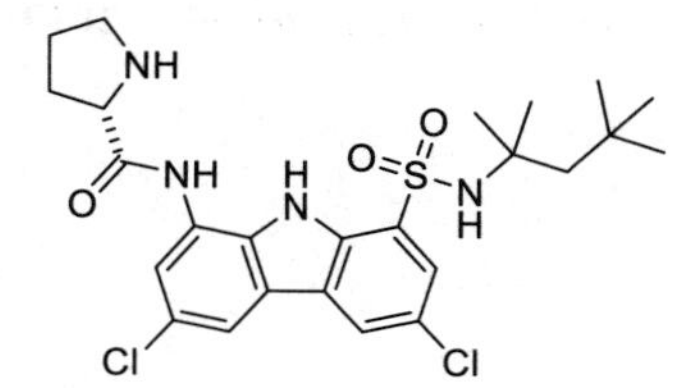
NH
NH
H N
Cl
Cl

Example 5, Hajos–Parrish–Eder–Sauer–Wiechert 类反应[15]

(S)-脯氨酸 (30 mol %)
DMSO, rt, 18 h
then HClO$_4$, H$_2$O
85%, 95% ee

Hajos–Wiechert 酮

References

1. (a) Hajos, Z. G.; Parrish, D. R. *J. Org. Chem.* **1974**, *39*, 1615–1621. 哈约斯(Z. G. Hajos)和帕瑞希(D. R. Parrish)都是罗氏公司(Hoffmann-La Roche)的化学家。(b) Eder, U.; Sauer, G.; Wiechert, R. *Angew. Chem. Int. Ed.* **1971**, *10*, 496–497.
2. Brown, K. L.; Dann, L.; Duntz, J. D.; Eschenmoser, A.; Hobi, R.; Kratky, C. *Helv. Chim. Acta* **1978**, *61*, 3108–3135.
3. Hagiwara, H.; Uda, H. *J. Org.Chem.* **1998**, *53*, 2308–2311.
4. Nelson, S. G. *Tetrahedron: Asymmetry* **1998**, *9*, 357–389.
5. List, B.; Lerner, R. A.; Barbas, C. F., III. *J. Am. Chem. Soc.* **2000**, *122*, 2395–2396.
6. List, B.; Pojarliev, P.; Castello, C. *Org. Lett.* **2001**, *3*, 573–576.
7. Hoang, L.; Bahmanyar, S.; Houk, K. N.; List, B. *J. Am. Chem. Soc.* **2003**, *125*, 16–17.
8. Shigehisa, H.; Mizutani, T.; Tosaki, S.-y.; Ohshima, T.; Shibasaki, M. *Tetrahedron* **2005**, *61*, 5057–5065.
9. Nagamine, T.; Inomata, K.; Endo, Y.; Paquette, L. A. *J. Org. Chem.* **2007**, *72*, 123–131.
10. Kennedy, J. W. J.; Vietrich, S.; Weinmann, H.; Brittain, D. E. A. *J. Org. Chem.* **2009**, *73*, 5151–5154.
11. Christen, D. P. *Hajos–Wiechert Reaction.* In *Name Reactions for Homologations-Part II*; Li, J. J., Ed.; Wiley: Hoboken, NJ, **2009**, pp 554–582. (Review).
12. Zhu, H.; Clemente, F. R.; Houk, K. N.; Meyer, M. P. *J. Am. Chem. Soc.* **2009**, *131*, 1632–1633.
13. Bradshaw, B.; Bonjoch, J. *Synlett* **2012**, *23*, 337–356. (Review).
14. Rubio, O. H.; de Arriba, Á. L.; Monleón, L. M.; Sanz, F.; Simón, L.; Alcázae, V.; Morán, J. R. *Tetrahedron* **2015**, *71*, 1297–1303.
15. Schneider, L. M.; Schmiedel, V. M.; Pecchioli, T.; Lentz, D.; Merten, C.; Christmann, M. *Org. Lett.* **2017**, *19*, 2310–2313.
16. Yadav, G. D.; Deepa; Singh, S. *ChemistrySelect* **2019**, *14*, 5591–5618.

Hantzsch 二氢吡啶合成反应

醛、β-酮酯和氨缩合成1,4-二氢吡啶。Hantzsch 二氢吡啶在有机催化反应中是个通用试剂。常见的治疗高血压的钙通道阻滞剂 nifedipine(Adalat)、felodipine(Plendil) 和 amLodipine(Norvasc) 中都有1,4-二氢吡啶结构。

Example 1[2]

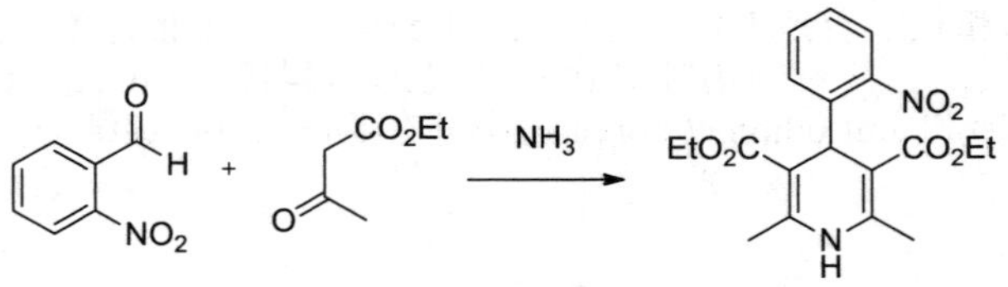

硝苯地平(nifedipine)，第一个钙通道阻滞剂

Example 2[10]

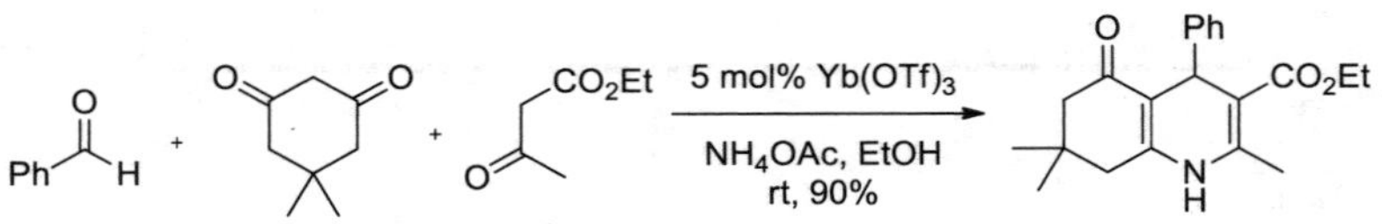

Example 3, 硅胶上共价键连的磺酸作为催化剂[10]

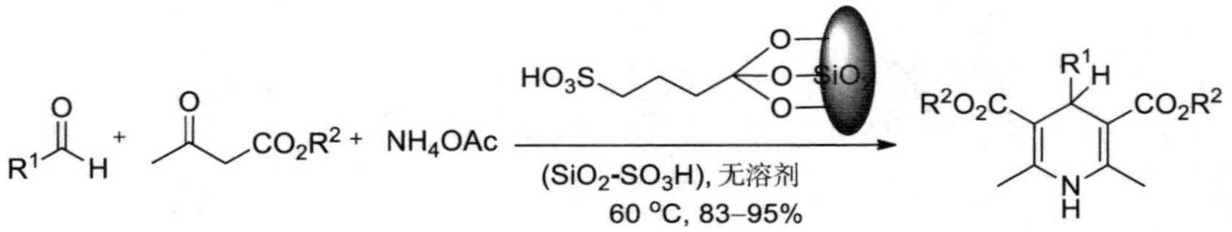

(SiO_2-SO_3H), 无溶剂
60 °C, 83–95%

Example 4, 分子间芳炔的烯反应[13]

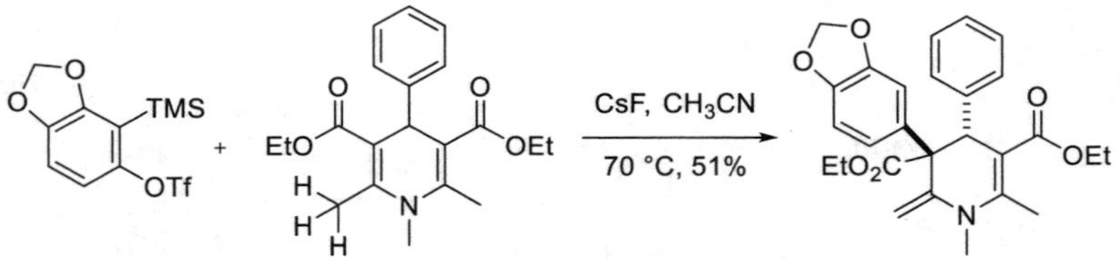

Example 5, Hantzsch酯用于自由基炔基化反应(光化学)[14]

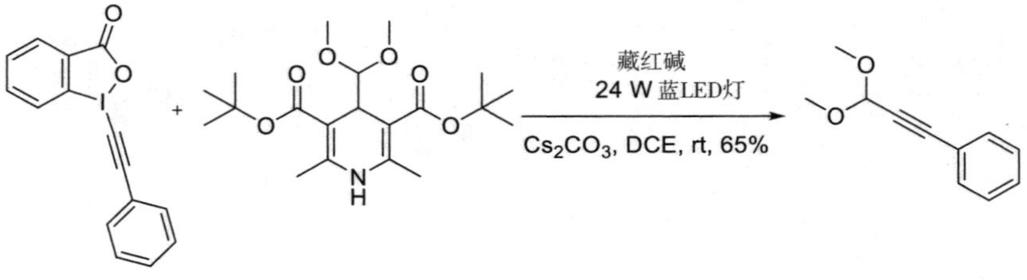

藏红碱
24 W 蓝LED灯
Cs_2CO_3, DCE, rt, 65%

References

1. Hantzsch, A. *Ann.* **1882,** *215*, 1–83.
2. Bossert, F.; Vater, W. *Naturwissenschaften* **1971,** *58*, 578–585.
3. Balogh, M.; Hermecz, I.; Naray-Szabo, G.; Simon, K.; Meszaros, Z. *J. Chem. Soc., Perkin Trans. 1* **1986,** 753–757.
4. Katritzky, A. R.; Ostercamp, D. L.; Yousaf, T. I. *Tetrahedron* **1987,** *43*, 5171–5187.
5. Menconi, I.; Angeles, E.; Martinez, L.; Posada, M. E.; Toscano, R. A.; Martinez, R. *J. Heterocycl. Chem.* **1995,** *32*, 831–833.
6. Raboin, J.-C.; Kirsch, G.; Beley, M. *J. Heterocycl. Chem.* **2000,** *37*, 1077–1080.
7. Sambongi, Y.; Nitta, H.; Ichihashi, K.; Futai, M.; Ueda, I. *J. Org. Chem.* **2002,** *67*, 3499–3501.
8. Wang, L.-M.; Sheng, J.; Zhang, L.; Han, J.-W.; Fan, Z.-Y.; Tian, H.; Qian, C.-T. *Tetrahedron* **2005,** *61*, 1539–1543.
9. Galatsis, P. *Hantzsch Dihydro-Pyridine Synthesis.* In *Name Reactions in Heterocyclic Chemistry*; Li, J. J., Ed.; Wiley: Hoboken, NJ, **2005,** pp 304–307. (Review).
10. Gupta, R.; Gupta, R.; Paul, S.; Loupy, A. *Synthesis* **2007,** 2835–2838.
11. Snyder, N. L.; Boisvert, C. J. *Hantzsch Synthesis*, in *Name Reactions in Heterocyclic Chemistry II,* Li, J. J., Ed.; Wiley: Hoboken, NJ, **2011,** pp 591–644. (Review).
12. Ghosh, S.; Saikh, F.; Das, J.; Pramanik, A. K. *Tetrahedron Lett.* **2013,** *54*, 58–62.
13. Trinchera, P.; Sun, W.; Smith, J. E.; Palomas, D.; Crespo-Otero, R.; Jones, C. R. *Org. Lett.* **2017,** *19*, 4644–4647.
14. Liu, X.; Liu, R.; Dai, J.; Cheng, X.; Li, G. *Org. Lett.* **2018,** *20*, 6906–6909.
15. Zeynizadeh, B.; Rahmani, S. *RSC Adv.* **2019,** *9*, 8002–8015.
16. Li, J.; Fang, X.; Ming, X. *J. Org. Chem.* **2020,** *85*, 4602–4610.

Heck 反应

Pd 化物催化的烯烃烯基化或芳基化反应。

$$R^1-X + \underset{R^3}{\overset{H}{}}C=C\underset{R^4}{\overset{R^2}{}} \xrightarrow[\text{base}]{\text{Pd(0) 催化}} \underset{R^1}{\overset{R^3}{}}C=C\underset{R^4}{\overset{R^2}{}}$$

R^1 = 芳基、烯基、无 β–H 的烷基
X = Cl, Br, I, OTf, OTs, N_2^+

催化循环：

(催化循环图示)

A: 氧化加成
B: 迁移插入 (*syn*)
C: C–C 键旋转
D: *syn*–β–消除
E: 还原消除

Example 1, 不对称分子间 Heck 反应[6]

(反应式：N-CO₂Me 取代的二氢吡咯 + 2-OTf-环己烯-1-甲酸乙酯，Pd[(R)-BINAP]₂ (3 mol%)，质子海绵, PhH, 60 °C，95%, > 99% ee)

Example 2, 分子内 Heck 反应[7]

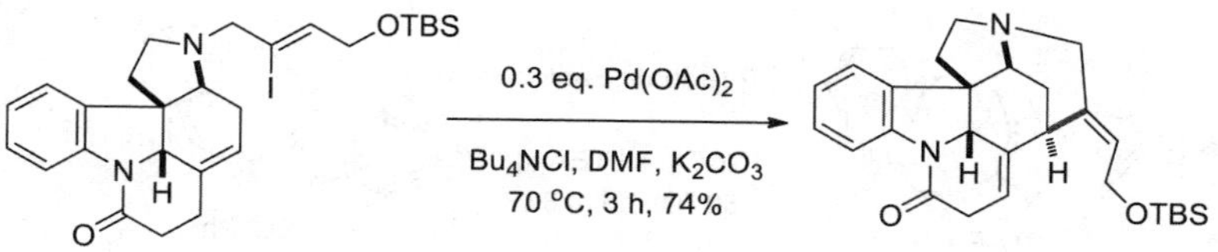

反应条件: 0.3 eq. Pd(OAc)$_2$, Bu$_4$NCl, DMF, K$_2$CO$_3$, 70 °C, 3 h, 74%

Example 3[8]

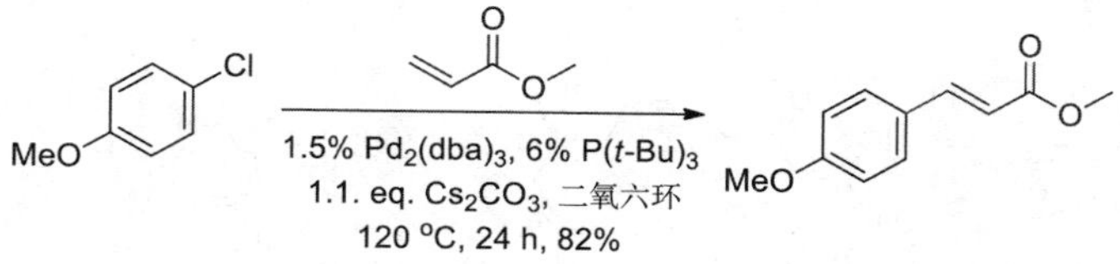

反应条件: 1.5% Pd$_2$(dba)$_3$, 6% P(t-Bu)$_3$, 1.1. eq. Cs$_2$CO$_3$, 二氧六环, 120 °C, 24 h, 82%

Example 4, 分子内 Heck反应[9]

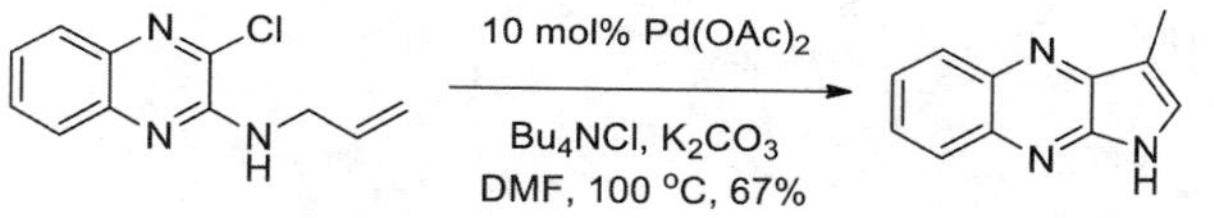

反应条件: 10 mol% Pd(OAc)$_2$, Bu$_4$NCl, K$_2$CO$_3$, DMF, 100 °C, 67%

Example 5, 分子内Heck反应[13]

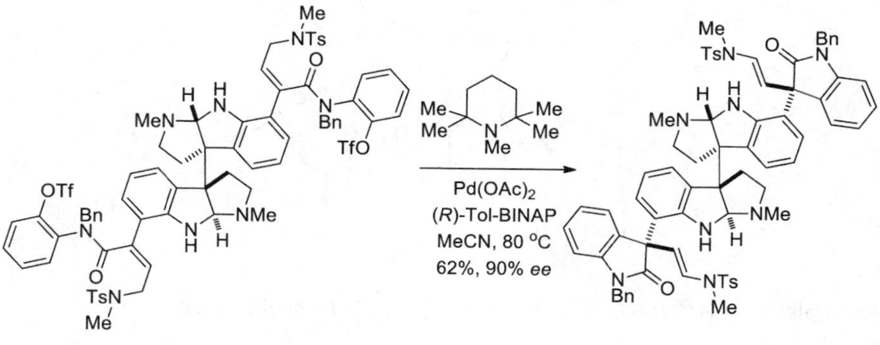

反应条件: Pd(OAc)$_2$, (R)-Tol-BINAP, MeCN, 80 °C, 62%, 90% ee

Example 6, 还原Heck反应[17]

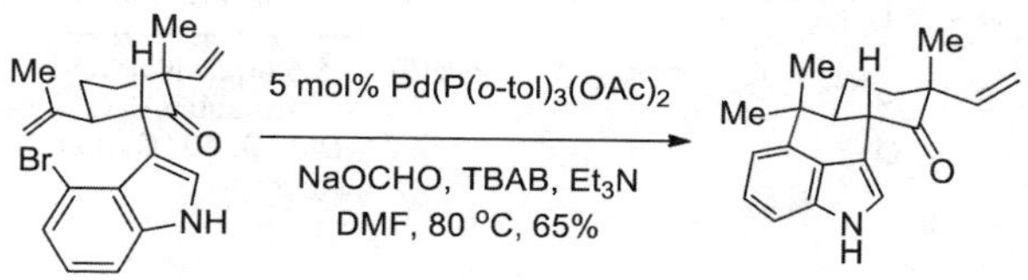

反应条件: 5 mol% Pd(P(o-tol)$_3$(OAc)$_2$, NaOCHO, TBAB, Et$_3$N, DMF, 80 °C, 65%

Example 7, 分子内Heck反应[20]

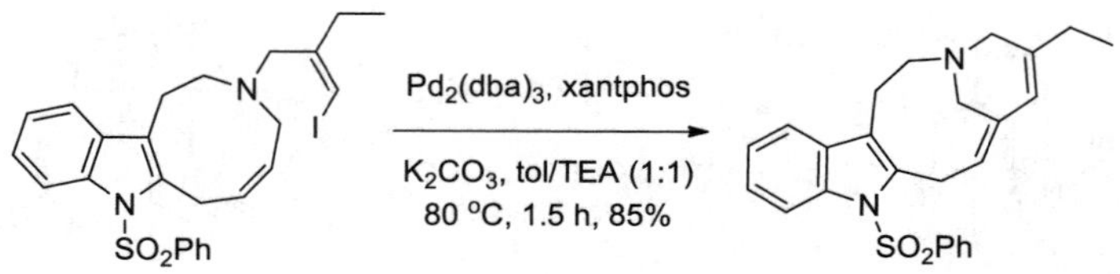
N
I
N
SO_2Ph
$Pd_2(dba)_3$, xantphos
K_2CO_3, tol/TEA (1:1)
80 °C, 1.5 h, 85%

Example 8, KF506转化为非免疫抑制剂类似物[21]

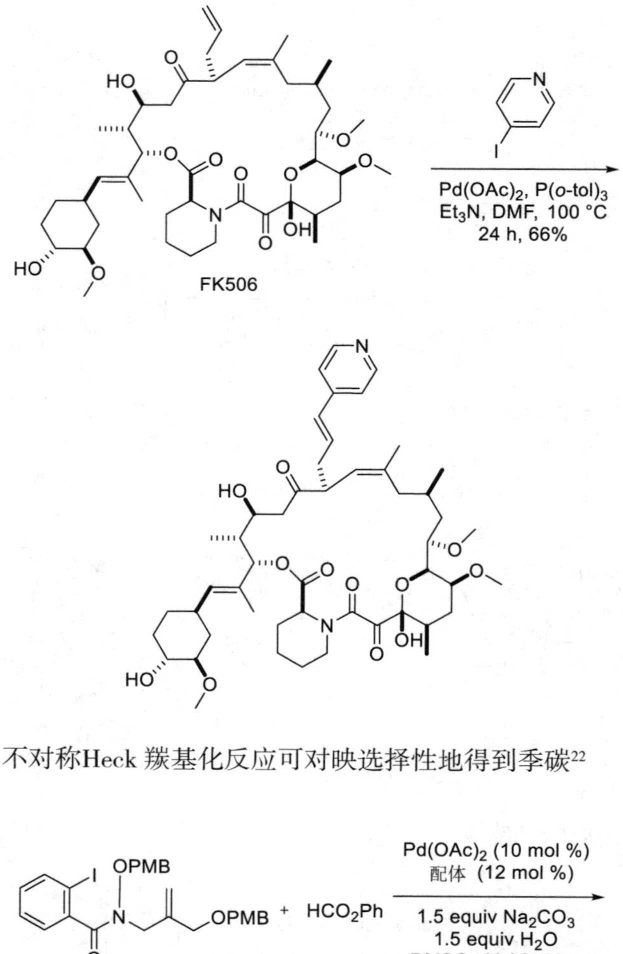
FK506
$Pd(OAc)_2$, P(o-tol)$_3$
Et_3N, DMF, 100 °C
24 h, 66%

Example 9, 不对称Heck 羰基化反应可对映选择性地得到季碳[22]

OPMB
OPMB
+ HCO_2Ph
$Pd(OAc)_2$ (10 mol %)
配体 (12 mol %)
1.5 equiv Na_2CO_3
1.5 equiv H_2O
DMSO, 40 °C, 20 h

62%, 93% ee

配体 =

References

1. Heck, R. F.; Nolley, J. P., Jr. *J. Am. Chem. Soc.* **1968**, *90*, 5518–5526. 赫克(R. F. Heck, 1931–2015)在Hercules Corp.工作时发现了Heck反应。2010年因"有机合成中钯催化的偶联反应"与铃木(A. Suzuki)及根岸(E. Negishi)共享诺贝尔化学奖。
2. Heck, R. F. *Acc. Chem. Res.* **1979**, *12*, 146–151. (Review).
3. Heck, R. F. *Org. React.* **1982**, *27*, 345–390. (Review).
4. Heck, R. F. *Palladium Reagents in Organic Synthesis,* Academic Press, London, **1985**. (Book).
5. Hegedus, L. S. *Transition Metals in the Synthesis of Complex Organic Molecule* **1994**, University Science Books: Mill Valley, CA, pp 103–113. (Book).
6. Ozawa, F.; Kobatake, Y.; Hayashi, T. *Tetrahedron Lett.* **1993**, *34*, 2505–2508.
7. Rawal V. H.; Iwasa, H. *J. Org. Chem.* **1994**, *59*, 2685–2686.
8. Littke, A. F.; Fu, G. C. *J. Org. Chem.* **1999**, *64*, 10–11.
9. Li, J. J. *J. Org. Chem.* **1999**, *64*, 8425–8427.
10. Beletskaya, I. P.; Cheprakov, A. V. *Chem. Rev.* **2000**, *100*, 3009–3066. (Review).
11. Amatore, C.; Jutand, A. *Acc. Chem. Res.* **2000**, *33*, 314–321. (Review).
12. Link, J. T. *Org. React.* **2002**, *60*, 157–534. (Review).
13. Lebsack, A. D.; Link, J. T.; Overman, L. E.; Stearns, B. A. *J. Am. Chem. Soc.* **2002**, *124*, 9008–9009.
14. Dounay, A. B.; Overman, L. E. *Chem. Rev.* **2003**, *103*, 2945–2963. (Review).
15. Beller, M.; Zapf, A.; Riermeier, T. H. *Transition Metals for Organic Synthesis* (2nd edn.) **2004**, *1*, 271–305. (Review).
16. Oestreich, M. *Eur. J. Org. Chem.* **2005**, 783–792. (Review).
17. Baran, P. S.; Maimone, T. J.; Richter, J. M. *Nature* **2007**, *446*, 404–406.
18. Fuchter, M. J. *Heck Reaction*. In *Name Reactions for Homologations-Part I*; Li, J. J., Ed.; Wiley: Hoboken, NJ, **2009**, pp 2–32. (Review).
19. *The Mizoroki–Heck Reaction*; Oestreich, M., Ed.; Wiley: Hoboken, NJ, **2009**.
20. Bennasar, M.-L.; Solé, D.; Zulaica, E.; Alonso, S. *Tetrahedron* **2013**, *69*, 2534–2541.
21. Wang, Y.; Peiffer, B. J.; Su, Q.; Liu, J. O. *ACS Med. Chem. Lett.* **2019**, *69*, 2534–2541.
22. Cheng, C.; Wan, B.; Zhou, B.; Gu, Y.; Zhang, Y. *Chem. Sci.* **2019**, *10*, 9853–9858.
23. Okita, T.; Asahara, K. K.; Muto, K.; Yamaguchi, J. *Org. Lett.* **2020**, *22*, 3205–3208.

Henry 硝基化合物的aldol反应

醛与硝基烷烃经碱去质子后生成的硝基化物之间发生硝基aldol缩合反应。

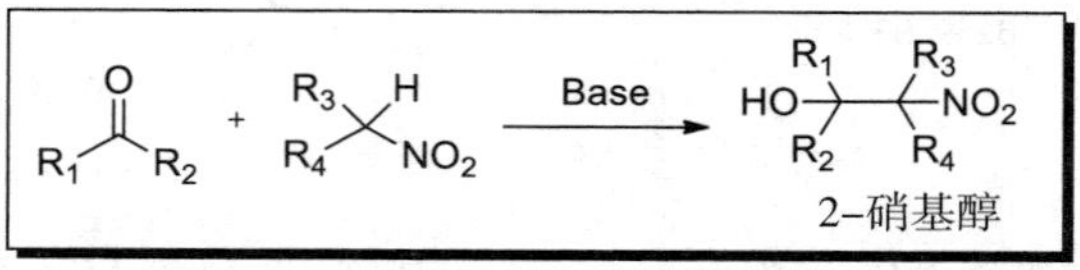

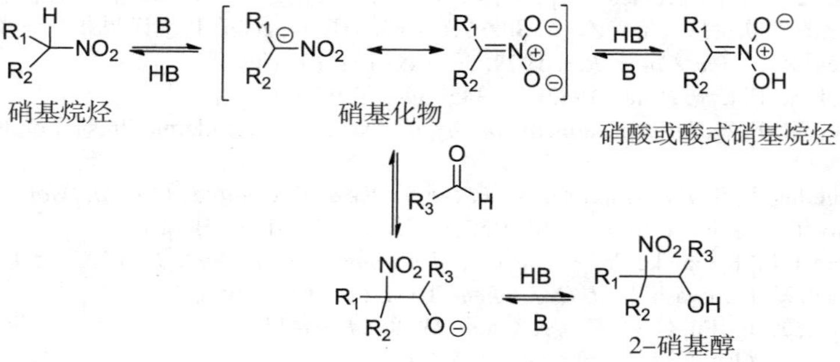

Example 1[4]

Example 2, 逆Henry反应[5]

Example 3, *N*–Henry反应[8]

© Springer Nature Switzerland AG 2021
J. J. Li, *Name Reactions*, https://doi.org/10.1007/978-3-030-50865-4_65

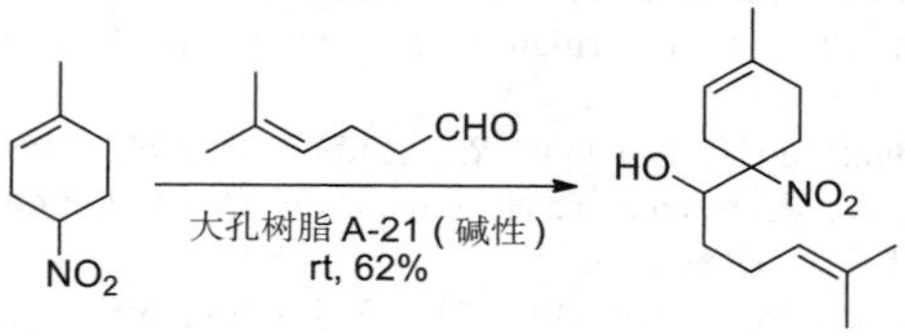

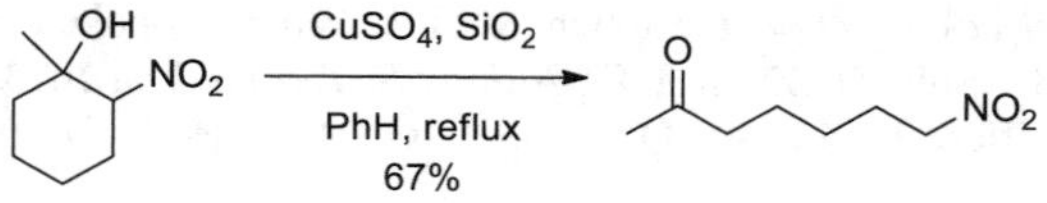

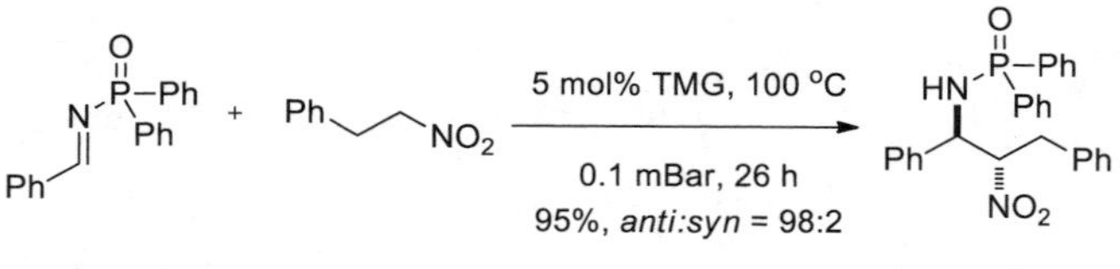

Example 4, 分子内 Henry反应[10]

Example 5, 手性Cu(Ⅱ)配合物催化下的高度不对称Henry反应[12]

Example 6, 使用一锅煮催化得到 *cis*-2,6-二取代四氢吡喃[13]

Example 7, 也适用于三氟甲基酮底物的插烯Henry反应[14]

Example 8, 由Nd/Na异双金属催化下的不对称Henry反应[15]

Nd/Na 异双金属催化剂(6:1:1) = NaOt-Bu : NdCl$_3$·6H$_2$O :

References

1. Henry, L. *Compt. Rend.* **1895**, *120*, 1265–1268.
2. Barrett, A. G. M.; Robyr, C.; Spilling, C. D. *J. Org. Chem.* **1989**, *54*, 1233–1234.
3. Rosini, G. In *Comprehensive Organic Synthesis;* Trost, B. M.; Fleming, I., Eds.; Pergamon, **1991**, *2*, 321–340. (Review).
4. Chen, Y.-J.; Lin, W.-Y. *Tetrahedron Lett.* **1992**, *33*, 1749–1750.
5. Saikia, A. K.; Hazarika, M. J.; Barua, N. C.; Bezbarua, M. S.; Sharma, R. P.; Ghosh, A. C. *Synthesis* **1996**, 981–985.
6. Luzzio, F. A. *Tetrahedron* **2001**, *57*, 915–945. (Review).
7. Westermann, B. *Angew. Chem. Int. Ed.* **2003**, *42,* 151–153. (Review on aza-Henry reaction).
8. Bernardi, L.; Bonini, B. F.; Capito, E.; Dessole, G.; Comes-Franchini, M.; Fochi, M.; Ricci, A. *J. Org. Chem.* **2004**, *69*, 8168–8171.
9. Palomo, C.; Oiarbide, M.; Laso, A. *Angew. Chem. Int. Ed.* **2005**, *44*, 3881–3884.
10. Kamimura, A.; Nagata, Y.; Kadowaki, A.; Uchidaa, K.; Uno, H. *Tetrahedron* **2007**, *63*, 11856–11861.
11. Wang, A. X. *Henry Reaction.* In *Name Reactions for Homologations-Part I*; Li, J. J., Ed.; Wiley: Hoboken, NJ, **2009**, pp 404–419. (Review).
12. Ni, B.; He, J. *Tetrahedron Lett.* **2013**, *54*, 462–465.
13. Dai, Q.; Rana, N. K.; Zhao, J. C.-G. *Org. Lett.* **2013**, *15*, 2922–2925.
14. Zhang, Y.; Wei, B.-W.; Zou, L.-N.; Kang, M.-L.; Luo, H.-Q. *Tetrahedron* **2016**, *72*, 2472–2475.
15. Karasawa, T.; Oriez, R.; Kumagai, N.; Shibasaki, M. *J. Am. Chem. Soc.* **2018**, *140*, 12290–12295.
16. Araki, Y.; Miyoshi, N.; Morimoto, K.; Kudoh, T.; Mizoguchi, H.; Sakakura, A. *J. Org. Chem.* **2020**, *85*, 798–805.

Hiyama 反应

Pd 催化的卤代烃和有机硅烷、三氟磺酸酯间的交叉偶联反应。反应需 F⁻、OH⁻ 等活化剂存在。若无此类活化剂参与，转金属化不易进行。催化循环参见第 310 页上的 Kumada 偶联反应。

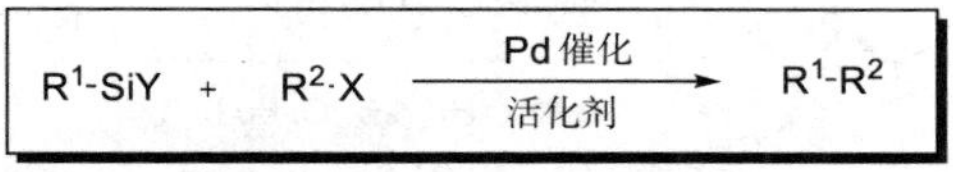

$$R^1\text{-SiY} + R^2\text{-X} \xrightarrow[\text{活化剂}]{\text{Pd 催化}} R^1\text{-}R^2$$

R^1 = 烯基、芳基、炔基、烷基
R^2 = 芳基、烷基、烯基
$Y = (OR)_3, Me_3, Me_2OH, Me_{(3-n)}F_{(n+3)}$
$X = Cl, Br, I, OTf$
活化剂 = TBAF, base

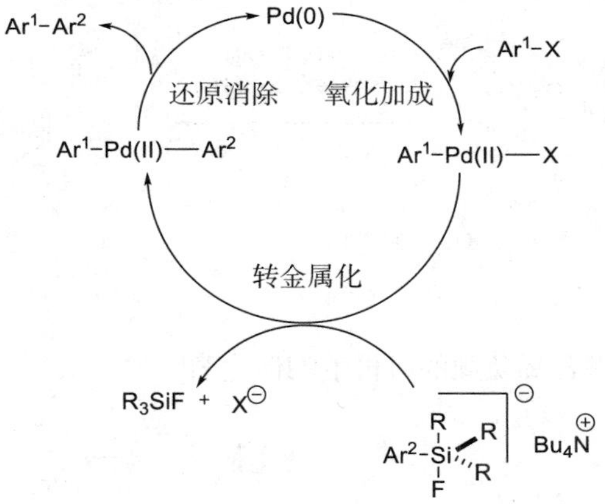

[catalytic cycle diagram: Pd(0) → 氧化加成 → Ar¹-Pd(II)-X → 转金属化 (with Ar²-Si(R)(R)(R)F⁻ Bu₄N⁺, releasing R₃SiF + X⁻) → Ar¹-Pd(II)-Ar² → 还原消除 → Ar¹-Ar²]

Example 1[1a]

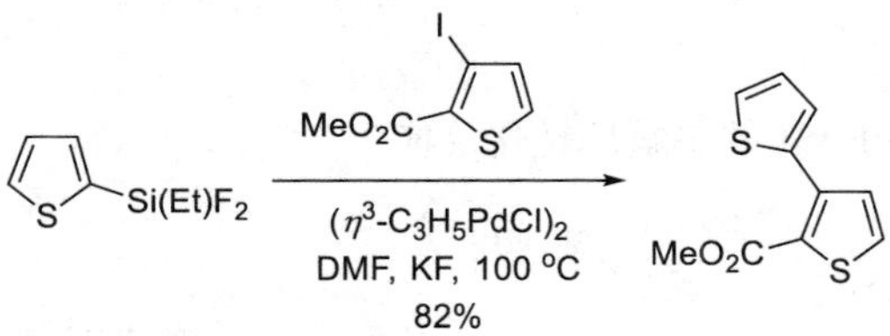

[reaction: 2-thienyl-Si(Et)F₂ + 3-iodo-2-(methoxycarbonyl)thiophene → (η³-C₃H₅PdCl)₂, DMF, KF, 100 °C, 82% → 3-(2-thienyl)-2-(methoxycarbonyl)thiophene]

Example 2[2]

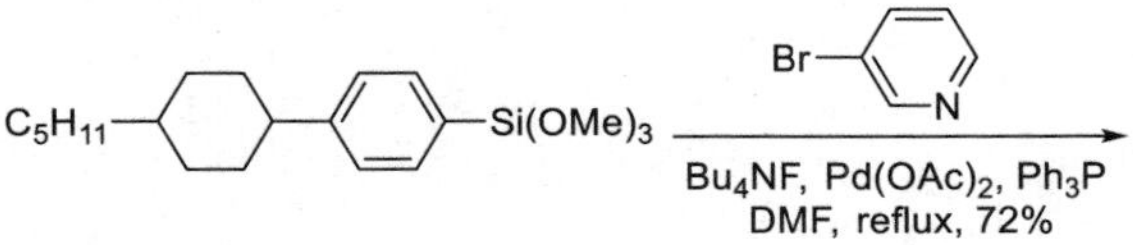

[reaction: 4-(4-C₅H₁₁-cyclohexyl)phenyl-Si(OMe)₃ + 3-bromopyridine → Bu₄NF, Pd(OAc)₂, Ph₃P, DMF, reflux, 72%]

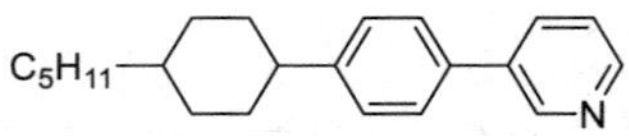

Example 3[7]

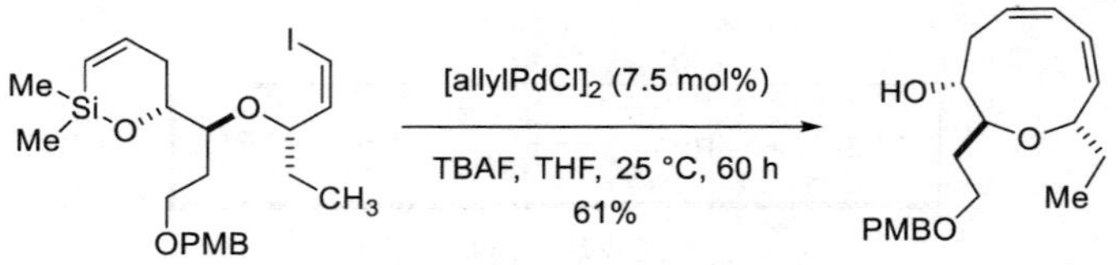

Example 4[9]

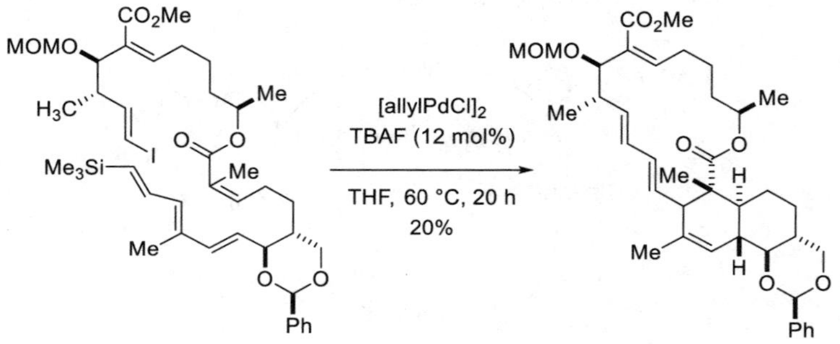

Example 5, 聚苯乙烯负载的可再生Pd催化剂[11]

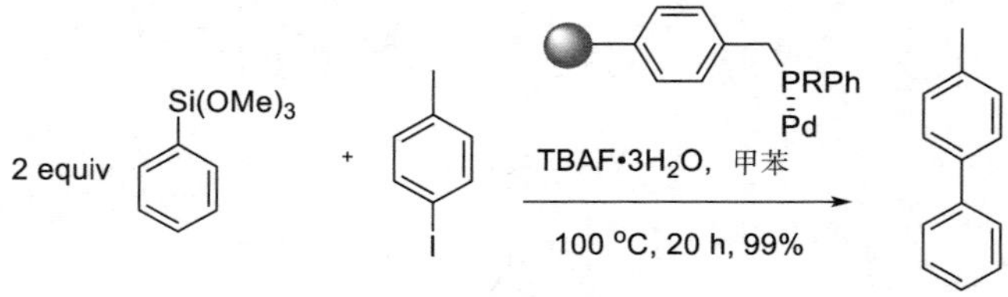

Example 6, 镍化物催化的单氟烷基化反应[12]

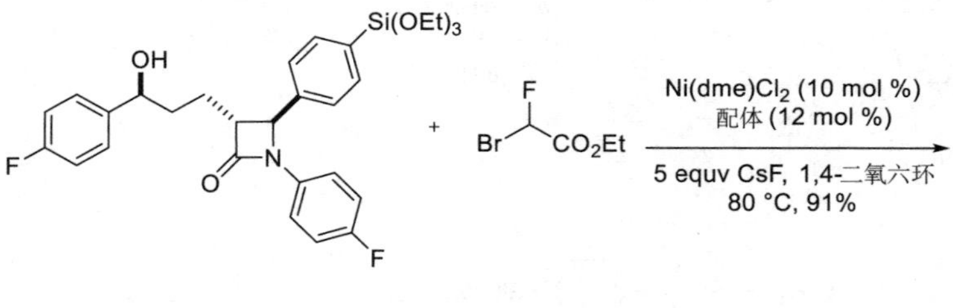

Example 7, 从3-碘氮杂环丁烷到3-芳基氮杂环丁烷[13]

References

1. (a) Hatanaka, Y.; Fukushima, S.; Hiyama, T. *Heterocycles* **1990,** *30*, 303–306. (b) Hiyama, T.; Hatanaka, Y. *Pure Appl. Chem.* **1994,** *66*, 1471–1478. (c) Matsuhashi, H.; Kuroboshi, M.; Hatanaka, Y.; Hiyama, T. *Tetrahedron Lett.* **1994,** *35,* 6507–6510.
2. Shibata, K.; Miyazawa, K.; Goto, Y. *Chem. Commun.* **1997,** 1309–1310.
3. Hiyama, T. In *Metal-Catalyzed Cross-Coupling Reactions;* **1998,** Diederich, F.; Stang, P. J., Eds.; Wiley–VCH: Weinheim, Germany, pp 421–53. (Review).
4. Denmark, S. E.; Wang, Z. *J. Organomet. Chem.* **2001,** *624*, 372–375.
5. Hiyama, T. *J. Organomet. Chem.* **2002,** *653*, 58–61.
6. Pierrat, P.; Gros, P.; Fort, Y. *Org. Lett.* **2005,** *7*, 697–700.
7. Denmark, S. E.; Yang, S.-M. *J. Am. Chem. Soc.* **2004,** *126*, 12432–12440.
8. Domin, D.; Benito-Garagorri, D.; Mereiter, K.; Froehlich, J.; Kirchner, K. *Organometallics* **2005,** *24*, 3957–3965.
9. Anzo, T.; Suzuki, A.; Sawamura, K.; Motozaki, T.; Hatta, M.; Takao, K.-i.; Tadano, K.-i. *Tetrahedron Lett.* **2007,** *48*, 8442–8448.
10. Yet L. *Hiyama Cross-Coupling Reaction.* In *Name Reactions for Homologations-Part I*; Li, J. J., Ed.; Wiley: Hoboken, NJ, **2009,** pp 33–416. (Review).
11. Diebold, C.; Derible, A.; Becht, J.-M.; Drian, C. L. *Tetrahedron* **2013,** *69*, 264–267.
12. Wu, Y.; Zhang, H.-R.; Cao, Y.-X.; Lan, Q.; Wang, X.-S. *Org. Lett.* **2016,** *18*, 5564–5567.
13. Liu, Z.; Luan, N.; Shen, L.; Li, J.; Zou, D.; Wu, Y.; Wu, Y. *J. Org. Chem.* **2019,** *84*, 12358–12365.
14. Lu, M.-Z.; Ding, X.; Shao, C.; Hu, Z.; Luo, H.; Zhi, S.; Hu, H.; Kan, Y.; Loh, T.-P. *Org. Lett.* **2020,** *22*, 2663–2668.

Hofmann 消除反应

烷基三甲基胺经 *anti*- 立体化学过程发生消除反应生成少取代烯烃。

Example 1, 树脂经 Hofmann 消除反应释放出胺[10]

Example 2, 经异构化反应也可生成热力学更稳定的产物[11]

Example 3, Hofmann 消除反应的产物烯是用于 C—H 键活化的底物[12]

Example 4, γ–咔啉由铵盐控制而发生双重"开–关"转化反应[13]

References

1. Hofmann, A. W. *Ber.* **1881,** *14*, 659–669.
2. Eubanks, J. R. I.; Sims, L. B.; Fry, A. *J. Am. Chem. Soc.* **1991,** *113*, 8821–8829.
3. Bach, R. D.; Braden, M. L. *J. Org. Chem.* **1991,** *56*, 7194–7195.
4. Lai, Y. H.; Eu, H. L. *J. Chem. Soc., Perkin Trans. 1* **1993,** 233–237.
5. Sepulveda-Arques, J.; Rosende, E. G.; Marmol, D. P.; Garcia, E. Z.; Yruretagoyena, B.; Ezquerra, J. *Monatsh. Chem.* **1993,** *124*, 323–325.
6. Woolhouse, A. D.; Gainsford, G. J.; Crump, D. R. *J. Heterocycl. Chem.* **1993,** *30*, 873–880.
7. Bhonsle, J. B. *Synth. Commun.* **1995,** *25*, 289–300.
8. Berkes, D.; Netchitailo, P.; Morel, J.; Decroix, B. *Synth. Commun.* **1998,** *28*, 949–956.
9. Morphy, J. R.; Rankovic, Z.; York, M. *Tetrahedron Lett.* **2002,** *43*, 6413–6415.
10. Liu, Z.; Medina-Franco, J. L.; Houghten, R. A.; Giulianotti, M. A. *Tetrahedron Lett.* **2010,** *51*, 5003–5004.
11. Arava, V. R.; Malreddy, S.; Thummala, S. R. *Synth. Commun.* **2012,** *42*, 3545–3552.
12. Spettel, M.; Pollice, R.; Schnürch, M. *Org. Lett.* **2017,** *19*, 4287–4290.
13. Abe, T.; Shimizu, H.; Takada, S.; Tanaka, T.; Yoshikawa, M.; Yamada, K. *Org. Lett.* **2018,** *20*, 1589–1592.
14. Schoenbauer, D.; Spettel, M.; Pollice, R.; Pittenauer, E.; Schnuerch, M. *Org. Biomol. Chem.* **2019,** *17*, 4024–4030.
15. Tayama, E.; Hirano, K.; Baba, S. *Tetrahedron* **2020,** *76*, 131064.

Hofmann 重排反应

伯酰胺用次卤酸盐处理经过异氰酸酯中间体而生成少一个碳原子的伯胺。亦称 Hofmann 降解反应。

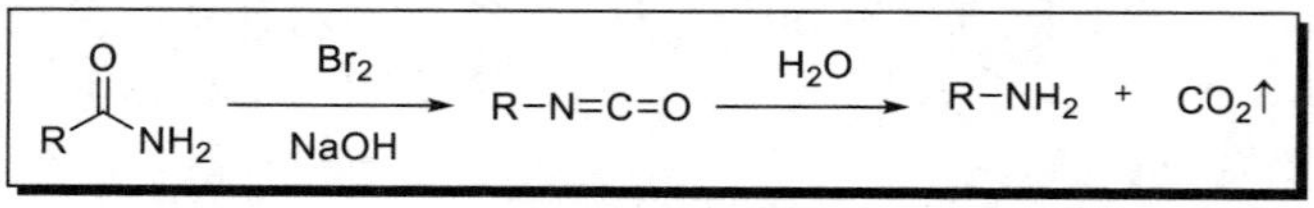

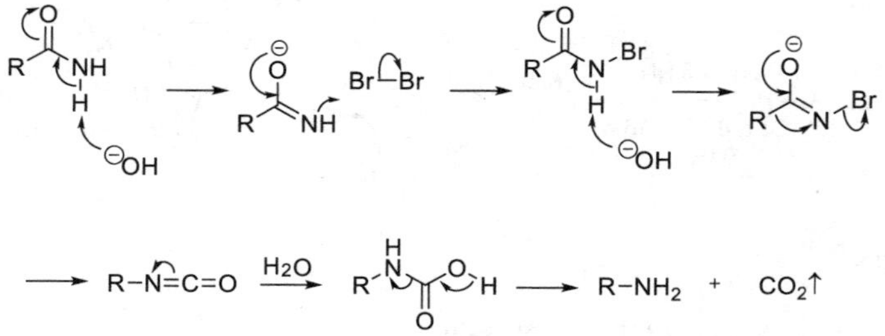

$$R-C(O)NH_2 \xrightarrow[NaOH]{Br_2} R-N=C=O \xrightarrow{H_2O} R-NH_2 + CO_2\uparrow$$

[机理图示]

异氰酸酯中间体

Example 1, NBS的一个变种[2]

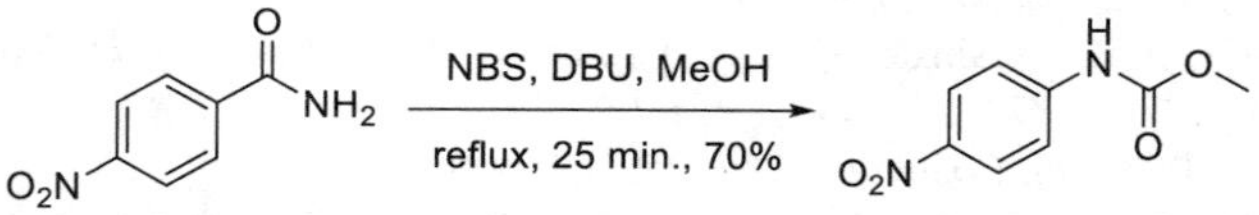

$$\text{4-}O_2N\text{-C}_6H_4\text{-C(O)NH}_2 \xrightarrow[\text{reflux, 25 min., 70\%}]{\text{NBS, DBU, MeOH}} \text{4-}O_2N\text{-C}_6H_4\text{-NHC(O)OMe}$$

Example 2, I, I-二（三氟乙酰氧基）碘苯[5]

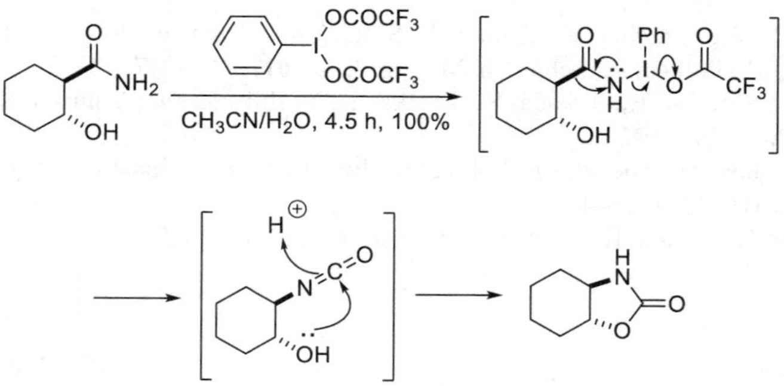

[反应机理图示，生成双环恶唑烷酮]

Example 3, 溴和烷氧化物[6]

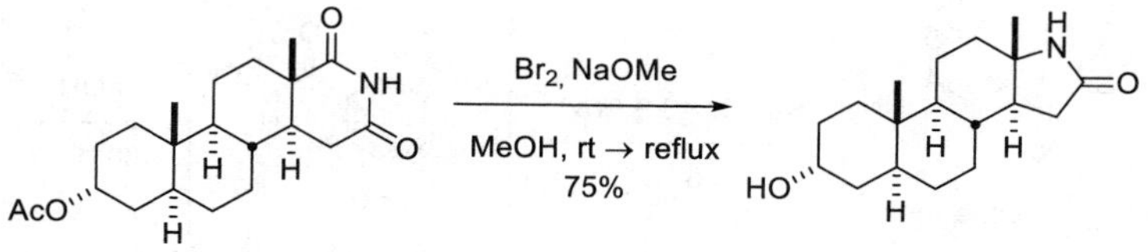

Example 4, 次氯酸钠[7]

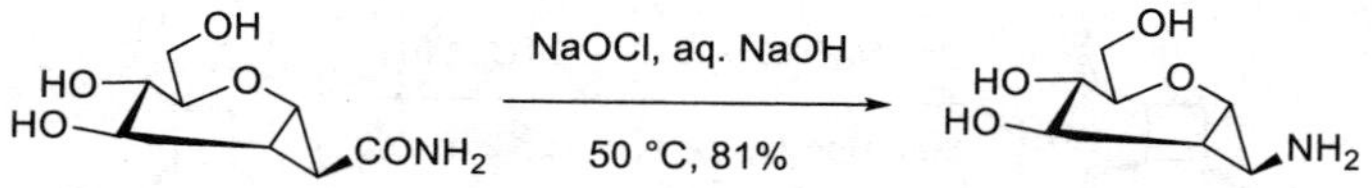

Example 5, 原始条件用的是溴和氢氧化物[9]

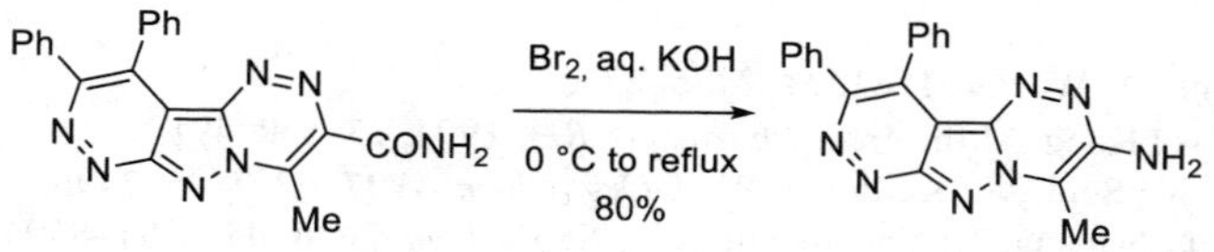

Example 6, 四乙酸铅[10]

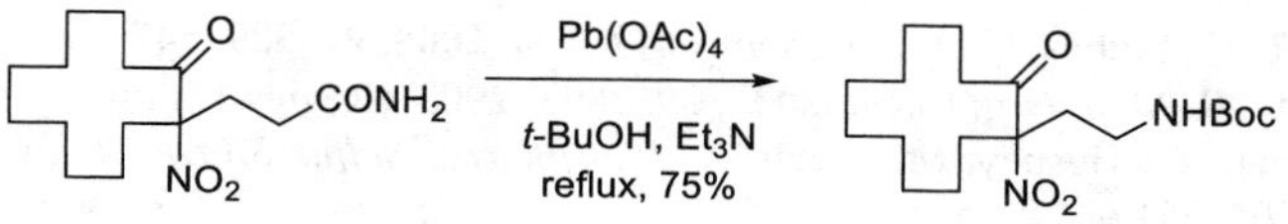

Example 7, I,I-二乙酰氧基碘苯(IBDA)[13]

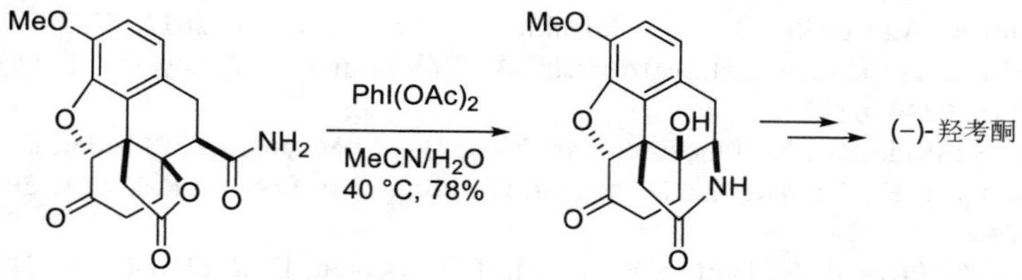

→ (−)-羟考酮

Example 8, 100 g规模级的反应[14]

Example 9, 100 g规模级的反应[15]

References

1. Hofmann, A. W. *Ber.* **1881**, *14*, 2725–2736.
2. Jew, S.-s.; Kang, M.-h. *Arch. Pharmacol Res.* **1994**, *17*, 490–491.
3. Huang, X.; Seid, M.; Keillor, J. W. *J. Org. Chem.* **1997**, *62*, 7495–7496.
4. Togo, H.; Nabana, T.; Yamaguchi, K. *J. Org. Chem.* **2000**, *65*, 8391–8394.
5. Yu, C.; Jiang, Y.; Liu, B.; Hu, L. *Tetrahedron Lett.* **2001**, *42*, 1449–1452.
6. Jiang, X.; Wang, J.; Hu, J.; Ge, Z.; Hu, Y.; Hu, H.; Covey, D. F. *Steroids* **2001**, *66*, 655–662.
7. Stick, R. V.; Stubbs, K. A. *J. Carbohydr. Chem.* **2005**, *24*, 529–547.
8. Moriarty, R. M. *J. Org. Chem.* **2005**, *70*, 2893–2903. (Review).
9. El-Mariah, F.; Hosney, M.; Deeb, A. *Phosphorus, Sulfur Silicon Relat. Elem.* **2006**, *181*, 2505–2517.
10. Jia, Y.-M.; Liang, X.-M.; Chang, L.; Wang, D.-Q. *Synthesis* **2007**, 744–748.
11. Gribble, G. W. *Hofmann Rearrangement.* In *Name Reactions for Homologations-Part II*; Li, J. J., Ed.; Wiley: Hoboken, NJ, **2009**, pp 164–199. (Review).
12. Yoshimura, A.; Luedtke, M. W.; Zhdankin, V. V. *J. Org. Chem.* **2012**, *77*, 2087–2091.
13. Kimishima, A.; Umihara, H.; Mizoguchi, A.; Yokoshima, S.; Fukuyama, T. *Org. Lett.* **2014**, *16*, 6244–6247.
14. Daver, S.; Rodeville, N.; Pineau, F.; Arlabosse, J.-M.; Moureou, C.; Muller, F.; Pierre, R.; Bouquet, K.; Dumais, L.; Boiteau, J.-G.; et al. *Org. Process Res. Dev.* **2017**, *21*, 231–240.
15. Chang, Z.; Boyaud, F.; Guillot, R.; Boddaet, T.; Aitken, D. *J. Org. Chem.* **2018**, *83*, 527–534.
16. Ohmi, K.; Miura, Y.; Nakao, Y.; Goto, A.; Yoshimura, S.; Ouchi, H.; Inai, M.; Asakawa, T.; Yoshimura, F.; Kondo, M.; et al. *Eur. J. Org. Chem.* **2020**, 488–491.

Hofmann–Löffler–Freytag 反应

质子化的 N-卤代胺经热或光化学分解为四氢吡咯或哌啶。

Example 1[2]

试剂: 1. NaOCl, 95%; 2. TFA, hv, 87%; 3. NaOH, MeOH, 76%

Example 2[4]

试剂: 84% H₂SO₄, 65 °C, 30 min. 25%

Example 3[5]

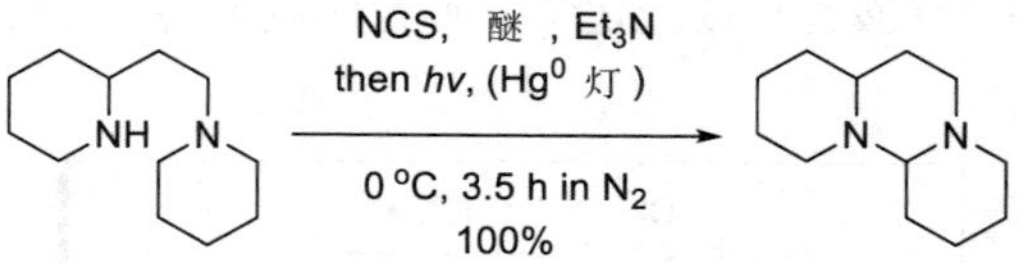

$$\text{NCS, 醚, Et}_3\text{N, then } h\nu, (\text{Hg}^0 \text{ 灯})$$
0 °C, 3.5 h in N$_2$
100%

Example 4, Suárez对Hofmann–Loeffler–Freytag反应的修正[7]

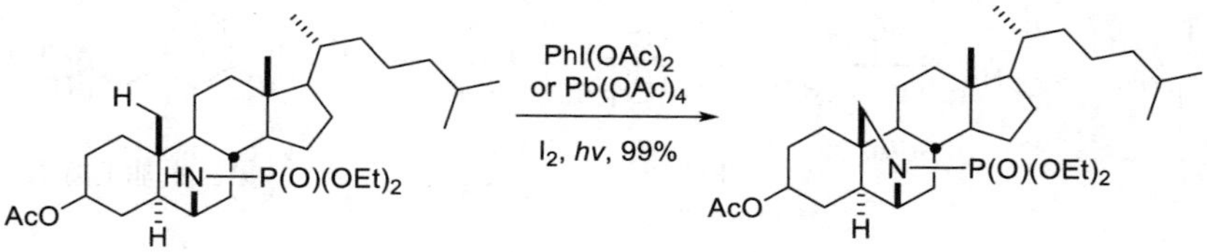

PhI(OAc)$_2$ or Pb(OAc)$_4$
I$_2$, $h\nu$, 99%

Example 5[12]

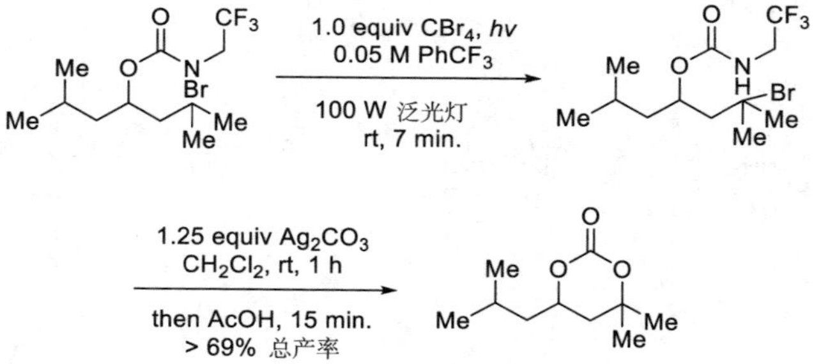

1.0 equiv CBr$_4$, $h\nu$
0.05 M PhCF$_3$
100 W 泛光灯
rt, 7 min.

1.25 equiv Ag$_2$CO$_3$
CH$_2$Cl$_2$, rt, 1 h
then AcOH, 15 min.
> 69% 总产率

Example 6[13]

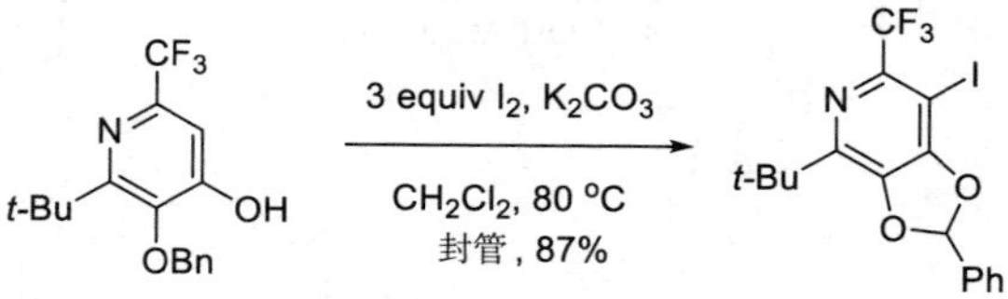

3 equiv I$_2$, K$_2$CO$_3$
CH$_2$Cl$_2$, 80 °C
封管, 87%

Example 7, 双苯磺酰胺在可见光作用下由NIS促进的Hofmann–Loeffler–Freytag反应[14]

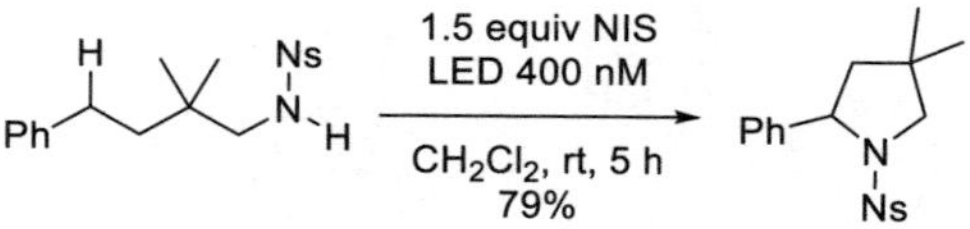

1.5 equiv NIS
LED 400 nM
CH$_2$Cl$_2$, rt, 5 h
79%

Example 8, Hofmann–Löffler–Freytag–Suárez修正反应[15]

Example 8, 铜化物催化的远程 C(sp^3)–H氧化三甲基化[16]

References

1. (a) Hofmann, A. W. *Ber.* **1883**, *16*, 558–560. (b) Löffler, K.; Freytag, C. *Ber.* **1909**, *42*, 3727.
2. Wolff, M. E.; Kerwin, J. F.; Owings, F. F.; Lewis, B. B.; Blank, B.; Magnani, A.; Karash, C.; Georgian, V. *J. Am. Chem. Soc.* **1960**, *82*, 4117–4118.
3. Wolff, M. E. *Chem. Rev.* **1963**, *63*, 55–64. (Review).
4. Dupeyre, R.-M.; Rassat, A. *Tetrahedron Lett.* **1973**, 2699–2701.
5. Kimura, M.; Ban, Y. *Synthesis* **1976**, 201–202.
6. Stella, L. *Angew. Chem. Int. Ed.* **1983**, *22*, 337–422. (Review).
7. Betancor, C.; Concepcion, J. I.; Hernandez, R.; Salazar, J. A.; Suárez, E. *J. Org. Chem.* **1983**, *48*, 4430–4432.
8. Majetich, G.; Wheless, K. *Tetrahedron* **1995**, *51*, 7095–7129. (Review).
9. Togo, H.; Katohgi, M. *Synlett* **2001**, 565–581. (Review).
10. Pellissier, H.; Santelli, M. *Org. Prep. Proced. Int.* **2001**, *33*, 455–476. (Review).
11. Li, J. J. *Hofmann–Löffler–Freytag Reaction*. In *Name Reactions in Heterocyclic Chemistry*; Li, J. J., Ed.; Wiley: Hoboken, NJ, **2005**, pp 89–97. (Review).
12. Chen, K.; Richter, J. M.; Baran, P. S. *J. Am. Chem. Soc.* **2008**, *130*, 17247–17249.
13. Lechel, T.; Podolan, G.; Brusilowskij, B.; Schalley, C. A.; Reissig, H.-U. *Eur. J. Org. Chem.* **2012**, 5685–5692.
14. O'Broin, C. Q.; Fernádez, P.; Martínez, C.; Muñiz, K. *Org. Lett.* **2016**, *18*, 436–439.
15. (a) Cherney, E. C.; Lopchuk, J. M.; Green, J. C.; Baran, P. S. *J. Am. Chem. Soc.* **2014**, *136*, 12592–12595. (b) Francisco, C. G.; Herrera, A. J.; Suárez, E. *J. Org. Chem.* **2003**, *68*, 1012–1017.
16. Bao, X.; Wang, Q.; Zhu, J. *Nat. Commun.* **2019**, *10*, 1–7.

Horner–Wadsworth–Emmons 反应

从醛和磷酸酯得到烯烃。该反应的副产物是水溶性的，故反应操作比相应的Wittig反应方便。通常得到的烯烃产物中*trans*–构型比*cis*–构型多。

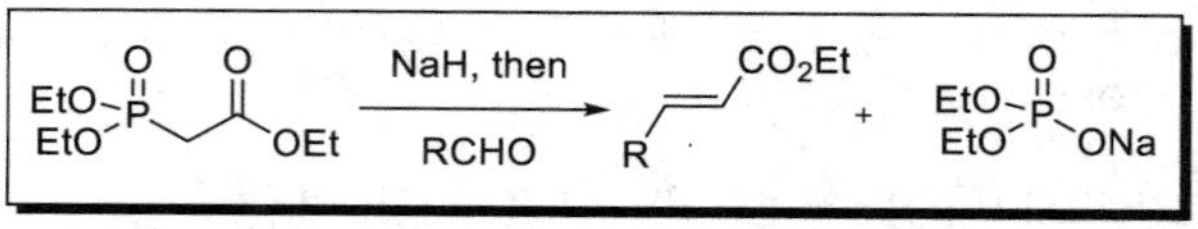

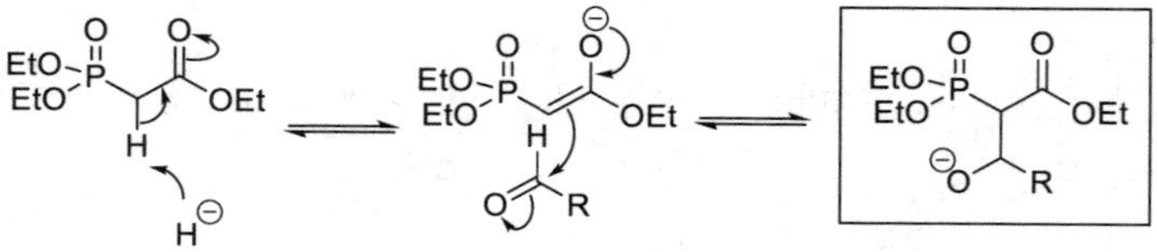

立体化学产出：赤式(动力学所致)或苏式(热力学所致)

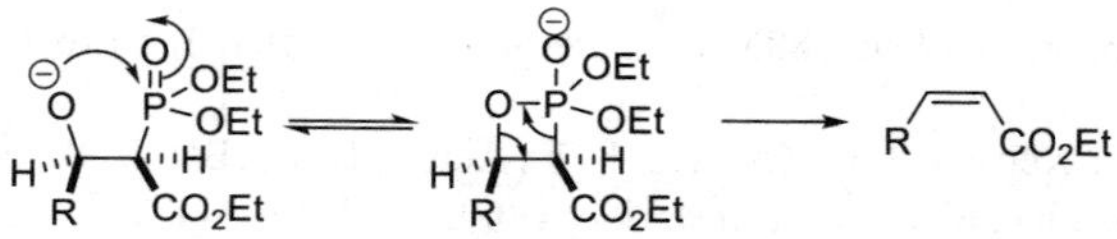

赤式，动力学加成物

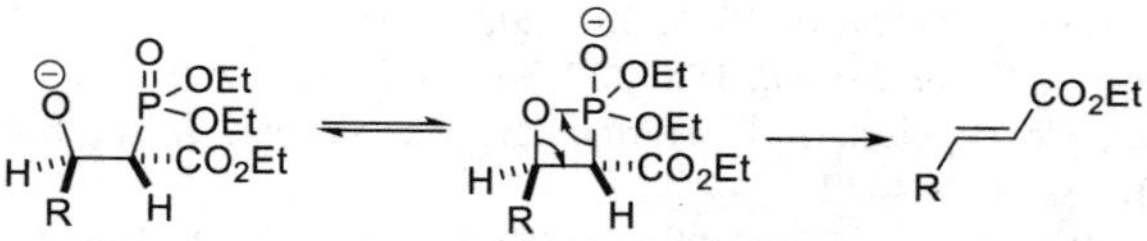

苏式，热力学加成物

Example 1[3]

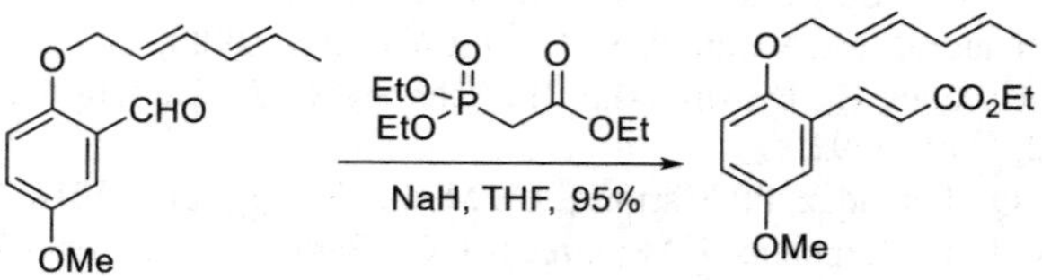

© Springer Nature Switzerland AG 2021
J. J. Li, *Name Reactions*, https://doi.org/10.1007/978-3-030-50865-4_70

Example 2[4]

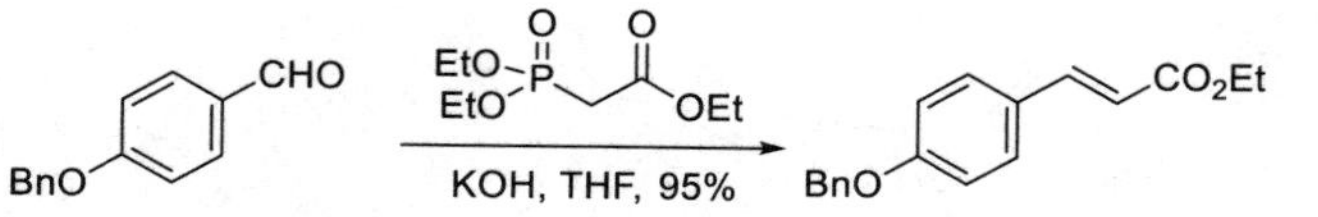

Example 3, Weinreb 酰胺[7]

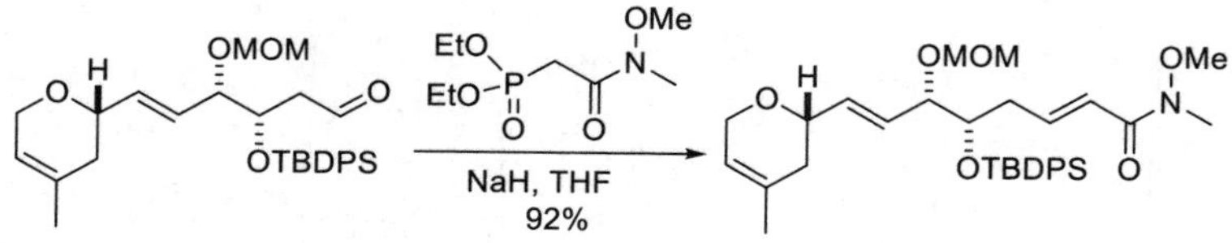

Example 4, 分子内 Horner–Wadsworth–Emmons 反应[9]

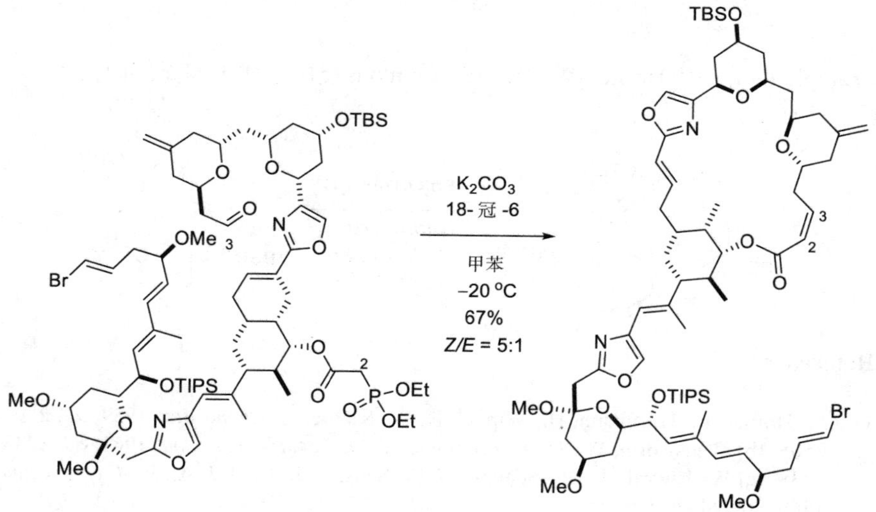

Example 4[11]

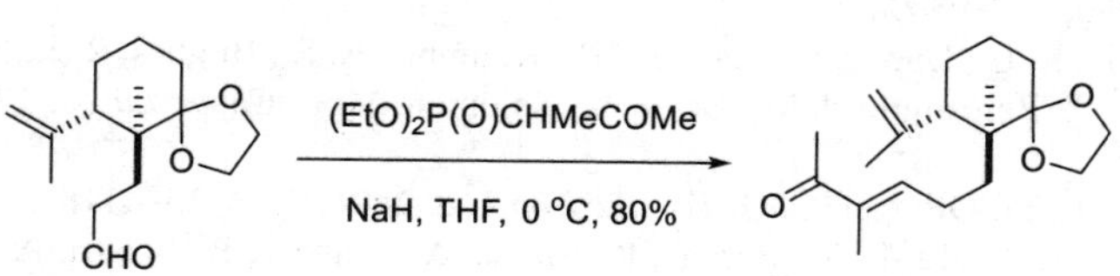

Example 5[12]

[Scheme: indole-4-carbaldehyde with 3,5-dimethoxyphenyl and 4-methoxyphenyl substituents + (EtO)₂(O)P-CH₂-C₆H₄-OMe → stilbene product; NaH, THF, 100→120 °C, 2 h, MWI, 77%]

Example 6, 分子内 Horner–Wadsworth–Emmons 反应生成十四元环内酯[13]

[Scheme: acyclic aldehyde-phosphonate with OTBS groups → 14-membered macrolactone; Ba(OH)₂·8H₂O, THF/H₂O (40:1), 0 °C → rt, 2 h, 31%]

References

1. (a) Horner, L.; Hoffmann, H.; Wippel, H. G.; Klahre, G. *Chem. Ber.* **1959**, *92*, 2499–2505. (b) Wadsworth, W. S., Jr.; Emmons, W. D. *J. Am. Chem. Soc.* **1961**, *83*, 1733–1738. (c) Wadsworth, D. H.; Schupp, O. E.; Seus, E. J.; Ford, J. A., Jr. *J. Org. Chem.* **1965**, *30*, 680–685.
2. Maryanoff, B. E.; Reitz, A. B. *Chem. Rev.* **1989**, *89*, 863–927. (Review).
3. Shair, M. D.; Yoon, T. Y.; Mosny, K. K.; Chou, T. C.; Danishefsky, S. J. *J. Am. Chem. Soc.* **1996**, *118*, 9509–9525.
4. Nicolaou, K. C.; Boddy, C. N. C.; Li, H.; Koumbis, A. E.; Hughes, R. J.; Natarajan, S.; Jain, N. F.; Ramanjulu, J. M.; Bräse, S.; Solomon, M. E. *Chem. Eur. J.* **1999**, *5*, 2602–2621.
5. Comins, D. L.; Ollinger, C. G. *Tetrahedron Lett.* **2001**, *42*, 4115–4118.
6. Lattanzi, A.; Orelli, L. R.; Barone, P.; Massa, A.; Iannece, P.; Scettri, A. *Tetrahedron Lett.* **2003**, *44*, 1333–1337.
7. Ahmed, A.; Hoegenauer. E. K.; Enev, V. S.; Hanbauer, M.; Kaehlig, H.; Öhler, E.; Mulzer, J. *J. Org. Chem.* **2003**, *68*, 3026–3042.
8. Blasdel, L. K.; Myers, A. G. *Org. Lett.* **2005**, *7*, 4281–4283.

9. Li, D.-R.; Zhang, D.-H.; Sun, C.-Y.; Zhang, J.-W.; Yang, L.; Chen, J.; Liu, B.; Su, C.; Zhou, W.-S.; Lin, G.-Q. *Chem. Eur. J.* **2006,** *12*, 1185–1204.
10. Rong, F. *Horner–Wadsworth–Emmons reaction* In *Name Reactions for Homologations-Part I*; Li, J. J., Ed.; Wiley: Hoboken, NJ, **2009,** pp 420–466. (Review).
11. Okamoto, R.; Takeda, K.; Tokuyama, H.; Ihara, M.; Toyota, M. *J. Org. Chem.* **2013,** *78*, 93–103.
12. Krzyzanowski, A.; Saleeb, M.; Elofsson, M. *Org. Lett.* **2018,** *20*, 6650–6654.
13. Paul, D.; Saha, S.; Goswami, R. K. **2018,** *20*, 4606–4609.
14. Everson, J.; Kiefel, M. J. *J. Org. Chem.* **2019,** *84*, 15226–15235.
15. Iwanejko, J.; Sowinski, M.; Wojaczynska, E.; Olszewski, T. K.; Gorecki, M. *RSC Adv.* **2020,** *10*, 14618–14629.

Still–Gennari 磷酸酯反应

Horner–Emmons 反应的变异，用双-三氟乙基磷酸酯(Still–Gennari 磷酸酯)反应后生成 Z-烯烃。

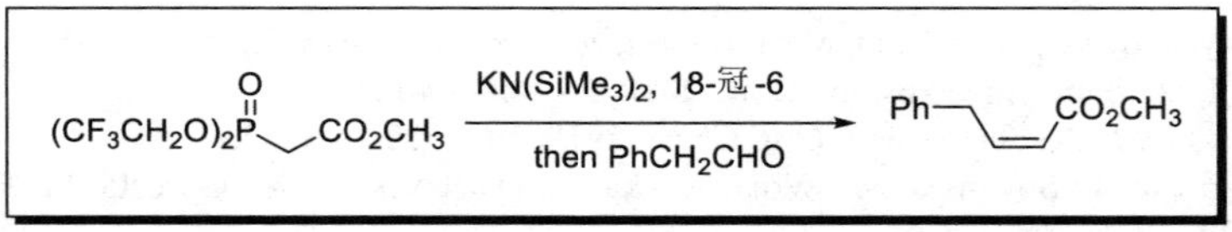

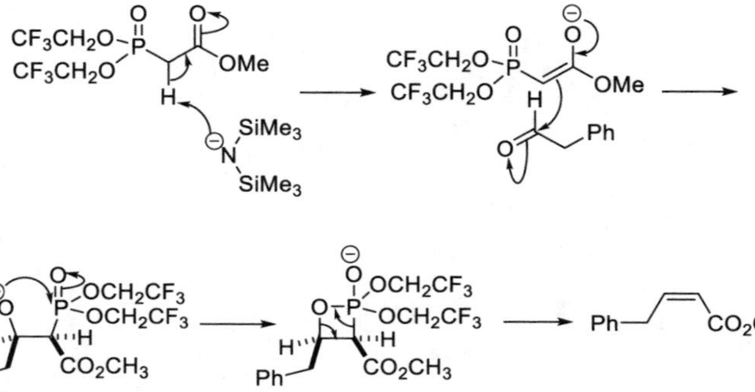

赤式异构体，动力学加成物

Example 1[2]

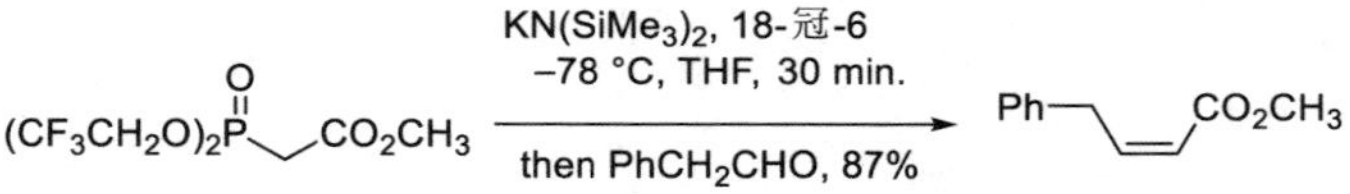

Example 2[3]

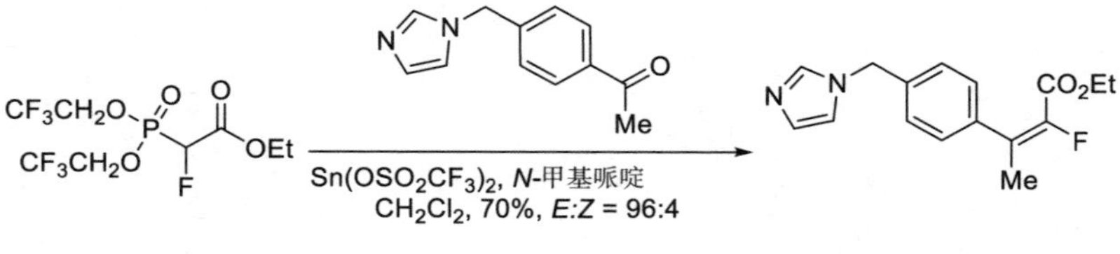

Example 3[4]

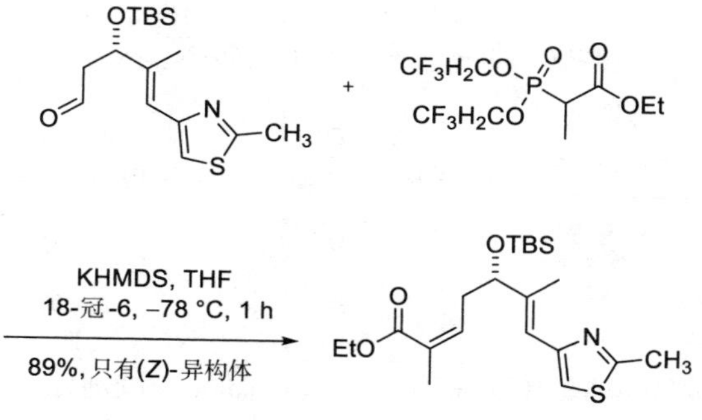

Example 4[9]

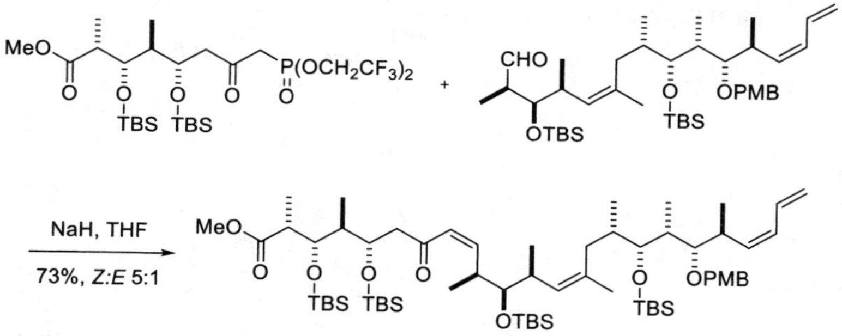

Example 5, 对制备Still–Gennari酯的一个改进程序[11]

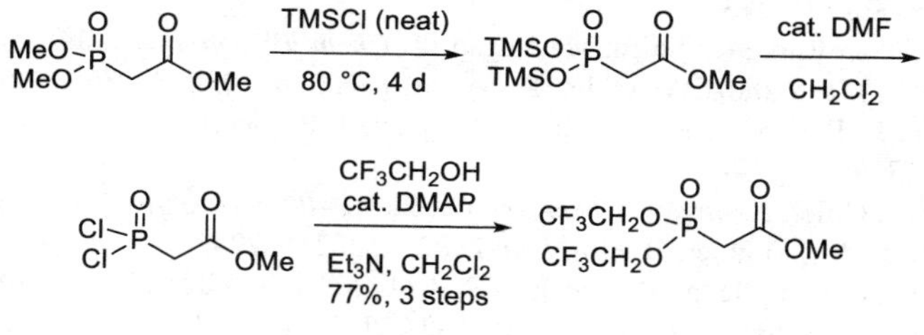

Example 6[12]

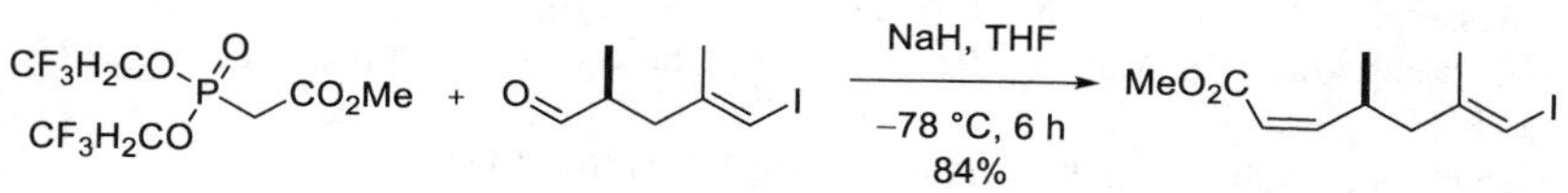

Example 7, (Z)−α,β−不饱和磷酸酯[13]

Example 8, 磷酸二酚酯类Horner–Wadsworth–Emmons试剂比Still–Gennari 磷酸酯便宜得多[15]

References

1. Still, W. C.; Gennari, C. *Tetrahedron Lett.* **1983**, *24*, 4405–4408. 斯蒂尔(W. C. Still, 1946–)出生于佐治亚州的Augusta, 是哥伦比亚大学(Columbia University)教授。
2. Nicolaou, K. C.; Nadin, A.; Leresche, J. E.; LaGreca, S.; Tsuri, T.; Yue, E. W.; Yang, Z. *Chem. Eur. J.* **1995**, *1*, 467–494.
3. Sano, S. Yokoyama, K.; Shiro, M.; Nagao, Y. *Chem. Pharm. Bull.* **2002**, *50*, 706–709.
4. Mulzer, J.; Mantoulidis, A.; Öhler, E. *Tetrahedron Lett.* **1998**, *39*, 8633–8636.
5. Paterson, I.; Florence, G. J.; Gerlach, K.; Scott, J. P.; Sereinig, N. *J. Am. Chem. Soc.* **2001**, *123*, 9535–9544.
6. Mulzer, J.; Ohler, E. *Angew. Chem. Int. Ed.* **2001**, *40*, 3842–3846.
7. Beaudry, C. M.; Trauner, D. *Org. Lett.* **2002**, *4*, 2221–2224.
8. Dakin, L. A.; Langille, N. F.; Panek, J. S. *J. Org. Chem.* **2002**, *67*, 6812–6815.
9. Paterson, I.; Lyothier, I. *J. Org. Chem.* **2005**, *70*, 5494–5507.
10. Rong, F. *Horner–Wadsworth–Emmons reaction*. In *Name Reactions for Homologations-Part I*; Li, J. J., Ed.; Wiley: Hoboken, NJ, **2009**, pp 420–466. (Review).
11. Messik, F.; Oberthür, M. *Synthesis* **2013**, *45*, 167–170.
12. Chandrasekhar, B.; Athe, S.; Reddy, P. P.; Ghosh, S. *Org. Biomol. Chem.* **2015**, *13*, 115–124.
13. Janicki, I.; Kielbasinski, P. *Synthesis* **2018**, *50*, 4140–4144.
14. (a) Bressin, R. K.; Driscoll, J. L.; Wang, Y.; Koide, K. *Org. Process Res. Dev.* **2019**, *23*, 274–277. (b) Ando, K. *Tetrahedron Lett.* **1995**, *36*, 4105–4108.

Houben–Hoesch 反应

酚及酚醚在酸催化下与腈发生酰基化反应生成亚胺，亚胺水解后得到相应的酮。

Example 1, 分子内 Houben–Hoesch 反应[3]

Example 2[6]

Example 3[8]

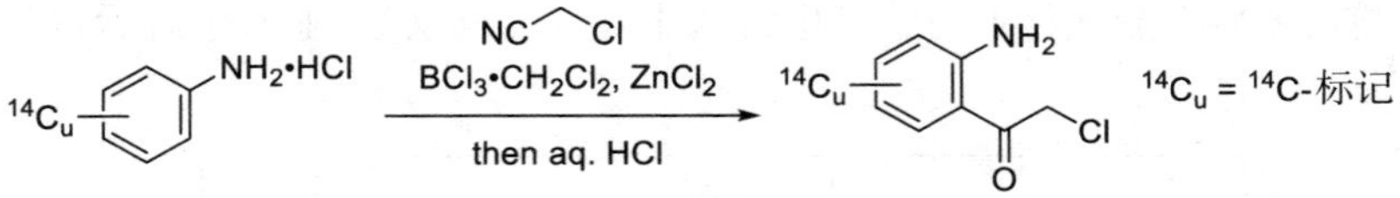

Example 4[9]

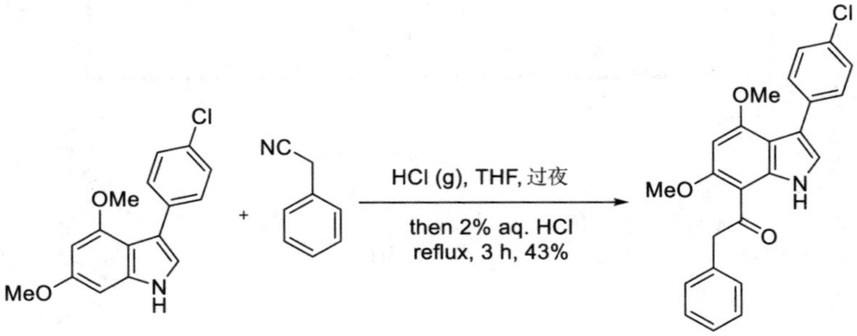

Example 5, 分子内 Houben–Hoesch 反应[10]

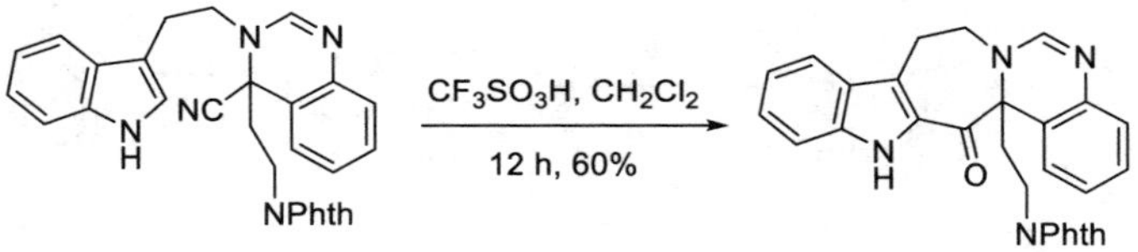

Example 6, 分子内 Houben–Hoesch 反应，但产物是苯胺[11]

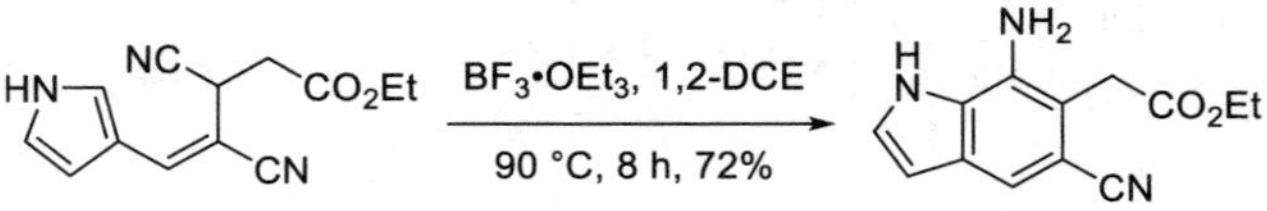

Example 7[12]

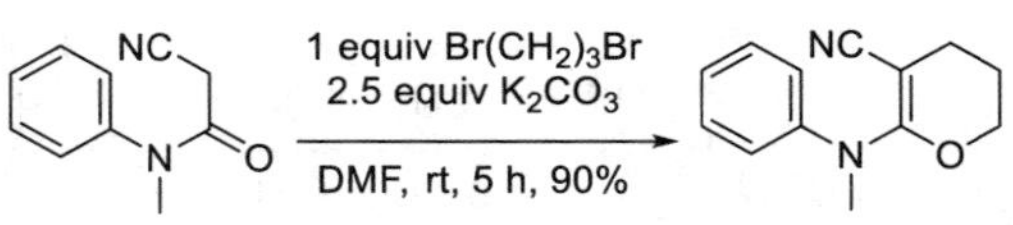

Example 8, 用于合成黄酮类化合物[13]

References

1. (a) Hoesch, K. *Ber.* **1915**, *48*, 1122–1133. 赫施(K. Hoesch，1882–1932)出生于德国的Krezau，在柏林跟费歇尔学习。第一次世界大战时是土耳其伊斯坦布尔大学的教授。战后他放弃了学术研究而转向家族的商业经营活动。(b) Houben, J. *Ber.* **1926**, *59*, 2878–2891.
2. Yato, M.; Ohwada, T.; Shudo, K. *J. Am. Chem. Soc.* **1991**, *113*, 691–692.
3. Rao, A. V. R.; Gaitonde, A. S.; Prakash, K. R. C.; Rao, S. P. *Tetrahedron Lett.* **1994**, *35*, 6347–6350.
4. Sato, Y.; Yato, M.; Ohwada, T.; Saito, S.; Shudo, K. *J. Am. Chem. Soc.* **1995**, *117*, 3037–3043.
5. Kawecki, R.; Mazurek, A. P.; Kozerski, L.; Maurin, J. K. *Synthesis* **1999**, 751–753.
6. Udwary, D. W.; Casillas, L. K.; Townsend, C. A. *J. Am. Chem. Soc.* **2002**, *124*, 5294–5303.
7. Sanchez-Viesca, F.; Gomez, M. R.; Berros, M. *Org. Prep. Process Int.* **2004**, *36*, 135–140.
8. Wager, C. A. B.; Miller, S. A. *J. Labelled Compd. Radiopharm.* **2006**, *49*, 615–622.
9. Black, D. St. C.; Kumar, N.; Wahyuningsih, T. D. *ARKIVOC* **2008**, *(6)*, 42–51.
10. Zhao, B.; Hao, X.-Y.; Zhang, J.-X.; Liu, S.; Hao, X.-J. *J. Org. Chem.* **2013**, *15*, 528–530.
11. Outlaw, V. K.; Townsend, C. A. *Org. Lett.* **2014**, *16*, 6334–6337.
12. Wu, C.; Huang, P.; Sun, Z.; Lin, M.; Jiang, Y.; Tong, J.; Ge, C. *Tetrahedron* **2016**, *72*, 1461–1466.
13. Filip, K.; Kleczkowska-Plichta, E.; Araźny, Z.; Grynkiewicz, G.; Polowczyk, M.; Gabarski, K.; Trzcińska, K. *Org. Process Res. Dev.* **2016**, *20*, 1354–1362.

Hunsdiecker–Borodin 反应

羧酸银用卤素处理生成卤代烃。

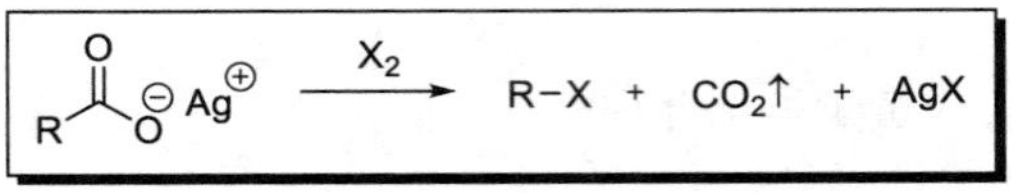

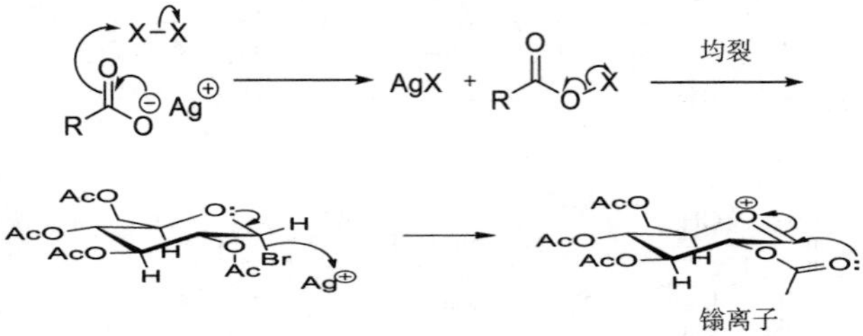

$$R-CO_2^- Ag^+ \xrightarrow{X_2} R-X + CO_2\uparrow + AgX$$

均裂

鎓离子

Example 1[5]

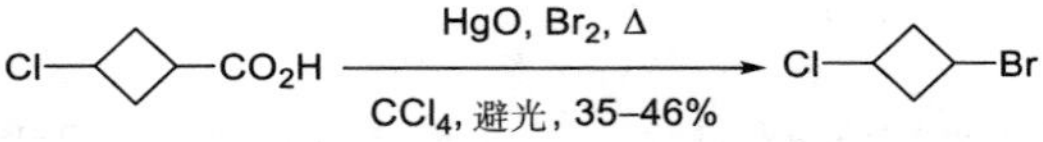

$$Cl\text{-}\square\text{-}CO_2H \xrightarrow[CCl_4, \text{避光}, 35-46\%]{HgO, Br_2, \Delta} Cl\text{-}\square\text{-}Br$$

Example 2[6]

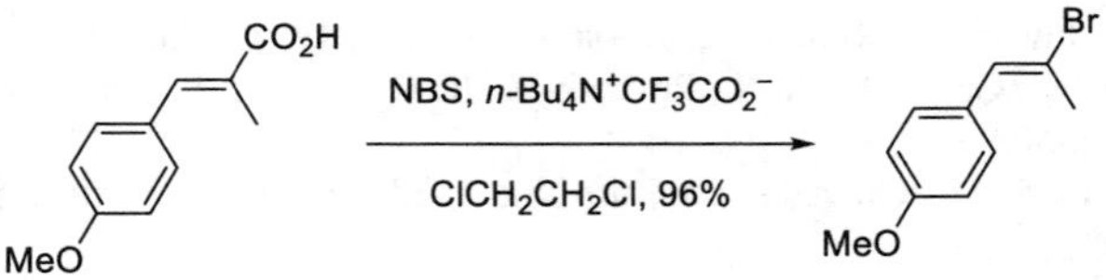

$$\xrightarrow[ClCH_2CH_2Cl, 96\%]{NBS,\ n\text{-}Bu_4N^+CF_3CO_2^-}$$

Example 3[8]

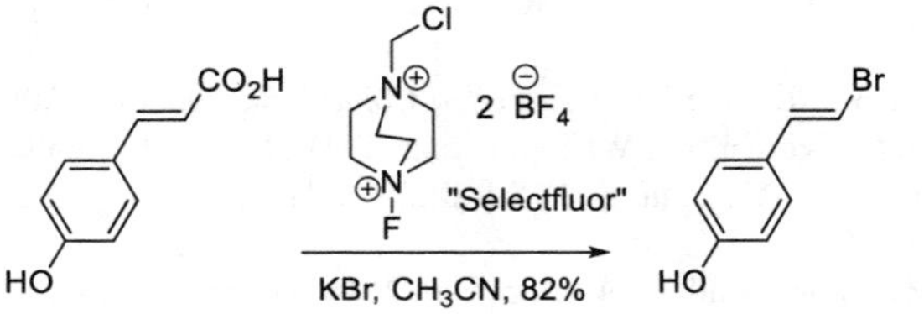

"Selectfluor"

$$\xrightarrow[KBr, CH_3CN, 82\%]{}$$

Example 4, 一锅煮微波促进的Hunsdiecker–Borodin反应后再进行Suzuki反应[10]

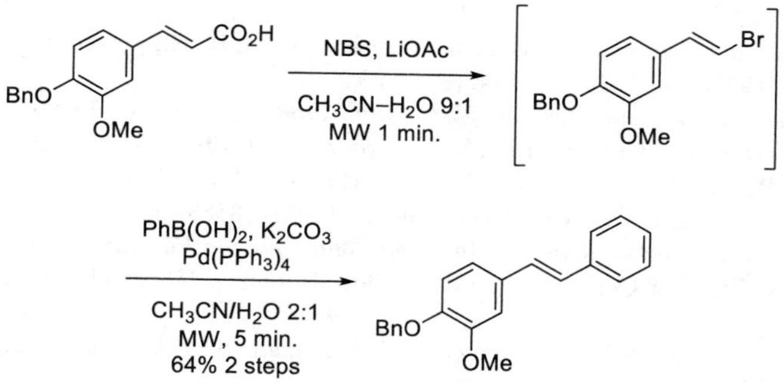

Example 5[11]

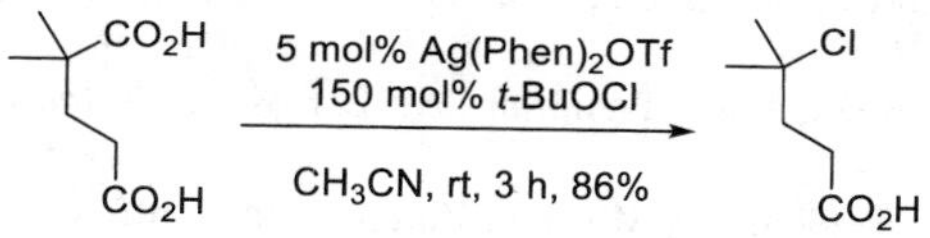

Example 6, 肉桂酸底物[12]

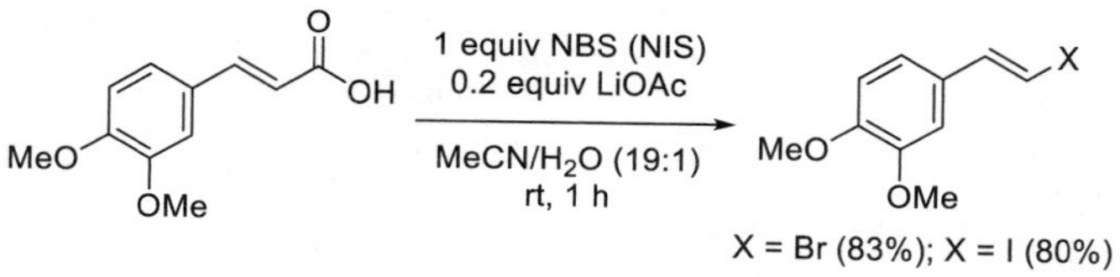

Example 7, 无金属的脱羧碘代反应，一个芳香族的Hunsdiecker反应[13]

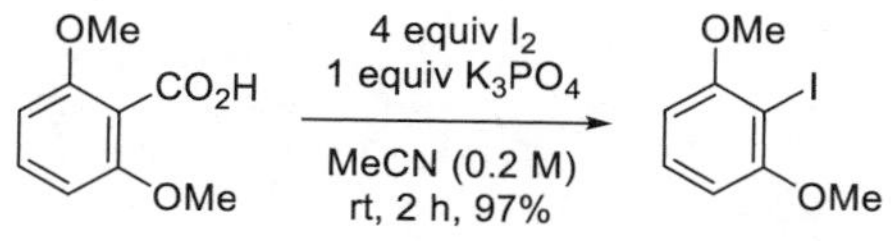

References

1. (a) Borodin, A. *Ann.* **1861,** *119,* 121–123. 勃伦丁(A. P. Borodin, 1833–1887)出生于圣彼得堡，是一位王子的私生子。他于1861年从乙酸银制得溴甲烷，但直到80年后才由海因茨(Heinz)和洪斯狄克(C. Hunsdiecker)将他的合成方法扩展成了一个通用的Hunsdiecker–Borodin反应或Hunsdiecker方法。勃伦丁是个作曲家，广为人知的歌剧"青蛙王子(Prince Egor)"就是他的音乐作品。他也常在实验室外弹奏钢琴。(b) Hunsdiecker, H.; Hunsdiecker, C. *Ber.* **1942,** *75,* 291–297. 洪斯狄克(C. Hunsdiecker)出生于1903年，在科隆受过教育。她和她的丈夫海因茨一起发展了羧酸银的溴化反应。

2. Sheldon, R. A.; Kochi, J. K. *Org. React.* **1972,** *19*, 326–421. (Review).
3. Barton, D. H. R.; Crich, D.; Motherwell, W. B. *Tetrahedron Lett.* **1983,** *24*, 4979–4982.
4. Crich, D. In *Comprehensive Organic Synthesis;* Trost, B. M.; Steven, V. L., Eds.; Pergamon, **1991,** *Vol. 7*, pp 723–734. (Review).
5. Lampman, G. M.; Aumiller, J. C. *Org. Synth.* **1988,** *Coll. Vol. 6*, 179.
6. Naskar, D.; Chowdhury, S.; Roy, S. *Tetrahedron Lett.* **1998,** *39*, 699–702.
7. Das, J. P.; Roy, S. *J. Org. Chem.* **2002,** *67*, 7861–7864.
8. Ye, C.; Shreeve, J. M. *J. Org. Chem.* **2004,** *69*, 8561–8563.
9. Li, J. J. *Hunsdiecker Reaction*. In *Name Reactions for Functional Group Transformations*; Li, J. J., Corey, E. J., Eds., Wiley: Hoboken, NJ, **2007,** pp 623–629. (Review).
10. Bazin, M.-A.; El Kihel, L.; Lancelot, J.-C.; Rault, S. *Tetrahedron Lett.* **2007,** *48*, 4347–4351.
11. Wang, Z.; Zhu, L.; Yin, F.; Su, Z.; Li, Z.; Li, C. *J. Am. Chem. Soc.* **2012,** *134*, 4258–4263.
12. Lorentzen, M.; Bayer, A.; Sydnes, M. O.; Jøgensen, K. B. *Tetrahedron* **2015,** *71*, 8278–8284.
13. Perry, G. J. P.; Quibell, J. M.; Panigrahi, A.; Larrosa, I. *J. Am. Chem. Soc.* **2017,** *139*, 11527–11536.
14. Zarei, M.; Noroozizadeh, E.; Moosavi-Zare, A. R.; Zolfigol, M. A. *J. Org. Chem.* **2018,** *83*, 3645–3650.

Jacobsen–Katsuki 环氧化反应

烯烃在 Mn(Ⅲ)-salen 催化下的不对称环氧化反应。

1. 协同的氧转移(*cis*-环氧化物)：

2. 经自由基中间体的氧转移(*trans*-环氧化物)：

3. 经锰氧化物中间体(*cis*-环氧化物)的氧转移：

Example 1[2]

cat. = [(S,S)-Mn(salen)Cl catalyst with t-Bu groups]

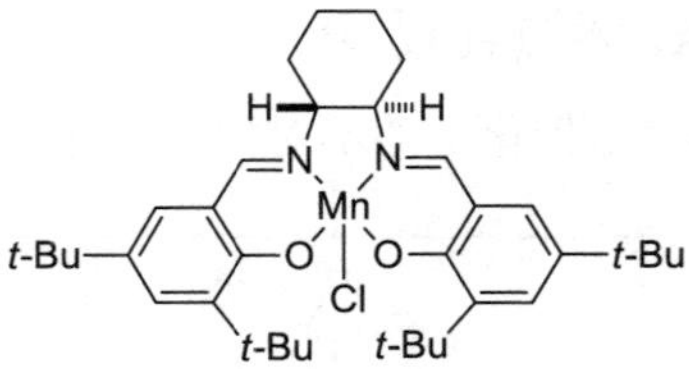

Example 2[5]

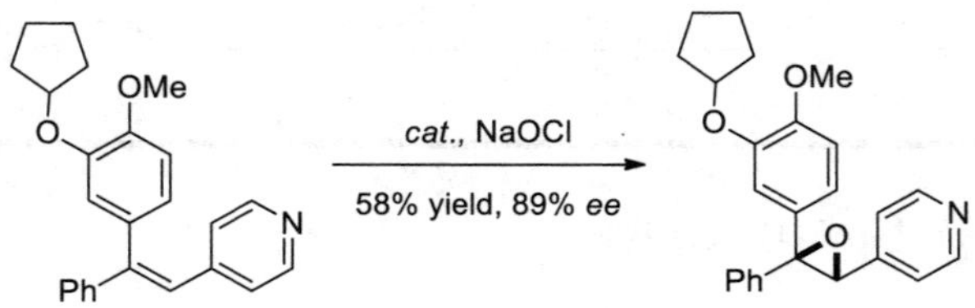

[alkene with OMe, O-cyclopentyl, Ph, and pyridyl substituents] — cat., NaOCl, 58% yield, 89% ee → [corresponding epoxide]

Example 3[6]

[indene] — cat., NaOCl, 88% → [indene oxide], 88% ee → indinavir (Crixivan) [structure shown]

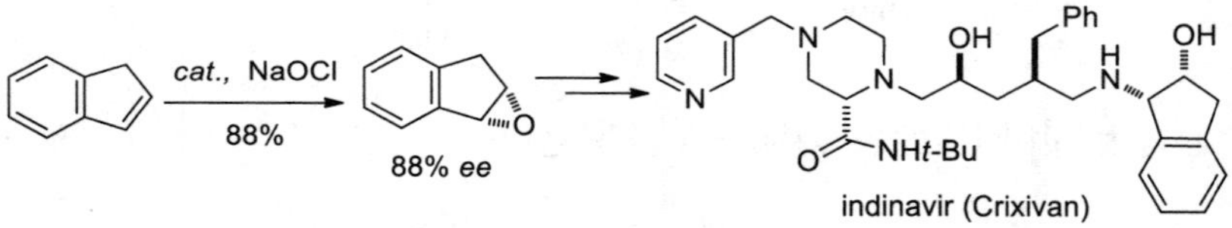

Example 4, Jacobsen HKR [9]

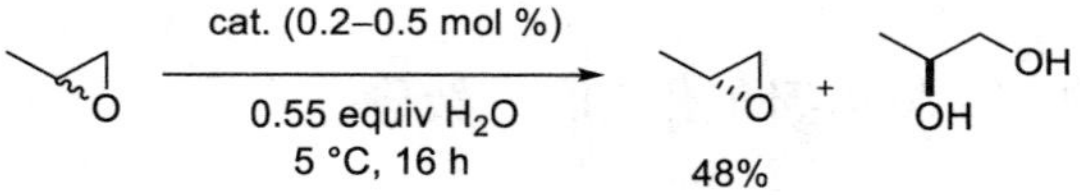

[propylene oxide] — cat. (0.2–0.5 mol %), 0.55 equiv H₂O, 5 °C, 16 h → [(R)-propylene oxide], 48% + [(S)-propylene glycol]

cat. = (R,R)-SalenCo(III)-OAc = [Co(salen)OAc complex with t-Bu groups]

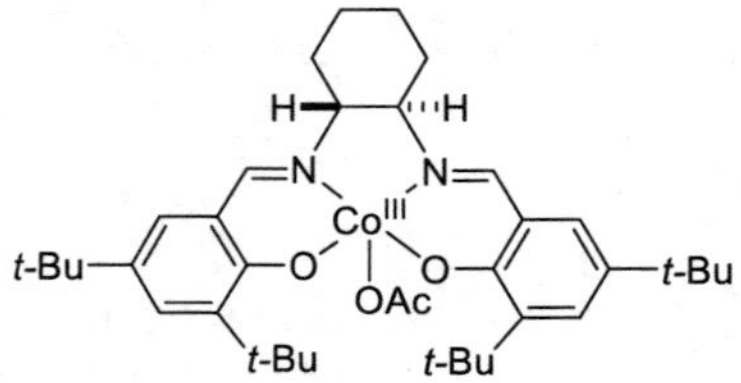

Example 5, Jacobsen HKR[13]

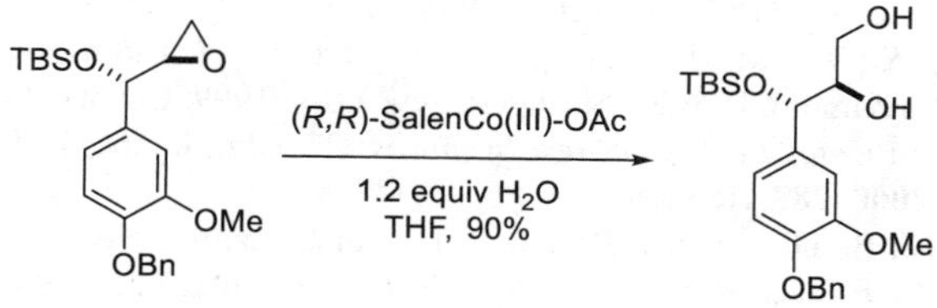

Example 6, 使用第二代Mn(III)–salen催化剂进行的Jacobsen HKR[14]

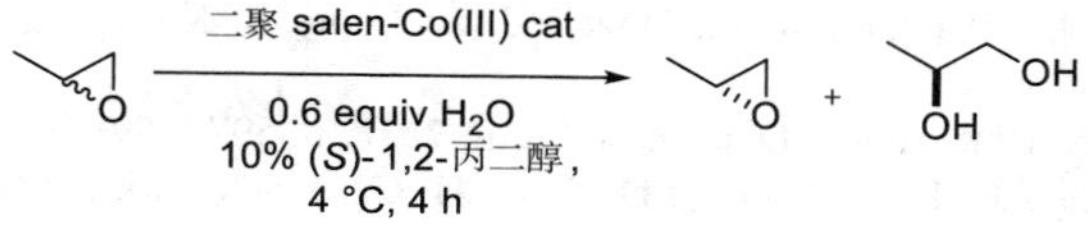

二聚 salen-Co(III) cat =

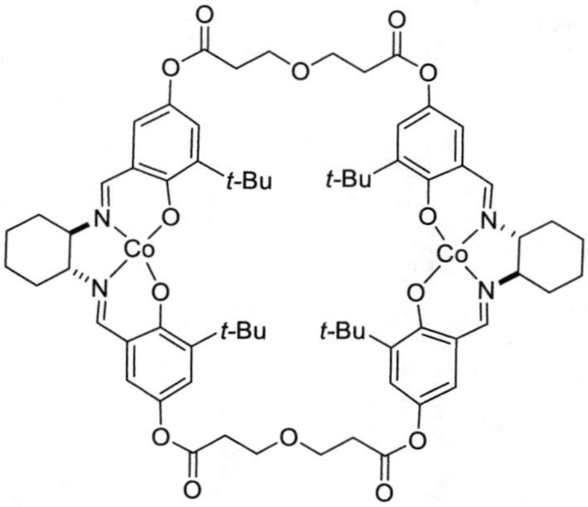

References

1. (a) Zhang, W.; Loebach, J. L.; Wilson, S. R.; Jacobsen, E. N. *J. Am. Chem. Soc.* **1990**, *112*, 2801–2903. (b) Irie, R.; Noda, K.; Ito, Y.; Matsumoto, N.; Katsuki, T. *Tetrahedron Lett.* **1990**, *31*, 7345–7348. (c) Irie, R.; Noda, K.; Ito, Y.; Katsuki, T. *Tetrahedron Lett.* **1991**, *32*, 1055–1058. (d) Deng, L.; Jacobsen, E. N. *J. Org. Chem.* **1992**, *57*, 4320–4323. (e) Palucki, M.; McCormick, G. J.; Jacobsen, E. N. *Tetrahedron Lett.* **1995**, *36*, 5457–5460.
2. Zhang, W.; Jacobsen, E. N. *J. Org. Chem.* **1991**, *56*, 2296–2298.
3. Jacobsen, E. N. In *Catalytic Asymmetric Synthesis;* Ojima, I., Ed.; VCH: Weinheim, New York, **1993**, Ch. 4.2. (Review).
4. Jacobsen, E. N. In *Comprehensive Organometallic Chemistry II*, Eds. G. W. Wilkinson, G. W.; Stone, F. G. A.; Abel, E. W.; Hegedus, L. S., Pergamon, New York, **1995**, vol 12, Chapter 11.1. (Review).

5. Lynch, J. E.; Choi, W.-B.; Churchill, H. R. O.; Volante, R. P.; Reamer, R. A.; Ball, R. G. *J. Org. Chem.* **1997**, *62*, 9223–9228.
6. Senananyake, C. H. *Aldrichimica Acta* **1998**, *31*, 3–15. (Review).
7. Jacobsen, E. N.; Wu, M. H. In *Comprehensive Asymmetric Catalysis*, Jacobsen, E. N.; Pfaltz, A.; Yamamoto, H. Eds.; Springer: New York; 1999, Chapter 18.2. (Review).
8. Katsuki, T. In *Catalytic Asymmetric Synthesis;* 2nd edn.; Ojima, I., Ed.; Wiley-VCH: New York, **2000,** 287. (Review).
9. Schaus, S. E.; Brandes, B. D.; Larrow, J. F.; Tokunaga, M.; Hansen, K. B.; Gould, A. E.; Furrow, M. E.; Jacobsen, E. N. *J. Am. Chem. Soc.* **2002**, *128*, 6790–6791.
10. Katsuki, T. *Synlett* **2003**, 281–297. (Review).
11. Palucki, M. *Jacobsen–Katsuki epoxidation*. In *Name Reactions in Heterocyclic Chemistry*; Li, J. J., Ed.; Wiley: Hoboken, NJ, **2005**, pp 29–43. (Review).
12. Olson, J. A.; Shea, K. M. *Acc. Chem. Res.* **2011**, *44*, 311–321. (Review).
13. Njiojob, C. N.; Rhinehart, J. L.; Bozell, J. J.; Long, B. K. *J. Org. Chem.* **2015**, *80*, 1771–1780.
14. Mower, M. P.; Blackmond, D. G. *ACS Catal.* **2018**, *8*, 5977–5982.
15. Day, A. J.; Lee, J. H. Z.; Phan, Q. D.; Lam, H. C.; Ametovski, A.; Sumby, C. J.; Bell, S. G.; George, J. H. *Angew. Chem. Int. Ed.* **2019**, *58*, 1427–1431.

Jones 氧化反应

Collin-Sarett 氧化剂(CrO_3-吡啶配合物)、Corey PCC 氧化剂(吡啶-氯铬酸盐)、PDC 氧化剂(吡啶-重铬酸盐)和 Jones 氧化剂(CrO_3-H_2SO_4-Me_2CO)氧化醇的反应都经过相同的过程。这些氧化剂都有一个一般呈橙色或黄色的 Cr(VI)，还原后转为绿色的 Cr(III)。

Jones 氧化反应

经 Jones 氧化反应后伯醇被氧化为相应的醛或羧酸，仲醇被氧化为相应的酮。

$$CrO_3 + H_2O \longrightarrow H_2CrO_4$$

分子内机理也是可行的：

Example 1[6]

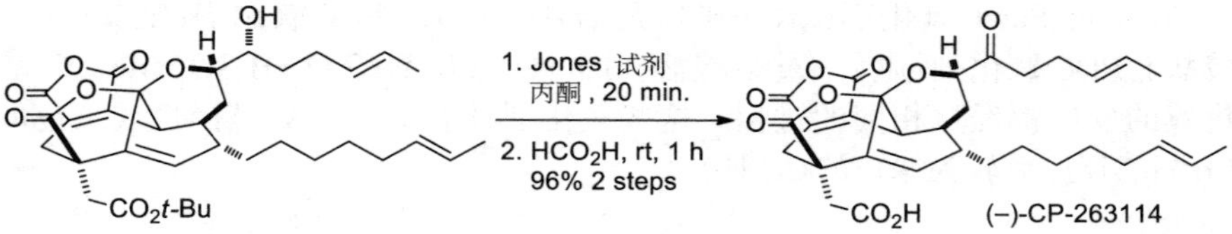

Example 2[7]

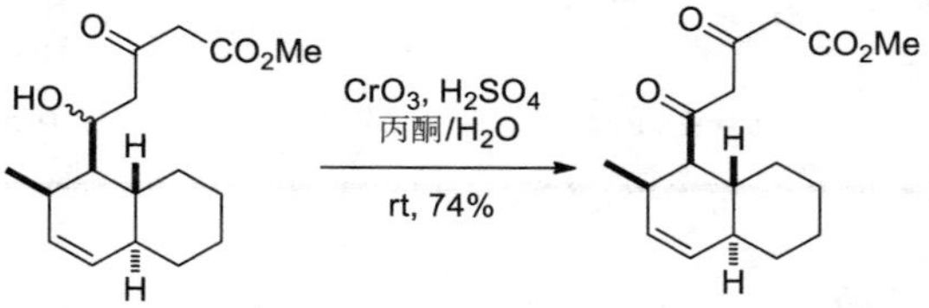

Example 3[9]

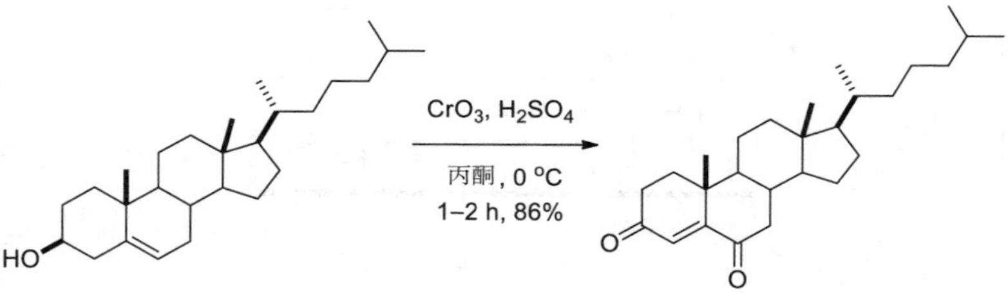

Example 4，反应混合物用冰水处理沉淀出纯净的羧酸[12]

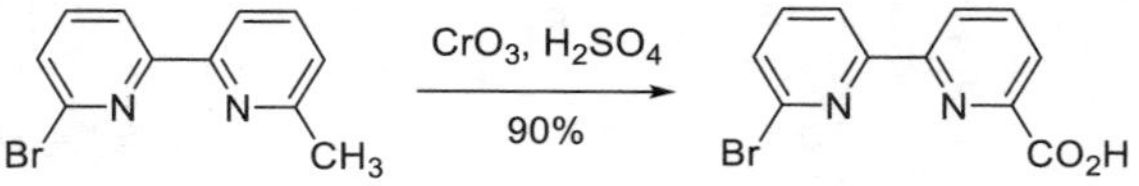

Example 5，Boc-保护基在Jones氧化反应条件下不受影响[13]

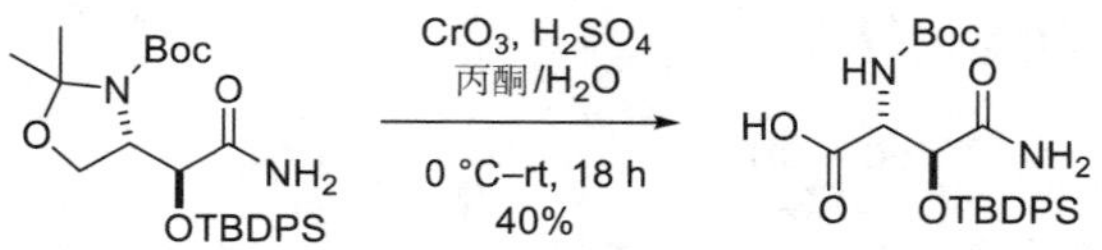

References

1. Bowden, K.; Heilbron, I. M., Jones, E. R. H.; Weedon, B. C. L. *J. Chem. Soc.* **1946**, 39–45. 琼斯 [E. R. H. (Tim) Jones] 和海布伦 (I. M. Heibron) 一起在帝国理工学院工作，后来继罗宾森后任受尊敬的曼彻斯特有机化学系主任。Jones 氧化剂配方：25 g CrO_3, 25 mL 浓硫酸和 70 mL 水。
2. Ratcliffe, R. W. *Org. Synth.* **1973**, *53*, 1852.
3. Vanmaele, L.; De Clerq, P.; Vandewalle, M. *Tetrahedron Lett.* **1982**, *23*, 995–998.
4. Luzzio, F. A. *Org. React.* **1998**, *53*, 1–222. (Review).
5. Zhao, M.; Li, J.; Song, Z.; Desmond, R. J.; Tschaen, D. M.; Grabowski, E. J. J.; Reider, P. J. *Tetrahedron Lett.* **1998**, *39*, 5323–5326. (Catalytic CrO_3 oxidation).
6. Waizumi, N.; Itoh, T.; Fukuyama, T. *J. Am. Chem. Soc.* **2000**, *122*, 7825–7826.
7. Hagiwara, H.; Kobayashi, K.; Miya, S.; Hoshi, T.; Suzuki, T.; Ando, M. *Org. Lett.* **2001**, *3*, 251–254.
8. Fernandes, R. A.; Kumar, P. *Tetrahedron Lett.* **2003**, *44*, 1275–1278.
9. Hunter, A. C.; Priest, S.-M. *Steroids* **2006**, *71*, 30–33.
10. Kim, D.-S.; Bolla, K.; Lee, S.; Ham, J. *Tetrahedron* **2013**, *67*, 1062–1070.
11. Marshall, A. J.; Lin, J.-M.; Grey, A.; Reid, I. R; Cornish, J.; Denny, W. A *Bioorg. Med. Chem.* **2013**, *21*, 4112–4119.
12. Almaliti, J.; Al-Hamashi, A. A.; Negmeldin, A. T.; Hanigan, C. L.; Perera, L.; Pflum, M. K. H.; Casero, R. A.; Tillekeratne, L. M. V. *J. Med. Chem.* **2016**, *59*, 10642–10660.
13. Esgulian, M.; Buchotte, M.; Guillot, R.; Deloisy, S.; Aitken, D. J. *Org. Lett.* **2019**, *21*, 2378–2382.
14. Liu, S.; Gellman, S. H. *Org. Lett.* **2020**, *85*, 1718–1724.

Collins 氧化反应

与 Jones 氧化反应不同，经亦称 Collins–Sarett 氧化反应的 Collins 氧化反应后伯醇被氧化为相应的醛。CrO_3–2Pyr 俗称 Collins 试剂。

Example 1[5]

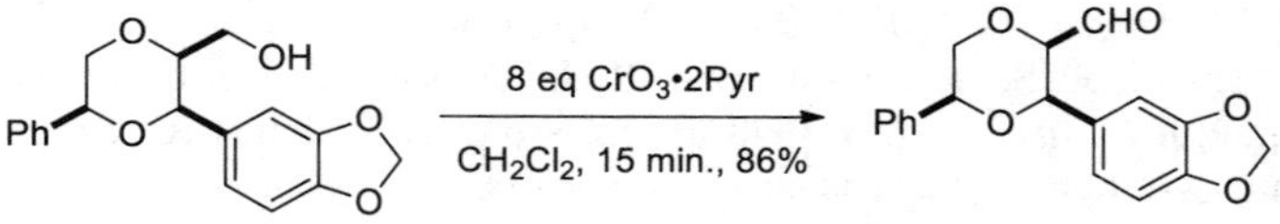

Example 2[7]

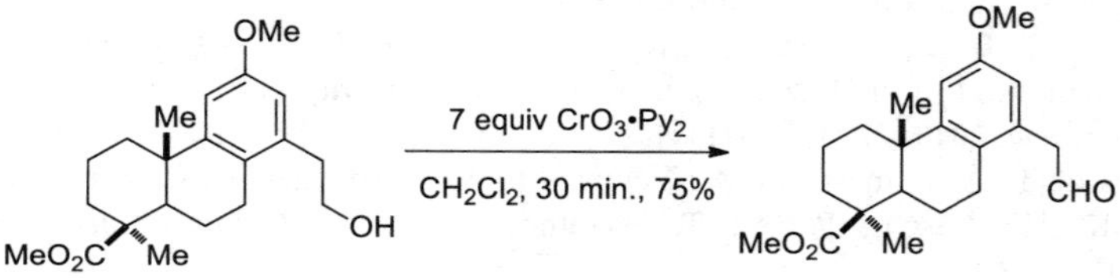

Example 3[9]

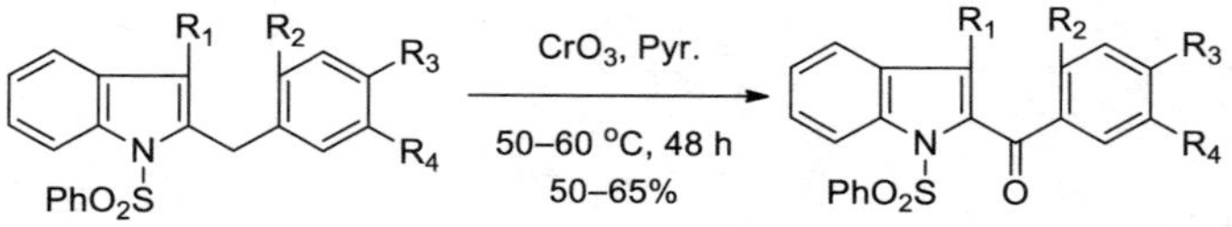

Example 4, TBS 和 MOM 保护基在 Collins 反应中都不受影响[10]

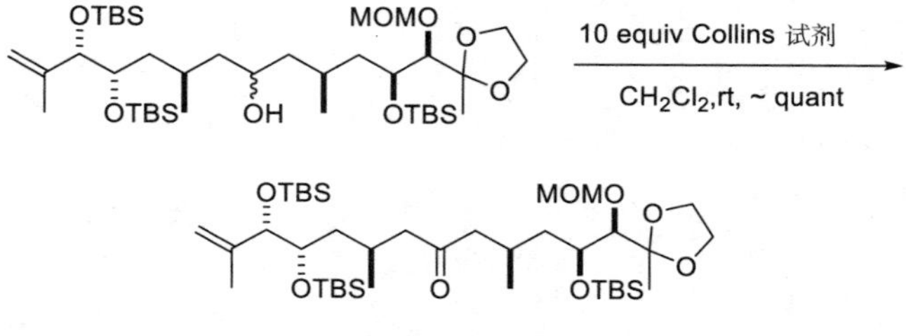

Example 5, Gemcitabine 类似物[11]

Example 6，一种新的胞嘧啶核苷抗肿瘤药衍生物吉西他滨(Gemcitabine)。

References

1. Poos, G. I.; Arth, G. E.; Beyler, R. E.; Sarett, L. H. *J. Am. Chem. Soc.* **1953**, *75*, 422–429.
2. Collins, J. C; Hess, W. W.; Frank, F. J. *Tetrahedron Lett.* **1968**, 3363–3366. 科林斯 (J. C. Collins)是位于纽约Rensselaer 的Sterling–Winthrop公司的化学家。
3. Collins, J. C; Hess, W. W. *Org. Synth.* **1972**, *Coll. Vol. V,* 310.
4. Hill, R. K.; Fracheboud, M. G.; Sawada, S.; Carlson, R. M.; Yan, S.-J. *Tetrahedron Lett.* **1978**, 945–948.
5. Krow, G. R.; Shaw, D. A.; Szczepanski, S.; Ramjit, H. *Synth. Commun.* **1984**, *14*, 429–433.
6. Li, M.; Johnson, M. E. *Synth. Commun.* **1995**, *25*, 533–537.
7. Harris, P. W. R.; Woodgate, P. D. *Tetrahedron* **2000**, *56*, 4001–4015.
8. Nguyen-Trung, N. Q.; Botta, O.; Terenzi, S.; Strazewski, P. *J. Org. Chem.* **2003**, *68*, 2038–2041.
9. Arumugam, N.; Srinivasan, P. C. *Synth. Commun.* **2003**, *33*, 2313–2320.
10. Zhang, F.-M.; Peng, L.; Li, H.; Ma, A.-J.; Peng, J.-B.; Guo, J.-Ji.; Yang, D.; Hou, S.-H.; Tu, Y.-Q.; Kitching, W. *Angew. Chem. Int. Ed.* **2012**, *51*, 10846–10850.
11. Gonzalez, C.; de Cabrera, M.; Wnuk, S. F. *Nucleosides, Nucleotides Nucleic Acids* **2018**, *37*, 248–260.
12. Tagirov, A. R.; Fayzullina, L. K.; Enikeeva, D. R.; Galimova, Yu. S.; Salikhov, S. M.; Valeev, F. A. *Russ. J. Org. Chem.* **2018**, *54*, 726–733.

PCC 氧化反应

醇被氯铬酸吡啶盐氧化为相应的醛或酮。反应在有机相中进行,故醛或酮不会被继续氧化为羧酸。有水存在,羰基会产生醛酮水合物,后者被氧化为羧酸。

Example 1, 一锅煮 PCC–Wittig 反应[2]

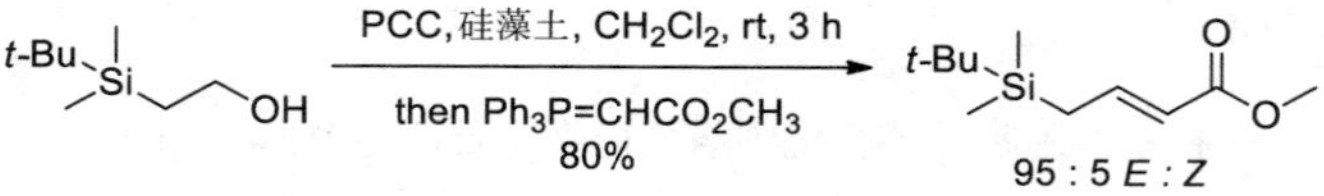

Example 2[3]

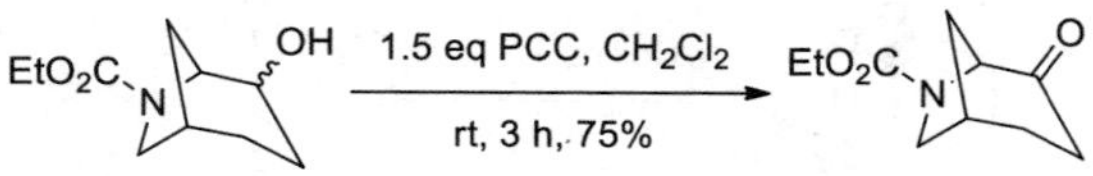

Example 3, 烯丙基氧化[4]

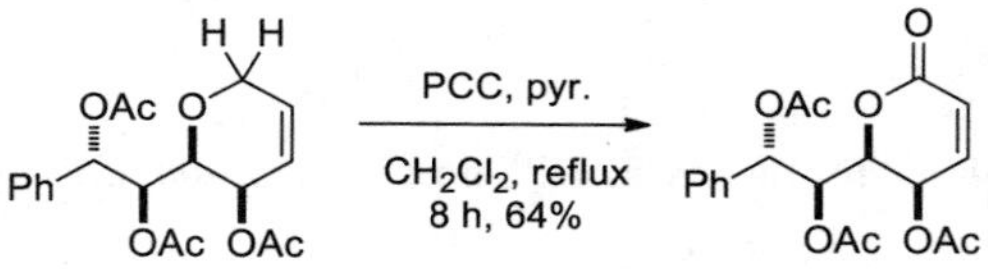

Example 4, 半缩醛氧化[5]

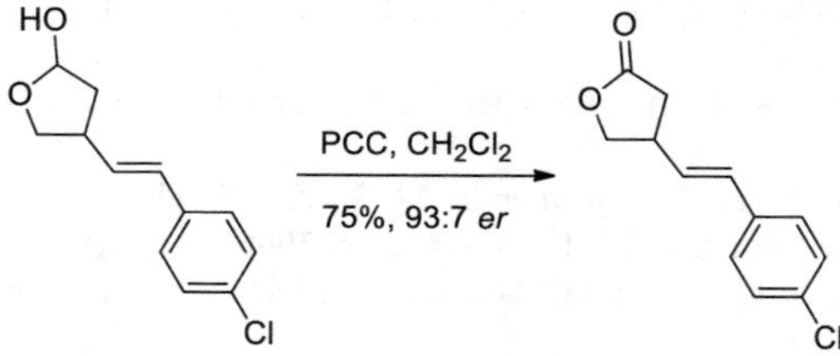

Example 5[8]

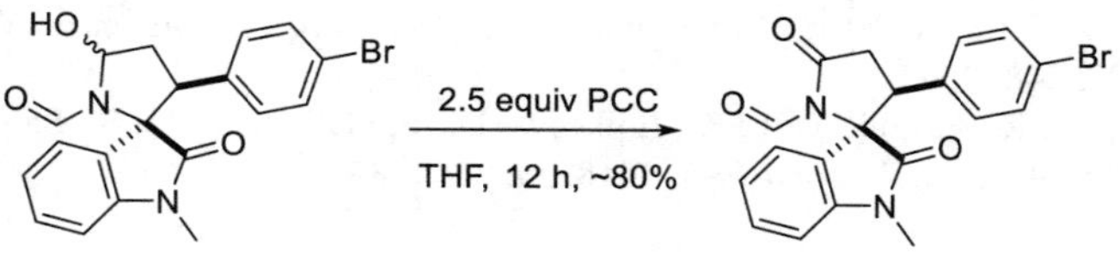

Example 6[9]

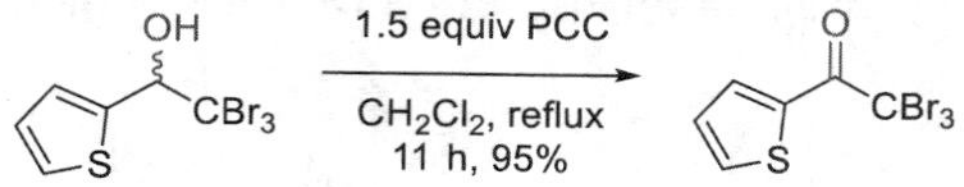

Example 7[10]

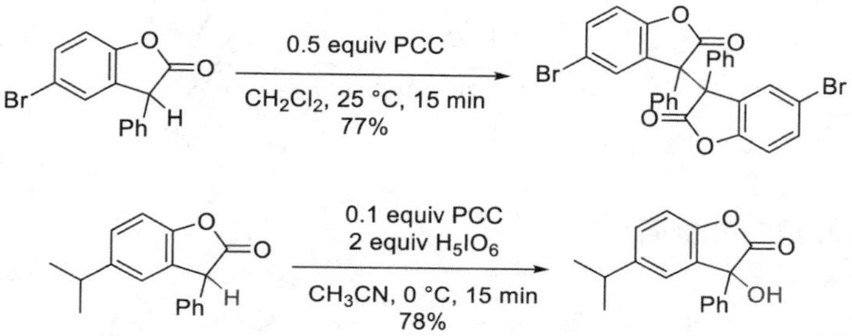

References

1. Corey, E. J.; Suggs, W. *Tetrahedron Lett.* **1975**, *16*, 2647–2650.
2. Bressette, A. R.; Glover, L. C., IV *Synlett* **2004**, 738–740.
3. Breining, S. R.; Bhatti, B. S.; Hawkins, G. D.; Miao, L. WO2005037832 (**2005**).
4. Srikanth, G. S. C.; Krishna, U. M. *Tetrahedron* **2006**, *62*, 11165–11171.
5. Kim, S.-G. *Tetrahedron Lett.* **2008**, *49*, 6148–6151.
6. Mehta, G.; Bera, M. K. *Tetrahedron* **2013**, *69*, 1815–1821.
7. Fowler, K. J.; Ellis, J. L.; Morrow, G. W. *Synth. Commun.* **2013**, *43*, 1676–1682.
13. Yang, P.; Wang, X.; Chen, F.; Zhang, Z.-B.; Chen, C.; Peng, L.; Wang, L.-X. *J. Org. Chem.* **2017**, *82*, 3908–3916.
14. Hasimujiang, B.; Zeng, J.; Zhang, Y.; Abudu Rexit, A. *Synth. Commun.* **2018**, *48*, 887–891.
15. Dhotare, B. B.; Kumar, M.; Nayak, S. K. *J. Org. Chem.* **2018**, *83*, 10089–10096.

PDC 氧化反应

与 PCC 氧化反应不同，重铬酸吡啶盐 (PDC) 可氧化醇为羧酸而非醛或酮。

Example 1[2]

Example 2, 伯 C—B 键断裂[3]

Example 4, PDC 氧化反应生成 β–酮酰胺，酮羰基以二硫化物保护后再水解[9]

Example 5, 氧化邻羟基内醚类到内酯[10]

Example 6, 在硅胶中水的作用下Piancatelli重排反应*有10%副产物[11]

Example 7, *2H*-苯并呋喃(色烯)化学选择性地氧化为香豆素[12]

References

1. Corey, E. J.; Schmidt, G. *Tetrahedron Lett.* **1979,** 399–402.
2. Terpstra, J. W.; Van Leusen, A. M. *J. Org. Chem.* **1986,** *51*, 230–208.
3. Brown, H. C.; Kulkarni, S. V.; Khanna, V. V.; Patil, V. D.; Racherla, U. S. *J. Org. Chem.* **1992,** *57*, 6173–6177.
4. Nakamura, M.; Inoue, J.; Yamada, T. *Bioorg. Med. Chem. Lett.* **2000,** *10*, 2807–2810.
5. Chênevert, R. Courchene, G.; Caron, D. *Tetrahedron: Asymmetry* **2003,** 2567–2571.
6. Jordão, A. K *Synlett* **2006,** 3364–3365. (Review).
7. Xu, G.; Hou, A.-J.; Wang, R.-R.; Liang, G.-Y.; Zheng, Y.-T.; Liu, Z.-Y.; Li, X.-L.; Zhao, Y.; Huang, S.-X.; Peng, L.-Y.; et al. *Org. Lett.* **2006,** *8*, 4453–4456.
8. Morzycki, J. W; Perez-Diaz, J. O. H; Santillan, R.; Wojtkielewicz, A. *Steroids* **2010,** *75*, 70–76.
9. Cai, Q.; You, S.-L. *Org. Lett.* **2012,** *14*, 3040–3043.
10. Mal, K.; Sharma, A.; Das, I. *Chem. Eur. J.* **2014,** *20*, 11932–11945.
11. Veits, G. K.; Wenz, D. R.; Palmer, L. I.; St. Amant, A. H.; Hein, J. E.; Read de Alaniz, J. *Org. Biomol. Chem.* **2015,** *13*, 8465–8469.
12. Sharif, S. A. I.; Calder, E. D. D.; Harkiss, A. H.; Maduro, M.; Sutherland, A. *J. Org. Chem.* **2016,** *81*, 9810–9819.
13. Li, C.; Ji, Y.; Cao, Q.; Li, J.; Li, B. *Synth. Commun.* **2017,** *47*, 1301–1306.

*译者注：Piancatelli重排反应为2-呋喃甲醇在酸催化下于水相介质中重排为4-羟基环戊烯酮的反应。该反应首次在1976年由意大利罗马大学的G. Piancatelli研究室报道。

Julia–Kocienski 烯基化反应

修正的一锅煮Julia烯基化反应，将杂芳基砜和醛转变为响应的E-烯烃。砜的还原步在该反应中是不需要的。

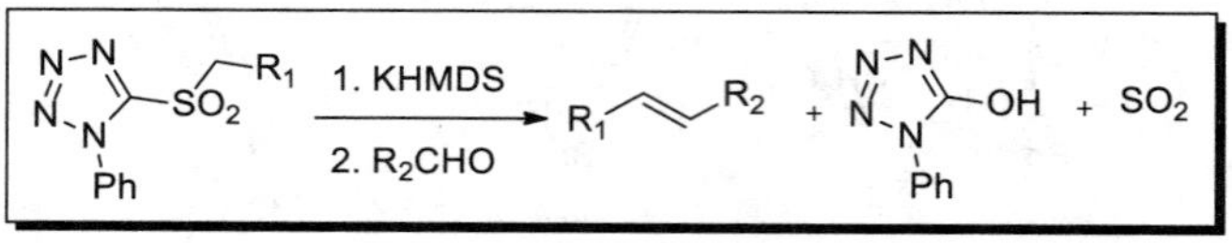

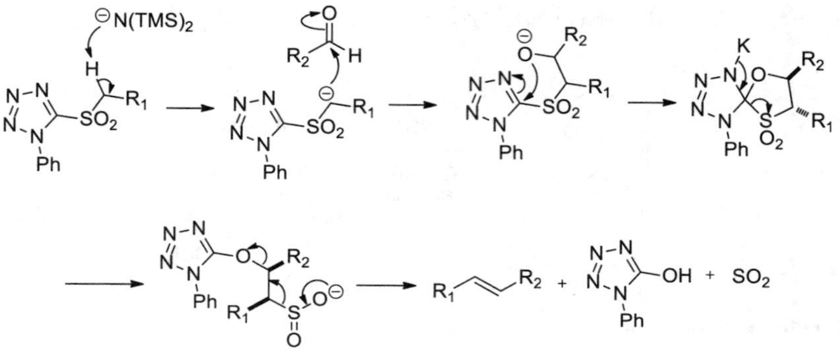

四唑的替代物：

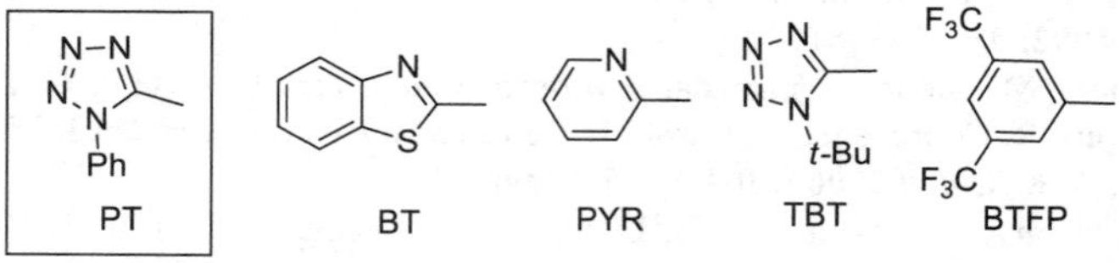

应用类似K^+那样较大的配对离子和DME那样的极性溶剂有利于一个开放过渡态的形成(PT是苯基四唑)。

Example 1, [2]

© Springer Nature Switzerland AG 2021
J. J. Li, *Name Reactions*, https://doi.org/10.1007/978-3-030-50865-4_75

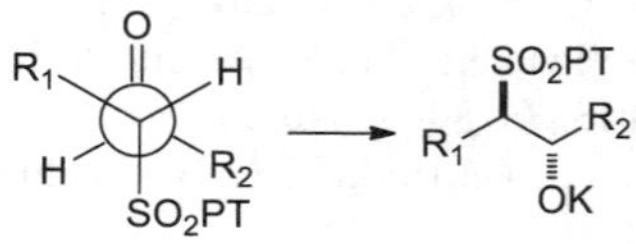

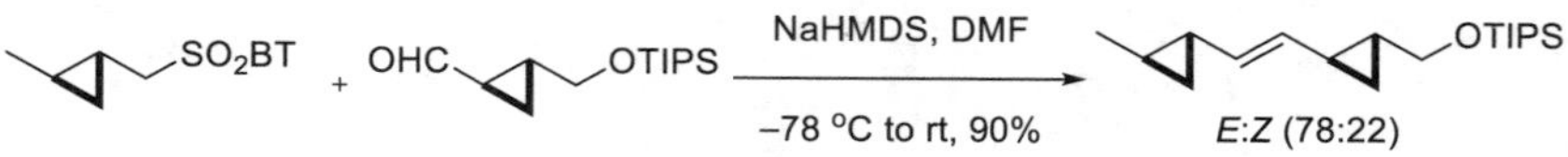

Example 2[3]

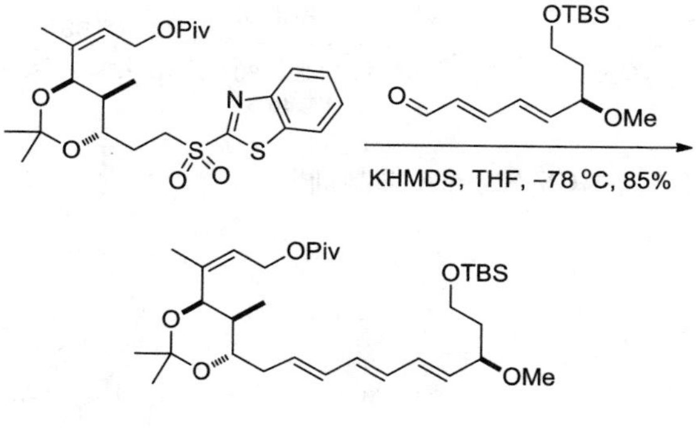

Example 3[7]

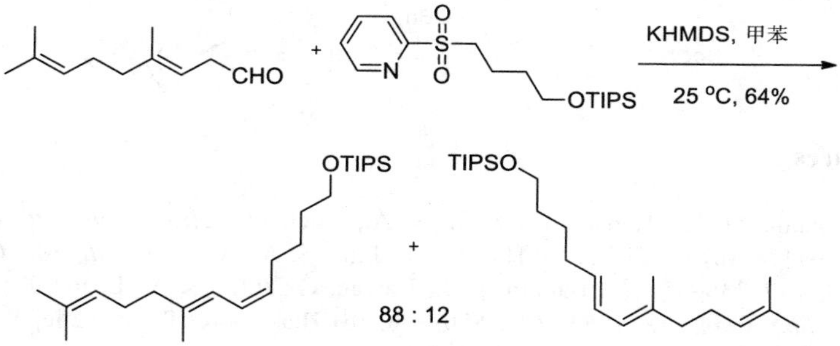

Example 4, P4-*t*-Bu是个弱亲核性的强碱[8]

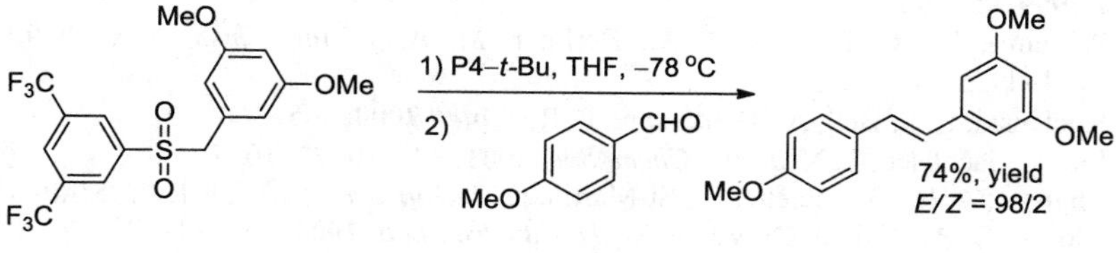

Example 5, 只有(*E*)-异构体[12]

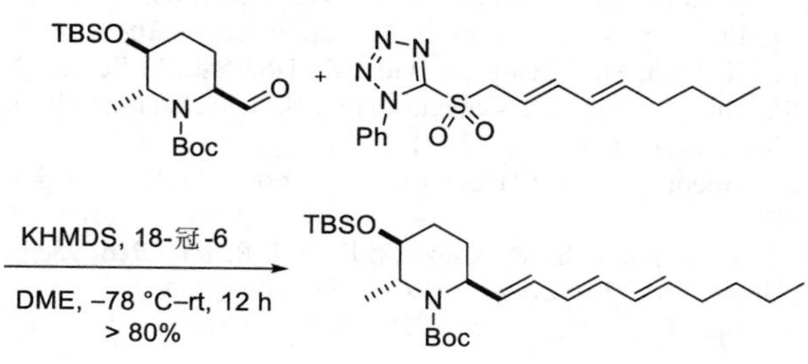

Example 6, 只有(*E*)-异构体产物[13]

Example 7, 用于制备HCV NS3/4A 抑制剂[15]

References

1. (a) Baudin, J. B.; Hareau, G.; Julia, S. A.; Ruel, O. *Tetrahedron Lett.* **1991**, *32*, 1175–1178. (b) Baudin, J. B.; Hareau, G.; Julia, S. A.; Ruel, O. *Bull. Soc. Chim. Fr.* **1993**, *130*, 336–357. (c) Baudin, J. B.; Hareau, G.; Julia, S. A.; Loene, R.; Ruel, O. *Bull. Soc. Chim. Fr.* **1993**, *130*, 856–878. (d) Blakemore, P. R.; Cole, W. J.; Kocienski, P. J.; Morely, A. *Synlett* **1998**, 26–28.
2. Charette, A. B.; Lebel, H. *J. Am. Chem. Soc.* **1996**, *118*, 10327–10328.
3. Blakemore, P. R.; Kocienski, P. J.; Morley, A.; Muir, K. *J. Chem. Soc., Perkin Trans. 1* **1999**, 955–968.
4. Williams, D. R.; Brooks, D. A.; Berliner, M. A. *J. Am. Chem. Soc.* **1999**, *121*, 4924–4925.
5. Kocienski, P. J.; Bell, A.; Blakemore, P. R. *Synlett* **2000**, 365–366.
6. Liu, P.; Jacobsen, E. N. *J. Am. Chem. Soc.* **2001**, *123*, 10772–10773.
7. Charette, A. B.; Berthelette, C.; St-Martin, D. *Tetrahedron Lett.* **2001**, *42*, 5149–5153.
8. Alonso, D. A.; Najera, C.; Varea, M. *Tetrahedron Lett.* **2004**, *45*, 573–577.
9. Alonso, D. A.; Fuensanta, M.; Najera, C.; Varea, M. *J. Org. Chem.* **2005**, *70*, 6404.
10. Rong, F. *Julia–Lythgoe olefination*. In *Name Reactions for Homologations-Part I*; Li, J. J., Ed.; Wiley: Hoboken, NJ, **2009**, pp 447–473. (Review).
11. Davies, S. G.; Fletcher, A. M.; Foster, E. M. *J. Org. Chem.* **2013**, *78*, 2500–2510.
12. Velázuez, F.; Chelliah, M.; Clasby, M.; Guo, Z.; Howe, J.; Miller, R.; Neelamkavil, S.; Shah, U.; Soriano, A.; Xia, Y.; Venkatramann, S.; Chackalamannil, S.; Davies, I. W. *ACS Med. Chem. Lett.* **2016**, *7*, 1173–1178.
13. Friedrich, R.; Sreenilayam, G.; Hackbarth, J.; Friestad, G. K. *J. Org. Chem.* **2018**, *83*, 13636–13649.
14. Blakemore, P. R.; Sephton, S. M.; Ciganek, E. *Org. React.* **2018**, *95*, 1–422. (Review).
15. Macha, L.; Ha, H.-J. *J. Org. Chem.* **2019**, *84*, 94–103.
16. Lood, K.; Schmidt, B. *J. Org. Chem.* **2020**, *85*, 5122–5130.

Julia–Lythgoe 烯基化反应

从砜和醛转变为相应的 Z-烯烃。

Example 1[2]

Example 2[3]

Example 3[7]

Example 4[8]

Example 5, 要区别Julia–Kocieneski 烯基化反应和Julia–Lythgoe 烯基化反应有时候并不容易，这一点从Kocieneski 和Lythgoe在文献[2]是共同作者也能看出端倪[12]

Example 6, 如上所述，这个反应称Julia–Kocieneski烯基化反应更合适[13]

References

1. (a) Julia, M.; Paris, J. M. *Tetrahedron. Lett.* **1973**, 4833–4836. (b) Lythgoe, B. *J. Chem. Soc., Perkin Trans. 1* **1978**, 834–837.
2. Kocienski, P. J.; Lythgoe, B.; Waterhause, I. *J. Chem. Soc., Perkin Trans. 1* **1980**, 1045–1050.
3. Kim, G.; Chu-Moyer, M. Y.; Danishefsky, S. J. *J. Am. Chem. Soc.* **1990**, *112*, 2003–2005.
4. Keck, G. E.; Savin, K. A.; Weglarz, M. A. *J. Org. Chem.* **1995**, *60*, 3194–3204.
5. Breit, B. *Angew. Chem. Int. Ed.* **1998**, 37, 453–456.
6. Marino, J. P.; McClure, M. S.; Holub, D. P.; Comasseto, J. V.; Tucci, F. C. *J. Am. Chem. Soc.* **2002**, *124*, 1664–1668.
7. Bernard, A. M.; Frongia, A.; Piras, P. P.; Secci, F. *Synlett* **2004**, *6*, 1064–1068.
8. Pospíšil, J.; Pospíšil, T, Markó, I. E. *Org. Lett.* **2005**, *7*, 2373–2376.
9. Gollner, A.; Mulzer, J. *Org. Lett.* **2008**, *10*, 4701–4704.
10. Rong, F. *Julia–Lythgoe olefination.* In *Name Reactions for Homologations-Part I*; Li, J. J., Ed.; Wiley: Hoboken, NJ, **2009**, pp 447–473. (Review).
11. Dams, I.; Chodynski, M.; Krupa, M.; Pietraszek, A.; Zezula, M.; Cmoch, P.; Kosińska, M.; Kutner, A. *Tetrahedron* **2013**, *69*, 1634–1648.
12. Ren, R.-G.; Li, M.; Si, C.-M.; Mao, Z.-Y.; Wei, B.-G. *Tetrahedron Lett.* **2014**, *55*, 6903–6906.
13. Samala, R.; Sharma, S.; Basu, M. K.; Kukkanti, K.; Porstmann, F. *Tetrahedron Lett.* **2016**, *57*, 1309–1312.

Knoevenagel 缩合反应

羰基化合物和活泼亚甲基化合物之间由胺催化的缩合反应。

Example 1[3]

Example 2 [5]

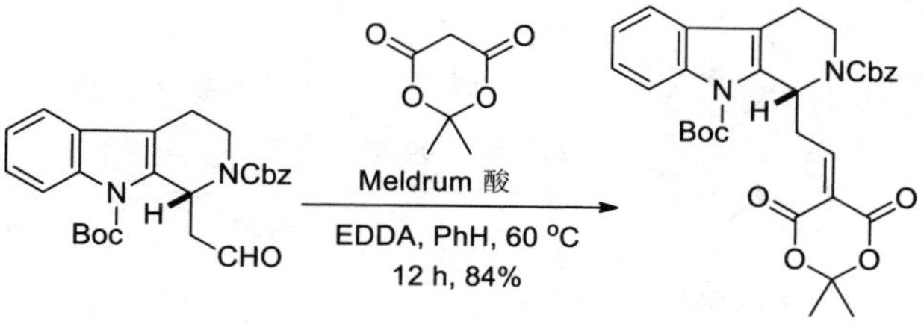

Example 3, 使用离子液体 EAN 为溶剂 [8]

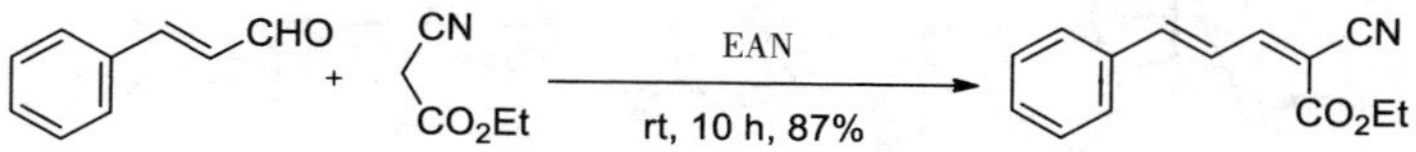

Example 4 [9]

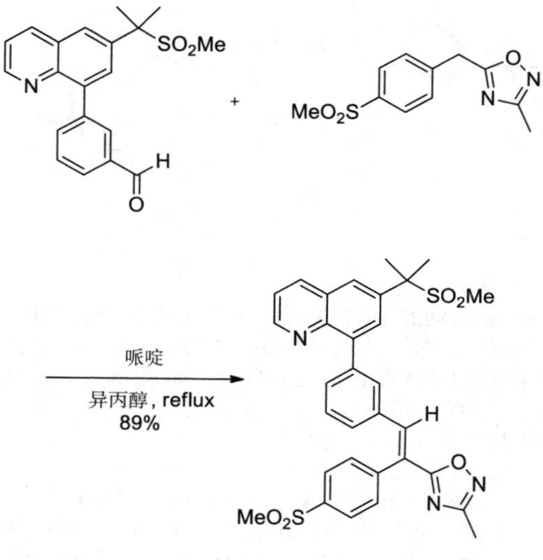

Example 5 [11]

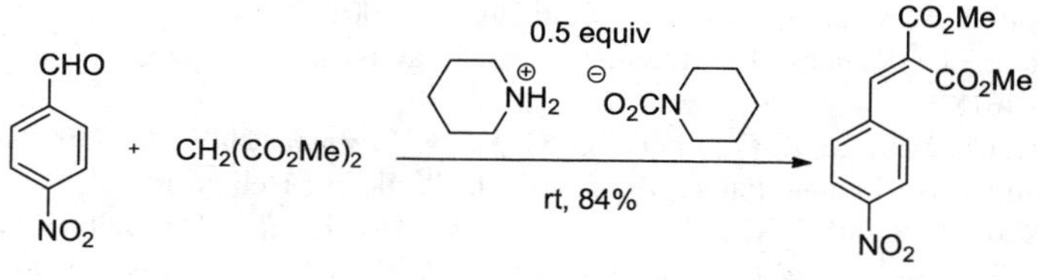

Example 6, 该分子内Knoevenagel 缩合反应中氟离子是碱，还发生了一个未预见的脱羧反应[12]

Example 7, EDDA 在该反应中是碱[13]

选择性 oxa-6π
47%
> 20:1 dr
> 20:1 rr

References

1. Knoevenagel, E. *Ber.* **1898,** *31,* 2596–2619. 克诺维诺格尔 (E. Knoevenagel, 1865–1921) 出生于德国的汉诺威，在哥廷根跟迈耶尔 (V. Meyer) 和伽特曼 (L. Gatterman) 学习，于1889年取得Ph.D.学位后在1900年任海德堡大学教授。1914年爆发第一次世界大战时，克诺维诺格尔是首批入伍者之一并任文职军官。战后他回到学术界工作直至因阑尾炎手术而意外离世。
2. Jones, G. *Org. React.* **1967,** *15,* 204–599. (Review).
3. Cantello, B. C. C.; Cawthornre, M. A.; Cottam, G. P.; Duff, P. T.; Haigh, D.; Hindley, R. M.; Lister, C. A.; Smith, S. A.; Thurlby, P. L. *J. Med. Chem.* **1994,** *37,* 3977–3985.
4. Paquette, L. A.; Kern, B. E.; Mendez-Andino, J. *Tetrahedron Lett.* **1999,** *40,* 4129–4132.
5. Tietze, L. F.; Zhou, Y. *Angew. Chem. Int. Ed.* **1999,** *38,* 2045–2047.
6. Pearson, A. J.; Mesaros, E. F. *Org. Lett.* **2002,** *4,* 2001–2004.
7. Kourouli, T.; Kefalas, P.; Ragoussis, N.; Ragoussis, V. *J. Org. Chem.* **2002,** *67,* 4615–4618.
8. Hu, Y.; Chen, J.; Le, Z.-G.; Zheng, Q.-G. *Synth. Commun.* **2005,** *35,* 739–744.
9. Conlon, D. A.; Drahus-Paone, A.; Ho, G.-J.; Pipik, B.; Helmy, R.; McNamara, J. M.; Shi, Y.-J.; Williams, J. M.; MacDonald, D. *Org. Process Res. Dev.* **2006,** *10,* 36–45.
10. Rong, F. *Knoevenagel Condensation.* In *Name Reactions for Homologations-Part I*; Li, J. J., Ed.; Wiley: Hoboken, NJ, **2009,** pp 474–501. (Review).

11. Mase, N.; Horibe, T. *Org. Lett.* **2013**, *15*, 1854–1857.
12. Lopez, A. M.; Ibrahim, A. A.; Rosenhauer, G. J.; Sirinimal, H. S.; Stockdill, J. L. *Org. Lett.* **2018**, *20*, 2216–2219.
13. Schuppe, A. W.; Zhao, Y.; Liu, Y.; Newhouse, T. R. *J. Am. Chem. Soc.* **2019**, *141*, 9191–9196.
14. Yan Z.; Zhao C.; Gong J.; Yang Z.; Yang Z. *Org. Lett.* **2020**, *22*, 1644–1647.

Knorr 吡唑合成反应

肼或取代肼与β–二羰基化合物反应生成吡唑或吡唑酮环体系。参见第418页上的Paal–Knorr吡咯合成反应。

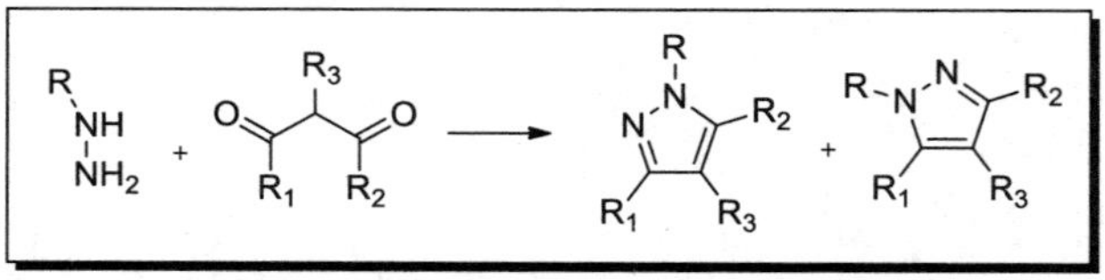

R = H、烷基、芳基、杂芳基、酰基等

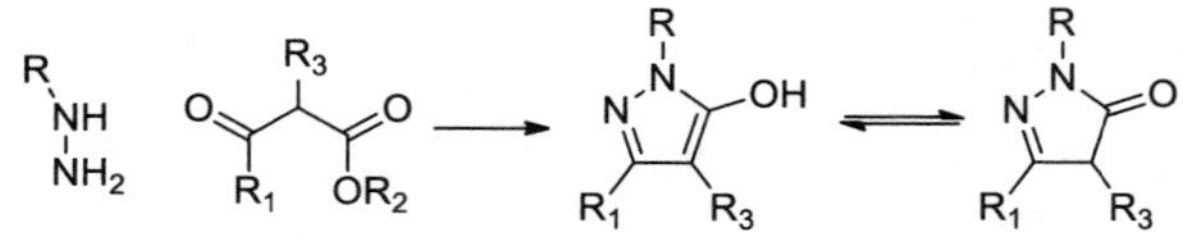

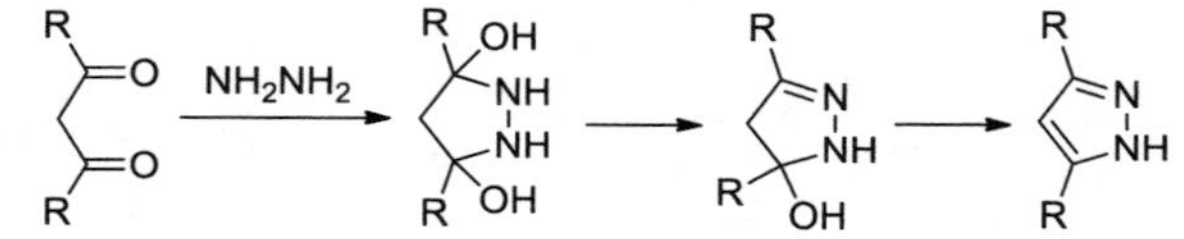

Alternatively,

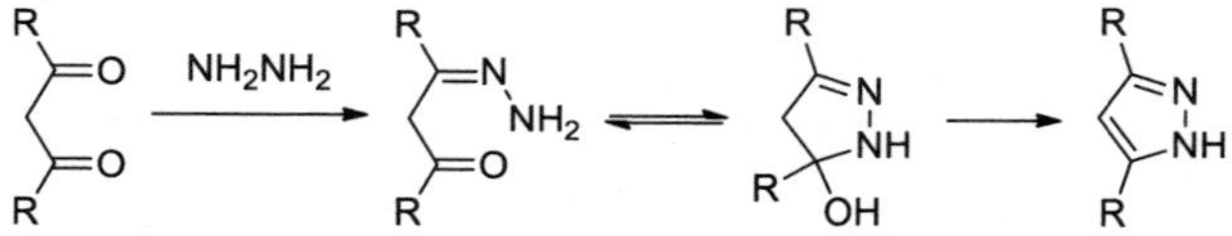

Example 1[2]

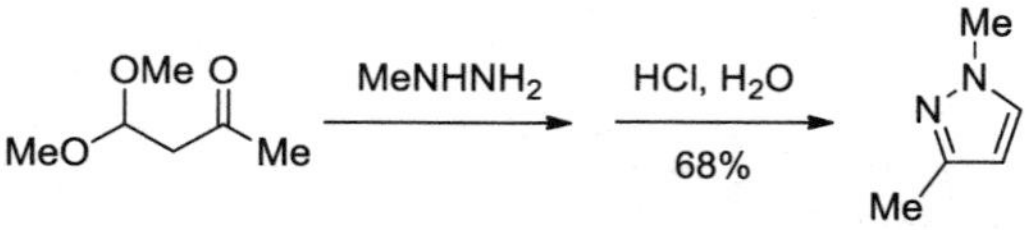

Example 2[8]

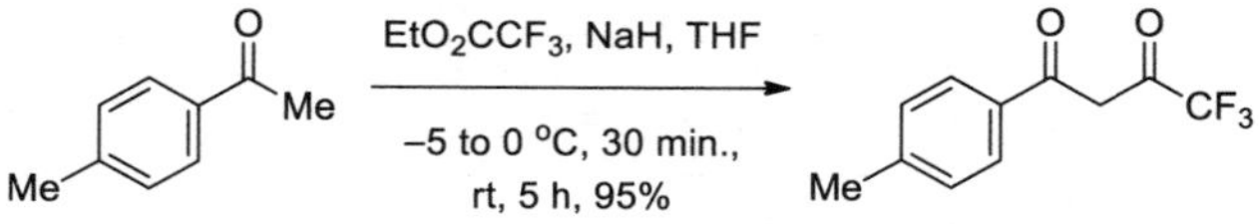

© Springer Nature Switzerland AG 2021
J. J. Li, *Name Reactions*, https://doi.org/10.1007/978-3-030-50865-4_78

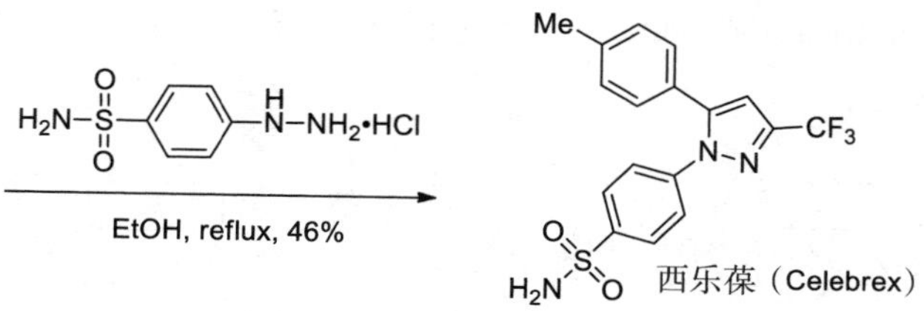

西乐葆（Celebrex）

Example 3, 制备合成二肽基肽酶IV抑制剂所需中间体[9]

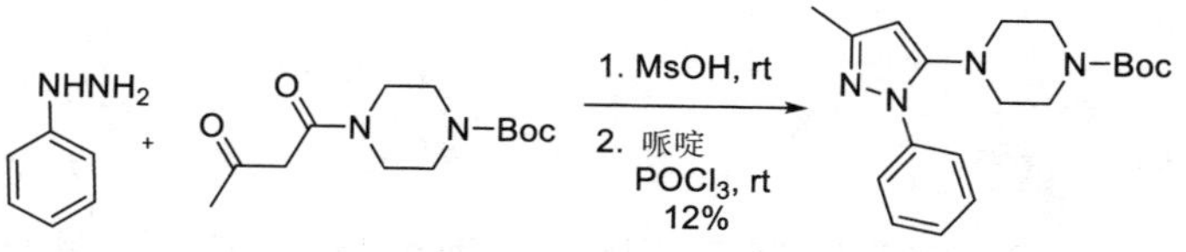

Example 4[10]

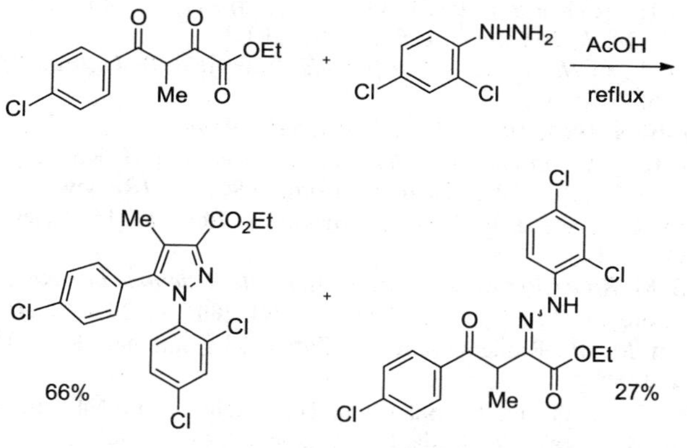

Example 5[11]

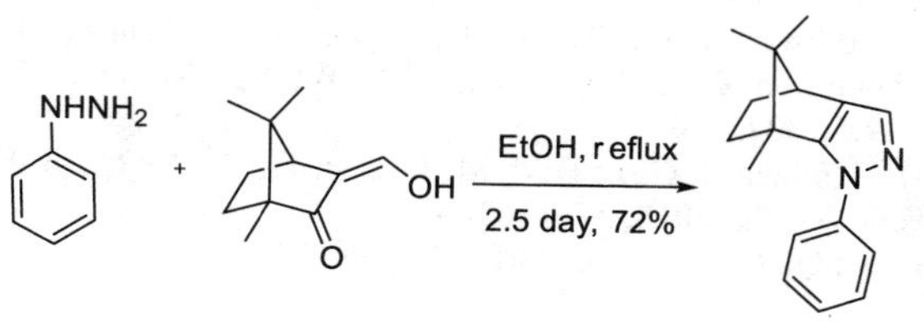

Example 6, Knorr吡唑–硫酯合成反应在蛋白质的化学合成中用于天然化学联系的战略[12]

References

1. (a) Knorr, L. *Ber* **1883**, *16*, 2597. 克诺尔(L.Knorr, 1859–1921)出生于德国的慕尼黑，在跟沃尔哈德、费歇尔和本生等人学习后任Jena的化学教授。他在杂环合成领域建树颇多，还发明了一类重要的吡唑酮药比林(pyrine)。(b) Knorr, L. *Ber* **1884**, *17*, 546, 2032. (c) Knorr, L. *Ber.* **1885**, *18*, 311. (d) Knorr, L. *Ann.* **1887**, *238*, 137.
2. Burness, D. M. *J. Org. Chem.* **1956**, *21*, 97–101.
3. Jacobs, T. L. in *Heterocyclic Compounds*, Elderfield, R. C., Ed.; Wiley: New York, **1957**, *5*, 45. (Review).
4. *Houben–Weyl*, **1967**, *10/2*, 539, 587, 589, 590. (Review).
5. Elguero, J., In *Comprehensive Heterocyclic Chemistry II*, Katrizky, A. R.; Rees, C. W.: Scriven, E. F. V., Eds; Elsevier: Oxford, **1996**, *3*, 1. (Review).
6. Stanovnik, E.; Svete, J. In *Science of Synthesis*, **2002**, *12*, 15; Neier, R., Ed.; Thieme. (Review).
7. Sakya, S. M. *Knorr Pyrazole Synthesis*. In *Name Reactions in Heterocyclic Chemistry*; Li, J. J., Corey, E. J., Eds, Wiley: Hoboken, NJ, **2005**, pp 292–300. (Review).
8. Ahlstroem, M. M.; Ridderstroem, M.; Zamora, I.; Luthman, K. *J. Med. Chem.* **2007**, *50*, 4444–4452.
9. Yoshida, T.; Akahoshi, F.; Sakashita, H.; Kitajima, H.; Nakamura, M.; Sonda, S; Takeuchi, M.; Tanaka, Y.; Ueda, N.; Sekiguchi, S.; et al. *Bioorg. Med. Chem.* **2012**, *20*, 5705–5719.
10. Jiang, J. A.; Huang, W. B.; Zhai, J. J.; Liu, H. W.; Cai, Q.; Xu, L. X.; Wang, W.; Ji, Y. F. *Tetrahedron* **2013**, *69*, 627–635.
11. Nozari, M.; Addison, A. W.; Reeves, G. T.; Zeller, M.; Jasinski, J. P.; Kaur, M.; Gilbert, J. G.; Hamilton, C. R.; Popovitch, J. M.; Wolf, L. M.; et al. *J. Heterocycl. Chem.* **2018**, *55*, 1291–1307.
12. Flood, D. T.; Hintzen, J. C. J.; Bird, M. J.; Cistrone, P. A.; Chen, J. S.; Dawson, P. E. *Angew. Chem. Int. Ed.* **2018**, *57*, 11634–11639.
13. Du, Y.; Xu, Y.; Qi, C.; Wang, C. **2019**, *60*, 1999–2004.

Koenig–Knorr 苷化反应

α-卤代糖在银盐作用下生成β-苷的反应。

氧鎓离子

β-异构体有利

β-异构体

Example 1[7]

Ag$_2$CO$_3$, 7 equiv HMTTA

CH$_3$CN, rt, 4 h, 88%

Example 2[8]

© Springer Nature Switzerland AG 2021
J. J. Li, *Name Reactions*, https://doi.org/10.1007/978-3-030-50865-4_79

Example 3[9]

Example 4[11]

Example 5, 抗肿瘤剂[12]

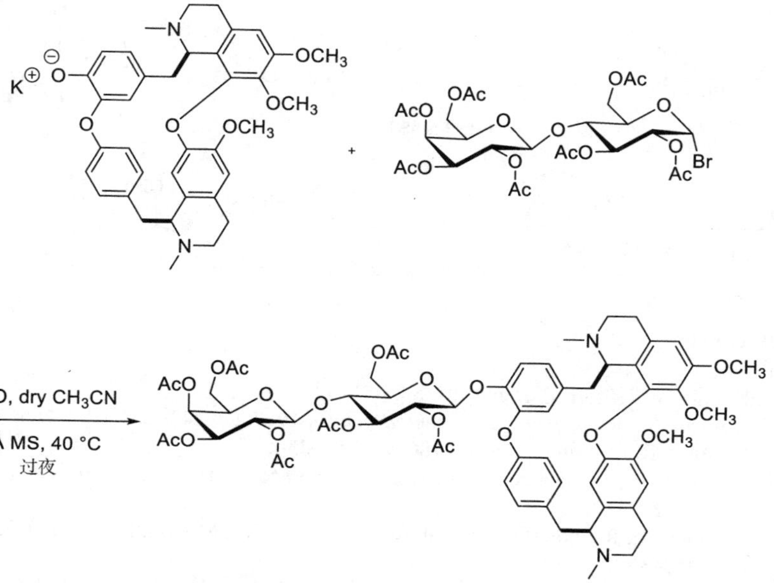

Example 6, 具抗癌活性的毛地黄苷的C(3)-苷化反应[13]

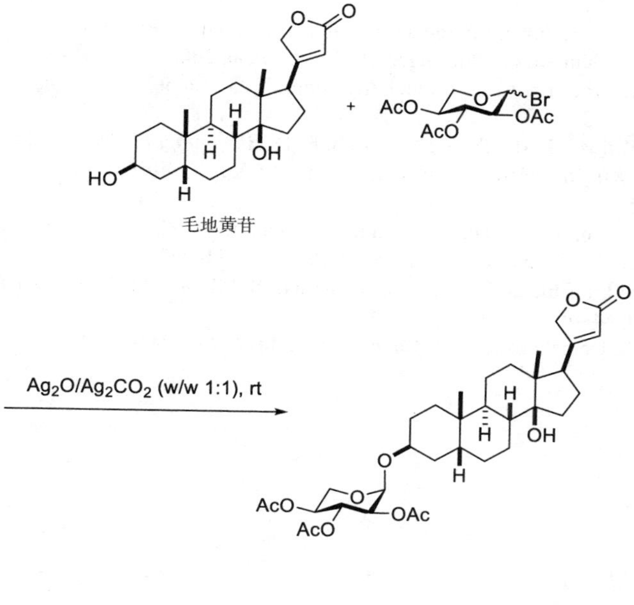

毛地黄苷

Example 7, 巨噬细胞诱导的C-类外源凝集素受体激动剂[14]

References

1. Koenig, W.; Knorr, E. *Ber.* **1901**, *34*, 957–981.
2. Igarashi, K. *Adv. Carbohydr. Chem. Biochem.* **1977**, *34,* 243–283. (Review).
3. Schmidt, R. R. *Angew. Chem.* **1986**, *98*, 213–236.
4. Smith, A. B., III; Rivero, R. A.; Hale, K. J.; Vaccaro, H. A. *J. Am. Chem. Soc.* **1991**, *113*, 2092–2112.
5. Fürstner, A.; Radkowski, K.; Grabowski, J.; Wirtz, C.; Mynott, R. *J. Org. Chem.* **2000**, *65*, 8758–8762.
6. Yashunsky, D. V.; Tsvetkov, Y. E.; Ferguson, M. A. J.; Nikolaev, A. V. *J. Chem. Soc., Perkin Trans. 1* **2002**, 242–256.
7. Stazi, F.; Palmisano, G.; Turconi, M.; Clini, S.; Santagostino, M. *J. Org. Chem.* **2004**, *69*, 1097–1103.
8. Wimmer, Z.; Pechova, L.; Saman, D. *Molecules* **2004**, *9*, 902–912.
9. Presser, A.; Kunert, O.; Pötschger, I. *Monat. Chem.* **2006**, *137*, 365–374.
10. Schoettner, E.; Simon, K.; Friedel, M.; Jones, P. G.; Lindel, T. *Tetrahedron Lett.* **2008**, *49*, 5580–5582.
11. Fan, J.; Brown, S. M.; Tu, Z.; Kharasch, E. D. *Bioconjugate Chem.* **2011**, *22*, 752–758.
12. Cui, Y.; Xu, M.; Mao, J.; Ouyang, J.; Xu, R.; Xu, Y. *Eur. J. Med. Chem.* **2012**, *54*, 867–872.
13. Li, X.-s.; Ren, Y.-c.; Bao, Y.-z.; Liu, J.; Zhang, X.-k.; Zhang, Y.-w.; Sun, X.-L.; Yao, X.-s.; Tang, J.-S. *Eur. J. Med. Chem.* **2018**, *145*, 252–262.
14. Van Huy, L.; Tanaka, C.; Imai, T.; Yamasaki, S.; Miyamoto, T. *ACS Med. Chem. Lett.* **2019**, *10*, 44–49.
15. Singh, Y.; Demchenko, A. V. *Chem. Eur. J.* **2020**, *26*, 1042–1051.

Krapcho 反应

β–酮酯、丙二酸酯与α–氰基酯或α–砜基酯发生的亲核脱羧反应。

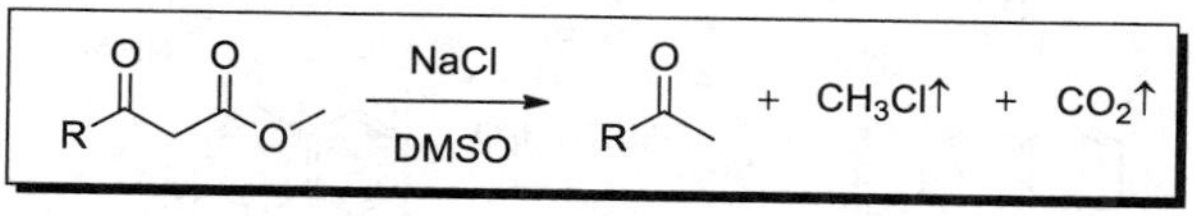

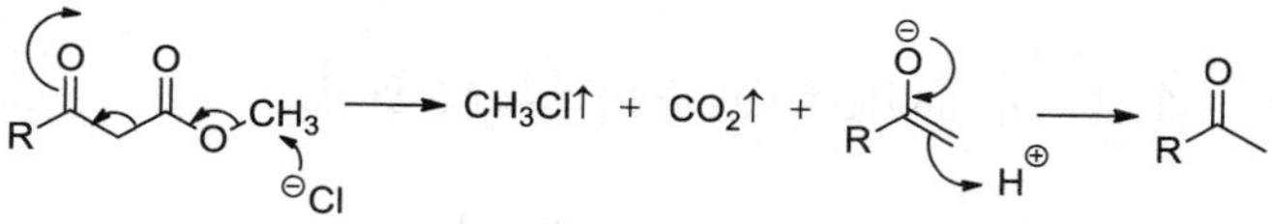

Example 1[5]

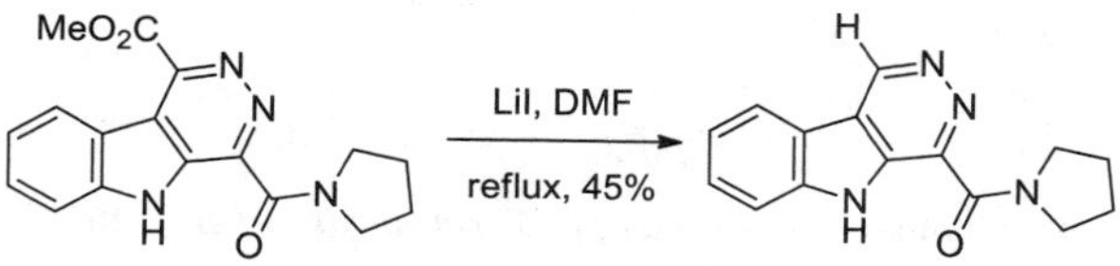

Example 2[10]

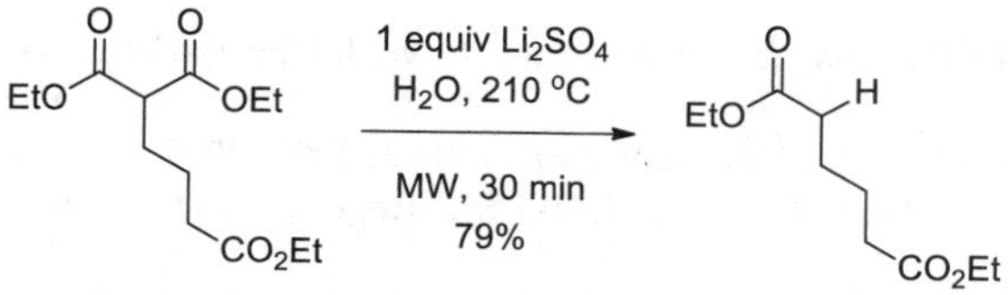

Example 3, 合成手性高烯丙基腈[11]

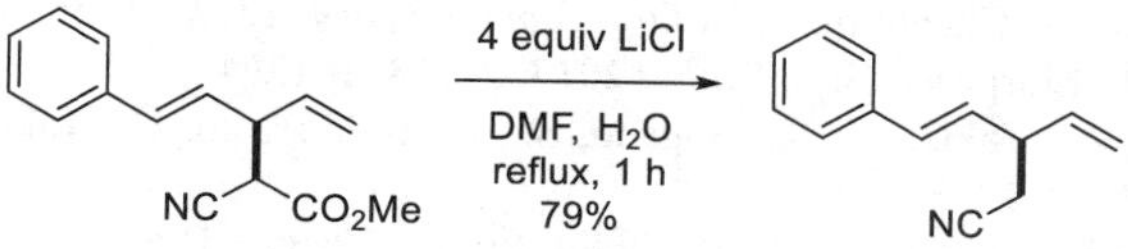

Example 4, 用于制备抗溃疡药rebamitide[12]

Example 5, 一个含Krapcho 脱羧反应在内的串联反应[13]

References

1. Krapcho, A. P.; Glynn, G. A.; Grenon, B. J. *Tetrahedron Lett.* **1967,** 215–217. 克拉普肖(A. P. Krapcho)是佛蒙特大学教授。
2. Duval, O.; Gomes, L. M. *Tetrahedron* **1989,** *45*, 4471–4476.
3. Flynn, D. L.; Becker, D. P.; Nosal, R.; Zabrowski, D. L. *Tetrahedron Lett.* **1992,** *33*, 7283–7286.
4. Martin, C. J.; Rawson, D. J.; Williams, J. M. J. *Tetrahedron: Asymmetry* **1998,** *9*, 3723–3730.
5. Gonzalez-Gomez, J. C.; Uriarte, E. *Synlett* **2002,** 2095–2097.
6. Bridges, N. J.; Hines, C. C.; Smiglak, M.; Rogers, R. D. *Chem. Eur. J.* **2007,** *13*, 207–5212.
7. Poon, P. S.; Banerjee, A. K.; Laya, M. S. *J. Chem. Res.* **2011,** *35*, 67–73. (Review).
8. Farran, D.; Bertrand, P. *Synth. Commun.* **2012,** *42*, 989–1001.
9. Adepu, R.; Rambabu, D.; Prasad, B.; Meda, C. L. T.; Kandale, A.; Rama Krishna, G.; Malla Reddy, C.; Chennuru, L. N. *Org. Biomol. Chem.* **2012,** *10*, 5554–5569.
10. Mason, J. D.; Murphree, S. S. *Synlett* **2013,** *24*, 1391–1394.
11. Matsunami, A.; Takizawa, K.; Sugano, S.; Yano, Y.; Sato, H.; Takeuchi, R. *J. Org. Chem.* **2018,** *83*, 12239–12246.
12. Babu, P. K.; Bodireddy, M. R.; Puttaraju, Re. C.; Vagare, D.; Nimmakayala, R.; Surineni, N.; Gajula, M. R.; Kumar, P. *Org. Process Res. Dev.* **2018,** *22*, 773–779.
13. Sundaravelu, N.; Sekar, G. *Org. Lett.* **2019,** *21*, 6648–6652.
14. Alvarenga, N.; Payer, S. E.; Petermeier, P.; Kohlfuerst, C.; Meleiro Porto, A. L.; Schrittwieser, J. H.; Kroutil, W. *ACS Catal.* **2020,** *10*, 1607–1620.

Kröhnke 吡啶合成反应

α–吡啶甲基酮盐和α,β–不饱和酮反应得到吡啶的反应。

酮的反应活性比烯酮大

Example 1[1b]

© Springer Nature Switzerland AG 2021
J. J. Li, *Name Reactions*, https://doi.org/10.1007/978-3-030-50865-4_81

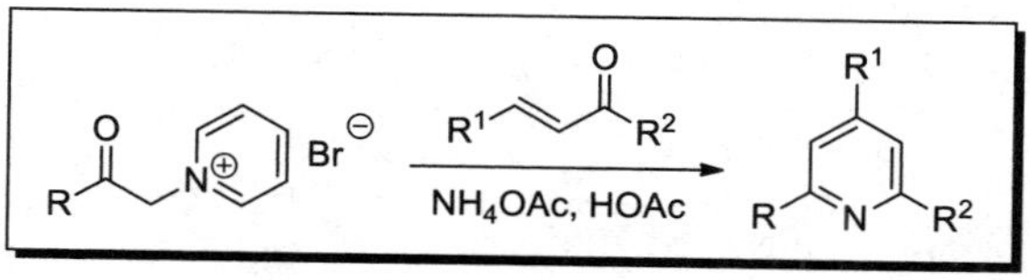

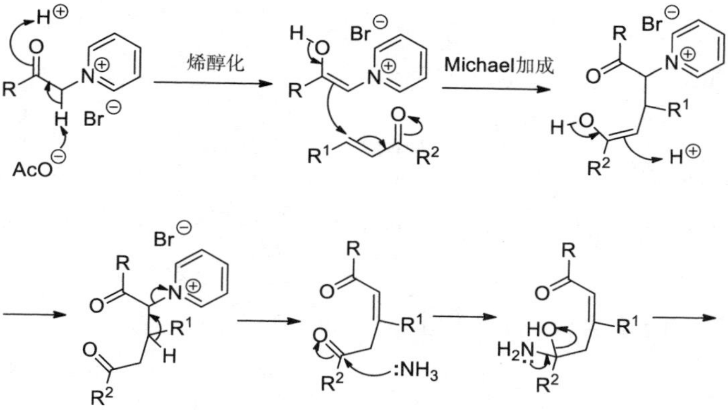

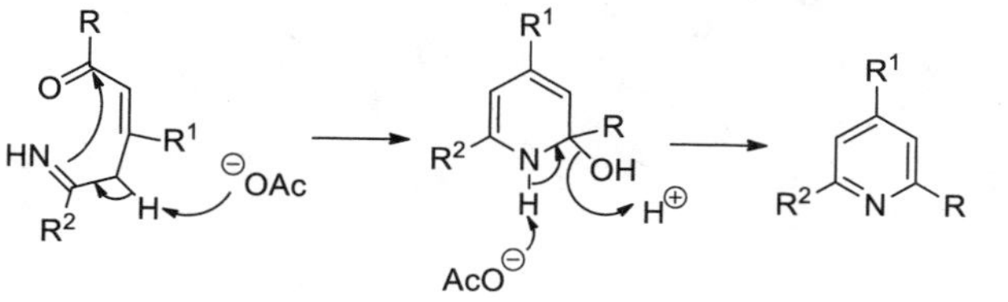

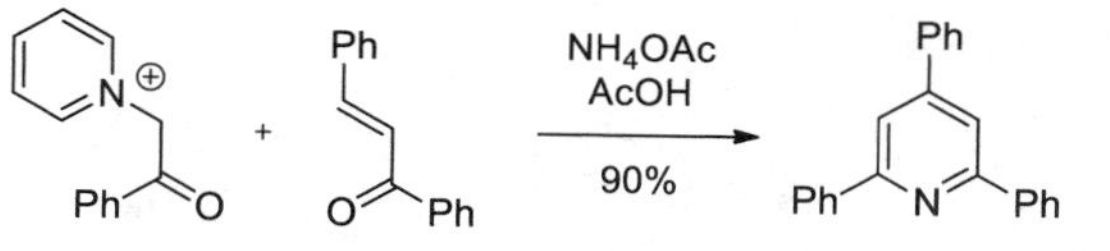

Example 2[4]

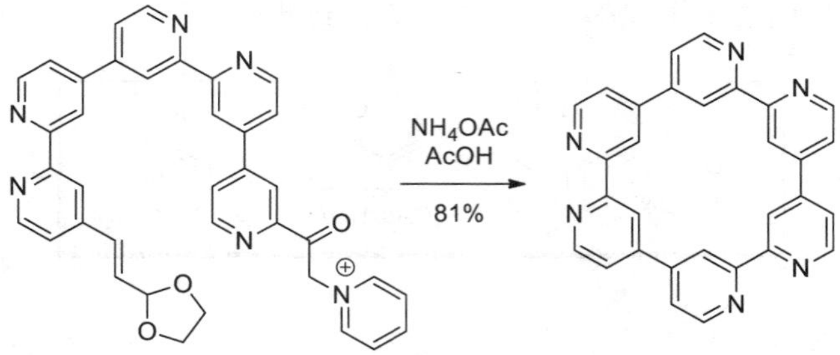

Example 3[6]

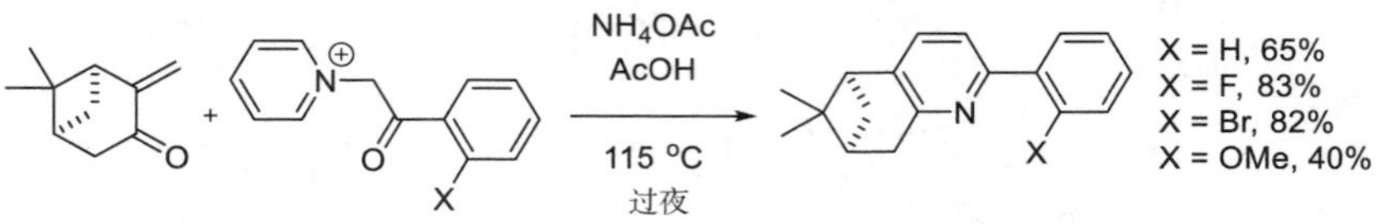

Example 4, 用于全合成一个生物碱 lycopodium[10]

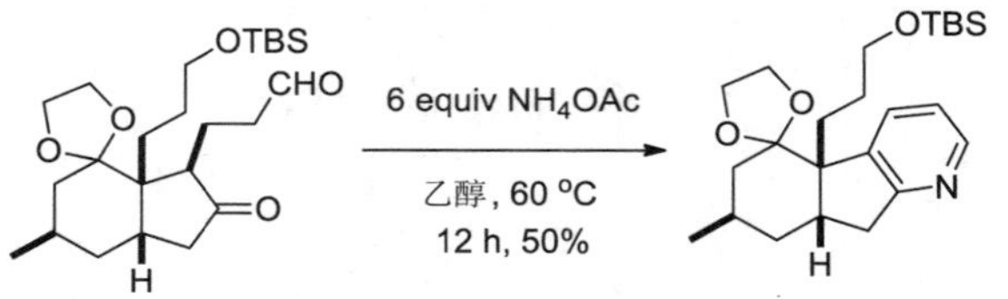

Example 5[12]

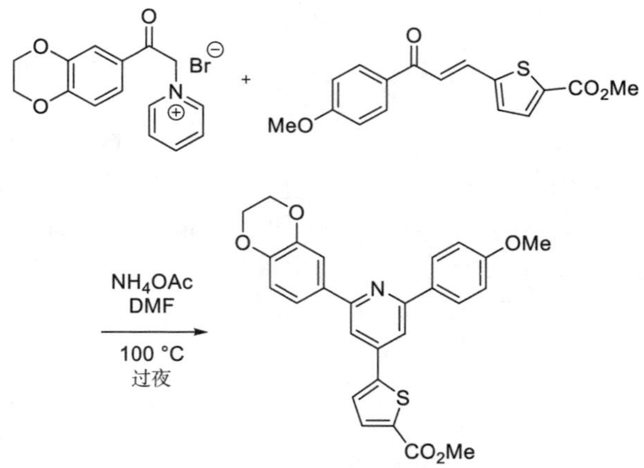

Example 6, 具抗微生物活性的联吡啶稠合的香豆素[14]

References

1. (a) Zecher, W.; Kröhnke, F. *Ber.* **1961**, *94*, 690–697. (b) Kröhnke, F.; Zecher, W. *Angew. Chem.* **1962**, *74*, 811–817. (c) Kröhnke, F. *Synthesis* **1976**, 1–24. (Review).
2. Potts, K. T.; Cipullo, M. J.; Ralli, P.; Theodoridis, G. *J. Am. Chem. Soc.* **1981**, *103*, 3584–3585, 3585–3586.
3. Newkome, G. R.; Hager, D. C.; Kiefer, G. E. *J. Org. Chem.* **1986**, *51*, 850–853.
4. Kelly, T. R.; Lee, Y.-J.; Mears, R. J. *J. Org. Chem.* **1997**, *62*, 2774–2781.
5. Bark, T.; Von Zelewsky, A. *Chimia* **2000**, *54*, 589–592.
6. Malkov, A. V.; Bella, M.; Stara, I. G.; Kocovsky, P. *Tetrahedron Lett.* **2001**, *42*, 3045–3048.
7. Cave, G. W. V.; Raston, C. L. *J. Chem. Soc., Perkin Trans. 1* **2001**, 3258–3264.
8. Malkov, A. V.; Bell, M.; Vassieu, M.; Bugatti, V.; Kocovsky, P. *J. Mol. Cat. A: Chem.* **2003**, *196*, 179–186.
9. Galatsis, P. *Kröhnke Pyridine Synthesis.* In *Name Reactions in Heterocyclic Chemistry*; Li, J. J., Ed.; Wiley: Hoboken, NJ, **2005**, 311–313. (Review).
10. Xu, T.; Luo, X.-L.; Yang, Y.-R. *Tetrahedron Lett.* **2013**, *54*, 2858–2860.
11. Allais, C.; Grassot, J.-M.; Rodriguez, J.; Constantieux, T. *Chem. Rev.* **2014**, *114*, 10829–10868. (Review).
12. Miranda, P. O.; Cubitt, B.; Jacob, N. T.; Janda, K. D.; de la Torre, J. C. *ACS Infect. Dis.* **2018**, *4*, 815–824.
13. Conlon, I. L.; Van Eker, D.; Abdelmalak, S.; Murphy, W. A.; Bashir, H.; Sun, M.; Chauhan, J.; Varney, K. M.; Dodoy-Ruiz, R.; Wilder, P. T.; Fletcher, S. *Bioorg. Med. Chem. Lett.* **2018**, *28*, 1949–1953.
14. Giri, R. R.; Brahmbhatt, D. I. *J. Heterocycl. Chem.* **2019**, *56*, 2630–2636.
15. Bentzinger, G.; Pair, E.; Guillon, J.; Marchivie, M.; Mullie, C.; Agnamey, P.; Dassonville-Klimpt, A.; Sonnet, P. *Tetrahedron* **2020**, *76*, 131088.

Kumada交叉偶联反应

Kumada反应(亦称Kharasch–Tamao–Corriu 偶联反应或Kharasch 交叉偶联反应)原来是格氏试剂与芳基卤代烃或烯基卤代烃在Ni催化下的交叉偶联反应。后来逐渐发展成有机锂或有机镁与芳基卤代烃、烯基卤代烃或烷基卤代烃在Ni或Pd催化下的交叉偶联反应。Kumada 交叉偶联反应与Negishi交叉偶联反应、Stille交叉偶联反应、Hiyama交叉偶联反应和Suzuki交叉偶联反应都属于同一个Pd催化的有机卤代烃、三氟磺酸酯和其他亲电物种与金属有机试剂之间的交叉偶联反应范畴。这些反应有如下所示的通用催化循环过程。Hiyama交叉偶联反应和Suzuki交叉偶联反应的机理和其他反应稍有不同,需要一步额外的转金属化反应的活化步骤。

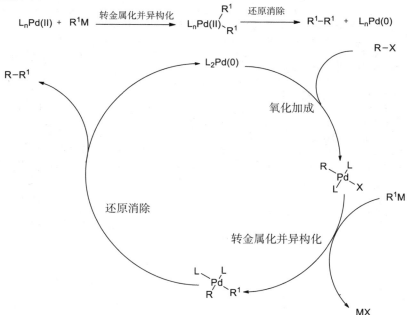

催化循环:

Example 1[2]

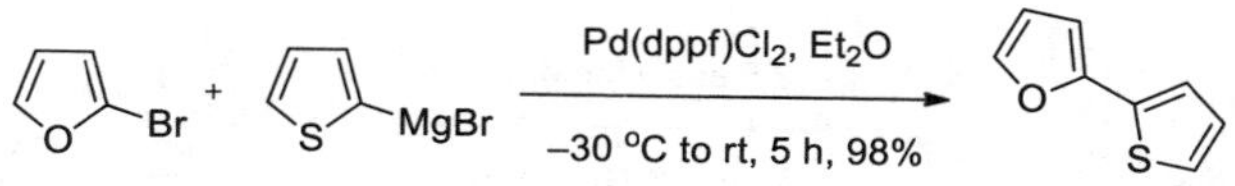

Example 2[3]

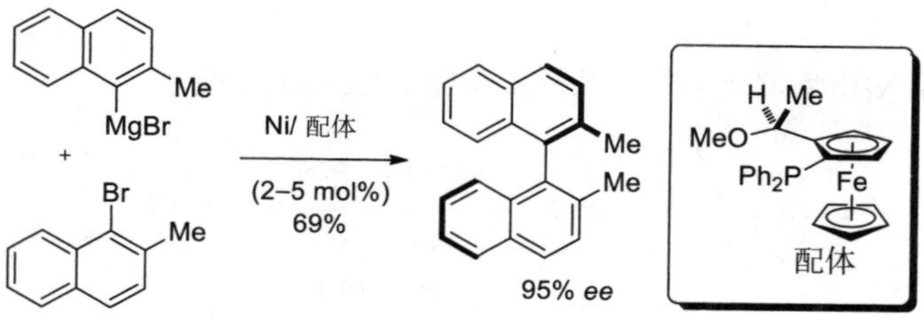

Example 3[5]

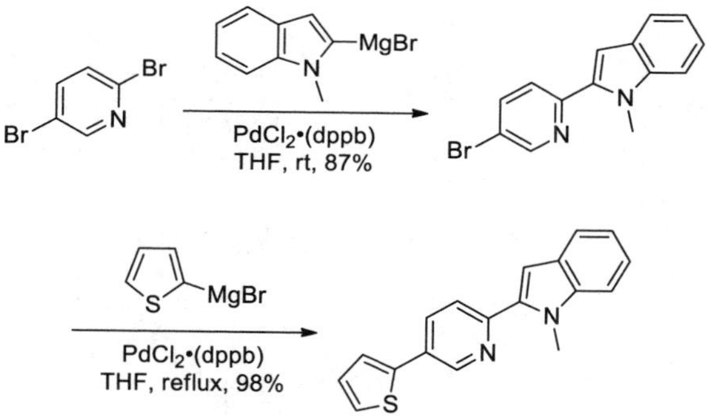

Example 4[8]

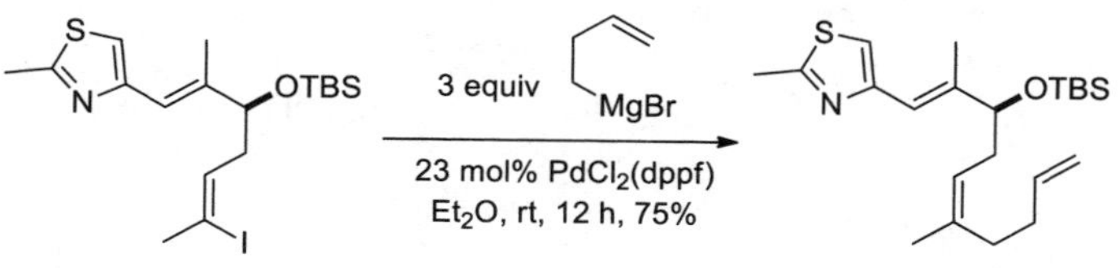

Example 5[9]

Example 6, Ni化物催化的对甲苯磺酰化物的Kumada反应[11]

Example 7, 活性氧化还原酯在铁化物催化后的C—C键偶联反应[13]

Example 8, 用于合成一个(细)胞外信号调节激酶抑制剂GDC-0994[14]

Example 9, 苄基醚化物参与的Kumada反应[15]

苄基位的构型转变

References

1. Tamao, K.; Sumitani, K.; Kiso, Y.; Zembayashi, M.; Fujioka, A.; Kodma, S.-i.; Nakajima, I.; Minato, A.; Kumada, M. *Bull. Chem. Soc. Jpn.* **1976,** *49,* 1958–1969.
2. Carpita, A.; Rossi, R.; Veracini, C. A. *Tetrahedron* **1985,** *41,* 1919–1929.
3. Hayashi, T.; Hayashizaki, K.; Kiyoi, T.; Ito, Y. *J. Am. Chem. Soc.* **1988,** *110,* 8153–8156.
4. Kalinin, V. N. *Synthesis* **1992,** 413–432. (Review).
5. Meth-Cohn, O.; Jiang, H. *J. Chem. Soc., Perkin Trans. 1* **1998,** 3737–3746.
6. Stanforth, S. P. *Tetrahedron* **1998,** *54,* 263–303. (Review).
7. Huang, J.; Nolan, S. P. *J. Am. Chem. Soc.* **1999,** *121,* 9889–9890.
8. Rivkin, A.; Njardarson, J. T.; Biswas, K.; Chou, T.-C.; Danishefsky, S. J. *J. Org. Chem.* **2002,** *67,* 7737–7740.
9. William, A. D.; Kobayashi, Y. *J. Org. Chem.* **2002,** *67,* 8771–8782.
10. Fuchter, M. J. *Kumada Cross-Coupling Reaction.* In *Name Reactions for Homologations-Part I*; Li, J. J., Ed.; Wiley: Hoboken, NJ, **2009,** pp 47–69. (Review).
11. Wu, J.-C.; Gong, L.-B.; Xia, Y.; Song, R.-J.; Xie, Y.-X.; Li, J.-H. *Angew. Chem. Int. Ed.* **2012,** *51,* 9909–9913.
12. Handa, S.; Arachchige, Y. L. N. M.; Slaughter, L. M. *J. Org. Chem.* **2013,** *78,* 5694–5699.
13. Toriyama, F.; Cornella, J.; Wimmer, L.; Chen, T.-G.; Dixon, D. D.; Creech, G.; Baran, P. S. *J. Am. Chem. Soc.* **2016,** *138,* 11132–11135.
14. Xin, L.; Wong, N.; Jost, V.; Fantasia, S.; Sowell, C. G.; Gosselin, F. *Org. Process Res. Dev.* **2017,** *21,* 1320–1325.
15. Chen, P.-P.; Lucas, E. L.; Greene, M. A.; Zhang, S.-Q.; Tollefson, E. J.; Erickson, L. W.; Taylor, B. L. H.; Jarvo, E. R.; Hong, X. *J. Am. Chem. Soc.* **2019,** *141,* 5835–5855.
16. Dawson, D. D.; Oswald, V. F.; Borovik, A. S.; Jarvo, E. R. *Chem. Eur. J.* **2020,** *26,* 3044–3048.

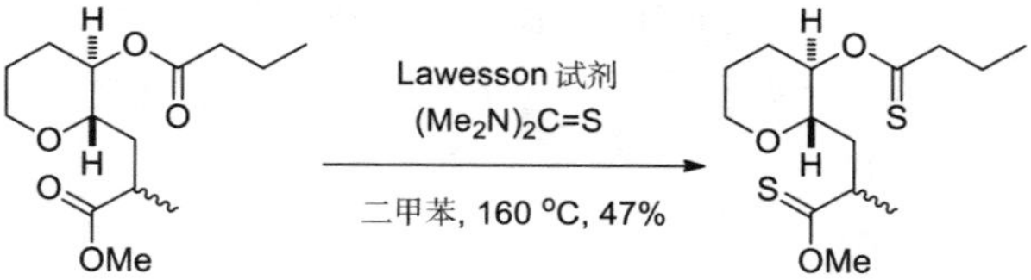

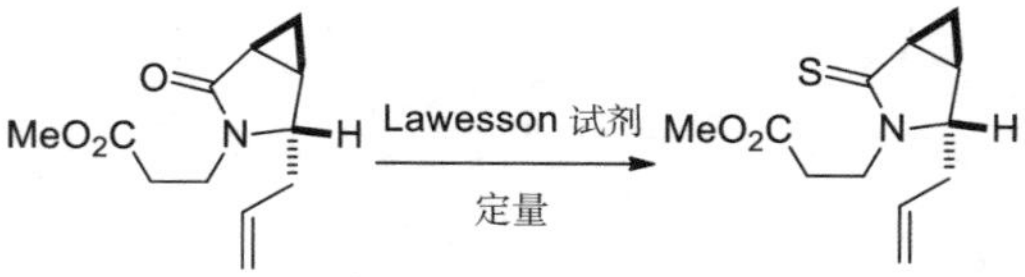

Lawesson 试剂

2,4-双(4-甲氧基苯基)-1,3-二硫-2,4-二硫代膦杂环丁烷可将醛、酮、酰胺、内酰胺、酯和内酯转化为相应的硫羰基化合物。参见Knorr噻吩合成反应。

Example 1, 二重Lawesson反应 [4]

Example 2[5]

© Springer Nature Switzerland AG 2021
J. J. Li, *Name Reactions*, https://doi.org/10.1007/978-3-030-50865-4_83

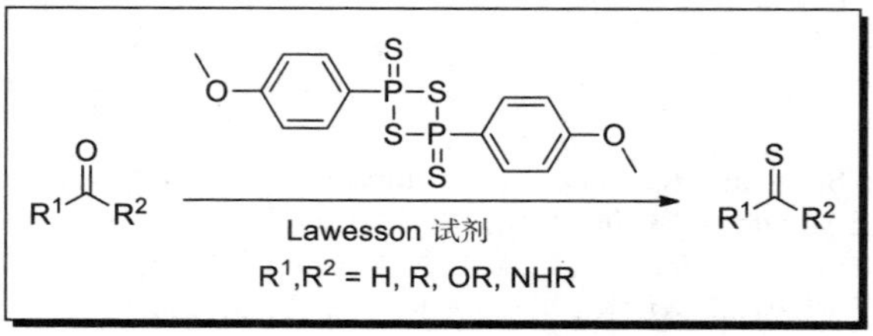

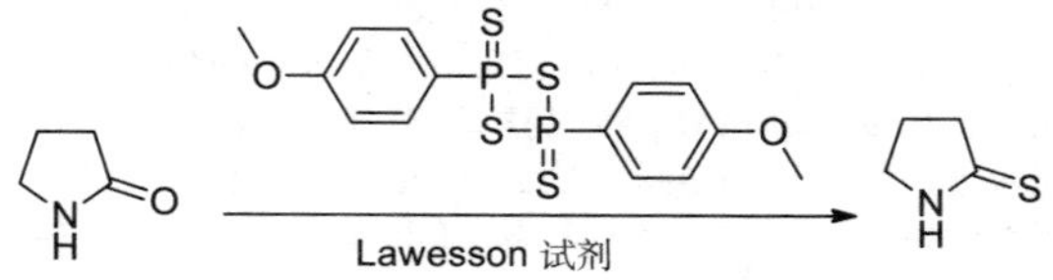

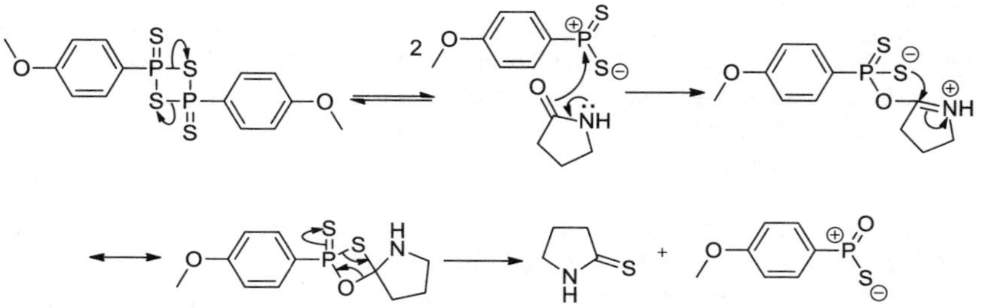

Example 3, 从二酮得噻吩 [8]

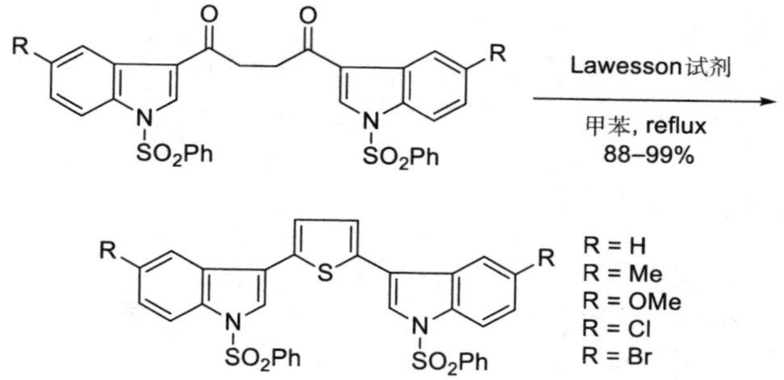

Example 4, 内酰胺的反应活性比内酯和烯酮都大 [10]

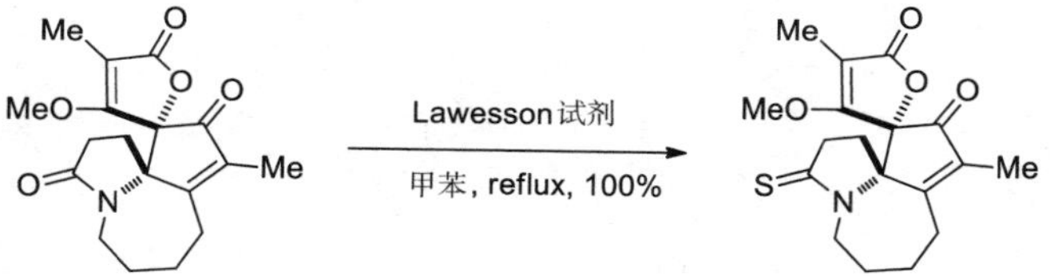

Example 5 [11]

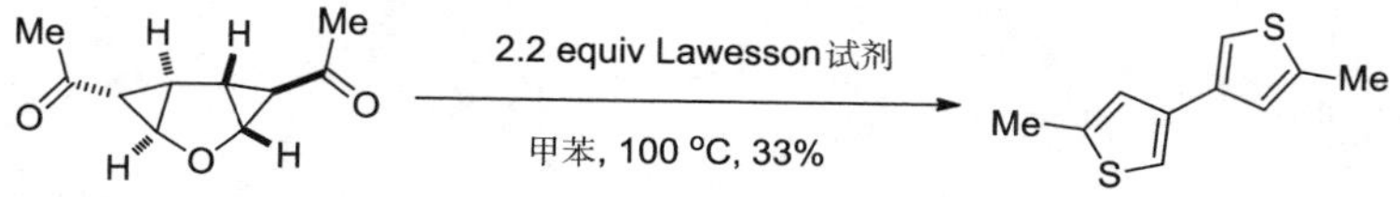

Example 6, TDI 取代PDI [12]

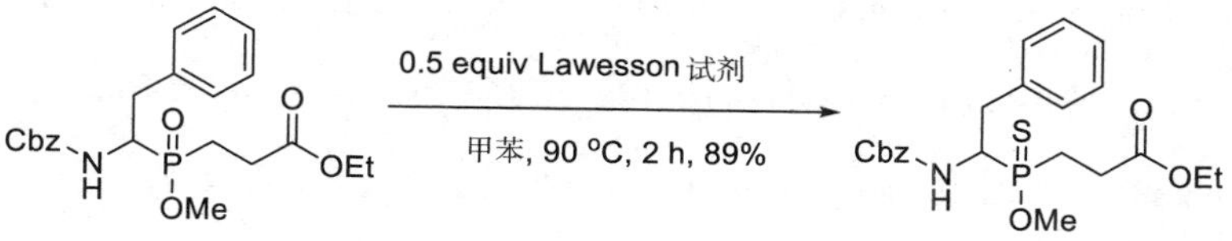

Example 7, 从P_4S_{10}和吡啶制得的试剂可用于硫化试剂 [13]

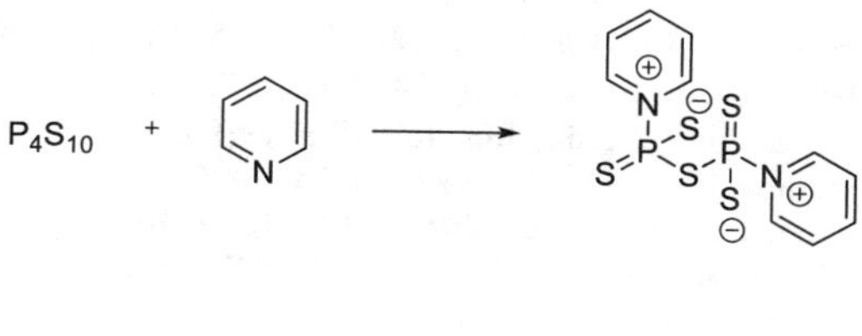

Example 8, 合成1,4-硫氮杂䓬[14]

References

1. Scheibye, S.; Shabana, R.; Lawesson, S. O.; Rømming, C. *Tetrahedron* **1982**, *38*, 993–1001. 拉文松(S-V. Lawesson，1926–1985)是瑞典化学家。
2. Navech, J.; Majoral, J. P.; Kraemer, R. *Tetrahedron Lett.* **1983**, *24*, 5885–5886.
3. Cava, M. P.; Levinson, M. I. *Tetrahedron* **1985**, *41*, 5061–5087. (Review).
4. Nicolaou, K. C.; Hwang, C.-K.; Duggan, M. E.; Nugiel, D. A.; Abe, Y.; et al. *J. Am. Chem. Soc.* **1995**, *117*, 10227–10238.
5. Kim, G.; Chu-Moyer, M. Y.; Danishefsky, S. J. *J. Am. Chem. Soc.* **1990**, *112*, 2003–2005.
6. Luheshi, A.-B. N.; Smalley, R. K.; Kennewell, P. D.; Westwood, R. *Tetrahedron Lett.* **1990**, *31*, 123–127.
7. Ishii, A.; Yamashita, R.; Saito, M.; Nakayama, J. *J. Org. Chem.* **2003**, *68*, 1555–1558.
8. Diana, P.; Carbone, A.; Barraja, P.; Montalbano, A.; Martorana, A.; Dattolo, G.; Gia, O.; Dalla Via, L.; Cirrincione, G. *Bioorg. Med. Chem. Lett.* **2007**, *17*, 2342–2346.
9. Ozturk, T.; Ertas, E.; Mert, O. *Chem. Rev.* **2007**, *107*, 5210–5278. (Review).
10. Taniguchi, T.; Ishibashi, H. *Tetrahedron* **2008**, *64*, 8773–8779.
11. de Moreira, D. R. M. *Synlett* **2008**, 463–464. (Review).
12. Vassiliou, S.; Tzouma, E. *J. Org. Chem.* **2013**, *78*, 10069–10076.
13. Kingi, N.; Bergman, J. *J. Org. Chem.* **2016**, *81*, 7711–7716.
14. Kelgokmen, Y.; Zora, M. *J. Org. Chem.* **2018**, *83*, 8376–8389.

Leuckart–Wallach 反应

酮和胺在过量的相当于提供了一个负氢的还原剂甲酸存在下发生还原氨基化反应生成胺。用醛代替酮时，就是Eschweiler–Clarke还原氨基化反应了。

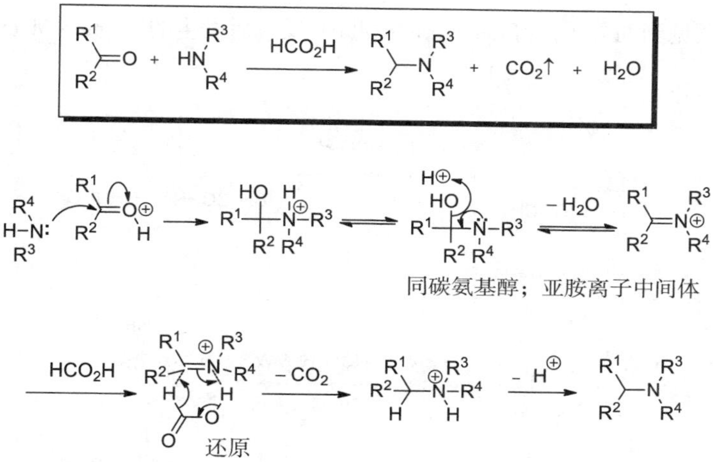

同碳氨基醇；亚胺离子中间体

Example 1[4]

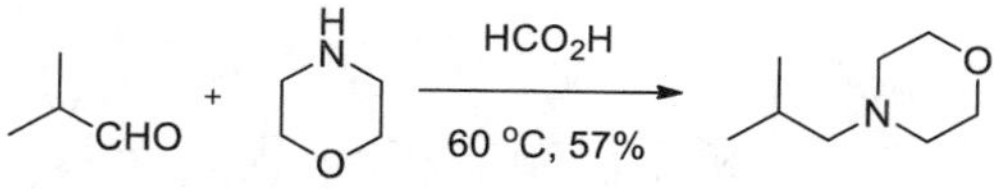

Example 2[6]

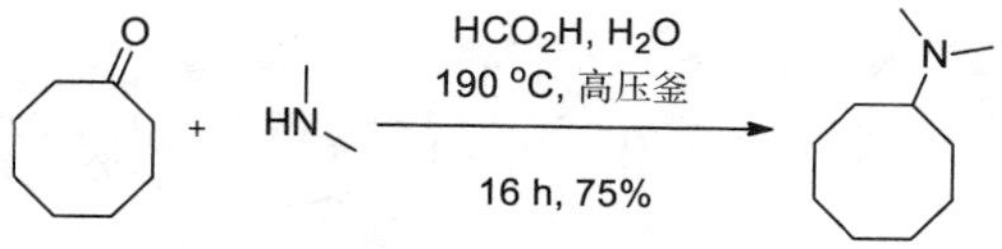

Example 3[7]

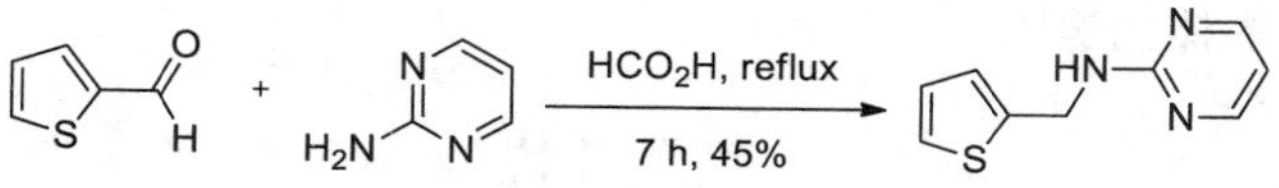

Example 4[8]

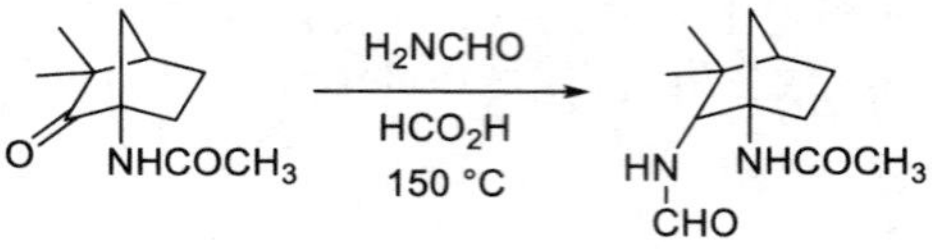

一个未预见到的分子内经Leuckart–Wallach 反应后发生的Wagner–Meerwein迁移反应

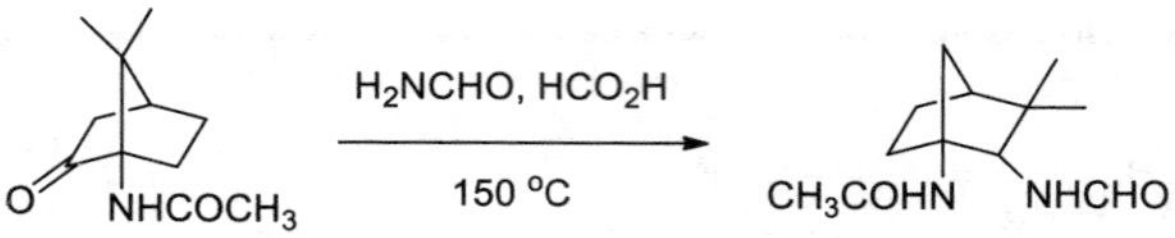

Example 5[12]

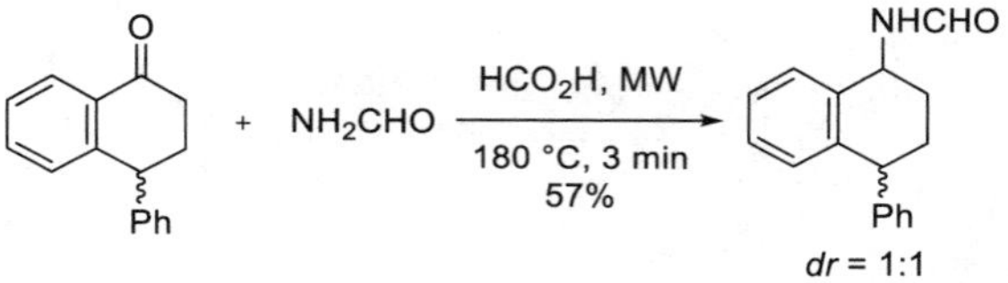

Example 6[13]

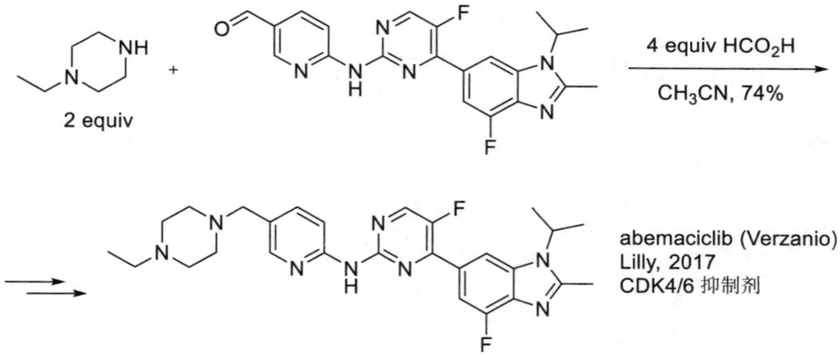

abemaciclib (Verzanio)
Lilly, 2017
CDK4/6 抑制剂

Example 7, 流体化学[14]

系列管道反应器

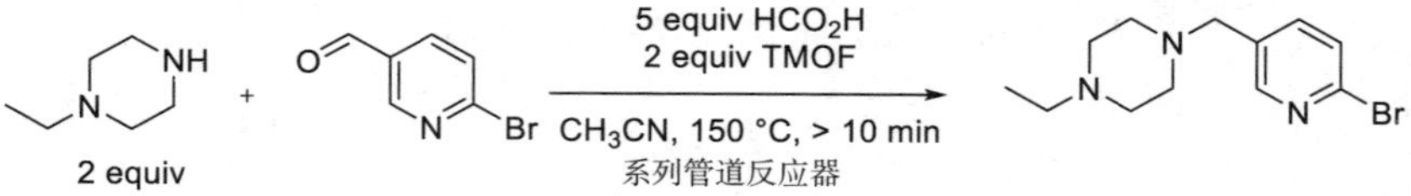

abemaciclib (Verzanio)
Lilly, 2017
CDK4/6 抑制剂

References

1. Leuckart, R. *Ber.* **1885,** *18,* 2341–2344. 柳卡特(R. Leuckart, 1854–1889)出生于德国的吉森(Giessen)，跟本生、科尔贝和拜耳等人学习后成为哥廷根的助理教授。35岁时在其父母家中因意外坠落而去世，使化学界失去了一位天才的奉献者。
2. Wallach, O. *Ann.* **1892,** *272,* 99. 瓦拉赫(O. Wallach, 1847–1931)出生于普鲁士Prussia的Königsberg，受过武勒和霍夫曼指导，1889–1915年任Chemical Institute at Göttingen的主任。他编写的"萜烯和莰烯"被誉为研究萜类化学必修的经典之作。瓦拉赫因在脂环化学领域的出色贡献而荣获1910年度诺贝尔化学奖。
3. Moore, M. L. *Org. React.* **1949,** *5,* 301–330. (Review).
4. DeBenneville, P. L.; Macartney, J. H. *J. Am. Chem. Soc.* **1950,** *72,* 3073–3075.
5. Lukasiewicz, A. *Tetrahedron* **1963,** *19,* 1789–1799. (Mechanism).
6. Bach, R. D. *J. Org. Chem.* **1968,** *33,* 1647–1649.
7. Musumarra, G.; Sergi, C. *Heterocycles* **1994,** *37,* 1033–1039.
8. Martínez, A. G.; Vilar, E. T.; Fraile, A. G.; Ruiz, P. M.; San Antonio, R. M.; Alcazar, M. P. M. *Tetrahedron: Asymmetry* **1999,** *10,* 1499–1505.
9. Kitamura, M.; Lee, D.; Hayashi, S.; Tanaka, S.; Yoshimura, M. *J. Org. Chem.* **2002,** *67,* 8685–8687.
10. Brewer, A. R. E. *Leuckart–Wallach reaction.* In *Name Reactions for Functional Group Transformations*; Li, J. J., Ed.; Wiley: Hoboken, NJ, **2007,** pp 451–455. (Review).
11. Muzalevskiy, V. M.; Nenajdenko, V. G.; Shastin, A. V.; Balenkova, E. S.; Haufe, G. *J. Fluorine Chem.* **2008,** *129,* 1052–1055.
12. Neochoritis, C.; Stotani, S.; Mishra, B.; Dömling, A. *Org. Lett.* **2015,** *17,* 2002–2005.
13. Frederick, M. O.; Kjell, D. P. *Tetrahedron Lett.* **2015,** *56,* 949–951.
14. Frederick, M. O.; Pietz, M. A.; Kjell, D. P.; Richey, R. N.; Tharp, G. A.; Touge, T.; Yokoyama, N.; Kida, M.; Matsuo, T. *Org. Process Res. Dev.* **2017,** *21,* 1447–1451.

Lossen 重排反应

Lossen重排反应包括通过热或碱性环境下一个从异羟肟酸而得来的活化异羟肟酸酯重排而生成异氰酸酯的反应。异羟肟酸的活化可由*O*–酰基化、*O*–芳基化、*O*–磺酰化和氯化来实现。还有一些异羟肟酸可以由聚磷酸、碳二亚胺、硅基化和Mitsunobu反应条件来活化。Lossen重排反应的产物异氰酸酯可通过失去起始原料异羟肟酸中的一碳而进一步转化为脲或胺。

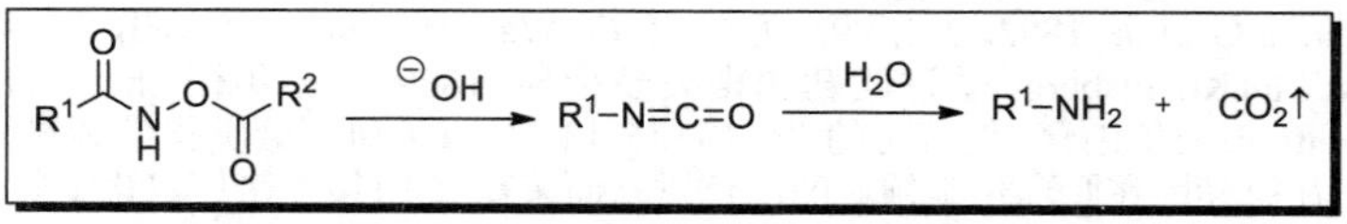

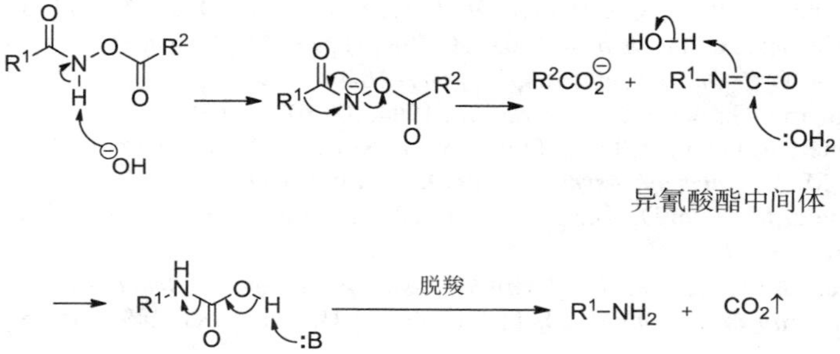

Example 1[6]

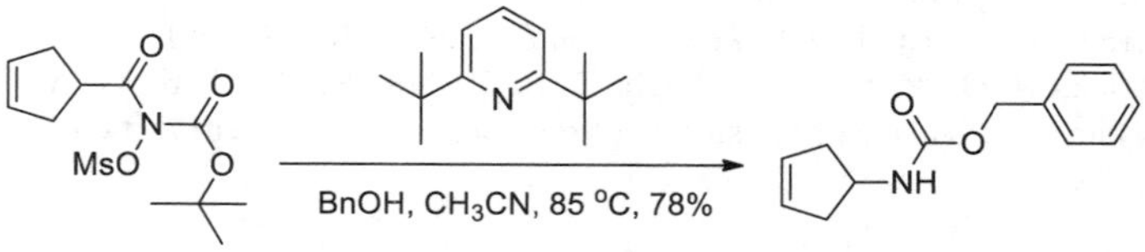

Example 2[7]

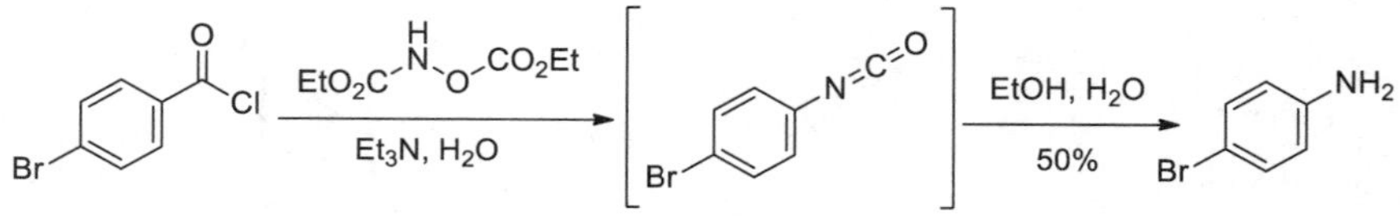

© Springer Nature Switzerland AG 2021
J. J. Li, *Name Reactions*, https://doi.org/10.1007/978-3-030-50865-4_85

Example 3[8]

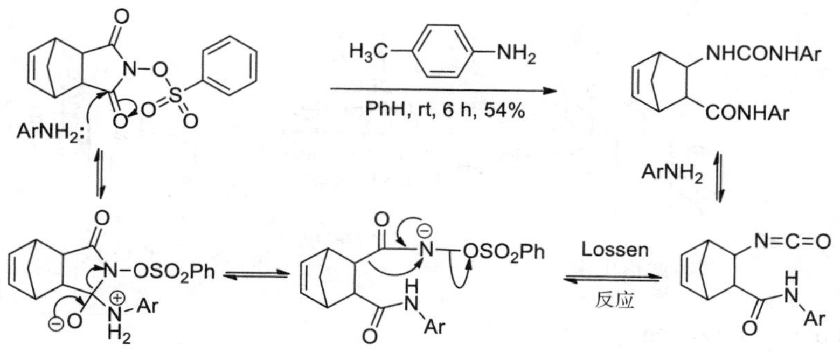

Example 4[9]

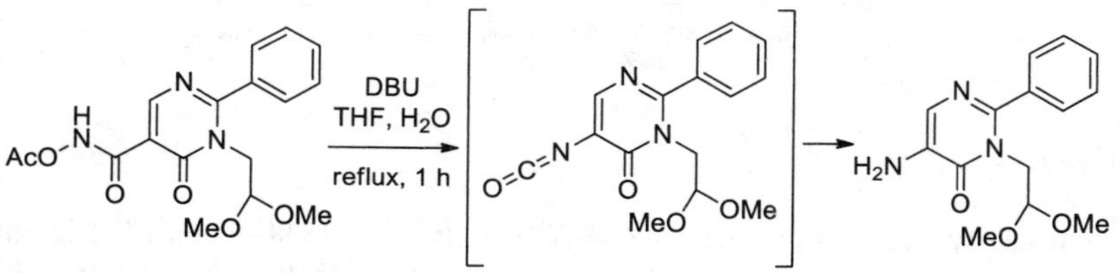

Example 5[11]

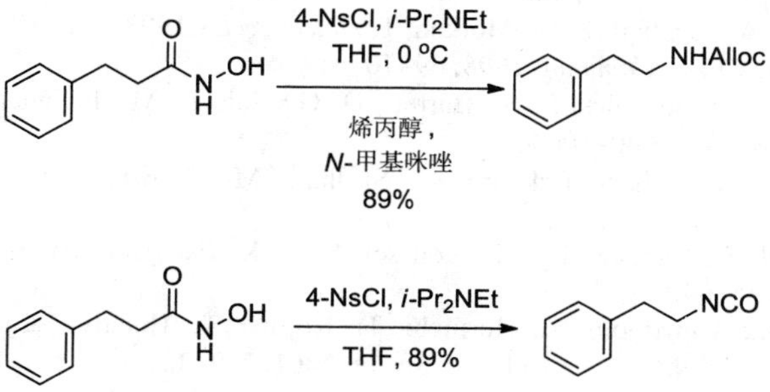

Example 6, 串联的S_NAr–Lossen重排程序[12]

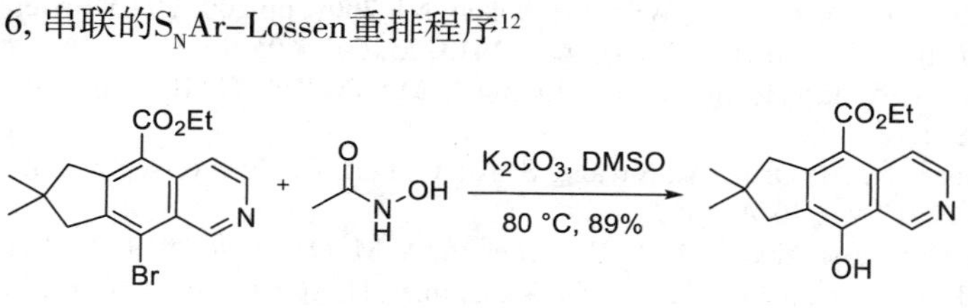

Example 7[13]

桦木醇衍生物

DBU
CH₃CN/THF/H₂O
65 °C, 3 h, and
0 °C, 3 h, 95.5%

46.5 kg 规模

Example 8, *N*–Lossen 重排[14]

Boc₂O, *i*-Pr₂NEt
MeCN, 80 °C, 24 h
封管, 94%

References

1. Lossen, W. *Ann.* **1872**, *161*, 347. 洛森(W. C. Lossen，1838–1906)出生于德国的Kreuznach。1862年在哥廷根(Göttingen)取得Ph. D.学位后开始独立的研究生涯。他的研究兴趣集中于羟胺化合物。
2. Bauer, L.; Exner, O. *Angew. Chem. Int. Ed.* **1974**, *13*, 376.
3. Lipczynska-Kochany, E. *Wiad. Chem.* **1982**, *36*, 735–756.
4. Casteel, D. A.; Gephart, R. S.; Morgan, T. *Heterocycles* **1993**, *36*, 485–495.
5. Zalipsky, S. *Chem. Commun.* **1998**, 69–70.
6. Stafford, J. A.; Gonzales, S. S.; Barrett, D. G.; Suh, E. M.; Feldman, P. L. *J. Org. Chem.* **1998**, 63, 10040–10044.
7. Anilkumar, R.; Chandrasekhar, S.; Sridhar, M. *Tetrahedron Lett.* **2000**, *41*, 5291–5293.
8. Abbady, M. S.; Kandeel, M. M.; Youssef, M. S. K. *Phosphorous, Sulfur and Silicon* **2000**, *163*, 55–64.
9. Ohmoto, K.; Yamamoto, T.; Horiuchi, T.; Kojima, T.; Hachiya, K.; Hashimoto, S.; Kawamura, M.; Nakai, H.; Toda, M. *Synlett* **2001**, 299–301.
10. Choi, C.; Pfefferkorn, J. A. *Lossen rearrangement*. In *Name Reactions for Homologations-Part II*; Li, J. J., Ed.; Wiley: Hoboken, NJ, **2009**, pp 200–209. (Review).
11. Yoganathan, S.; Miller, S. J. *Org. Lett.* **2013**, *15*, 602–605.
12. Morrison, A. E.; Hoang, T. T.; Birepinte, M.; Dudley, G. B. *Org. Lett.* **2017**, *19*, 858–861.
13. Strotman, N. A.; Ortiz, A.; Savage, S. A.; Wilbert, C. R.; Ayers, S.; Kiau, S. *J. Org. Chem.* **2017**, *82*, 4044–4049.
14. Polat, D. E.; Brzezinski, D. D.; Beauchemin, A. M. *Org. Lett.* **2019**, *21*, 4849–4852.
15. Tan, J.-F.; Bormann, C. T.; Severin, K.; Cramer, N. *ACS Catal.* **2020**, *10*, 3790–3796.

McMurry 偶联反应

羰基用得自 $TiCl_3$–$LiAlH_4$ 的如 Ti(0) 一类低价钛化物进行烯基化反应，反应经由单电子机理。

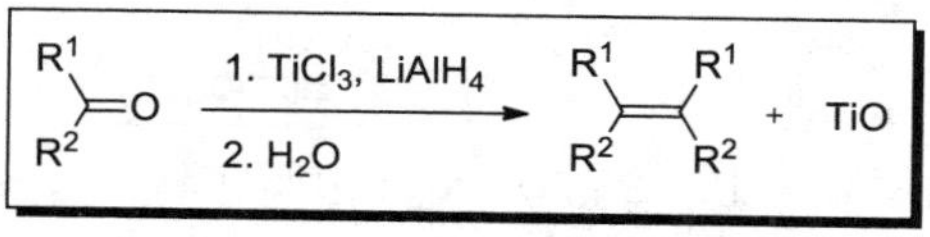

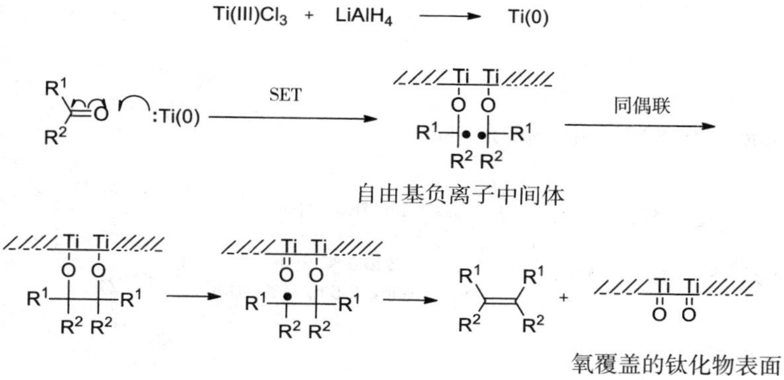

$$R^1R^2C=O \xrightarrow[\text{2. } H_2O]{\text{1. } TiCl_3, LiAlH_4} R^1R^2C=CR^1R^2 + TiO$$

$$Ti(III)Cl_3 + LiAlH_4 \longrightarrow Ti(0)$$

自由基负离子中间体

氧覆盖的钛化物表面

Example 1, 交叉 McMurry 偶联反应[7]

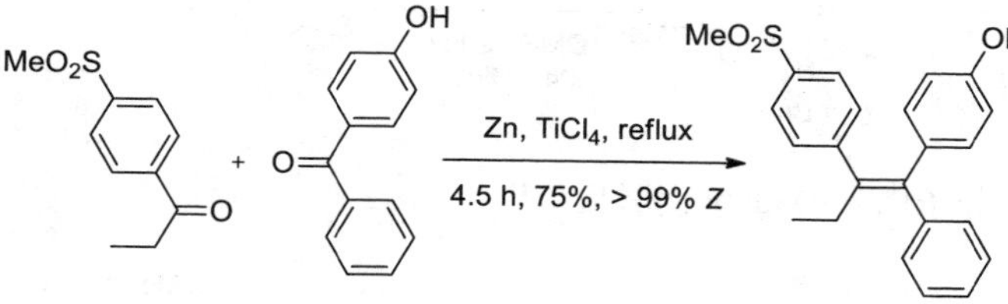

Zn, TiCl$_4$, reflux
4.5 h, 75%, > 99% Z

Example 2, 同 McMurry 偶联反应[8]

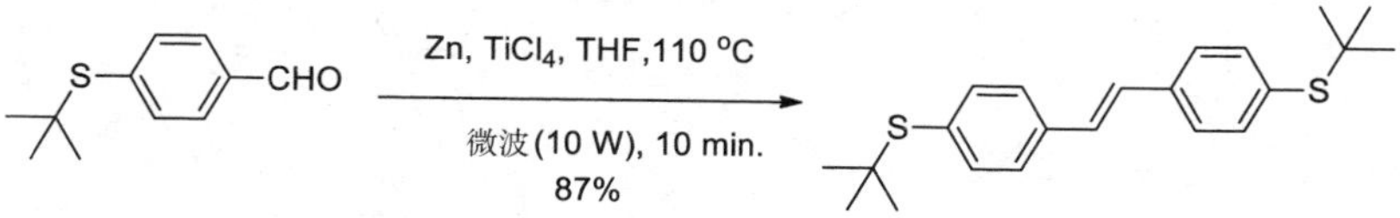

Zn, TiCl$_4$, THF, 110 °C
微波 (10 W), 10 min.
87%

Example 3, 交叉McMurry偶联反应[9]

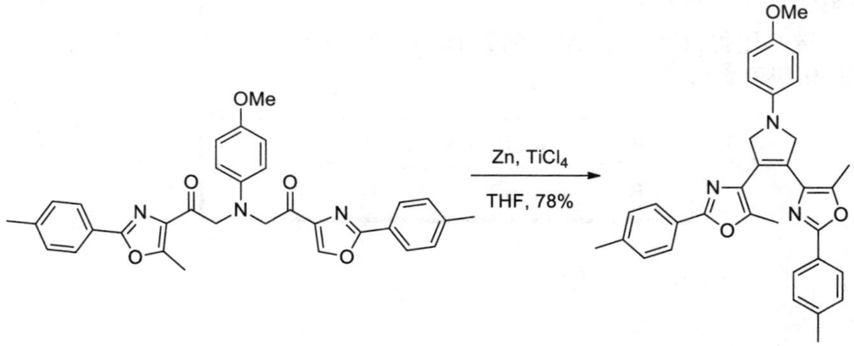

Example 4, 交叉McMurry偶联反应[10]

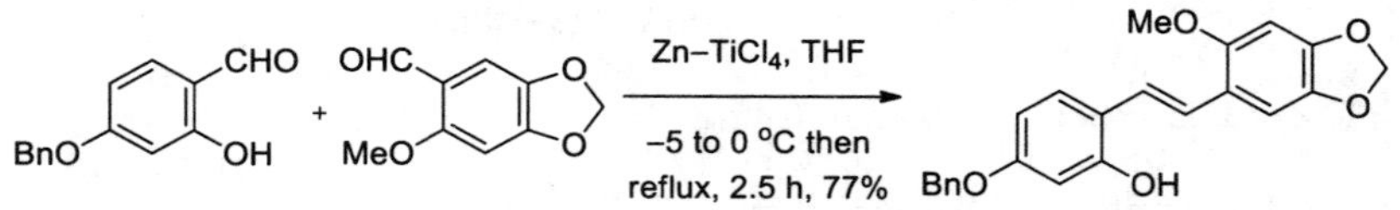

Example 5[12]

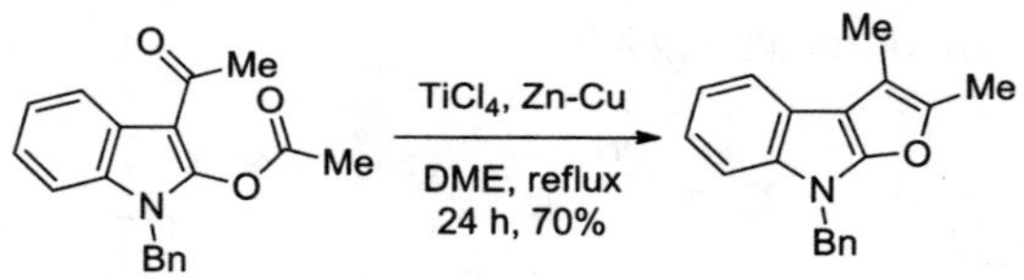

Example 6, 分子内 McMurry 偶联反应[13]

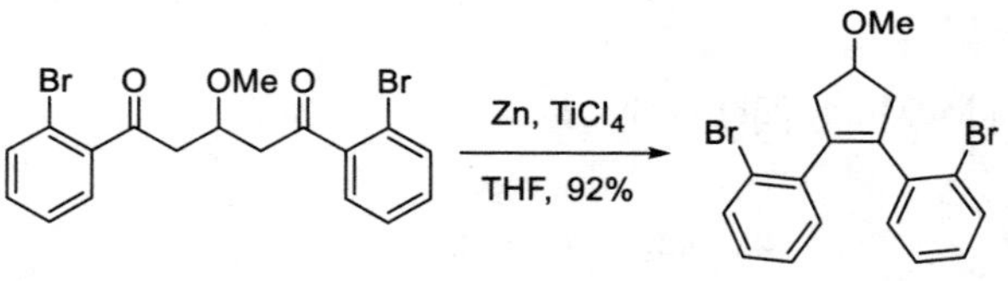

Example 7[14]

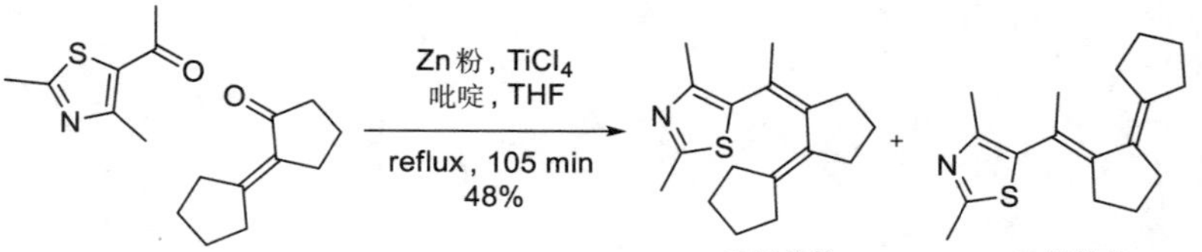

Z-异构体   E-异构体

Example 8, 合成四吲哚化物[15]

References

1. (a) McMurry, J. E.; Fleming, M. P. *J. Am. Chem. Soc.* **1974**, *96*, 4708–4712. (b) McMurry, J. E. *Chem. Rev.* **1989,** *89*, 1513–1524. (Review).
2. Hirao, T. *Synlett* **1999,** 175–181.
3. Sabelle, S.; Hydrio, J.; Leclerc, E.; Mioskowski, C.; Renard, P.-Y. *Tetrahedron Lett.* **2002,** *43*, 3645–3648.
4. Williams, D. R.; Heidebrecht, R. W., Jr. *J. Am. Chem. Soc.* **2003,** *125*, 1843–1850.
5. Honda, T.; Namiki, H.; Nagase, H.; Mizutani, H. *Tetrahedron Lett.* **2003,** *44*, 3035–3038.
6. Ephritikhine, M.; Villiers, C. In *Modern Carbonyl Olefination* Takeda, T., Ed.; Wiley-VCH: Weinheim, Germany, **2004,** 223–285. (Review).
7. Uddin, M. J.; Rao, P. N. P.; Knaus, E. E. *Synlett* **2004,** 1513–1516.
8. Stuhr-Hansen, N. *Tetrahedron Lett.* **2005,** *46*, 5491–5494.
9. Zeng, D. X.; Chen, Y. *Synlett* **2006,** 490–492.
10. Duan, X.-F.; Zeng, J.; Zhang, Z.-B.; Zi, G.-F. *J. Org. Chem.* **2007,** *72*, 10283–10286.
11. Debroy, P.; Lindeman, S. V.; Rathore, R. *J. Org. Chem.* **2009,** *74*, 2080–2087.
12. Kumar, A. S.; Nagarajan, R. *Synthesis* **2013,** *45*, 1235–1246.
13. Connors, D. M.; Goroff, N. S. *Org. Lett.* **2016,** *18*, 4262–4265.
14. Kochi, J.-i.; Ubukata, T.; Yokoyama, Y. *J. Org. Chem.* **2018,** *83*, 10695–10700.
15. Zheng, X.; Su, R.; Wang, T.; Bin, Z.; She, Z.; Gao, G.; Yong, J. *Org. Lett.* **2019,** *21*, 797–802.
16. Tong, J.; Xia, T.; Wang, B. *Org. Lett.* **2020,** *22*, 2730–2734.

Mannich 反应

由胺、醛和带有酸性亚甲基成分的化合物形成的三组分氨甲基化反应。

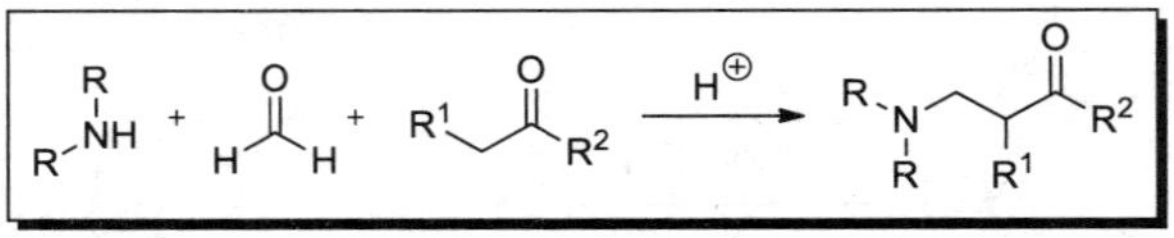

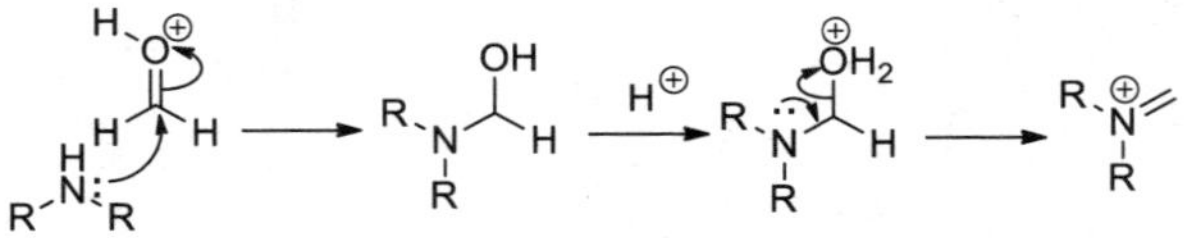

R = Me, $Me_2N^+=CH_2$ 称为 Eschenmoser 盐

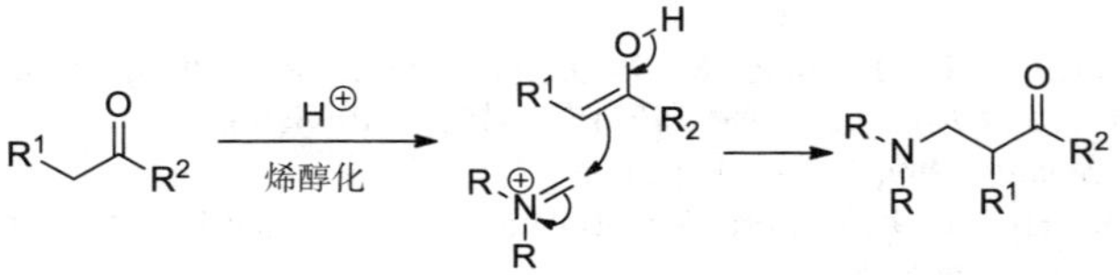

Mannich 反应也可在碱性条件下进行:

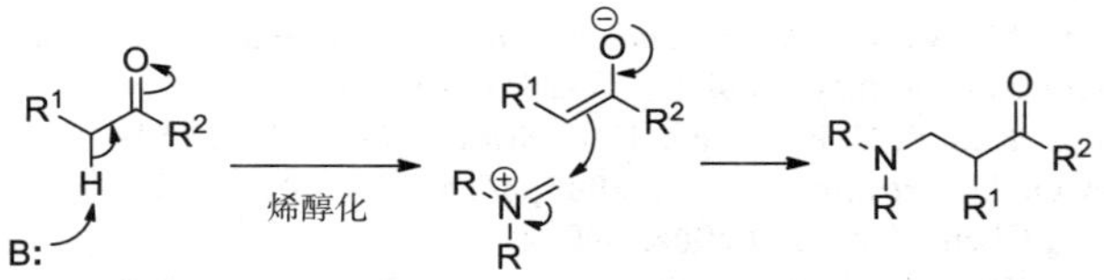

Mannich 碱

Example 1, 不对称 Mannich 反应 [2]

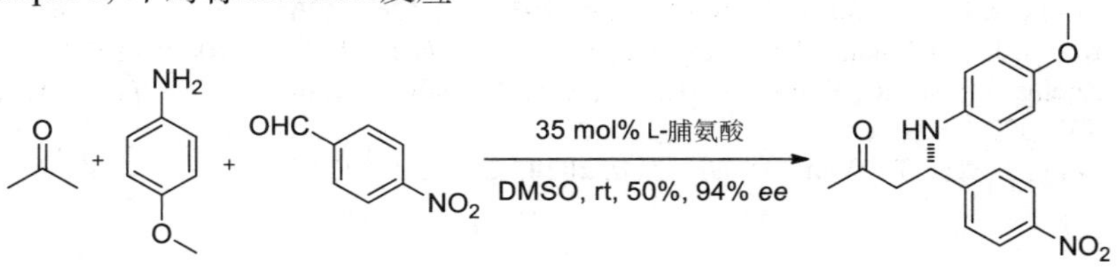

35 mol% L-脯氨酸
DMSO, rt, 50%, 94% ee

Example 2, 不对称 Mannich 类反应 [9]

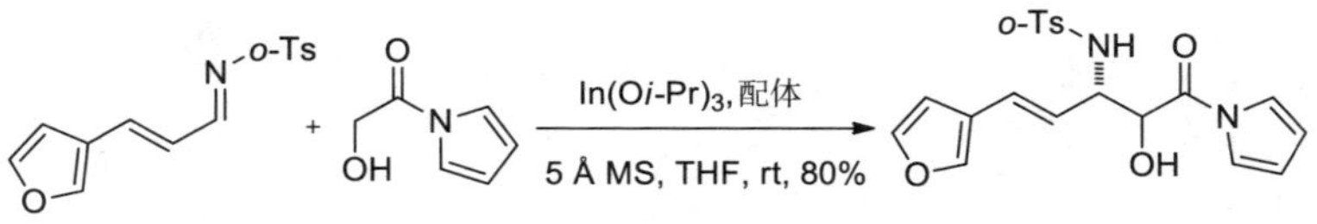

$In(Oi\text{-}Pr)_3$, 配体
5 Å MS, THF, rt, 80%

© Springer Nature Switzerland AG 2021
J. J. Li, *Name Reactions*, https://doi.org/10.1007/978-3-030-50865-4_87

Example 3, 不对称Mannich类反应[10]

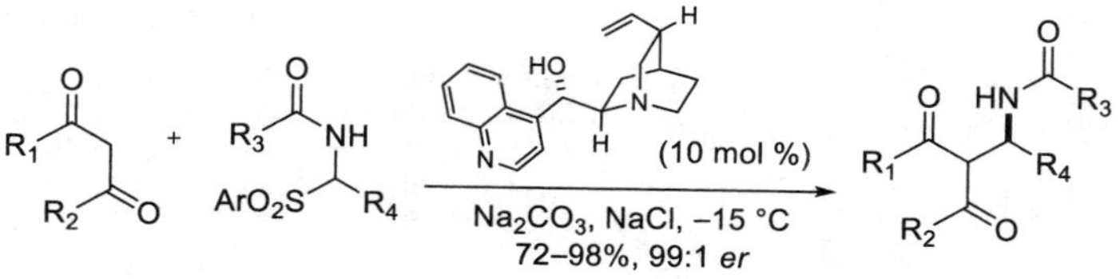

Example 4[11]

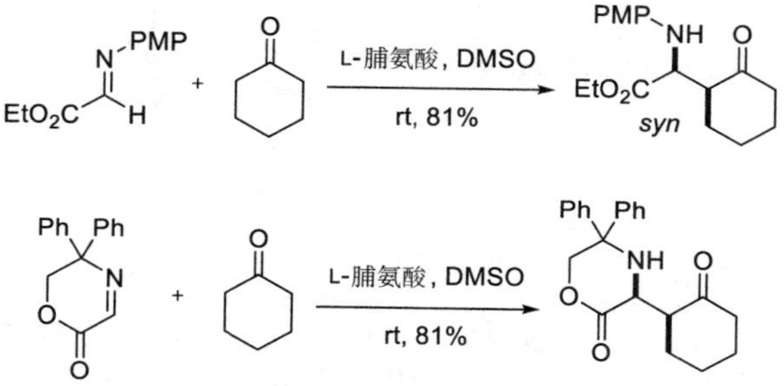

Example 5, 插烯的Mannich 反应 (VMR)[13]

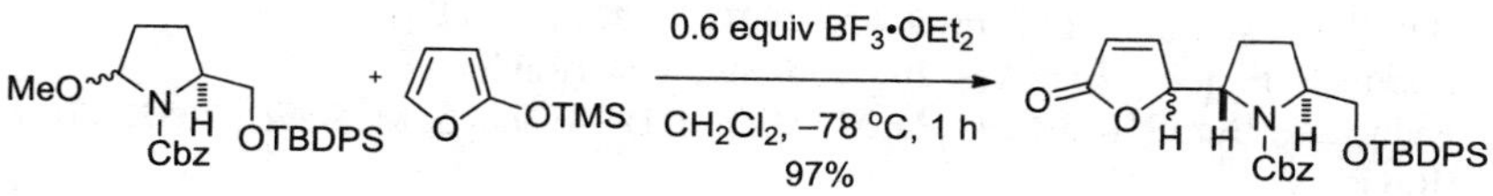

Example 6, 不对称 Mannich 反应[15]

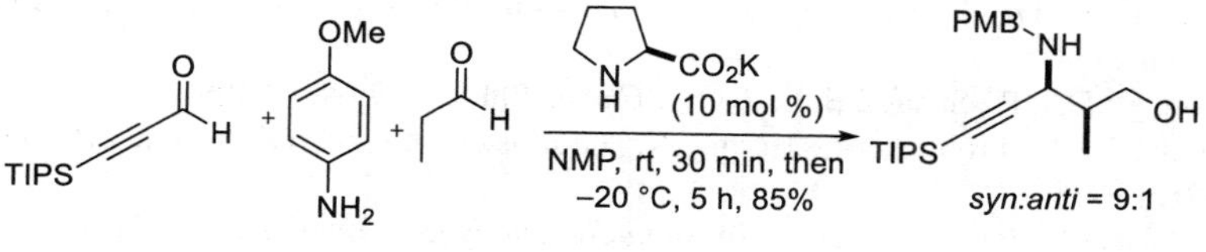

Example 7, 锌化物参与的2,2,2-三氟重氮乙烷的Mannich类反应[16]

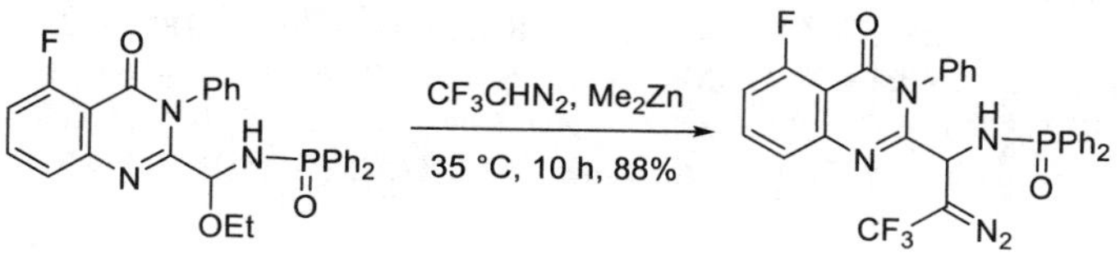

Example 8, 使用亚胺化物[17]

References

1. Mannich, C.; Krösche, W. *Arch. Pharm.* **1912,** *250,* 647–667. 曼尼希 (C. U. F. Mannich，1877-1947) 出生于德国的 Breslau，1903 年在巴塞尔取得 Ph.D. 学位后先后在哥廷根、法兰克福和柏林工作。他合成了许多作麻醉剂用的对氨基苯甲酸酯类化合物。
2. List, B. *J. Am. Chem. Soc.* **2000,** *122,* 9336–9337.
3. Schlienger, N.; Bryce, M. R.; Hansen, T. K. *Tetrahedron* **2000,** *56,* 10023–10030.
4. Bur, S. K.; Martin, S. F. *Tetrahedron* **2001,** *57,* 3221–3242. (Review).
5. Martin, S. F. *Acc. Chem. Res.* **2002,** *35,* 895–904. (Review).
6. Padwa, A.; Bur, S. K.; Danca, D. M.; Ginn, J. D.; Lynch, S. M. *Synlett* **2002,** 851–862. (Review).
7. Notz, W.; Tanaka, F.; Barbas, C. F., III. *Acc. Chem. Res.* **2004,** *37,* 580–591. (Review).
8. Córdova, A. *Acc. Chem. Res.* **2004,** *37,* 102–112. (Review).
9. Harada, S.; Handa, S.; Matsunaga, S.; Shibasaki, M. *Angew. Chem. Int. Ed.* **2005,** *44,* 4365–4368.
10. Lou, S.; Dai, P.; Schaus, S. E. *J. Org. Chem.* **2007,** *72,* 9998–10008.
11. Hahn, B. T.; Fröhlich, R.; Harms, K.; Glorius, F. *Angew. Chem. Int. Ed.* **2008,** *47,* 9985–9988.
12. Galatsis, P. Mannich reaction. In *Name Reactions for Homologations-Part II*; Li, J. J., Ed.; Wiley: Hoboken, NJ, **2009,** pp 653–670. (Review).
13. Liu, X.-K.; Ye, J.-L.; Ruan, Y.-P.; Li, Y.-X.; Huang, P.-Q. *J. Org. Chem.* **2013,** *78,* 35–41.
14. Karimi, B.; Enders, D.; Jafari, E. *Synthesis* **2013,** *45,* 2769–2812. (Review).
15. Hayashi, Y.; Yamazaki, T.; Kawauchi, G.; Sato, I. *Org. Lett.* **2018,** *20,* 2391–2394.
16. Guo, R.; Lv, N.; Zhang, F.-G.; Ma, J.-A. *Org. Lett.* **2018,** *20,* 6994–6997.
17. Trost, B. M.; Hung, C.-I. J.; Kiao, Z. *J. Am. Chem. Soc.* **2019,** *141,* 16085–16092.
18. Cheng, D.-J.; Shao, Y.-D. *ChemCatChem* **2019,** *11,* 2575–2589. (Review).

Markovnikov(马氏)规则

马氏规则用于预测卤化氢HX对不对称取代烯烃加成时的位置选择性。HX中的卤素组分倾向于键连到有更多取代基的那个碳原子上，H倾向于键连到有更多氢原子所在的那个碳原子上。

中间体是碳正离子，形式电荷在一个碳原子上。

苄基位置是有利的：

Example 1[3]

Example 2, 苯乙烯上进行硫氢化的Markovnikov选择性[4]

Example 3, 烯基上硼氢化的Markovnikov选择性[5]

Example 4, 自由基机理下Markovnikov规则也是适用的[6]

References

1. Markownikoff, W. *Ann. Pharm.* **1870**, *153*, 228–259. 马尔科夫尼可夫(V. V. Markovnikov, 1838–1904)在莫斯科大学(Moscow University)提出了烯烃的这个加成规则。他是19世纪最出色的俄罗斯有机化学家。他是个个性很强的人且无惧公开表达自己的观点，直言不讳的性格导致他被褫夺了在喀山和莫斯科的教授位置。(Lewis, D. E. *Early Russian Organic Chemists and Their Legacy*, Springer: Heldelberg, Germany, 2012, p 71.).

2. Oparina, L. A.; Artem'ev, A. V.; Vysotskaya, O. V.; Kolyvanov, N. A.; Bagryanskaya, Y. I.; Doronina, E. P.; Gusarova, N. K. *Tetrahedron* **2013,** *69*, 6185–6195.
3. Ziyaei Halimehjani, A.; Pasha Zanussi, H. *Synthesis* **2013,** *45*, 1483–1488.
4. Savolainen, M. A.; Wu, J. *Org. Lett.* **2013,** *15,* 3802–3804.
5. Zhang, G.; Wu, J.; Li, S.; Cass, S.; Zheng, S. *Org. Lett.* **2018,** *20,* 7893–7897.
6. Neff, R. K.; Su, Y.-L.; Liu, S.; Rosado, M.; Zhang, X.; Doyle, M. P *J. Am. Chem. Soc.* **2019,** *141*, 16643–16650.

反马氏规则

有些反应所得产物并不表现出服从马氏规则,位置选择性的结果可以从自由基中间体的稳定性来解释。

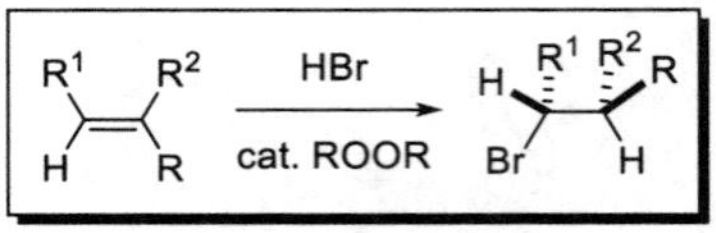

$$R^1R^2C=CHR \xrightarrow[\text{cat. ROOR}]{\text{HBr}} H(R^1R^2)C-CH(Br)(H)R$$

自由基机理:

引发:

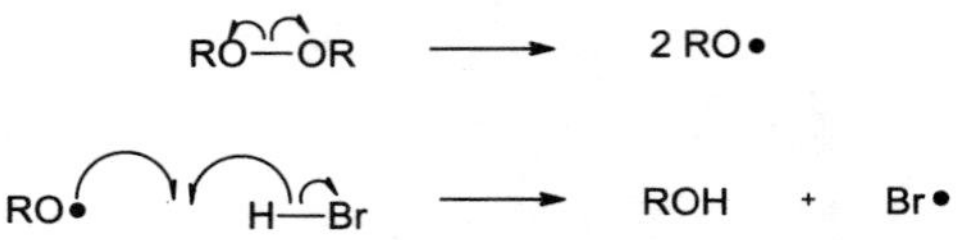

$$RO-OR \longrightarrow 2\ RO\bullet$$

$$RO\bullet + H-Br \longrightarrow ROH + Br\bullet$$

链增长:

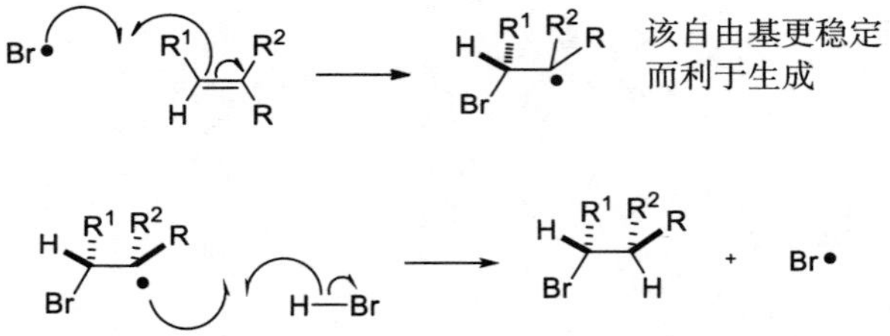

$$Br\bullet + R^1R^2C=CHR \longrightarrow H(R^1R^2)C-C\bullet(H)R \cdot Br$$

该自由基更稳定而利于生成

$$H(R^1R^2)C-C\bullet(H)R\cdot Br + H-Br \longrightarrow H(R^1R^2)C-CH(Br)(H)R + Br\bullet$$

终止:

$$Br\bullet + \bullet Br \longrightarrow Br_2$$

Example 1, 烯丙酯的氧化反应反马氏规则[1]

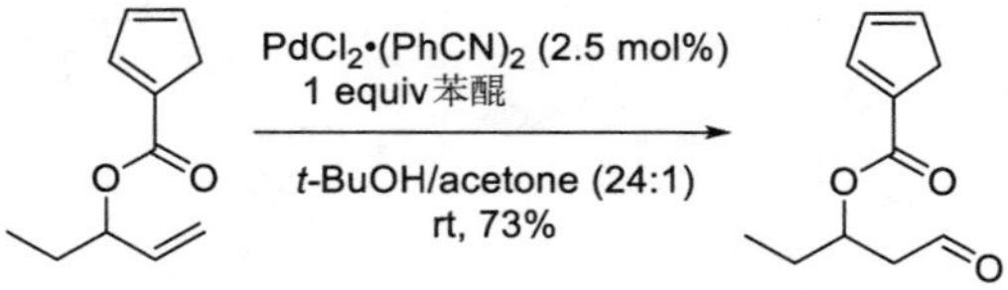

环戊二烯基-CO-O-CH(Et)-CH=CH₂ $\xrightarrow[\text{t-BuOH/acetone (24:1)}]{\text{PdCl}_2\cdot(\text{PhCN})_2\ (2.5\ \text{mol\%})\\ 1\ \text{equiv 苯醌}\\ \text{rt, 73\%}}$ 环戊二烯基-CO-O-CH(Et)-CH₂-CHO

Example 2, 反马氏规则的羟胺化反应[3]

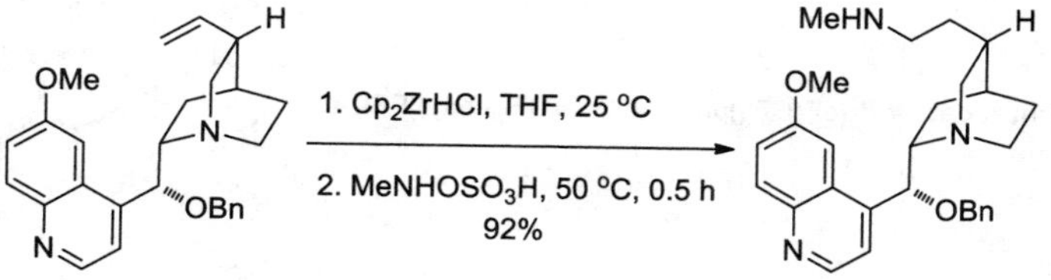

1. Cp$_2$ZrHCl, THF, 25 °C
2. MeNHOSO$_3$H, 50 °C, 0.5 h
92%

Example 3, 钝化烯基的反马氏规则的氢杂芳化反应[4]

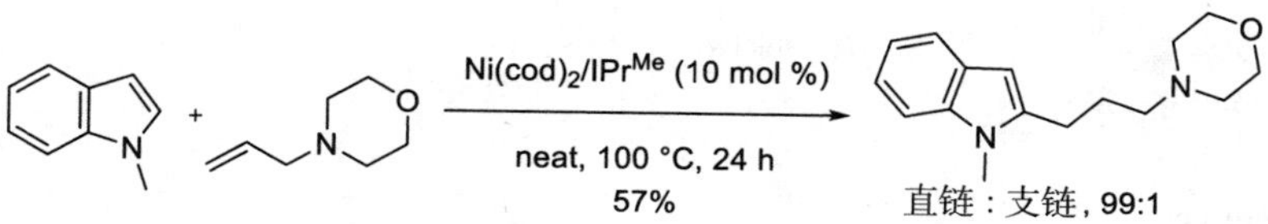

Ni(cod)$_2$/IPr^{Me} (10 mol %)
neat, 100 °C, 24 h
57%

直链 : 支链, 99:1

氮杂卡宾 (NHC) IPr^{Me} =

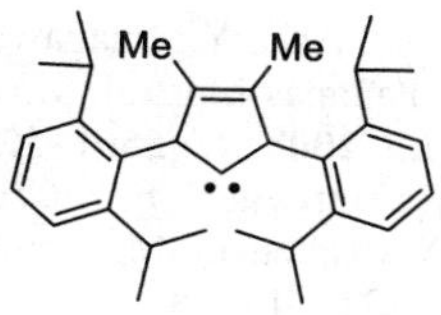

Example 4, 反马氏规则的炔烃的加成反应[5]

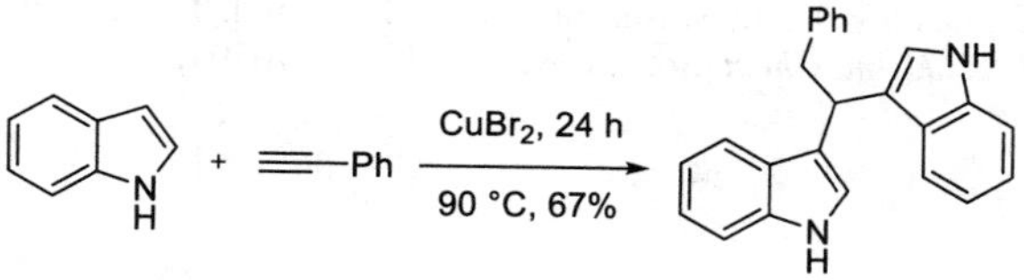

CuBr$_2$, 24 h
90 °C, 67%

Example 5, 反马氏规则的使用N–羟基邻苯二甲酰亚胺的氢胺化反应[6]

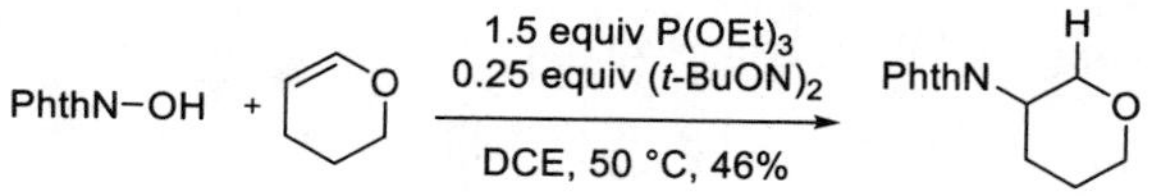

PhthN–OH +
1.5 equiv P(OEt)$_3$
0.25 equiv (t-BuON)$_2$
DCE, 50 °C, 46%

Example 6, 反马氏规则的钝化烯基与伯胺的氢胺化反应[7]

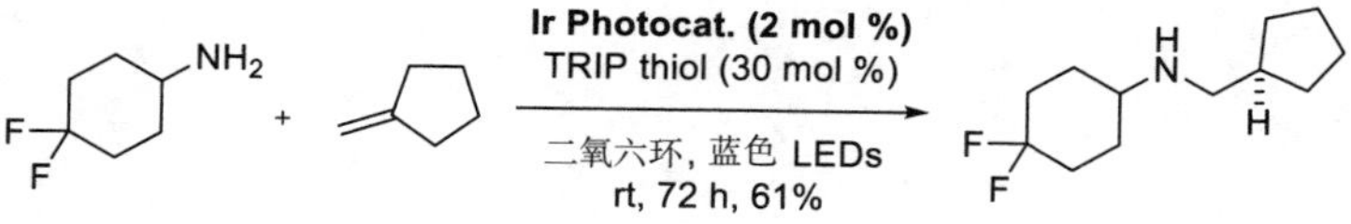

Ir Photocat. (2 mol %)
TRIP thiol (30 mol %)
二氧六环, 蓝色 LEDs
rt, 72 h, 61%

Ir Photocat. = [Ir(dF(CF$_3$)ppy)$_2$(4,4'-d)(CF$_3$)-bpy)]PF$_6$ =

TRIP thiol =

References

1. Nishizawa, M.; Asai, Y.; Imagawa, H. *Org. Lett.* **2006**, *8,* 5793–5796.
2. Dong, J. J.; Fañanás-Mastral, M.; Alsters, P. L.; Browne, W. R.; Feringa, B. L. *Angew. Chem. Int. Ed.* **2008**, *47*, 5561–5565.
3. Strom, A. E.; Hartwig, J. F. *J. Org. Chem.* **2013**, *78*, 8909–8914.
4. Schramm, Y.; Takeuchi, M.; Semba, K.; Nakao, Y.; Hartwig, J. F. *J. Am. Chem. Soc.* **2015**, *137*, 12215–12218.
5. Srivastava, A.; Patel, S. S.; Chandna, N.; Jain, N. *J. Org. Chem.* **2016**, *81*, 11664–11670.
6. Lardy, S. W.; Schmidt, V. A. *J. Am. Chem. Soc.* **2018**, *140*, 12318–12322.
7. Miller, D. C.; Ganley, J. M.; Musacchio, A. J.; Sherwood, T. C.; Ewing, W. R.; Knowles, R. R. *J. Am. Chem. Soc.* **2019**, *141*, 16590–16594.

Martin 硫烷脱水剂

仲醇和叔醇脱水给出烯烃，但伯醇给出醚产物。参见第64页上的Burgess试剂。

Example 1[5]

Example 2[6]

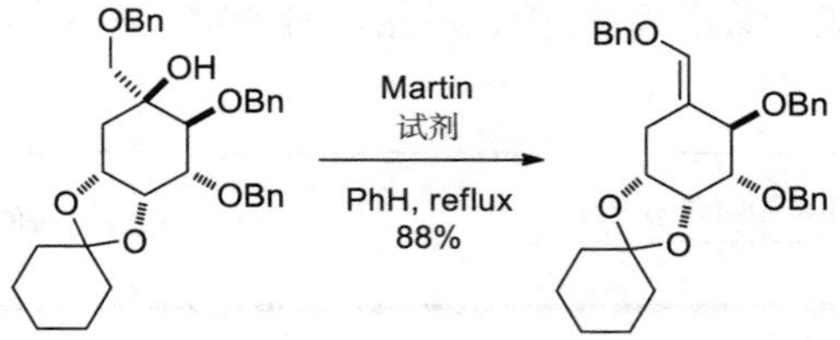

Example 3[7]

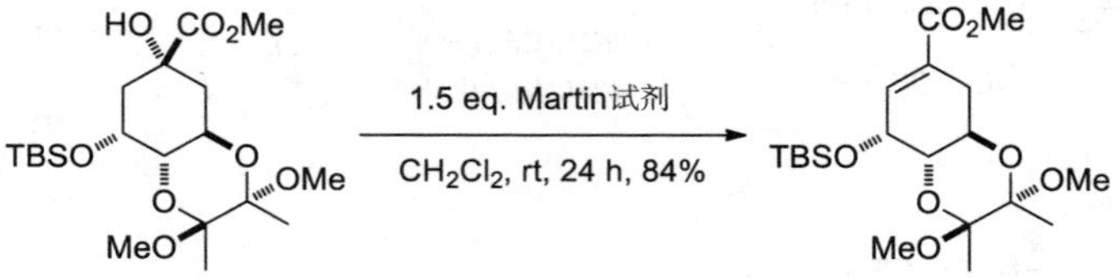

Example 4[9]

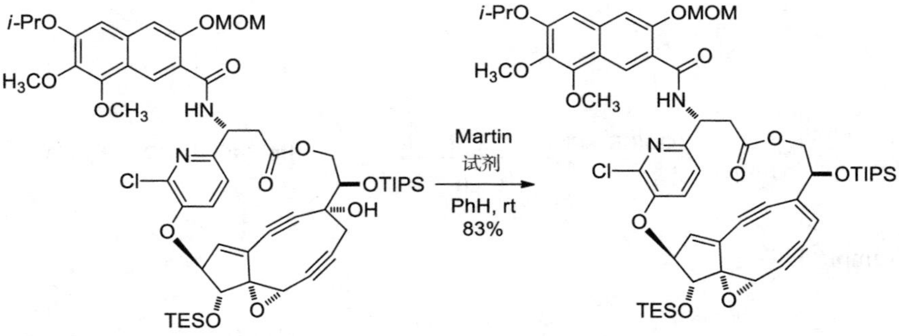

Example 5[12]

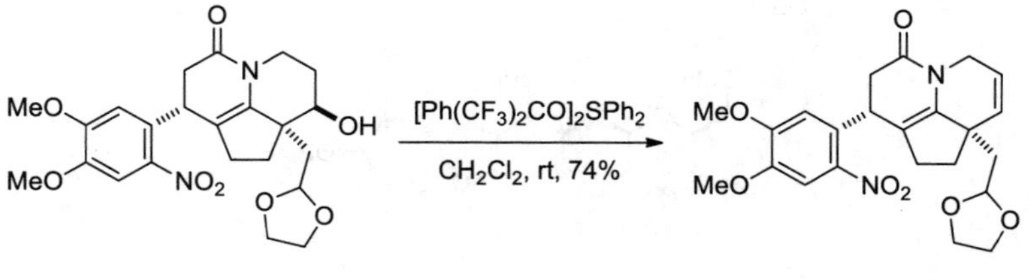

Example 6, 吲哚中叶立德直接转移[13]

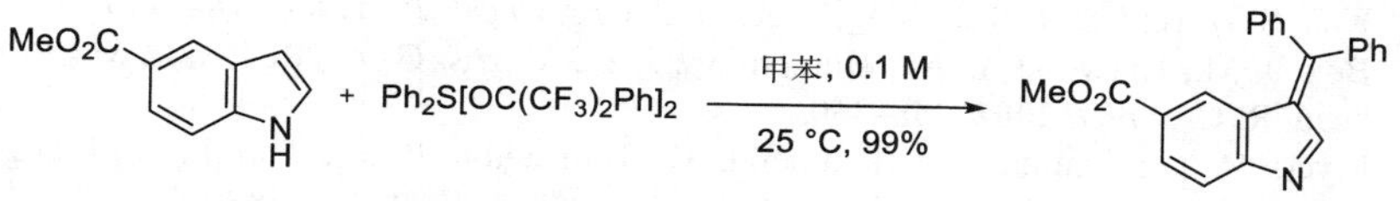

Example 7[14]

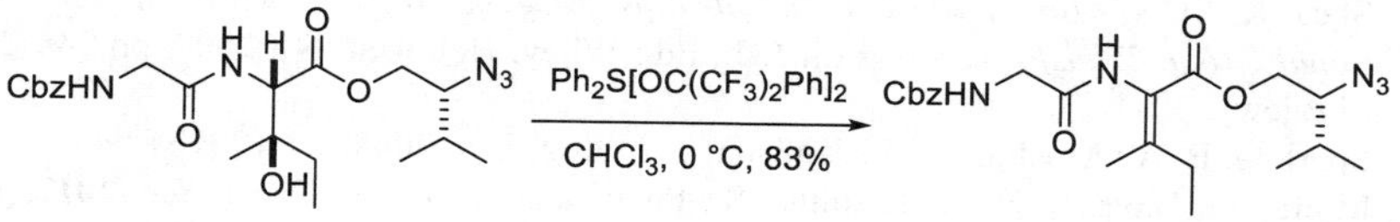

Example 8[15]

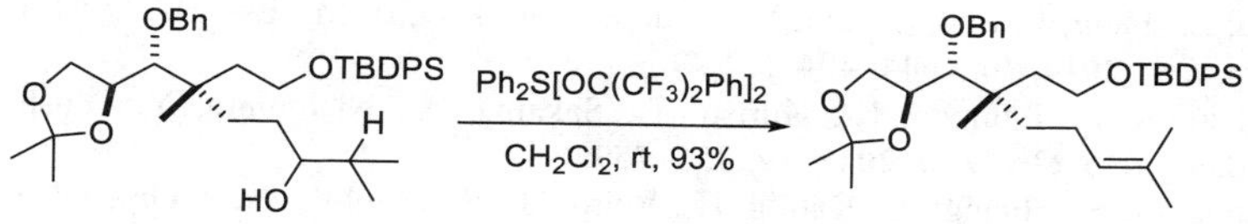

Example 9[16]

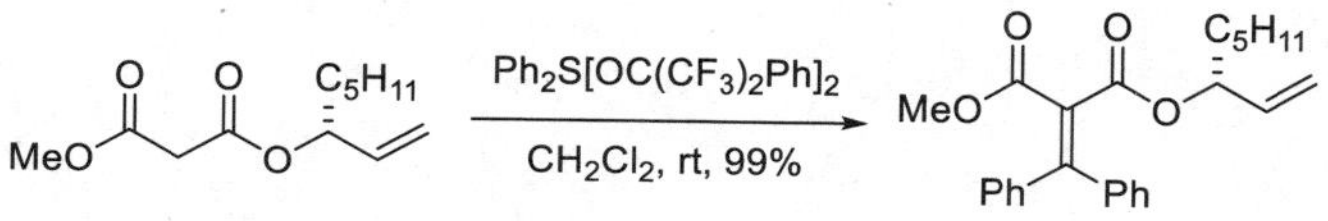

Example 10[17]

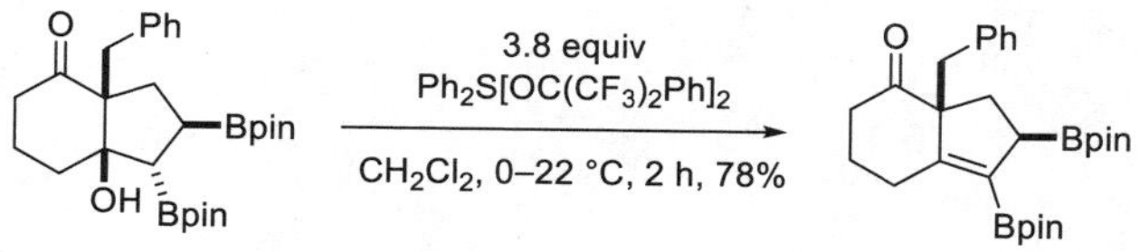

References

1. (a) Martin, J. C.; Arhart, R. J. *J. Am. Chem. Soc.* **1971**, *93*, 2339–2341; (b) Martin, J. C.; Arhart, R. J. *J. Am. Chem. Soc.* **1971**, *93*, 2341–2342; (c) Martin, J. C.; Arhart, R. J. *J. Am. Chem. Soc.* **1971**, *93*, 4327–4329. (d) Martin, J. C.; Arhart, R. J.; Franz, J. A.; Perozzi, E. F.; Kaplan, L. J. *Org. Synth.* **1977**, *57*, 22–26.
2. Gallagher, T. F.; Adams, J. L. *J. Org. Chem.* **1992**, *57*, 3347–3353.
3. Tse, B.; Kishi, Y. *J. Org. Chem.* **1994**, *59*, 7807–7814.
4. Winkler, J. D.; Stelmach, J. E.; Axten, J. *Tetrahedron Lett.* **1996**, *37*, 4317–4320.

5. Nicolaou, K. C.; Rodríguez, R. M.; Fylaktakidou, K. C.; Suzuki, H.; Mitchell, H. J. *Angew. Chem. Int. Ed.* **1999**, *38*, 3340–3345.
6. Kok, S. H. L.; Lee, C. C.; Shing, T. K. M. *J. Org. Chem.* **2001,** *66,* 7184–7190.
7. Box, J. M.; Harwood, L. M.; Humphreys, J. L.; Morris, G. A.; Redon, P. M.; Whitehead, R. C. *Synlett* **2002,** 358–360.
8. Myers, A. G.; Glatthar, R.; Hammond, M.; Harrington, P. M.; Kuo, E. Y.; Liang, J.; Schaus, S. E.; Wu, Y.; Xiang, J.-N. *J. Am. Chem. Soc.* **2002,** *124*, 5380–5401.
9. Myers, A. G.; Hogan, P. C.; Hurd, A. R.; Goldberg, S. D. *Angew. Chem. Int. Ed.* **2002,** *41,* 1062–1067.
10. Shea, K. M. *Martin's Sulfurane Dehydrating Reagent.* In *Name Reactions for Functional Group Transformations*; Li, J. J., Ed.; Wiley: Hoboken, NJ, **2007,** pp 248–264. (Review).
11. Sparling, B. A.; Moslin, R. M.; Jamison, T. F. *Org. Lett.* **2008,** *10,* 1291–1294.
12. Miura, Y.; Hayashi, N.; Yokoshima, S.; Fukuyama, T. *J. Am. Chem. Soc.* **2012**, *134*, 11995–11997.
13. Huang, X.; Patil, M.; Farès, C.; Thiel, W.; Maulide, N. *J. Am. Chem. Soc.* **2013**, *135,* 7313–7323.
14. Ma, Z.; Jiang, J.; Luo, S.; Cai, Y.; cardon, J. M.; Kay, B. M.; Ess, D. H.; Castle, S. L. *Org. Lett.* **2014,** *16,* 4044–4047.
15. Takao, K.-i.; Tsunoda, K.; Kurisu, T.; Sakama, A.; Nishimura, Y.; Yoshida, K.; Tadano, K.-i. *Org. Lett.* **2015,** *17,* 756–759.
16. Klimczyk, S.; Huang, X.; Kählig, H.; Veiros, L. F.; Maulide, N. *J. Org. Chem.* **2015**, *80*, 5719–5729.
17. Zanghi, J. M.; Liu, S.; Meek, S. J. *Org. Lett.* **2019**, *21,* 5172–5177.

Meerwein–Ponndorf–Verley 还原反应

在异丙醇溶液中用 Al(O^{i}Pr)$_3$ 将酮还原为相应的醇。逆反应称 Oppernauer 氧化反应。

Example 1[2]

Example 2[4]

Example 3[7]

Example 4[9]

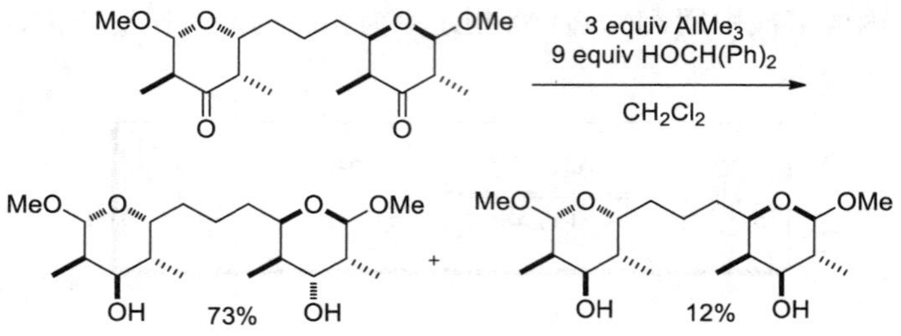

Example 5[10]

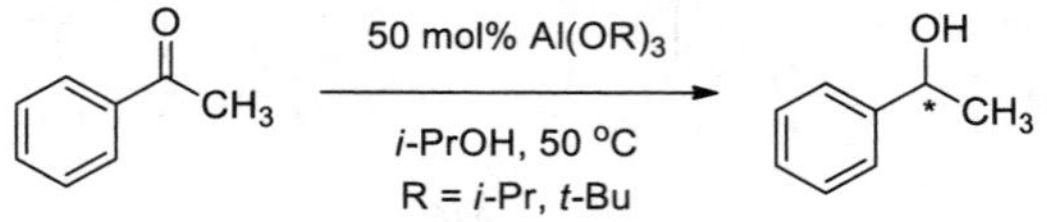

Example 6, 手性锂胺还原α–硅基亚胺 (也是 Meerwein–Ponndorf–Verley 一类还原反应)[11]

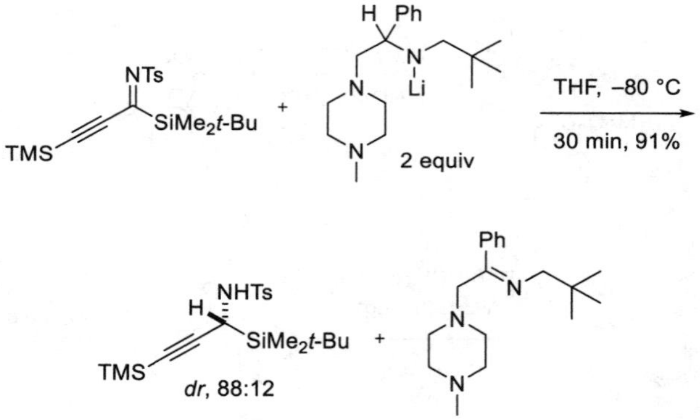

Example 7, 用于合成降糖药奥格列汀(omarigliptin)，一个DPP–4抑制剂的关键中间体[12]

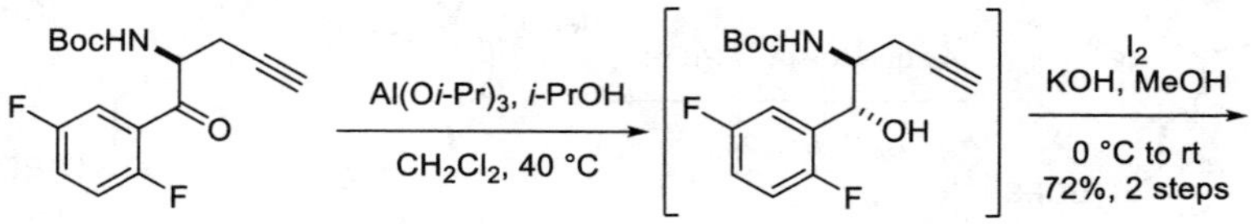

Example 8, 一个碱性环境下的 Meerwein–Ponndorf–Verley 还原反应[13]

References

1. Meerwein, H.; Schmidt, R. *Ann.* **1925**, *444*, 221–238. 梅尔维因 (Hans Meerwein)1879年出生于德国汉堡, 1903年在波恩取得Ph.D.学位。他长长的科学生涯为有机化学作出了许多出色的贡献。
2. Woodward, R. B.; Bader, F. E.; Bickel, H.; Frey, A. J.; Kierstead, R. W. *Tetrahedron* **1958**, *2*, 1–57.
3. de Graauw, C. F.; Peters, J. A.; van Bekkum, H.; Huskens, J. *Synthesis* **1994**, 1007–1017. (Review).
4. Campbell, E. J.; Zhou, H.; Nguyen, S. T. *Angew. Chem. Int. Ed.* **2002**, *41*, 1020–1022.
5. Sominsky, L.; Rozental, E.; Gottlieb, H.; Gedanken, A.; Hoz, S. *J. Org. Chem.* **2004**, *69*, 1492–1496.
6. Cha, J. S. *Org. Process Res. Dev.* **2006**, *10*, 1032–1053.
7. Manaviazar, S.; Frigerio, M.; Bhatia, G. S.; Hummersone, M. G.; Aliev, A. E.; Hale, K. J. *Org. Lett.* **2006**, *8*, 4477–4480.
8. Clay, J. M. *Meerwein–Ponndorf–Verley reduction*. In *Name Reactions for Functional Group Transformations*; Li, J. J., Ed.; Wiley: Hoboken, NJ, **2007**, pp 123–128. (Review).
9. Dilger, A. K.; Gopalsamuthiram, V.; Burke, S. D. *J. Am. Chem. Soc.* **2007**, *129*, 16273–16277.
10. Flack, K.; Kitagawa, K.; Pollet, P.; Eckert, C. A.; Richman, K.; Stringer, J.; Dubay, W.; Liotta, C. L. *Org. Process Res. Dev.* **2012**, *16*, 1301–1306.
11. Kondo, Y.; Sasaki, M.; Kawahata, M.; Yamaguchi, K.; Takeda, K. *J. Org. Chem.* **2014**, *79*, 3601–3609.
12. Sun, G.; Wei, M.; Luo, Z.; Liu, Y.; Chen, Z.; Wang, Z. *Org. Process Res. Dev.* **2016**, *20*, 2074–2079.
13. Boit, T. B.; Mehta, M. M.; Garg, N. K. *Org. Lett.* **2019**, *21*, 6447–6451.
14. Li, X.; Du, Z.; Wu, Y.; Zhen, Y.; Shao, R.; Li, B.; Chen, C.; Liu, Q.; Zhou, H. *RSC Adv.* **2020**, *10*, 9985–9995.

Meisenheimer 配合物

亦称 Meisenheimer–Jackson 盐，是一些 S_NAr 反应过程中稳定的中间体。

Example 1[7]

Example 2，一个有荧光的两性螺环 Meisenheimer 配合物[9]

使用桑格 (F. Sanger) 试剂的反应速率比相应的二硝基氯 (溴、碘) 苯快，二硝基氟苯的 Meisenheimer 配合物是最稳定的，因氟原子是吸电性最强的。反应速率与离去基的离去能力无关。

Example 3[10]

Example 4[14]

References

1. Meisenheimer, J. *Ann.* **1902**, *323*, 205–214. In 1902, 梅森黑默 (J. Meisenheimer 1876–1934) 在慕尼黑大学提交报告, 给出了三硝基苯与一个醇在碱性环境中所生成的一个带有强紫光色彩的化合物的结构。
2. Strauss, M. J. *Acc. Chem. Res.* **1974**, *7*, 181–188. (Review).
3. Bernasconi, C. F. *Acc. Chem. Res.* **1978**, *11*, 147–152. (Review).
4. Terrier, F. *Chem. Rev.* **1982**, *82*, 77–152. (Review).
5. Manderville, R. A.; Buncel, E. *J. Org. Chem.* **1997**, *62*, 7614–7620.
6. Hoshino, K.; Ozawa, N.; Kokado, H.; Seki, H.; Tokunaga, T.; Ishikawa, T. *J. Org. Chem.* **1999**, *64*, 4572–4573.

7. Adam, W.; Makosza, M.; Zhao, C.-G.; Surowiec, M. *J. Org. Chem.* **2000,** *65*, 1099–1101.
8. Gallardo, I.; Guirado, G.; Marquet, J. *J. Org. Chem.* **2002,** *67*, 2548–2555.
9. Al-Kaysi, R. O.; Guirado, G.; Valente, E. J. *Eur. J. Org. Chem.* **2004,** 3408–3411.
10. Um, I.-H.; Min, S.-W.; Dust, J. M. *J. Org. Chem.* **2007,** *72*, 8797–8803.
11. Campodónico, P. R.; Tapia, R. A.; Contreras, R.; Ormazábal-Toledo, R. *Org. Biomol. Chem.* **2013,** *11*, 2302–2309.
12. Lennox, A. J. J. *Angew. Chem. Int. Ed.* **2018,** *57,* 14686–14688. (Review).
13. Liu, R.; Krchnak, V.; Brown, S. N.; Miller, M. J. *ACS Med. Chem. Lett.* **2019,** *10,* 1462–1466.
14. Saaidin, A. S.; Murai, Y.; Ishikawa, T.; Monde, K. *Eur. J. Org. Chem.* **2019,** 7563–7567.
15. Ota, N.; Harada, Y.; Kamitori, Y.; Okada, E. *Heterocycles* **2020,** *101,* 692–700.

Meyer–Schuster 重排反应

α–炔基仲醇或叔醇经1,3–迁移异构为*α*,*β*–不饱和羰基化合物。端基炔基导致醛，链间炔基导致酮。参见Rupe重排反应。

Example 1[6]

Example 2[7]

© Springer Nature Switzerland AG 2021
J. J. Li, *Name Reactions*, https://doi.org/10.1007/978-3-030-50865-4_92

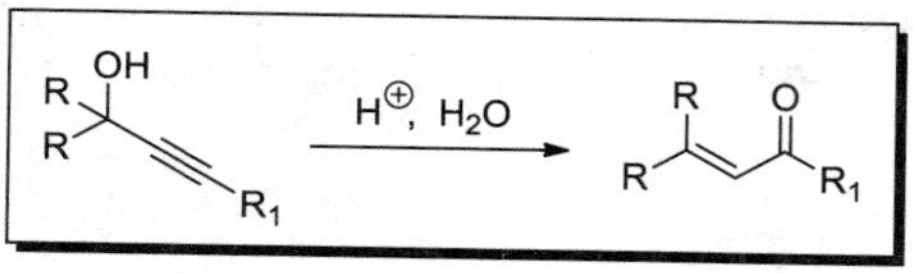

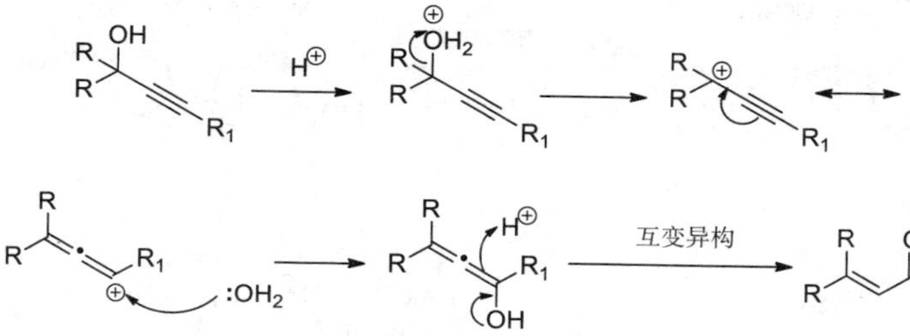

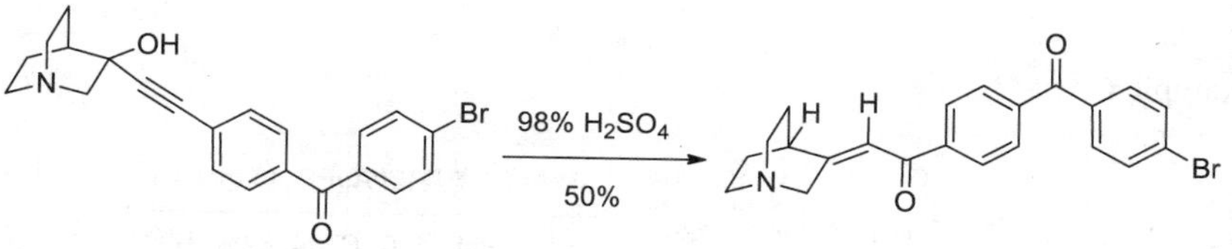

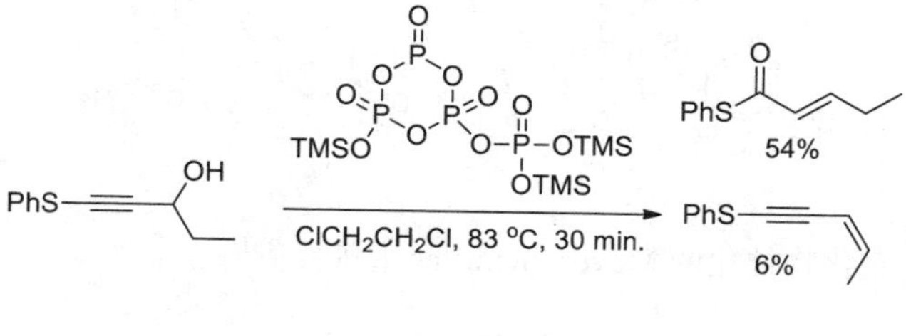

Example 3[8]

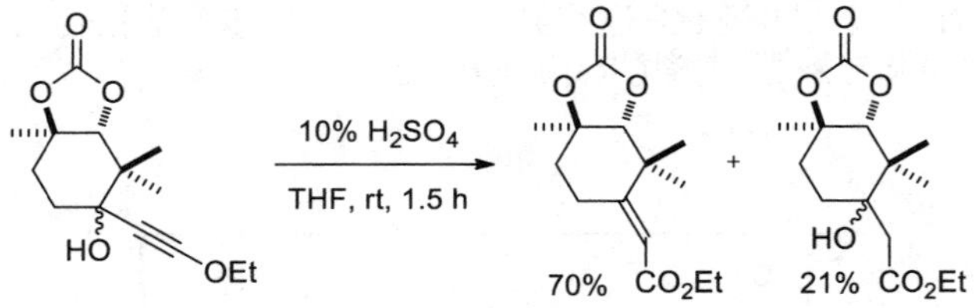

10% H₂SO₄, THF, rt, 1.5 h → 70% + 21%

Example 4[9]

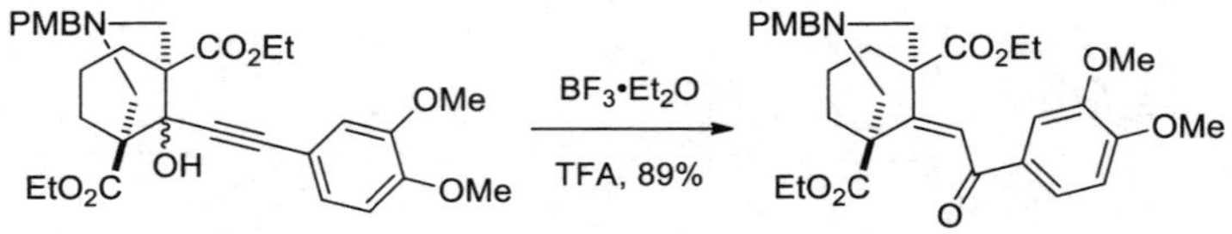

BF₃·Et₂O, TFA, 89%

Example 5[11]

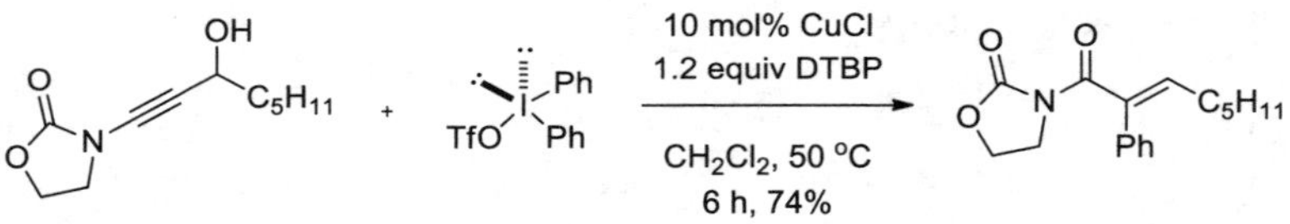

10 mol% CuCl
1.2 equiv DTBP
CH₂Cl₂, 50 °C
6 h, 74%

Example 6[12]

IPrAu(二苯基)Cl/AgPF₆ (5 mol %)
PhF, 100 °C, 24, 87%

83 : 17

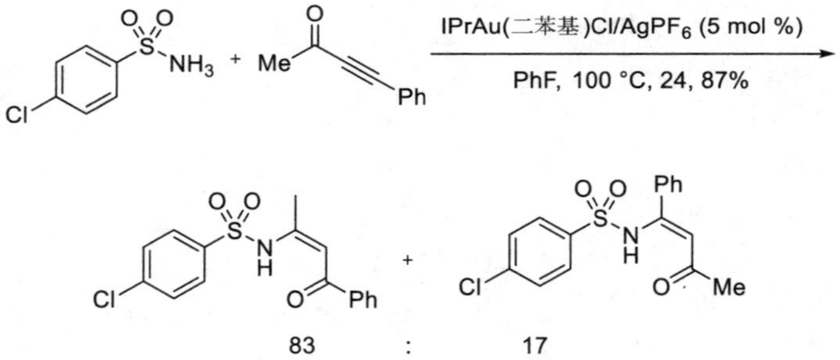

Example 7, 金化物催化的 Meyer–Schuster 重排反应[13]

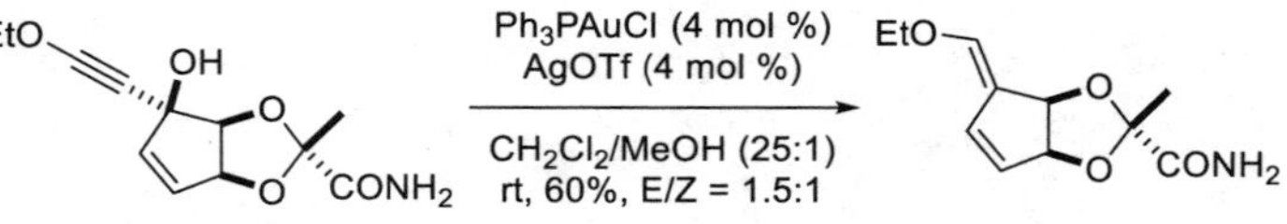

Ph₃PAuCl (4 mol %)
AgOTf (4 mol %)
CH₂Cl₂/MeOH (25:1)
rt, 60%, E/Z = 1.5:1

Example 8[14]

References

1. Meyer, K. H.; Schuster, K. *Ber.* **1922**, *55*, 819–823.
2. Swaminathan, S.; Narayanan, K. V. *Chem. Rev.* **1971**, *71*, 429–438. (Review).
3. Edens, M.; Boerner, D.; Chase, C. R.; Nass, D.; Schiavelli, M. D. *J. Org. Chem.* **1977**, *42*, 3403–3408.
4. Andres, J.; Cardenas, R.; Silla, E.; Tapia, O. *J. Am. Chem. Soc.* **1988**, *110*, 666–674.
5. Tapia, O.; Lluch, J. M.; Cardenas, R.; Andres, J. *J. Am. Chem. Soc.* **1989**, *111*, 829–835.
6. Brown, G. R.; Hollinshead, D. M.; Stokes, E. S.; Clarke, D. S.; Eakin, M. A.; Foubister, A. J.; Glossop, S. C.; Griffiths, D.; Johnson, M. C.; McTaggart, F.; Mirrlees, D. J.; Smith, G. J.; Wood, R. *J. Med. Chem.* **1999**, *42*, 1306–1311.
7. Yoshimatsu, M.; Naito, M.; Kawahigashi, M.; Shimizu, H.; Kataoka, T. *J. Org. Chem.* **1995**, *60*, 4798–4802.
8. Crich, D.; Natarajan, S.; Crich, J. Z. *Tetrahedron* **1997**, *53*, 7139–7158.
9. Williams, C. M.; Heim, R.; Bernhardt, P. V. *Tetrahedron* **2005**, *61*, 3771–3779.
10. Mullins, R. J.; Collins, N. R. *Meyer–Schuster Rearrangement*. In *Name Reactions for Homologations-Part II*; Li, J. J., Ed.; Wiley: Hoboken, NJ, **2009**, pp 305–318. (Review).
11. Collins, B. S. L.; Suero, M. G.; Gaunt, M. J. *Angew. Chem. Int. Ed.* **2013**, *52*, 5799–5802.
12. Lee, D.; Kim, S. M.; Hirao, H.; Hong, S. H. *Org. Lett.* **2017**, *19*, 4734–4737.
13. Chan, W. C.; Koide, K. *Org. Lett.* **2018**, *20*, 7798–7802.
14. Kadiyala, V.; Kumar, P. B.; Balasubramanian, S. *J. Org. Chem.* **2019**, *84*, 12228–12236.
15. Qiu, Y.-F.; Niu, Y.-J.; Song, X.-R.; Wei, X.; Chen, H.; Li, S.-X.; Wang, X.-C.; Huo, C.; Quan, Z.-J.; Liang, Y.-M. *Chem. Commun.* **2020**, *56*, 1421–1424.

Michael 加成反应

亦称共轭加成反应，是亲核物种对α,β-不饱和体系进行的1,4-加成反应。

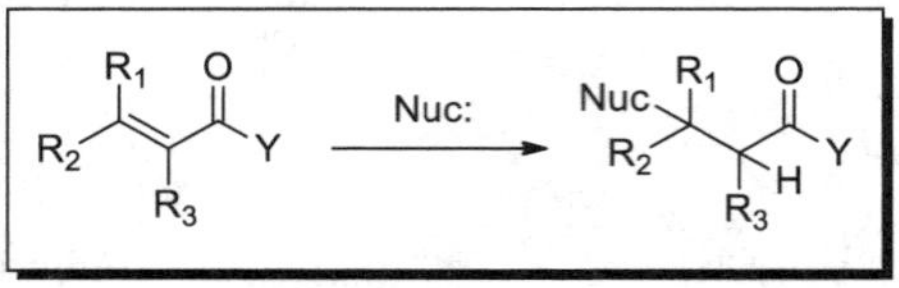

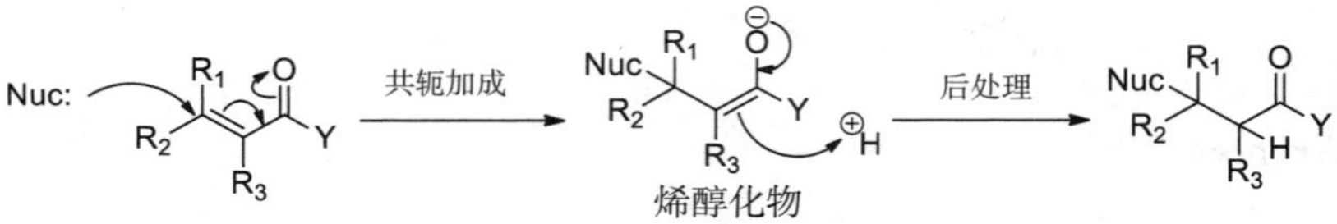

Example 1，不对称Michael加成反应[2]

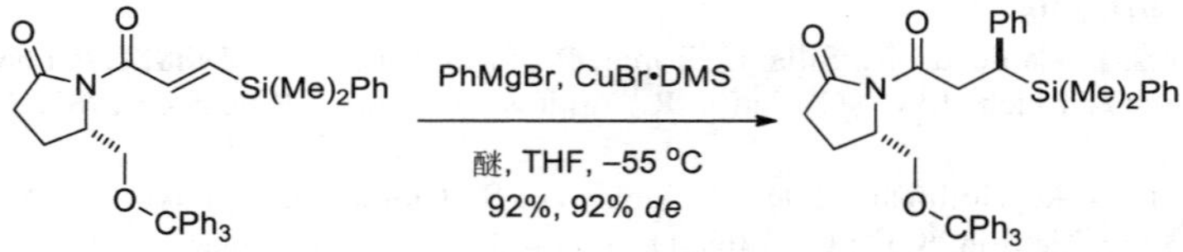

Example 2，硫的Michael加成反应[3]

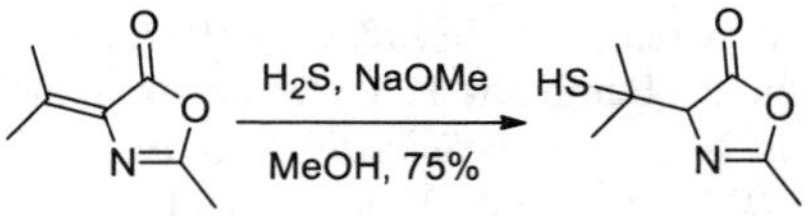

Example 3，磷的Michael加成反应[7]

Example 4，氮的不对称Michael加成反应[9]

© Springer Nature Switzerland AG 2021
J. J. Li, *Name Reactions*, https://doi.org/10.1007/978-3-030-50865-4_93

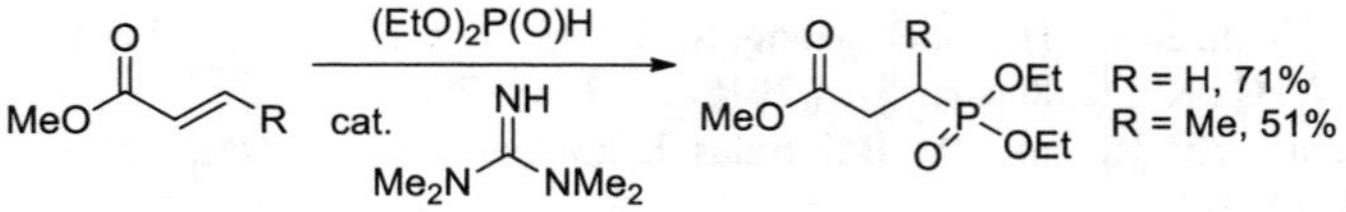

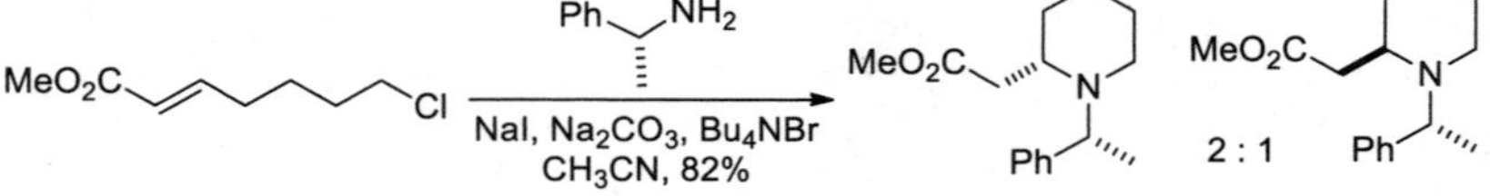

Example 5, 分子内Michael加成反应[10]

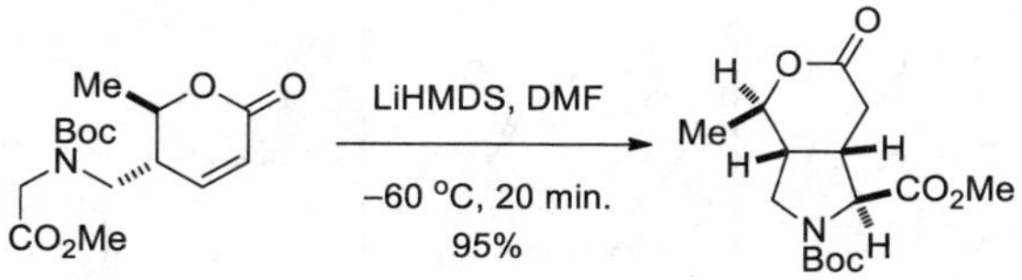

Example 6, 分子内Michael加成反应[11]

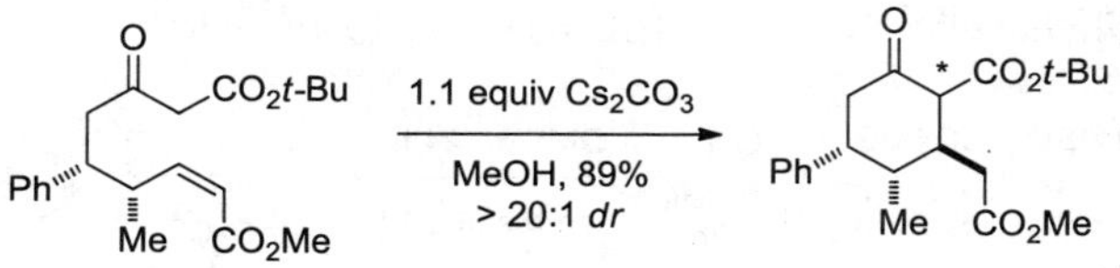

Example 7, 杂原子Michael加成反应[12]

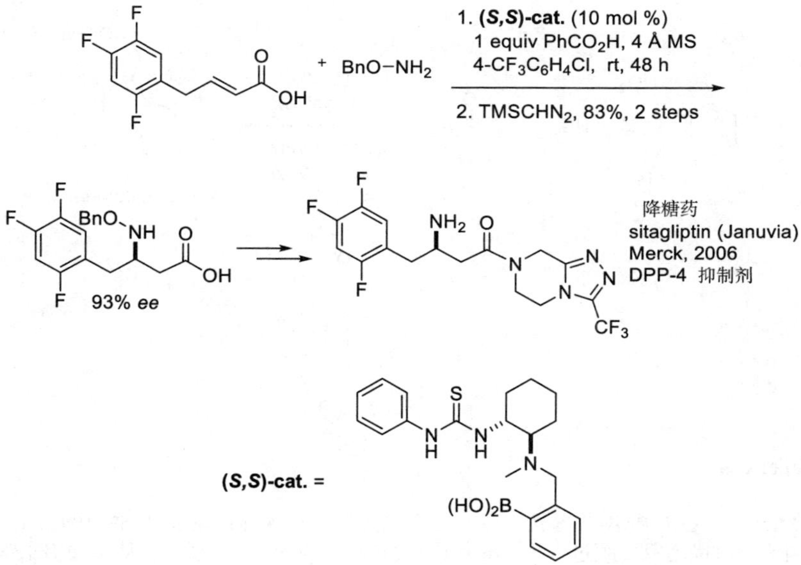

降糖药
sitagliptin (Januvia)
Merck, 2006
DPP-4 抑制剂

Example 8, Cu(II)催化的不对称Michael加成反应[13]

Example 9, 膦酸酯对烯基–亚硝基化物的Michael加成反应[14]

Example 10, 有机催化的不对称二重Michael加成反应[15]

References

1. Michael, A. *J. Prakt. Chem.* **1887**, *35*, 349. 迈克尔(A. Michael, 1853–1942)出生于纽约州的布法罗，跟过本生、霍夫曼、武慈和门捷列夫搞研究，但从未去追求学位。回到美国后任塔夫茨大学(Tufts University)的化学教授并在那儿与他最出色的学生及那个时期少有的女性有机化学家Helen Abbott喜结良缘。迈克尔夫妇在麻州的牛顿中心(Newton Center, Massachusetts)建立了私人实验室并在该实验室发现了1,4-加成反应。
2. Hunt, D. A. *Org. Prep. Proced. Int.* **1989**, *21*, 705–749.
3. D'Angelo, J.; Desmaële, D.; Dumas, F.; Guingant, A. *Tetrahedron: Asymmetry* **1992**, *3*, 459–505.

4. Lipshutz, B. H.; Sengupta, S. *Org. React.* **1992,** *41*, 135–631. (Review).
5. Hoz, S. *Acc. Chem. Res.* **1993,** *26*, 69–73. (Review).
6. Ihara, M.; Fukumoto, K. *Angew. Chem. Int. Ed.* **1993,** *32*, 1010–1022. (Review).
7. Simoni, D.; Invidiata, F. P.; Manferdini, M.; Lampronti, I.; Rondanin, R.; Roberti, M.; Pollini, G. P. *Tetrahedron Lett.* **1998,** *39*, 7615–7618.
8. Enders, D.; Saint-Dizier, A.; Lannou, M.-I.; Lenzen, A. *Eur. J. Org. Chem.* **2006,** 29–49. (Review on the phospha-Michael addition).
9. Chen, L.-J.; Hou, D.-R. *Tetrahedron: Asymmetry* **2008,** *19*, 715–720.
10. Sakaguchi, H.; Tokuyama, H.; Fukuyama, T. *Org. Lett.* **2008,** *10*, 1711–1714.
11. Kwan, E. E.; Scheerer, J. R.; Evans, D. A. *J. Org. Chem.* **2013,** *78*, 175–203.
12. Hayama, N.; Kuramoto, R.; Földes, T.; Nishibayashi, R.; Kobayashi, Y.; Pápai, I.; Takemoto, Y. *J. Am. Chem. Soc.* **2018,** *140*, 12216–12225.
13. Bhattarai, B.; Nagorny, O. *Org. Lett.* **2018,** *20*, 154–157.
14. Naumovich, Y. A.; Ioffe, S. L.; Sukhorukov, A. Y. *J. Org. Chem.* **2019,** *84*, 7244–7254.
15. Chen, X.-M.; Lei, C.-W.; Yue, D.-F.; Zhao, J.-Q.; Wang, Z.-H.; Zhang, X.-M.; Xu, X.-Y.; Yuan, W.-C. *Org. Lett.* **2019,** *21*, 5452–5456.
16. Ramella, V.; Roosen, P. C.; Vanderwal, C. D. *Org. Lett.* **2020,** *22*, 2883–2886.

Michaelis–Arbuzov 膦酸酯合成反应

烷基卤和亚磷酸酯反应生成磷酸酯。
通式：

$$(R^1O)_3P + R^2-X \xrightarrow{\Delta} R^2-\underset{OR^1}{\underset{|}{\overset{O}{\overset{\|}{P}}}}-OR^1 + R^1-X$$

R^1 = 烷基等；R^2 = 烷基、酰基等；X = Cl, Br, I

如：

$(CH_3O)_3P: + BrCH(CO_2CH_3) \xrightarrow{\Delta}$

$[(CH_3O)_3P^+-CH(CO_2CH_3)]\ Br^- \xrightarrow{S_N2} (CH_3O)_2P(O)CH_2CO_2CH_3 + CH_3Br\uparrow$

Example 1[2]

原料 (含 Br, 三烯炔) + (EtO)$_3$P, Tol. $\xrightarrow{145\ ^\circ C,\ 4\ h,\ 70\%}$ 产物-P(OEt)$_2$(=O)

Example 2[6]

$(BnO)_2P(O)CH_2Cl + (BnO)_3P \xrightarrow{140\ ^\circ C,\ 8\ h,\ 92\%} (BnO)_2P(O)CH_2P(O)(OBn)_2$

Example 3，过渡金属催化的偶联反应，不经过 S_N2 过程[7]

$CF_2=CF-O-C_6H_4-Br + (EtO)_3P, NiCl_2 \xrightarrow{100\ ^\circ C,\ 72\ h,\ 10\%} CF_2=CF-O-C_6H_4-P(O)(OEt)_2$

Example 4[9]

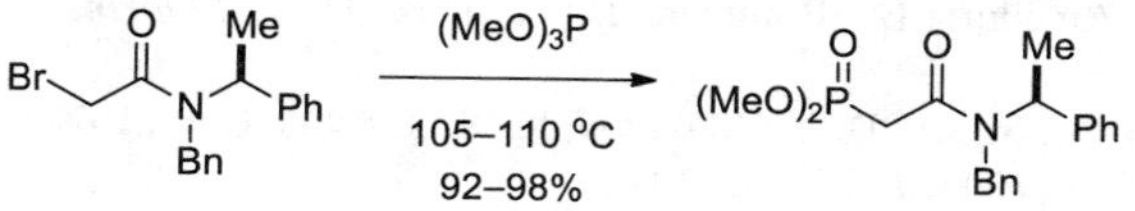

Example 5[10]

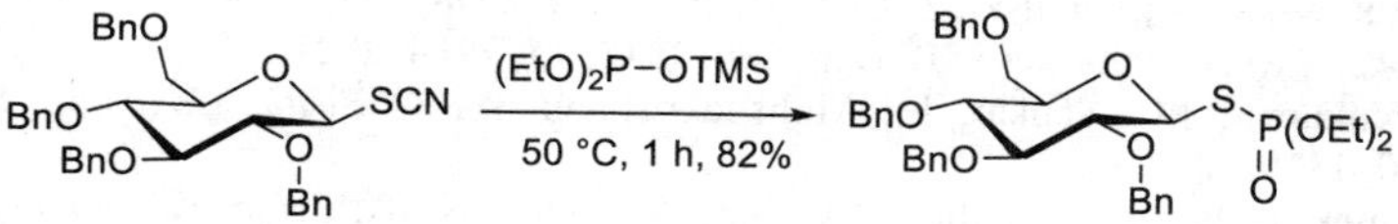

Example 6, 一条经苯炔中间体得到芳香族膦酸酯的途径[11]

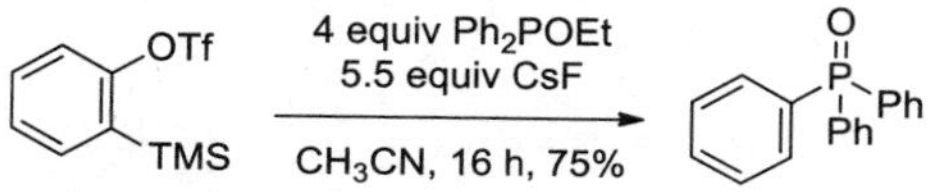

Example 7, 醇为碱进行的Michaelis–Arbuzov反应[12]

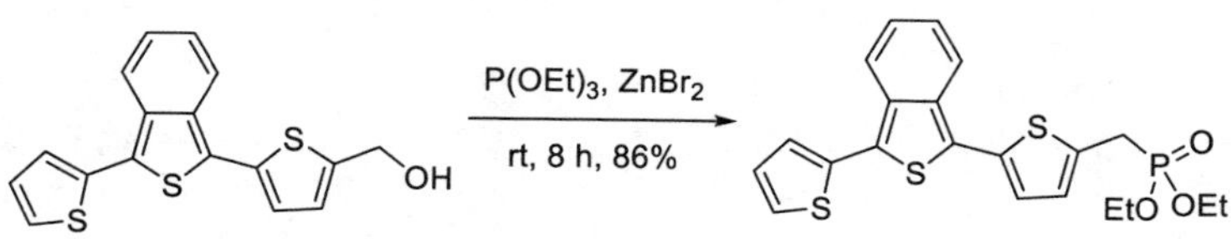

Example 8, 1-亚氨基烷基三芳基磷鎓盐的类Michaelis–Arbuzov反应[13]

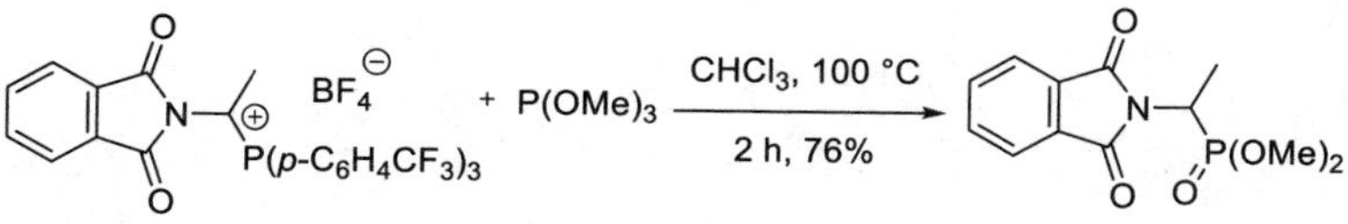

References

1. (a) Michaelis, A.; Kaehne, R. *Ber.* **1898**, *31,* 1048–1055. (b) Arbuzov, A. E. *J. Russ. Phys. Chem. Soc.* **1906**, *38*, 687.
2. Surmatis, J. D.; Thommen, R. *J. Org. Chem.* **1969**, *34*, 559–560.
3. Gillespie, P.; Ramirez, F.; Ugi, I.; Marquarding, D. *Angew. Chem. Int. Ed.* **1973**, *12*, 91–119. (Review).
4. Waschbüsch, R.; Carran, J.; Marinetti, A.; Savignac, P. *Synthesis* **1997**, 727–743.

5. Bhattacharya, A. K.; Stolz, F.; Schmidt, R. R. *Tetrahedron Lett.* **2001,** *42*, 5393–5395.
6. Erker, T.; Handler, N. *Synthesis* **2004,** 668–670.
7. Souzy, R.; Ameduri, B.; Boutevin, B.; Virieux, D. *J. Fluorine Chem.* **2004,** *125*, 1317–1324.
8. Kadyrov, A. A.; Silaev, D. V.; Makarov, K. N.; Gervits, L. L.; Röschenthaler, G.-V. *J. Fluorine Chem.* **2004,** *125*, 1407–1410.
9. Ordonez, M.; Hernandez-Fernandez, E.; Montiel-Perez, M.; Bautista, R.; Bustos, P.; Rojas-Cabrera, H.; Fernandez-Zertuche, M.; Garcia-Barradas, O. *Tetrahedron: Asymmetry* **2007,** *18*, 2427–2436.
10. Piekutowska, M.; Pakulski, Z. *Carbohydrate Res.* **2008,** *343*, 785–792.
11. Dhokale, R. A.; Mhaske, S. B. *Org. Lett.* **2013,** *15*, 2218–2221.
12. Nandakumar, M.; Sankar, E.; Mohanakrishnan, A. K. *Synth. Commun.* **2016,** *46*, 1810–1819.
13. Adamek, J.; Wegrzyk-Schlieter, A.; Stec, K.; Walczak, K.; Erfurt, K. *Molecules* **2019,** *24*, 3405.
14. Hernandez-Guerra, D.; Kennedy, A. R.; Leon, E. I.; Martin, A.; Perez-Martin, I.; Rodriguez, M. S.; Suarez, E. *J. Org. Chem.* **2020,** *85*, 4861–4880.

Minisci 反应

缺电子杂芳香族化合物的自由基C—C键的构筑反应。反应需要一个亲核自由基对质子化杂芳香核的分子间加成。

$$R-CO_2H + \text{pyridine} \xrightarrow[H_2SO_4]{2\ AgNO_3,\ (NH_4)_2S_2O_8} \text{2-R-pyridine}$$

$$R-CO_2H \xrightarrow[\text{银化物促进的氧化脱羧}]{2\ AgNO_3,\ (NH_4)_2S_2O_8,\ H_2SO_4} CO_2 + R\cdot$$

$$\longrightarrow \underset{H}{\overset{H}{R\cdot\ \text{pyH}^+}} \longrightarrow \underset{H}{\overset{H}{R\text{-pyH}^\cdot}} \xrightarrow{\text{氧化}} R\text{-py}$$

Example 1[4]

$$S_2O_8^= + CH_3OH \longrightarrow \cdot CH_2OH + H^+ + SO_4^= + SO_4^{\cdot-}$$

4-CN-1-OCH₃-pyridinium BF₄⁻ $\xrightarrow[\text{reflux, 1 h, 40\%}]{(NH_4)_2S_2O_8,\ \text{MeOH, H}_2O}$ 4-CN-2-(CH₂OH)-pyridine

Example 2[5]

2,4-dimethylpyridine $\xrightarrow[\text{丙酮, rt, 1.5 h}]{1.6\ \text{equiv } m\text{-CPBA}}$ 2,4-dimethylpyridine N-oxide (75%) $\xrightarrow[\text{CH}_2\text{Cl}_2,\ \text{rt, 90 min.}]{(CH_3)_3O\cdot BF_4}$

Meerwein 甲基化试剂

2,4-dimethyl-1-OCH₃-pyridinium BF₄⁻ $\xrightarrow[\substack{\text{reflux, 1 h} \\ 40\%,\ 2\ \text{steps}}]{(NH_4)_2S_2O_8,\ \text{MeOH, H}_2O}$ 2-(CH₂OH)-4,6-dimethylpyridine

© Springer Nature Switzerland AG 2021
J. J. Li, *Name Reactions*, https://doi.org/10.1007/978-3-030-50865-4_95

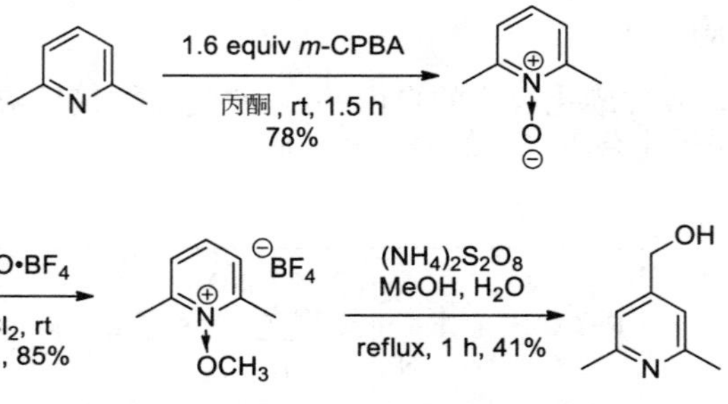

Example 3, 分子内Minisci反应[6]

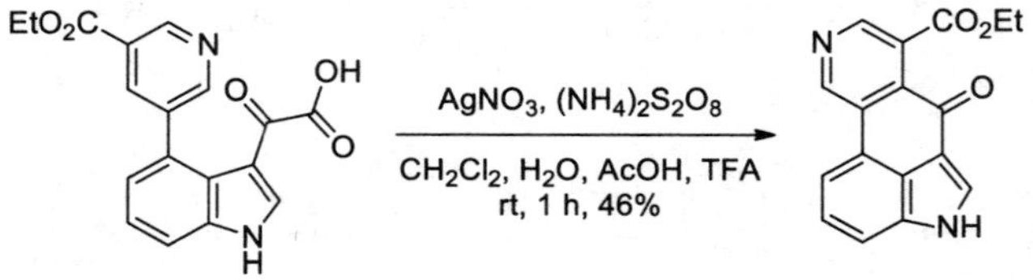

Example 4[7]

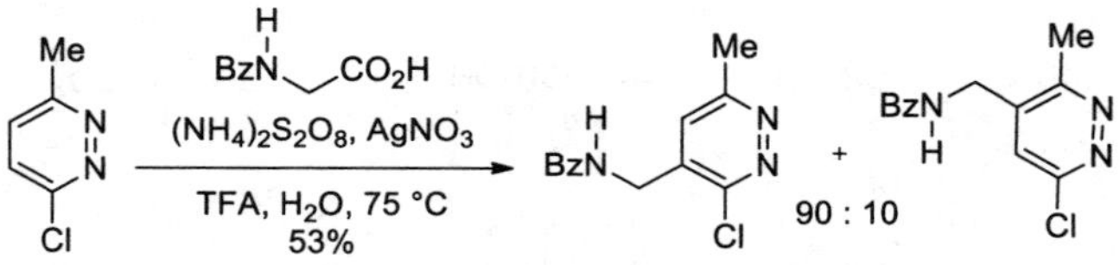

Example 5[10]

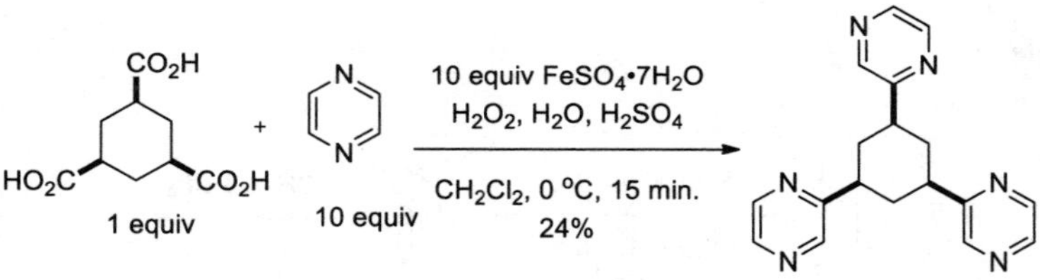

Example 6[12]

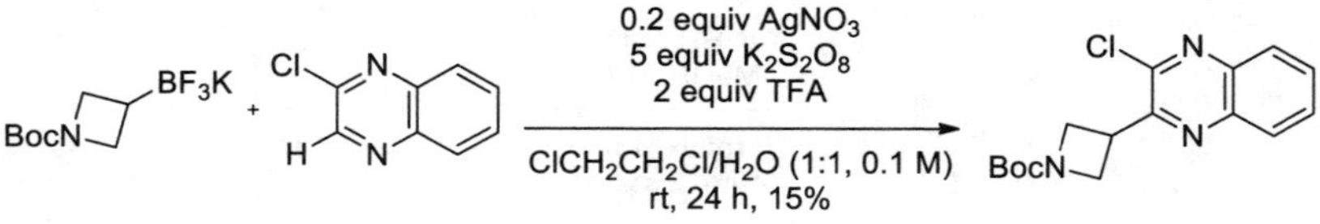

Example 7[13]

Example 8[14]

产物：底物 = 1:1

Example 9[15]

DMA

References

1. Minisci, F, Bernardi. R, Bertini, F, Galli, R, Perchinummo, M. *Tetrahedron* **1971**, *27*, 3575–3579.
2. Minisci, F. *Synthesis* **1973**, 1–24. (Review).
3. Minisci, F. *Acc. Chem. Res.* **1983**, *16*, 27–32. (Review).
4. Katz, R. B.; Mistry, J.; Mitchell, M. B. *Synth. Commun.* **1989**, *19*, 317–325.
5. Biyouki, M. A. A.; Smith, R. A. J. *Synth. Commun.* **1998**, *28*, 3817–3825.
6. Doll, M. K. H. *J. Org. Chem.* **1999**, *64*, 1372–1374.
7. Cowden, C. J. *Org. Lett.* **2003**, *5*, 4497–4499.
8. Kast, O.; Bracher, F. *Synth. Commun.* **2003**, *33*, 3843–3850.
9. Benaglia, M.; Puglisi, A.; Holczknecht, O.; Quici, S.; Pozzi, G. *Tetrahedron* **2005**, *61*, 12058–12064.
10. Palde, P. B.; McNaughton, B. R.; Ross, N. T. *Synthesis* **2007**, 2287–2290.
11. Brebion, F.; Nàjera, F.; Delouvrié, B. *J. Heterocycl. Chem.* **2008**, *45*, 527–532.
12. Presset, M.; Fleury-Brégeot, N.; Oehlrich, D.; Rombouts, F.; Molander, G. A. *J. Org. Chem.* **2013**, *78*, 4615–4619.
13. Lo, J. C.; Kim, D.; Pan, C.-M.; Edwards, J. T.; Yabe, Y.; Gui, J.; Qin, T.; Gutierrez, S.; Giacoboni, J.; Baran, P. S.; et al. *J. Am. Chem. Soc.* **2017**, *139*, 2484−2503.
14. Revil-Baudard, V.; Vors, J.-P.; Zard, S. Z. *Org. Lett.* **2018**, *20*, 3531–3535.
15. Truscello, A. M.; Gambarotti, C. *Org. Process Res. Dev.* **2019**, *23*, 1450–1457.
16. Proctor, R. S. J.; Phipps, R. J. *Angew. Chem. Int. Ed.* **2019**, *58*, 13666–13699.
17. Li, T.; Liang, K.; Zhang, Y.; Hu, D.; Ma, Z.; Xia, C. *Org. Lett.* **2020**, *22*, 2386–2390.

Mitsunobu 反应

用二取代的偶氮二羧酸酯(起自偶氮二羧酸二乙酯, DEAD)和三取代膦(起自 PPh_3)进行 S_N2 反应使醇的构型发生反转。

Example 1[2]

Example 2[3]

Example 3, 酚的苷化：制备第二代药物代谢物[6]

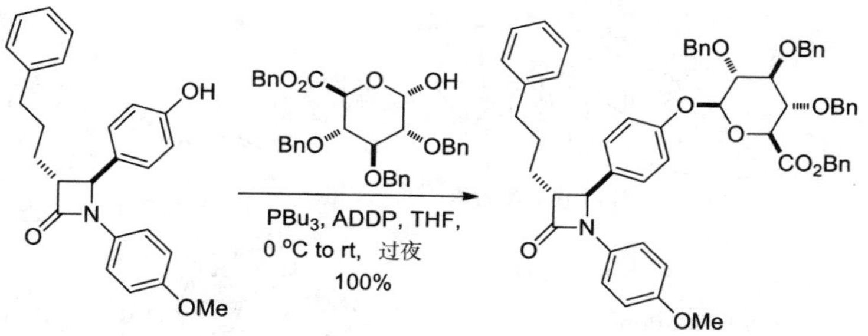

Example 4, 分子内Mitsunobu反应[7]

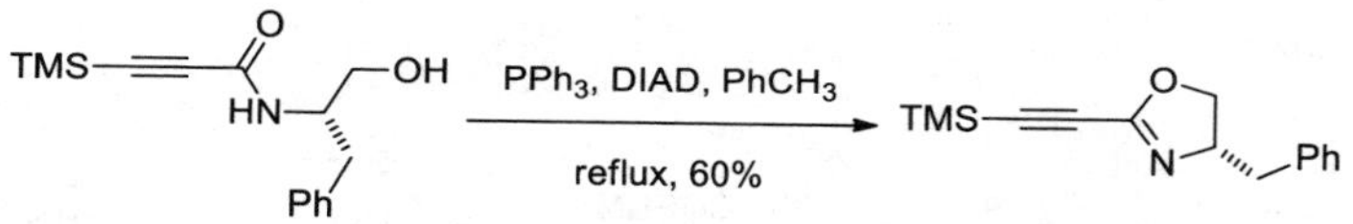

Example 5[8]

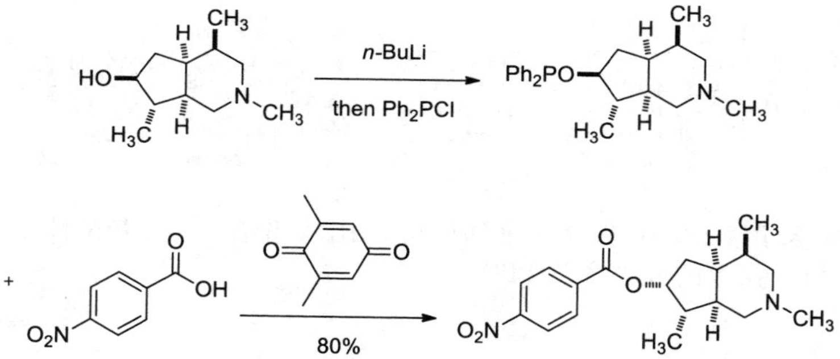

Example 6, 分子内Mitsunobu反应[9]

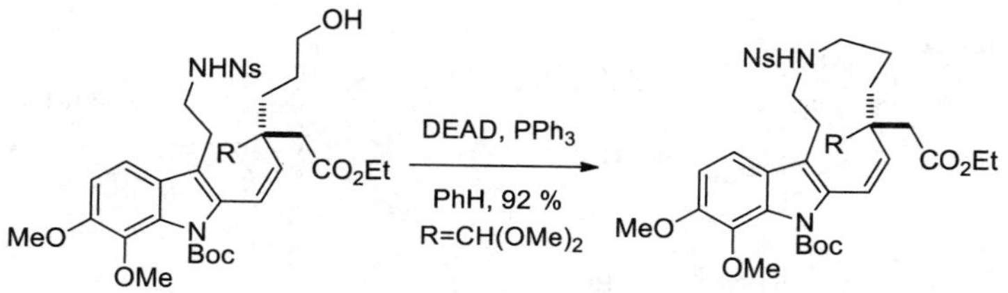

Example 7[13]

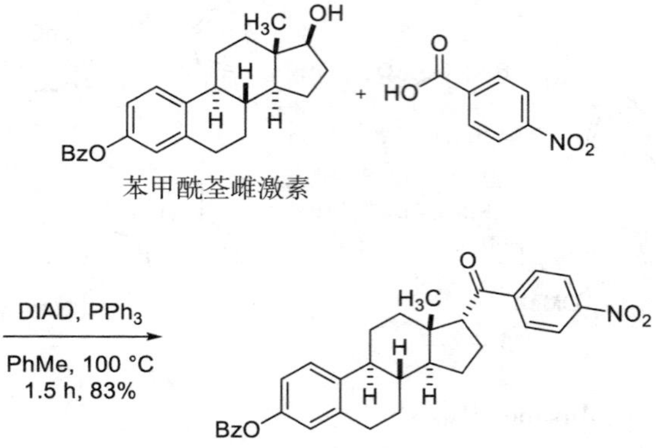

苯甲酰䧳雌激素 + HO-C(=O)-C6H4-NO2

DIAD, PPh3
PhMe, 100 °C
1.5 h, 83%

Example 8[14]

pramipexole

AcCl, Et3N
CH2Cl2, 75%

DIAD, PPh3
THF, 0 °C–rt
55%

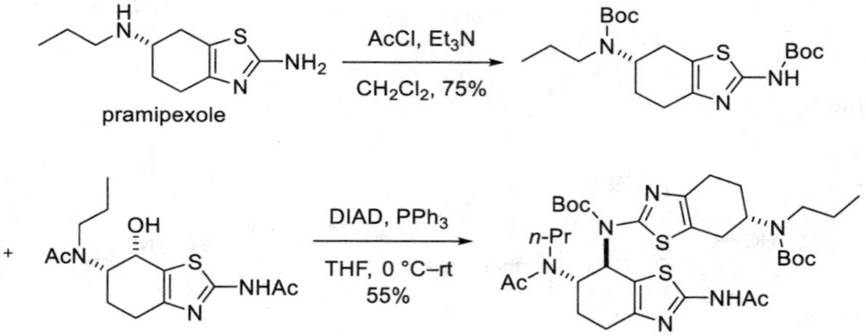

Example 8, 用氯化锌在极性溶剂中(可与RNHBoc相容，但与带碱性胺基的化合物不相容)沉淀的方法除去TPPO。[15]

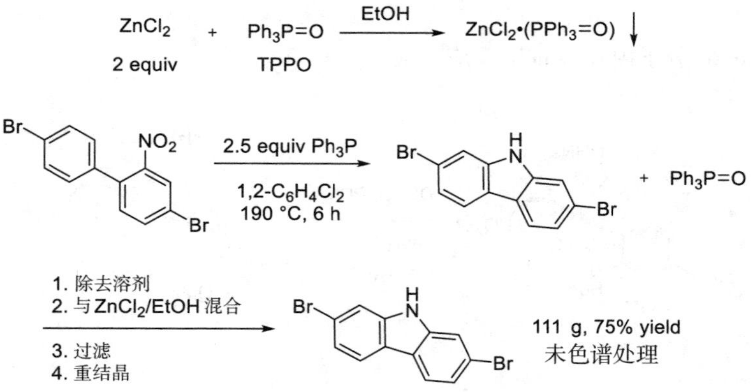

$ZnCl_2$ (2 equiv) + $Ph_3P=O$ (TPPO) →(EtOH) $ZnCl_2 \cdot (PPh_3=O)$ ↓

2.5 equiv Ph3P
1,2-C6H4Cl2
190 °C, 6 h

+ Ph3P=O

1. 除去溶剂
2. 与ZnCl2/EtOH混合
3. 过滤
4. 重结晶

111 g, 75% yield
未色谱处理

Example 10, 有机催化氧化还原中性的Mitsunobu 反应[16]

References

1. (a) Mitsunobu, O.; Yamada, M. *Bull. Chem. Soc. Jpn.* **1967**, *40*, 2380–2382. (b) Mitsunobu, O. *Synthesis* **1981**, 1–28. (Review).
2. Smith, A. B., III; Hale, K. J.; Rivero, R. A. *Tetrahedron Lett.* **1986**, *27*, 5813–5816.
3. Kocieński, P. J.; Yeates, C.; Street, D. A.; Campbell, S. F. *J. Chem. Soc., Perkin Trans. 1*, **1987**, 2183–2187.
4. Hughes, D. L. *Org. React.* **1992**, *42*, 335–656. (Review).
5. Hughes, D. L. *Org. Prep. Proc. Int.* **1996**, *28*, 127–164. (Review).
6. Vaccaro, W. D.; Sher, R.; Davis, H. R., Jr. *Bioorg. Med. Chem. Lett.* **1998**, *8*, 35–40.
7. Cevallos, A.; Rios, R.; Moyano, A.; Pericàs, M. A.; Riera, A. *Tetrahedron: Asymmetry* **2000**, *11*, 4407–4416.
8. Mukaiyama, T.; Shintou, T.; Fukumoto, K. *J. Am. Chem. Soc.* **2003**, *125*, 10538–10539.
9. Sumi, S.; Matsumoto, K.; Tokuyama, H.; Fukuyama, T. *Tetrahedron* **2003**, *59*, 8571–8587.
10. Lipshutz, B. H.; Chung, D. W.; Rich, B.; Corral, R. *Org. Lett.* **2006**, *8*, 5069–5072. [Di-*p*-chlorobenzyl azodicarboxylate (DCAD), a stable, solid alternative to DEAD and DIAD].
11. Christen, D. P. *Mitsunobu reaction*. In *Name Reactions for Homologations-Part II*; Li, J. J., Ed.; Wiley: Hoboken, NJ, **2009**, pp 671–748. (Review).
12. Ganesan, M.; Salunke, R. V.; Singh, N.; Ramesh, N. G. *Org. Biomol. Chem.* **2013**, *11*, 559–611.
13. Cardoso, F. S. P.; Mickle, G. E.; da Silva, M. A.; Baraldi, P. T.; Ferreira, F. B. *Org. Process Res. Dev.* **2016**, *20*, 306–311.
14. Hu, T.; Yang, F.; Jiang, T.; Chen, W.; Zhang, J.; Li, J.; Jiang, X.; Shen, J. *Org. Process Res. Dev.* **2016**, *20*, 1899–1905.
15. Batesky, D. C.; Goldfogel, M. J.; Weix, D. J. *J. Org. Chem.* **2017**, *82*, 9931–9936. (Removal of TPPO).
16. Beddoe, R. H.; Andrews, K. G.; Magne, V.; Cuthbertson, J. D.; Saska, J.; Shannon-Little, A. L.; Shanahan, S. E.; Sneddon, H. F.; Denton, R. M. *Science* **2019**, *365*, 910–914. (Redox-neutral organocatalytic Mitsunobu).
17. Howard, E. H.; Cain, C. F.; Kang, C.; Del Valle, J. R. *J. Org. Chem.* **2020**, *85*, 1680–1686.

Miyaura 硼基化反应

Pd 化物催化的芳基卤和双硼试剂反应生成芳基硼酸酯。亦称 Hosomi-Miyaura 硼基化反应。

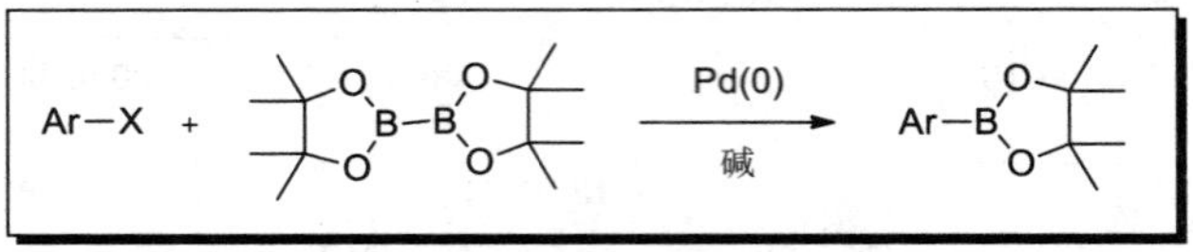

$$Ar-X + \text{B}_2\text{pin}_2 \xrightarrow[\text{碱}]{\text{Pd(0)}} Ar-\text{Bpin}$$

X = I, Br, Cl, OTf.

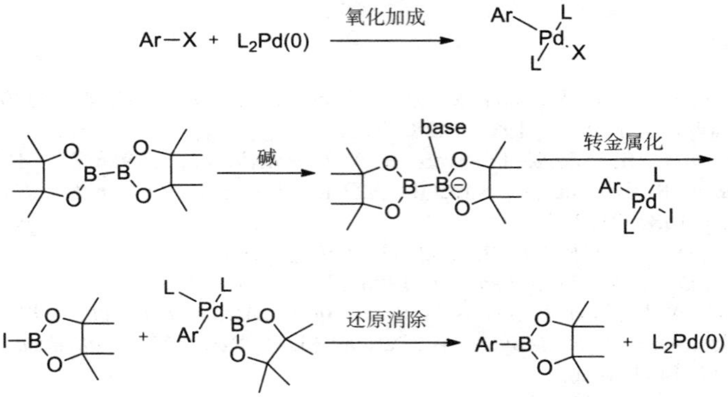

$$Ar-X + L_2Pd(0) \xrightarrow{\text{氧化加成}} Ar-PdL_2X$$

$$\text{B}_2\text{pin}_2 \xrightarrow{\text{碱}} [\text{B-B}]^{\ominus}\text{base} \xrightarrow{\text{转金属化}} Ar-PdL_2-\text{Bpin}$$

$$\text{I-Bpin} + Ar-PdL_2-\text{Bpin} \xrightarrow{\text{还原消除}} Ar-\text{Bpin} + L_2Pd(0)$$

Example 1[7]

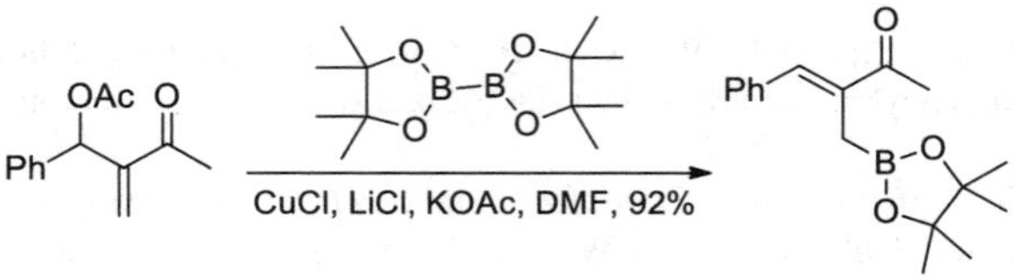

Ph–C(OAc)(=CH₂)–C(=O)–CH₃ + B₂pin₂ → Ph–CH=C(C(=O)CH₃)–CH₂–Bpin

CuCl, LiCl, KOAc, DMF, 92%

Example 2[8]

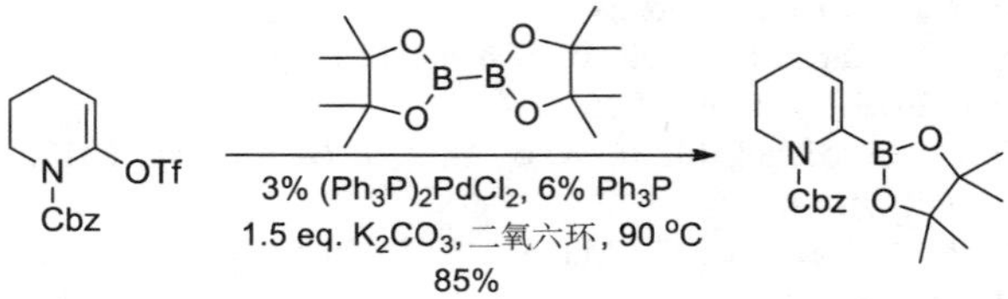

N-Cbz-6-OTf-tetrahydropyridine + B₂pin₂ → N-Cbz-6-Bpin-tetrahydropyridine

3% (Ph₃P)₂PdCl₂, 6% Ph₃P
1.5 eq. K₂CO₃, 二氧六环, 90 °C
85%

Example 3[9]

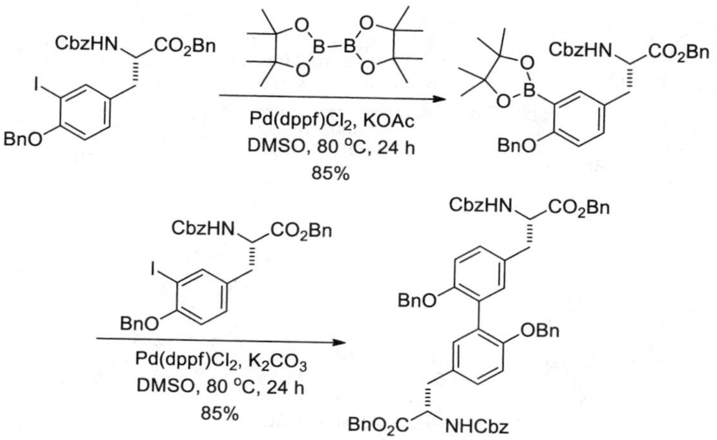

Example 4, 一锅煮合成联吲哚化物[10]

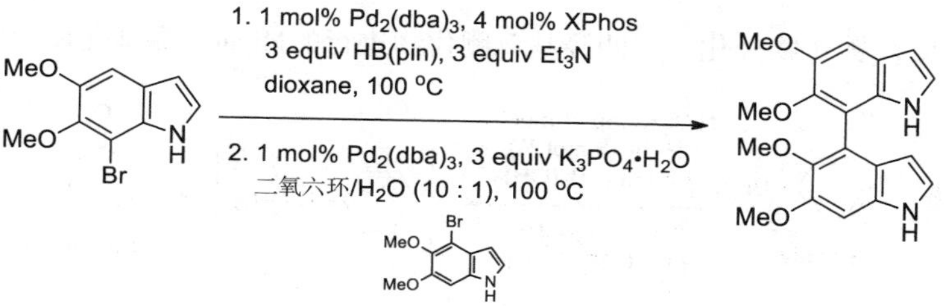

Example 4, 用四羟基双硼化物可有效进行Miyaura硼基化反应[13]

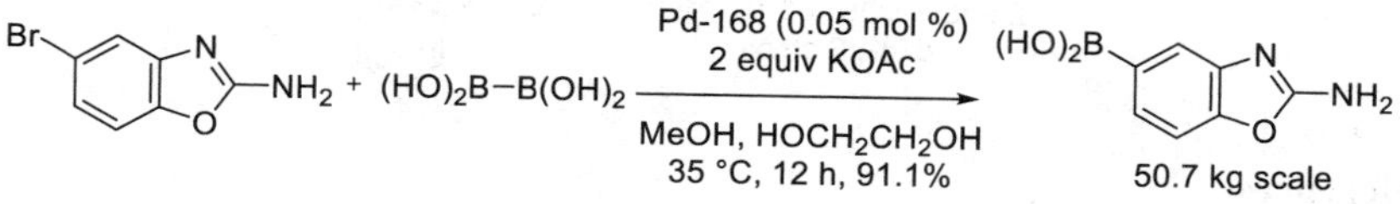

Example 5, 合成PI3K$_\delta$抑制剂[4]

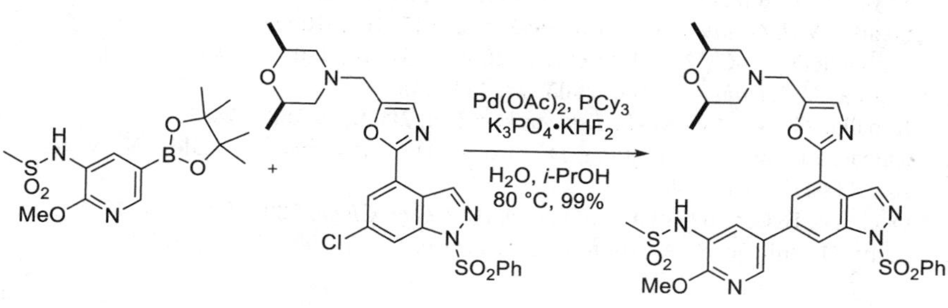

Example 6[15]

[Scheme: ethyl 2-(4-bromo-1H-pyrazol-1-yl)-2-methylpropanoate + Bpin–Bpin, XPhos G2 (0.3 mol %), XPhos (0.6 mol %), 1.2 equiv KOAc, EtOH, 77 °C → Bpin intermediate]

Reagents for next step:
1. 1 M LiOH, THF
2. 3.5 M LiOH, n-PrOAc
3. n-PrOH, 20 wt% H₂SO₄
75%

Example 7, 镍化物催化下用四羟基双硼化物进行的Miyaura硼基化反应[16]

PhBr (3 equiv) + B₂(OH)₄ (4.5 equiv), NiCl₂·dppp (1 mol %), PPh₃ (2 mol %), 9 equiv i-Pr₂NEt, EtOH, 80 °C, 4 h → PhB(OH)₂

+ cyclohexenone (1 equiv), [(cod)RhCl]₂ (1.5 mol %), 2 equiv KOH, 80 °C, 12 h → 3-phenylcyclohexanone
87%, 2 steps

References

1. Ishiyama, T.; Murata, M.; Miyaura, N. *J. Org. Chem.* **1995**, *60*, 7508–7510.
2. Miyaura, N.; Suzuki, A. *Chem. Rev.* **1995**, *95*, 2457–2483. (Review).
3. Suzuki, A. *J. Organomet. Chem.* **1995**, *576*, 147–168. (Review).
4. Carbonnelle, A.-C.; Zhu, J. *Org. Lett.* **2000**, *2*, 3477–3480.
5. Giroux, A. *Tetrahedron Lett.* **2003**, *44*, 233–235.
6. Kabalka, G. W.; Yao, M.-L. *Tetrahedron Lett.* **2003**, *44*, 7885–7887.
7. Ramachandran, P. V.; Pratihar, D.; Biswas, D.; Srivastava, A.; Reddy, M. V. R. *Org. Lett.* **2004**, *6*, 481–484.
8. Occhiato, E. G.; Lo Galbo, F.; Guarna, A. *J. Org. Chem.* **2005**, *70*, 7324–7330.
9. Skaff, O.; Jolliffe, K. A.; Hutton, C. A. *J. Org. Chem.* **2005**, *70*, 7353–7363.

10. Duong, H. A.; Chua, S.; Huleatt, P. B.; Chai, C. L. L. *J. Org. Chem.* **2008**, *73*, 9177–9180.
11. Jo, T. S.; Kim, S. H.; Shin, J.; Bae, C. *J. Am. Chem. Soc.* **2009**, *131*, 1656–1657.
12. Marciasini, L. D.; Richy, N.; Vaultier, M.; Pucheault, M. *Adv. Synth. Cat.* **2013**, *355*, 1083–1088.
13. Gurung, S. R.; Mitchell, C.; Huang, J.; Jonas, M.; Strawser, J. D.; Daia, E.; Hardy, A.; O'Brien, E.; Hicks, F.; Papageorgiou, C. D. *Org. Process Res. Dev.* **2017**, *21*, 65–74.
14. Edney, D.; Hulcoop, D. G.; Leahy, J. H.; Vernon, L. E.; Wipperman, M. D.; Bream, R. N.; Webb, M. R. *Org. Process Res. Dev.* **2018**, *22*, 368–376.
15. St-Jean, F.; Remarchuk, T.; Angelaud, R.; Carrera, D. E.; Beaudry, D.; Malhotra, S.; McClory, A.; Kumar, A.; Ohlenbusch, G.; Schuster, A. M.; et al. *Org. Process Res. Dev.* **2019**, *23*, 783–793.
16. Fan, C.; Wu, Q.; Zhu, C.; Wu, X.; Li, Y.; Luo, Y.; He, J.-B. *Org. Lett.* **2019**, *21*, 8888–8892.
17. Ring, O. T.; Campbell, A. D.; Hayter, B. R.; Powell, L. *Tetrahedron Lett.* **2020**, *61*, 151589.

Morita–Baylis–Hillman 反应

亦称 Baylis–Hillman 反应，是一个缺电子烯基与亲电碳之间形成 C—C 键的反应。缺电子烯基如丙烯酸酯、丙烯腈、烯基酮、烯基砜、丙烯醛；亲电碳如醛、烷氧羰基酮、醛亚胺和 Michael 加成反应的受体等。

通式：

$$\underset{R^1R^2}{\overset{X}{\|}} + \diagup\!\!=\!\!\diagup EWG \xrightarrow{\text{叔胺催化}} \underset{R^2}{\overset{R^1\ XH}{\diagdown\!\!\diagup}}EWG$$

X = O, NR$_2$, EWG = CO$_2$R, COR, CHO, CN, SO$_2$R, SO$_3$R, PO(OEt)$_2$, CONR$_2$, CH$_2$=CHCO$_2$Me

叔胺催化：

DABCO   奎宁环胺   中氮茚

PhCHO + CH$_2$=CHCOCH$_3$ $\xrightarrow{\text{DABCO}}$ Ph-CH(OH)-C(=CH$_2$)-COCH$_3$

共轭加成 ⇌ ... aldol 反应 ⇌ ...

此处E2机理也是可以的：

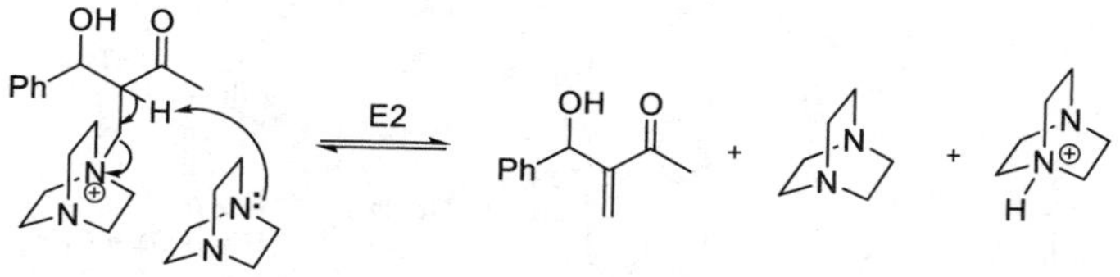

Example 1, 分子内 Baylis–Hillman 反应[6]

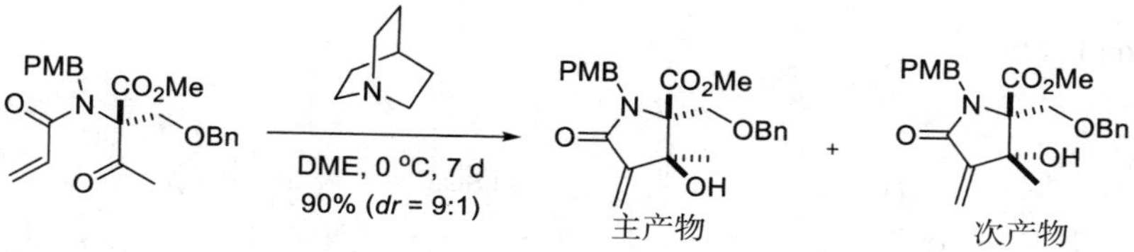

主产物   次产物

Example 2[7]

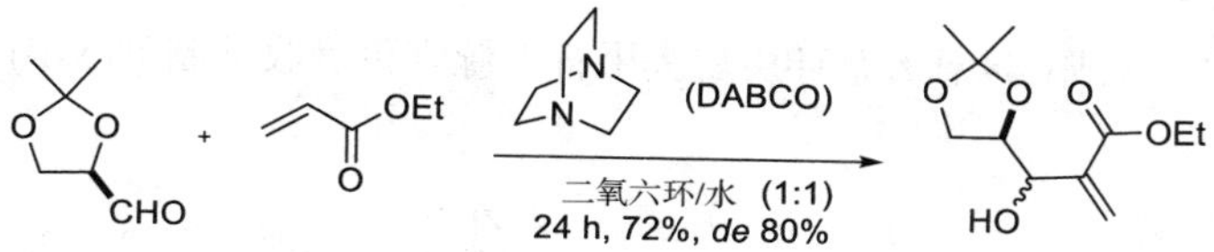

(DABCO)
二氧六环/水 (1:1)
24 h, 72%, *de* 80%

Example 3[8]

TiCl$_4$, TBAI
CH$_2$Cl$_2$, −78 to −30 °C
85%, *dr* > 99:1

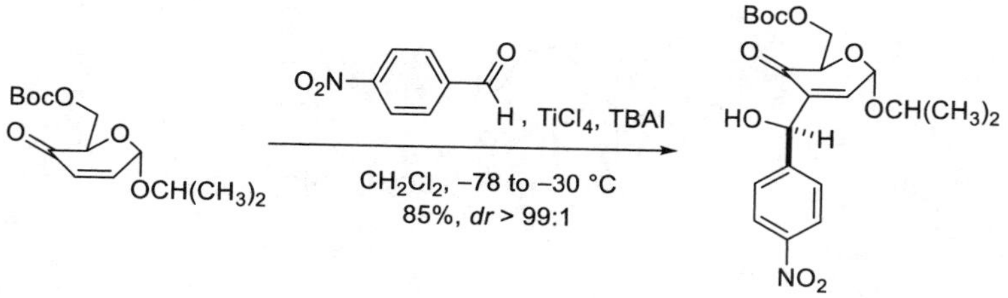

Example 4[9]

MeOH, rt, 8 h, 79%

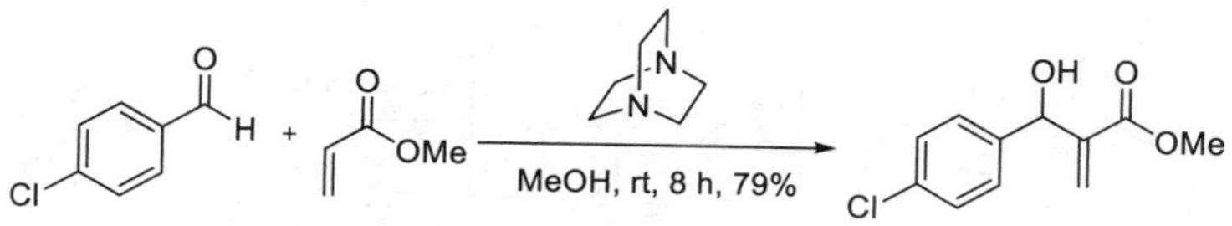

Example 5[10]

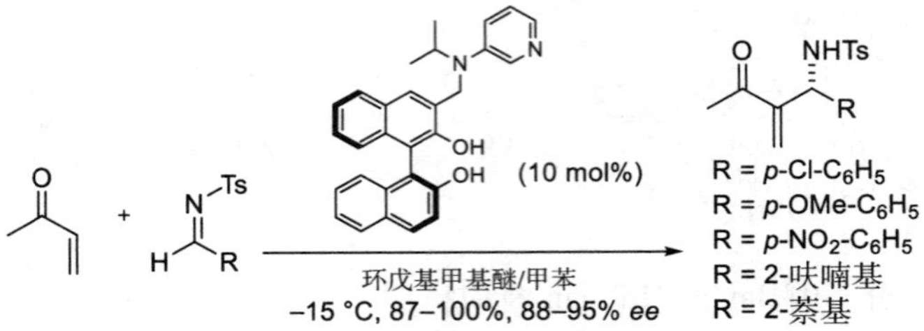
N
N
OH
OH
(10 mol%)
O
N
Ts
H
R
环戊基甲基醚/甲苯
−15 °C, 87–100%, 88–95% ee
O
NHTs
R
R = p-Cl-C6H5
R = p-OMe-C6H5
R = p-NO2-C6H5
R = 2-呋喃基
R = 2-萘基

Example 6[13]

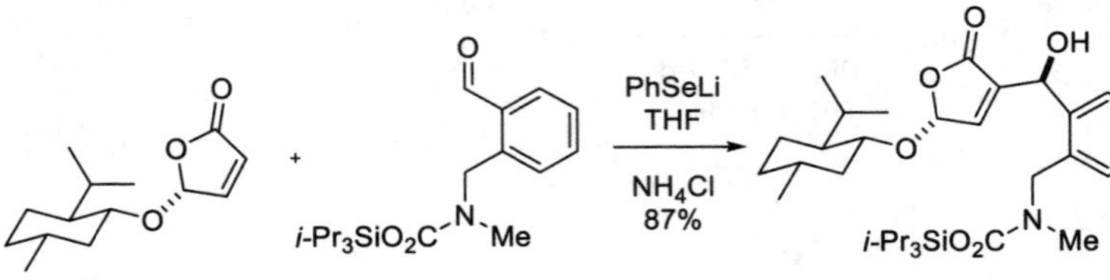
O
O
O
O
i-Pr3SiO2C
N
Me
PhSeLi
THF
NH4Cl
87%
O
OH
O
O
i-Pr3SiO2C
N
Me

Example 7, 合成1,4–氧氮杂环庚烷去甲肾上腺素再吸收抑制剂(NRI)[16]

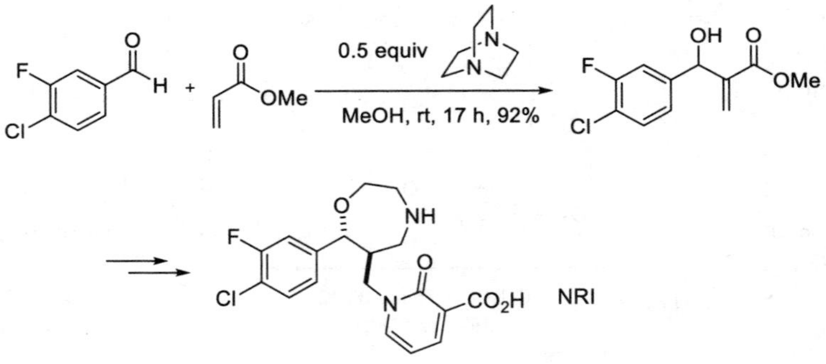
F
Cl
O
H
O
OMe
0.5 equiv
N
N
MeOH, rt, 17 h, 92%
OH
O
F
Cl
OMe
O
NH
F
Cl
O
N
CO2H
NRI

Example 8, 分子内N- Morita–Baylis–Hillman反应[17]

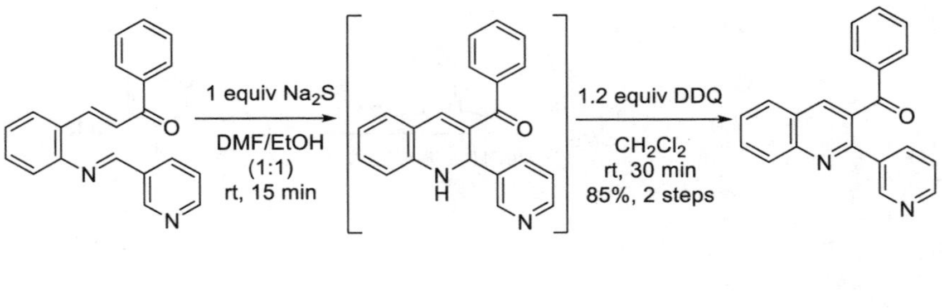
O
N
N
1 equiv Na2S
DMF/EtOH
(1:1)
rt, 15 min
O
N
H
N
1.2 equiv DDQ
CH2Cl2
rt, 30 min
85%, 2 steps
O
N
N

Example 9, 催化的对映选择性跨环 Morita–Baylis–Hillman 反应[18]

手性催化剂 = BocHN-C(tBu)-C(=O)-NH-CH(iPr)-CH2-PPh3

References

1. Baylis, A. B.; Hillman, M. E. D. Ger. Pat. 2,155,113, **(1972)**. A. B. Baylis 和 M. E. D. Hillman 都是美国 Celancse Corp. 的化学家。
2. Basavaiah, D.; Rao, P. D.; Hyma, R. S. *Tetrahedron* **1996**, *52*, 8001–8062. (Review).
3. Ciganek, E. *Org. React.* **1997**, *51*, 201–350. (Review).
4. Wang, L.-C.; Luis, A. L.; Agapiou, K.; Jang, H.-Y.; Krische, M. J. *J. Am. Chem. Soc.* **2002**, *124*, 2402–2403.
5. Frank, S. A.; Mergott, D. J.; Roush, W. R. *J. Am. Chem. Soc.* **2002**, *124*, 2404–2405.
6. Reddy, L. R.; Saravanan, P.; Corey, E. J. *J. Am. Chem. Soc.* **2004**, *126*, 6230–6231.
7. Krishna, P. R.; Narsingam, M.; Kannan, V. *Tetrahedron Lett.* **2004**, *45*, 4773–4775.
8. Sagar, R,; Pant, C. S.; Pathak, R.; Shaw, A. K. *Tetrahedron* **2004**, *60*, 11399–11406.
9. Mi, X.; Luo, S.; Cheng, J.-P. *J. Org. Chem.* **2005**, *70*, 2338–2341.
10. Matsui, K.; Takizawa, S.; Sasai, H. *J. Am. Chem. Soc.* **2005**, *127*, 3680–3681.
11. Price, K. E.; Broadwater, S. J.; Jung, H. M.; McQuade, D. T. *Org. Lett.* **2005**, *7*, 147–150. A novel mechanism involving a hemiacetal intermediate is proposed.
12. Limberakis, C. *Morita–Baylis–Hillman Reaction.* In *Name Reactions for Homologations-Part I*; Li, J. J., Ed.; Wiley: Hoboken, NJ, **2009**, pp 350–380. (Review).
13. Cheng, P.; Clive, D. L. J. *J. Org. Chem.* **2012**, *77*, 3348–3364.
14. Wei, Y.; Shi, M. *Chem. Rev.* **2013**, *113*, 6659–6690. (Review).
15. Pellissier, H. *Tetrahedron* **2017**, *73*, 2831–2861. (Review).
16. Ishimoto, K.; Yamaguchi, K.; Nishimoto, A.; Murabayashi, M.; Ikemoto, T. *Org. Process Res. Dev.* **2017**, *21*, 2001–2011.
17. Bharadwaj, K. C. *J. Org. Chem.* **2018**, *83*, 14498–14506.
18. Mato, R.; Manzano, R.; Reyes, E.; Carrillo, L.; Uria, U.; Vicario, J. L. *J. Am. Chem. Soc.* **2019**, *141*, 9495–9499.
19. Helberg, J.; Ampssler, T.; Zipse, H. *J. Org. Chem.* **2020**, *85*, 5390–5402.

Mukaiyama Aldol 反应

Lewis 酸催化的醛和硅基烯醇醚间进行的 Aldol 反应。

Example 1, 分子内Mukaiyama aldol 反应[3]

Example 2, 分子间Mukaiyama aldol 反应[7]

Example 3, 插烯的Mukaiyama aldol 反应[8]

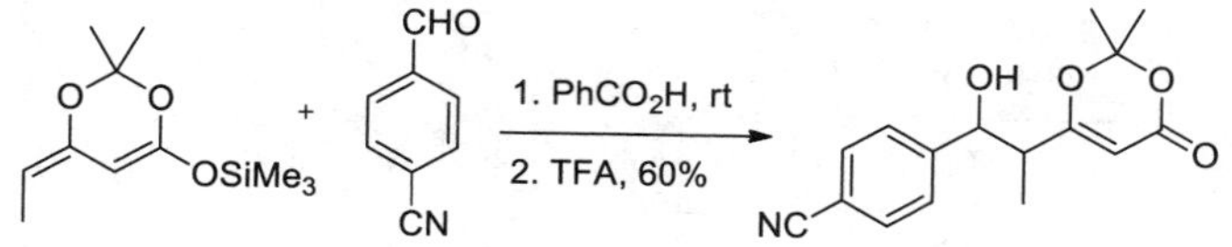

Example 4, 不对称Mukaiyama aldol 反应[10]

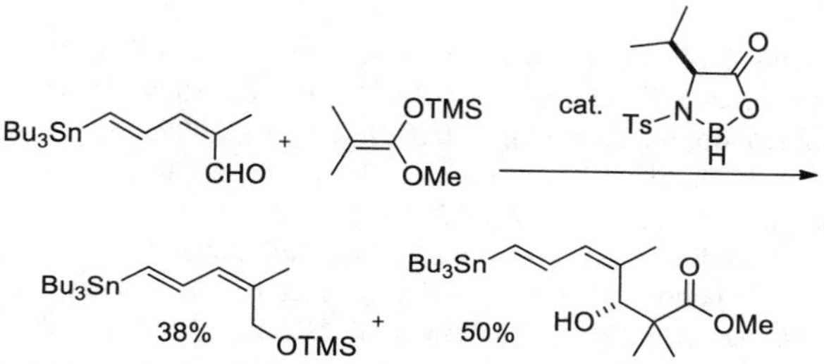

Example 5[12]

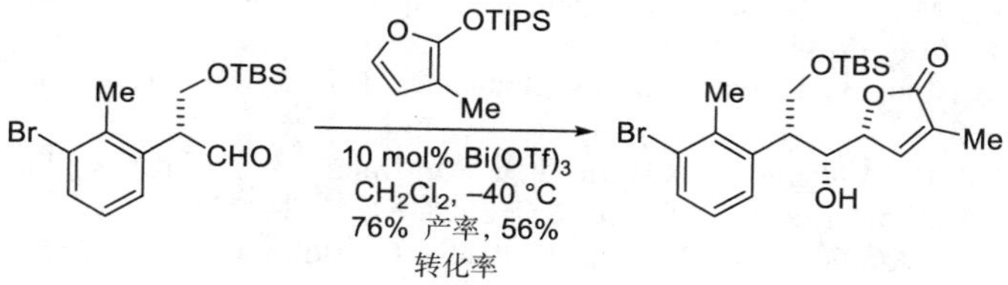

Example 6[13]

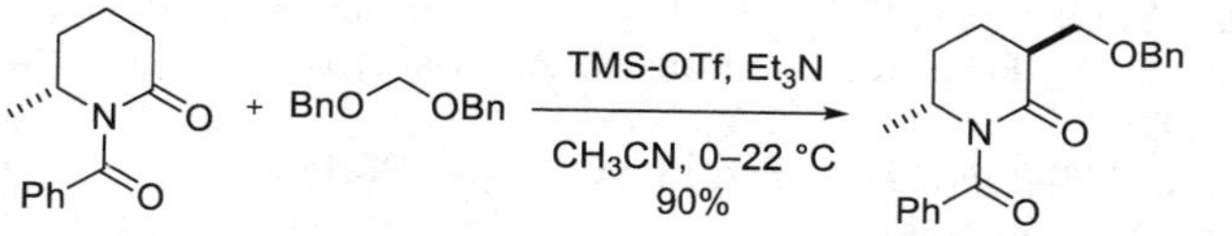

Example 7[14]

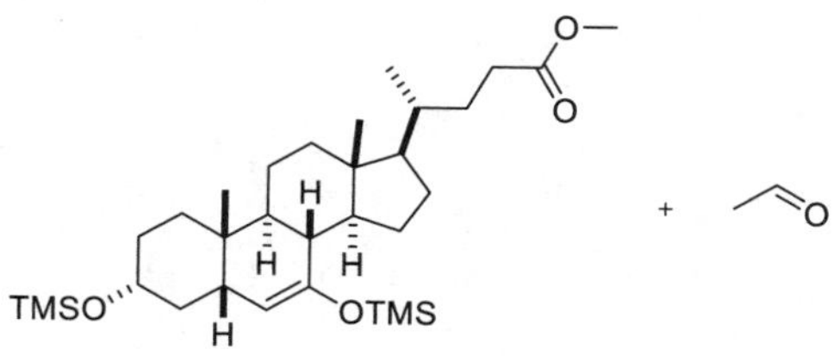

BF₃·CH₃CN, CH₂Cl₂
−60 to −65 °C, 2.5 h

再加热到
−5 to −10 °C, 2 h
~ 80%

References

1. (a) Mukaiyama, T.; Narasaka, K.; Banno, K. *Chem. Lett.* **1973**, 1011–1014. (b) Mukaiyama, T.; Narasaka, K.; Banno, K. *J. Am. Chem. Soc.* **1974**, *96*, 7503–7509.
2. Ishihara, K.; Kondo, S.; Yamamoto, H. *J. Org. Chem.* **2000**, *65*, 9125–9128.
3. Armstrong, A.; Critchley, T. J.; Gourdel-Martin, M.-E.; Kelsey, R. D.; Mortlock, A. A. *J. Chem. Soc., Perkin Trans. 1* **2002**, 1344–1350.
4. Clézio, I. L.; Escudier, J.-M.; Vigroux, A. *Org. Lett.* **2003**, *5*, 161–164.
5. Ishihara, K.; Yamamoto, H. *Boron and Silicon Lewis Acids for Mukaiyama Aldol Reactions*. In *Modern Aldol Reactions* Mahrwald, R., Ed.; **2004**, 25–68. (Review).
6. Mukaiyama, T. *Angew. Chem. Int. Ed.* **2004**, *43*, 5590–5614. (Review).
7. Adhikari, S.; Caille, S.; Hanbauer, M.; Ngo, V. X.; Overman, L. E. *Org. Lett.* **2005**, *7*, 2795–2797.
8. Acocella, M. R.; Massa, A.; Palombi, L.; Villano, R.; Scettri, A. *Tetrahedron Lett.* **2005**, *46*, 6141–6144.
9. Jiang, X.; Liu, B.; Lebreton, S.; De Brabander, J. K. *J. Am. Chem. Soc.* **2007**, *129*, 6386–6387.
10. Webb, M. R.; Addie, M. S.; Crawforth, C. M.; Dale, J. W.; Franci, X.; Pizzonero, M.; Donald, C.; Taylor, R. J. K. *Tetrahedron* **2008**, *64*, 4778–4791.
11. Frings, M.; Atodiresei, I.; Runsink, J.; Raabe, G.; Bolm, C. *Chem. Eur. J.* **2009**, *15*, 1566–1569.
12. Gao, S.; Wang, Q.; Chen, C. *J. Am. Chem. Soc.* **2009**, *131*, 1410–1412.
13. Matsuo, J.-i.; Murakami, M. *Angew. Chem. Int. Ed.* **2013**, *52*, 9109–9118. (Review).
14. Chung, J. Y. L.; Zhong, Y.-L.; Maloney, K. M.; Reamer, R.A.; Moore, J. C.; Strotman, H.; Kalinin, A.; Feng, R.; Strotman, N. A.; Xiang, B.; et al. *Org. Lett.* **2014**, *16*, 5890–5893.
15. Hosokawa, S. *Tetrahedron Lett.* **2018**, *59*, 77–88. (Review).
16. Feng, W.-D.; Zhuo, S.-M.; Zhang, F.-L. *Org. Process Res. Dev.* **2019**, *23*, 1979–1989.
17. Bressin, R. K.; Osman, S.; Pohorilets, I.; Basu, U.; Koide, K. *J. Org. Chem.* **2020**, *85*, 4637–4647.

Mukaiyama Michael 加成反应

Lewis 酸催化的硅基烯醇醚对 α,β-不饱和体系进行的 Michael 加成反应。

Example 1[2]

Example 2[5]

Example 3[8]

© Springer Nature Switzerland AG 2021
J. J. Li, *Name Reactions*, https://doi.org/10.1007/978-3-030-50865-4_100

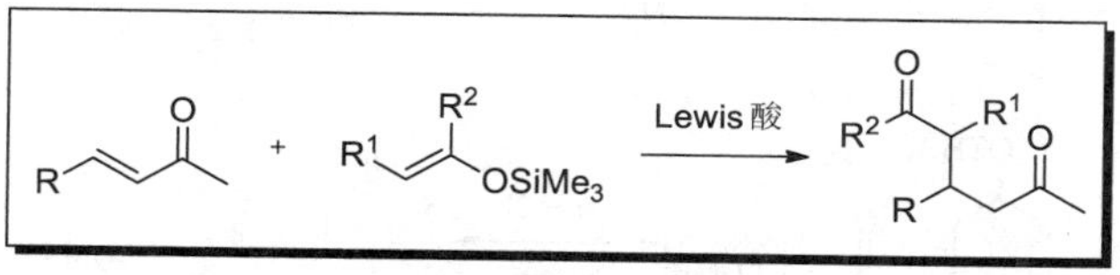

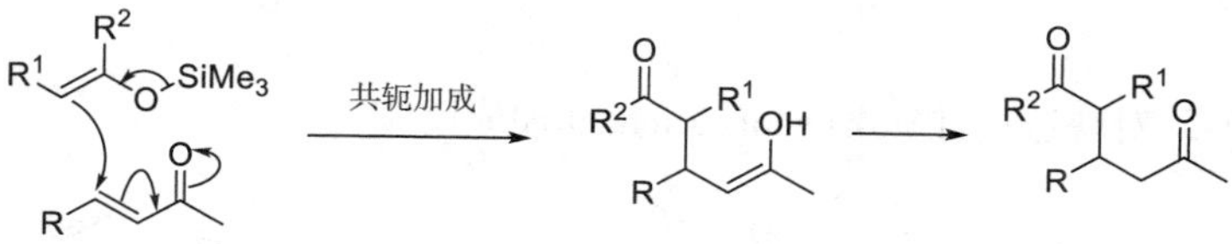

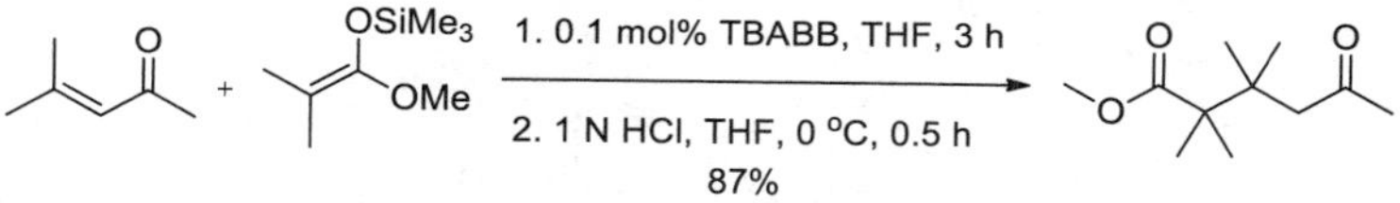

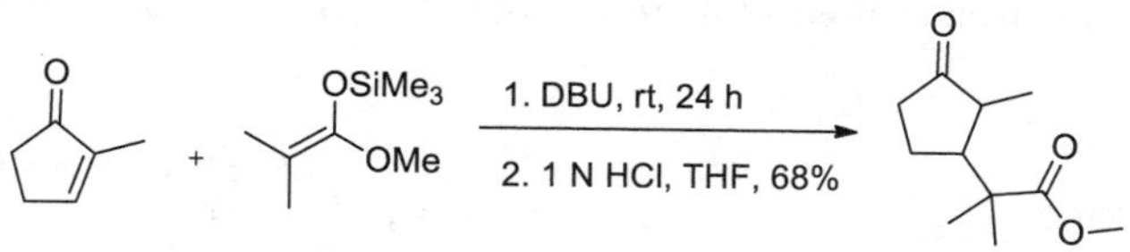

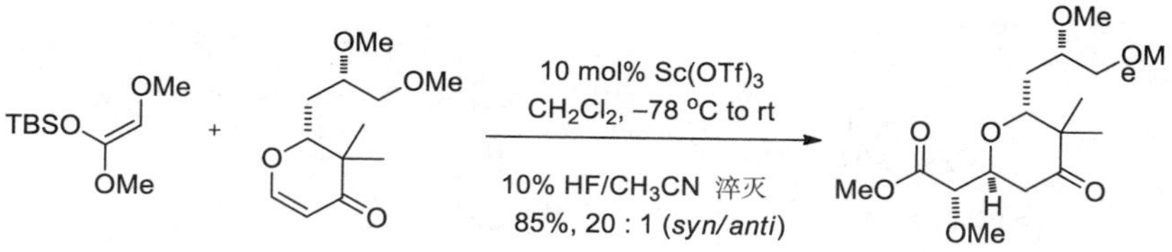

Example 4, 分子内Mukaiyama Michael 加成反应[9]

Example 5, 对映选择性Mukaiyama Michael 加成反应[11]

Example 6, Mukaiyama Michael 加成反应用于制备Rauhut–Currie产物[12]

Example 7, 一个γ-加成反应[13]

Example 8[14]

References

1. (a) Mukaiyama, T.; Narasaka, K.; Banno, K. *Chem. Lett.* **1973**, 1011–1014. (b) Mukaiyama, T.; Narasaka, K.; Banno, K. *J. Am. Chem. Soc.* **1974**, *96*, 7503–7509. (c) Mukaiyama, T. *Angew. Chem. Int. Ed.* **2004**, *43*, 5590–5614. (Review).
2. Gnaneshwar, R.; Wadgaonkar, P. P.; Sivaram, S. *Tetrahedron Lett.* **2003**, *44*, 6047–6049.
3. Wang, X.; Adachi, S.; Iwai, H.; Takatsuki, H.; Fujita, K.; Kubo, M.; Oku, A.; Harada, T. *J. Org. Chem.* **2003**, *68*, 10046–10057.
4. Jaber, N.; Assie, M.; Fiaud, J.-C.; Collin, J. *Tetrahedron* **2004**, *60*, 3075–3083.
5. Shen, Z.-L.; Ji, S.-J.; Loh, T.-P. *Tetrahedron Lett.* **2005**, *46*, 507–508.
6. Wang, W.; Li, H.; Wang, J. *Org. Lett.* **2005**, *7*, 1637–1639.
7. Ishihara, K.; Fushimi, M. *Org. Lett.* **2006**, *8*, 1921–1924.
8. Jewett, J. C.; Rawal, V. H. *Angew. Chem. Int. Ed.* **2007**, *46*, 6502–6504.
9. Liu, Y.; Zhang, Y.; Jee, N.; Doyle, M. P. *Org. Lett.* **2008**, *10*, 1605–1608.
10. Takahashi, A.; Yanai, H.; Taguchi, T. *Chem. Commun.* **2008**, 2385–2387.
11. Rout, S.; Ray, S. K.; Singh, V. K. *Org. Biomol. Chem.* **2013**, *11*, 4537–4545.
12. Frias, M.; Mas-Ballesté, R.; Arias, S.; Alvarado, C.; Alemán, J. *J. Am. Chem. Soc.* **2017**, *139*, 672–679.
13. Sharma, B. M.; Shinde, D. R.; Jain, R.; Begari, E.; Sathaiya, S.; Gonnade, R. G.; Kumar, P. *Org. Lett.* **2018**, *20*, 2787–2797.
14. Gu, Q.; Wang, X.; Sun, B.; Lin, G. *Org. Lett.* **2019**, *21*, 5082–5085.
15. Kortet, S.; Claraz, A.; Pihko, P. M. *Org. Lett.* **2020**, *22*, 3010–3013.

Mukaiyama 试剂

一类用于生成酯或酰胺的吡啶鎓卤代盐试剂。

通式：

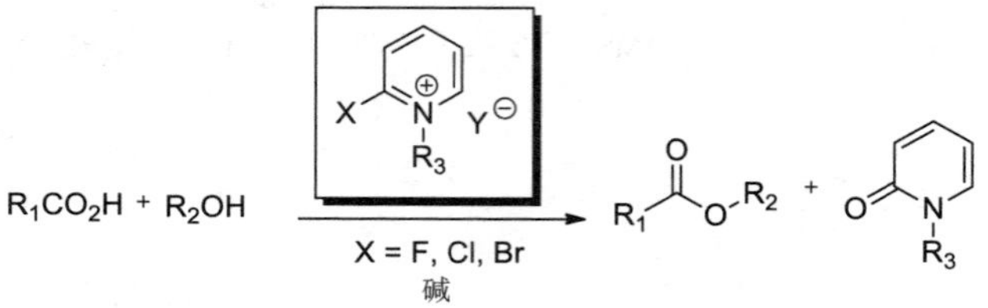

$$R_1CO_2H + R_2OH \xrightarrow[\text{碱}]{X=F, Cl, Br} R_1CO_2R_2 + \text{吡啶酮}$$

Example 1 [1c]

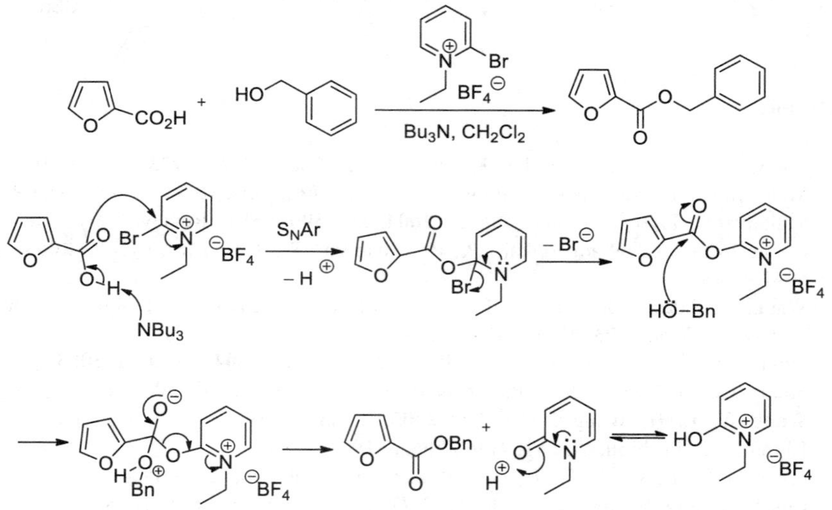

(反应式及机理图示)

Mukaiyama 试剂用于合成酰胺的机理也相同 [1d]

Example 2, 聚合物载体上的 Mukaiyama 试剂 [5]

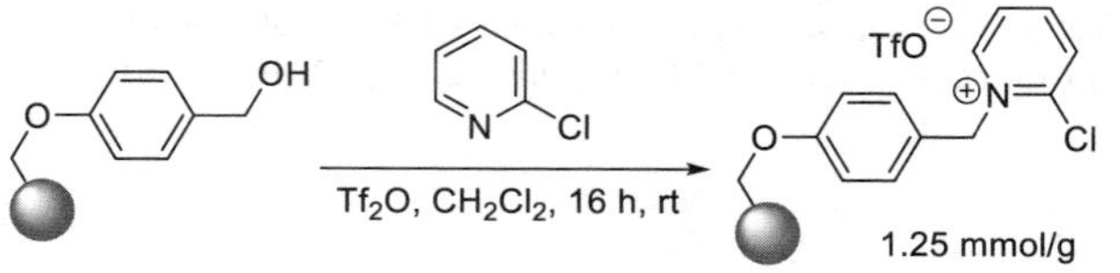

(反应式图示，1.25 mmol/g)

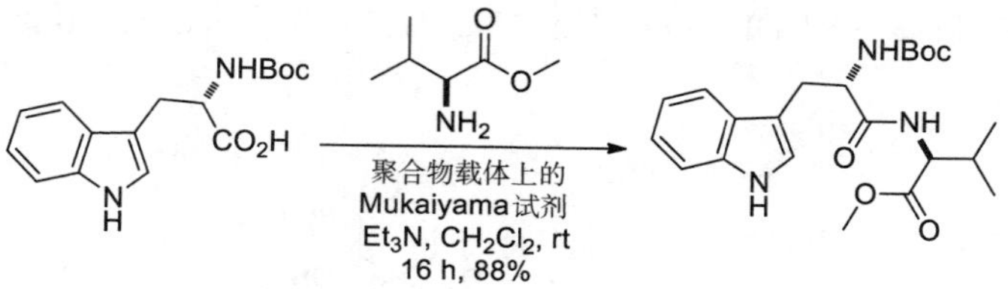

Example 3[9]

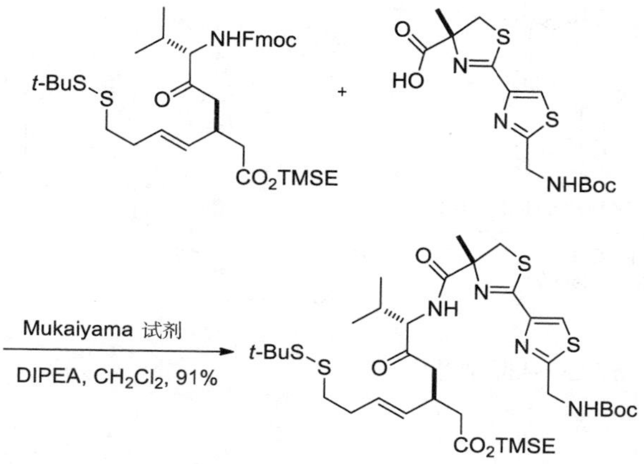

Example 4, 氟化的Mukaiyama试剂[10]

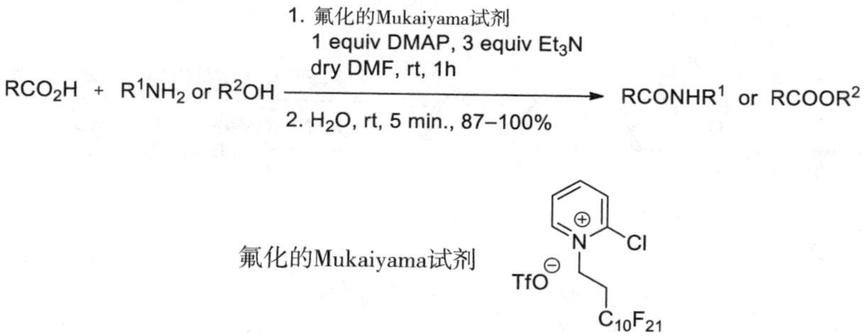

$RCO_2H + R^1NH_2$ or R^2OH $\xrightarrow[\text{2. H}_2\text{O, rt, 5 min., 87–100\%}]{\substack{\text{1. 氟化的Mukaiyama试剂} \\ \text{1 equiv DMAP, 3 equiv Et}_3\text{N} \\ \text{dry DMF, rt, 1h}}}$ $RCONHR^1$ or $RCOOR^2$

Example 5, 内酰胺化[12]

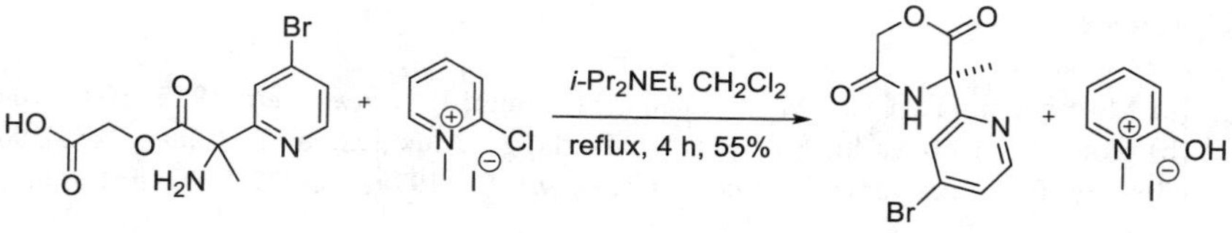

Example 6, 制备一个UDP-3-O-酰基-N-乙酰基葡糖胺去乙酰基(LpxC)抑制剂[13]

Example 7, 制备ACC-1抑制剂[14]

References

1. (a) Mukaiyama, T.; Usui, M.; Shimada, E.; Saigo, K. *Chem. Lett.* **1975,** 1045–1048. (b) Hojo, K.; Kobayashi, S.; Soai, K.; Ikeda, S.; Mukaiyama, T. *Chem. Lett.* **1977,** 635–636. (c) Mukaiyama, T. *Angew. Chem. Int. Ed.* **1979,** *18*, 707–708. (d) For amide

formation, see: Huang, H.; Iwasawa, N.; Mukaiyama, T. *Chem. Lett.* **1984**, 1465–1466.
2. Nicolaou, K. C.; Bunnage, M. E.; Koide, K. *J. Am. Chem. Soc.* **1994**, *116*, 8402–8403.
3. Yong, Y. F.; Kowalski, J. A.; Lipton, M. A. *J. Org. Chem.* **1997**, *62*, 1540–1542.
4. Folmer, J. J.; Acero, C.; Thai, D. L.; Rapoport, H. *J. Org. Chem.* **1998**, *63*, 8170–8182.
5. Crosignani, S.; Gonzalez, J.; Swinnen, D. *Org. Lett.* **2004**, *6*, 4579–4582.
6. Mashraqui, S. H.; Vashi, D.; Mistry, H. D. *Synth. Commun.* **2004**, *34*, 3129–3134.
7. Donati, D.; Morelli, C.; Taddei, M. *Tetrahedron Lett.* **2005**, *46*, 2817–2819.
8. Vandromme, L.; Monchaud, D.; Teulade-Fichou, M.-P. *Synlett* **2006**, 3423–3426.
9. Ren, Q.; Dai, L.; Zhang, H.; Tan, W.; Xu, Z.; Ye, T. *Synlett* **2008**, 2379–2383.
10. Matsugi, M.; Suganuma, M.; Yoshida, S.; Hasebe, S.; Kunda, Y.; Hagihara, K.; Oka, S. *Tetrahedron Lett.* **2008**, *49*, 6573–6574.
11. Novosjolova, I. *Synlett* **2013**, *24*, 135–136. (Review).
12. Murphy-Benenato, K. E.; Olivier, N.; Choy, A.; Ross, P. L.; Miller, M. D.; Thresher, J.; Gao, N.; Hale, M. R. *ACS Med. Chem. Lett.* **2014**, *5*, 1213–1218.
13. Rombouts, F. J. R.; Tresadern, G.; Delgado, O.; Martinez-Lamenca, C.; Van Gool, M.; Garcia-Molina, A.; Alonso de Diego, S. A.; Oehlrich, D.; Prokopcova, H.; Alonso, J. M.; et al. *J. Med. Chem.* **2015**, *58*, 8216–8235.
14. Mizojiri, R.; Asano, M.; Tomita, D.; Banno, H.; Nii, N.; Sasaki, M.; Sumi, H.; Satoh, Y.; Yamamoto, Y.; Moriya, T.; et al. *J. Med. Chem.* **2018**, *61*, 1098–1117.
15. Chen, L.; Luo, G. *Tetrahedron Lett.* **2019**, *60*, 268–271.
16. Ikeuchi, K.; Ueji, T.; Matsumoto, S.; Wakamori, S.; Yamada, H. *Eur. J. Org. Chem.* **2020**, 2077–2085.

Nazarov 环化反应

酸催化下二烯基酮经电环化反应生成环戊烯酮。

Example 1[2]

Example 2[6]

Example 3[9]

Example 4[10]

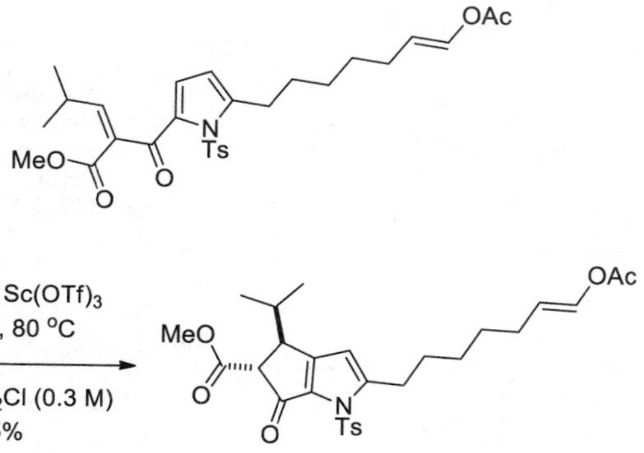

Example 5, 一个有不同机理的反应[11]

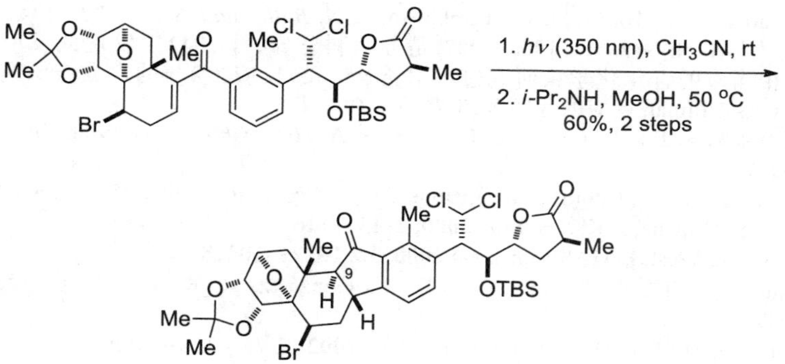

Example 6[12]

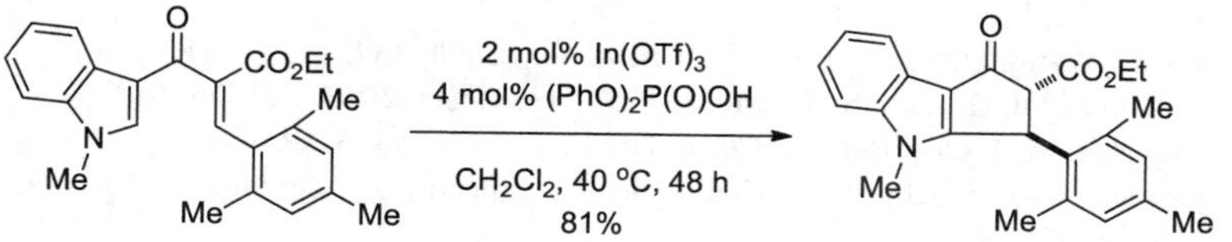

Example 7, 铁化物催化下亲电吲哚进行串联异Nazarov反应–去芳构化反应–[3+2]环加成反应[14]

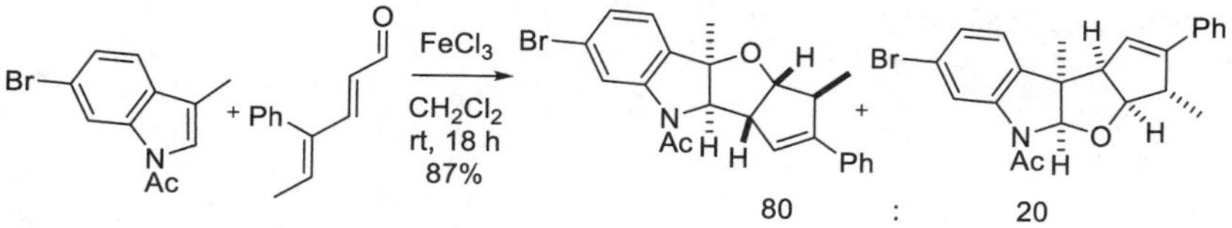

Example 8, 包括卤素– Nazarov 环化反应的一锅煮对卤代茚的正离子串联反应。[16]

References

1. Nazarov, I. N.; Torgov, I. B.; Terekhova, L. N. *Bull. Acad. Sci. (USSR)* **1942**, 200. 纳扎罗夫 (I. N. Nazarov, 1900–1957) 是苏联科学家，于1942年发现此反应。据说有相当多的青年化学家研究过不对称Nazarov反应，参与的人数与研究不对称Bayliss-Hillman 反应的一样多，但都没成功。
2. Denmark, S. E.; Habermas, K. L.; Hite, G. A. *Helv. Chim. Acta* **1988**, *71*, 168–194; 195–208.
3. Habermas, K. L.; Denmark, S. E.; Jones, T. K. *Org. React.* **1994**, *45*, 1–158. (Review).
4. Kim, S.-H.; Cha, J. K. *Synthesis* **2000**, 2113–2116.
5. Giese, S.; West, F. G. *Tetrahedron* **2000**, *56*, 10221–10228.
6. Mateos, A. F.; de la Nava, E. M. M.; González, R. R. *Tetrahedron* **2001**, *57*, 1049–1057.
7. Harmata, M.; Lee, D. R. *J. Am. Chem. Soc.* **2002**, *124*, 14328–14329.
8. Leclerc, E.; Tius, M. A. *Org. Lett.* **2003**, *5*, 1171–1174.
9. Marcus, A. P.; Lee, A. S.; Davis, R. L.; Tantillo, D. J.; Sarpong, R. *Angew. Chem. Int. Ed.* **2008**, *47*, 6379–6383.
10. Bitar, A. Y.; Frontier, A. J. *Org. Lett.* **2009**, *11*, 49–52.
11. Gao, S.; Wang, Q.; Chen, C. *J. Am. Chem. Soc.* **2009**, *131*, 1410–1412.
12. Xi, Z.-G.; Zhu, L.; Luo, S.; Cheng, J.-P. *J. Org. Chem.* **2013**, *78*, 606–613.
13. Di Grandi, M. J. *Org. Biomol. Chem.* **2014**, *12*, 5331–5345. (Review).
14. Marques, A.-S.; Coeffard, V.; Chataigner, I.; Vincent, G.; Moreau, X. *Org. Lett.* **2016**, *18*, 5296–5299.
15. Vinogradov, M. G.; Turova, O. V.; Zlotin, S. G. *Org. Biomol. Chem.* **2017**, *15*, 8245–8269. (Review).
16. Holt, C.; Alachouzos, G.; Frontier, A. J. *J. Am. Chem. Soc.* **2019**, *141*, 5461–5469.
17. Corbin, J. R.; Ketelboeter, D. R.; Fernandez, I.; Schomaker, J. M. *J. Am. Chem. Soc.* **2020**, *142*, 5568–5573.

Neber 重排反应

由磺酰基酮肟和碱反应可得到 α-氨基酮。净转化是从酮经肟转化为 α-氨基酮。

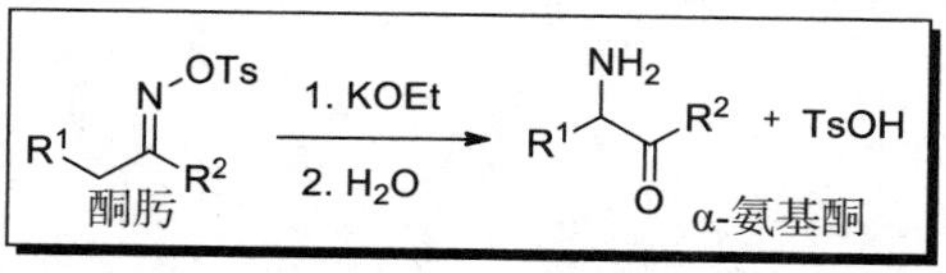

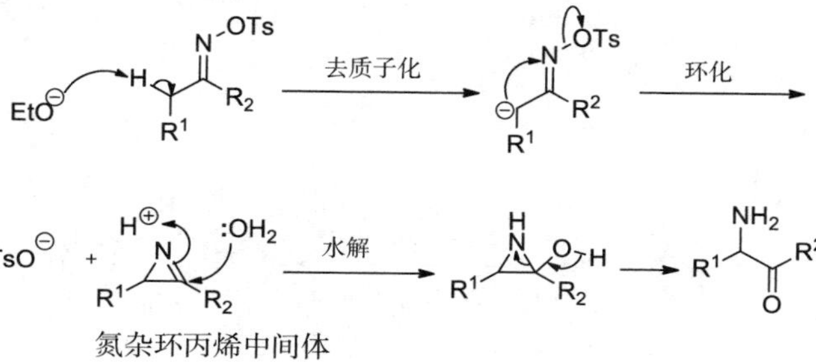

[反应示意图：酮肟经 1. KOEt, 2. H₂O 转化为 α-氨基酮 + TsOH]

[反应机理：EtO⁻ 去质子化，环化生成氮杂环丙烯中间体，水解得到 α-氨基酮]

Example 1[3]

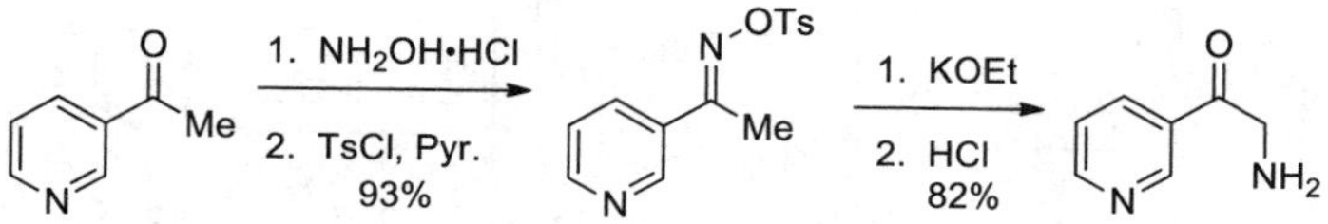

[3-乙酰基吡啶经 1. NH₂OH·HCl, 2. TsCl, Pyr. (93%) 得到肟酯；再经 1. KOEt, 2. HCl (82%) 得到 α-氨基酮]

Example 2，一个用亚氨基氯化物的变异反应[5]

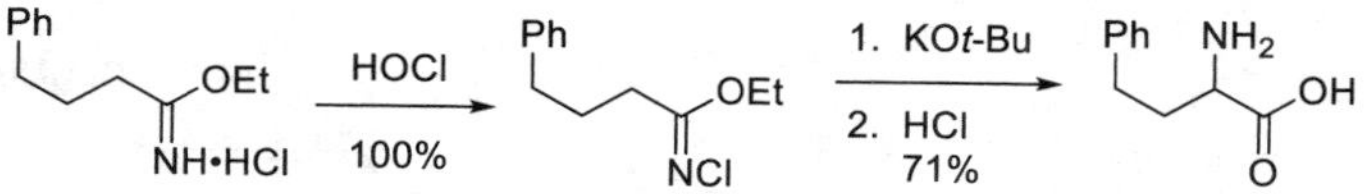

[PhCH₂CH₂CH₂C(OEt)=NH·HCl 经 HOCl (100%) 得到亚氨基氯化物；再经 1. KOt-Bu, 2. HCl (71%) 得到 α-氨基酸]

Example 3[8]

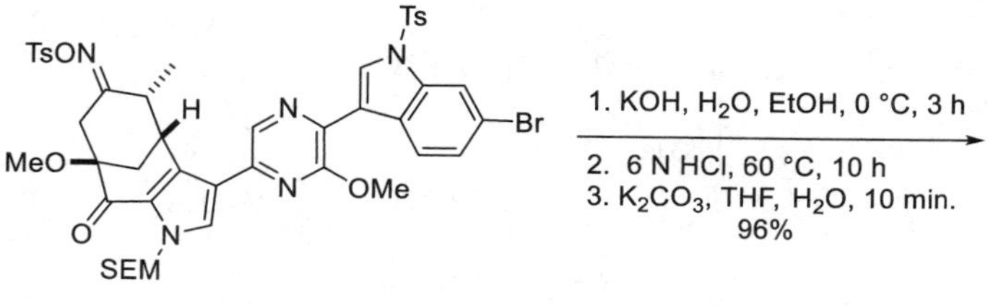

[复杂底物经 1. KOH, H₂O, EtOH, 0 °C, 3 h; 2. 6 N HCl, 60 °C, 10 h; 3. K₂CO₃, THF, H₂O, 10 min. (96%)]

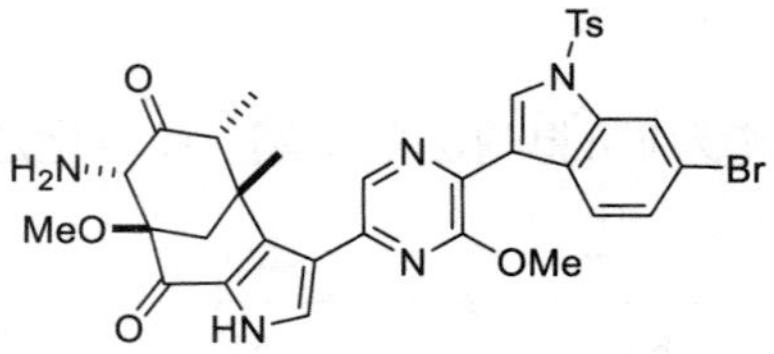

Example 4[9]

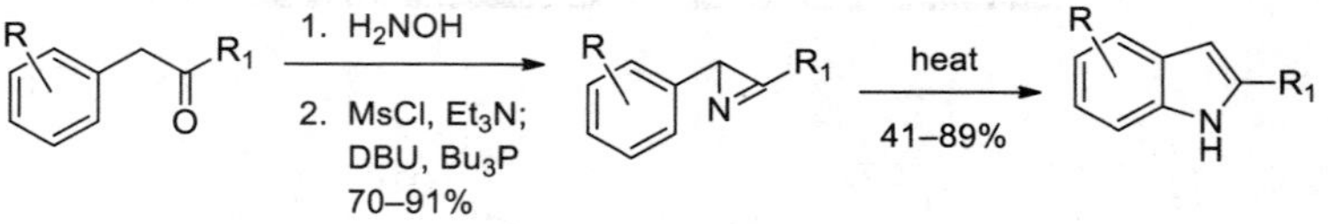

Example 5, [11]

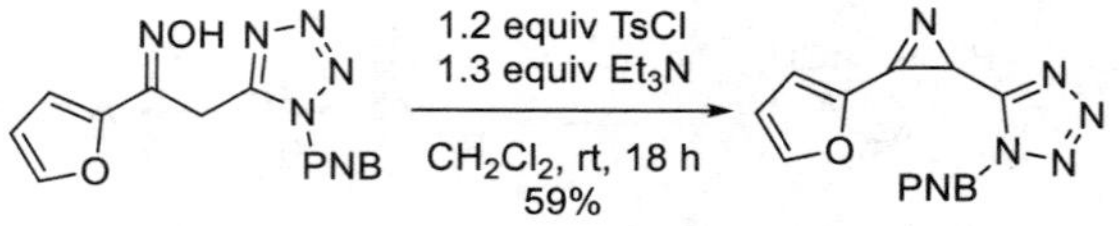

Example 6, 利用Neber重排反应一锅煮合成吡啶类化合物[13]

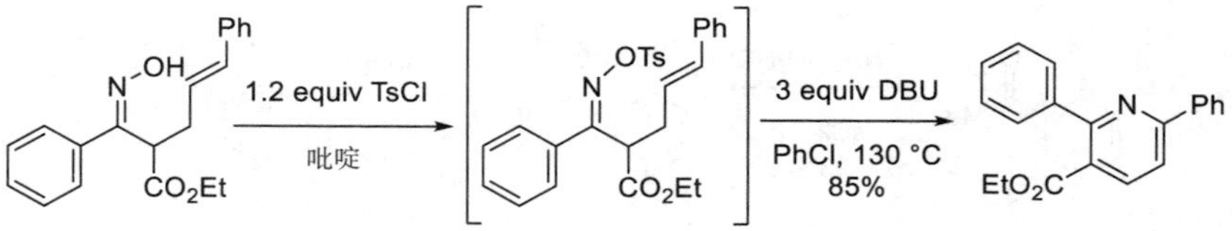

Example 7, 用于合成(R)-(Z)-antazirine.[14]

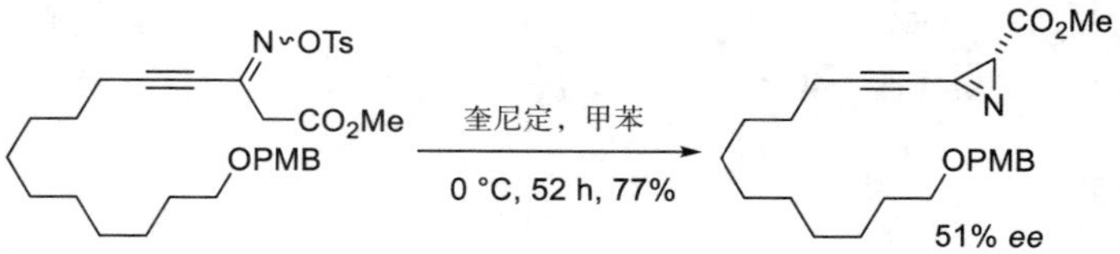

Example 8, C-进攻(酸性条件下O-进攻为主)[15]

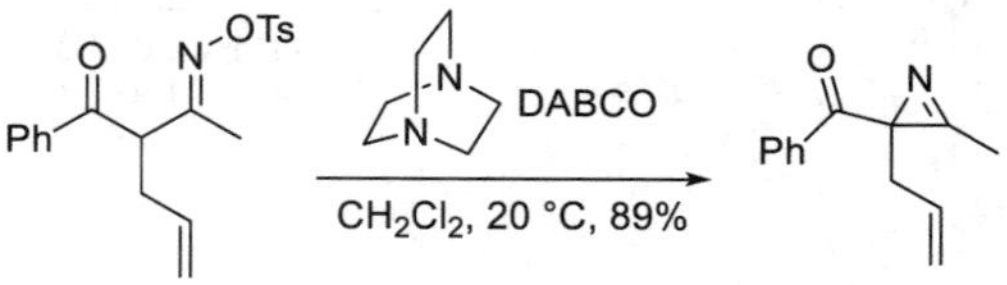

Example 9, 三乙胺为介质无金属的Neber反应得到三氟甲基氮杂环丙烯[6]

References

1. Neber, P. W.; v. Friedolsheim, A. *Ann.* **1926,** *449*, 109–134.
2. O'Brien, C. *Chem. Rev.* **1964,** *64*, 81–89. (Review).
3. LaMattina, J. L.; Suleske, R. T. *Synthesis* **1980,** 329–330.
4. Verstappen, M. M. H.; Ariaans, G. J. A.; Zwanenburg, B. *J. Am. Chem. Soc.* **1996,** *118*, 8491–8492.
5. Oldfield, M. F.; Botting, N. P. *J. Labeled Compd. Radiopharm.* **1998,** *16*, 29–36.
6. Palacios, F.; Ochoa de Retana, A. M.; Gil, J. I. *Tetrahedron Lett.* **2002,** *41*, 5363–5366.
7. Ooi, T.; Takahashi, M.; Doda, K.; Maruoka, K. *J. Am. Chem. Soc.* **2002,** *124*, 7640–7641.
8. Garg, N. K.; Caspi, D. D.; Stoltz, B. M. *J. Am. Chem. Soc.* **2005,** *127*, 5970–5978.
9. Taber, D. F.; Tian, W. *J. Am. Chem. Soc.* **2006,** *128*, 1058–1059.
10. Richter, J. M. *Neber Rearrangement*. In *Name Reactions for Homologations-Part I*; Li, J. J., Ed.; Wiley: Hoboken, NJ, **2009,** pp 464–473. (Review).
11. Cardoso, A. L.; Gimeno, L.; Lemos, A.; Palacios, F.; Teresa, M. V. D.; Melo, P. *J. Org. Chem.* **2013,** *78*, 6983–6991.
12. Khlebnikov, A. F.; Novikov, M. S. *Tetrahedron* **2013,** *69*, 3363–3401. (Review).
13. Jiang, Y.; Park, C.-M.; Loh, T.-P. *Org. Lett.* **2014,** *16*, 3432–3435.
14. Kadama, V. D.; Sudhakar, G. *Tetrahedron* **2015,** *71*, 1058–1067.
15. Ning, Y.; Otani, Y.; Ohwada, T. *J. Org. Chem.* **2018,** *83*, 203–219.
16. Huang, Y.-J.; Qiao, B.; Zhang, F.-G.; Ma, J.-A. *Tetrahedron* **2018,** *74*, 3791–3796.
17. Khlebnikov, A. F.; Novikov, M. S.; Rostovskii, N. V. *Tetrahedron* **2019,** *75*, 2555–2624. (Review).
18. Alves, C.; Grosso, C.; Barrulas, P.; Paixao, J. A.; Cardoso, A. L.; Burke, A. J.; Lemos, A.; Pinho e Melo, T. M. V. D. *Synlett* **2020,** *31*, 553–558.

Nef 反应

伯硝基烷烃或仲硝基烷烃转化为相应的羰基化合物。

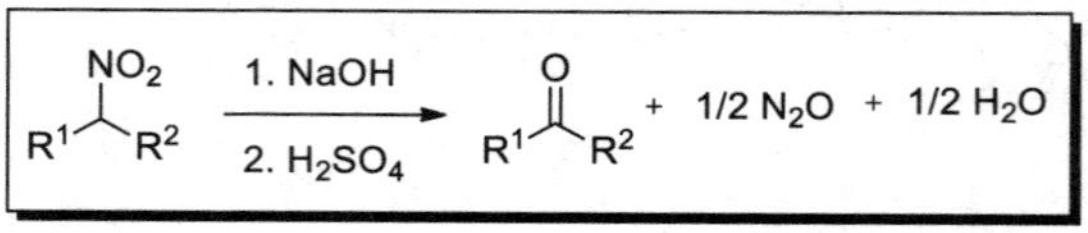

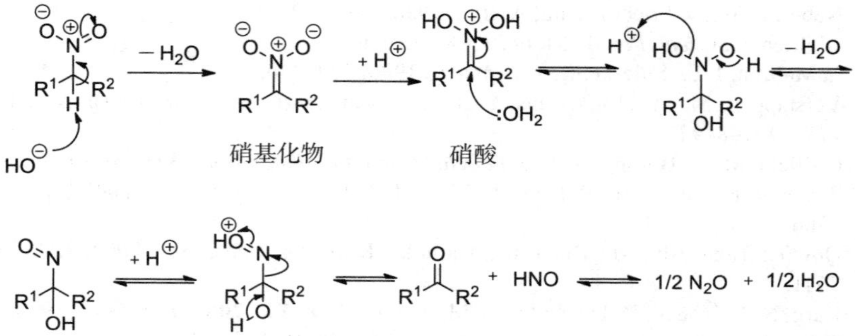

$$R^1R^2CH-NO_2 \xrightarrow[2.\ H_2SO_4]{1.\ NaOH} R^1COR^2 + 1/2\ N_2O + 1/2\ H_2O$$

机理：经硝基化物、硝酸中间体，最终生成羰基化合物 + HNO ⇌ 1/2 N₂O + 1/2 H₂O。

Example 1[4]

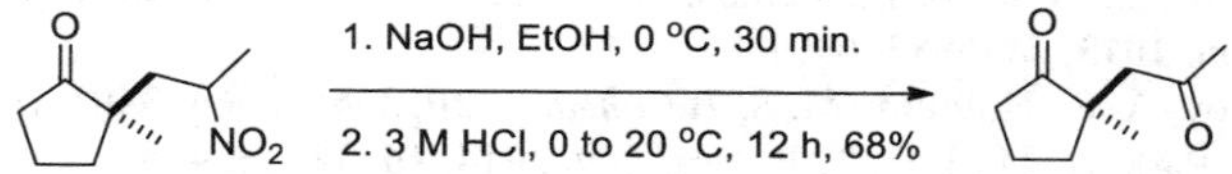

环戊酮-α-CH(CH₃)CH(CH₃)NO₂ → (1. NaOH, EtOH, 0 °C, 30 min. 2. 3 M HCl, 0 to 20 °C, 12 h, 68%) → 环戊酮-α-CH(CH₃)CH₂COCH₃

Example 2[6]

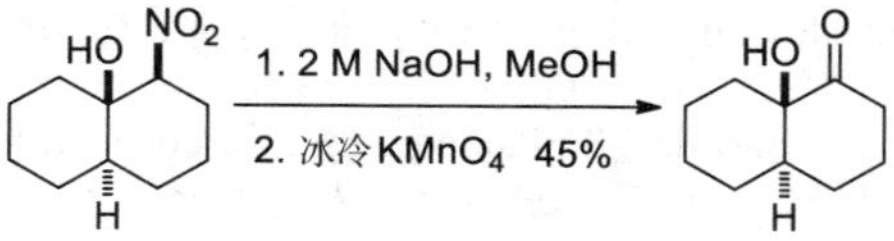

顺式-1-羟基-2-硝基十氢萘 → (1. 2 M NaOH, MeOH; 2. 冰冷 KMnO₄, 45%) → 1-羟基-2-十氢萘酮

Example 3[7]

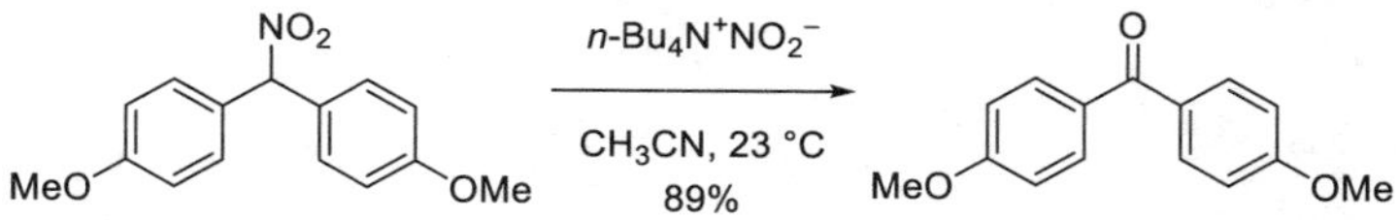

(4-MeOC₆H₄)₂CHNO₂ → (n-Bu₄N⁺NO₂⁻, CH₃CN, 23 °C, 89%) → (4-MeOC₆H₄)₂C=O

Example 4[9]

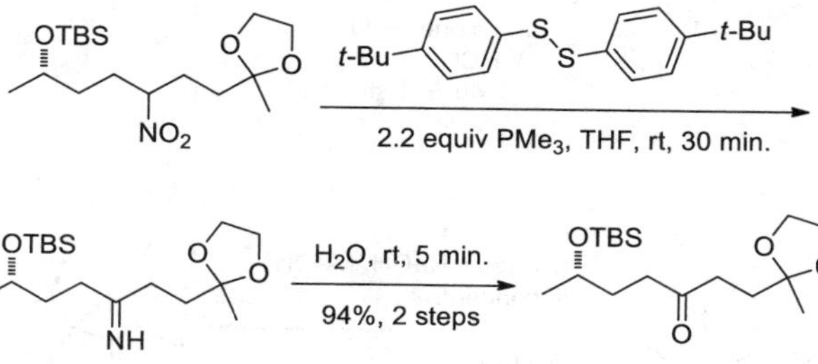

[reaction scheme]

Example 5[10]

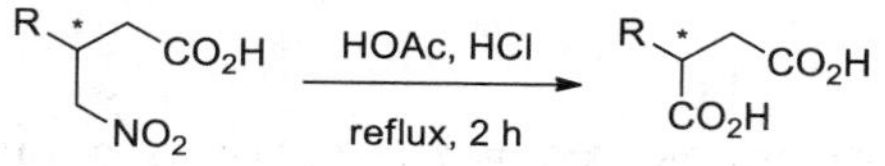

[reaction scheme]

Example 6[11]

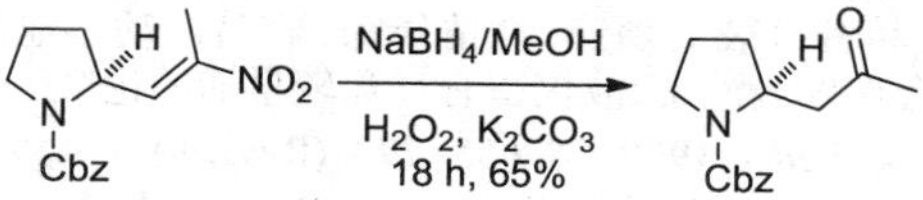

[reaction scheme]

Example 7, Neber 反应后接着在DBU介质中烯基异构化给出热力学更稳定的 α,β-不饱和酮[13]

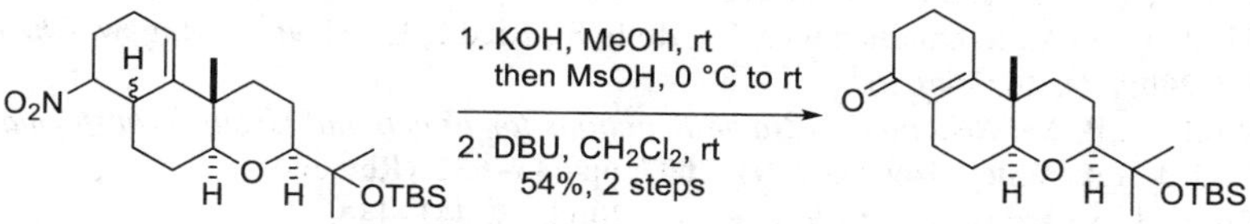

[reaction scheme]

Example 8, Neber 反应所需的底物可由芳基硝基甲烷在钯化物催化下的芳基化反应而得[14]

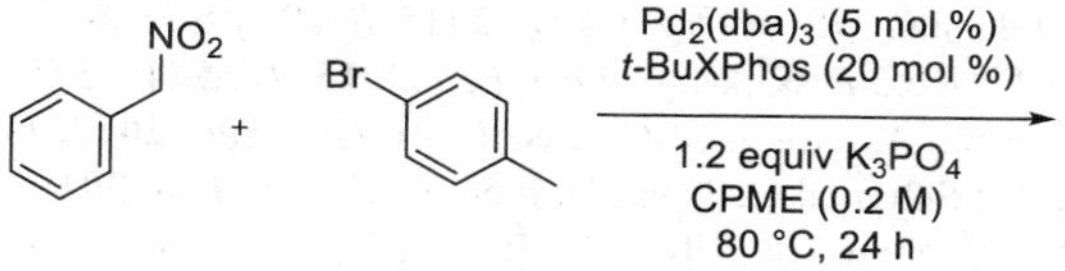

[reaction scheme]

CPME是一个比THF和醚更具抗自氧化能力的溶剂。

Example 9[15]

References

1. Nef, J. U. *Ann.* **1894**, *280*, 263–342. 内夫 (J. U. Nef, 1862–1915) 出生于瑞士，4岁时随其父母移居美国。他在德国慕尼黑跟拜耳学习并于1886年取得学位。回到美国后成为普渡大学 (Purdue University)、克拉克大学和芝加哥大学的教授。Nef反应就是在马萨清塞州的克拉克大学 (Clark University in Worcester, Massachuster) 发现的。内夫受精神分裂的烦恼，性情暴躁，容易冲动。他是个高度独立行事的人，从不和同事合作发表论文，故仅留有三篇较早期的论文。
2. Pinnick, H. W. *Org. React.* **1990**, *38*, 655–792. (Review).
3. Adam, W.; Makosza, M.; Saha-Moeller, C. R.; Zhao, C.-G. *Synlett* **1998**, 1335–1336.
4. Thominiaux, C.; Rousse, S.; Desmaele, D.; d'Angelo, J.; Riche, C. *Tetrahedron: Asymmetry* **1999**, *10*, 2015–2021.
5. Ballini, R.; Bosica, G.; Fiorini, D.; Petrini, M. *Tetrahedron Lett.* **2002**, *43*, 5233–5235.
6. Chung, W. K.; Chiu, P. *Synlett* **2005**, 55–58.
7. Tishkov, A. A.; Schmidhammer, U.; Roth, S.; Riedle, E.; Mayr, H. *Angew. Chem. Int. Ed.* **2005**, *44*, 4623–4626.
8. Wolfe, J. P. *Nef Reaction*. In *Name Reactions for Functional Group Transformations*; Li, J. J., Ed.; Wiley: Hoboken, NJ, **2007**, pp 645–652. (Review).
9. Burés, J.; Vilarrasa, J. *Tetrahedron Lett.* **2008**, *49*, 441–444.
10. Felluga, F.; Pitacco, G.; Valentin, E.; Venneri, C. D. *Tetrahedron: Asymmetry* **2008**, *19*, 945–955.
11. Chinmay Bhat, C.; Tilve, S. G. *Tetrahedron* **2013**, *69*, 6129–6143.
12. Ballini, R.; Petrini, M. *Adv. Synth. Catal.* **2015**, *357*, 2371–2402. (Review).
13. Sharpe, R. J.; Johnson, J. S. *J. Org. Chem.* **2015**, *80*, 9740–9766.
14. VanGelder, K. F.; Kozlowski, M. C. *Org. Lett.* **2015**, *17*, 5748–5751.
15. Huang, W.-L.; Raja, A.; Hong, B.-C.; Lee, G.-H. *Org. Lett.* **2017**, *19*, 3494–3497.
16. Ju, M.; Guan, W.; Schomaker, J. M.; Harper, K. C. *Org. Lett.* **2019**, *21*, 8893–8898.
17. Ferreira, J. R. M.; Nunes da Silva, R.; Rocha, J.; Silva, A. M. S.; Guieu, S. *Synlett* **2020**, *31*, 632–634.

Negishi 交叉偶联反应

Negishi交叉偶联反应是在Ni或Pd催化下的有机锌化合物和各种卤代烃或三氟甲磺酸酯(芳基、烯基、炔基和酰基)之间的偶联反应。

$$R^1-X \quad + \quad R^2Zn-Y \quad \xrightarrow{NiL_n \text{ or } PdL_n}_{\text{solvent}} \quad R^1-R^2$$

R^1 = 芳基、烯基、炔基、酰基
R^2 = 芳基、杂芳基、烯基、烯丙基、苄基、同烯丙基、炔丙基
X = Cl, Br, I, OTf
Y = Cl, Br, I
L_n = PPh$_3$, dba, dppe

催化循环: Pd(0) or Pd(II) 配合物（预催化）→ Pd(0)L$_n$ → 氧化加成 (R^1-X) → L$_n$Pd(II)(R^1)(X) → 转金属化/trans/cis 异构化 (R^{2}ZnX) → R^2-Pd(II)(R^1)-L$_n$ → 还原消除 → R^1-R^2 (+ ZnX$_2$)

Example 1[3]

6-iodo-2-pyridyl substrate + BrZnCH$_2$CO$_2$Et, Pd(Ph$_3$P)$_4$, HMPA/(CH$_2$OCH$_3$)$_2$ (1:1), 3.5 h, 40% → 6-(CH$_2$CO$_2$Et)-2-pyridyl product

Example 2[4]

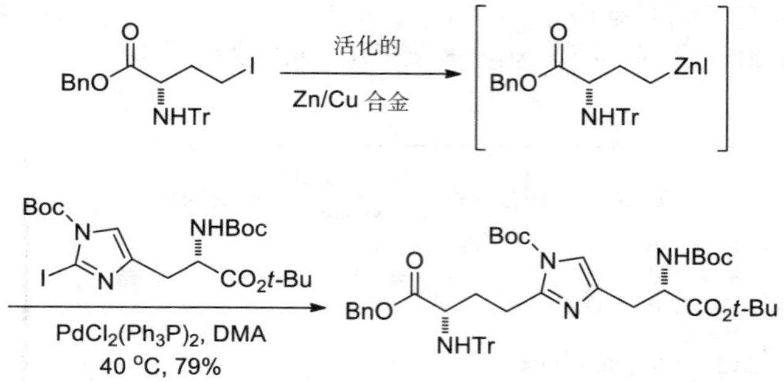

Example 3[8]

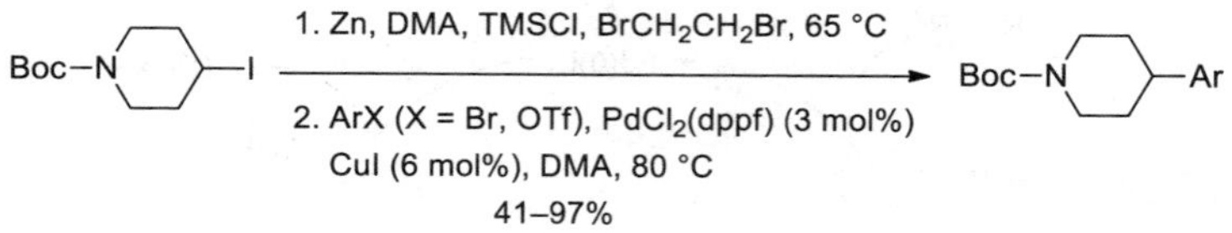

Example 4[9]

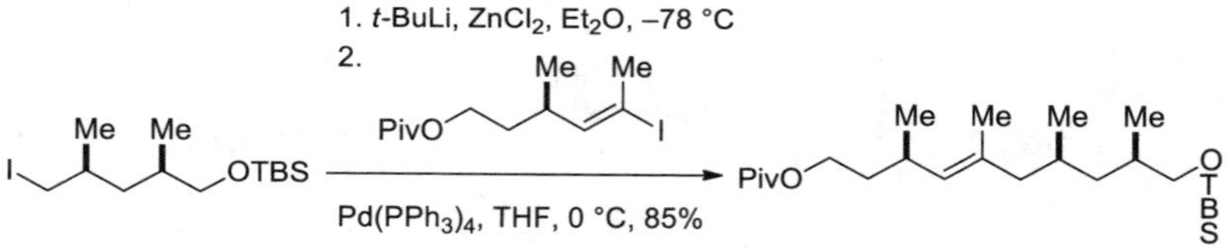

Example 5[11]

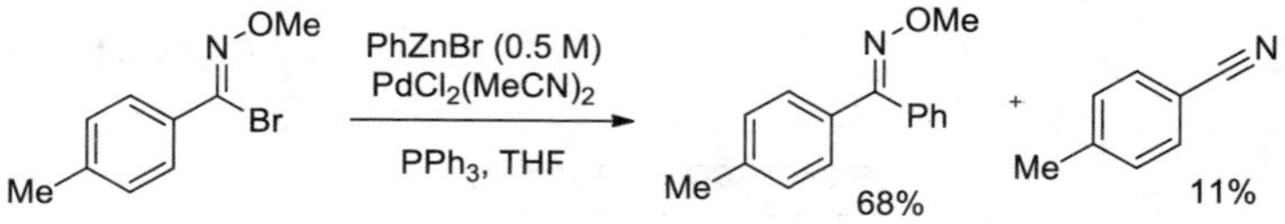

Example 6, *N,N*-二-Boc位置选择性活化伯酰胺的C—N键断裂反应[12]

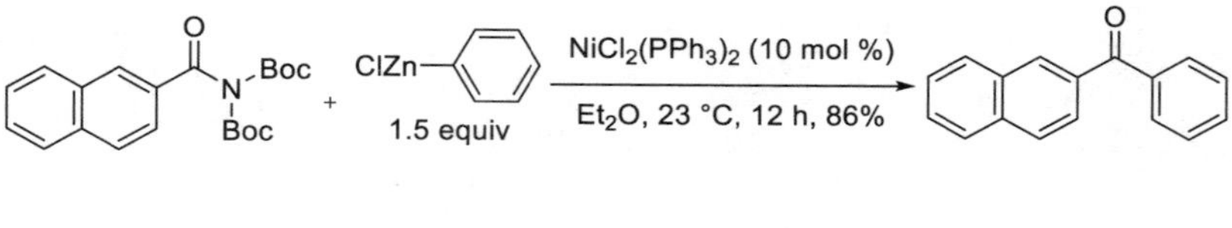

Example 7[13]

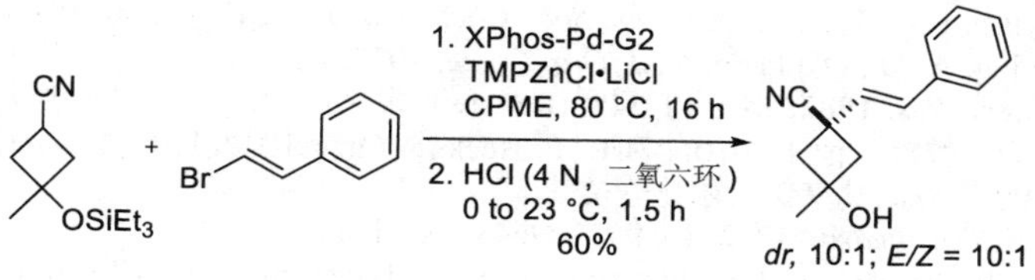

Example 8, 烷基吡啶鎓盐在去氨基化烷基–烷基交叉偶联反应中是一个亲电物种[15]

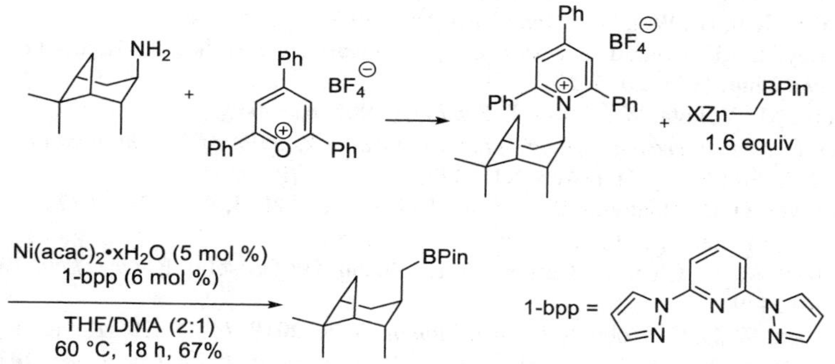

Example 9[16]

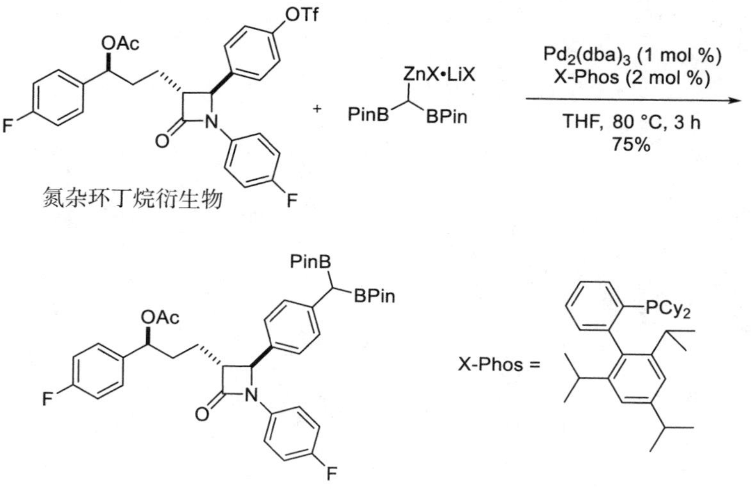

References

1. (a) Negishi, E.-I.; Baba, S. *J. Chem. Soc., Chem. Commun.* **1976,** 596–597. (b) Negishi, E.-I.; King, A. O.; Okukado, N. *J. Org. Chem.* **1977,** *42*, 1821–1823. (c) Negishi, E.-I. *Acc. Chem. Res.* **1982,** *15*, 340–348. (Review). 根岸(E. Negishi)是普渡大学(Purdue University)教授。他于2010年和R. F. Heck、A.Suzuki因发现有机合成中钯催化的交叉偶联反应而共享诺贝尔化学奖。
2. Erdik, E. *Tetrahedron* **1992,** *48,* 9577–9648. (Review).
3. De Vos, E.; Esmans, E. L.; Alderweireldt, F. C.; Balzarini, J.; De Clercq, E. *J. Heterocycl. Chem.* **1993,** *30*, 1245–1252.
4. Evans, D. A.; Bach, T. *Angew. Chem. Int. Ed.* **1993,** *32,* 1326–1327.
5. Negishi, E.-I.; Liu, F. In *Metal-Catalyzed Cross-Coupling Reactions;* Diederich, F.; Stang, P. J., Eds.; Wiley–VCH: Weinheim, Germany, **1998,** pp 1–47. (Review).
6. Arvanitis, A. G.; Arnold, C. R.; Fitzgerald, L. W.; Frietze, W. E.; Olson, R. E.; Gilligan, P. J.; Robertson, D. W. *Bioorg. Med. Chem. Lett.* **2003,** *13*, 289–291.
7. Ma, S.; Ren, H.; Wei, Q. *J. Am. Chem. Soc.* **2003,** *125*, 4817–4830.
8. Corley, E. G.; Conrad, K.; Murry, J. A.; Savarin, C.; Holko, J.; Boice, G. *J. Org. Chem.* **2004,** *69*, 5120–5123.
9. Inoue, M.; Yokota, W.; Katoh, T. *Synthesis* **2007,** 622–637.
10. Yet, L. *Negishi cross-coupling reaction*. In *Name Reactions for Homologations-Part I*; Li, J. J., Ed.; Wiley: Hoboken, NJ, **2009,** pp 70–99. (Review).
11. Dolliver, D. D.; Bhattarai, B. T.; et al. *J. Org. Chem.* **2013,** *78*, 3676–3687.
12. Shi, S.; Szostak, M. *Org. Lett.* **2016,** *18*, 5872–5875.
13. Dalziel, M. E.; Chen, P.; Carrera, D. E.; Zhang, H.; Gosselin, F. *Org. Lett.* **2017,** *19*, 3446–3449.
14. Brittain, W. D. G.; Cobb, S. L. *Org. Biomol.Chem.* **2018,** *16*, 10–20. (Review).
15. Plunkett, S.; Basch, C. H.; Santana, S. O.; Watson, M. P. *J. Am. Chem. Soc.* **2019,** *141*, 2257–2262.
16. Lee, H.; Lee, Y.; Cho, S. H. *Org. Lett.* **2019,** *21*, 5912–5916.
17. Lutter, F. H.; Grokenberger, L.; Benz, M.; Knochel, P. *Org. Lett.* **2020,** *22*, 3028–3032.

Newman–Kwart 重排反应

将酚转化为硫酚的反应。是第504页上的Smile反应的变异。

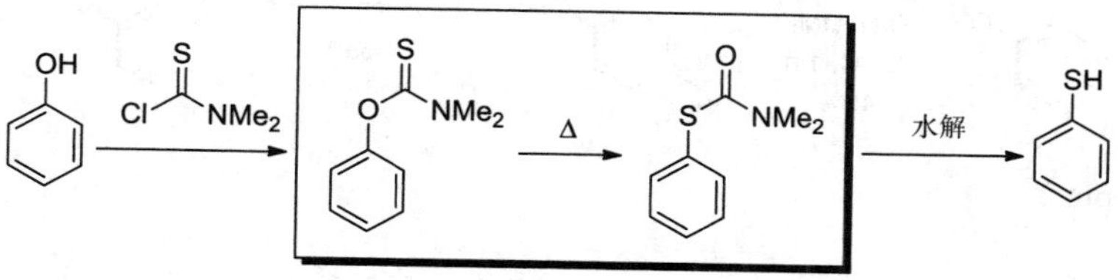

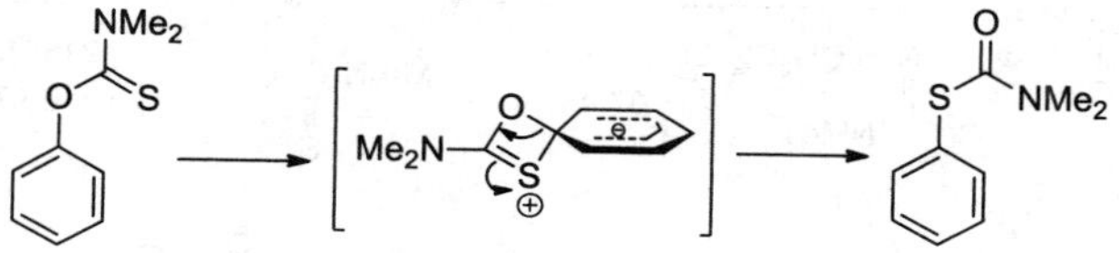

Newman-Kwart重排反应与Schonberg重排反应及第81页上的芳基在非相邻原子间发生的分子内Chapman重排反应属同一个系列。Schonberg重排反应与该反应最为相似，包括在二芳基硫代碳酸酯中的芳基从氧原子经1,3–迁移到硫原子的过程。Chapman重排反应也有类似的迁移过程，只不过是迁移到氮原子。

Schönberg 重排　　　　Chapman 重排

Example 1[5]

© Springer Nature Switzerland AG 2021
J. J. Li, *Name Reactions*, https://doi.org/10.1007/978-3-030-50865-4_106

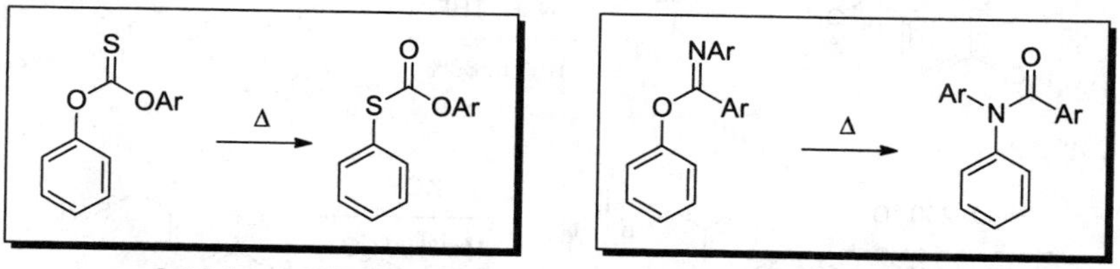

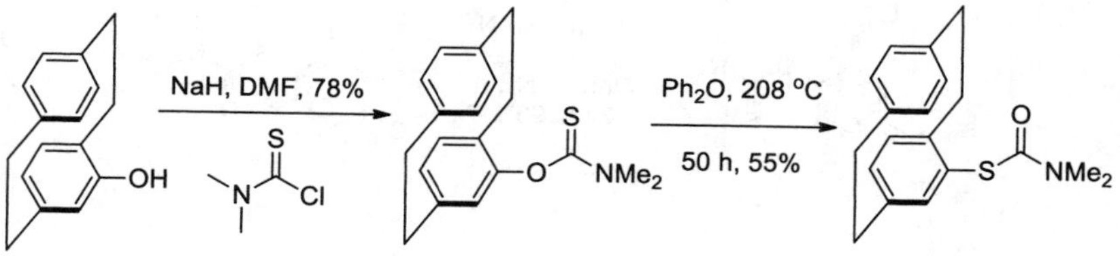

Example 2[6]

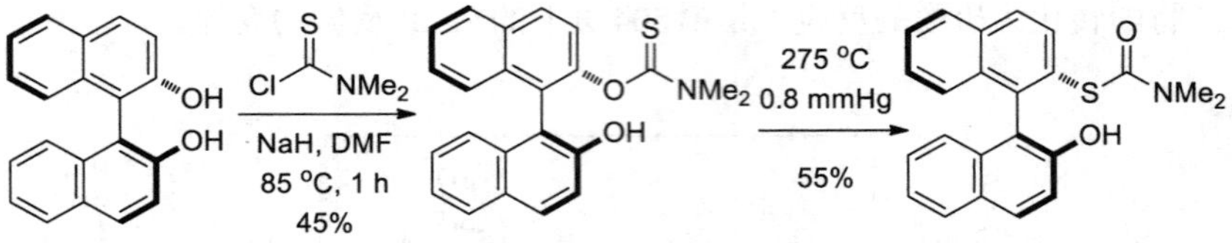

(Reaction scheme: (R)-BINOL-type diol + Cl-C(=S)-NMe₂, NaH, DMF, 85 °C, 1 h, 45% → mono-O-thiocarbamate; then 275 °C, 0.8 mmHg, 55% → S-carbamate)

Example 3[7]

3-methoxyphenol:
1. Br_2, CH_2Cl_2, 5 to 20 °C, 90 min.
2. Cl-C(=S)-NMe₂, CH_2Cl_2, 20 °C, 16 h, 37.4%
→ aryl O-thiocarbamate (with Br)

二甲基苯胺, 218 °C, 7 h, 65.7% → S-thiocarbamate

1. KOH, MeOH, reflux, 2 h
2. MeI, K_2CO_3, 90%
→ aryl methyl sulfide

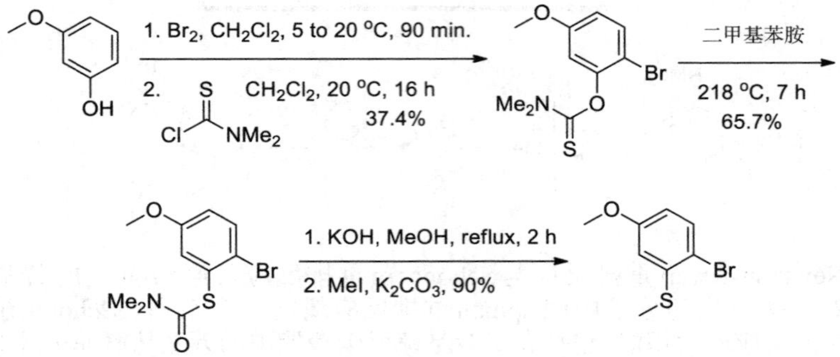

Example 4, 苄基类 S–Newman–Kwart 重排反应和 Se-Newman–Kwart 重排反应[13]

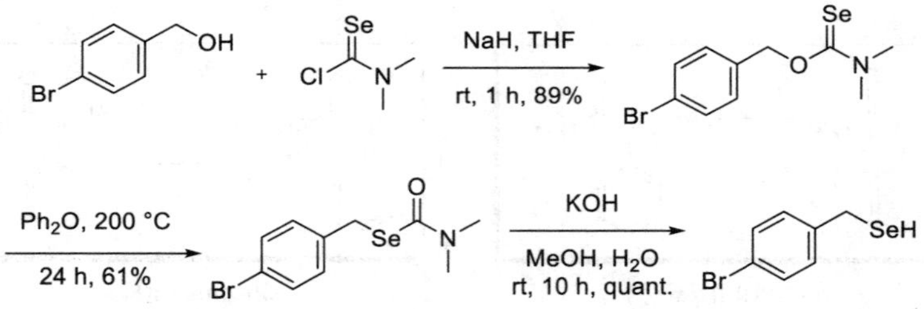

4-bromobenzyl alcohol + Cl-C(=Se)-NMe₂, NaH, THF, rt, 1 h, 89% → O-selenocarbamate

Ph_2O, 200 °C, 24 h, 61% → Se-carbamate

KOH, MeOH, H_2O, rt, 10 h, quant. → 4-BrC₆H₄CH₂SeH

Example 5, 室温下的单电子氧化[14]

(2-formyl-4-methoxyphenyl O-thiocarbamate) — 1 equiv CAN, DMSO, N_2, rt, 24 h, 96% → S-thiocarbamate

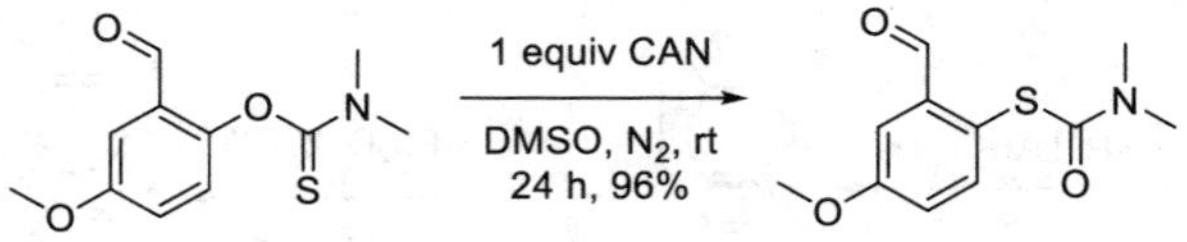

Example 6[15]

Mohr 盐 (5 mol %)
1 equiv $(NH_4)_2S_2O_8$
CH_3CN/H_2O (3:1)
2 h, 86%

Mohr 盐 = $(NH_4)_2Fe(SO_4)_2 \cdot 6H_2O$

References

1. (a) Kwart, H.; Evans, E. R. *J. Org. Chem.* **1966**, *31*, 410–413. (b) Newman, M. S.; Karnes, H. A. *J. Org. Chem.* **1966**, *31*, 3980–3984. (c) Newman, M. S.; Hetzel, F. W. *J. Org. Chem.* **1969**, *34*, 3604–3606.
2. Cossu, S.; De Lucchi, O.; Fabbri, D.; Valle, G.; Painter, G. F.; Smith, R. A. J. *Tetrahedron* **1997**, *53*, 6073–6084.
3. Lin, S.; Moon, B.; Porter, K. T.; Rossman, C. A.; Zennie, T.; Wemple, J. *Org. Prep. Proc. Int.* **2000**, *32*, 547–555.
4. Ponaras, A. A.; Zain, Ö. In *Encyclopedia of Reagents for Organic Synthesis*, Paquette, L. A., Ed.; Wiley: New York, **1995**, 2174–2176. (Review).
5. Kane, V. V.; Gerdes, A.; Grahn, W.; Ernst, L.; Dix, I.; Jones, P. G.; Hopf, H. *Tetrahedron Lett.* **2001**, *42*, 373–376.
6. Albrow, V.; Biswas, K.; Crane, A.; Chaplin, N.; Easun, T.; Gladiali, S.; Lygo, B.; Woodward, S. *Tetrahedron: Asymmetry* **2003**, *14*, 2813–2819.
7. Bowden, S. A.; Burke, J. N.; Gray, F.; McKown, S.; Moseley, J. D.; Moss, W. O.; Murray, P. M.; Welham, M. J.; Young, M. J. *Org. Process Res. Dev.* **2004**, *8*, 33–44.
8. Nicholson, G.; Silversides, J. D.; Archibald, S. J. *Tetrahedron Lett.* **2006**, *47*, 6541–6544.
9. Gilday, J. P.; Lenden, P.; Moseley, J. D.; Cox, B. G. *J. Org. Chem.* **2008**, *73*, 3130–3134.
10. Lloyd-Jones, G. C.; Moseley, J. D.; Renny, J. S. *Synthesis* **2008**, 661–689.
11. Tilstam, U.; Defrance, T.; Giard, T.; Johnson, M. D. *Org. Process Res. Dev.* **2009**, *13*, 321–323.
12. Das, J.; Le Cavelier, F.; Rouden, J.; Blanchet, J. *Synthesis* **2012**, *44*, 1349–1352.
18. Perkowski, A. J.; Cruz, C. L.; Nicewicz, D. A. *J. Am. Chem. Soc.* **2015**, *137*, 15684–15687.
13. Eriksen, K.; Ulfkjær, A.; Sølling, T. I.; Pittelkow, M. *J. Org. Chem.* **2018**, *83*, 10786–10797.
14. Pedersen, S. K.; Ulfkjær, A.; Newman, M. N.; Yogarasa, S.; Petersen, A. U.; Sølling, T. I.; Pittelkow, M. *J. Org. Chem.* **2018**, *83*, 12000–12006.
15. Gendron, T.; Pereira, R.; Abdi, H. Y.; Witney, T. H.; Årstad, E. *Org. Lett.* **2020**, *22*, 274–278.

Nicholas 反应

六羰基二钴稳定的炔丙基正离子被一个亲核物种捕获,接着氧化去金属化给出炔丙基化的产物。

$$R^1-\!\!\equiv\!\!-C(OR^2)(R^3)(R^4) \xrightarrow[\text{2. H}^+ \text{ or Lewis 酸}]{\text{1. Co}_2(CO)_8} \xrightarrow[\text{2. [O]}]{\text{1. NuH}} R^1-\!\!\equiv\!\!-C(Nu)(R^3)(R^4)$$

炔丙基正离子被六羰基二钴配合物稳定。

Example 1, 一个利用铬化物进行的Nicholas 反应[3]

反应条件:
1. $HBF_4 \cdot Et_2O$, CH_2Cl_2, $-60\ ^\circ C$
2. 5 eq. X, CH_2Cl_2, $-60\ ^\circ C$, 86%

X = $HN\!\!-\!\!N\!\!-\!\!CH_2CH_2\!\!-\!\!O\!\!-\!\!CO_2n\text{-}Bu$ (哌嗪衍生物)

产物为 Zyrtec·2HCl

© Springer Nature Switzerland AG 2021
J. J. Li, *Name Reactions*, https://doi.org/10.1007/978-3-030-50865-4_107

Example 2, 一个 Nicholas–Pauson–Khand 过程[4]

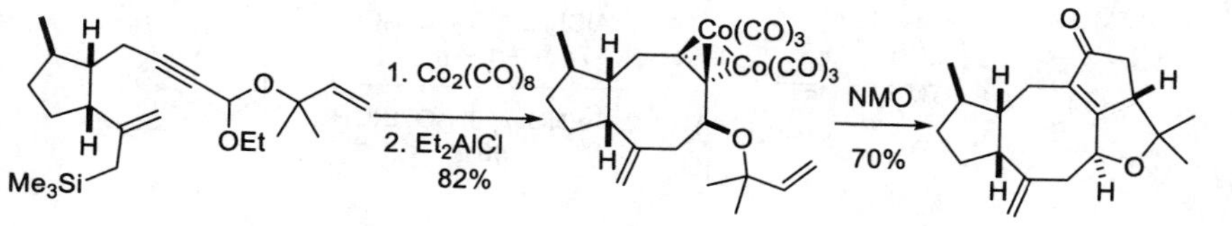

Example 3, 利用铬化物进行的一个分子内 Nicholas 反应[7]

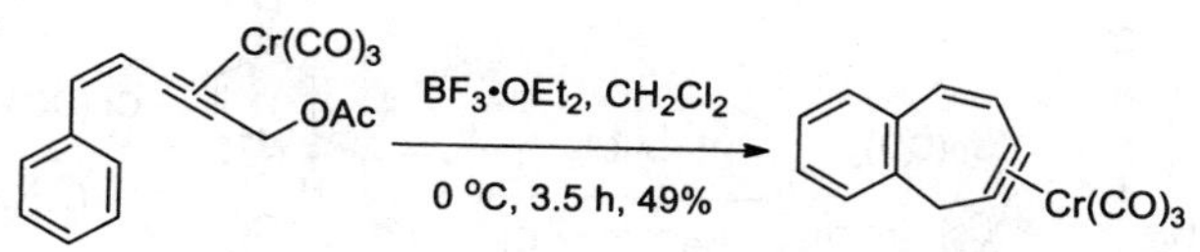

Example 4[9]

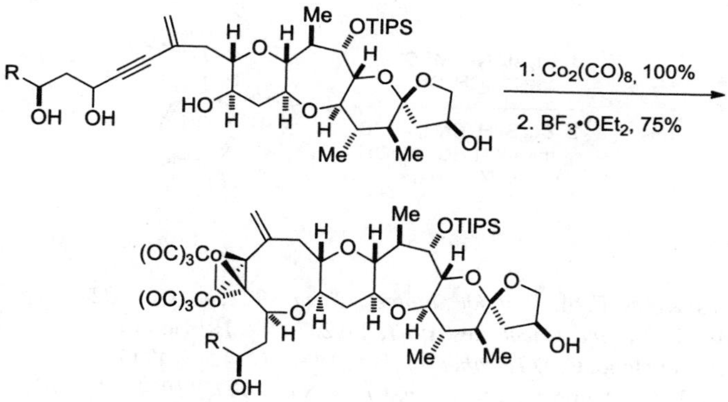

Example 5, 钴化物提升了立体障碍[12]

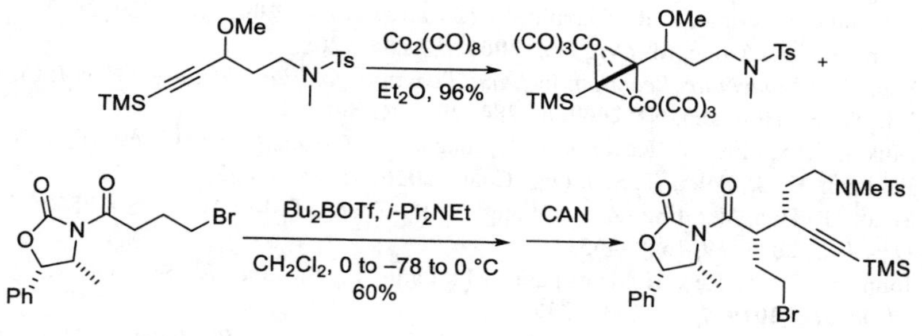

Example 6[13]

[Scheme: MOMO/OTMS cyclohexenone substrate with cyclobutyl group + Co₂(CO)₆-complexed propargyl acetate, 1. AlCl₃/EtAlCl₂, CH₂Cl₂, −78 °C–rt, 7 h; 2. Fe(NO₃)₃·9H₂O, EtOH, 50% → spirocyclic diketone product with propargyl group]

Example 7[14]

[Scheme: indole-fused tetracyclic substrate with Co₂(CO)₆-complexed alkyne and isopropenyl group, AlCl₃, MeOH/CH₂Cl₂, 0 °C–rt → rearranged polycyclic Co₂(CO)₆ complex; then 1. Et₂AlCN, TMSCl, 吡啶, CH₃CN; 2. Bu₃SnH, PhH, 45 °C then 2 N HCl, MeOH, 49%, 3 steps → final nitrile-containing polycyclic product]

References

1. Nicholas, K. M.; Pettit, R. *J. Organomet. Chem.* **1972**, *44*, C21–C24.
2. Nicholas, K. M. *Acc. Chem. Res.* **1987**, *20*, 207–214. (Review).
3. Corey, E. J.; Helal, C. J. *Tetrahedron Lett.* **1996**, *37*, 4837–4840.
4. Jamison, T. F.; Shambayati, S. *J. Am. Chem. Soc.* **1997**, *119*, 4353–4363.
5. Teobald, B. J. *Tetrahedron* **2002**, *58*, 4133–4170. (Review).
6. Takase, M.; Morikawa, T.; Abe, H.; Inouye, M. *Org. Lett.* **2003**, *5*, 625–628.
7. Ding, Y.; Green, J. R. *Synlett* **2005**, 271–274.
8. Pinacho Crisóstomo, F. R.; Carrillo, R. *Tetrahedron Lett.* **2005**, *46*, 2829–2832.
9. Hamajima, A.; Isobe, M. *Org. Lett.* **2006**, *8*, 1205–1208.
10. Shea, K. M. *Nicholas Reaction*. In *Name Reactions for Homologations-Part I*; Li, J. J., Ed.; Wiley: Hoboken, NJ, **2009**, pp 284–298. (Review).
11. Mukai, C.; Kojima, T.; Kawamura, T.; Inagaki, F. *Tetrahedron* **2013**, *69*, 7659–7669.
12. Feldman, K. S.; Folda, T. S. *J. Org. Chem.* **2016**, *81*, 4566–4575.
13. Shao, H.; Bao, W.; Jing, Z.-R.; Wang, Y.-P.; Zhang, F.-M.; Wang, S.-H.; Tu, Y.-Q. *Org. Lett.* **2017**, *19*, 4648–4651.
14. Johnson, R. E.; Ree, H.; Hartmann, M.; Lang, L.; Sawano, S.; Sarpong, R. *J. Am. Chem. Soc.* **2019**, *141*, 2233–2237.
15. Kaczmarek, R.; Korczynski, D.; Green, J. R.; Dembinski, R. *Beilst. J. Org. Chem.* **2020**, *16*, 1–8.

Noyori 不对称氢化反应

羰基和烯基经 Rh(Ⅱ)–BINAP 配合物催化进行的不对称氢化还原反应。

催化循环：

Example 1[1b]

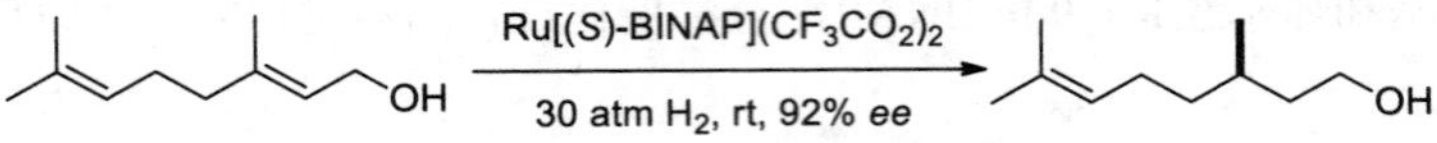
Ru[(S)-BINAP](CF3CO2)2
OH
30 atm H2, rt, 92% ee
OH

Example 2[1c]

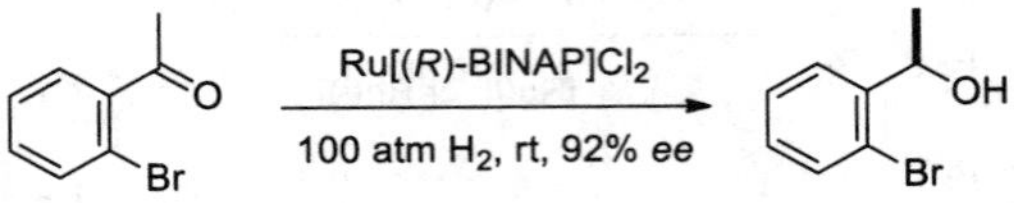
O
Br
Ru[(R)-BINAP]Cl2
100 atm H2, rt, 92% ee
OH
Br

Example 3[9]

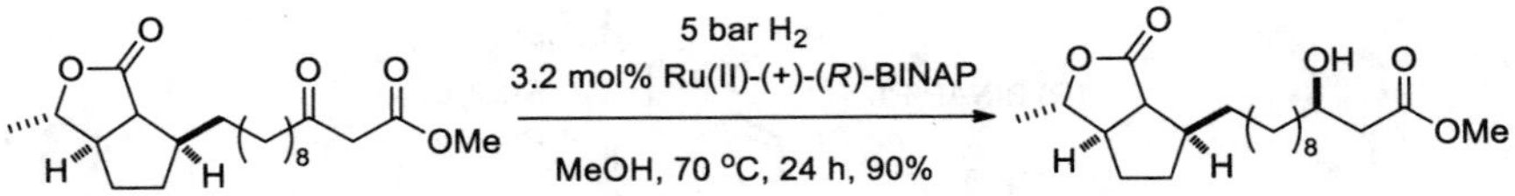
5 bar H2
3.2 mol% Ru(II)-(+)-(R)-BINAP
MeOH, 70 °C, 24 h, 90%
OMe
OH
OMe

Example 4[10]

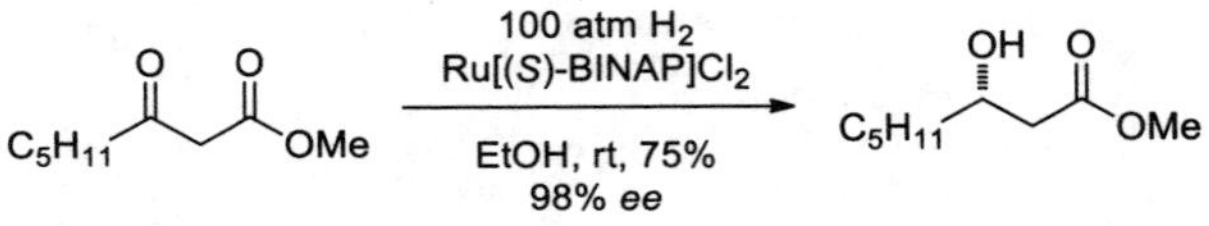
C5H11
OMe
100 atm H2
Ru[(S)-BINAP]Cl2
EtOH, rt, 75%
98% ee
OH
C5H11
OMe

Example 5[11]

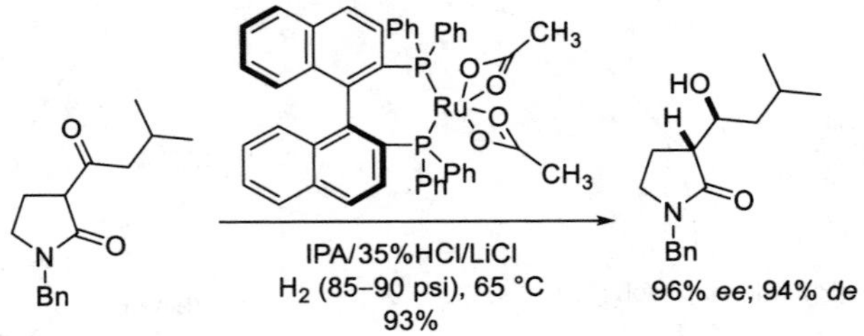
Bn
IPA/35%HCl/LiCl
H2 (85–90 psi), 65 °C
93%
HO
Bn
96% ee; 94% de

Example 6, Noyori不对称氢转移反应(ATH)伴随着内酯化并导致一个动态动力学拆分[12]

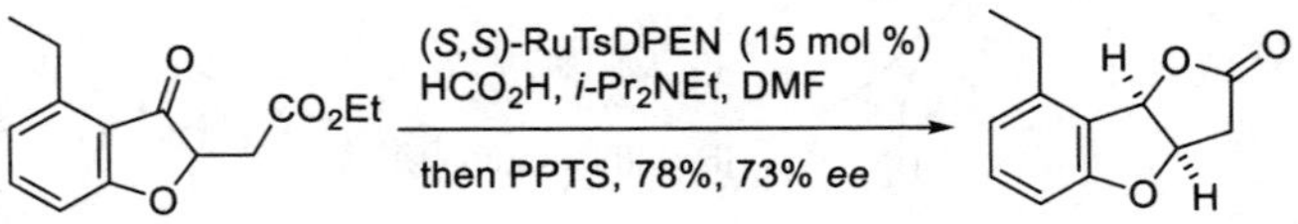
CO2Et
(S,S)-RuTsDPEN (15 mol %)
HCO2H, i-Pr2NEt, DMF
then PPTS, 78%, 73% ee

(S,S)-RuTsDPEN =

Example 7[13]

Example 8, 钌化物催化的不对称氢转移反应[14]

Example 9[15]

References

1. (a) Noyori, R.; Ohta, M.; Hsiao, Y.; Kitamura, M.; Ohta, T.; Takaya, H. *J. Am. Chem. Soc.* **1986**, *108*, 7117–7119. 日本人野依(R. Noyori, 1938–)和美国人诺尔斯(W. S. Knowles, 1917–)因在手性催化的氢化反应工作共享2001年度一半诺贝尔化学奖的奖金。美国人夏普莱斯(K. B. Scharpless, 1941–)则因在手性催化的氧化反应工作分享2001年度另一半诺贝尔化学奖的奖金。(b) Takaya, H.; Ohta, T.; Sayo, N.; Kumobayashi, H.; Akutagawa, S.; Inoue, S.; Kasahara, I.; Noyori, R. *J. Am. Chem. Soc.* **1987**, *109*, 1596–1598. (c) Kitamura, M.; Ohkuma, T.; Inoue, S.; Sayo, N.; Kumobayashi, H.; Akutagawa, S.; Ohta, T.; Takaya, H.; Noyori, R. *J. Am. Chem. Soc.* **1988**, *110*, 629–631. (d) Noyori, R.; Ohkuma, T.; Kitamura, H.; Takaya, H.; Sayo, H.; Kumobayashi, S.; Akutagawa, S. *J. Am. Chem. Soc.* **1987**, *109*, 5856–5858. (e) Noyori, R.; Ohkuma, T. *Angew. Chem. Int. Ed.* **2001**, *40*, 40–73. (Review). (f) Noyori, R. *Angew. Chem. Int. Ed.* **2002**, *41*, 2008–2022. (Review, Nobel Prize Address).
2. Noyori, R. In *Asymmetric Catalysis in Organic Synthesis;* Ojima, I., ed.; Wiley: New York, **1994**, Chapter 2. (Review).

3. Chung, J. Y. L.; Zhao, D.; Hughes, D. L.; McNamara, J. M.; Grabowski, E. J. J.; Reider, P. J. *Tetrahedron Lett.* **1995**, *36*, 7379–7382.
4. Bayston, D. J.; Travers, C. B.; Polywka, M. E. C. *Tetrahedron: Asymmetry* **1998**, *9*, 2015–2018.
5. Berkessel, A.; Schubert, T. J. S.; Mueller, T. N. *J. Am. Chem. Soc.* **2002**, *124*, 8693–8698.
6. Fujii, K.; Maki, K.; Kanai, M.; Shibasaki, M. *Org. Lett.* **2003**, *5*, 733–736.
7. Ishibashi, Y.; Bessho, Y.; Yoshimura, M.; Tsukamoto, M.; Kitamura, M. *Angew. Chem. Int. Ed.* **2005**, *44*, 7287–7290.
8. Lall, M. S. *Noyori Asymmetric Hydrogenation*, In *Name Reactions for Functional Group Transformations*; Li, J. J., Ed.; Wiley: Hoboken, NJ, **2007**, pp 46–66. (Review).
9. Bouillon, M. E.; Meyer, H. H. *Tetrahedron* **2007**, *63*, 2712–2723.
10. Case-Green, S. C.; Davies, S. G.; Roberts, P. M.; Russell, A. J.; Thomson, J. E. *Tetrahedron: Asymmetry* **2008**, *19*, 2620–2631.
11. Magnus, N. A.; Astleford, B. A.; Laird, D. L. T.; Maloney, T. D.; McFarland, A. D.; Rizzo, J. R.; Ruble, J. C.; Stephenson, G. A.; Wepsiec, J. P. *J. Org. Chem.* **2013**, *78*, 5768–5774.
12. Alnafta, N.; Schmidt, J. P.; Nesbitt, C. L.; McErlean, C. S. P. *Org. Lett.* **2016**, *18*, 6520–6522.
13. Dias, L. C.; Polo, E. C. *J. Org. Chem.* **2017**, *82*, 4072–4112.
14. Zheng, L.-S.; Phansavath, P.; Ratovelomanana-Vidal, V. *Org. Lett.* **2018**, *20*, 5107–5111.
15. Blitz, M.; Heine, R. C.; Harms, K.; Koert, U. *Org. Lett.* **2019**, *21*, 785–788.
16. Zhao, M. M.; Zhang, H.; Iimura, S.; Bednarz, M. S.; Kanamarlapudi, R. C.; Yan, J.; Lim, N.-K.; Wu, W. *Org. Process Res. Dev.* **2020**, *24*, 261–273.

Nozaki–Hiyama–Kishi 反应

Cr–Ni 双金属化物催化剂促进的烯基或炔丙基卤代烃对醛的氧化还原反应。

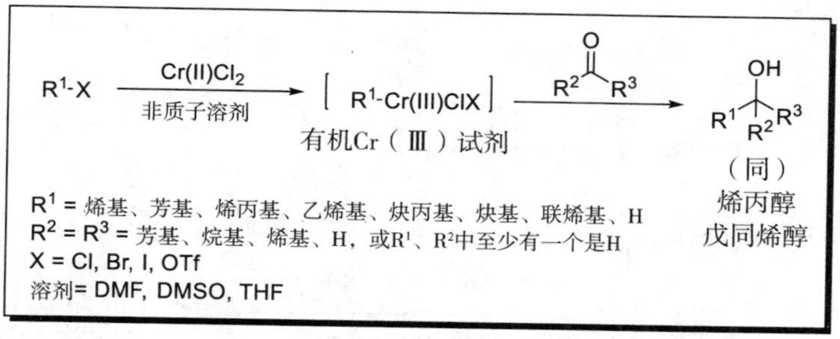

$R^1\text{-}X \xrightarrow[\text{非质子溶剂}]{Cr(II)Cl_2} [R^1\text{-}Cr(III)ClX] \xrightarrow{R^2COR^3} \underset{R^2}{\underset{R^3}{R^1}}\text{-OH}$

有机 Cr(III) 试剂 → (同)烯丙醇 / 戊同烯醇

R^1 = 烯基、芳基、烯丙基、乙烯基、炔丙基、炔基、联烯基、H
$R^2 = R^3$ = 芳基、烷基、烯基、H，或 R^1、R^2 中至少有一个是 H
X = Cl, Br, I, OTf
溶剂 = DMF, DMSO, THF

催化循环：[2]

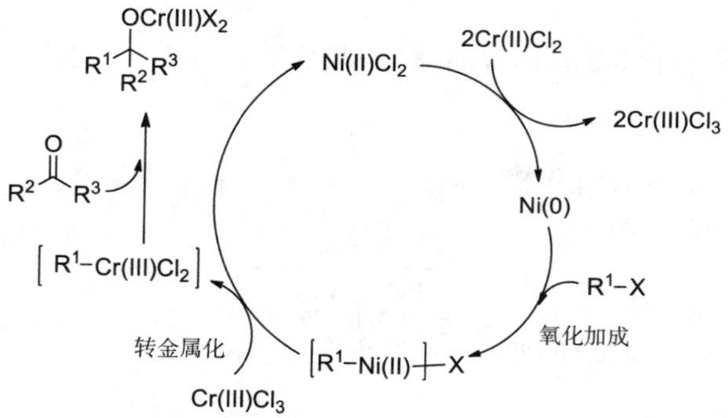

(催化循环图: OCr(III)X₂, R¹R²R³ / R²COR³ / [R¹-Cr(III)Cl₂] / 转金属化 / Cr(III)Cl₃ / [R¹-Ni(II)]-X / 氧化加成 / R¹-X / Ni(0) / 2Cr(III)Cl₃ / 2Cr(II)Cl₂ / Ni(II)Cl₂)

Example 1 [3]

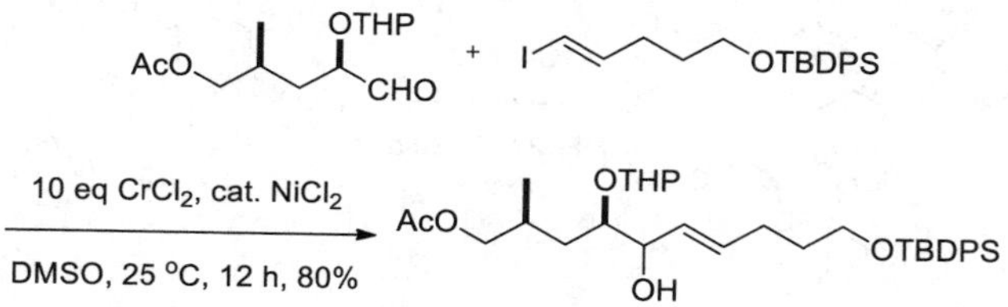

AcO—CH(Me)—CH₂—CH(OTHP)—CHO + I-CH=CH-CH₂CH₂-OTBDPS

$\xrightarrow[\text{DMSO, 25 °C, 12 h, 80%}]{\text{10 eq CrCl}_2\text{, cat. NiCl}_2}$ AcO—CH(Me)—CH₂—CH(OTHP)—CH(OH)—CH=CH—CH₂CH₂—OTBDPS

Example 2 [5]

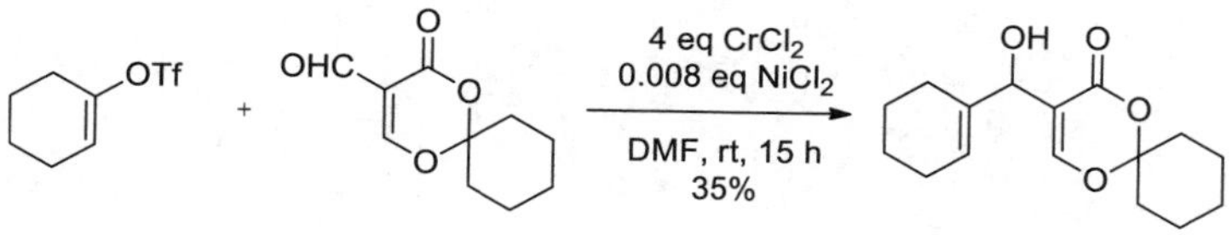

环己烯基-OTf + OHC—(螺二噁烷酮) $\xrightarrow[\text{DMF, rt, 15 h}]{\underset{35\%}{\text{4 eq CrCl}_2,\ 0.008\text{ eq NiCl}_2}}$ 环己烯基-CH(OH)—(螺二噁烷酮)

Example 3, 分子内Nozaki–Hiyama–Kishi 反应[8]

Example 4, 分子内Nozaki–Hiyama–Kishi 反应[9]

Example 5, 不对称Nozaki–Hiyama–Kishi 反应[11]

Example 6, Nozaki–Hiyama–Kishi 大环内酯化反应[12]

Example 7[14]

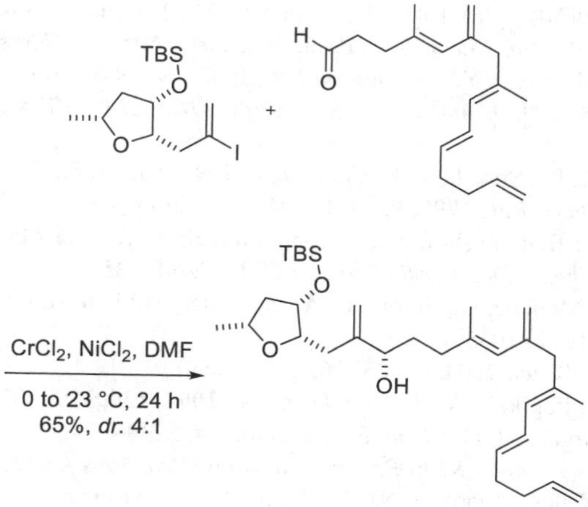
TBS
O
O
I
H
O
+
CrCl2, NiCl2, DMF
0 to 23 °C, 24 h
65%, dr. 4:1
OH

Example 8[15]

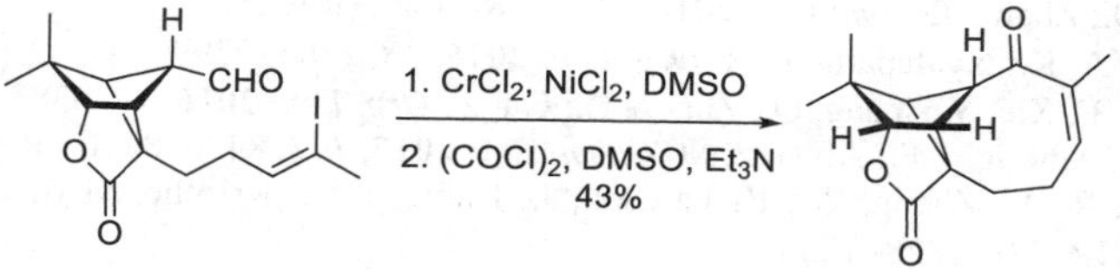
H
CHO
O
O
I
1. CrCl2, NiCl2, DMSO
2. (COCl)2, DMSO, Et3N
43%
H
H
H

Example 9[17]

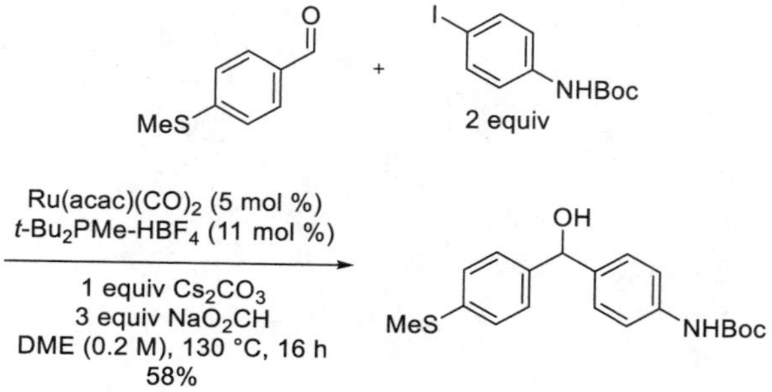
O
MeS
+
I
NHBoc
2 equiv
Ru(acac)(CO)2 (5 mol %)
t-Bu2PMe-HBF4 (11 mol %)
1 equiv Cs2CO3
3 equiv NaO2CH
DME (0.2 M), 130 °C, 16 h
58%
OH
MeS
NHBoc

References

1. (a) Okude, C. T.; Hirano, S.; Hiyama, T.; Nozaki, H. *J. Am. Chem. Soc.* **1977,** *99*, 3179–3181. 野崎(H. Nozaki)和桧山(T. Hiyama)是日本科学院的教授。(b) Takai, K.; Kimura, K.; Kuroda, T.; Hiyama, T.; Nozaki, H. *Tetrahedron Lett.* **1983,** *24*, 5281–5284. 本反应发现时高井(KTakai)是野崎教授的学生，现在他是冈山大学的教授。

(c) Jin, H.; Uenishi, J.; Christ, W. J.; Kishi, Y. *J. Am. Chem. Soc.* **1986**, *108*, 5644–5646. 哈佛大学的岸(Y. Kishi)教授在研究沙海葵毒素的全合成中独立发现本反应可被镍化物催化。 (d) Takai, K.; Tagahira, M.; Kuroda, T.; Oshima, K.; Utimoto, K.; Nozaki, H. *J. Am. Chem. Soc.* **1986**, *108*, 6048–6050. (e) Kress, M. H.; Ruel, R.; Miller, L. W. H.; Kishi, Y. *Tetrahedron Lett.* **1993**, *34*, 5999–6002.
2. Fürstner, A.; Shi, N. *J. Am. Chem. Soc.* **1996**, *118*, 12349–12357. (The catalytic cycle).
3. Chakraborty, T. K.; Suresh, V. R. *Chem. Lett.* **1997**, 565–566.
4. Fürstner, A. *Chem. Rev.* **1999**, *99*, 991–1046. (Review).
5. Blaauw, R. H.; Benninghof, J. C. J.; van Ginkel, A. E.; van Maarseveen, J. H.; Hiemstra, H. *J. Chem. Soc., Perkin Trans. 1* **2001**, 2250–2256.
6. Berkessel, A.; Menche, D.; Sklorz, C. A.; Schroder, M.; Paterson, I. *Angew. Chem. Int. Ed.* **2003**, *42*, 1032–1035.
7. Takai, K. *Org. React.* **2004**, *64*, 253–612. (Review).
8. Karpov, G. V.; Popik, V. V. *J. Am. Chem. Soc.* **2007**, *129*, 3792–3793.
9. Valente, C.; Organ, M. G. *Chem. Eur. J.* **2008**, *14*, 8239–8245.
10. Yet, L. *Nozaki–Hiyama–Kishi Reaction*. In *Name Reactions for Homologations-Part I*; Li, J. J., Ed.; Wiley: Hoboken, NJ, **2009**, pp 299–318. (Review).
11. Austad, B. C.; Benayoud, F.; Calkins, T. L.; et al. *Synlett* **2013**, *17*, 327–332.
12. Bolte, B.; Basutto, J. A.; Bryan, C. S.; Garson, M. J.; Banwell, M. G.; Ward, J. S. *J. Org. Chem.* **2015**, *80*, 460–470.
13. Tian, Q.; Zhang, G. *Synthesis* **2016**, *48*, 4038–4049. (Review).
14. Ghosh, A. K.; Nyalapatla, P. R. *Org. Lett.* **2016**, *18*, 2286–2299.
15. Wang, B.; Xie, Y.; Yang, Q.; Zhang, G.; Gu, Z. *Org. Lett.* **2016**, *18*, 5388–5391.
16. Gil, A.; Albericio, F.; Alvarez, M. *Chem. Rev.* **2017**, *117*, 8420–8446. (Review).
17. Swyka, R. A.; Zhang, W.; Richardson, J.; Ruble, J. C.; Krische, M. J. *J. Am. Chem. Soc.* **2019**, *141*, 1828–1832.
18. Rafaniello, A. A.; Rizzacasa, M. A. *Org. Lett.* **2020**, *22*, 1972–1975.

烯烃复分解反应

Grubbs、Schrock、Heveyda 和许多科学家对烯烃复分解反应都作出过杰出贡献。此处也将该反应称为烯烃复分解反应而非冠以一个简单的人名。

下面的机理中这几个催化剂都用 "$L_nM=CHR$" 表示

真正的催化剂来自前(预)催化剂：

催化循环：

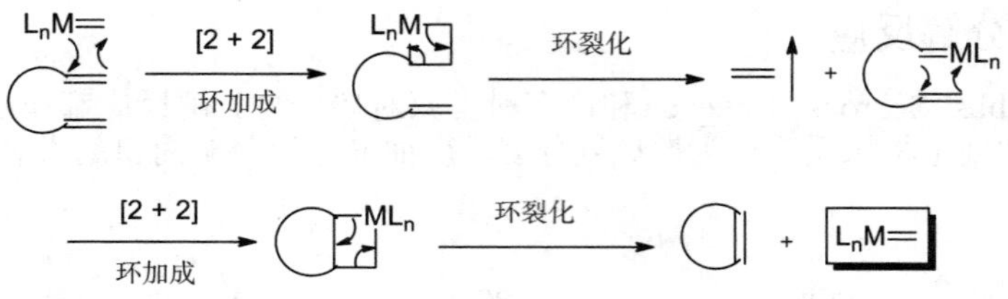
LnM=
[2 + 2]
环加成
环裂化
MLn

Example 1[3]

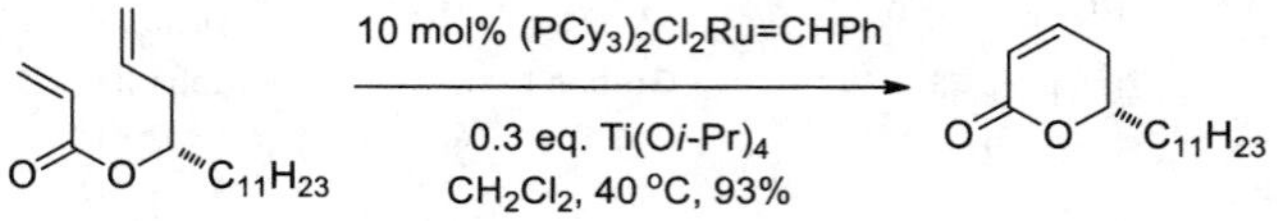
10 mol% (PCy3)2Cl2Ru=CHPh
0.3 eq. Ti(Oi-Pr)4
CH2Cl2, 40 °C, 93%
C11H23

Example 2[4]

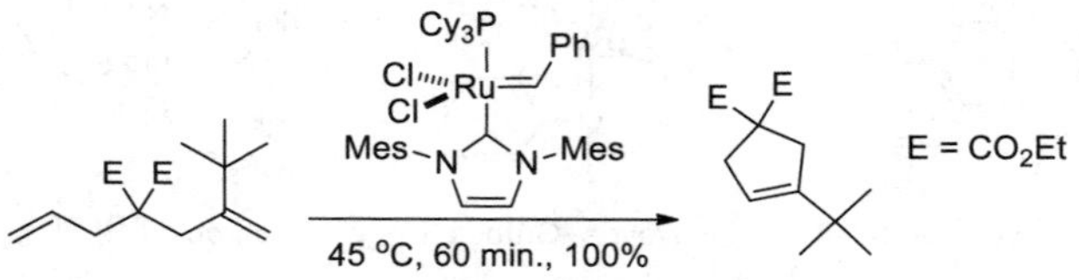
Cy3P
Ph
Mes
45 °C, 60 min., 100%
E = CO2Et

Example 3[7]

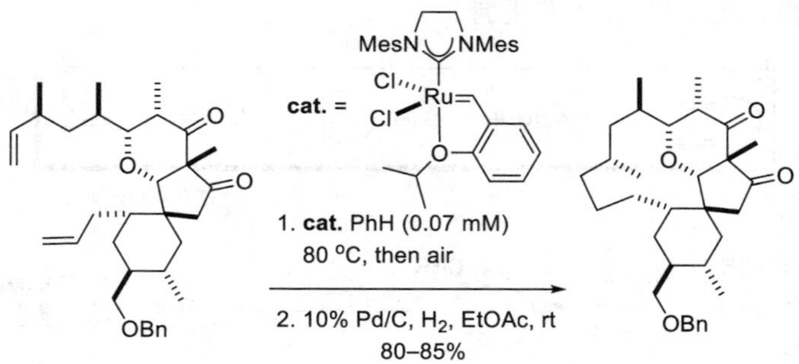
cat. =
MesN
NMes
1. cat. PhH (0.07 mM)
80 °C, then air
2. 10% Pd/C, H2, EtOAc, rt
80–85%
OBn

Example 4[9]

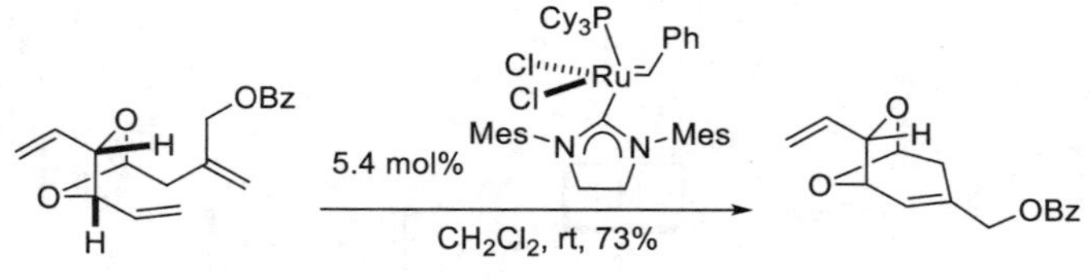
Cy3P
Ph
Mes
5.4 mol%
CH2Cl2, rt, 73%
OBz

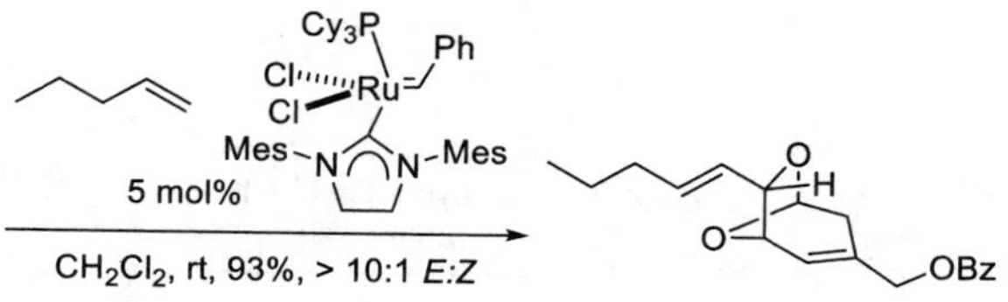

Example 5[10]

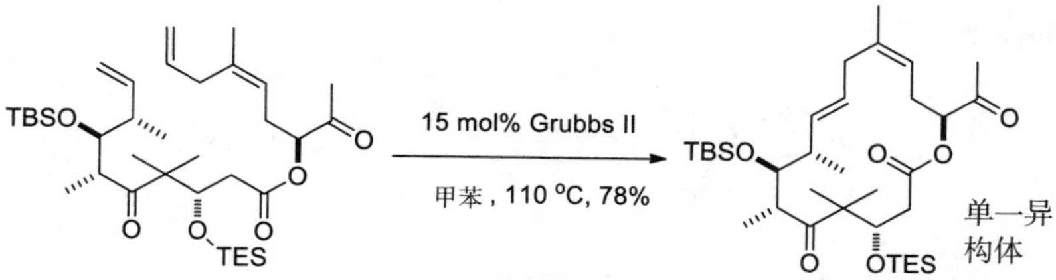

Example 6[12]

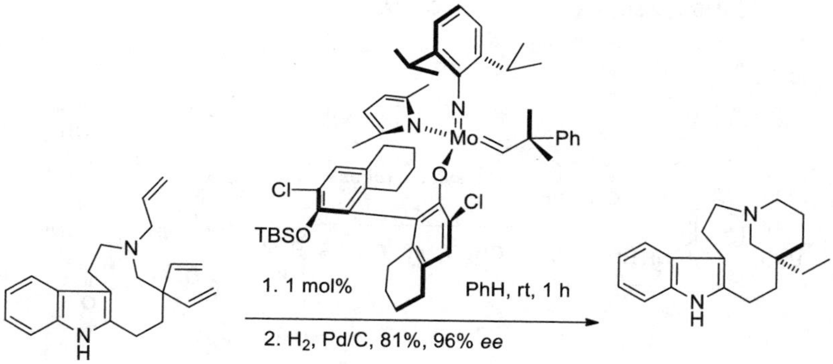

Example 7[13]

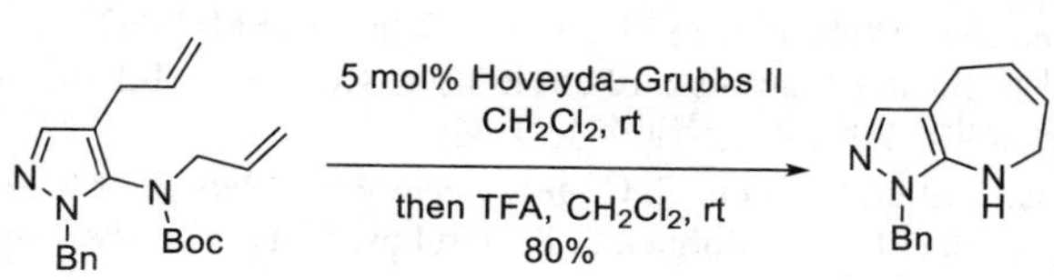

Example 8, 分子间烯烃复分解反应[14]

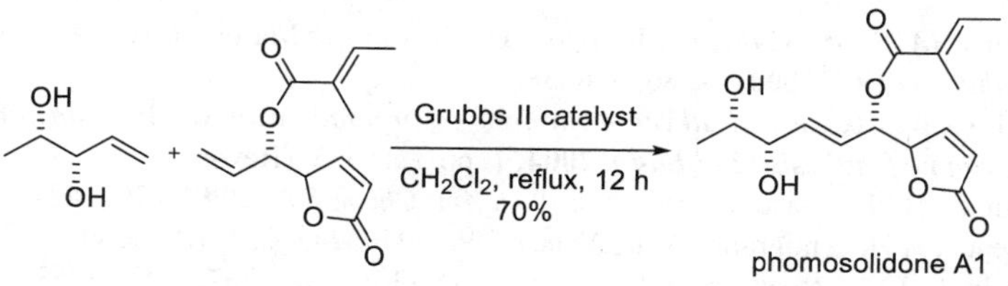

phomosolidone A1

Example 9[15]

Example 10[18]

Example 11[19]

References

1. Schrock, R. R.; Murdzek, J. S.; Bazan, G. C.; Robbins, J.; DiMare, M.; O'Regan, M. *J. Am. Chem. Soc.* **1990**, *112*, 3875–3886. R. Schrock是MIT的教授，与Caltech的R. Grubbs和法国Institut Francais du Petrole 的Y. Chauvin一起因对烯烃复分解反应所作的贡献而共享2005年度诺贝尔化学奖。
2. Grubbs, R. H.; Miller, S. J.; Fu, G. C. *Acc. Chem. Res.* **1995**, *28*, 446–452. (Review).
3. Scholl, M.; Tunka, T. M.; Morgan, J. P.; Grubbs, R. H. *Tetrahedron Lett.* **1999**, *40*, 2247–2250.
4. Fellows, I. M.; Kaelin, D. E., Jr.; Martin, S. F. *J. Am. Chem. Soc.* **2000**, *122*, 10781–10787.
5. Timmer, M. S. M.; Ovaa, H.; Filippov, D. V.; van der Marel, G. A.; van Boom, J. H. *Tetrahedron Lett.* **2000**, *41*, 8635–8638.
6. Thiel, O. R. *Alkene and alkyne metathesis in organic synthesis.* In *Transition Metals for Organic Synthesis (2nd Edn.)*, **2004**, *1*, pp 321–333. (Review).
7. Smith, A. B., III; Basu, K.; Bosanac, T. *J. Am. Chem. Soc.* **2007**, *129*, 14872–14874.
8. Hoveyda, A.H.; Zhugralin, A. R. *Nature* **2007**, *450*, 243–251. (Review).
9. Marvin, C. C.; Clemens, A. J. L.; Burke, S. D. *Org. Lett.* **2007**, *9*, 5353–5356.

10. Keck, G. E.; Giles, R. L.; Cee, V. J.; Wager, C. A.; Yu, T.; Kraft, M. B. *J. Org. Chem.* **2008,** *73*, 9675–9691.
11. Donohoe, T. J.; Fishlock, L. P.; Procopiou, P. A. *Chem. Eur. J.* **2008,** *14*, 5716–5726. (Review).
12. Sattely, E. S.; Meek, S. J.; Malcolmson, S. J.; Schrock, R. R.; Hoveyda, A. H. *J. Am. Chem. Soc.* **2009,** *131*, 943–953.
13. Moss, T. A. *Tetrahedron Lett.* **2013,** *54*, 993–997.
14. Raju, K. S.; Sabitha, G. *Tetrahedron: Asymmetry* **2016,** *27*, 639–642.
15. Burnley, J.; Wang, Z. J.; Jackson, W. R.; Robinson, A. J. *J. Org. Chem.* **2017,** *82*, 8497–8505.
16. Yu, M.; Lou, S.; Gonzalez-Bobes, F. *Org. Process Res. Dev.* **2018,** *22*, 918–946. (Review).
17. Lecourt, C.; Dhambri, S.; Allievi, L.; Sanogo, Y.; Zeghbib, N.; Othman, R. B.; Lannou, M.-I.; Sorin, G.; Ardisson, J. *Nat. Prod. Rep.* **2018,** *35*, 105–124. (Review).
18. Atkin, L.; Chen, Z.; Robertson, A.; Sturgess, D.; White, J. M.; Rizzacasa, M. A. *Org. Lett.* **2018,** *20*, 4255–4258.
19. Cheng-Sánchez, I.; Carrillo, P.; Sánchez-Ruiz, A.; Martinez-Poveda, B.; Quesada, A. R.; Medina, M. A.; López-Romero, J. M.; Sarabia, F. *J. Org. Chem.* **2018,** *83*, 5365–5383.
20. Li, J.; Stoltz, B. M.; Grubbs, R. H. *Org. Lett.* **2019,** *21*, 10139–10142.
21. Yamanushkin, P.; Smith, S. P.; Petillo, P. A.; Rubin, M. *Org. Lett.* **2020,** *22*, 3542–3546.

Oppenauer 氧化反应

烷氧基催化的仲醇的氧化反应。是 Meerwein–Poundorf–Vorley 反应的逆反应。

$$R_1R_2CH-OH \xrightarrow{Al(Oi\text{-}Pr)_3,\ (CH_3)_2CO} R_1C(O)R_2 + iPrOH$$

机理：经环状过渡态的负氢转移。

Example 1, Mg 化物参与的 Oppenauer 氧化反应[3]

$$\text{CH}_3\text{CH=CH-CH(OH)-C}_4\text{H}_9 \xrightarrow[\text{2. PhCHO, 60\%}]{\text{1. EtMgBr, }i\text{-Pr}_2\text{O}} \text{CH}_3\text{CH=CH-C(O)-C}_4\text{H}_9$$

Example 2[6]

$$o\text{-HO-C}_6\text{H}_4\text{-CH(OH)CH}_3 \xrightarrow[\text{PhH, rt, 24 h, 70\%}]{(i\text{-PrO})_2\text{AlO}_2\text{CCF}_3,\ p\text{-O}_2\text{N-Ph-CHO}} o\text{-HO-C}_6\text{H}_4\text{-C(O)CH}_3$$

Example 3, Mg 化物参与的 Oppenauer 氧化反应[8]

$$\text{RMgCl·LiCl} \xrightarrow[-20\ ^\circ\text{C}]{\text{R'CHO}} \text{R'CH(R)-OMgCl} \xrightarrow[0\ ^\circ\text{C to rt}]{\text{PhCHO}} [\text{cyclic Mg complex}]$$

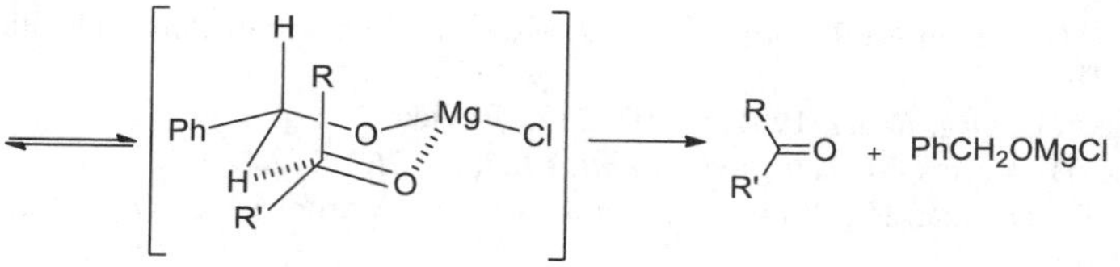

$$\rightleftharpoons \left[\begin{array}{c} \text{Ph} \cdots \overset{H}{\underset{R'}{\overset{R}{\diagup}}} O - Mg - Cl \\ H \diagdown \underset{R'}{\overset{\diagup}{\diagdown}} O \end{array} \right] \longrightarrow \overset{R}{\underset{R'}{\diagdown}} O + PhCH_2OMgCl$$

Example 4[10]

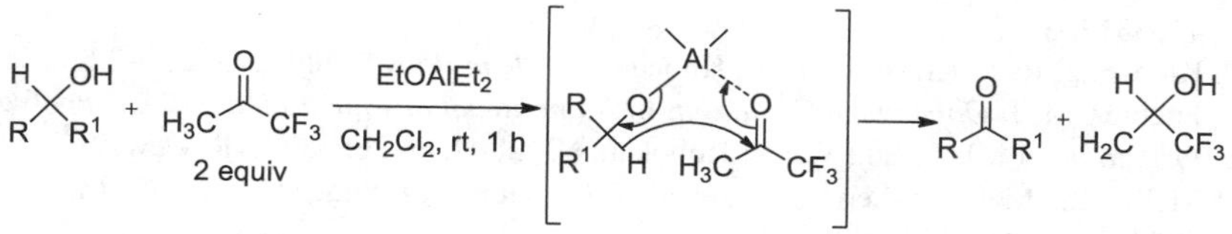

Example 5, 串联的亲核加成–Oppenauer 氧化反应[12]

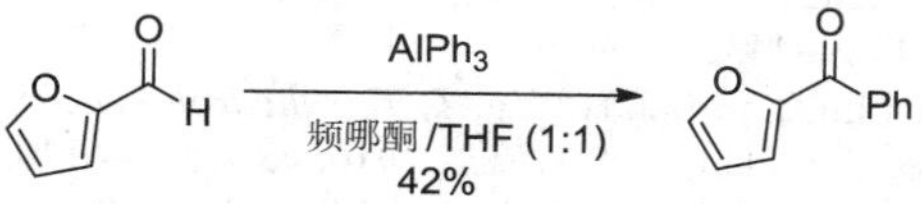

Example 6, Ru(II)–N,N,N–配合物为催化剂[13]

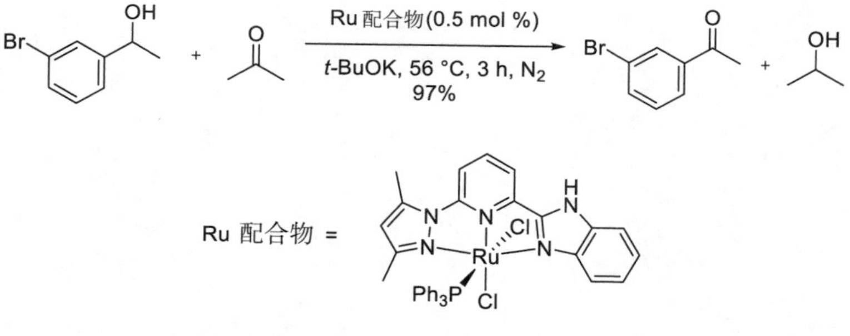

Ru 配合物 =

Example 7, In(O^{i}Pr)$_3$ 为氢转移剂[14]

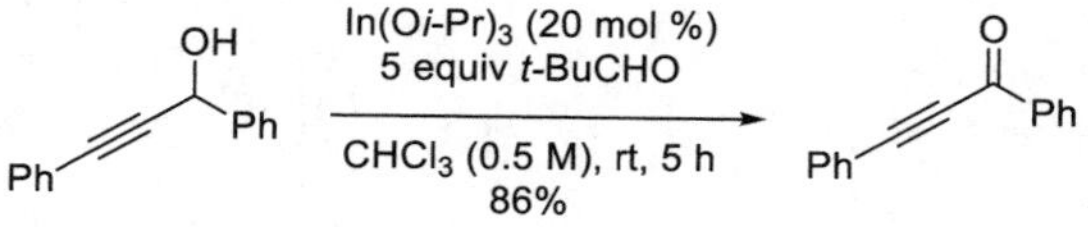

References

1. Oppenauer, R. V. *Rec. Trav. Chim.* **1937,** *56,* 137–144. 奥本诺尔(R. V. Oppenauer, 1910–1969)出生于意大利的Burgstall, 在苏黎世跟两位诺贝尔化学奖得主卢齐卡(L. Ruzicka)和赖希施泰因(T. Reichstein)学习后在欧洲各地从事学术研究和在罗

氏公司(Hoffman-La Roche)工作,并为阿根廷的 Ministry of Public Health in Buenos Aires 服务。
2. Djerassi, C. *Org. React.* **1951**, *6*, 207–235. (Review).
3. Byrne, B.; Karras, M. *Tetrahedron Lett.* **1987**, *28*, 769–772.
4. Ooi, T.; Otsuka, H.; Miura, T.; Ichikawa, H.; Maruoka, K. *Org. Lett.* **2002**, *4*, 2669–2672.
5. Suzuki, T.; Morita, K.; Tsuchida, M.; Hiroi, K. *J. Org. Chem.* **2003**, *68*, 1601–1602.
6. Auge, J.; Lubin-Germain, N.; Seghrouchni, L. *Tetrahedron Lett.* **2003**, *44*, 819–822.
7. Hon, Y.-S.; Chang, C.-P.; Wong, Y.-C. Byrne, B.; Karras, M. *Tetrahedron Lett.* **2004**, *45*, 3313–3315.
8. Kloetzing, R. J.; Krasovskiy, A.; Knochel, P. *Chem. Eur. J.* **2007**, *13*, 215–227.
9. Fuchter, M. J. *Oppenauer Oxidation*. In *Name Reactions for Functional Group Transformations*; Li, J. J., Ed.; Wiley: Hoboken, NJ, **2007**, pp 265–373. (Review).
10. Mello, R.; Martinez-Ferrer, J.; Asensio, G.; Gonzalez-Nunez, M. E. *J. Org. Chem.* **2008**, *72*, 9376–9378.
11. Borzatta, V.; Capparella, E.; Chiappino, R.; Impala, D.; Poluzzi, E.; Vaccari, A. *Cat. Today* **2009**, *140*, 112–116.
12. Fu, Y.; Yang, Y.; Hügel, H. M.; Du, Z.; Wang, K.; Huang, D.; Hu, Y. *Org. Biomol. Chem.* **2013**, *11*, 4429–4432.
13. Wang, Q.; Du, W.; liu, T.; Chai, H.; Yu, Z. *Tetrahedron Lett.* **2014**, *55*, 1585–1588.
14. Ogiwara, Y.; Ono, Y.; Sakai, N. *Synthesis* **2016**, *48*, 4143–4148.
15. Krasniqi, B.; Geerts, K.; Dehaen, W. *J. Org. Chem.* **2019**, *84*, 5027–5034.

Overman 重排反应

烯丙基醇立体选择性地经三氯亚胺酯中间体转化为烯丙基三氯乙酰胺。

三氯亚胺酯

Example 1[5]

Example 2[6]

Example 3[7]

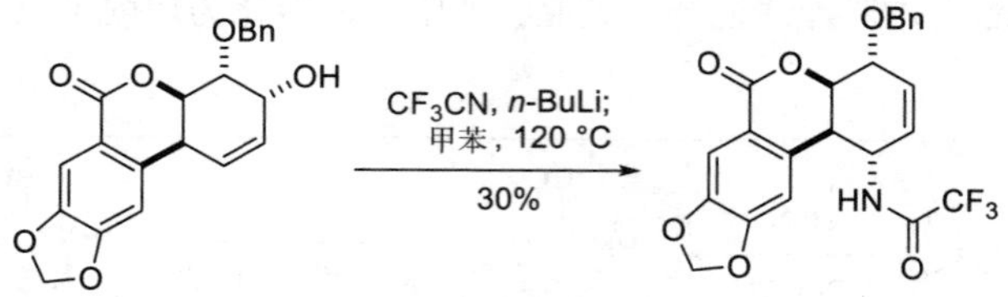

Example 4[9]

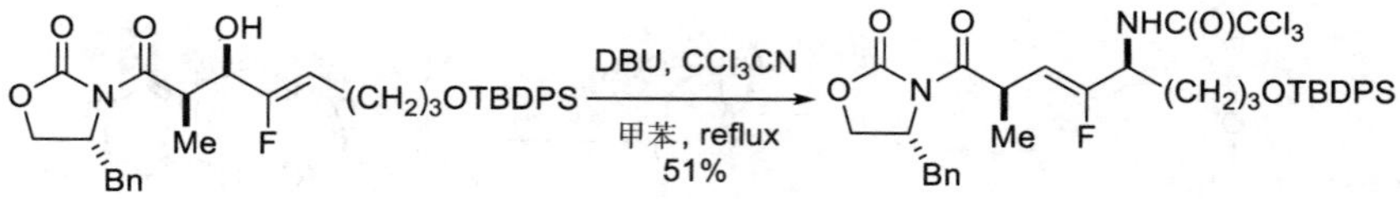

Example 5, 串联式Overman重排反应[11]

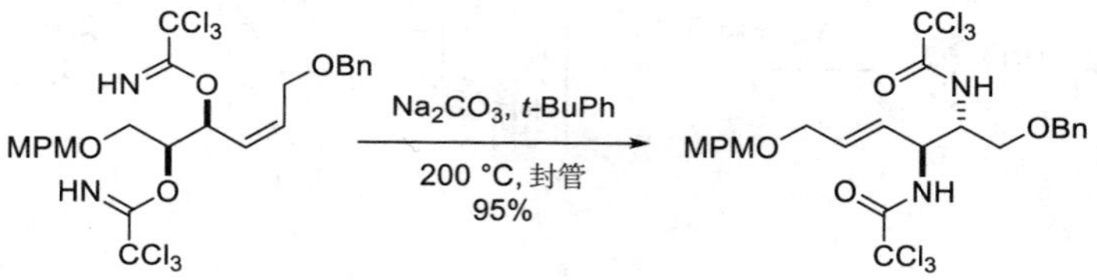

Example 6, 热[3,3]–和[3,5]重排反应[12]

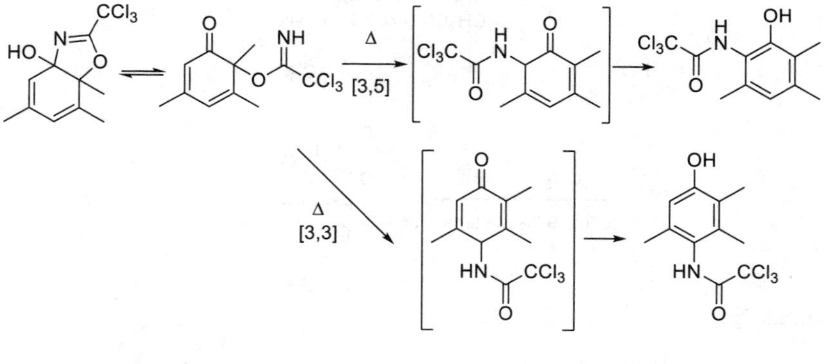

Example 7[13]

Example 8[14]

References

1. (a) Overman, L. E. *J. Am. Chem. Soc.* **1974**, *96*, 597–599. (b) Overman, L. E. *J. Am. Chem. Soc.* **1976**, *98*, 2901–2910. (c) Overman, L. E. *Acc. Chem. Res.* **1980**, *13*, 218–224. (Review).
2. Demay, S.; Kotschy, A.; Knochel, P. *Synthesis* **2001**, 863–866.
3. Oishi, T.; Ando, K.; Inomiya, K.; Sato, H.; Iida, M. *Org. Lett.* **2002**, *4*, 151–154.
4. Reilly, M.; Anthony, D. R.; Gallagher, C. *Tetrahedron Lett.* **2003**, *44*, 2927–2930.
5. Tsujimoto, T.; Nishikawa, T.; Urabe, D.; Isobe, M. *Synlett* **2005**, 433–436.
6. Montero, A.; Mann, E.; Herradon, B. *Tetrahedron Lett.* **2005**, *46*, 401–405.
7. Hakansson, A. E.; Palmelund, A.; Holm, H. *Chem. Eur. J.* **2006**, *12*, 3243–3253.
8. Bøjstrup, M.; Fanejord, M.; Lundt, I. *Org. Biomol. Chem.* **2007**, *5*, 3164–3171.
9. Lamy, C.; Hifmann, J.; Parrot-Lopez, H.; Goekjian, P. *Tetrahedron Lett.* **2007**, *48*, 6177–6180.
10. Wu, Y.-J. *Overman Rearrangement*. In *Name Reactions for Homologations-Part II*; Li, J. J., Ed.; Wiley: Hoboken, NJ, 2009, pp 210–225. (Review).
11. Nakayama, Y.; Sekiya, R.; Oishi, H.; Hama, N.; Yamazaki, M.; Sato, T.; Chida, N. *Chem. Eur. J.* **2013**, *19*, 12052–12058.
12. Sharma, S.; Rajale, T.; Unruh, D. K.; Birney, D. M. *J. Org. Chem.* **2015**, *80*, 11734–11743.
13. Martinez-Alsina, L. A.; Murray, J. C.; Buzon, L. M.; Bundesmann, M. W.; Young, J. M.; O'Neill, B. T. *J. Org. Chem.* **2017**, *82*, 12246–12256.
14. Fernandes, R. A.; Kattanguru, P.; Gholap, S. P.; Chaudhari, D. A. *Org. Biomol. Chem.* **2017**, *15*, 2672–2710. (Review).
15. Velasco-Rubio, A.; Alexy, E. J.; Yoritate, M.; Wright, A. C.; Stoltz, B. M. *Org. Let.* **2019**, *21*, 8962–8965.
16. Tjeng, A. A.; Handore, K. L.; Batey, R. A. *Org. Let.* **2020**, *22*, 3050–3055.

Paal–Knorr 吡咯合成反应

1,4-二酮和伯胺或氨反应给出吡咯的合成反应。是 Knorr 吡唑合成反应的变异。

Example 1[4]

© Springer Nature Switzerland AG 2021
J. J. Li, *Name Reactions*, https://doi.org/10.1007/978-3-030-50865-4_113

Example 2[5]

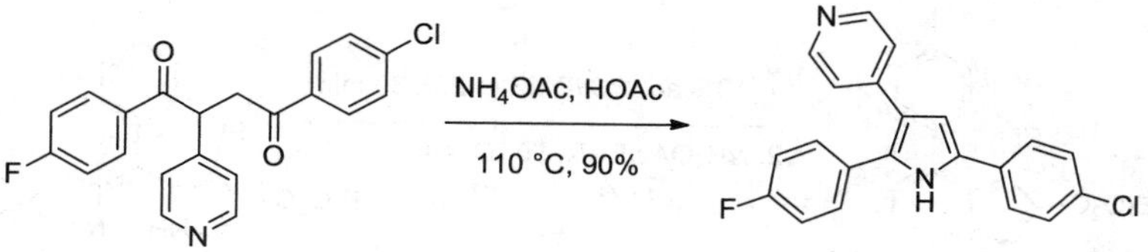

Example 3[9]

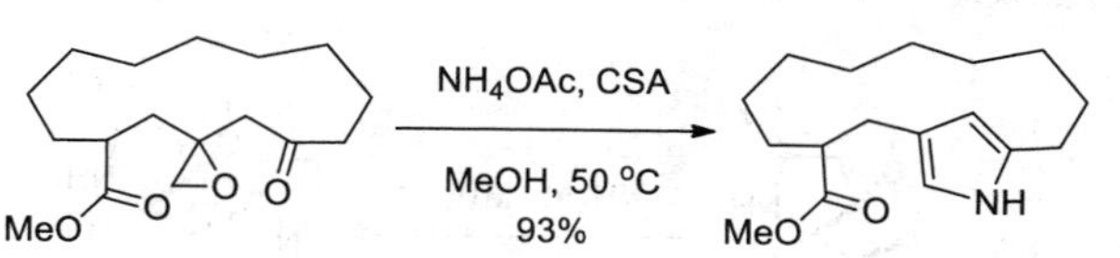

Example 4[10]

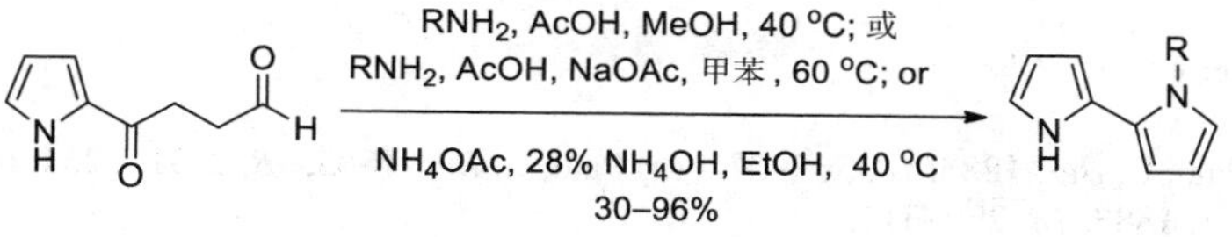

Example 5, 呋喃环打开-吡咯环闭合[10]

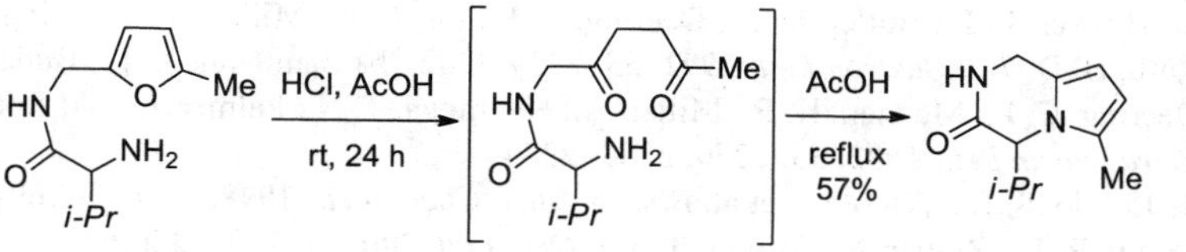

Example, 合成2-取代-3-氰基吡咯[12]

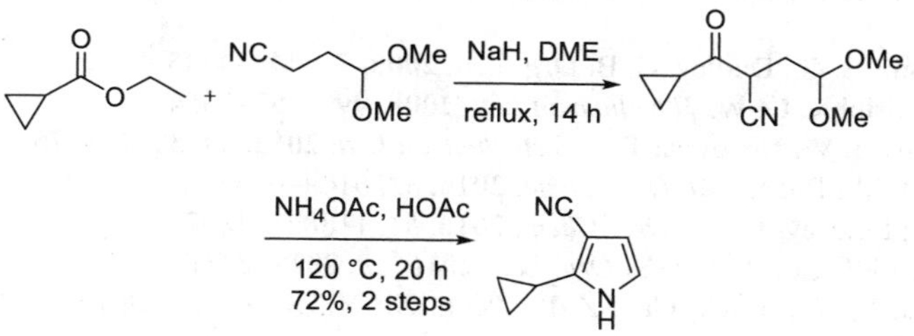

Example 6, 合成二氢比林[13]

Example 7, 全合成Marineosin A[14]

References

1. (a) Paal, C. *Ber.* **1885,** *18*, 367–371. (b) Paal, C. *Ber.* **1885,** *18*, 2251–2254. (c) Knorr, L. *Ber.* **1885,** *18*, 299–311.
2. Corwin, A. H. *Heterocyclic Compounds Vol. 1*, Wiley, NY, **1950**; Chapter 6. (Review).
3. Jones, R. A.; Bean, G. P. *The Chemistry of Pyrroles*, Academic Press, London, **1977**, pp 51–57, 74–79. (Review).
4. (a) Brower, P. L.; Butler, D. E.; Deering, C. F.; Le, T. V.; Millar, A.; Nanninga, T. N.; Roth, B. D. *Tetrahedron Lett.* **1992,** *33*, 2279-2282. (b) Baumann, K. L.; Butler, D. E.; Deering, C. F.; Mennen, K. E.; Millar, A.; Nanninga, T. N.; Palmer, C. W.; Roth, B. D. *Tetrahedron Lett.* **1992,** *33*, 2279, 2283–2284.
5. de Laszlo, S. E.; Visco, D.; et al. *Bioorg. Med. Chem. Lett.* **1998,** *8*, 2689–2694.
6. Braun, R. U.; Zeitler, K.; Müller, T. J. J. *Org. Lett.* **2001,** *3*, 3297–3300.
7. Quiclet-Sire, B.; Quintero, L.; Sanchez-Jimenez, G.; Zard, Z. *Synlett* **2003,** 75–78.
8. Gribble, G. W. *Knorr and Paal–Knorr Pyrrole Syntheses*. In *Name Reactions in Heterocyclic Chemistry*; Li, J. J., Corey, E. J., Eds, Wiley: Hoboken, NJ, **2005,** 77–88. (Review).
9. Salamone, S. G.; Dudley, G. B. *Org. Lett.* **2005,** *7*, 4443–4445.
10. Fu, L.; Gribble, G. W. *Tetrahedron Lett.* **2008,** *49*, 7352–7354.
11. Trushkov, I. V.; Nevolina, T. A. *Tetrahedron Lett.* **2013,** *54*, 3974–3976.
12. Wiest, J. M.; Bach, T. *J. Org. Chem.* **2016,** *81*, 6149–6156.
13. Liu, Y.; Lindsey, J. S. *J. Org. Chem.* **2016,** *81*, 11882–11897.
14. Xu, B.; Li, G.; Li, J.; Shi, Y. *Org. Lett.* **2016,** *18*, 2028–2031.
15. Chen, J.-J.; Xu, Y.-C.; Gan, Z.-L.; Peng, X.; Yi, X.-Y. *Eur. J. Inorg. Chem.* **2019,** 1733–1739.
16. Zelina, E. Y.; Nevolina, T. A.; Sorotskaja, L. N.; Skvortsov, D. A.; Trushkov, I. V.; Uchuskin, M. G. *Tetrahedron Lett.* **2020,** *61*, 151532.

Parham 环化反应

本反应起自芳基锂和杂芳基锂的锂卤交换反应和随后在亲电位上进行的分子内环化反应。

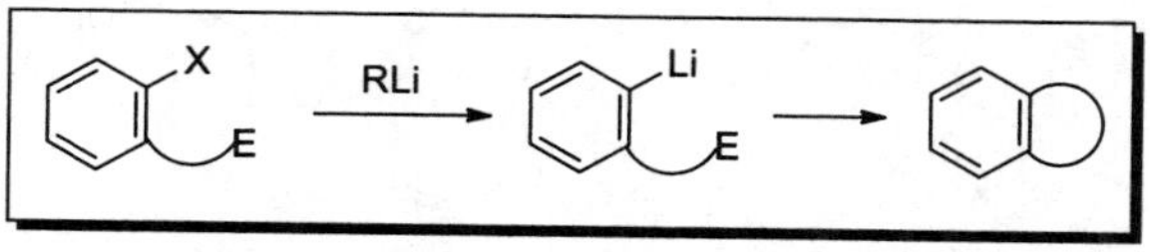

Example 1[1b]

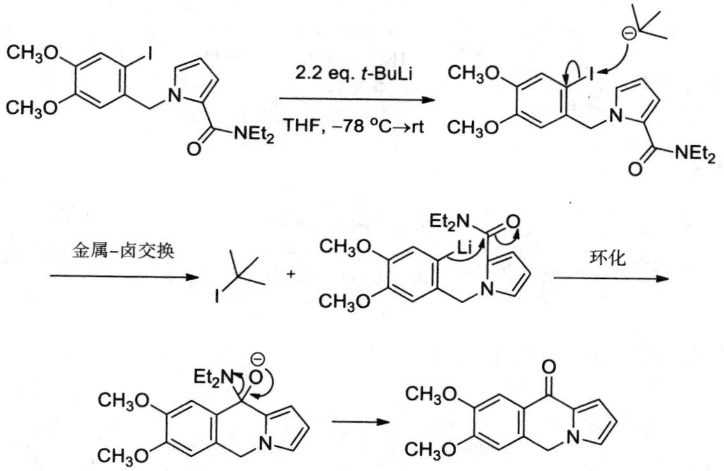

需要第二个当量的 *t*–BuLi:

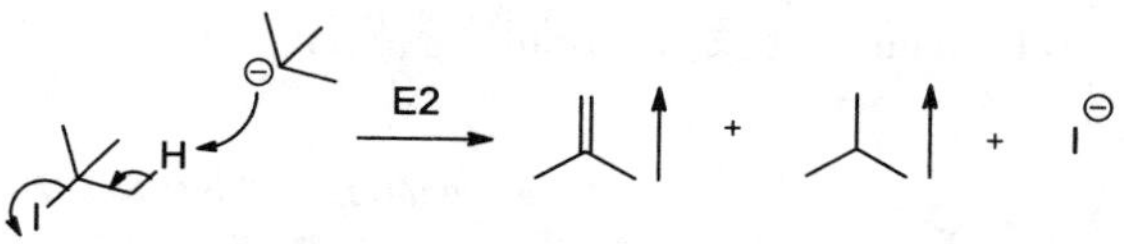

Example 2[2]

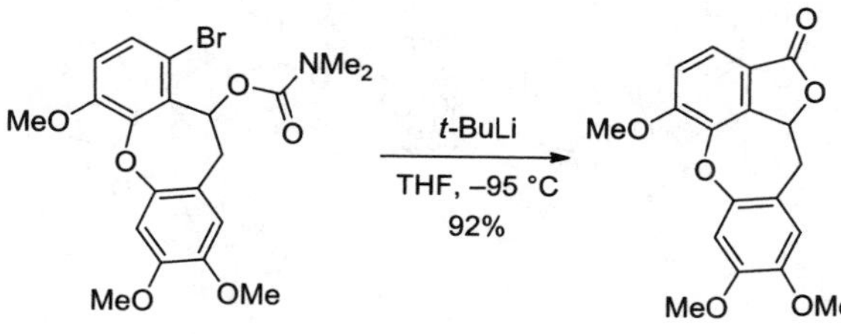

Example 3[4]

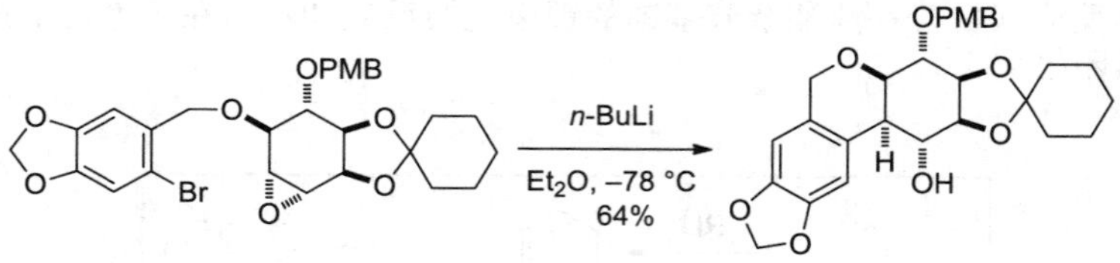

Example 4[5]

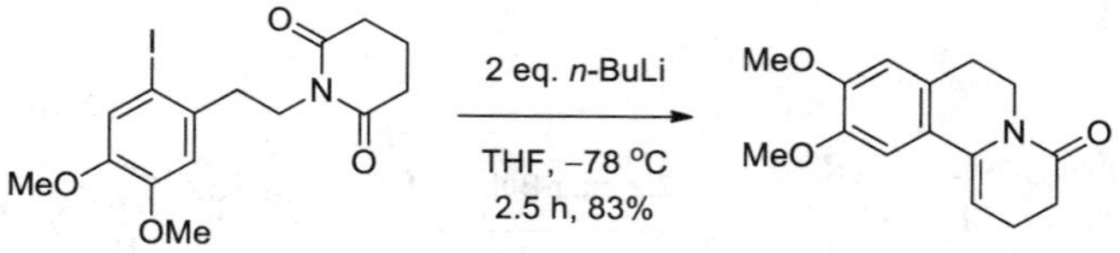

Example 5[9]

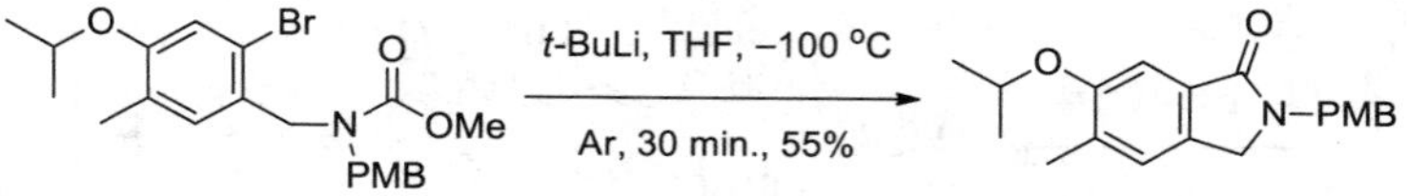

Example 6, 二芳基稠合的七元杂环酮[12]

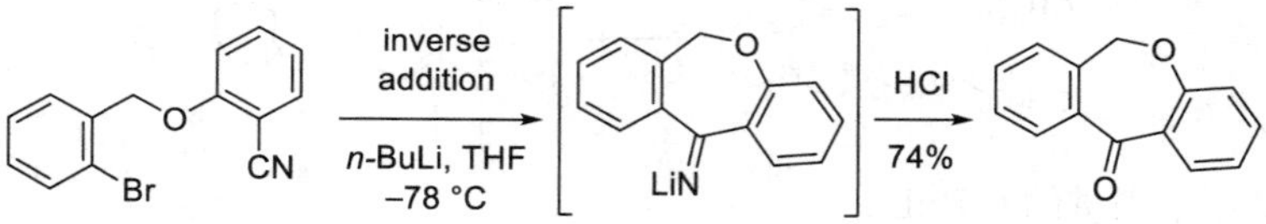

Example 7, 一锅煮Parham 环化反应−Aldol反应程序[13]

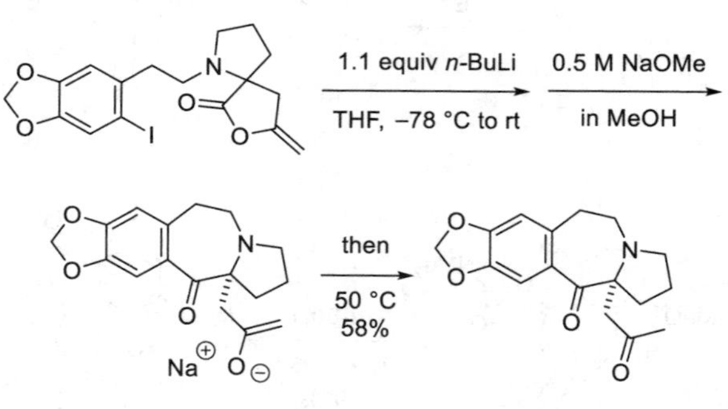

References

1. (a) Parham, W. E.; Jones, L. D.; Sayed, Y. *J. Org. Chem.* **1975**, *40*, 2394–2399. 帕哈姆 (W. P. Parham)是杜克大学(Duke University)教授。(b) Parham, W. E.; Jones, L. D.; Sayed, Y. *J. Org. Chem.* **1976**, *41*, 1184–1186. (c) Parham, W. E.; Bradsher, C. K. *Acc. Chem. Res.* **1982**, *15*, 300–305. (Review).
2. Paleo, M. R.; Lamas, C.; Castedo, L.; Domínguez, D. *J. Org. Chem.* **1992**, *57*, 2029–2033.
3. Gray, M.; Tinkl, M.; Snieckus, V. In *Comprehensive Organometallic Chemistry II*; Abel, E. W., Stone, F. G. A., Wilkinson, G., Eds.; Pergamon: Exeter, **1995**; Vol. 11; p 66. (Review).
4. Gauthier, D. R., Jr.; Bender, S. L. *Tetrahedron Lett.* **1996**, *37*, 13–16.
5. Collado, M. I.; Manteca, I.; Sotomayor, N.; Villa, M.-J.; Lete, E. *J. Org. Chem.* **1997**, *62*, 2080–2092.
6. Mealy, M. M.; Bailey, W. F. *J. Organomet. Chem.* **2002**, *646*, 59–67. (Review).
7. Sotomayor, N.; Lete, E. *Current Org. Chem.* **2003**, *7*, 275–300. (Review).
8. González-Temprano, I.; Osante, I.; Lete, E.; Sotomayor, N. *J. Org. Chem.* **2004**, *69*, 3875–3885.
9. Moreau, A.; Couture, A.; Deniau, E.; Grandclaudon, P.; Lebrun, S. *Org. Biomol. Chem.* **2005**, *3*, 2305–2309.
10. Gribble, G. W. *Parham Cyclization*. In *Name Reactions for Homologations-Part II*; Li, J. J., Ed.; Wiley: Hoboken, NJ, **2009**, pp 749–764. (Review).
11. Aranzamendi, E.; Sotomayor, N.; Lete, E. *J. Org. Chem.* **2012**, *77*, 2986–2991.
12. Farrokh, J.; Campos, C.; Hunt, D. A. *Tetrahedron Lett.* **2015**, *56*, 5245–5247.
13. Siitonen, J. H.; Yu, L.; Danielsson, J.; Di Gregorio, G.; Somfai, P. *J. Org. Chem.* **2018**, *83*, 11318–11322.
14. Melzer, B. C.; Plodek, A.; Bracher, F. *Beilst. J. Org. Chem.* **2019**, *15*, 2304–2310.

Passerini 反应

属多组分反应(MCRs)的一种羧酸、异氰化物和羰基化合物的三组分缩合反应(3CC)给出 α-酰氧基酰胺化物。亦是三组分反应(3CR)，参见547页上的Ugi反应。

Example 1[3]

Example 2[5]

© Springer Nature Switzerland AG 2021
J. J. Li, *Name Reactions*, https://doi.org/10.1007/978-3-030-50865-4_115

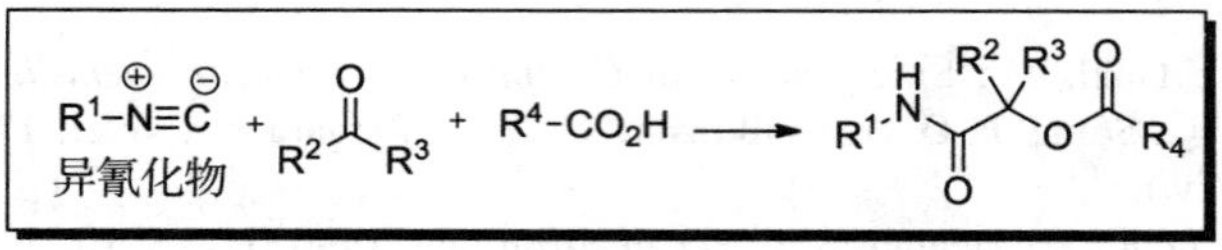

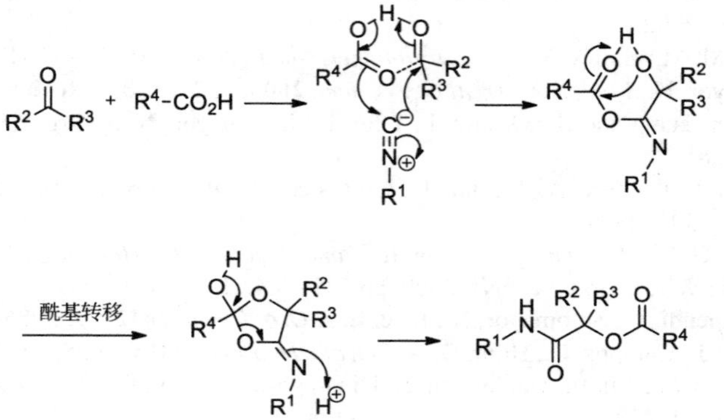

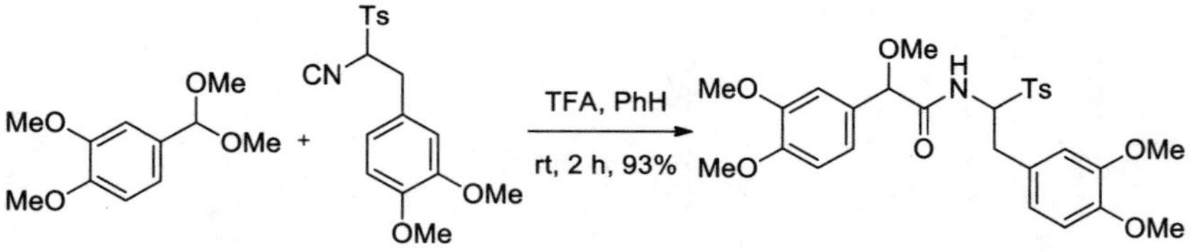

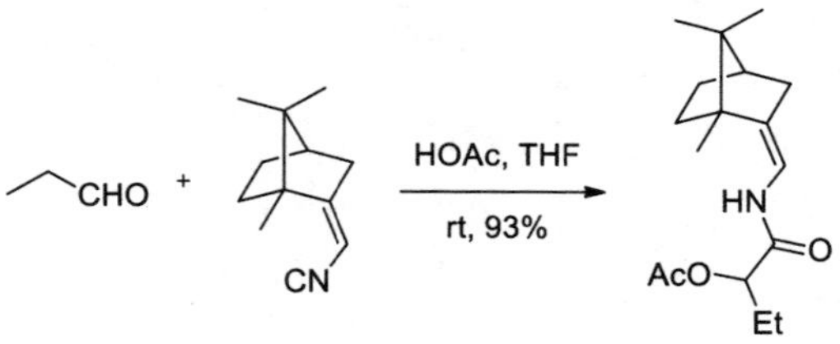

Example 3[6]

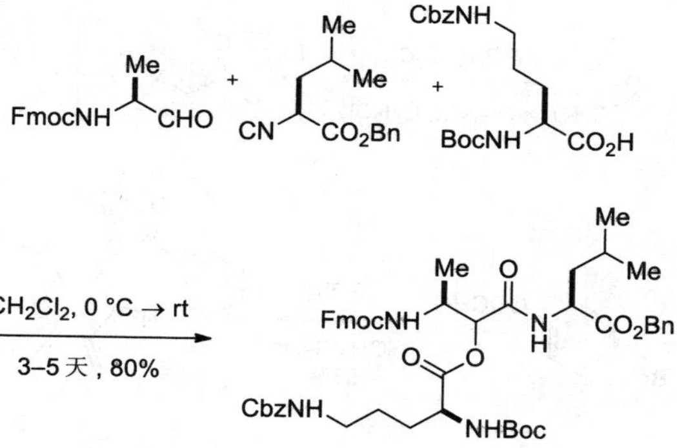

CH$_2$Cl$_2$, 0 °C → rt
3–5 天, 80%

Example 4[7]

CH$_2$Cl$_2$, 0 °C → rt
2 天, 59%

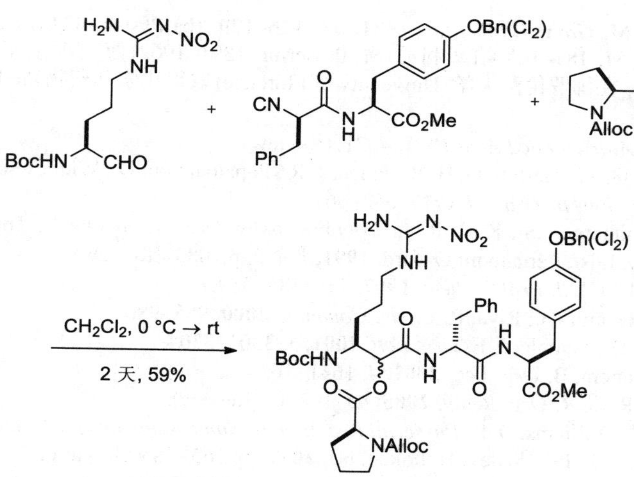

Example 5, Glycomimetics[12]

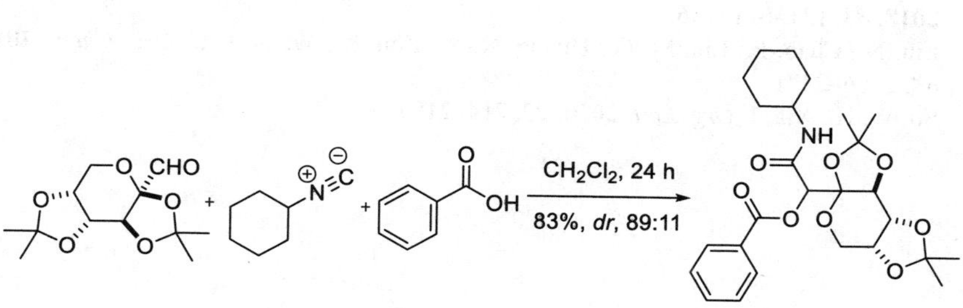

CH$_2$Cl$_2$, 24 h
83%, dr, 89:11

Example 6, 无嗅异氰化物就地生成即被俘获[13]

References

1. Passerini, M. *Gazz. Chim. Ital.* **1921,** *51*, 126–129. (b) Passerini, M. *Gazz. Chim. Ital.* **1921,** *51*, 181–188. 帕塞利尼 (M. Passerini, 1891–1962) 博士出生于意大利的 Scandicci。在佛罗伦萨大学 (University of Florence) 取得化学和药物 Ph. D., 后任该校教授。
2. Ferosie, I. *Aldrichimica Acta* **1971,** *4*, 21. (Review).
3. Barrett, A. G. M.; Barton, D. H. R.; Falck, J. R.; Papaioannou, D.; Widdowson, D. A. *J. Chem. Soc., Perkin Trans. 1* **1979,** 652–661.
4. Ugi, I.; Lohberger, S.; Karl, R. In *Comprehensive Organic Synthesis*; Trost, B. M.; Fleming, I., Eds.; Pergamon: Oxford, **1991,** *Vol. 2*, p.1083. (Review).
5. Bock, H.; Ugi, I. *J. Prakt. Chem.* **1997,** *339*, 385–389.
6. Banfi, L.; Guanti, G.; Riva, R. *Chem. Commun.* **2000,** 985–986.
7. Owens, T. D.; Semple, J. E. *Org. Lett.* **2001,** *3*, 3301–3304.
8. Xia, Q.; Ganem, B. *Org. Lett.* **2002,** *4*, 1631–1634.
9. Banfi, L.; Riva, R. *Org. React.* **2005,** *65*, 1–140. (Review).
10. Klein, J. C.; Williams, D. R. *Passerini Reaction*. In *Name Reactions for Homologations-Part II*; Li, J. J., Ed.; Wiley: Hoboken, NJ, **2009,** pp 765–785. (Review).
11. Sato, K.; Ozu, T.; Takenaga, N. *Tetrahedron Lett.* **2013,** *54*, 661–664.
12. Vlahoviček-Kahlina, K.; Vazdar, M.; Jakas, A.; Smrečki, V.; Jerić, I. *J. Org. Chem.* **2018,** *83*, 13146–13156.
13. Liu, N.; Chao, F.; Liu, M.-G.; Huang, N.-Y.; Zou, K.; Wang, L. *J. Org. Chem.* **2019,** *84*, 2366–2371.
14. So, W. H.; Xia, J. *Org. Lett.* **2020,** *22*, 214–218.

Paternö–Büchi 反应

光促的羰基和烯基发生电环化反应生成多取代氧杂环丁烷体系。

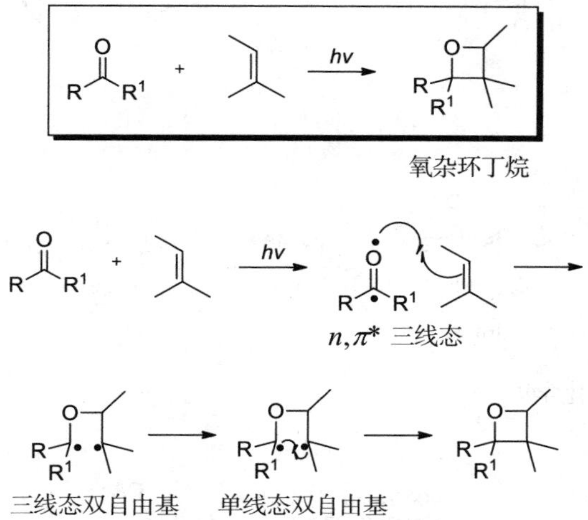

氧杂环丁烷

n,π^* 三线态

三线态双自由基　单线态双自由基

Example 1[2]

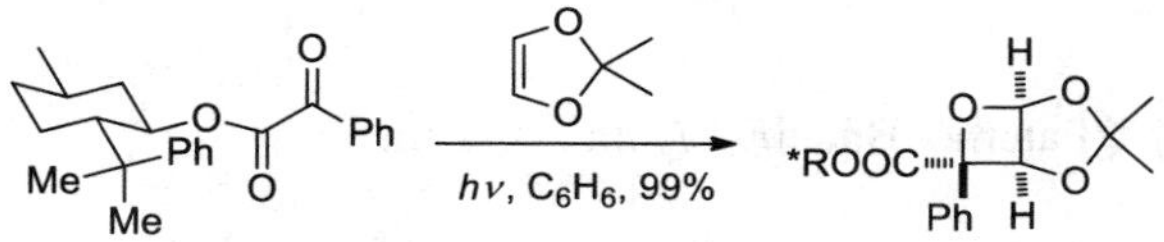

Example 2[4]

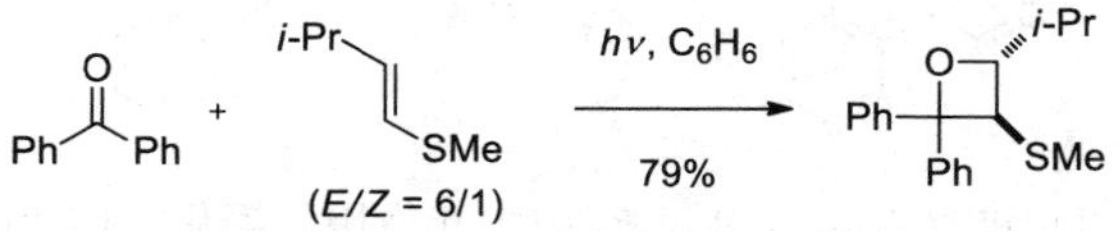

Example 3[6]

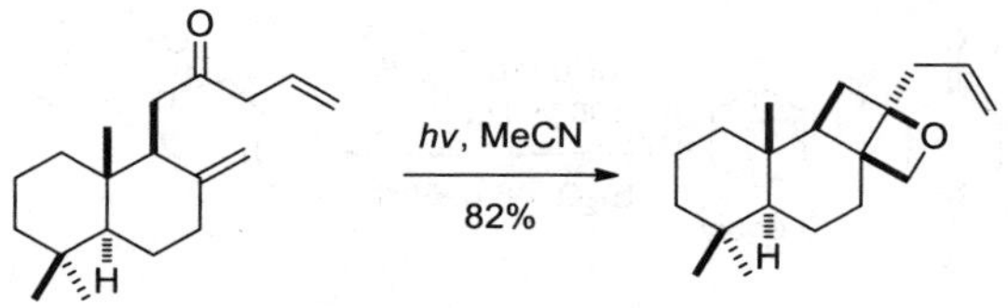

Example 4[8]

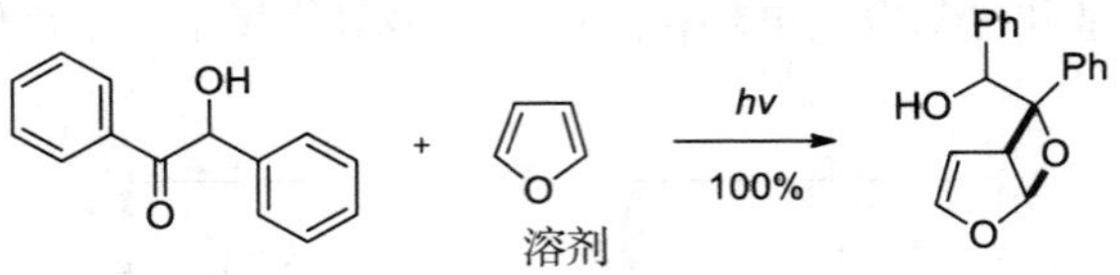

Example 5[9]

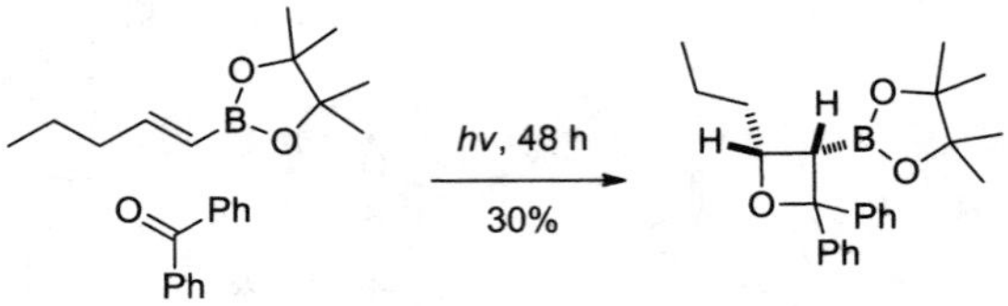

Example 6, 流动化学[12]

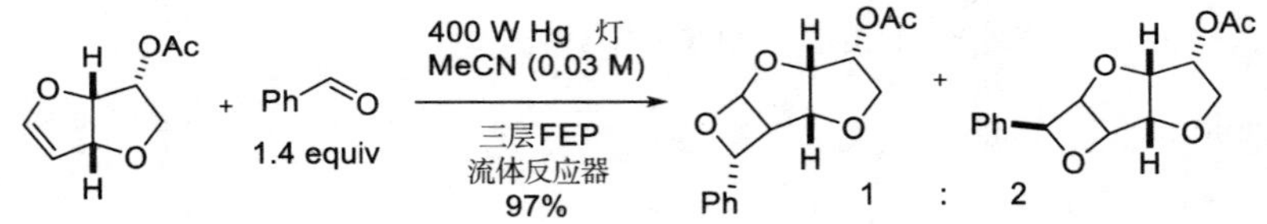

Example 7, 另类Paternó–Büchi反应: ππ* 取代 nπ* [13]

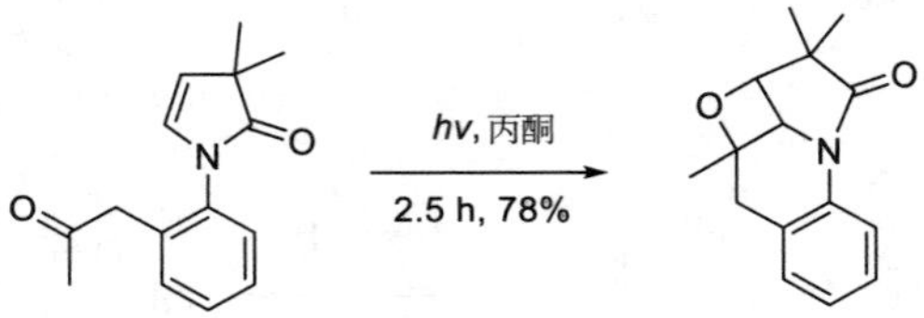

Example 8, MLCT也能在Paternó–Buchi反应中起作用。铜化物催化的羰基和烯基的[2+2]环加成反应[14]

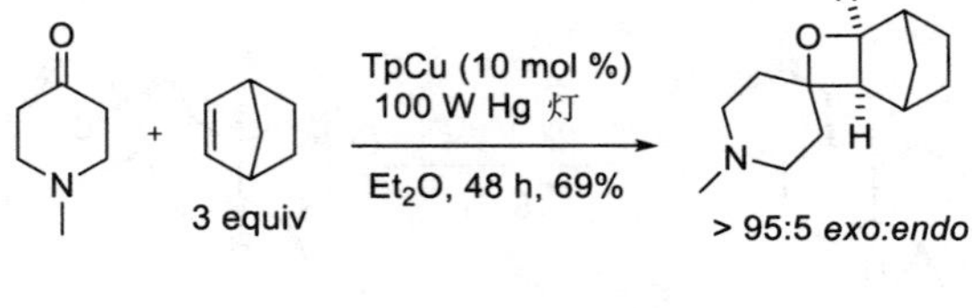

Tp = 三吡唑基硼烷 =

References

1. (a) Paternó, E.; Chieffi, G. *Gazz. Chim. Ital.* **1909**, *39*, 341–361. 帕特诺 (E. Paterno, 1847–1935) 出生于意大利西西里岛的 Palermo, 他发现光促生成氧杂环丁烷的反应时已是104岁高龄。 (b) Büchi, G.; Inman, C. G.; Lipinsky, E. S. *J. Am. Chem. Soc.* **1954**, *76*, 4327–4331. 布齐 (G. H. Buchi, 1921–1998) 出生于瑞士的 Baden。佩特诺 (E. Paterno) 于1909年观测到光促的羰基和烯基的反应, 在MIT任教授的布齐后来解析出该反应的产物有氧杂环丁烷体系。布齐死于心脏病突发, 那时他正和他的妻子在其祖国瑞士远足步行。
2. Koch, H.; Runsink, J.; Scharf, H.-D. *Tetrahedron Lett.* **1983**, *24*, 3217–3220.
3. Carless, H. A. J. In *Synthetic Organic Photochemistry*; Horspool, W. M., Ed.; Plenum Press: New York, **1984**, 425. (Review).
4. Morris, T. H.; Smith, E. H.; Walsh, R. *J. Chem. Soc., Chem. Commun.* **1987**, 964–965.
5. Porco, J. A., Jr.; Schreiber, S. L. In *Comprehensive Organic Synthesis*; Trost, B. M.; Fleming, I., Eds.; Pergamon: Oxford, **1991**, *Vol. 5*, 151–192. (Review).
6. de la Torre, M. C.; Garcia, I.; Sierra, M. A. *J. Org. Chem.* **2003**, *68*, 6611–6618.
7. Griesbeck, A. G.; Mauder, H.; Stadtmüller, S. *Acc. Chem. Res.* **1994**, *27*, 70–75. (Review).
8. D'Auria, M.; Emanuele, L.; Racioppi, R. *Tetrahedron Lett.* **2004**, *45*, 3877–3880.
9. Liu, C. M. *Paternó–Büchi Reaction*. In *Name Reactions in Heterocyclic Chemistry*; Li, J. J., Ed.; Wiley: Hoboken, NJ, **2005**, pp 44–49. (Review).
10. Cho, D. W.; Lee, H.-Y.; Oh, S. W.; Choi, J. H.; Park, H. J.; Mariano, P. S.; Yoon, U. C. *J. Org. Chem.* **2008**, *73*, 4539–4547.
11. D'Annibale, A.; D'Auria, M.; Prati, F.; Romagnoli, C.; Stoia, S.; Racioppi, R.; Viggiani, L. *Tetrahedron* **2013**, *69*, 3782–3795.
12. Ralph, M.; Ng, S.; Booker-Milburn, K. I. *Org. Lett.* **2016**, *18*, 968–971.
13. Kumarasamy, R.; Raghunathan, R.; Kandappa, S. K.; Sreenithya, A.; Jockusch, S.; Sunoj, R. B.; Sivaguru, J. *J. Am. Chem. Soc.* **2017**, *139*, 655–662.
14. Flores, D. M.; Schmidt, V. A. *J. Am. Chem. Soc.* **2019**, *141*, 8741–8745.
15. Li, H.-F.; Cao, W.; Ma, X.; Ouyang, Z.; Xie, X.; Xia, Y. *J. Am. Chem. Soc.* **2020**, *142*, 3499–3505.

Pauson–Khand 反应

烯烃、炔烃和CO在八羰基二钴合物促进下发生形式上的[2+2+1]环加成反应生成环戊烯酮。

Example 1[3]

Example 2, 一个催化模式[6]

© Springer Nature Switzerland AG 2021
J. J. Li, *Name Reactions*, https://doi.org/10.1007/978-3-030-50865-4_117

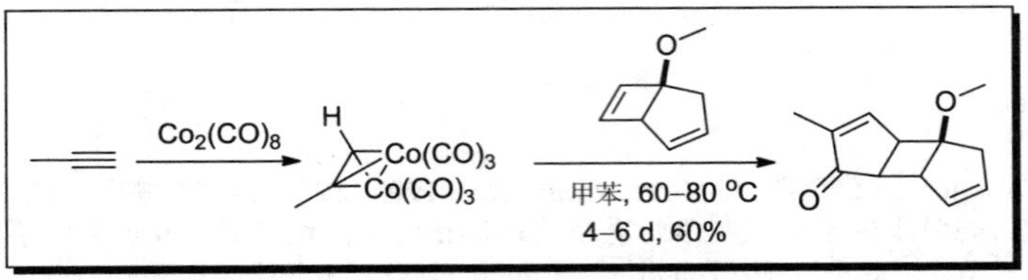

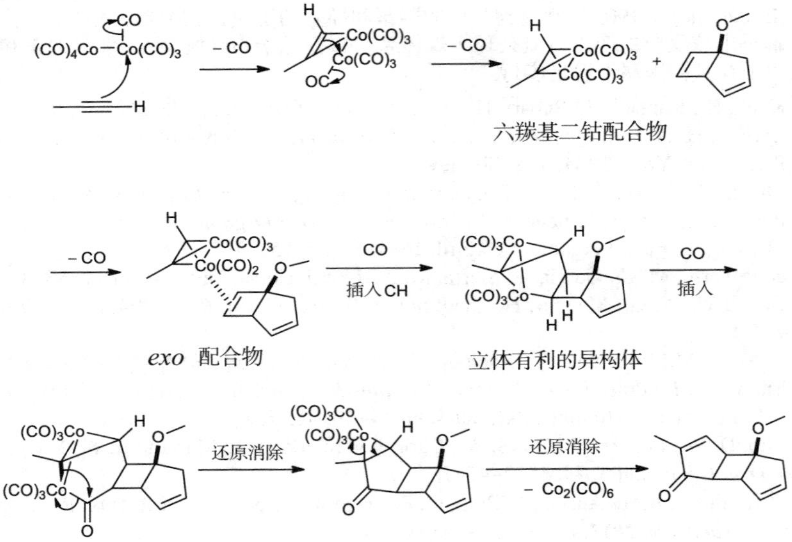

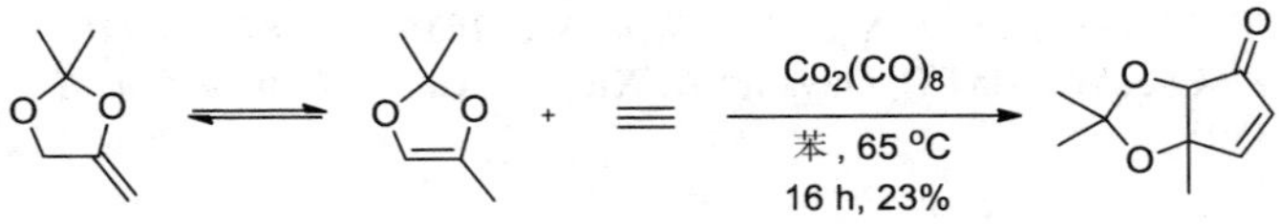

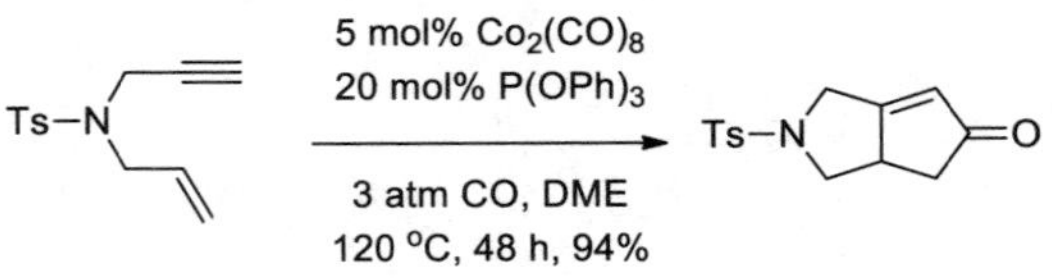

Example 3, 分子内Pauson–Khand 反应[9]

Example 4, 分子内Pauson–Khand 反应[10]

Example 5, 分子内Pauson–Khand 反应[12]

Example 6, 用于合成 (±)-5-epi-cyanthiwigin I 的分子内Pauson–Khand 反应[13]

Example 7, 用于全合成过程[14]

Example 8, 烯基氟底物[15]

References

1. (a) Pauson, P. L.; Khand, I. U.; Knox, G. R.; Watts, W. E. *J. Chem. Soc., Chem. Commun.* **1971,** 36. 卡恩特(I. U. Khand)和泡森(P. L. Pausen)都在苏格兰格拉斯哥的University of Strathelyde 工作。(b) Khand, I. U.; Knox, G. R.; Pauson, P. L.; Watts, W. E.; Foreman, M. I. *J. Chem. Soc., Perkin Trans. 1* **1973,** 975–977. (c) Bladon, P.; Khand, I. U.; Pauson, P. L. *J. Chem. Res. (S)*, **1977,** 9. (d) Pauson, P. L. *Tetrahedron* **1985,** *41*, 5855–5860. (Review).
2. Schore, N. E. *Chem. Rev.* **1988,** *88*, 1081–1119. (Review).
3. Billington, D. C.; Kerr, W. J.; Pauson, P. L.; Farnocchi, C. F. *J. Organomet. Chem.* **1988,** *356*, 213–219.
4. Schore, N. E. In *Comprehensive Organic Synthesis*; Paquette, L. A.; Fleming, I.; Trost, B. M., Eds.; Pergamon: Oxford, **1991,** *Vol. 5*, p.1037. (Review).
5. Schore, N. E. *Org. React.* **1991,** *40*, 1–90. (Review).
6. Jeong, N.; Hwang, S. H.; Lee, Y.; Chung, J. *J. Am. Chem. Soc.* **1994,** *116*, 3159–3160.
7. Brummond, K. M.; Kent, J. L. *Tetrahedron* **2000,** *56*, 3263–3283. (Review).
8. Tsujimoto, T.; Nishikawa, T.; Urabe, D.; Isobe, M. *Synlett* **2005,** 433–436.
9. Miller, K. A.; Martin, S. F. *Org. Lett.* **2007,** *9*, 1113–1116.
10. Kaneda, K.; Honda, T. *Tetrahedron* **2008,** *64*, 11589–11593.
11. Torres, R. R. *The Pauson-Khand Reaction: Scope, Variations and Applications*, Wiley: Hoboken, NJ, 2012. (Review).
12. McCormack, M. P.; Waters, S. P. *J. Org. Chem.* **2013,** *78*, 1127–1137.
13. Chang, Y.; Shi, L.; Huang, J.; Shi, L.; Zhang, Z.; Hao, H.-D.; Gong, J.; Yang, Z. *Org. Lett.* **2018,** *20*, 2876–2879.
14. Hugelshofer, C. L.; Palani, V.; Sarpong, R. *J. Am. Chem. Soc.* **2019,** *141*, 8431–8435.
15. Román, R.; Mateu, N.; López, I.; Medio-Simon, M.; Fustero, S.; Barrio, P. *Org. Lett.* **2019,** *21*, 2569–2573.
16. Dibrell, S. E.; Maser, M. R.; Reisman, S. E. *J. Am. Chem. Soc.* **2020,** *142*, 6483–6487.

Payne 重排反应

Payne 重排是2,3-环氧醇在碱影响下异构化为1,2-环氧-3-醇的反应。也是常见的一个环氧基迁移的反应。

Example 1[2]

Example 2, 化学选择性的Payne重排反应[3]

Example 3, N-Payne重排反应[8]

Example 4, N-Payne重排反应[9]

Example 5, 脂酶介质下经由插烯类Payne重排反应的动态动力学拆分[11]

Example 6, 捕获中间体[13]

Example 7, LiAlH$_4$诱导的 *S–N*–Payne重排反应[14]

Example 8, *N*-Payne重排反应–氢氨化反应程序[15]

References

1. Payne, G. B. *J. Org. Chem.* **1962**, *27*, 3819–3822. 佩恩(G. B. Payne)是加利福尼亚州Shell Development Co.的化学家。
2. Buchanan, J. G.; Edgar, A. R. *Carbohydr. Res.* **1970**, *10*, 295–302.

3. Corey, E. J.; Clark, D. A.; Goto, G.; Marfat, A.; Mioskowski, C.; Samuelsson, B.; Hammerstrom, S. *J. Am. Chem. Soc.* **1980**, *102*, 1436–1439, and 3663–3665.
4. Ibuka, T. *Chem. Soc. Rev.* **1998**, *27*, 145–154. (Review).
5. Hanson, R. M. *Org. React.* **2002**, *60*, 1–156. (Review).
6. Yamazaki, T.; Ichige, T.; Kitazume, T. *Org. Lett.* **2004**, *6*, 4073–4076.
7. Bilke, J. L.; Dzuganova, M.; Froehlich, R.; Wuerthwein, E.-U. *Org. Lett.* **2005**, *7*, 3267–3270.
8. Feng, X.; Qiu, G.; Liang, S.; Su, J.; Teng, H.; Wu, L.; Hu, X. *Russ. J. Org. Chem.* **2006**, *42*, 514–500.
9. Feng, X.; Qiu, G.; Liang, S.; Teng, H.; Wu, L.; Hu, X. *Tetrahedron: Asymmetry* **2006**, *17*, 1394–1401.
10. Kumar, R. R.; Perumal, S. *Payne Rearrangement*. In *Name Reactions for Homologations-Part II*; Li, J. J., Ed.; Wiley: Hoboken, NJ, **2009**, pp 474–488. (Review).
11. Hoye, T. R.; Jeffrey, C. S.; Nelson, D. P. *Org. Lett.* **2010**, *12*, 52–55.
12. Kulshrestha, A.; Salehi Marzijarani, N.; Dilip Ashtekar, K.; Staples, R.; Borhan, B. *Org. Lett.* **2012**, *14*, 3592–3595.
13. Jung, M. E.; Sun, D. L. *Tetrahedron Lett.* **2015**, *56*, 3082–3085.
14. Dolfen, J.; Van Hecke, K.; D'hooghe, M. *Eur. J. Org. Chem.* **2017**, 3229–3233.
15. Gholami, H.; Kulshrestha, A.; Favor, O. K.; Staples, R. J.; Borhan, B. *Angew. Chem. Int. Ed.* **2019**, *58*, 10110–10113.

Petasis 反应

烯基硼酸、羰基和胺的三组分反应给出烯丙基胺。亦称硼化物参与的 Mannich-反应或 Petasis 硼化物参与的 Mannich 反应。参见 326 页上的 Mannich 反应。

Example 1[2]

Example 2[4]

Example 3[9]

Example 4, 不对称Petasis反应[10]

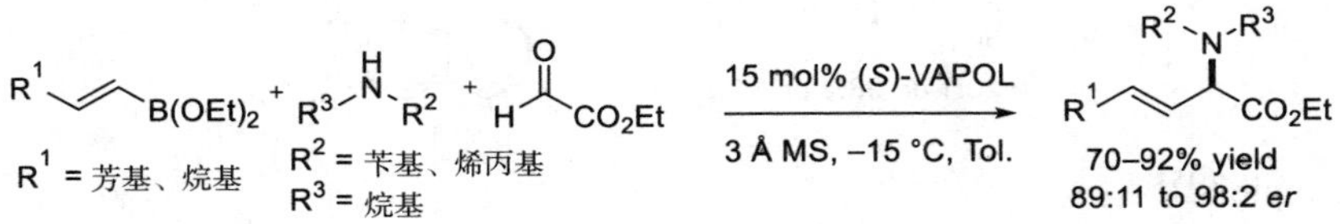

R1 B(OEt)2 + R3 N R2 + H CO2Et
R1 = 芳基、烷基
R2 = 苄基、烯丙基
R3 = 烷基
15 mol% (S)-VAPOL
3 Å MS, –15 °C, Tol.
R2 N R3
R1 CO2Et
70–92% yield
89:11 to 98:2 er

Example 5, 不对称Petasis反应[11]

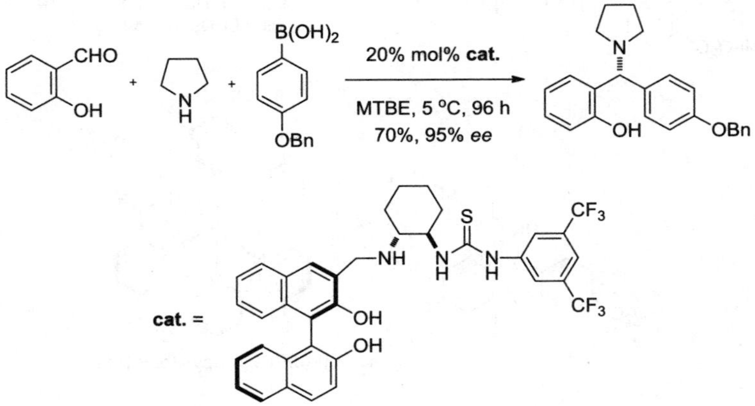

CHO
OH
B(OH)2
OBn
20% mol% cat.
MTBE, 5 °C, 96 h
70%, 95% ee
N
OH
OBn
cat. =
S
CF3
NH
N H
N H
CF3
OH
OH

Example 6, 在合适的条件下酰胺也能像胺一样反应[13]

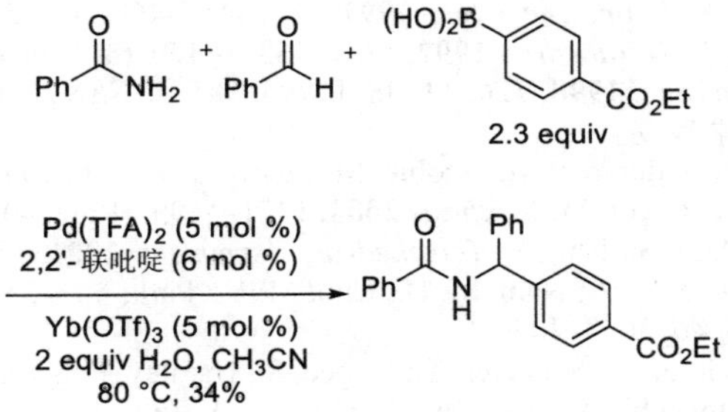

Ph NH2
Ph H
(HO)2B
CO2Et
2.3 equiv
Pd(TFA)2 (5 mol %)
2,2'-联吡啶 (6 mol %)
Yb(OTf)3 (5 mol %)
2 equiv H2O, CH3CN
80 °C, 34%
Ph
Ph N H
CO2Et

Example 7, 催化的Petasis反应用于对映选择性地合成连二烯[14]

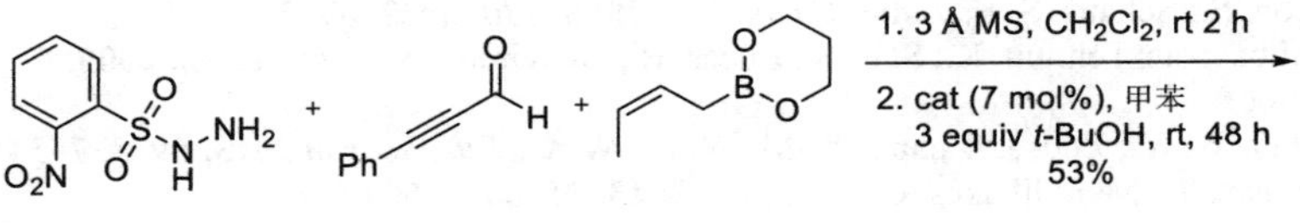

O2N
NH2
Ph
H
1. 3 Å MS, CH2Cl2, rt 2 h
2. cat (7 mol%), 甲苯
3 equiv t-BuOH, rt, 48 h
53%

> 20:1 *dr*, 98:2 *er*

Example 8[15]

Reagents: 4-(methoxycarbonyl)benzaldehyde + 4-methoxyaniline + cyclohexyl-BF$_3$K, [Ir{dF(CF$_3$)$_2$ppy}$_2$(bpy)]PF$_6$ (2 mol %), 1 equiv NaHSO$_4$, 1,4-二氧六环, blue LEDs, rt, 24 h, 51%

[Ir{dF(CF$_3$)$_2$ppy}$_2$(bpy)]PF$_6$

References

1. (a) Petasis, N. A.; Akritopoulou, I. *Tetrahedron Lett.* **1993**, *34*, 583–586. (b) Petasis, N. A.; Zavialov, I. A. *J. Am. Chem. Soc.* **1997**, *119*, 445–446. (c) Petasis, N. A.; Goodman, A.; Zavialov, I. A. *Tetrahedron* **1997**, *53*, 16463–16470. (d) Petasis, N. A.; Zavialov, I. A. *J. Am. Chem. Soc.* **1998**, *120*, 11798–11799. 佩塔希斯(N. A. Petasis)是位于洛杉矶的南加州大学教授。
2. Koolmeister, T.; Södergren, M.; Scobie, M. *Tetrahedron Lett.* **2002**, *43*, 5969–5970.
3. Orru, R. V. A.; deGreef, M. *Synthesis* **2003**, 1471–1499. (Review).
4. Sugiyama, S.; Arai, S.; Ishii, K. *Tetrahedron: Asymmetry* **2004**, *15*, 3149–3153.
5. Chang, Y. M.; Lee, S. H.; Nam, M. H.; Cho, M. Y.; Park, Y. S.; Yoon, C. M. *Tetrahedron Lett.* **2005**, *46*, 3053–3056.
6. Follmann, M.; Graul, F.; Schaefer, T.; Kopec, S.; Hamley, P. *Synlett* **2005**, 1009–1011.
7. Danieli, E.; Trabocchi, A.; Menchi, G.; Guarna, A. *Eur. J. Org. Chem.* **2007**, 1659–1668.
8. Konev, A. S.; Stas, S.; Novikov, M. S.; Khlebnikov, A. F.; Abbaspour Tehrani, K. *Tetrahedron* **2007**, *64*, 117–123.
9. Font, D.; Heras, M.; Villalgordo, J. M. *Tetrahedron* **2007**, *64*, 5226–5235.
10. Lou, S.; Schaus, S. E. *J. Am. Chem. Soc.* **2008**, *130*, 6922–6923.
11. Abbaspour Tehrani, K.; Stas, S.; Lucas, B.; De Kimpe, N. *Tetrahedron* **2009**, *65*, 1957–1966.
12. Han, W.-Y.; Zuo, J.; Zhang, X.-M.; Yuan, W.-C. *Tetrahedron* **2013**, *69*, 537–541.
13. Beisel, T.; Manolikakes, G. *Org. Lett.* **2013**, *15*, 6046–6049.

14. Jiang, Y.; Diagne, A. B.; Thomson, R. J.; Schaus, S. E. *J. Am. Chem. Soc.* **2017**, *139*, 1998–2005.
15. Yi, J.; Badir, S. O.; Alam, R.; Molander, G. A. *Org. Lett.* **2019**, *21*, 4853–4858.
16. Wu, P.; Givskov, M.; Nielsen, T. E. *Chem. Rev.* **2019**, *119*, 11245–11290. (Review).
17. Sim, Y. E.; Nwajiobi, O.; Mahesh, S.; Cohen, R. D.; Reibarkh, M. Y.; Raj, M. *Chem. Sci.* **2020**, *11*, 53–61.

Peterson 烯基化反应

α–硅基碳负离子和羰基化合物反应生成烯烃。亦称*Si*–Wittig 反应。

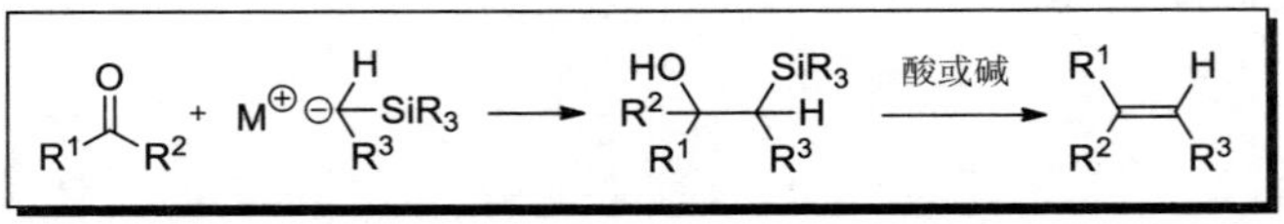

碱性条件下：

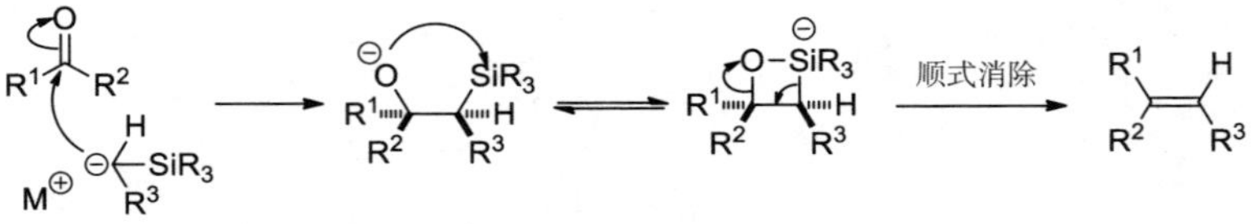

β–硅基烷氧化物中间体

酸性条件下：

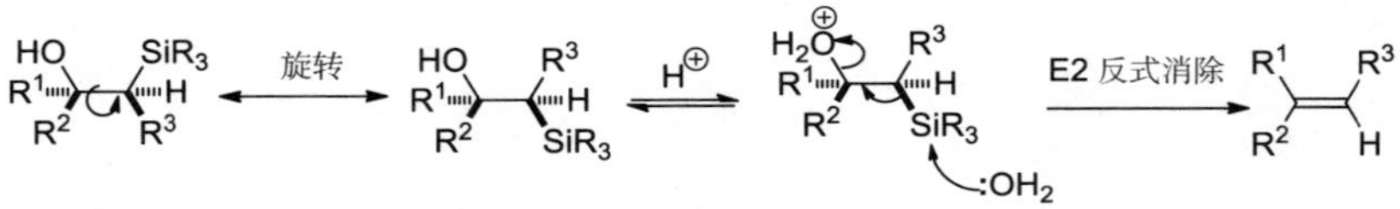

β–羟基硅烷

Example 1[6]

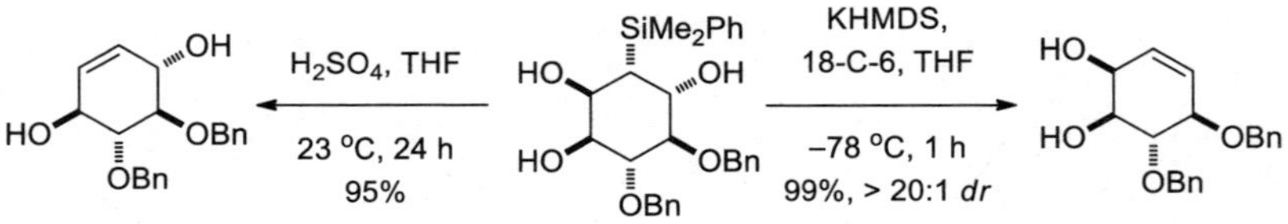

Example 2[7]

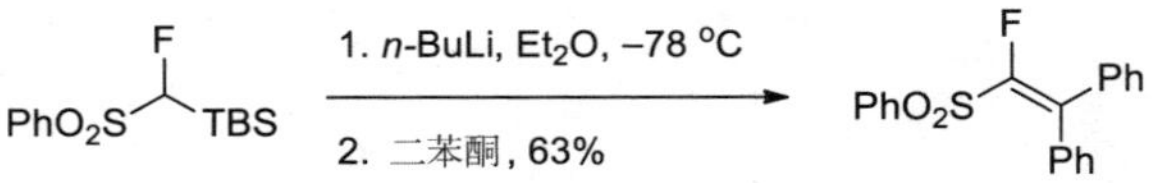

© Springer Nature Switzerland AG 2021
J. J. Li, *Name Reactions*, https://doi.org/10.1007/978-3-030-50865-4_120

Example 3[8]

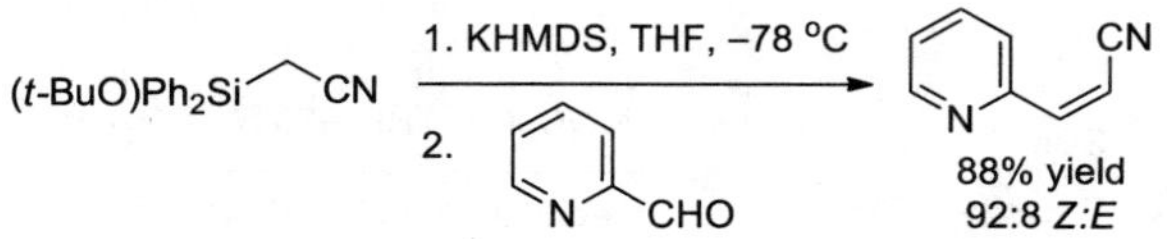

(t-BuO)Ph₂SiCH₂CN
1. KHMDS, THF, −78 °C
2. 2-pyridinecarboxaldehyde
→ 2-pyridyl-CH=CH-CN
88% yield
92:8 Z:E

Example 4[10]

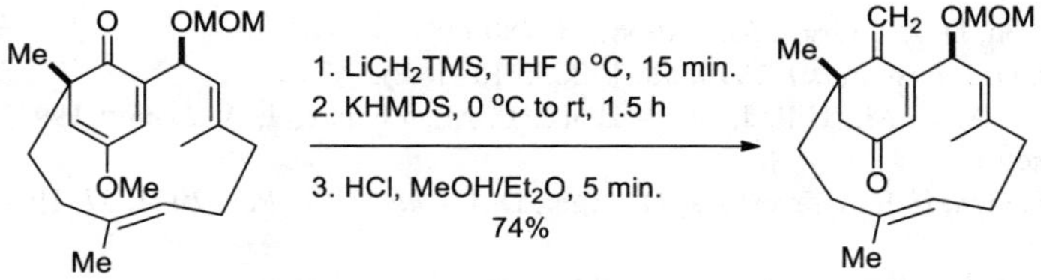

1. LiCH₂TMS, THF 0 °C, 15 min.
2. KHMDS, 0 °C to rt, 1.5 h
3. HCl, MeOH/Et₂O, 5 min.
74%

Example 5[12]

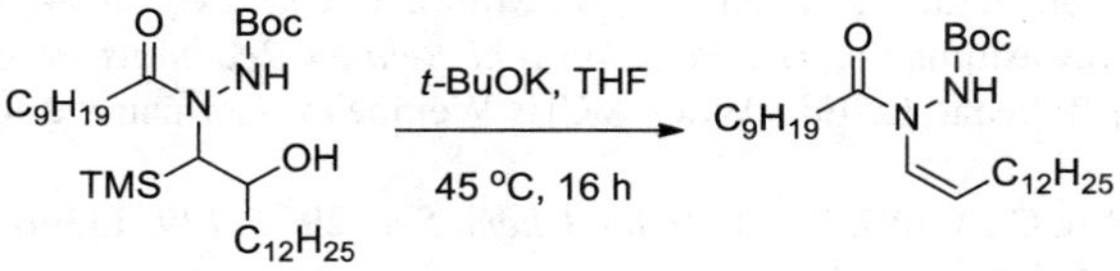

t-BuOK, THF
45 °C, 16 h

Example 6, 流体化学[13]

Me₃SiCH₂MgCl
THF, 50 °C
30 min, FLOW
92%

TMSOTf (30 mol%)
9:1 CH₂Cl₂/hex
FLOW, rt, 10 min
75%

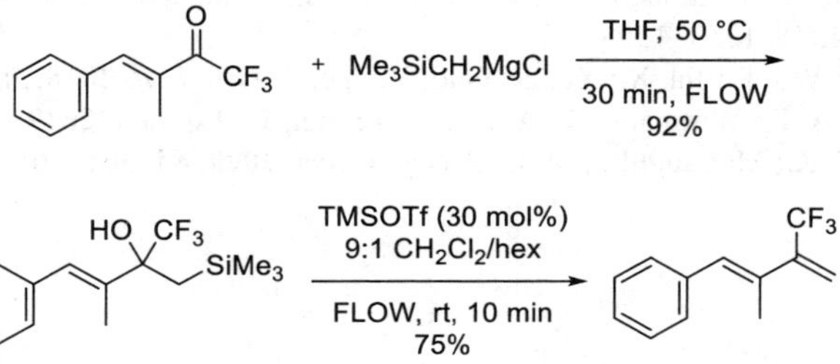

Example 7, 用于全合成[14]

1. TMSCH₂Li, 己烷/甲苯 (1:1)
2. KH, THF, reflux
60%

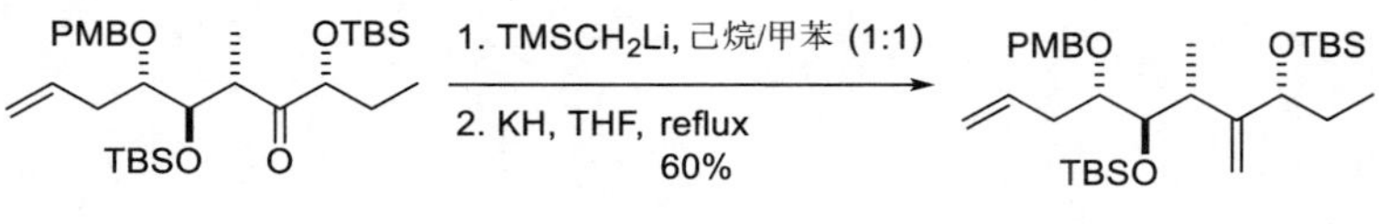

Example 8, 格氏反应后再消除二甲基硅醇可得到终端烯基化物[15]

References

1. Peterson, D. J. *J. Org. Chem.* **1968,** *33*, 780–784.
2. Ager, D. J. *Org. React.* **1990,** *38*, 1–223. (Review).
3. Barrett, A. G. M.; Hill, J. M.; Wallace, E. M.; Flygare, J. A. *Synlett* **1991,** 764–770. (Review).
4. van Staden, L. F.; Gravestock, D.; Ager, D. J. *Chem. Soc. Rev.* **2002,** *31*, 195–200. (Review).
5. Ager, D. J. *Science of Synthesis* **2002,** *4*, 789–809. (Review).
6. Heo, J.-N.; Holson, E. B.; Roush, W. R. *Org. Lett.* **2003,** *5*, 1697–1700.
7. Asakura, N.; Usuki, Y.; Iio, H. *J. Fluorine Chem.* **2003,** *124*, 81–84.
8. Kojima, S.; Fukuzaki, T.; Yamakawa, A.; Murai, Y. *Org. Lett.* **2004,** *6,* 3917–3920.
9. Kano, N.; Kawashima, T. *The Peterson and Related Reactions* in *Modern Carbonyl Olefination;* Takeda, T., Ed.; Wiley-VCH: Weinheim, Germany, **2004,** 18–103. (Review).
10. Huang, J.; Wu, C.; Wulff, W. D. *J. Am. Chem. Soc.* **2007,** *129*, 13366.
11. Ahmad, N. M. *Peterson Olefination.* In *Name Reactions for Homologations-Part I*; Li, J. J., Ed., Wiley: Hoboken, NJ, **2009,** pp 521–538. (Review).
12. Beveridge, R. E.; Batey, R. A. *Org. Lett.* **2013,** *15,* 3086–3089.
13. Hamlin, T. A.; Lazarus, G. M. L.; Kelly, C. B.; Leadbeater, N. E. *Org. Process Res. Dev.* **2014,** *18,* 1253–1258.
14. Wang, L.; Wu, F.; Jia, X.; Xu, Z.; Guo, Y.; Ye, T. *Org. Lett.* **2018,** *20,* 2213–2215.
15. Tiniakos, A. F.; Wittmann, S.; Audic, A.; Prunet, J. *Org. Lett.* **2019,** *21,* 589–592.
16. Britten, T. K.; McLaughlin, M. G. *J. Org. Chem.* **2020,** *85,* 301–305.

Pictet–Spengler 四氢异喹啉合成反应

四氢异喹啉骨架可由相应的 β-苯乙胺和羰基化合物缩合后环化得到。

Example 1[4]

Example 2[7]

Example 3, 不对称酰基Pictet–Spengler反应[9]

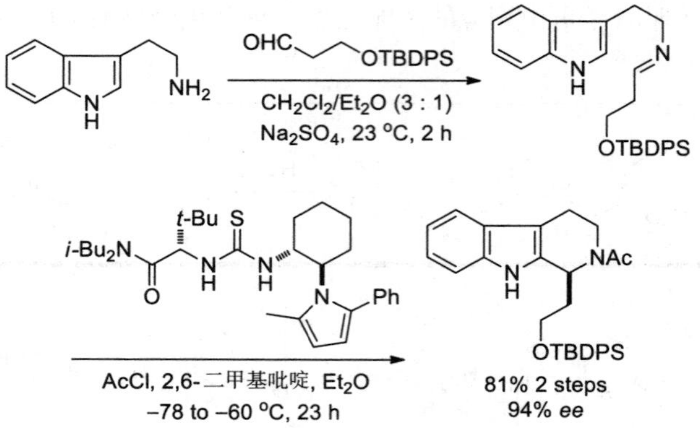

Example 4, O-Pictet–Spengler反应[10]

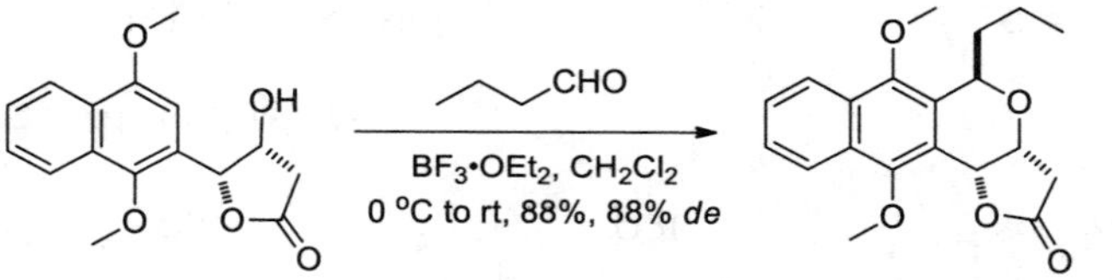

Example 5, 一个非对映选择性地得到四氢-β-咔啉苷化物的Pictet–Spengler反应[11]

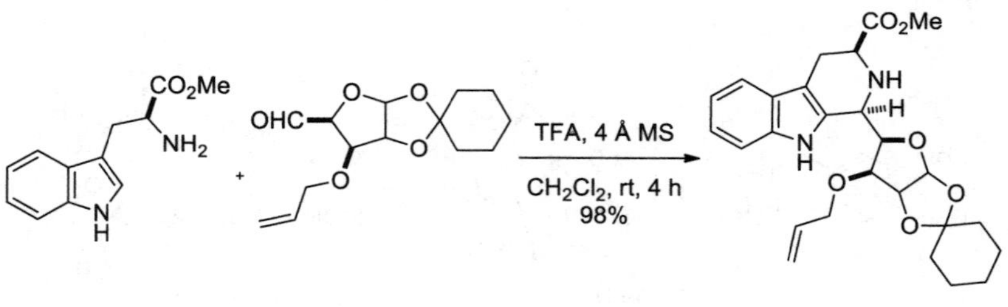

Example 6, 生成七元杂环[12]

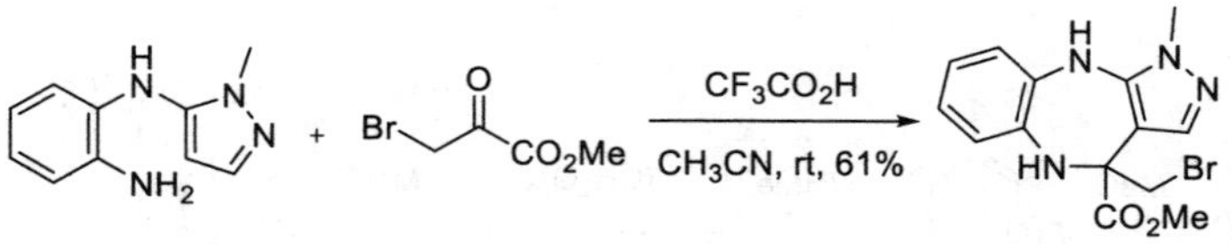

Example 7[13]

Example 8, 合成单帖吲哚类生物碱(−)-alstoscholarine[14]

References

1. Pictet, A.; Spengler, T. *Ber.* **1911**, *44*, 2030–2036.
2. Cox, E. D.; Cook, J. M. *Chem. Rev.* **1995**, *95*, 1797–1842. (Review).
3. Corey, E. J.; Gin, D. Y.; Kania, R. S. *J. Am. Chem. Soc.* **1996**, *118*, 9202–9203.
4. Zhou, B.; Guo, J.; Danishefsky, S. J. *Org. Lett.* **2002**, *4*, 43–46.
5. Yu, J.; Wearing, X. Z.; Cook, J. M. *Tetrahedron Lett.* **2003**, *44*, 543–547.
6. Tsuji, R.; Nakagawa, M.; Nishida, A. *Tetrahedron: Asymmetry* **2003**, *14*, 177–180.
7. Couture, A.; Deniau, E.; Grandclaudon, P.; Lebrun, S. *Tetrahedron: Asymmetry* **2003**, *14*, 1309–1320.
8. Tinsley, J. M. *Pictet–Spengler Isoquinoline Synthesis*. In *Name Reactions in Heterocyclic Chemistry*; Li, J. J., Ed.; Wiley: Hoboken, NJ, **2005**, 469–479. (Review).
9. Mergott, D. J.; Zuend, S. J.; Jacobsen, E. N. *Org. Lett.* **2008**, *10*, 745–748.
10. Eid, C. N.; Shim, J.; Bikker, J.; Lin, M. *J. Org. Chem.* **2009**, *74*, 423–426.
11. Pradhan, P.; Nandi, D.; Pradhan, S. D.; Jaisankar, P.; Giri, V. S. *Synlett* **2013**, *24*, 85–89.
12. Katte, T. A.; Reekie, T. A.; Jorgensen, W. T.; Kassiou, M. *J. Org. Chem.* **2016**, *81*, 4883–4889.
13. Gabriel, P.; Gregory, A. W.; Dixon, D. *Org. Lett.* **2019**, *21*, 6658–6662.
14. Yao, J.-N.; Liang, X.; Wei, K.; Yang, Y.-R. *Org. Lett.* **2019**, *21*, 8485–8487.
15. Zheng, C.; You, S.-L. *Acc. Chem. Res.* **2020**, *53*, 974–987. (Review).

Pinacol(频呐醇)重排反应

酸催化下邻二醇(Pinacol,频呐醇)重排为羰基化合物。

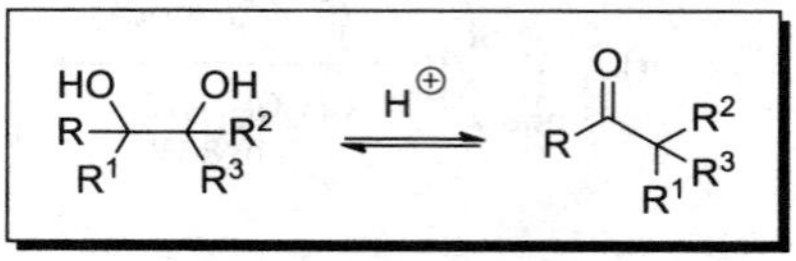

富电子烷基(多取代烷基)更易迁移,迁移能力大小一般为:叔烷基 > 环己基 > 仲烷基 > 苄基 > 苯基 > 伯烷基 > 甲基 > H。取代芳基的迁移能力大小一般为: *p*–MeOAr > *p*–MeAr > *p*–ClAr > *p*–BrAr > *p*–NO_2Ar。

Example 1[4]

Example 2[5]

© Springer Nature Switzerland AG 2021
J. J. Li, *Name Reactions*, https://doi.org/10.1007/978-3-030-50865-4_122

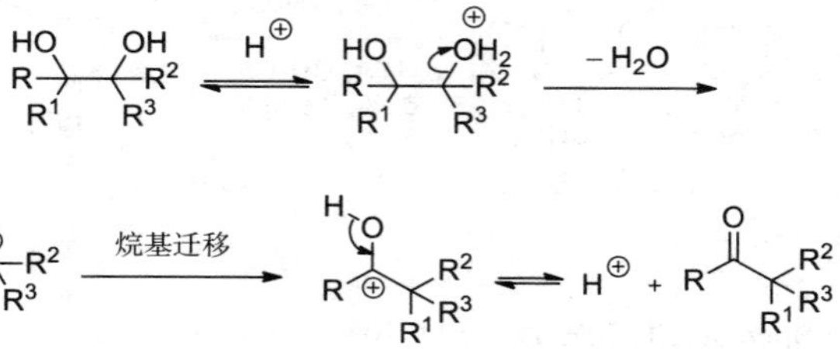

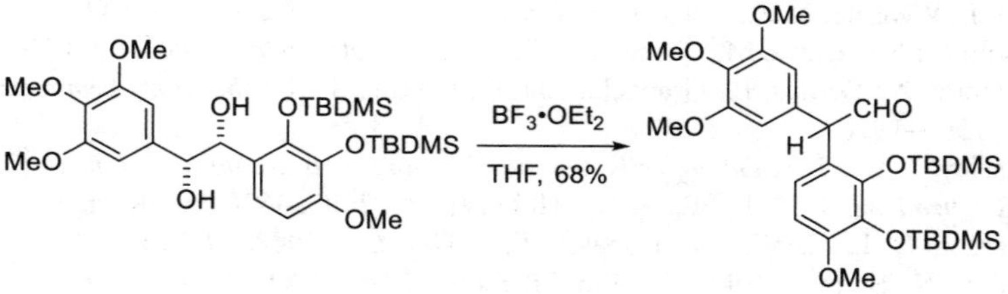

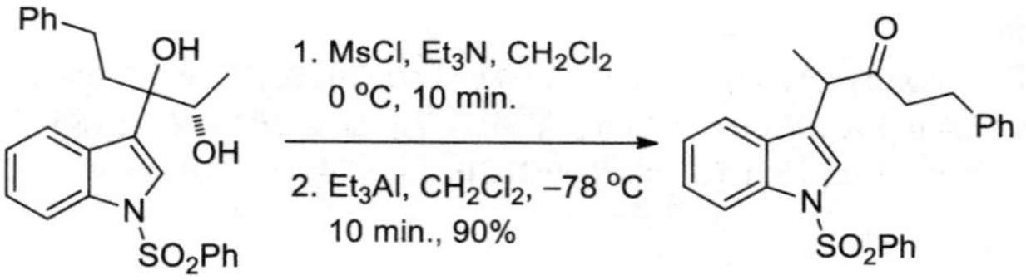

Example 3[7]

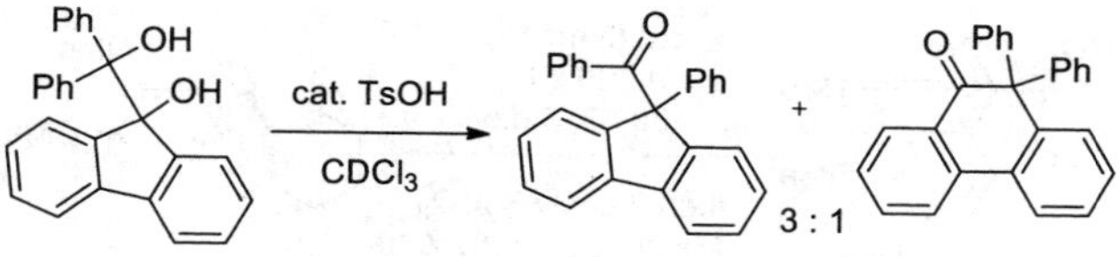
Ph
OH
Ph
OH
cat. TsOH
CDCl3
Ph
Ph
+
O Ph
Ph
3 : 1

Example 4[9]

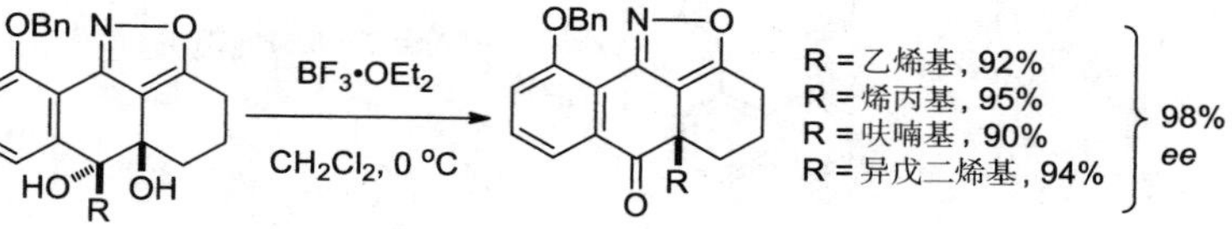
OBn N—O
HO
R
OH
BF3•OEt2
CH2Cl2, 0 °C
OBn N—O
O
R
R = 乙烯基, 92%
R = 烯丙基, 95%
R = 呋喃基, 90%
R = 异戊二烯基, 94%
98%
ee

Example 5, 一个三价有机膦试剂诱导的Pinacol重排反应[11]

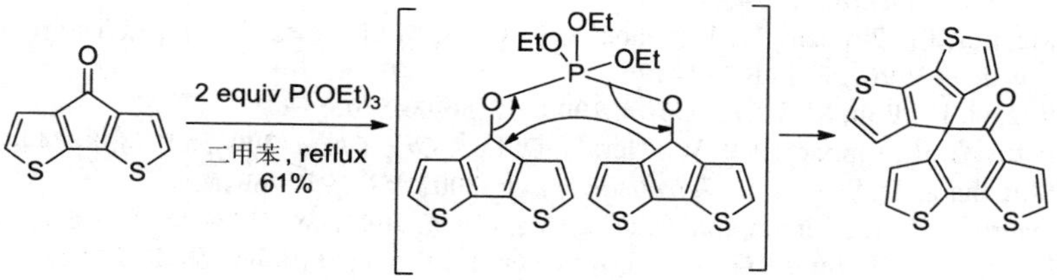
O
S
S
2 equiv P(OEt)3
二甲苯, reflux
61%
OEt
EtO
OEt
P
O
O
S
O

Example 6, 氧鎓离子诱导的Pinacol重排反应[13]

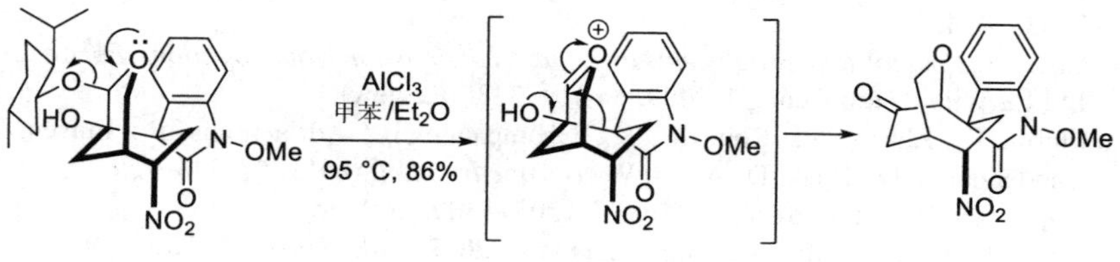
O
HO
N–OMe
O
NO2
AlCl3
甲苯/Et2O
95 °C, 86%
⊕
O
HO
N–OMe
O
NO2
O
O
N–OMe
O
NO2

Example 7, Lewis酸辅助下亲电氟离子催化的氢化苯偶姻的Pinacol重排反应[14]

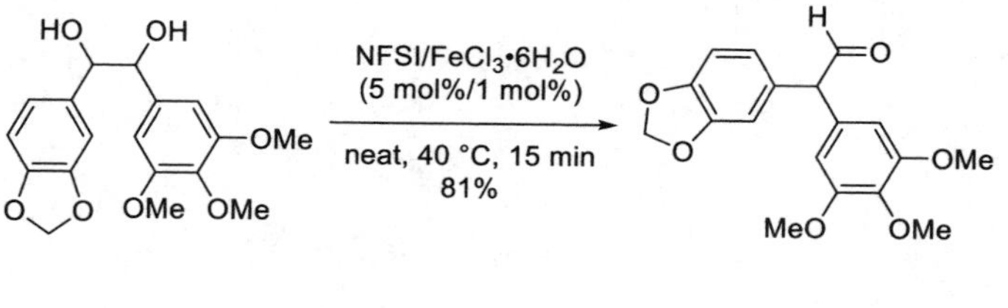
HO
OH
O
O
OMe
OMe
OMe
NFSI/FeCl3•6H2O
(5 mol%/1 mol%)
neat, 40 °C, 15 min
81%
H
O
O
O
OMe
MeO
OMe

Example 8, 催化的对映选择性pinacol重排反应[15]

cat. = (chiral binaphthyl phosphoramide, Ar = 2,4,6-i-Pr$_3$C$_6$H$_2$)

References

1. Fittig, R. *Ann.* **1860**, *114*, 54–63.
2. Magnus, P.; Diorazio, L.; Donohoe, T. J.; Giles, M.; Pye, P.; Tarrant, J.; Thom, S. *Tetrahedron* **1996**, *52*, 14147–14176.
3. Razavi, H.; Polt, R. *J. Org. Chem.* **2000**, *65*, 5693–5706.
4. Pettit, G. R.; Lippert III, J. W.; Herald, D. L. *J. Org. Chem.* **2000**, *65*, 7438–7444.
5. Shinohara, T.; Suzuki, K. *Tetrahedron Lett.* **2002**, *43*, 6937–6940.
6. Overman, L. E.; Pennington, L. D. *J. Org. Chem.* **2003**, *68*, 7143–7157. (Review).
7. Mladenova, G.; Singh, G.; Acton, A.; Chen, L.; Rinco, O.; Johnston, L. J.; Lee-Ruff, E. *J. Org. Chem.* **2004**, *69*, 2017–2023.
8. Birsa, M. L.; Jones, P. G.; Hopf, H. *Eur. J. Org. Chem.* **2005**, 3263–3270.
9. Suzuki, K.; Takikawa, H.; Hachisu, Y.; Bode, J. W. *Angew. Chem. Int. Ed.* **2007**, *46*, 3252–3254.
10. Goes, B. *Pinacol Rearrangement*. In *Name Reactions for Homologations-Part I*; Li, J. J., Ed., Wiley: Hoboken, NJ, **2009**, pp 319–333. (Review).
11. Marin, L.; Zhang, Y.; Robeyns, K.; Champagne, B.; Adriaensens, P.; Lutsen, L.; Vanderzande, D.; Bevk, D.; Maes, W. *Tetrahedron Lett.* **2013**, *54*, 526–529.
12. Yu, Y.; Li, G.; Zu, L. *Synlett* **2016**, *27*, 1303–1309. (Review).
13. Wang, P.; Gao, Y.; Ma, D. *J. Am. Chem. Soc.* **2018**, *140*, 11608–11612.
14. Shi, H.; Du, C.; Zhang, X.; Xie, F.; Wang, X.; Cui, S.; Peng, X.; Cheng, M.; Lin, B.; Liu, Y. *J. Org. Chem.* **2018**, *83*, 1312–1319.
15. Wu, H.; Wang, Q.; Zhu, J. *J. Am. Chem. Soc.* **2019**, *141*, 11372–11377.
16. Liang, X.-T.; Chen, J.-H.; Yang, Z. *J. Am. Chem. Soc.* **2020**, *142*, 8116–8121.

Pinner 反应

腈转化为亚胺醚，后者可进一步转化为酯或酰胺。

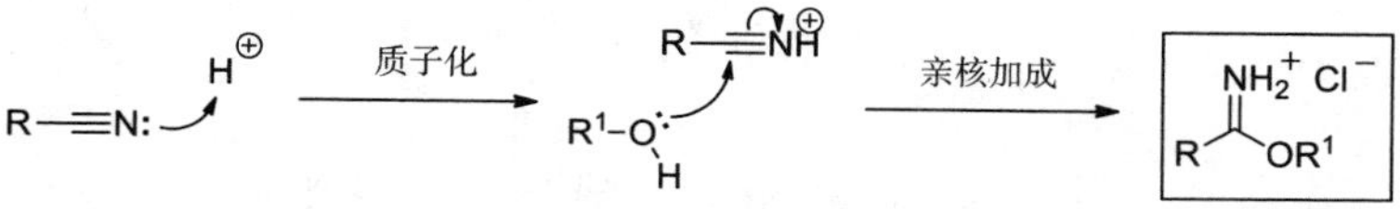

$$R-CN + R^1-OH \xrightarrow{HCl\ (g)} \underset{R}{\overset{NH_2^+\ Cl^-}{\cdots OR^1}} \xrightarrow{H^+,\ H_2O} R-C(=O)-OR^1$$
$$\xrightarrow{NH_3,\ EtOH} R-C(=NH)-NH_2 \cdot HCl$$

$$R-\equiv N: \xrightarrow{H^\oplus}{质子化} R-\equiv \overset{\oplus}{N}H \xrightarrow[R^1-O-H]{亲核加成} \boxed{\underset{R}{\overset{NH_2^+\ Cl^-}{\cdots OR^1}}}$$

通用中间体

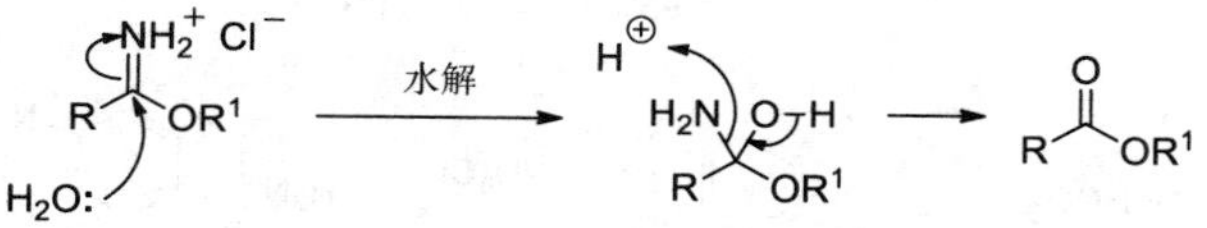

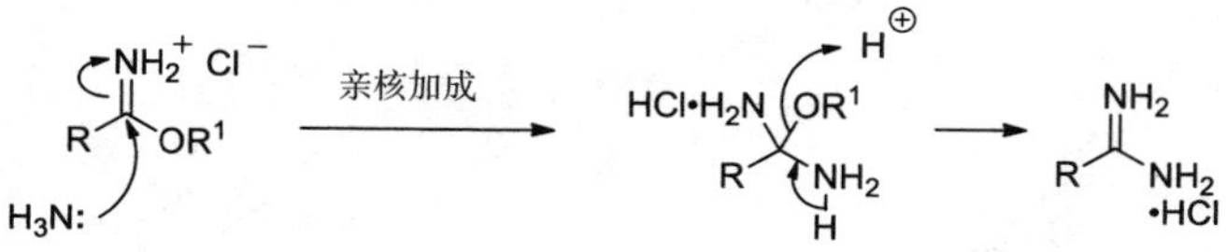

水解过程与氨解过程（生成酯 / 亚胺盐酸盐）

Example 1[2]

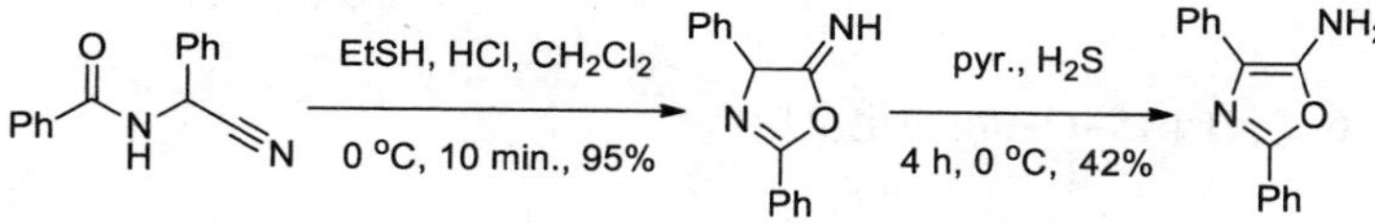

PhC(=O)NH-CH(Ph)-CN + EtSH, HCl, CH$_2$Cl$_2$, 0 °C, 10 min., 95% → 4-Ph-2-Ph-oxazoline-5-imine → pyr., H$_2$S, 4 h, 0 °C, 42% → 5-amino-4-Ph-2-Ph-oxazole

Example 2[2]

PhC(=O)NH-CH$_2$-CN + EtSH, HCl, CH$_2$Cl$_2$, 0 °C, 1 h, 85% → PhC(=O)NH-CH$_2$-C(=NH)-SEt → pyr., H$_2$S, 2 h, 0 °C, 40% → PhC(=O)NH-CH$_2$-C(=S)-SEt

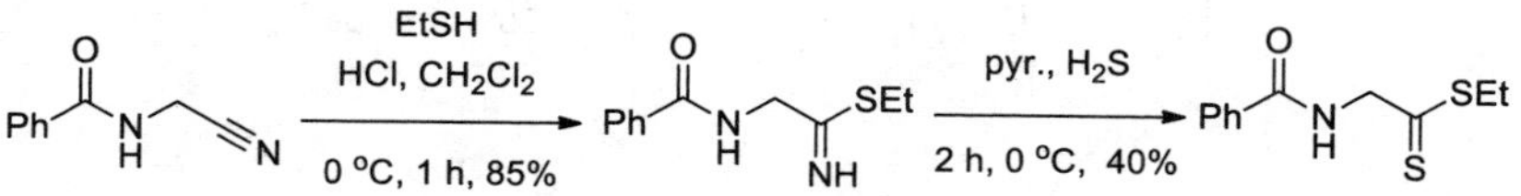

Example 3[6]

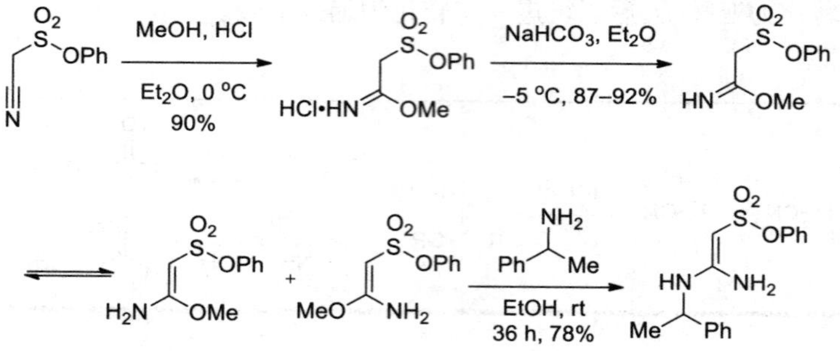

Example 4[10]

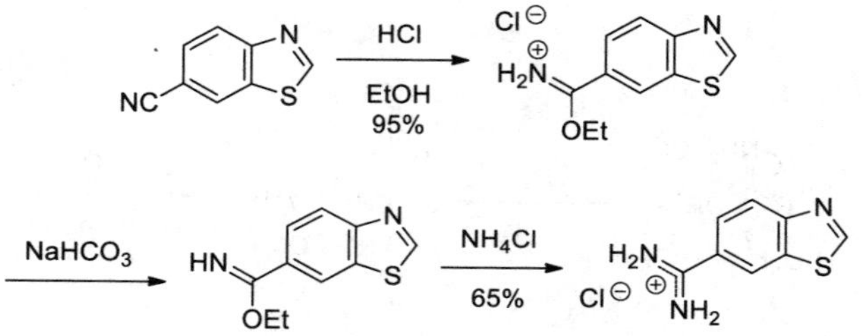

Example 5[11]

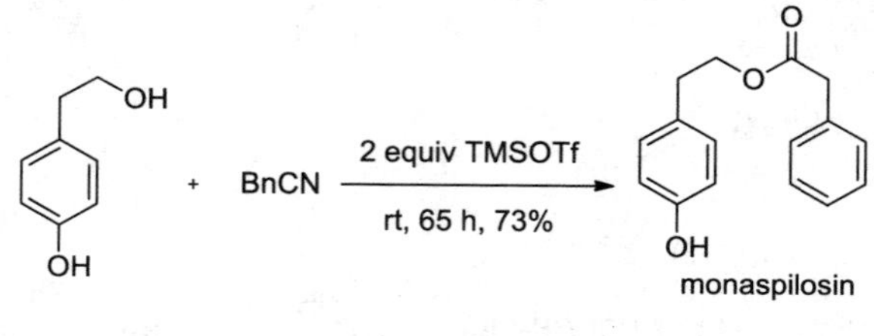

monaspilosin

Example 6, 分子内5-O-dig环化反应[12]

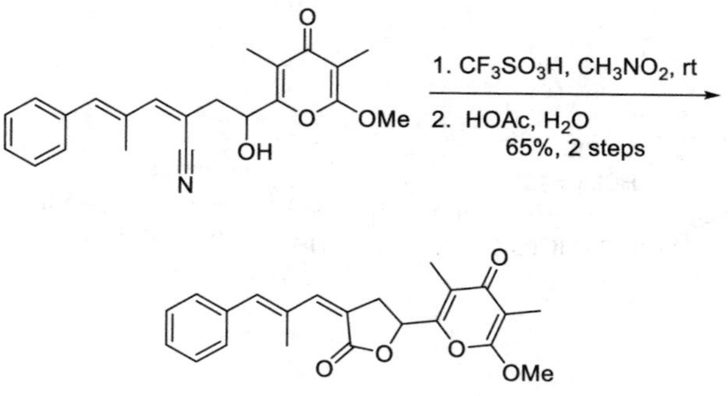

Example 7, 用于药物化学[13]

Example 8, Pinner 反应后再 Dimroth 重排反应[14]

References

1. (a) Pinner, A.; Klein, F. *Ber.* **1877**, *10*, 1889–1897. (b) Pinner, A.; Klein, F. *Ber.* **1878**, *11*, 1825.
2. Poupaert, J.; Bruylants, A.; Crooy, P. *Synthesis* **1972**, 622–624.
3. Lee, Y. B.; Goo, Y. M.; Lee, Y. Y.; Lee, J. K. *Tetrahedron Lett.* **1990**, *31*, 1169–1170.
4. Cheng, C. C. *Org. Prep. Proced. Int.* **1990**, *22*, 643–645.
5. Siskos, A. P.; Hill, A. M. *Tetrahedron Lett.* **2003**, *44*, 789–794.
6. Fischer, M.; Troschuetz, R. *Synthesis* **2003**, 1603–1609.
7. Fringuelli, F.; Piermatti, O.; Pizzo, F. *Synthesis* **2003**, 2331–2334.
8. Cushion, M. T.; Walzer, P. D.; Collins, M. S.; Rebholz, S.; Vanden Eynde, J. J.; Mayence, A.; Huang, T. L. *Antimicrob. Agents Chemother.* **2004**, *48*, 4209–4216.
9. Li, J.; Zhang, L.; Shi, D.; Li, Q.; Wang, D.; Wang, C.; Zhang, Q.; Zhang, L.; Fan, Y. *Synlett* **2008**, 233–236.
10. Racané, L.; Tralic-Kulenovic, V.; Mihalic, Z.; Pavlovic, G.; Karminski-Zamola, G. *Tetrahedron* **2008**, *64*, 11594–11602.
11. Pfaff, D.; Nemecek, G.; Podlech, J. *Beilst. J. Org. Chem.* **2013**, *9*, 1572–1577.
12. Henrot, M.; Jean, A.; Peixoto, P. A.; Maddaluno, J.; De Paolis, M. *J. Org. Chem.* **2016**, *81*, 5190–5201.
13. Sović, I.; Cindrić, M.; Perin, N.; Boček, I.; Novaković, I.; Damjanovic, A.; Stanojković, T.; Zlatović, M.; Hranjec, M.; Bertoša, B. *Chem. Res. Toxicol.* **2019**, *32*, 1880–1892.
14. Liu, Q.; Sui, Y.; Zhang, Y.; Zhang, K.; Chen, Y.; Zhou, H. *Synlett* **2020**, *31*, 275–279.

Polonovski 反应

N-氧化胺用一个如乙酸酐那样的活化剂处理，重排产生 *N*,*N*-二取代酰胺和醛。

分子内过程也是可行的：

Example 1[1]

Example 2[2]

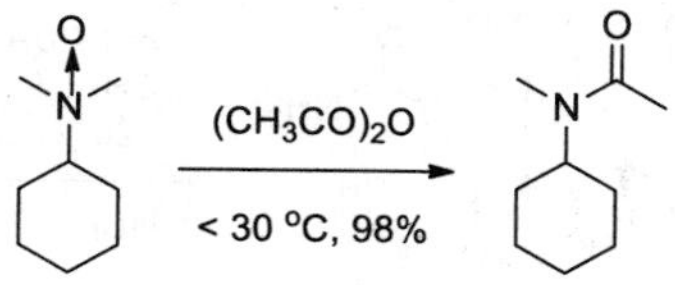

Example 3, 铁盐介质下进行的Polonovski 反应[9]

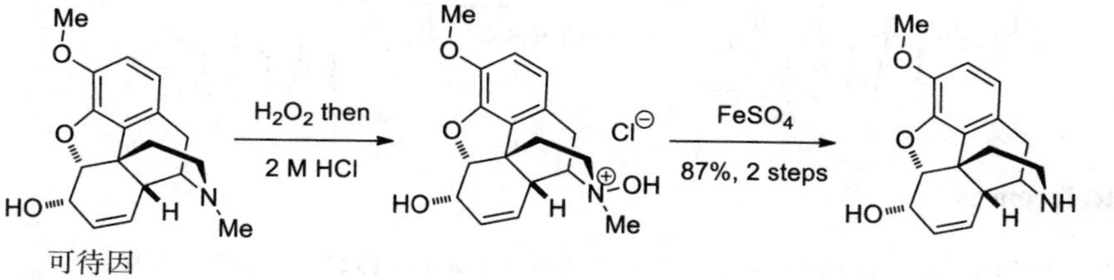

可待因

Example 4[11]

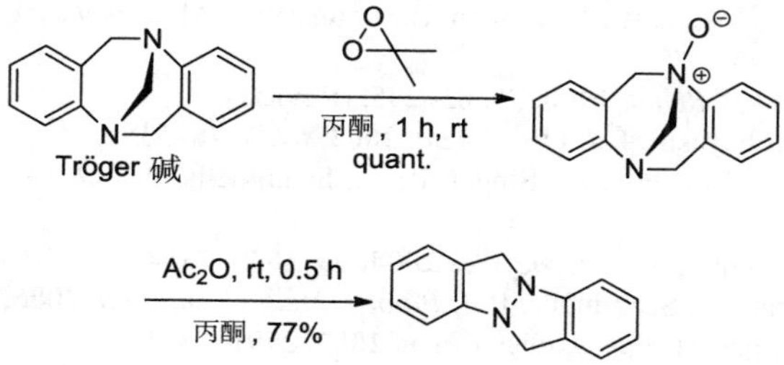

Tröger 碱

Example 5, 铁化物催化下N-烷基磺酰亚胺的活化去烷基化反应[12]

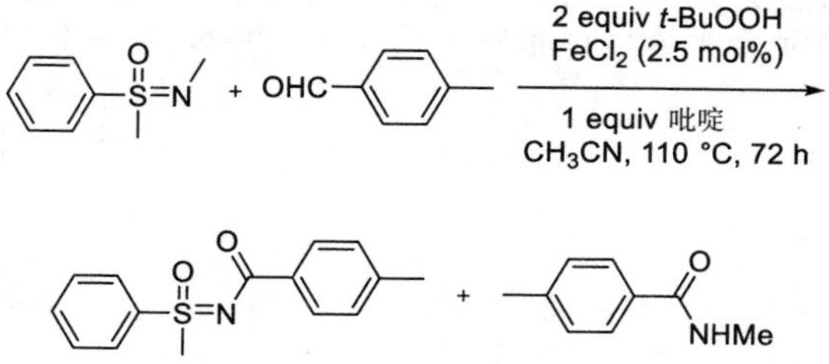

Example 6, 一个非典型的 Polonovski 反应[13]

References

1. Polonovski, M.; Polonovski, M. *Bull. Soc. Chim. Fr.* **1927**, *41*, 1190–1208.
2. Michelot, R. *Bull. Soc. Chim. Fr.* **1969**, 4377–4385.
3. Lounasmaa, M.; Karvinen, E.; Koskinen, A.; Jokela, R. *Tetrahedron* **1987**, *43*, 2135–2146.
4. Tamminen, T.; Jokela, R.; Tirkkonen, B.; Lounasmaa, M. *Tetrahedron* **1989**, *45*, 2683–2692.
5. Grierson, D. *Org. React.* **1990**, *39*, 85–295. (Review).
6. Morita, H.; Kobayashi, J. *J. Org. Chem.* **2002**, *67*, 5378–5381.
7. McCamley, K.; Ripper, J. A.; Singer, R. D.; Scammells, P. J. *J. Org. Chem.* **2003**, *68*, 9847–9850.
8. Nakahara, S.; Kubo, A. *Heterocycles* **2004**, *63*, 1849–1854.
9. Thavaneswaran, S.; Scammells, P. J. *Bioorg. Med. Chem. Lett.* **2006**, *16*, 2868–2871.
10. Volz, H.; Gartner, H. *Eur. J. Org. Chem.* **2007**, 2791–2801.
11. Pacquelet, S.; Blache, Y.; Kimny, T.; Dubois, M.-A. L.; Desbois, N. *Synth. Commun.* **2013**, *43*, 1092–1100.
12. Lamers, P.; Priebbenow, D. L.; Bolm, C. *Eur. J. Org. Chem.* **2015**, 5594–5602.
13. Bupp, J. E.; Tanga, M. J. *J. Label. Compd. Radiopharm.* **2016**, *59*, 291–293.
14. Bush, T. S.; Yap, G. P. A.; Chain, W. *J. Org. Lett.* **2018**, *20*, 5406–5409.

Polonovski−Potier 重排反应

用三氟乙酸酐替代乙酸酐进行的 Polonovski 反应。本反应已基本为反应条件更温和的 Polonovski 反应所替代。

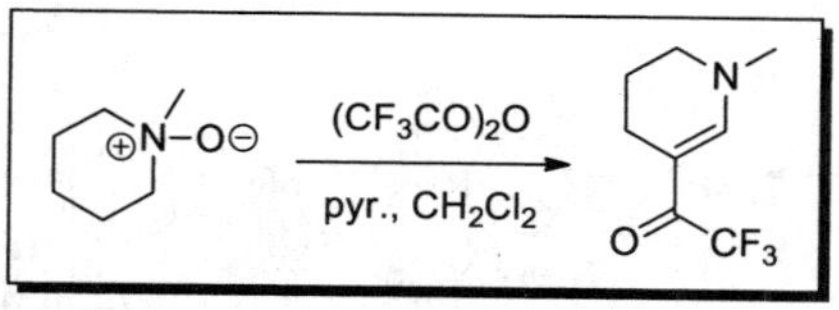

叔胺 *N*-氧化物

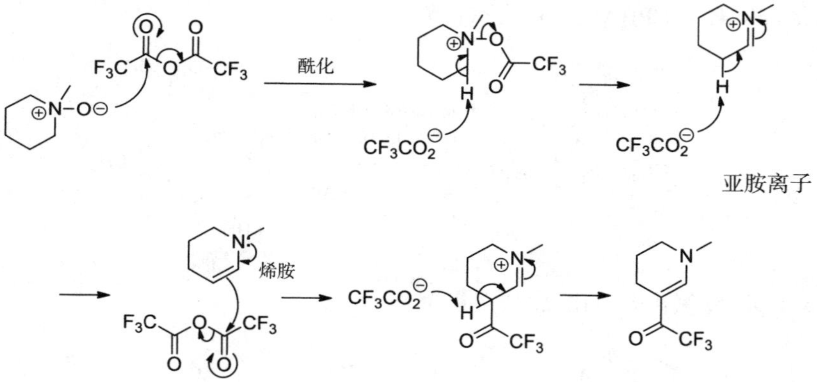

酰化

亚胺离子

烯胺

Example 1[2]

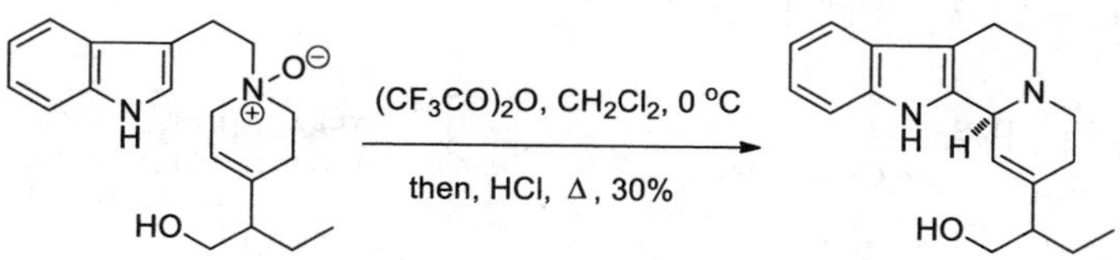

Example 2[5]

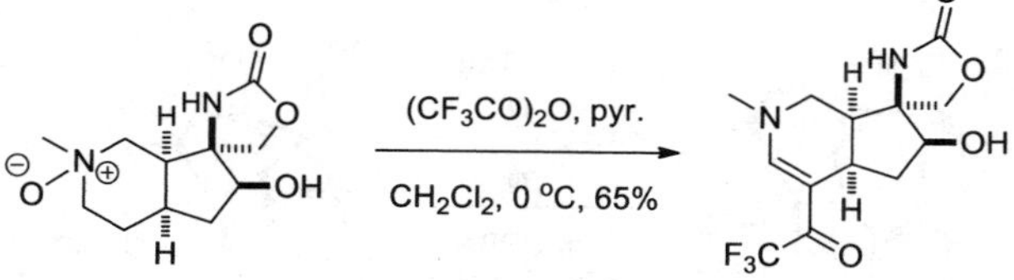

Example 3[8]

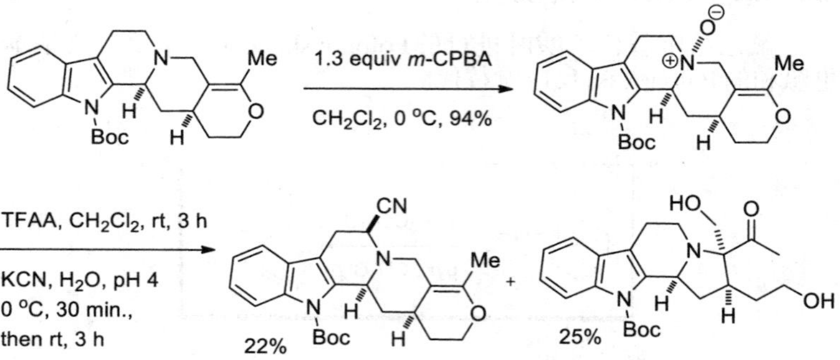

1. TFAA, CH₂Cl₂, rt, 3 h
2. KCN, H₂O, pH 4
   0 °C, 30 min.,
   then rt, 3 h

1.3 equiv m-CPBA
CH₂Cl₂, 0 °C, 94%

22%   25%

Example 4, m–CPBA此处还会氧化醛[10]

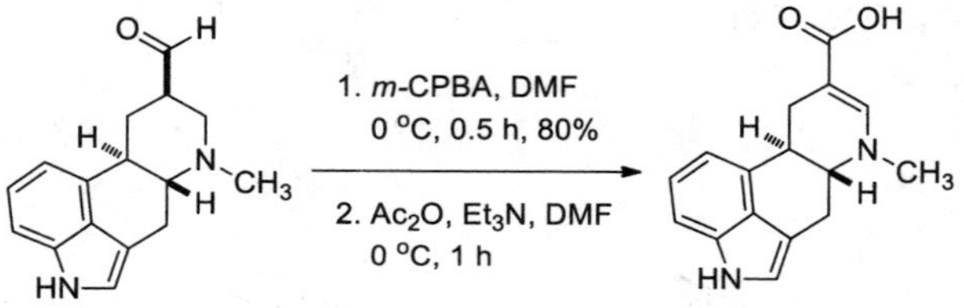

1. m-CPBA, DMF
   0 °C, 0.5 h, 80%
2. Ac₂O, Et₃N, DMF
   0 °C, 1 h

Example 5, 氧化α–氰化反应[13]

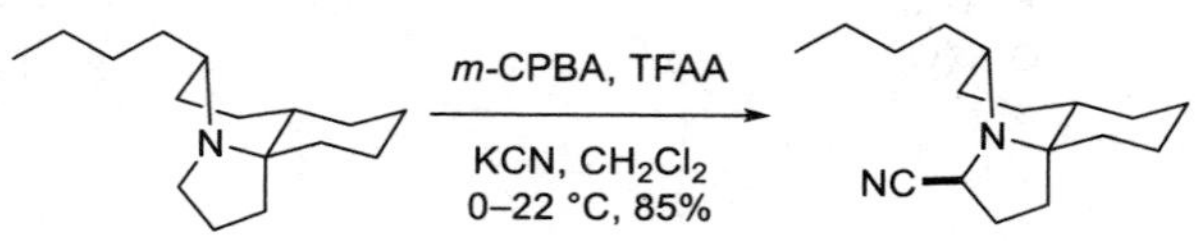

m-CPBA, TFAA
KCN, CH₂Cl₂
0–22 °C, 85%

Example 6, 亚胺离子中间体的环化反应[14]

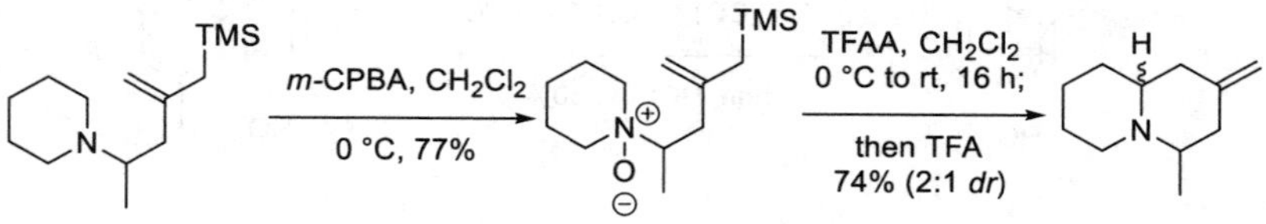

m-CPBA, CH₂Cl₂
0 °C, 77%

TFAA, CH₂Cl₂
0 °C to rt, 16 h;
then TFA
74% (2:1 dr)

Example 7,[15]

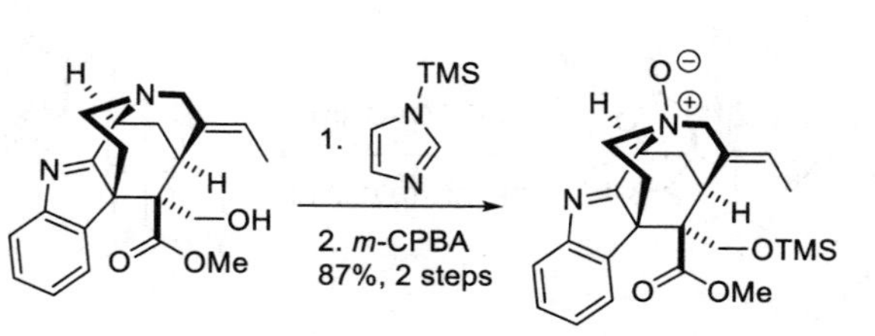

1. [imidazole-TMS]
2. m-CPBA
87%, 2 steps

References

1. Ahond, A.; Cavé, A.; Kan-Fan, C.; Husson, H.-P.; de Rostolan, J.; Potier, P. *J. Am. Chem. Soc.* **1968**, *90,* 5622–5623.
2. Husson, H.-P.; Chevolot, L.; Langlois, Y.; Thal, C.; Potier, P. *J. Chem. Soc., Chem. Commun.* **1972**, 930–931.
3. Grierson, D. *Org. React.* **1990**, *39*, 85–295. (Review).
4. Sundberg, R. J.; Gadamasetti, K. G.; Hunt, P. J. *Tetrahedron* **1992**, *48*, 277–296.
5. Kende, A. S.; Liu, K.; Brands, J. K. M. *J. Am. Chem. Soc.* **1995**, *117*, 10597–10598.
6. Renko, D.; Mary, A.; Guillou, C.; Potier, P.; Thal, C. *Tetrahedron Lett.* **1998**, *39*, 4251–4254.
7. Suau, R.; Nájera, F.; Rico, R. *Tetrahedron* **2000**, *56*, 9713–9720.
8. Thomas, O. P.; Zaparucha, A.; Husson, H.-P. *Tetrahedron Lett.* **2001**, *42*, 3291–3293.
9. Lim, K.-H.; Low, Y.-Y.; Kam, T.-S. *Tetrahedron Lett.* **2006**, *47*, 5037–5039.
10. Gazak, R.; Kren, V.; Sedmera, P.; Passarella, D.; Novotna, M.; Danieli, B. *Tetrahedron* **2007**, *63*, 10466–10478.
11. Nishikawa, Y.; Kitajima, M.; Kogure, N.; Takayama, H. *Tetrahedron* **2009**, *65*, 1608–1617.
12. Han-ya, Y.; Tokuyama, H.; Fukuyama, T. *Angew. Chem. Int. Ed.* **2011**, *50*, 4884–4887.
13. Perry, M. A.; Morin, M. D.; Slafer, B. W.; Rychnovsky, S. D. *J. Org. Chem.* **2012**, *77*, 3390–3400.
14. Benimana, S. E.; Cromwell, N. E.; Meer, H. N.; Marvin, C. C. *Tetrahedron Lett.* **2016**, *57*, 5062–5064.
15. Zhang, X.; Kakde, B. N.; Guo, R.; Yadav, S.; Gu, Y.; Li, A. *Angew. Chem. Int. Ed.* **2019**, *58*, 6053–6058.
16. Lee, S.; Kang, G.; Chung, G.; Kim, D.; Lee, H.-Y.; Han, S. *Angew. Chem. Int. Ed.* **2020**, *59*, 6894–6901.

Prins 反应

Prins反应是酸催化下醛基对烯烃加成后通过改变反应条件而给出各种不同产物的反应。

通用中间体

Example 1[5]

Example 2[7]

Example 3[9]

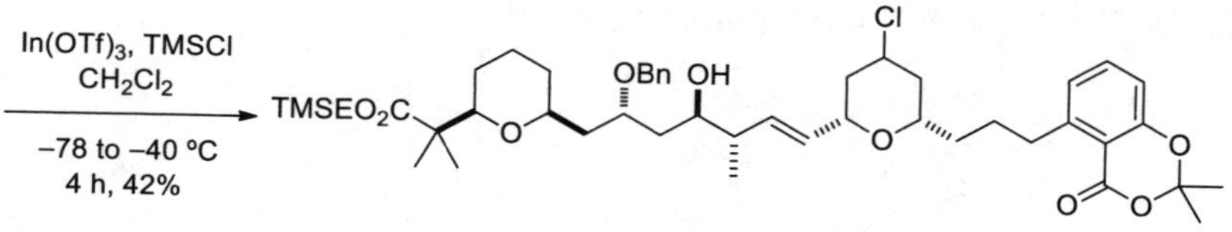

Example 4[10]

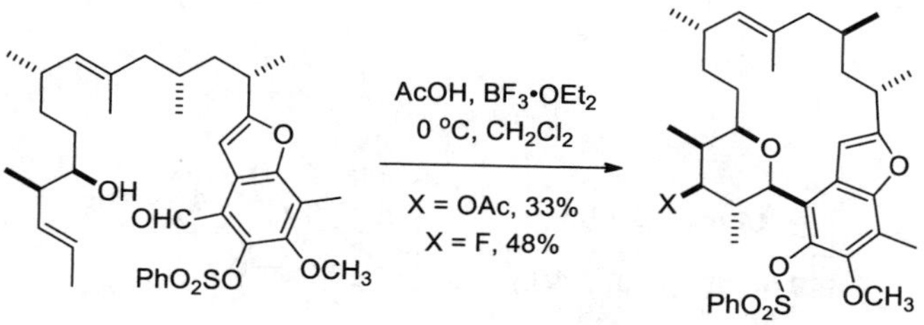

Example 5, 一个串联的Prins–Ritter酰胺化反应[11]

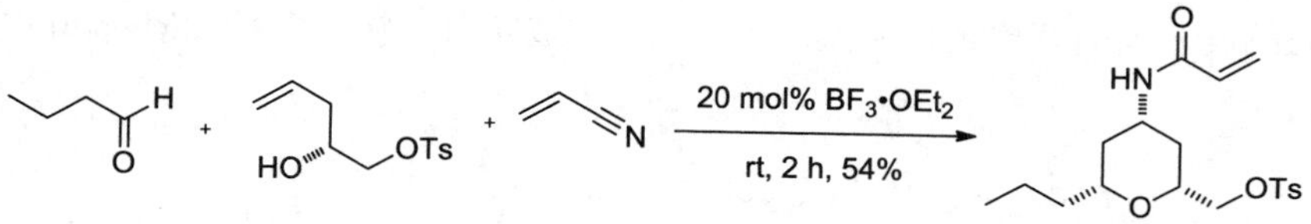

Example 6[12]

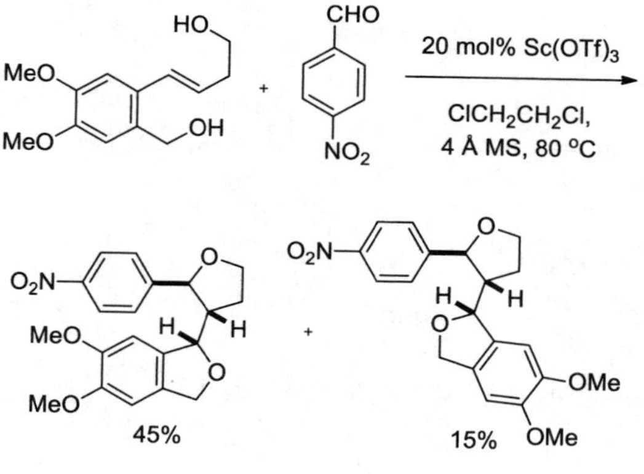

Example 7, SnCl$_4$促进的氧鎓–Prins环化反应[13]

Example 8, 高烯丙醇的Prins反应将取代吡喃成功引入软海绵素halichondrin[14]

Example 9, 桥环N–酰基亚胺离子的N–Prins反应[17]

Example 10, Re$_2$O$_7$催化下从非环前体生成螺环醚[19]

References

1. Prins, H. J. *Chem. Weekblad* **1919**, *16*, 1072–1023. 新西兰人普林斯(H. J. Prins, 1889–1958)出生于Zaandam，要说起来还不能算是有机化学家。获得化学工程学位后他先后在香精油公司和处理肉类的公司工作。他在离家不远处建有一个小小的私人实验室，空暇之余常会去搞点研究。这不单单是消遣，对他后来成为公司董事长也大有裨益。
2. Adam, D. R.; Bhatnagar, S. P. *Synthesis* **1977**, 661–672. (Review).
3. Hanaki, N.; Link, J. T.; MacMillan, D. W. C.; Overman, L. E.; Trankle, W. G.; Wurster, J. A. *Org. Lett.* **2000**, *2*, 223–226.
4. Davis, C. E.; Coates, R. M. *Angew. Chem. Int. Ed.* **2002**, *41*, 491–493.
5. Marumoto, S.; Jaber, J. J.; Vitale, J. P.; Rychnovsky, S. D. *Org. Lett.* **2002**, *4*, 3919–3922.
6. Braddock, D. C.; Badine, D. M.; Gottschalk, T. *Synlett* **2003**, 345–348.
7. Sreedhar, B.; Swapna, V.; Sridhar, C.; *Synth. Commun.* **2005**, *35*, 1177–1182.
8. Aubele, D. L.; Wan, S.; Floreancig, P. E. *Angew. Chem. Int. Ed.* **2005**, *44*, 3485–3488.
9. Chan, K.-P.; Ling, Y. H.; Loh, T.-P. *Chem. Commun.* **2007**, 939–941.
10. Bahnck, K. B.; Rychnovsky, S. D. *J. Am. Chem. Soc.* **2008**, *130*, 13177–13181.
11. Yadav, J. S.; Reddy, Y. J.; Reddy, P. A. N. *Org. Lett.* **2013**, *15*, 546–549.
12. Subba Reddy, B. V.; Jalal, S.; Borkar, P. *Tetrahedron Lett.* **2013**, *54*, 1519–1523.
13. Abas, H.; Linsdall, S. M.; Mamboury, M.; Rzepa, H. S.; Spivey, A. C. *Org. Lett.* **2017**, *19*, 2486–2489.
14. Choi, H.-W.; Fang, F. G.; Fang, H.; Kim, D.-S.; Mathieu, S. R.; Yu, R. T. *Org. Lett.* **2017**, *19*, 6092–6095.
15. Subba Reddy, B. V.; Nair, P. N.; Antony, A.; Lalli, C.; Gree, R. *Eur. J. Org. Chem.* **2017**, 1805–1819 (Review).
16. Subba Reddy, B. V.; Nair, P. N.; Antony, A.; Srivastava, N. *Eur. J. Org. Chem.* **2017**, 5484–5496. (Review).
17. Das, M.; Saikia, A. K. *J. Org. Chem.* **2018**, *83*, 6178–6185.
18. Doro, F.; Akeroyd, N.; Schiet, F.; Narula, A. *Angew. Chem. Int. Ed.* **2019**, *58*, 7174–7179. (Review).
19. Afeke, C.; Xie, Y.; Floreancig, P. E. *Org. Lett.* **2019**, *21*, 5064–54067.
20. Han, M.-Y.; Pan, H.; Li, P.; Wang, L. *J. Org. Chem.* **2020**, *85*, 5825–5837.

Pummerer 重排反应

亚砜用乙酸酐转化为α-酰氧基硫醚的反应。

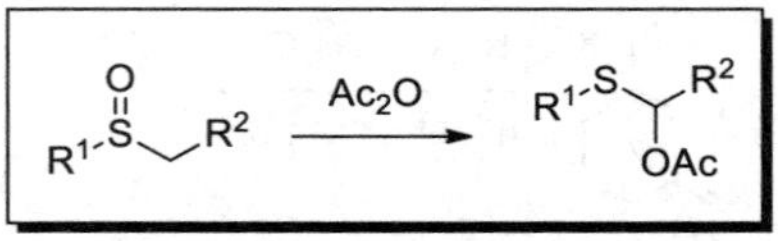

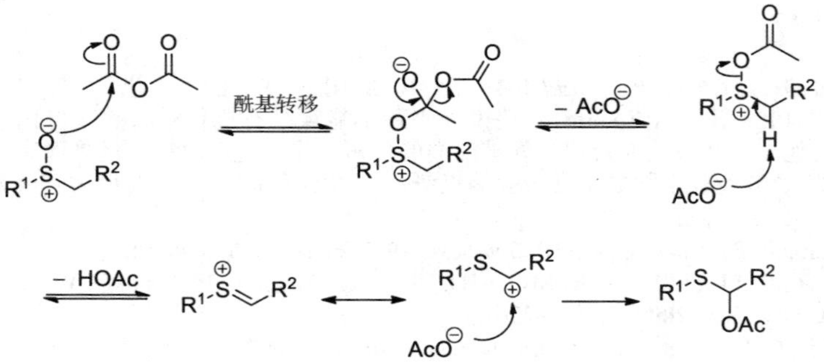

Example 1[2]

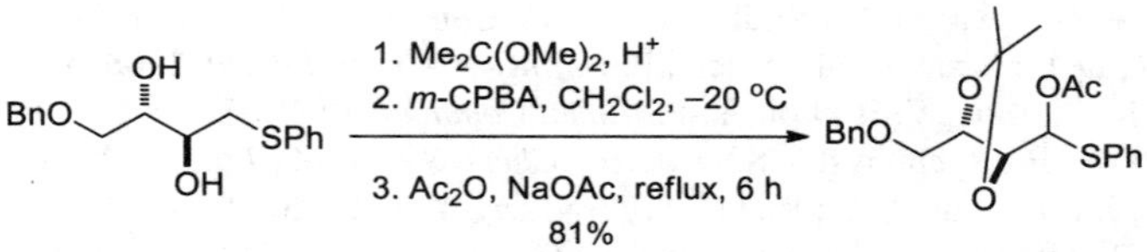

Example 2[7]

Example 3, 一个串联的Pummerer–Mannich环化程序[8]

© Springer Nature Switzerland AG 2021
J. J. Li, *Name Reactions*, https://doi.org/10.1007/978-3-030-50865-4_127

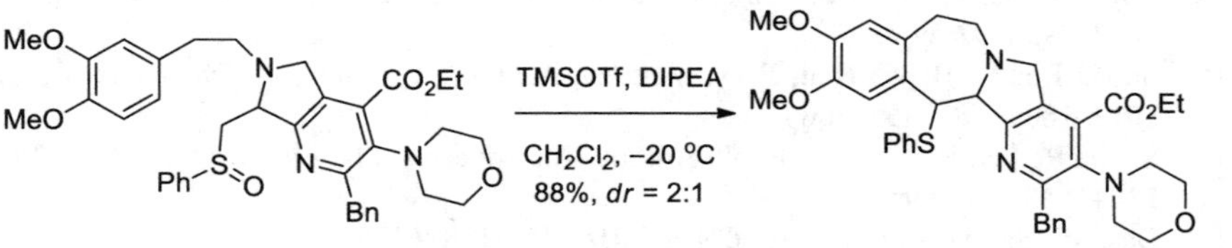

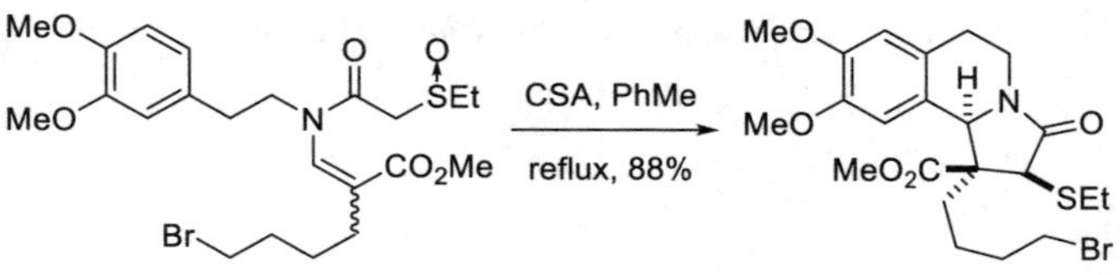

Example 4[9]

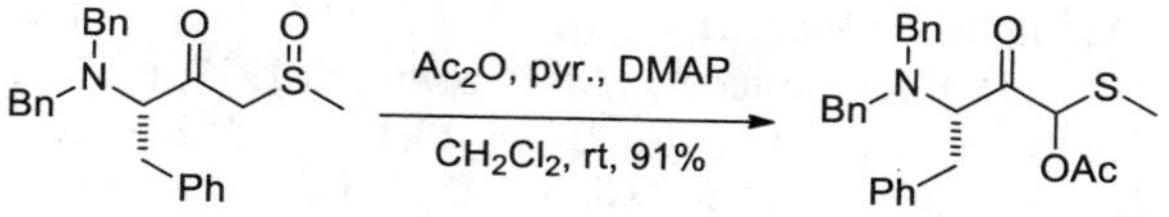

Example 5, 立体选择性的Pummerer 重排反应[10,12]

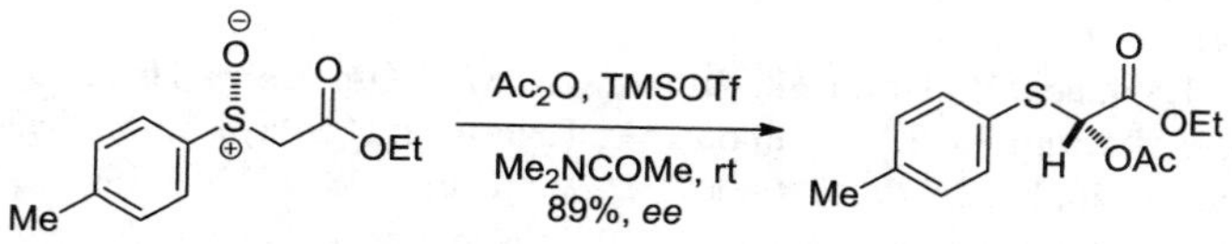

Example 6, 一个芳香族的Pummerer 重排反应[13]

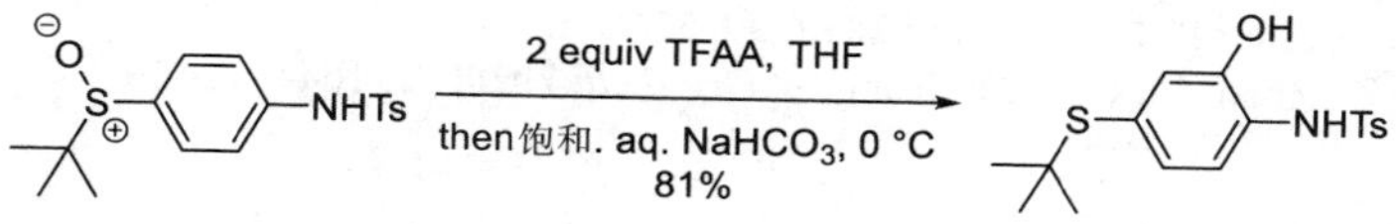

Example 7, 立体选择性的Pummerer 重排反应[14]

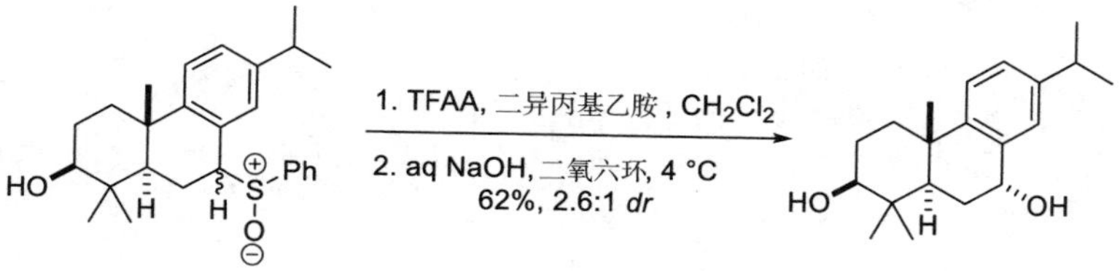

Example 8, Pummerer 重排反应经由α–脱氢可得到烯基硫醚[15]

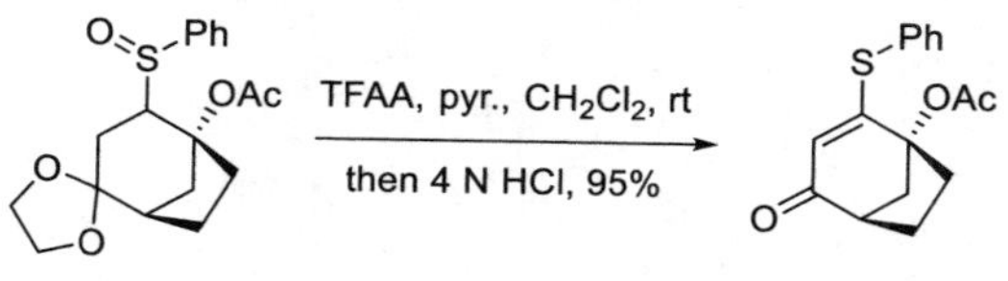

References

1. Pummerer, R. *Ber.* **1910**, *43*, 1401–1412. 普梅雷尔(R. Pummerer)1882年出生于奥地利，跟拜耳(A. von Baeyer)、威尔斯苔德(R. Willstatter)和威兰特(H. O. Wieland)等人学习。在BASF工作几年后于1921年成为慕尼黑实验室有机分部的主席，实现了他一直孜孜以求的愿望。

2. Katsuki, T.; Lee, A. W. M.; Ma, P.; Martin, V. S.; Masamune, S.; Sharpless, K. B.; Tuddenham, D.; Walker, F. J. *J. Org. Chem.* **1982,** *47*, 1373–1378.
3. De Lucchi, O.; Miotti, U.; Modena, G. *Org. React.* **1991,** *40*, 157–406. (Review).
4. Padwa, A.; Gunn, D. E., Jr.; Osterhout, M. H. *Synthesis* **1997,** 1353–1378. (Review).
5. Padwa, A.; Waterson, A. G. *Curr. Org. Chem.* **2000,** *4*, 175–203. (Review).
6. Padwa, A.; Bur, S. K.; Danca, D. M.; Ginn, J. D.; Lynch, S. M. *Synlett* **2002,** 851–862. (Review).
7. Gámez Montaño, R.; Zhu, J. *Chem. Commun.* **2002,** 2448–2449.
8. Padwa, A.; Danca, M. D.; Hardcastle, K.; McClure, M. *J. Org. Chem.* **2003,** *68*, 929–941.
9. Suzuki, T.; Honda, Y.; Izawa, K.; Williams, R. M. *J. Org. Chem.* **2005,** *70*, 7317–7323.
10. Nagao, Y.; Miyamoto, S.; Miyamoto, M.; Takeshige, H.; Hayashi, K.; Sano, S.; Shiro, M.; Yamaguchi, K.; Sei, Y. *J. Am. Chem. Soc.* **2006,** *128*, 9722–9729.
11. Ahmad, N. M. *Pummerer Rearrangement.* In *Name Reactions for Homologations-Part II*; Li, J. J., Ed.; Wiley: Hoboken, NJ, **2009,** pp 334–352. (Review).
12. Patil, M.; Loerbroks, C.; Thiel, W. *Org. Lett.* **2013,** *15*, 1682–1685.
13. Bao, X.; Yao, J.; Zhou, H.; Xu, G. *Org. Lett.* **2017,** *19*, 5780–5782.
14. Li, X.; Carter, R. G. *Org. Lett.* **2018,** *20*, 5546–5549.
15. Yan, Z.; Zhao, C.; Gong, J.; Yang, Z. *Org. Lett.* **2020,** *22*, 1644–1647.

Ramberg–Bäcklund 反应

α-卤代砜经挤出反应生成烯烃。

Example 1[4]

Example 2[5]

Example 3[6]

Example 4, [7]

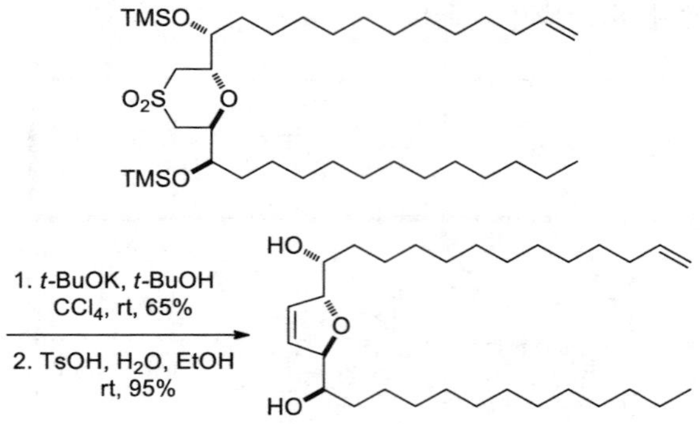
TMSO
O2S
O
TMSO
1. t-BuOK, t-BuOH
CCl4, rt, 65%
2. TsOH, H2O, EtOH
rt, 95%
HO
O
HO

Example 5, 二炔丙基砜经由修正的快速one–flask Ramburg–Bäcklund 反应直接转化为烯二炔[8]

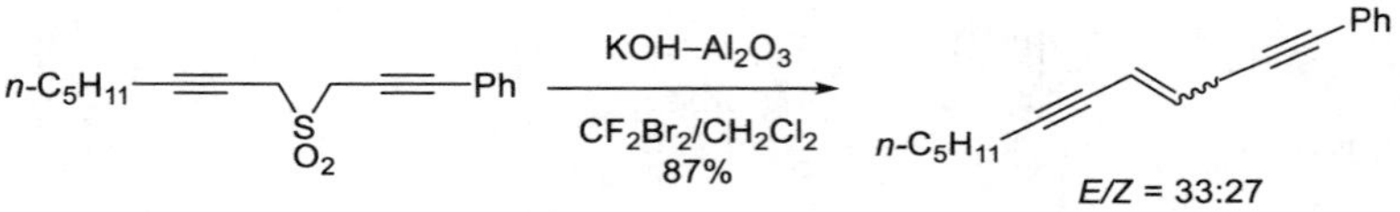
n-C5H11
S
O2
Ph
KOH–Al2O3
CF2Br2/CH2Cl2
87%
Ph
n-C5H11
E/Z = 33:27

Example 6, 合成吡咯啉[14]

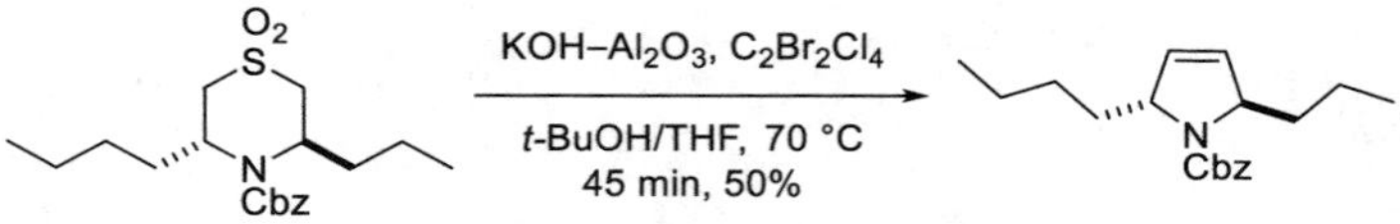
O2
S
N
Cbz
KOH–Al2O3, C2Br2Cl4
t-BuOH/THF, 70 °C
45 min, 50%
N
Cbz

Example 7, 用于合成奥司他维(达菲)[15]

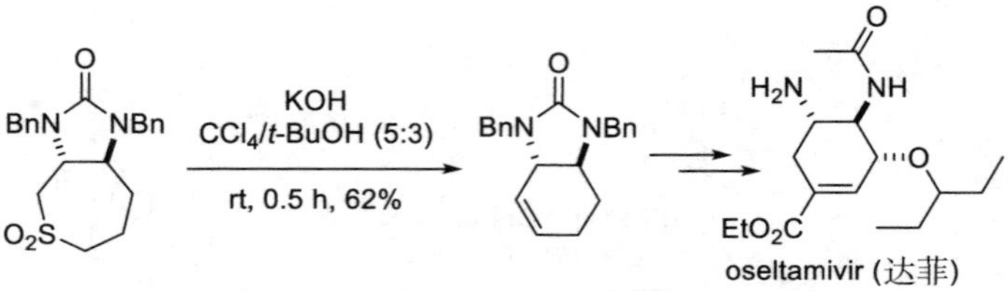
O
BnN
NBn
O2S
KOH
CCl4/t-BuOH (5:3)
rt, 0.5 h, 62%
O
BnN
NBn
O
H2N
NH
O
EtO2C
oseltamivir (达菲)

Example 8, 从手性醇得到环烯，砜基是离去基[17]

References

1. Ramberg, L.; Bäcklund, B. *Arkiv. Kemi, Mineral Geol.* **1940**, *13A*, 1–50.
2. Paquette, L. A. *Acc. Chem. Res.* **1968**, *1*, 209–216. (Review).
3. Paquette, L. A. *Org. React.* **1977**, *25*, 1–71. (Review).
4. Becker, K. B.; Labhart, M. P. *Helv. Chim. Acta* **1983**, *66*, 1090–1100.
5. Block, E.; Aslam, M.; Eswarakrishnan, V.; Gebreyes, K.; Hutchinson, J.; Iyer, R.; Laffitte, J. A.; Wall, A. *J. Am. Chem. Soc.* **1986**, *108*, 4568–4580.
6. Boeckman, R. K., Jr.; Yoon, S. K.; Heckendorn, D. K. *J. Am. Chem. Soc.* **1991**, *113*, 9682–9684.
7. Trost, B. M.; Shi, Z. *J. Am. Chem. Soc.* **1994**, *116*, 7459–7460.
8. Cao, X.-P.; Chan, T.-L.; Chow, H.-F. *Tetrahedron Lett.* **1996**, *37*, 1049–1052.
9. Taylor, R. J. K. *Chem. Commun.* **1999**, 217–227. (Review).
10. Taylor, R. J. K.; Casy, G. *Org. React.* **2003**, *62*, 357–475. (Review).
11. Li, J. J. *Ramberg–Bäcklund olefin synthesis*. In *Name Reactions for Functional Group Transformations*; Li, J. J., Ed.; Wiley: Hoboken, NJ, **2007**, pp 386–404. (Review).
12. Pal, T. K.; Pathak, T. *Carbohydrate Res.* **2008**, *343*, 2826–2829.
13. Baird, L. J.; Timmer, M. S. M.; Teesdale-Spittle, P. H.; Harvey, J. E. *J. Org. Chem.* **2009**, *74*, 2271–2277.
14. Söderman, S. C.; Schwan, A. L. *Org. Lett.* **2013**, *15*, 4434–4437.
15. Chavan, S. P.; Chavan, P. N.; Gonnade, R. G. *RSC Adv.* **2014**, *4*, 62281–62284.
16. Lou, X. *Mini-Rev. Org. Chem.* **2015**, *412*, 449–454. (Review).
17. Pasetto, P.; Naginskaya, J. *Tetrahedron Lett.* **2018**, *59*, 2797–2899.

Reformatsky 反应

由 α–卤代酯得来的有机锌化物对羰基的亲核加成反应。

Example 1[4]

Example 2[6]

© Springer Nature Switzerland AG 2021
J. J. Li, *Name Reactions*, https://doi.org/10.1007/978-3-030-50865-4_129

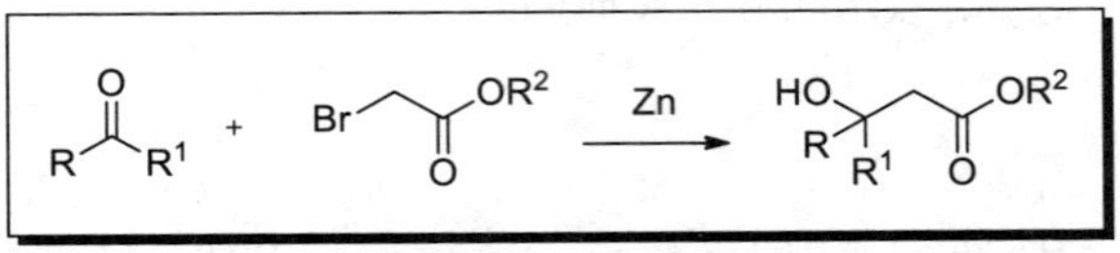

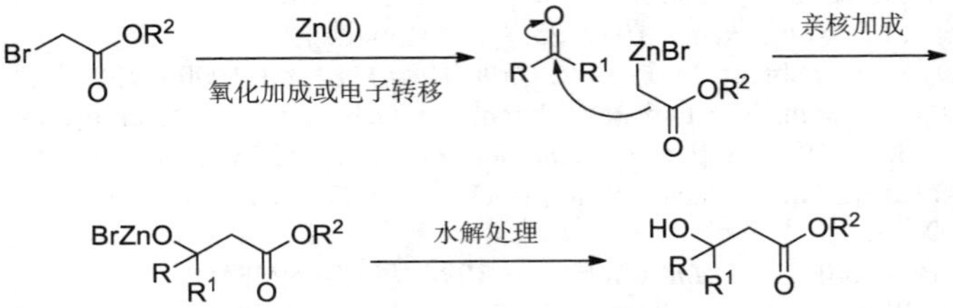

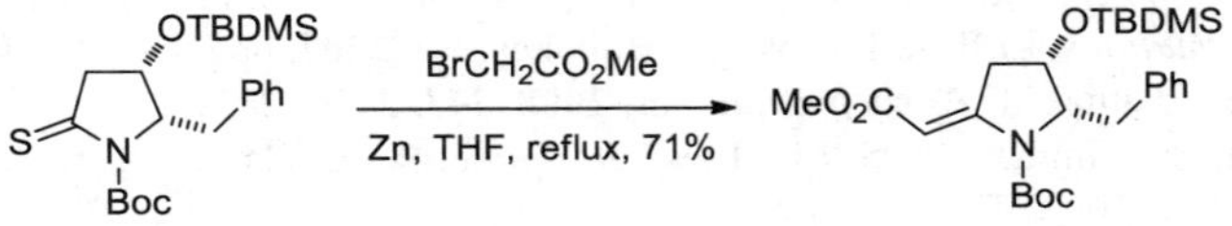

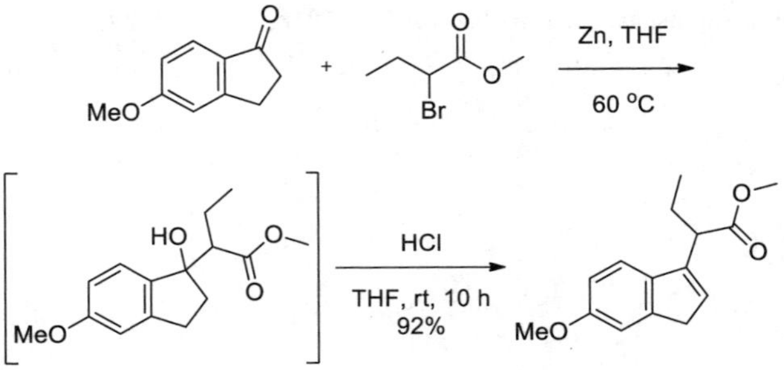

Example 3, 硼化物促进的Reformatsky反应[8]

Example 4, SmI$_2$促进的Reformatsky反应[9]

Example 5[6]

Example 6, SmI$_2$促进的Reformatsky反应[13]

Example 7, 非对映选择性的Reformatsky反应[14]

References

1. Reformatsky, S. *Ber.* **1887,** *20*, 1210–1211. 瑞弗尔马茨基 (S. Reformatsky, 1860–1934) 出生于俄罗斯, 在被称为俄罗斯有机化学大师策源地的喀山大学 (University of Kazan) 学习。他在那儿求学于杰出的化学家查依采夫 (A. M. Zaitsev)。瑞弗尔马茨基后来又去过德国的哥廷根、海德堡和莱比锡等地学习, 回到俄罗斯后成为基辅大学 (University of Kiev) 的有机化学主任。
2. Rathke, M. W. *Org. React.* **1975,** *22*, 423–460. (Review).
3. Fürstner, A. *Synthesis* **1989,** 571–590. (Review).
4. Lee, H. K.; Kim, J.; Pak, C. S. *Tetrahedron Lett.* **1999,** *40*, 2173–2174.
5. Fürstner, A. In *Organozinc Reagents* Knochel, P., Jones, P., Eds.; Oxford University Press: New York, **1999,** pp 287–305. (Review).
6. Zhang, M.; Zhu, L.; Ma, X. *Tetrahedron: Asymmetry* **2003,** *14*, 3447–3453.
7. Ocampo, R.; Dolbier, W. R., Jr. *Tetrahedron* **2004,** *60*, 9325–9374. (Review).
8. Lambert, T. H.; Danishefsky, S. J. *J. Am. Chem. Soc.* **2006,** *128*, 426–427.
9. Moslin, R. M.; Jamison, T. F. *J. Am. Chem. Soc.* **2006,** *128*, 15106–15107.
10. Cozzi, P. G. *Angew. Chem. Int. Ed.* **2007,** *46*, 2568–2571. (Review).
11. Ke, Y.-Y.; Li, Y.-J.; Jia, J.-H.; Sheng, W.-J.; Han, L.; Gao, J.-R. *Tetrahedron Lett.* **2009,** *50*, 1389–1391.
12. Grellepois, F. *J. Org. Chem.* **2013,** *78*, 1127–1137.
13. Segade, Y.; Montaos, M. A.; Rodríguez, J.; Jiménez, C. *Org. Lett.* **2014,** *16*, 5820–5823.
14. Fernández-Sánchez, L.; Sánchez-Salas, J. A.; Maestro, M. C.; García Runano, J. L. *J. Org. Chem.* **2018,** *83*, 12903–12910.
15. Maestro, A.; Martinez de Marigorta, E.; Palacios, F.; Vicario, J. *Org. Lett.* **2019,** *21*, 9473–9477.

Ritter 反应

腈和醇在强酸参与下生成酰胺的反应。
通式：

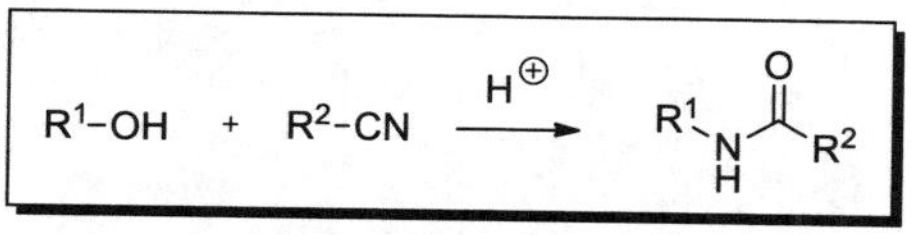
R1–OH
+
R2–CN
H⊕
R1
N
H
O
R2

Example 1

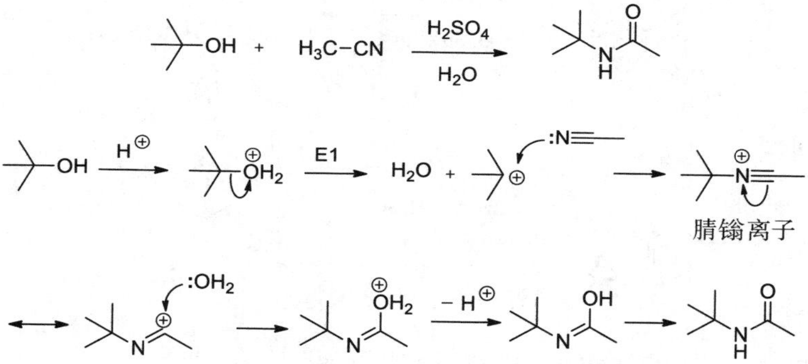
OH
H3C–CN
H2SO4
H2O
E1
:OH2
腈鎓离子
– H⊕

Similarly:

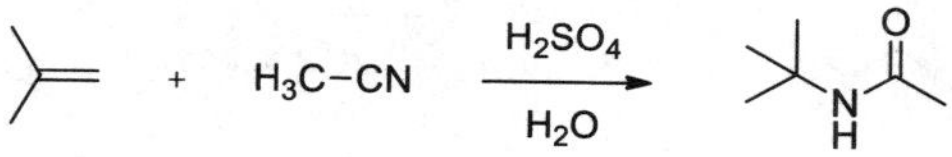
H3C–CN
H2SO4
H2O

Example 2[3]

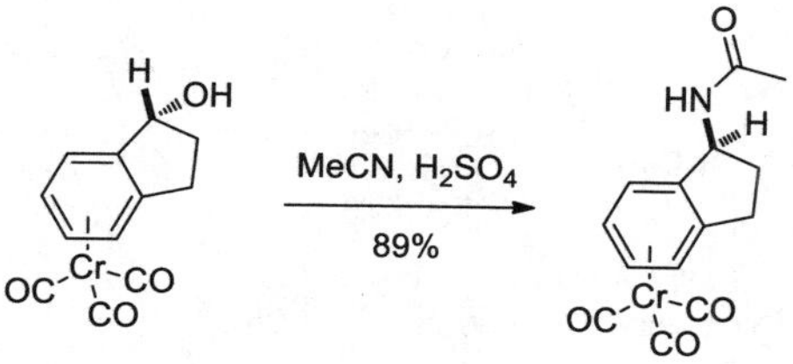
MeCN, H2SO4
89%

© Springer Nature Switzerland AG 2021
J. J. Li, *Name Reactions*, https://doi.org/10.1007/978-3-030-50865-4_130

Example 3[4]

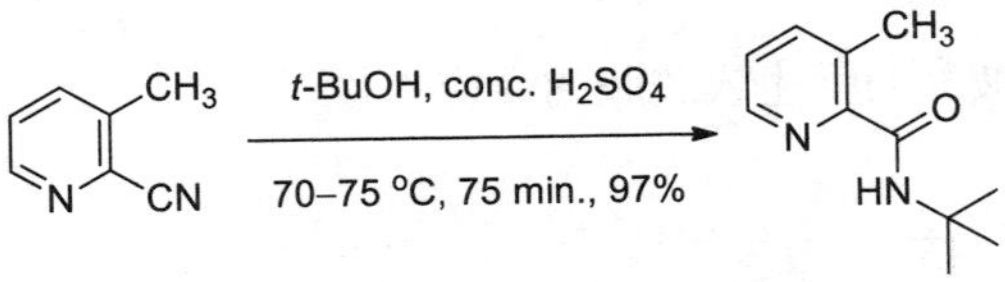

Example 4[5]

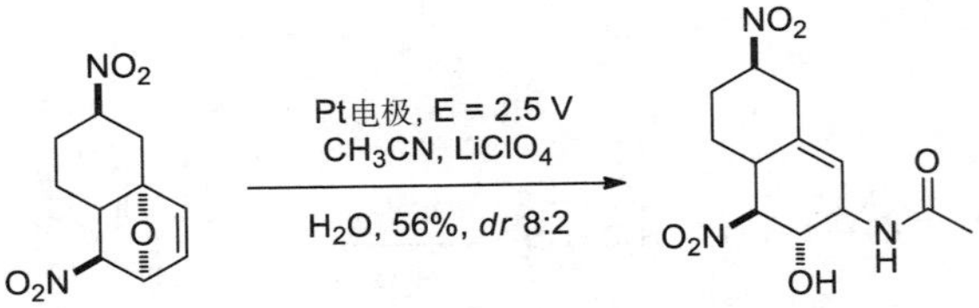

Example 5[6]

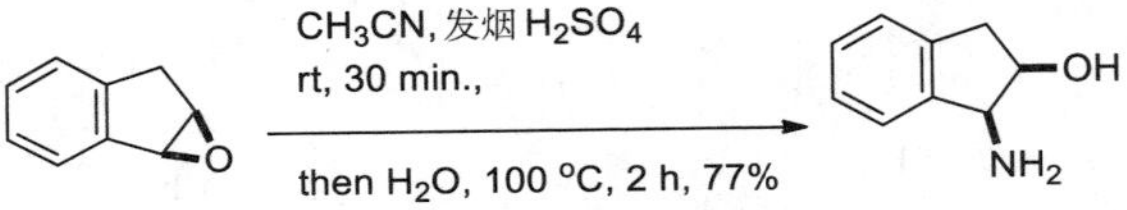

Example 6, 一个串联的Prins–Ritter酰胺化反应[12]

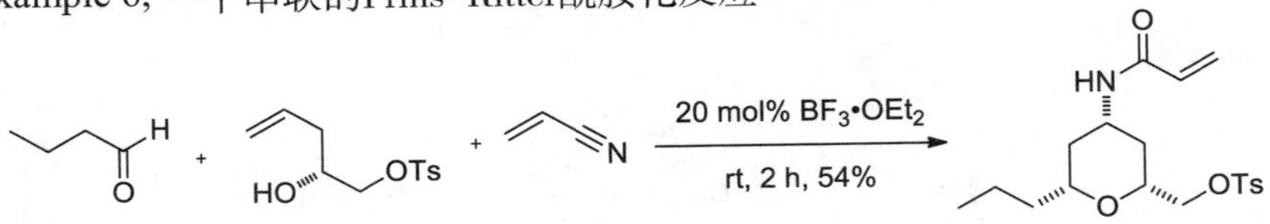

Example 7, 高价碘(III)促进的Ritter类脱羧胺化反应[13]

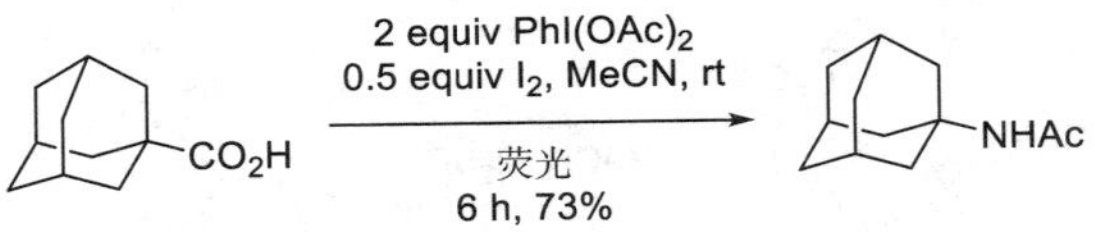

Example 8, 一个包括Ritter类反应的多组分反应[14]

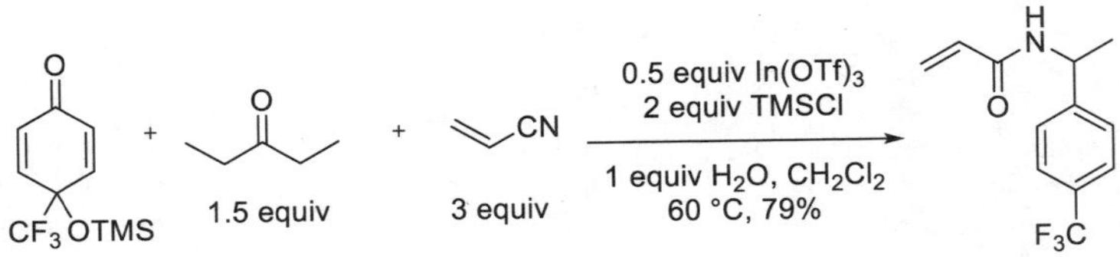

Example 9, 工艺级Ritter反应[15]

References

1. (a) Ritter, J. J.; Minieri, P. P. *J. Am. Chem. Soc.* **1948**, *70*, 4045–4048. (b) Ritter, J. J.; Kalish, J. *J. Am. Chem. Soc.* **1948**, *70*, 4048–4050.
2. Krimen, L. I.; Cota, D. J. *Org. React.* **1969**, *17*, 213–329. (Review).
3. Top, S.; Jaouen, G. *J. Org. Chem.* **1981**, *46*, 78–82.
4. Schumacher, D. P.; Murphy, B. L.; Clark, J. E.; Tahbaz, P.; Mann, T. A. *J. Org. Chem.* **1989**, *54*, 2242–2244.
5. Le Goanvic, D; Lallemond, M.-C.; Tillequin, F.; Martens, T. *Tetrahedron Lett.* **2001**, *42*, 5175–5176.
6. Tanaka, K.; Kobayashi, T.; Mori, H.; Katsumura, S. *J. Org. Chem.* **2004**, *69*, 5906–5925.
7. Nair, V.; Rajan, R.; Rath, N. P. *Org. Lett.* **2002**, *4*, 1575–1577.
8. Concellón, J. M.; Riego, E.; Suárez, J. R.; García-Granda, S.; Díaz, M. R. *Org. Lett.* **2004**, *6*, 4499–4501.
9. Brewer, A. R. E. *Ritter reaction*. In *Name Reactions for Functional Group Transformations*; Li, J. J., Ed.; Wiley: Hoboken, NJ, **2007**, pp 471–476. (Review).
10. Baum, J. C.; Milne, J. E.; Murry, J. A.; Thiel, O. R. *J. Org. Chem.* **2009**, *74*, 2207–2209.
11. Guerinot, A.; Reymond, S.; Cossy, J. *Eur. J. Org. Chem.* **2012**, 19–28. (Review).
12. Yadav, J. S.; Reddy, Y. J.; Reddy, P. A. N.; Reddy, B. V. S. *Org. Lett.* **2013**, *15*, 546–549.
13. Kiyokawa, K.; Watanabe, T.; Fra, L.; Kojima, T.; Minakata, S. *J. Org. Chem.* **2017**, *82*, 117711–11720.
14. Feng, C.; Li, Y.; Sheng, X.; Pan, L.; Liu, Q. *Org. Lett.* **2018**, *20*, 6449–6452.
15. Zhang, Y.; Chen, S.; Liu, Y.; Wang, Q. *Org. Process Res. Dev.* **2020**, *24*, 216–227.

Robinson 增环反应

环己酮和甲基烯基酮发生 Michael 加成反应后再进行分子内 Aldol 缩合反应给出六元环的 α,β-不饱和酮。

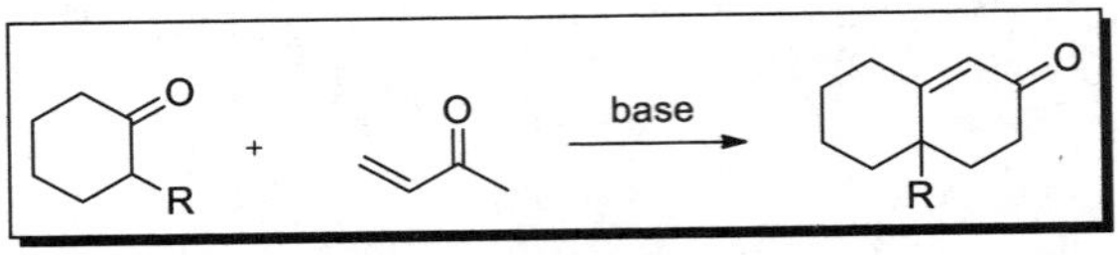

甲基乙烯基酮 (MVK)

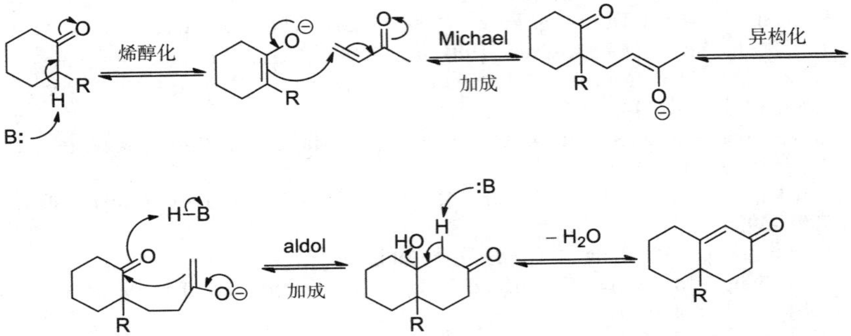

Example 1, 同 Robinson 反应[7]

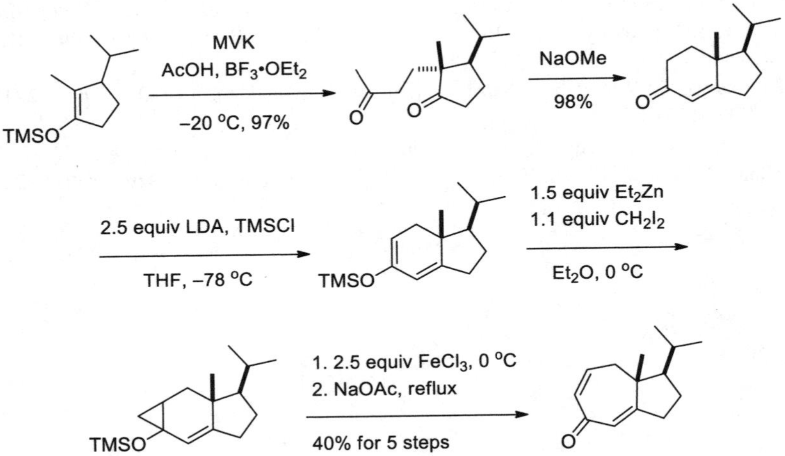

© Springer Nature Switzerland AG 2021
J. J. Li, *Name Reactions*, https://doi.org/10.1007/978-3-030-50865-4_131

Example 2[8]

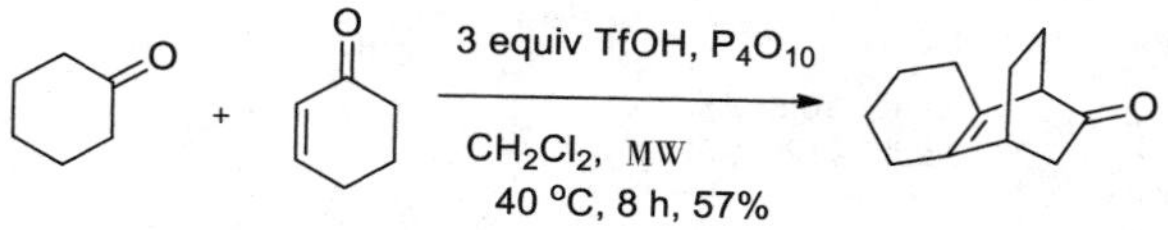

Example 3, 一个环戊烯的二重Robinson类增环反应[9]

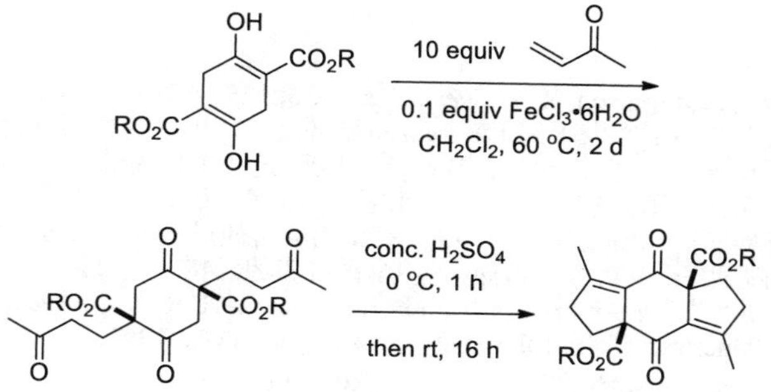

Example 4[10]

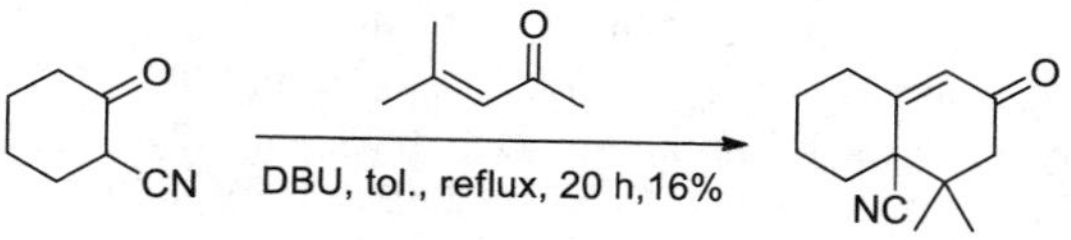

Example 5, 在温和的条件下热力学不够稳定的Robinson增环反应产物转化为热力学更稳定的产物[13]

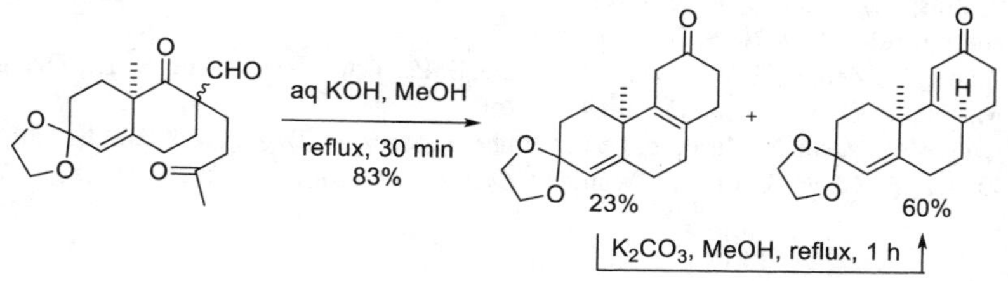

Example 6, 对映选择性的Robinson增环反应[14]

References

1. Rapson, W. S.; Robinson, R. *J. Chem. Soc.* **1935,** 1285–1288. 罗宾森(R. Robinson)在他全合成甾醇的工作中用到了Robinson增环反应。下面这件事是巴顿(D. Barton)在谈到罗宾森和伍德沃特时所讲的: "1951年, 这两个伟大的人在一个周一的早晨非常偶然地在牛津火车站的站台上相遇了。罗宾森很有礼貌地问伍德沃特这几天他在忙哪些研究。伍德沃特回答说, 罗宾森会对他最近就全合成甾醇的工作感兴趣的。闻听此言, 罗宾森大为恼火, 用伞击打伍德沃特并叫喊道: '你为何总是要窃取我的课题？'" —An excerpt from Barton, Derek, H. R. *Some Recollections of Gap Jumping,* American Chemical Society, Washington, D.C., **1991**.
2. Gawley, R. E. *Synthesis* **1976,** 777–794. (Review).
3. Guarna, A.; Lombardi, E.; Machetti, F.; Occhiato, E. G.; Scarpi, D. *J. Org. Chem.* **2000,** *65*, 8093–8096.
4. Tai, C.-L.; Ly, T. W.; Wu, J.-D.; Shia, K.-S.; Liu, H.-J. *Synlett* **2001,** 214–217.
5. Jung, M. E.; Piizzi, G. *Org. Lett.* **2003,** *5*, 137–140.
6. Singletary, J. A.; Lam, H.; Dudley, G. B. *J. Org. Chem.* **2005,** *70*, 739–741.
7. Yun, H.; Danishefsky, S. J. *Tetrahedron Lett.* **2005,** *46*, 3879–3882.
8. Jung, M. E.; Maderna, A. *Tetrahedron Lett.* **2005,** *46*, 5057–5061.
9. Zhang, Y.; Christoffers, J. *Synthesis* **2007,** 3061–3067.
10. Jahnke, A.; Burschka, C.; Tacke, R.; Kraft, P. *Synthesis* **2009,** 62–68.
11. Bradshaw, B.; Parra, C.; Bonjoch, J. *Org. Lett.* **2013,** *15*, 2458–2461.
12. Gallier, F.; Martel, A.; Dujardin, G. *Angew. Chem. Int. Ed.* **2017,** *56*, 12424–12458. (Review).
13. Kapras, V.; Vyklicky, V.; Budesinsky, M.; Cisarova, I.; Vyklicky, L.; Chodounska, H.; John, U. *Org. Lett.* **2018,** *20*, 946–949.
14. Zhang, Q.; Zhang, F.-M.; Zhang, C.-S.; Liu, S.-Z.; Tian, J.-M.; Wang, S.-H.; Zhang, X.-M.; Tu, Y.-Q. *Nat. Commun.* **2019,** *10*, 2507.
15. Quevedo-Acosta, Y.; Jurberg, I. D.; Gamba-Sanchez, D. *Org. Lett.* **2020,** *22*, 239–243.
16. Zhang, Y.; Chen, S.; Liu, Y.; Wang, Q. *Org. Process Res. Dev.* **2020,** *24*, 216–227.

Sandmeyer 反应

芳基卤可由重氮盐和CuX反应得到。

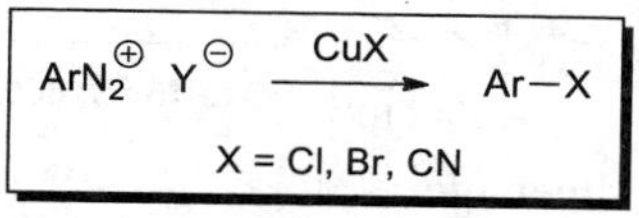

$$ArN_2^{\oplus} \ Y^{\ominus} \xrightarrow{CuX} Ar-X$$

$$X = Cl, Br, CN$$

机理：

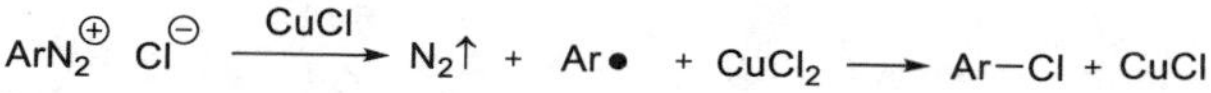

$$ArN_2^{\oplus} \ Cl^{\ominus} \xrightarrow{CuCl} N_2\uparrow + Ar\bullet + CuCl_2 \longrightarrow Ar-Cl + CuCl$$

Example 1[4]

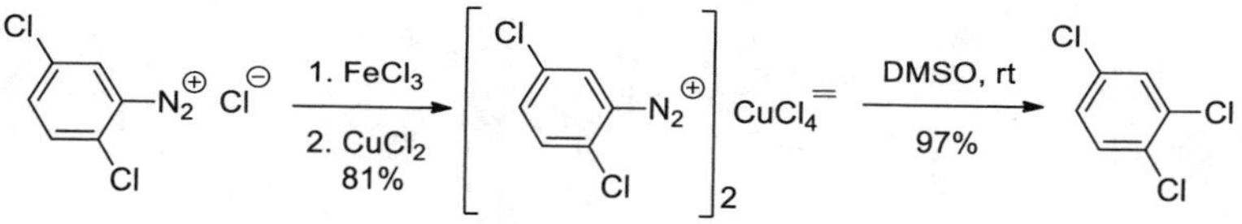

Example 2[7]

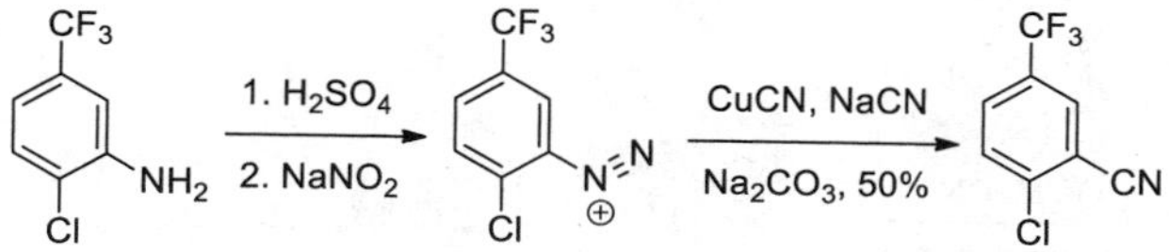

Example 3[8]

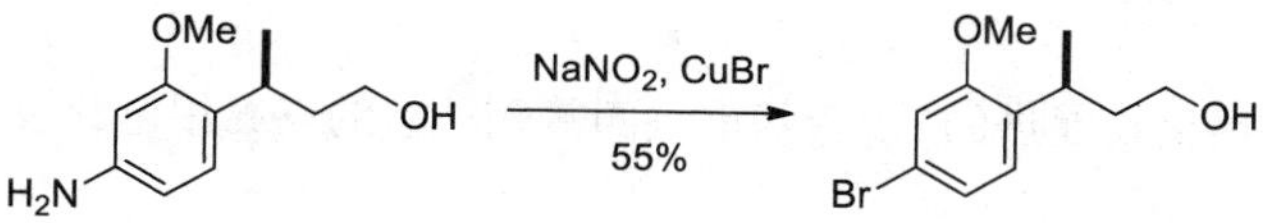

Example 4[9]

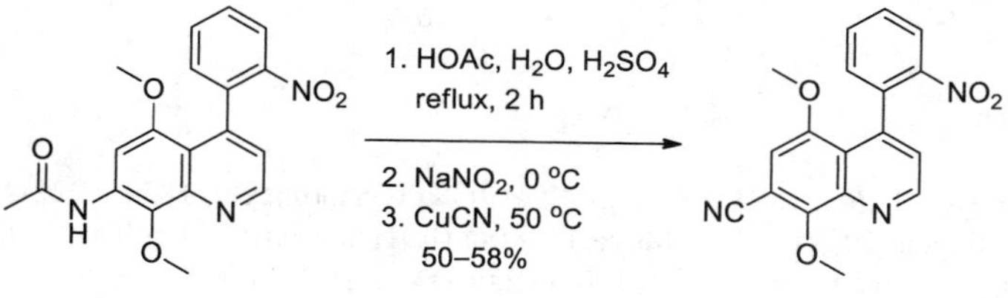

Example 5, 三氟甲基化反应 [11]

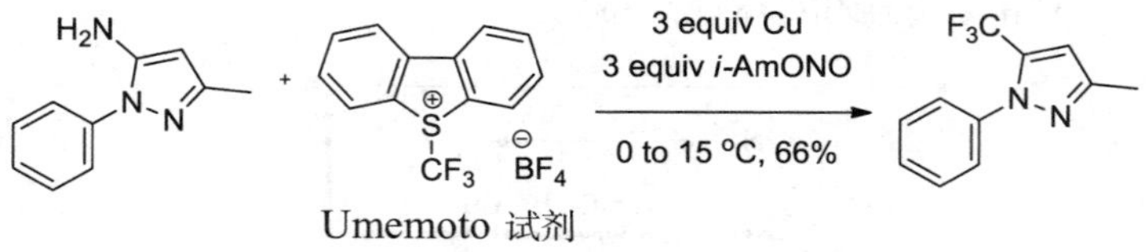

[Reaction scheme: 5-amino-3-methyl-1-phenylpyrazole + Umemoto 试剂 (dibenzothiophenium-CF₃ BF₄⁻) → 3 equiv Cu, 3 equiv i-AmONO, 0 to 15 °C, 66% → 5-CF₃-3-methyl-1-phenylpyrazole]

Example 6, (杂)芳基重氮盐的二氟甲基化反应 [13]

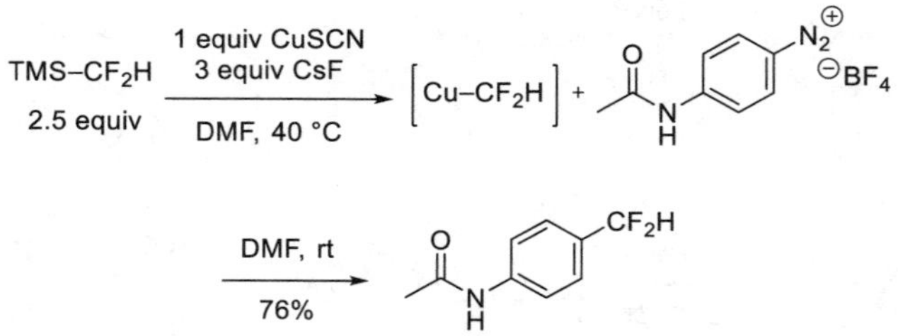

$$\text{TMS-CF}_2\text{H} \xrightarrow[\text{DMF, 40 °C}]{\substack{\text{1 equiv CuSCN} \\ \text{3 equiv CsF}}} [\text{Cu-CF}_2\text{H}] + \text{AcHN-C}_6\text{H}_4\text{-N}_2^+\text{BF}_4^-$$
2.5 equiv

$$\xrightarrow[76\%]{\text{DMF, rt}} \text{AcHN-C}_6\text{H}_4\text{-CF}_2\text{H}$$

Example 7, 安全的流体过程 [14]

[Flow reaction scheme: 2-methyl-6-nitroaniline in MeCN + i-PrONO in MeCN → 1.2 equiv CuCl₂ in MeCN, 65 °C, 30 min, 60–84% → 2-chloro-1-methyl-3-nitrobenzene]

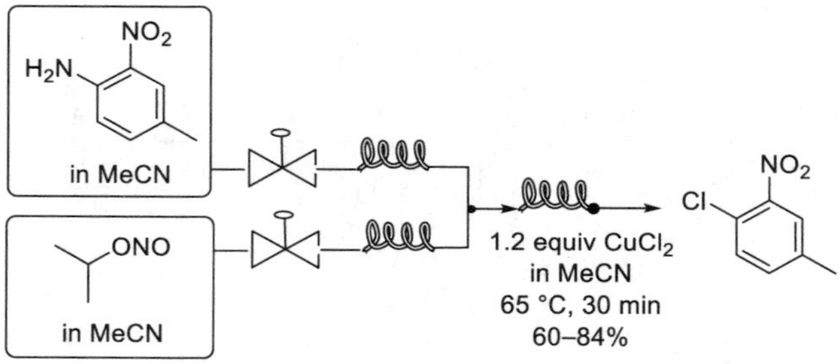

Example 8, 银化物促进的(杂)芳基重氮四氟硼酸盐的三氟甲基化反应 [16]

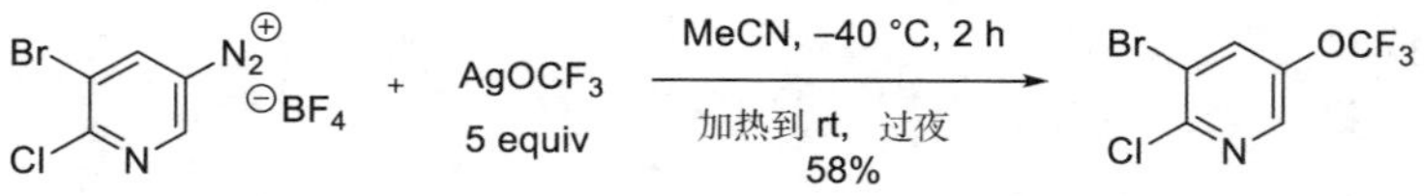

[Reaction scheme: 3-bromo-2-chloro-5-diazopyridinium BF₄⁻ + AgOCF₃ (5 equiv) → MeCN, −40 °C, 2 h, 加热到 rt, 过夜, 58% → 3-bromo-2-chloro-5-(trifluoromethoxy)pyridine]

References

1. Sandmeyer, T. *Ber.* **1884**, *17*, 1633. 桑德迈尔 (T. Sandmeyer, 1854–1922) 出生于瑞士的 Wettingen，跟迈耶尔 (V. Meyer) 和汉奇 (A. Hantzsch) 学习但并未得到博士学位。后在现已属于 Novartis 成员的 J. R. Geigy 公司工作了 31 年。

2. Suzuki, N.; Azuma, T.; Kaneko, Y.; Izawa, Y.; Tomioka, H.; Nomoto, T. *J. Chem. Soc., Perkin Trans. 1* **1987,** 645–647.
3. Merkushev, E. B. *Synthesis* **1988,** 923–937. (Review).
4. Obushak, M. D.; Lyakhovych, M. B.; Ganushchak, M. I. *Tetrahedron Lett.* **1998,** *39,* 9567–9570.
5. Hanson, P.; Jones, J. R.; Taylor, A. B.; Walton, P. H.; Timms, A. W. *J. Chem. Soc., Perkin Trans. 2* **2002,** 1135–1150.
6. Daab, J. C.; Bracher, F. *Monatsh. Chem.* **2003,** *134,* 573–583.
7. Nielsen, M. A.; Nielsen, M. K.; Pittelkow, T. *Org. Process Res. Dev.* **2004,** *8,* 1059–1064.
8. Kim, S.-G.; Kim, J.; Jung, H. *Tetrahedron Lett.* **2005,** *46,* 2437–2439.
9. LaBarbera, D. V.; Bugni, T. S.; Ireland, C. M. *J. Org. Chem.* **2007,** *72,* 8501–8505.
10. Gehanne, K.; Lancelot, J.-C.; Lemaitre, S.; El-Kashef, H.; Rault, S. *Heterocycles* **2008,** *75,* 3015–3024.
11. Dai, J.-J.; Fang, C.; Xiao, B.; Yi, J.; Xu, J.; Liu, Z.-J.; Lu, X.; Liu, L.; Fu, Y. *J. Am. Chem. Soc.* **2013,** *135,* 8436–8439.
12. Browne, D. L. *Angew. Chem. Int. Ed.* **2014,** *53,* 1482–1484. (Review).
13. Matheis, C.; Jouvin, K.; Goossen, L. J. *Org. Lett.* **2014,** *16,* 5984–5987.
14. D'Attoma, J.; Camara, T.; Brun, P. L.; Robin, Y.; Bostyn, S.; Buron, F.; Routier, S. *Org. Process Res. Dev.* **2017,** *21,* 44–51.
15. Mo, F.; Qiu, D.; Zhang, Y.; Wang, J. *Acc. Chem. Res.* **2018,** *53,* 496–506. (Review).
16. Yang, Y.-M.; Yao, J.-F.; Yan, W.; Luo, Z.; Tang, Z.-Y. *Org. Lett.* **2019,** *21,* 8003–8007.
17. Schafer, G.; Fleischer, T.; Ahmetovic, M.; Abele, S. *Org. Process Res. Dev.* **2020,** *24,* 228–234.

Schiemann 反应

从芳香胺得到芳基氟化物，亦称 Balz–Schiemann 反应。

$$Ar-NH_2 + HNO_2 + HBF_4 \longrightarrow ArN_2^{\oplus} BF_4^{\ominus} \xrightarrow{\Delta} Ar-F + N_2\uparrow + BF_3$$

[Mechanism scheme]

Example 1[4]

[Reaction scheme: 6-amino-2-fluoropurine nucleoside + NaNO$_2$, HBF$_4$, H$_2$O, −10 to 0 °C, 25% → 2,6-difluoropurine nucleoside]

R = 2,3–5–二–O–乙酰基–β–D–呋喃核糖

Example 2, 光促Schiemann反应[6]

[Reaction scheme: 5-fluoro-4-NHBoc-imidazole, 1. HBF$_4$ 2. NaNO$_2$ 3. $h\nu$ → 4,5-difluoroimidazole 36% + 4-fluoroimidazole 8%]

Example 3, 光促Schiemann反应[8]

[Reaction scheme: ethyl 5-amino-imidazole-4-carboxylate + NO$^+$BF$_4^-$, [bmim][BF$_4$] → diazonium salt, $h\nu$, [bmim][BF$_4$], 0 °C, 24 h, 56% → ethyl 5-fluoroimidazole-4-carboxylate]

Example 4, 合成3-氟噻吩[10]

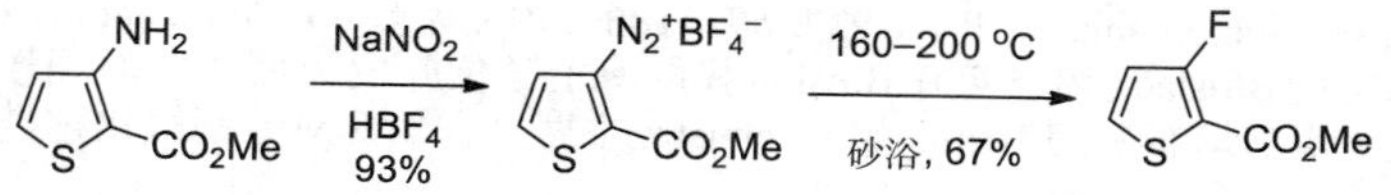

Example 5, 氨基喹啉为底物的反应[12]

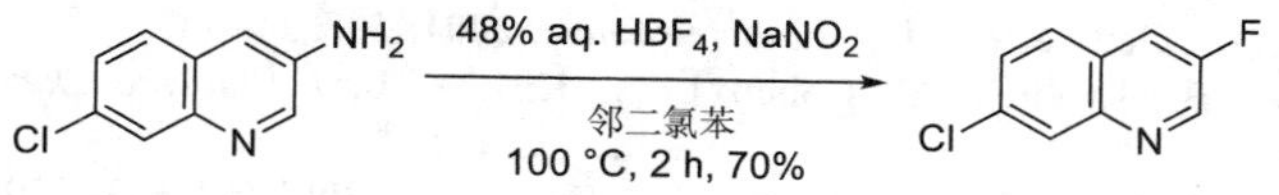

Example 6, 温和的条件下高价碘(III)催化的氟化反应[13]

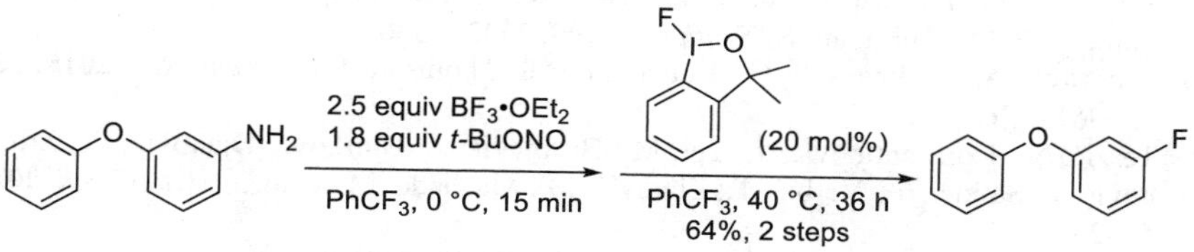

Example 7, 氟化去重氮反应中有机三氟硼化物是氟离子的来源组分[14]

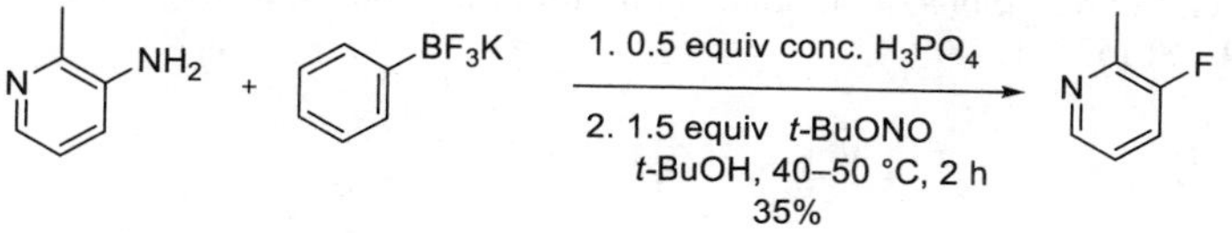

Example 8, 在流体化学中使用HF/吡啶一步得到2-氟腺嘌呤[15]

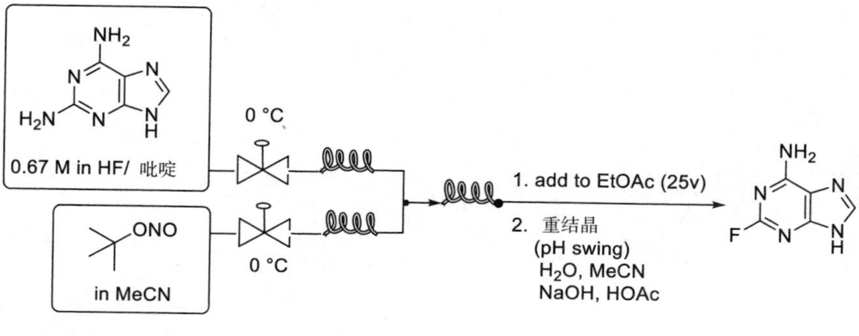

References

1. Balz, G.; Schiemann, G. *Ber.* **1927,** *60,* 1186–1190. 席曼(G. Schiemann)1899年出生于德国的Breslau，1925年在Breslau获得博士学位并成为那儿的助理教授。1950年成为伊斯坦布尔的Technical Chemistry主席并在那儿对芳基氟化物进行了深入的研究。
2. Roe, A. *Org. React.* **1949,** *5,* 193–228. (Review).
3. Sharts, C. M. *J. Chem. Educ.* **1968,** *45,* 185–192. (Review).
4. Montgomery, J. A.; Hewson, K. *J. Org. Chem.* **1969,** *34,* 1396–1399.
5. Laali, K. K.; Gettwert, V. J. *J. Fluorine Chem.* **2001,** *107,* 31–34.
6. Dolensky, B.; Takeuchi, Y.; Cohen, L. A.; Kirk, K. L. *J. Fluorine Chem.* **2001,** *107,* 147–152.
7. Gronheid, R.; Lodder, G.; Okuyama, T. *J. Org. Chem.* **2002,** *67,* 693–720.
8. Heredia-Moya, J.; Kirk, K. L. *J. Fluorine Chem.* **2007,** *128,* 674–678.
9. Gribble, G. W. *Balz-Schiemann reaction.* In *Name Reactions for Functional Group Transformations*; Li, J. J., Ed.; Wiley: Hoboken, NJ, **2007,** pp 552–563. (Review).
10. Pomerantz, M.; Turkman, N. *Synthesis* **2008,** 2333–2336.
11. Cresswell, A. J.; Davies, S. G.; Roberts, P. M.; Thomson, J. E. *Chem. Rev.* **2015,** *115,* 566–611. (Review).
12. Terzić, N.; Konstantinović, J.; Tot, M.; Burojević, J.; Djurković-Djaković, O.; Srbljanović, J.; Stajner, T.; Verbić, T.; Zlatović, M.; Machado, M.; et al. *J. Med. Chem.* **2016,** *59,* 264–281.
13. Xing, B.; Ni, C.; Hu, J. *Angew. Chem. Int. Ed.* **2018,** *57,* 9896–9900.
14. Mohy El Dine, T.; Sadek, O.; Gras, E.; Perrin, D. M. *Chem. Eur. J.* **2018,** *24,* 14933–14937.
15. Salehi Marzijarani, Nastaran; Snead, David R.; McMullen, Jonathan P.; Lévesque, F.; Weisel, M.; Varsolona, R. J.; Lam, Y.-h.; Liu, Z.; Naber, J. R. *Org. Process Res. Dev.* **2019,** *23,* 1522–1528.

Schmidt 重排反应

Schmidt 重排反应是酸促进的叠氮酸对羰基化合物、叔醇和烯烃等亲电体的反应。这些底物反应后发生重排，挤出一分子氮气生成胺、腈、酰胺或亚胺。

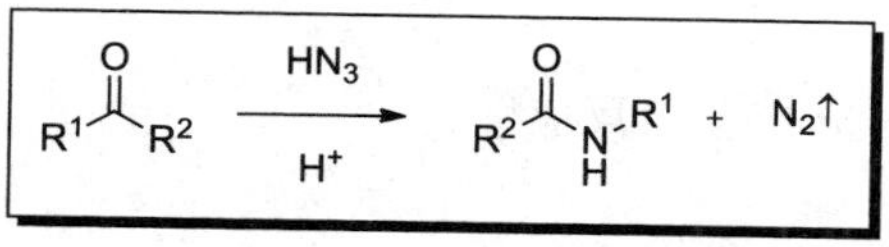

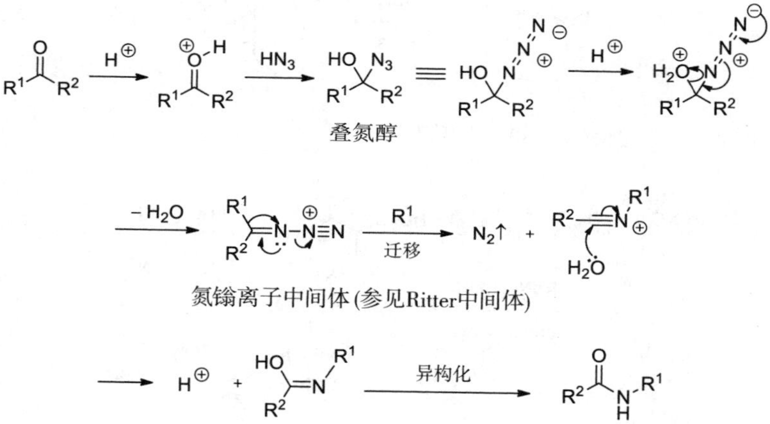

$$R^1COR^2 + HN_3 \xrightarrow{H^+} R^2CONHR^1 + N_2\uparrow$$

机理：

经过叠氮醇中间体，脱水生成氮鎓离子中间体（参见 Ritter 中间体），R¹ 迁移，挤出 N_2，水解异构化得到酰胺。

Example 1, 一个典型实例[3]

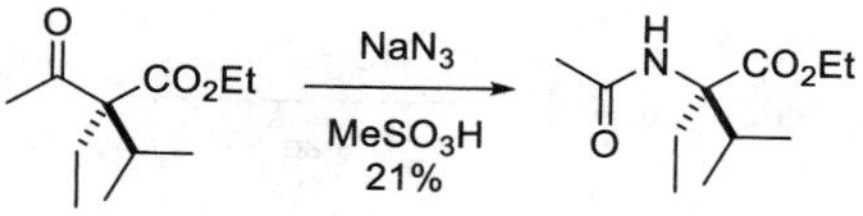

底物（含 CO₂Et 的 α-酮酯）+ NaN₃, MeSO₃H, 21% → 乙酰氨基 CO₂Et 产物

Example 2[5]

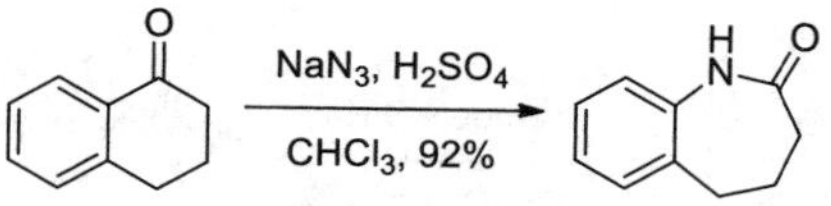

α-四氢萘酮 + NaN₃, H₂SO₄, CHCl₃, 92% → 苯并氮杂䓬-2-酮

Example 3, 分子内Schmidt重排反应[6]

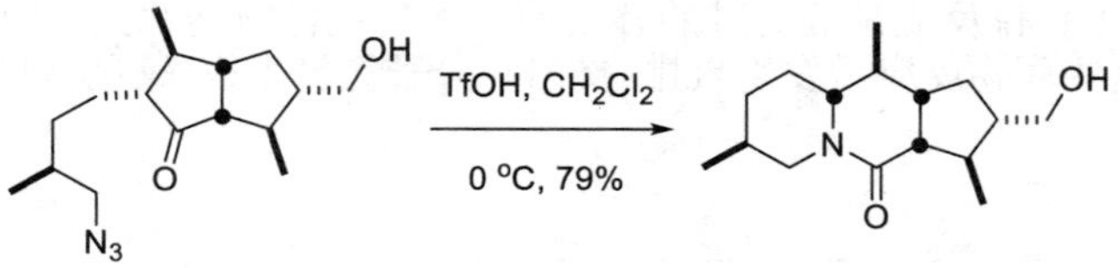

Example 4, 分子内Schmidt重排反应[8]

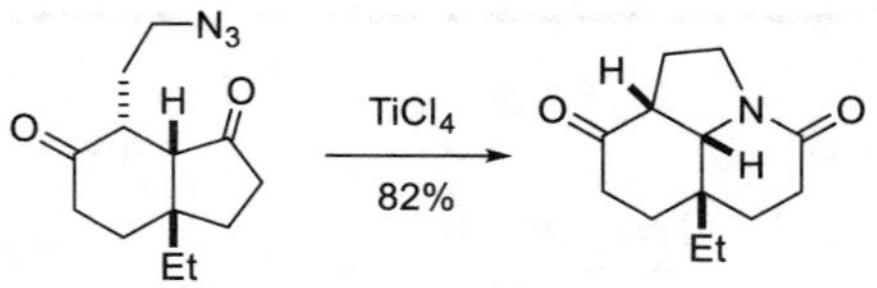

Example 5, 分子间Schmidt重排反应[9]

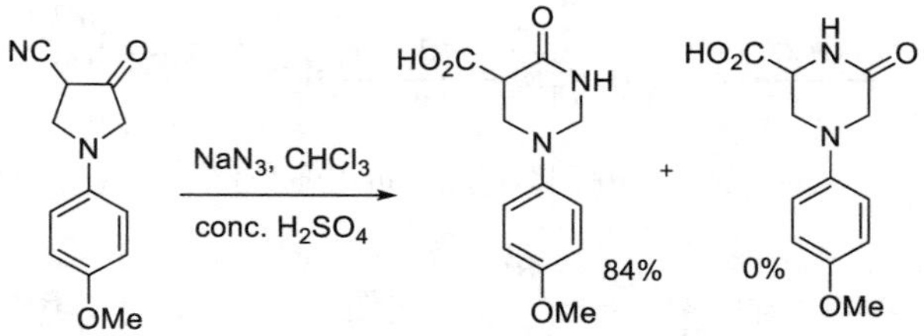

Example 6[11]

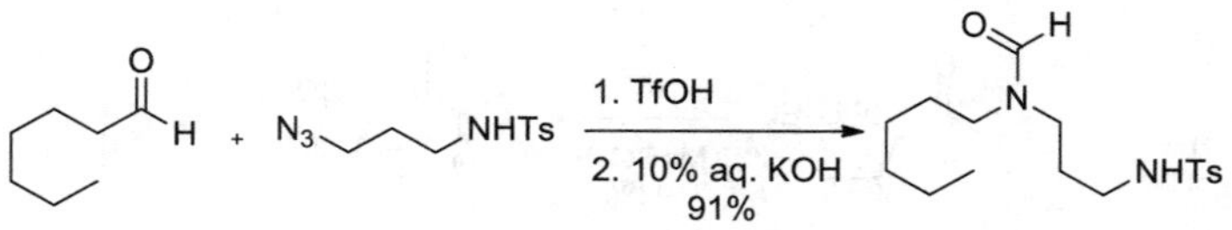

Example 7, 分子内Schmidt重排反应[12]

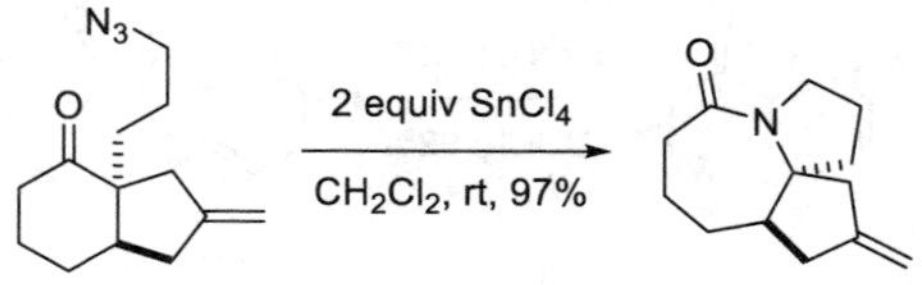

Example 8, 制备2-氧代吲哚[13]

Example 9, 硝基甲烷在得到酰胺和氰的Schmidt类重排反应中可作为氮的供体[14]

References

1. (a) Schmidt, K. F. *Angew. Chem.* **1923**, *36*, 511. 施密特 (K. F. Schmidt, 1887–1971) 自1923年起任海德堡大学 (University of Heidelberg) 教授, 在那儿与库梯乌斯 (T. Curtius) 合作同事。(b) Schmidt, K. F. *Ber.* **1924**, *57*, 704–706.
2. Wolff, H. *Org. React.* **1946**, *3*, 307–336. (Review).
3. Tanaka, M.; Oba, M.; Tamai, K.; Suemune, H. *J. Org. Chem.* **2001**, *66*, 2667–2573.
4. Golden, J. E.; Aubé, J. *Angew. Chem. Int. Ed.* **2002**, *41*, 4316–4318.
5. Johnson, P. D.; Aristoff, P. A. *Bioorg. Med. Chem. Lett.* **2003**, *13*, 4197–4200.
6. Wrobleski, A.; Sahasrabudhe, K.; Aubé, J. *J. Am. Chem. Soc.* **2004**, *126*, 5475–5481.
7. Gorin, D. J.; Davis, N. R.; Toste, F. D. *J. Am. Chem. Soc.* **2005**, *127*, 11260–11261.
8. Iyengar, R.; Schidknegt, K.; Morton, M.; Aubé, J. *J. Org. Chem.* **2005**, *70*, 10645–10652.
9. Amer, F. A.; Hammouda, M.; El-Ahl, A. A. S.; Abdel-Wahab, B. F. *Synth. Commun.* **2009**, *39*, 416–425.
10. Wu, Y.-J. *Schmidt Reactions*. In *Name Reactions for Homologations-Part II*; Li, J. J., Ed.; Wiley: Hoboken, NJ, **2009**, pp 353–372. (Review).
11. Gu, P.; Sun, J.; Kang, X.-Y.; Yi, M.; Li, X.-Q.; Xue, P.; Li, R. *Org. Lett.* **2013**, *15*, 1124–1127.
12. Kim, C.; Kang, S.; Rhee, Y. H. *J. Org. Chem.* **2014**, *79*, 11119–11124.
13. Ding, S.-L.; Ji, Y.; Su, Y.; Li, R.; Gu, P. *J. Org. Chem.* **2019**, *84*, 2012–2021.
14. Liu, J.; Zhang, C.; Zhang, Z.; Wen, X.; Dou, X.; Wei, J.; Qiu, X.; Song, S.; Jiao, N. *Sci.* **2020**, *367*, 281–285.

Shapiro反应

Shapiro反应是Bamford–Stevens反应的变异。前者用RLi和RMgX为碱，给出少取代烯烃产物(动力学产物)；后者用Na、NaOMe、LiH、NaH和$NaNH_2$等为碱，但给出多取代烯烃产物(热力学产物)。

Example 1, 动力学产物是主产物[2]

Example 2[3]

© Springer Nature Switzerland AG 2021
J. J. Li, *Name Reactions*, https://doi.org/10.1007/978-3-030-50865-4_135

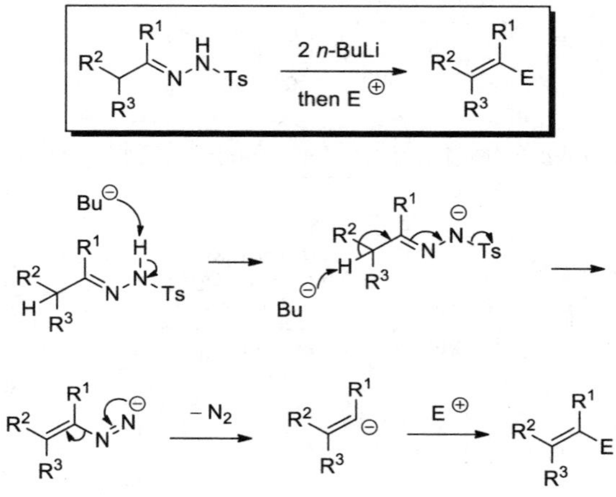

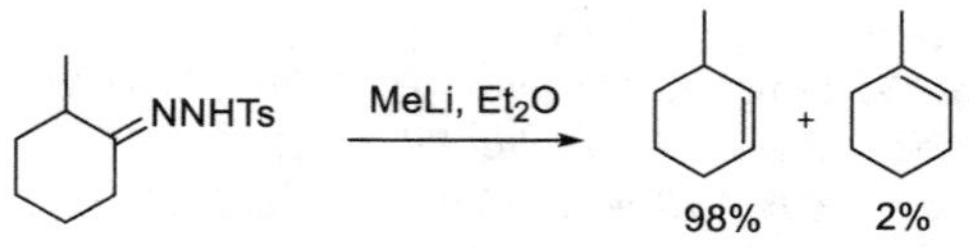

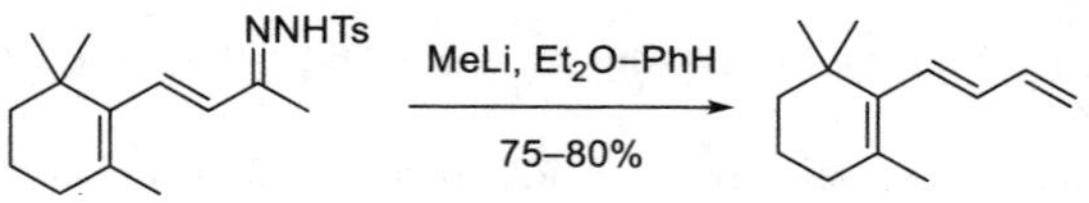

Example 3[7]

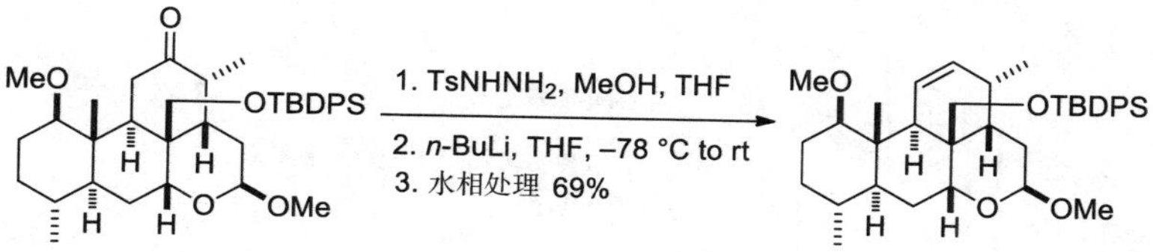

MeO
OTBDPS
OMe
1. TsNHNH2, MeOH, THF
2. n-BuLi, THF, –78 °C to rt
3. 水相处理 69%

Example 4[8]

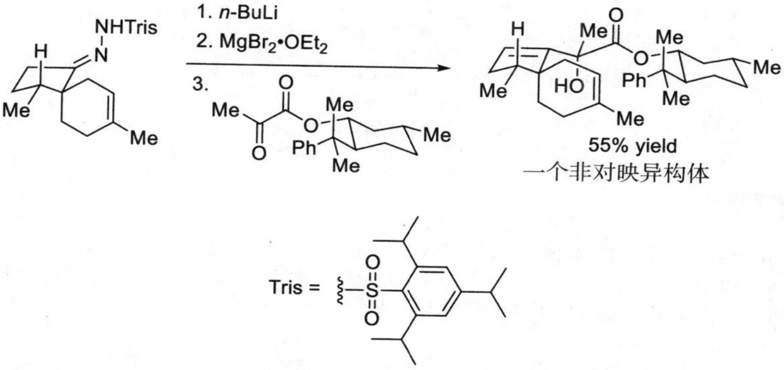

NHTris
1. n-BuLi
2. MgBr2•OEt2
3.
Me
Ph
55% yield
一个非对映异构体
Tris =

Example 5[11]

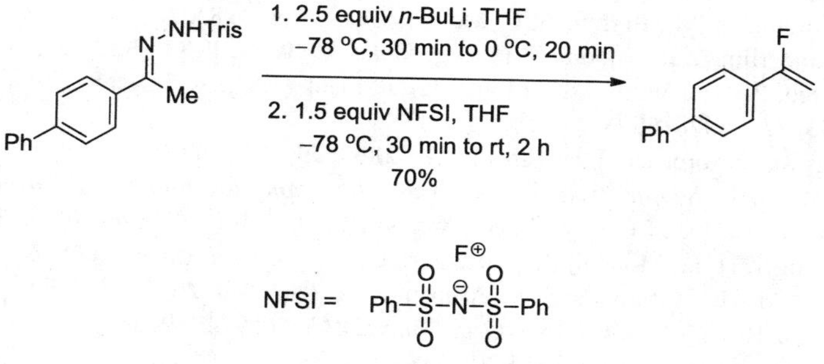

NHTris
Me
Ph
1. 2.5 equiv n-BuLi, THF
–78 °C, 30 min to 0 °C, 20 min
2. 1.5 equiv NFSI, THF
–78 °C, 30 min to rt, 2 h
70%
F
NFSI =
Ph–S–N–S–Ph

Example 6, 全合成蕈青霉素(paspaline)[12]

TsHNN
OTBS
n-BuLi, THF, –40 °C–rt
then DMF; 62%
OHC
OTBS

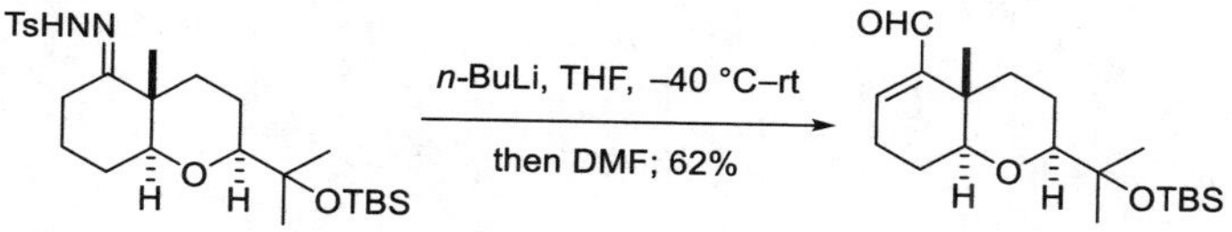

Example 7, 制备乌索脱氢胆酸[13]

Example 8[14]

References

1. Shapiro, R. H.; Duncan, J. H.; Clopton, J. C. *J. Am. Chem. Soc.* **1967**, *89*, 471–472.
   夏皮罗(R. H. Shapiro)于1967年在美国化学会志上发表这篇论文时是科罗拉多大学(University of Colorado)的助理教授。尽管有个以他命名的人名反应，他却未得到终身职位。
2. Shapiro, R. H.; Heath, M. J. *J. Am. Chem. Soc.* **1967,** *89*, 5734–5735.
3. Dauben, W. G.; Lorber, M. E.; Vietmeyer, N. D.; Shapiro, R. H.; Duncan, J. H.; Tomer, K. *J. Am. Chem. Soc.* **1968**, *90*, 4762–4763.
4. Shapiro, R. H. *Org. React.* **1976**, *23*, 405–507. (Review).
5. Adlington, R. M.; Barrett, A. G. M. *Acc. Chem. Res.* **1983**, *16*, 55–59. (Review).
6. Chamberlin, A. R.; Bloom, S. H. *Org. React.* **1990**, *39*, 1–83. (Review).
7. Grieco, P. A.; Collins, J. L.; Moher, E. D.; Fleck, T. J.; Gross, R. S. *J. Am. Chem. Soc.* **1993**, *115*, 6078–6093.
8. Tamiya, J.; Sorensen, E. J. *Tetrahedron* **2003**, *59*, 6921–6932.
9. Wolfe, J. P. *Shapiro reaction*. In *Name Reactions for Functional Group Transformations*; Li, J. J., Corey, E. J., eds, Wiley: Hoboken, NJ, **2007**, pp 405–413.
10. Bettinger, H. F.; Mondal, R.; Toenshoff, C. *Org. Biomol. Chem.* **2008**, *6*, 3000–3004.
11. Yang, M.-H.; Matikonda, S. S.; Altman, R. A. *Org. Lett.* **2013**, *15*, 3894–3897.
12. Sharpe, R. J.; Johnson, J. S. *J. Org. Chem.* **2015**, *80*, 9740–9766.
13. Dou, Q.; Jiang, Z. *Synth.* **2016**, *48*, 588–594.
14. Erden, I.; Gleason, C. J. *Tetrahedron Lett.* **2018**, *59*, 284–286.
15. Pfaff, P.; Mouhib, H.; Kraft, P. *Eur. J. Org. Chem.* **2019**, 2643–2652.

Sharpless Asymmetric 不对称羟胺化反应

Os 促进的氮和氧对烯烃 *cis*-加成反应。位置选择性由配体控制，氮的来源 (X–NClNa) 包括：

催化循环：

Example 1[1b]

(DHQD)₂-PHAL :

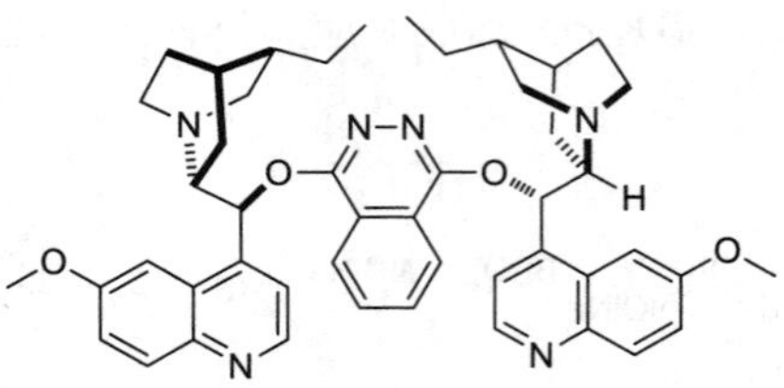

Example 2²

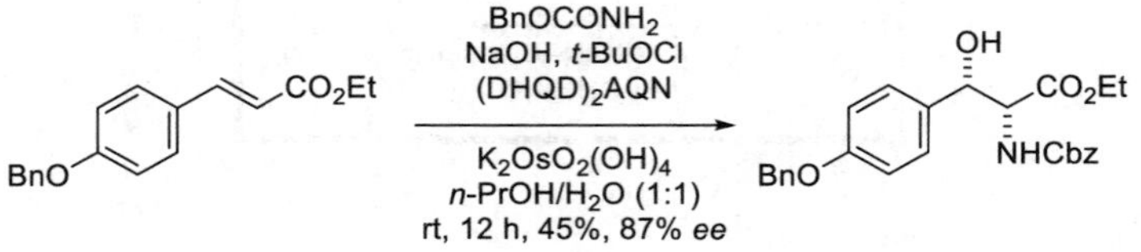

Reagents: BnOCONH₂, NaOH, t-BuOCl, (DHQD)₂AQN, K₂OsO₂(OH)₄, n-PrOH/H₂O (1:1), rt, 12 h, 45%, 87% ee

Example 3⁶

Reagents: NaOH, 氨基甲酸乙酯, K₂OsO₂(OH)₄, (DHQ)₂PHAL, 1,3-二氯-5,5-二甲基乙内酰脲, n-PrOH/H₂O

1. Cs₂CO₃, MeOH
2. H₂SO₄

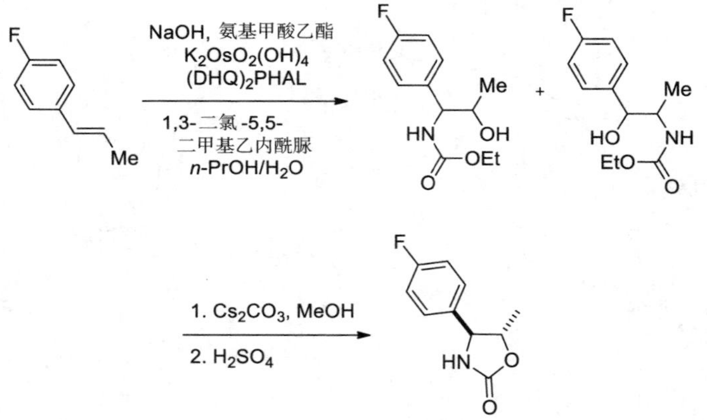

Example 4¹³

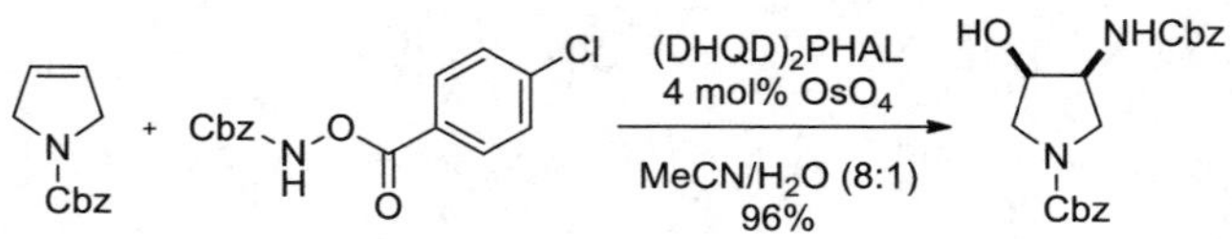

Reagents: (DHQD)₂PHAL, 4 mol% OsO₄, MeCN/H₂O (8:1), 96%

Example 5, 溴胺T是有效的胺源[14]

Example 6, 抗疟药[15]

Example 7, 用 FmocNH·HCl 为胺源[16]

References

1. (a) Herranz, E.; Sharpless, K. B. *J. Org. Chem.* **1978**, *43*, 2544–2548. 美国人夏普莱斯(K. B. Shrpless, 1941-)因手性催化的不对称氧化反应工作和美国人诺尔斯(H. W. S. Knowles, 1917-)及日本人野依良治(R. Noyori, 1938-)一起共享2001年度诺贝尔化学奖。(b) Li, G.; Angert, H. H.; Sharpless, K. B. *Angew. Chem. Int. Ed.* **1996**, *35*, 2813–2817. (c) Rubin, A. E.; Sharpless, K. B. *Angew. Chem. Int. Ed.* **1997**, *36*, 2637–2640. (d) Kolb, H. C.; Sharpless, K. B. *Transition Met. Org. Synth.* **1998**, *2*, 243–260. (Review). (e) Thomas, A.; Sharpless, K. B. J. *Org. Chem.* **1999**, *64*, 8379–8385. (f) Gontcharov, A. V.; Liu, H.; Sharpless, K. B. *Org. Lett.* **1999**, *1*, 783–786.
2. Nicolaou, K. C.; Boddy, C. N. C.; Li, H.; Koumbis, A. E.; Hughes, R.; Natarajan, S.; Jain, N. F.; Ramanjulu, J. M.; Braese, S.; Solomon, M. E. *Chem. Eur. J.* **1999**, *5*, 2602–2621.
3. Lohr, B.; Orlich, S.; Kunz, H. *Synlett* **1999**, 1139–1141.
4. Boger, D. L.; Lee, R. J.; Bounaud, P.-Y.; Meier, P. *J. Org. Chem.* **2000**, *65*, 6770–6772.
5. Demko, Z. P.; Bartsch, M.; Sharpless, K. B. *Org. Lett.* **2000**, *2*, 2221–2223.

6. Barta, N. S.; Sidler, D. R.; Somerville, K. B.; Weissman, S. A.; Larsen, R. D.; Reider, P. J. *Org. Lett.* **2000**, *2*, 2821–2824.
7. Bolm, C.; Hildebrand, J. P.; Muñiz, K. In *Catalytic Asymmetric Synthesis;* 2nd edn., Ojima, I., Ed.; Wiley–VCH: New York, **2000**, 399. (Review).
8. Bodkin, J. A.; McLeod, M. D. *J. Chem. Soc., Perkin 1* **2002**, 2733–2746. (Review).
9. Rahman, N. A.; Landais, Y. *Cur. Org. Chem.* **2000**, *6*, 1369–1395. (Review).
10. Nilov, D.; Reiser, O. *Recent Advances on the Sharpless Asymmetric Aminohydroxylation.* In *Organic Synthesis Highlights* Schmalz, H.-G.; Wirth, T., eds.; Wiley–VCH: Weinheim, Germany **2003**, 118–124. (Review).
11. Bodkin, J. A.; Bacskay, G. B.; McLeod, M. D. *Org. Biomol. Chem.* **2008**, *6,* 2544–2553.
12. Wong, D.; Taylor, C. M. *Tetrahedron Lett.* **2009**, *50*, 1273–1275.
13. Harris, L.; Mee, S. P. H.; Furneaux, R. H.; Gainsford, G. J.; Luxenburger, A. *J. Org. Chem.* **2011**, *76*, 358–372.
14. Kumar, J. N.; Das, B. *Tetrahedron Lett.* **2013**, *54*, 3865–3867.
15. Borah, A. J.; Phukan, P. *Tetrahedron Lett.* **2014**, *55*, 713–715.
16. Moreira, R.; Taylor, S. D. *Org. Lett.* **2018**, *20*, 7717–7720.
17. Heravi, M. M.; Lashaki, T. B.; Fattahi, B.; Zadsirjan, V. *RSC Adv.* **2018**, *8*, 6634–6659. (Review).
18. Moreira, R.; Diamandas, M.; Taylor, S. D. *J. Org. Chem.* **2019**, *84*, 15476–15485.
19. Jiang, Y.-L.; Yu, H.-X.; Li, Y.; Qu, P.; Han, Y.-X.; Chen, J.-H.; Yang, Z. *J. Am. Chem. Soc.* **2020**, *142*, 573–580.

Sharpless 不对称双羟化反应

在金鸡纳碱为配体的 Os 化物催化下对映选择性地对烯烃进行 cis-双羟化反应。

(DHQ)$_2$-PHAL:

协同的[3+2]环加成机理：[5]

Example 1[2]

催化循环(第二个循环可因低浓度烯的存在而中止):

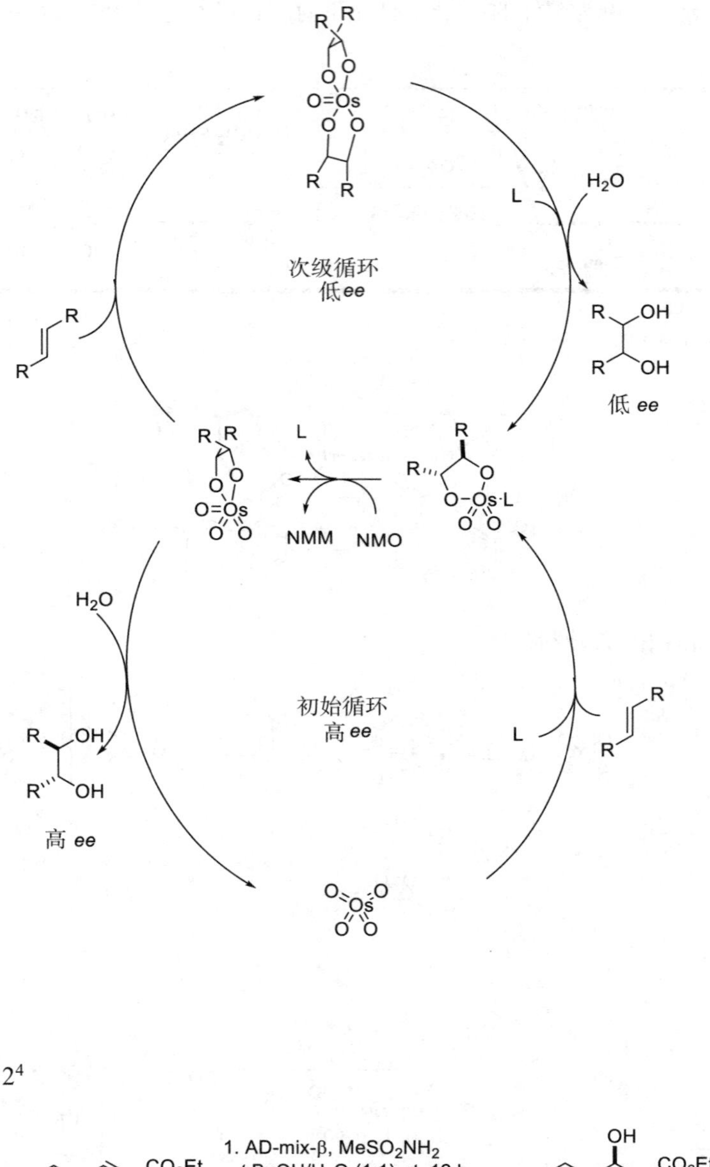

R
R
O
O
O=Os
O
O
R
R
L
H_2O
次级循环
低ee
R
OH
R
OH
低 ee
R
R
L
NMM
NMO
R
O
O
O-Os-L
O
O
O
O=Os
O
O
H_2O
初始循环
高ee
R
OH
R
OH
高 ee
L
R
R
O
O
Os
O
O

Example 2[4]

BnO
CO_2Et
1. AD-mix-β, $MeSO_2NH_2$
t-BuOH/H_2O (1:1), rt, 12 h
2. NosCl, Et_3N, CH_2Cl_2
0 °C, 54%, 92% ee
OH
CO_2Et
ONos
BnO

Example 3[9]

[Reaction: aryl acrylate with OMe, Me, methylenedioxy substituents + AD-mix-α, t-BuOH/H₂O (1:1), 93%, 97% ee → diol product]

Example 4[10]

[1-hexene + K₂OsO₂(OH)₄, (DHQD)₂PHAL, NMO, 丙酮/H₂O, 89% → 1,2-hexanediol, 70% ee]

Example 5[13]

[Crotonate ester of 4-phenylbenzyl alcohol, 17:1 E:Z + 0.225 equiv K₂OsO₄·2H₂O, (DHQ)₂AQN (0.50 mol%), 6 equiv K₃Fe(CN)₆, CH₃SO₂NH₂, t-BuOH–H₂O, 4 °C, 2 d–rt, 3 d, 81%, >95% ee, >95% de → diol product]

Example 6[14]

[TBDPSO-CH₂CH₂-CH=CH-CO₂Et + AD-mix-β, CH₃SO₂NH₂, t-BuOH:H₂O (1:1), 0 °C, 24 h, 89% → diol]

Example 7[15]

[Purine derivative with OBn, NH₂, N-allyl-SiEt₃ substituent + K₂OsO₂(OH)₄ (2 mol%), (DHQD)₂PHAL (10 mol%), K₃Fe(CN)₆, K₂CO₃, CH₃SO₂NH₂, t-BuOH/H₂O, 96%, 95% ee → diol product]

References

1. (a) Jacobsen, E. N.; Markó, I.; Mungall, W. S.; Schröder, G.; Sharpless, K. B. *J. Am. Chem. Soc.* **1988**, *110*, 1968–1970. (b) Wai, J. S. M.; Markó, I.; Svenden, J. S.; Finn, M. G.; Jacobsen, E. N.; Sharpless, K. B. *J. Am. Chem. Soc.* **1989**, *111*, 1123–1125.

2. Kim, N.-S.; Choi, J.-R.; Cha, J. K. *J. Org. Chem.* **1993**, *58,* 7096–7699.
3. Kolb, H. C.; VanNiewenhze, M. S.; Sharpless, K. B. *Chem. Rev.* **1994**, *94*, 2483–2547. (Review).
4. Rao, A. V. R.; Chakraborty, T. K.; Reddy, K. L.; Rao, A. S. *Tetrahedron Lett.* **1994**, *35*, 5043–5046.
5. Corey, E. J.; Noe, M. C. *J. Am. Chem. Soc.* **1996**, *118*, 319–329. (Mechanism).
6. DelMonte, A. J.; Haller, J.; Houk, K. N.; Sharpless, K. B.; Singleton, D. A.; Strassner, T.; Thomas, A. A. *J. Am. Chem. Soc.* **1997**, *119*, 9907–9908. (Mechanism).
7. Sharpless, K. B. *Angew. Chem. Int. Ed.* **2002**, *41*, 2024–2032. (Review, Nobel Prize Address).
8. Zhang, Y.; O'Doherty, G. A. *Tetrahedron* **2005**, *61*, 6337–6351.
9. Chandrasekhar, S.; Reddy, N. R.; Rao, Y. S. *Tetrahedron* **2006,** *62*, 12098–12107.
10. Ferreira, F. C.; Branco, L. C.; Verma, K. K.; Crespo, J. G.; Afonso, C. A. M. *Tetrahedron Asymmetry* **2007,** *18*, 1637–1641.
11. Ramon, R.; Alonso, M.; Riera, A. *Tetrahedron: Asymmetry* **2007**, *18*, 2797–2802.
12. Krishna, P. R.; Reddy, P. S. *Synlett* **2009,** 209–212.
13. Smaltz, D. J.; Myers, A. G. *J. Org. Chem.* **2011,** *76*, 8554–8559.
14. Kamal, A.; Vangala, S. R. *Org. Biomol. Chem.* **2013,** *11*, 4442–4448.
15. Heravi, M. M.; Zadsirjan, V.; Esfandyari, M.; Lashaki, T. B. *Tetrahedron: Asym.* **2017**, *28*, 987–1043. (Review).
16. Qin, T.; Li, J.-P.; Xie, M.-S.; Qu, G.-R.; Guo, H.-M. *J. Org. Chem.* **2018**, *83*, 15512–15523.
17. Gao, D.; Li, B.; O'Doherty, G. A. *Org. Lett.* **2019,** *21*, 8334–8338.
18. Kopp, J.; Brueckner, R. *Org. Lett.* **2020,** *22*, 3607–3612.

Sharpless 不对称环氧化反应

烯丙醇用 ^{t}BuOK、Ti(O^{i}Pr)$_4$ 和光学纯的酒石酸二乙酯进行对映选择性的环氧化反应。

催化循环：

公认的活性催化剂：

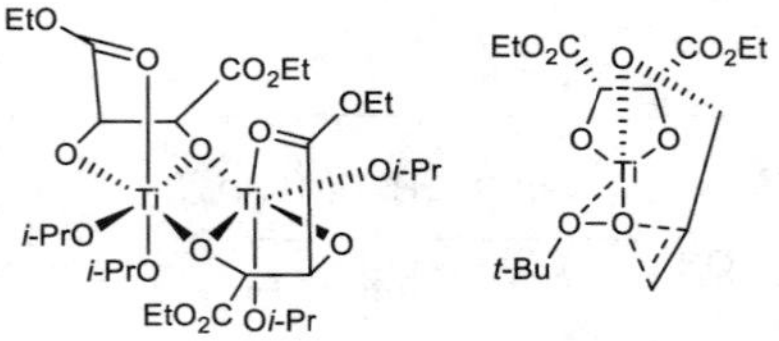

Example 1[3]

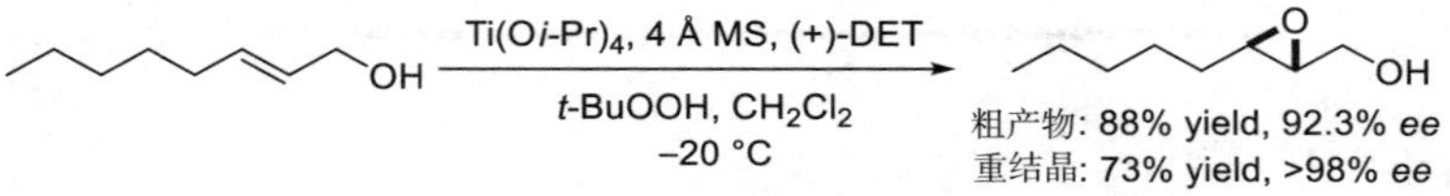

CH₃(CH₂)₄CH=CHCH₂OH $\xrightarrow[\substack{t\text{-BuOOH, CH}_2\text{Cl}_2 \\ -20\ ^\circ\text{C}}]{\text{Ti(O}i\text{-Pr})_4,\ 4\ \text{Å MS, (+)-DET}}$ epoxide product

粗产物: 88% yield, 92.3% ee
重结晶: 73% yield, >98% ee

Example 2[3]

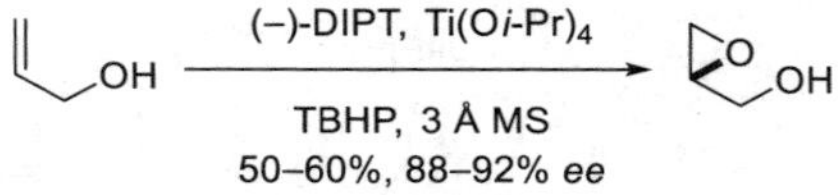

allyl alcohol $\xrightarrow[\substack{\text{TBHP, 3 Å MS} \\ 50\text{–}60\%,\ 88\text{–}92\%\ ee}]{(-)\text{-DIPT, Ti(O}i\text{-Pr})_4}$ glycidol

Example 3[11]

cinnamyl alcohol $\xrightarrow[\substack{\text{TBHP, EtOAc} \\ 89\%,\ 98\%\ ee}]{L\text{-}(+)\text{-DIPT, Ti(O}i\text{-Pr})_4}$ (R,R)-epoxide $\longrightarrow$ (S,S)-抗抑郁药瑞波西汀

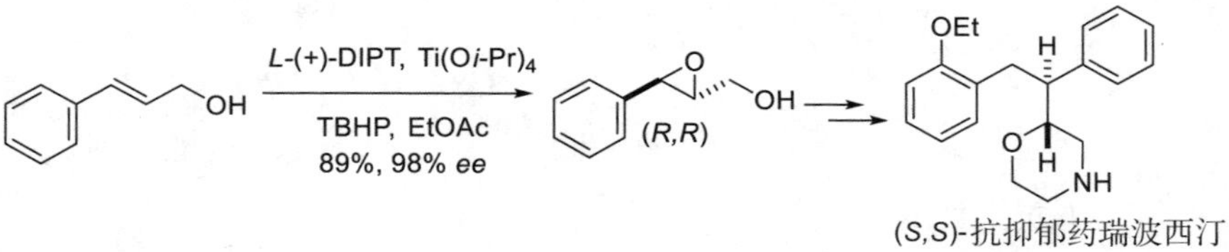

Example 4[12]

sugar-alkene $\xrightarrow[\substack{\text{TBHP, 4 Å MS} \\ 70\%,\ >95\%\ ee}]{D\text{-}(-)\text{-DIPT, Ti(O}i\text{-Pr})_4}$ sugar-epoxide

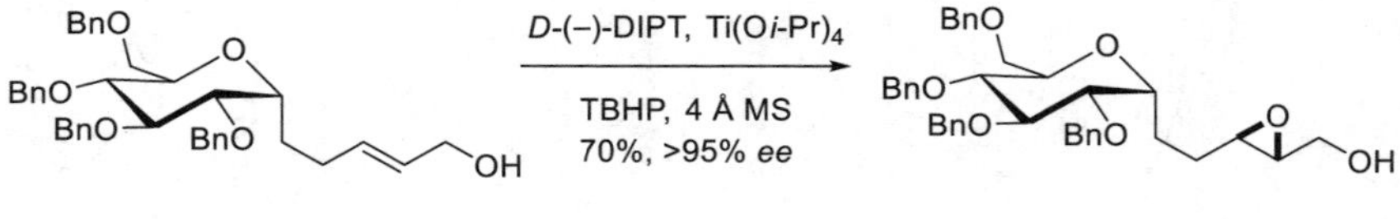

Example 5[14]

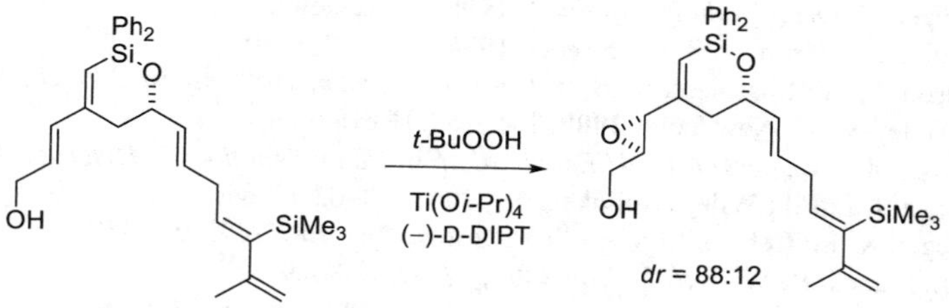

Example 6, 在药物化学中的应用[16]

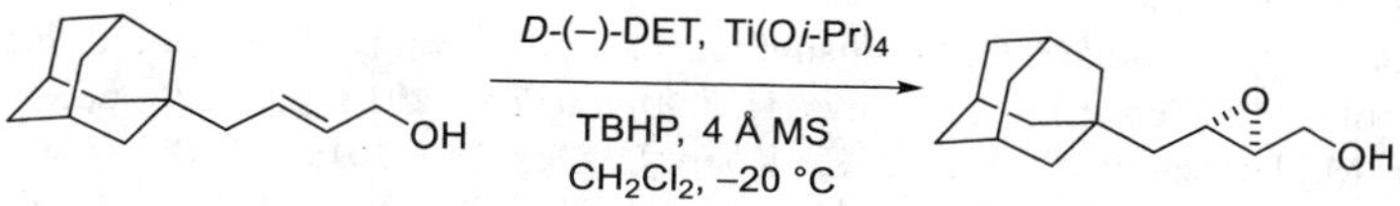

Example 7, 用于全合成新四环素抗生素 nivetetracyclate [17]

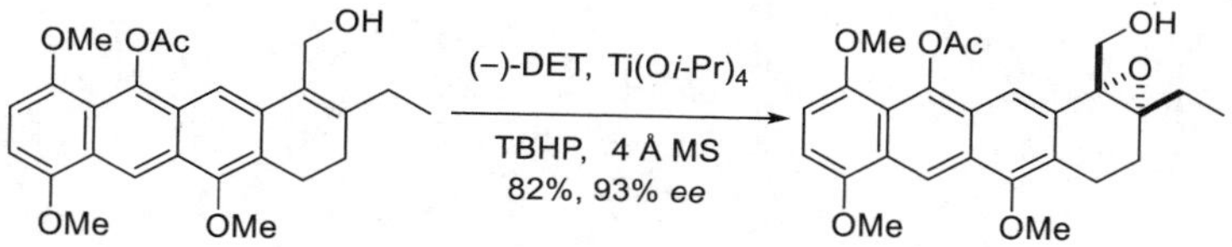

Example 8, 在药物化学中的应用[18]

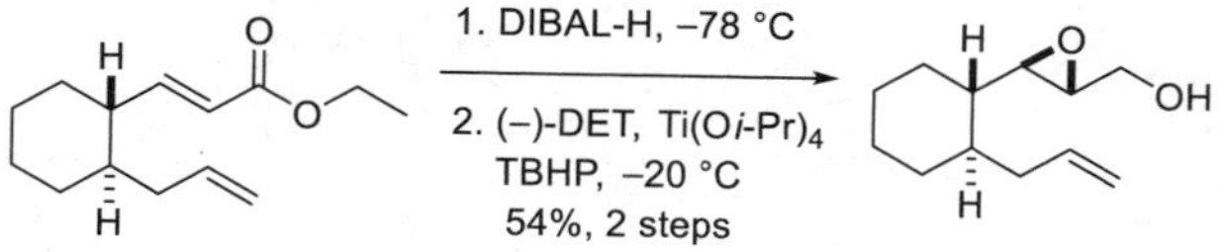

References

1. (a) Katsuki, T.; Sharpless, K. B. *J. Am. Chem. Soc.* **1980**, *102*, 5974–5976. (b) Williams, I. D.; Pedersen, S. F.; Sharpless, K. B.; Lippard, S. J. *J. Am. Chem. Soc.* **1984**, *106*, 6430–6433. (c) Woodard, S. S.; Finn, M. G.; Sharpless, K. B. *J. Am. Chem. Soc.* **1991**, *113*, 106–113.
2. Pfenninger, A. *Synthesis* **1986**, 89–116. (Review).
3. Gao, Y.; Hanson, R. M.; Klunder, J. M.; Ko, S. Y.; Masamune, H.; Sharpless, K. B. *J. Am. Chem. Soc.* **1987**, *109*, 5765–5780.
4. Corey, E. J. *J. Org. Chem.* **1990**, *55*, 1693–1694. (Review).
5. Johnson, R. A.; Sharpless, K. B. In *Comprehensive Organic Synthesis*; Trost, B. M., Ed,; Pergamon Press: New York, **1991**; Vol. 7, Chapter 3.2. (Review).

6. Johnson, R. A.; Sharpless, K. B. In *Catalytic Asymmetric Synthesis*; Ojima, I., ed,; VCH: New York, **1993**; Chapter 4.1, pp 103–158. (Review).
7. Schinzer, D. *Org. Synth. Highlights II* **1995,** 3. (Review).
8. Katsuki, T.; Martin, V. S. *Org. React.* **1996,** *48*, 1–299. (Review).
9. Johnson, R. A.; Sharpless, K. B. In *Catalytic Asymmetric Synthesis;* 2nd ed., Ojima, I., ed.; Wiley-VCH: New York, **2000,** 231–285. (Review).
10. Palucki, M. *Sharpless–Katsuki Epoxidation*. In *Name Reactions in Heterocyclic Chemistry*; Li, J. J., Ed.; Wiley: Hoboken, NJ, **2005,** 50–62. (Review).
11. Henegar, K. E.; Cebula, M. *Org. Process Res. Dev.* **2007,** *11*, 354–358.
12. Pu, J.; Franck, R. W. *Tetrahedron* **2008**, *64*, 8618–8629.
13. Knight, D. W.; Morgan, I. R. *Tetrahedron Lett.* **2009**, *50*, 35–38.
14. Volchkov, I.; Lee, D. *J. Am. Chem. Soc.* **2013**, *135*, 5324–5327.
15. Heravi, M. M.; Lashaki, T. B.; Poorahmad, N. *Tetrahedron Asymmetry* **2015,** *26*, 405–495. (Review).
16. Ghosh, A. K.; Osswald, H. L.; Glauninger, K.; Agniswamy, J.; Wang, Y.-F.; Hayashi, H.; Aoki, M.; Weber, I. T.; Mitsuya, H. *J. Med. Chem.* **2016**, *59*, 6826–6837.
17. Blitz, M.; Heinze, R. C.; Harms, K.; Koert, U. *Org. Lett.* **2019,** *21*, 785–788.
18. Yoshizawa, S.-i.; Hattori, Y.; Kobayashi, K.; Akaji, K. *Bioorg. Med. Chem.* **2020**, *28*, 115273.

Simmons–Smith 反应

烯烃用CH_2I_2–Zn(Cu) 进行的环丙烷化反应。

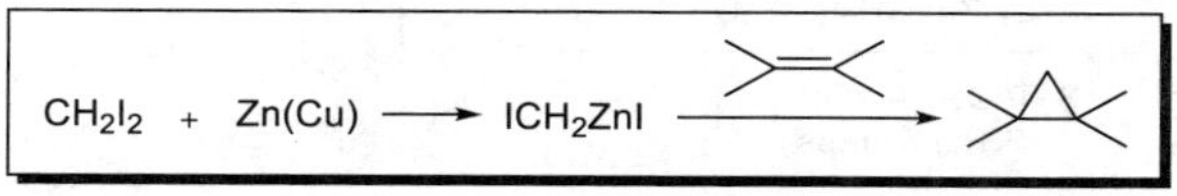
CH2I2 + Zn(Cu)
ICH2ZnI

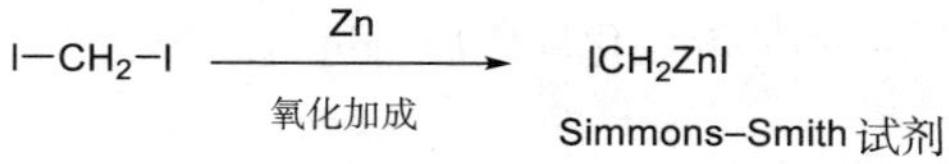
I–CH2–I
Zn
氧化加成
ICH2ZnI
Simmons–Smith 试剂

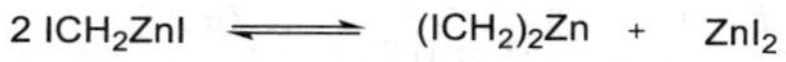
2 ICH2ZnI
(ICH2)2Zn + ZnI2

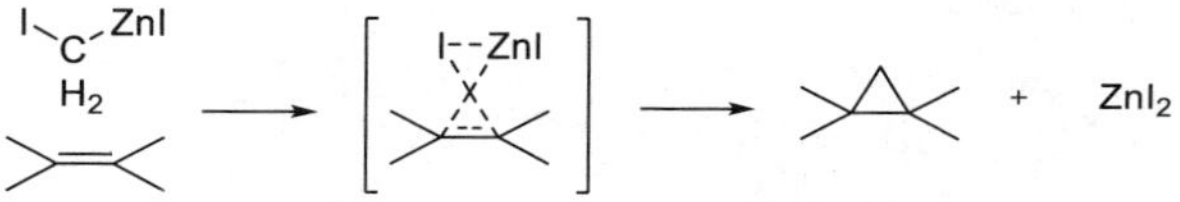
I
ZnI
C
H2
ZnI
X
+ ZnI2

Example 1[2]

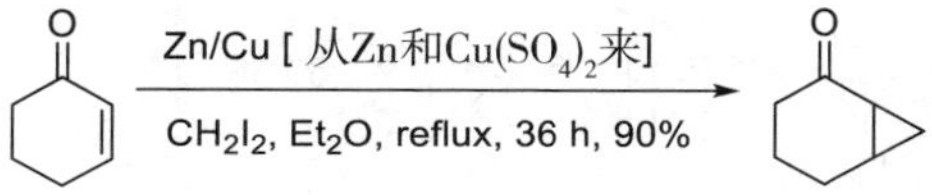
Zn/Cu [从Zn和Cu(SO4)2来]
CH2I2, Et2O, reflux, 36 h, 90%

Example 2, 一个不对称反应模式[3]

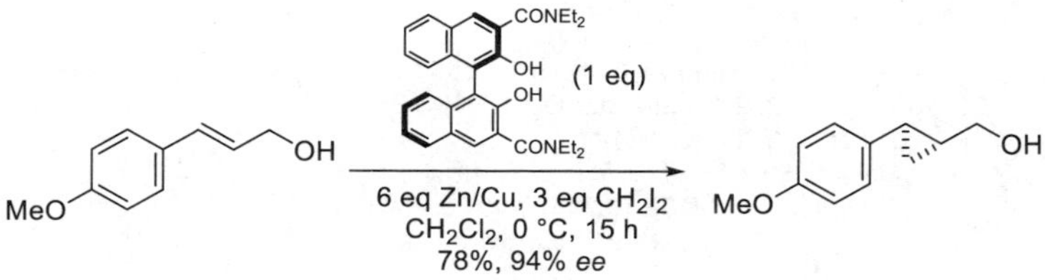
CONEt2
OH
(1 eq)
OH
CONEt2
MeO
OH
6 eq Zn/Cu, 3 eq CH2I2
CH2Cl2, 0 °C, 15 h
78%, 94% ee
MeO
OH

Example 3, 烯丙基胺和氨基甲酸酯的非对映选择性Simmons–Smith环丙烷化反应[9]

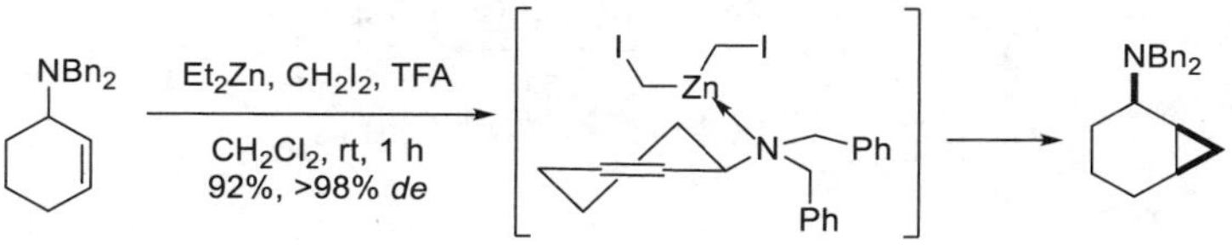
NBn2
Et2Zn, CH2I2, TFA
CH2Cl2, rt, 1 h
92%, >98% de
Zn
N
Ph
Ph
NBn2

© Springer Nature Switzerland AG 2021
J. J. Li, *Name Reactions*, https://doi.org/10.1007/978-3-030-50865-4_139

Example 4[10]

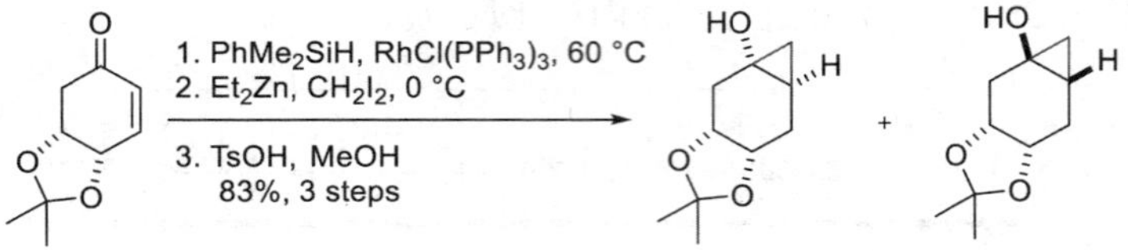

Example 5, Simmons–Smith环丙烷化反应后再进行重排反应[12]

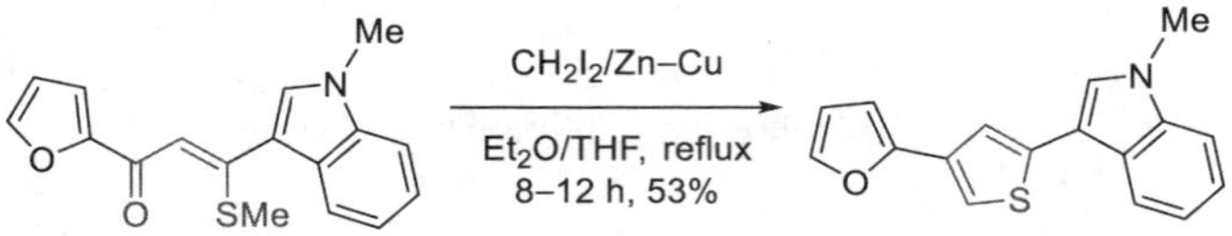

Example 6,[13]

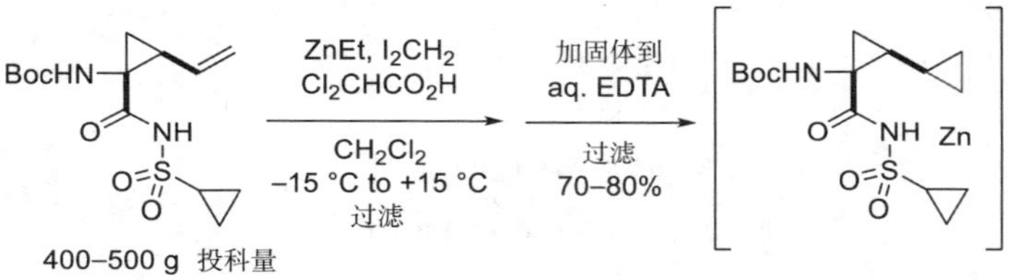

Example 7, 使用类卡宾硼甲基锌进行非对映选择性Simmons–Smith环丙硼烷化反应[14]

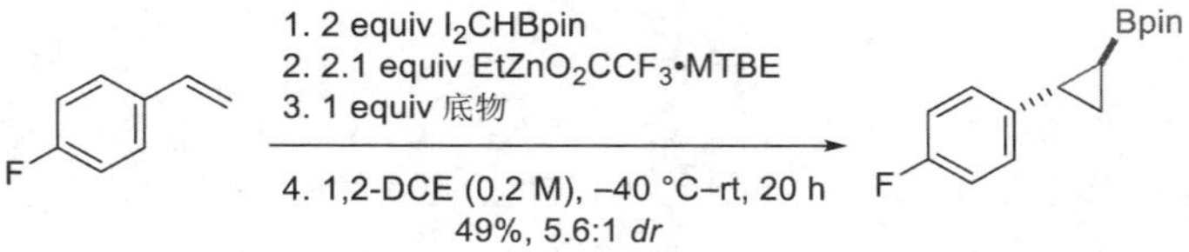

Example 8[15]

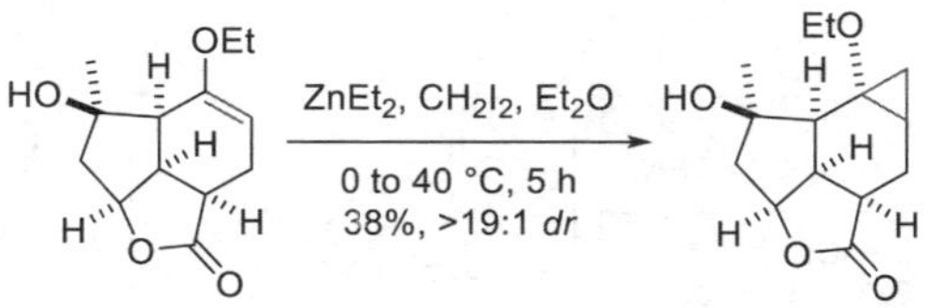

References

1. Simmons, H. E.; Smith, R. D. *J. Am. Chem. Soc.* **1958**, *80*, 5323–5324. 西蒙斯(H. E. Simmons, 1929–1997)出生于弗吉尼亚州的Norfolk, 在MIT的罗伯茨(J. D. Roberts)和科柏(A. Cope)指导下学习。1954年取得Ph.D.学位后去杜邦公司(DuPont Company)的化学部工作并在那儿和他的同事史密斯(R. D. Smith)一起发现了Simmons-Smith反应。西蒙斯于1979年后成为杜邦公司中央研究室的副主任。他对锻炼身体的看法与沃尔科特(A. Woollcot)相似: "提到锻炼, 我就知道只要一拖, 这个想法也就飞走了。"
2. Limasset, J.-C.; Amice, P.; Conia, J.-M. *Bull. Soc. Chim. Fr.* **1969**, 3981–3990.
3. Kitajima, H.; Ito, K.; Aoki, Y.; Katsuki, T. *Bull. Chem. Soc. Jpn.* **1997**, *70*, 207–217.
4. Nakamura, E.; Hirai, A.; Nakamura, M. *J. Am. Chem. Soc.* **1998**, *120*, 5844–5845.
5. Loeppky, R. N.; Elomari, S. *J. Org. Chem.* **2000**, *65*, 96–103.
6. Charette, A. B.; Beauchemin, A. *Org. React.* **2001**, *58*, 1–415. (Review).
7. Nakamura, M.; Hirai, A.; Nakamura, E. *J. Am. Chem. Soc.* **2003**, *125*, 2341–2350.
8. Long, J.; Du, H.; Li, K.; Shi, Y. *Tetrahedron Lett.* **2005**, *46*, 2737–2740.
9. Davies, S. G.; Ling, K. B.; Roberts, P. M.; Russell, A. J.; Thomson, J. E. *Chem. Commun.* **2007**, 4029–4031.
10. Shan, M.; O'Doherty, G. A. *Synthesis* **2008**, 3171–3179.
11. Kim, H. Y.; Salvi, L.; Carroll, P. J.; Walsh, P. J. *J. Am. Chem. Soc.* **2009**, *131*, 954–962.
12. Swaroop, T. R.; Roopashree, R.; Ila, H.; Rangappa, K. S. *Tetrahedron Lett.* **2013**, *54*, 147–150.
13. Young, I. S.; Qiu, Y.; Smith, M. J.; Hay, M. B.; Doubleday, W. W. *Org. Process Res. Dev.* **2016**, *20*, 2108–2115.
14. Benoit, G.; Charette, A. B. *J. Am. Chem. Soc.* **2017**, *139*, 1364–1367.
15. Truax, N. J.; Ayinde, S.; Van, K.; Liu, J. O.; Romo, D. *Org. Lett.* **2019**, *21*, 7394–7399.
16. Singh, U. S.; Chu, C. K. *Nucleos. Nucleot. Nucl.* **2020**, *39*, 52–68.

Smiles 重排反应

分子内的亲核芳香重排反应。通式为：

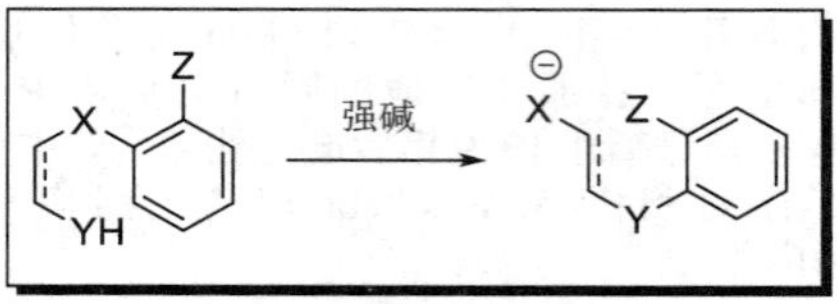

X=S, SO, SO_2, O, CO_2
YH=OH, NHR, SH, CH_2R, CONHR
Z=NO_2, SO_2R

机理：

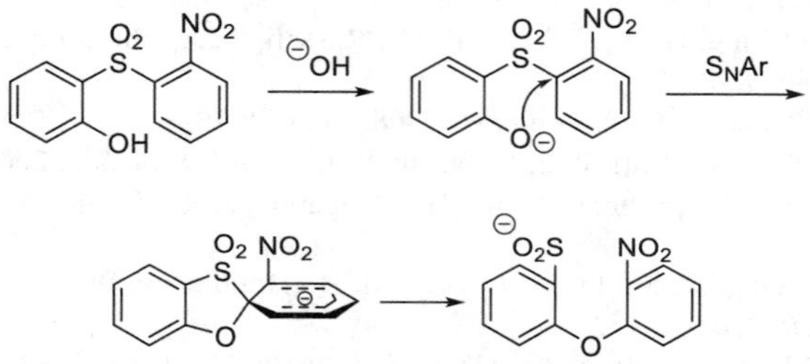

螺环负离子中间体(Meisenheimer 配合物)

Example 1[7]

Example 2, 微波促进的Smiles 重排反应[9]

© Springer Nature Switzerland AG 2021
J. J. Li, *Name Reactions*, https://doi.org/10.1007/978-3-030-50865-4_140

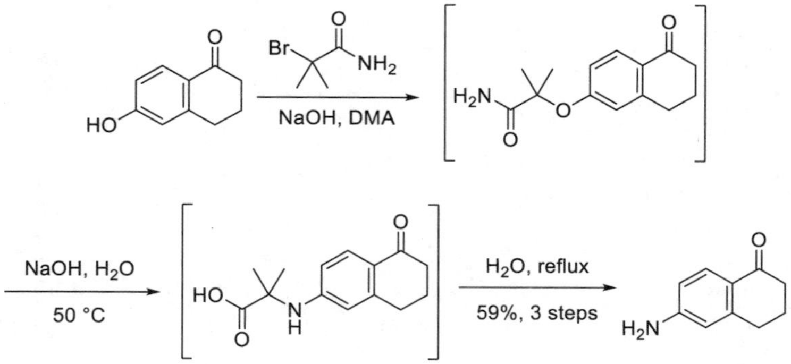

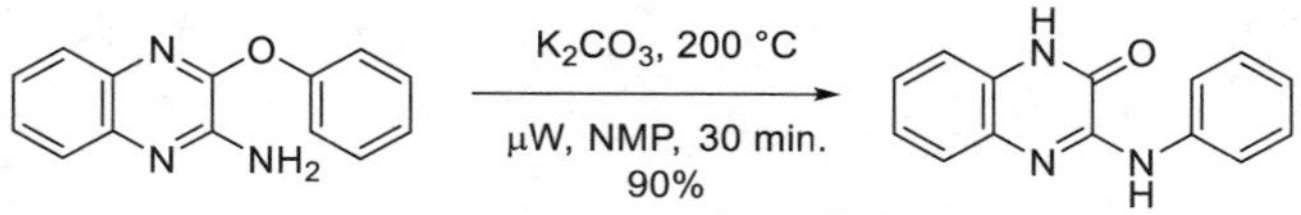

Example 3[10]

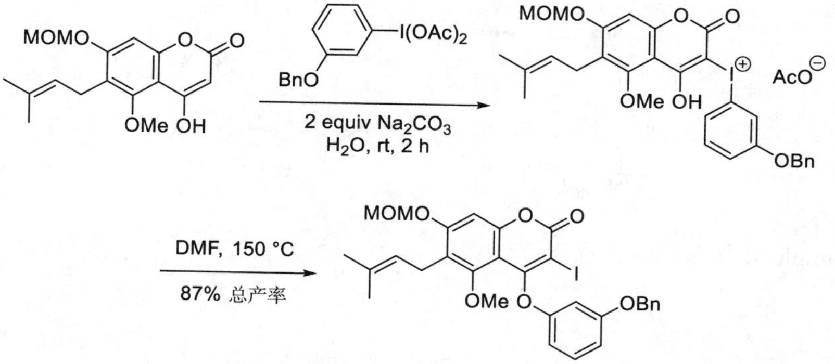

Example 4, 硫醇基进攻图示中上面的氯后再Smiles重排反应[11]

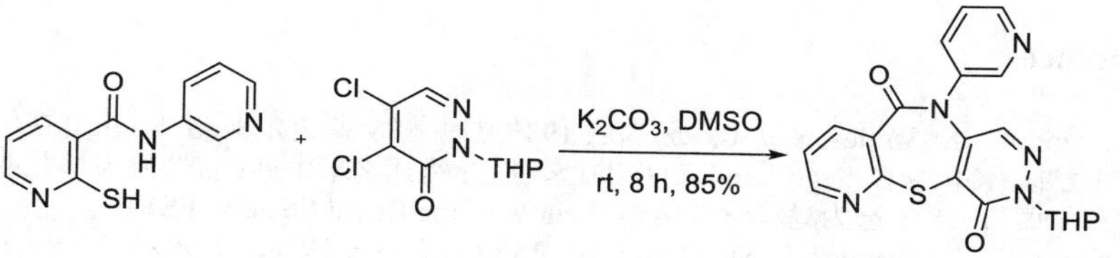

Example 5[12]

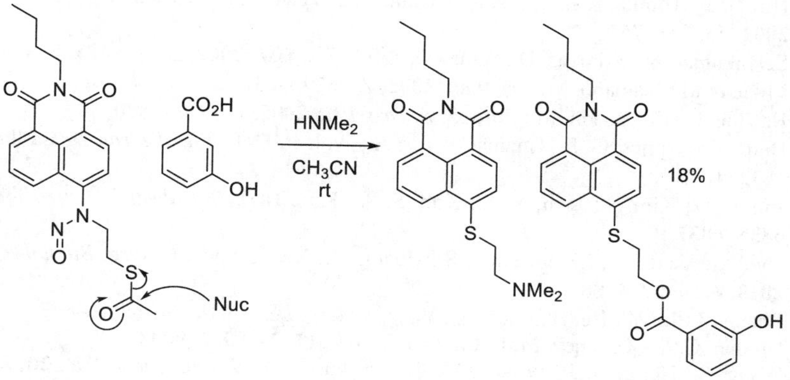

Example 6, *S-N*-Smiles 重排反应[14]

Example 7, 从苯酚到苯胺[15]

References

1. Evans, W. J.; Smiles, S. *J. Chem. Soc.* **1935,** 181–188. 斯迈尔斯 (S. Smiles) 在伦敦国王学院 (King's College London) 任助理教授开始其学术生涯，后来成为那儿的教授和主席，1918 年选为皇家学会会员 (Fellow of the Royal Society, FRS)。
2. Truce, W. E.; Kreider, E. M.; Brand, W. W. *Org. React.* **1970,** *18*, 99–215. (Review).
3. Gerasimova, T. N.; Kolchina, E. F. *J. Fluorine Chem.* **1994,** *66*, 69–74. (Review).
4. Boschi, D.; Sorba, G.; Bertinaria, M.; Fruttero, R.; Calvino, R.; Gasco, A. *J. Chem. Soc., Perkin Trans. 1* **2001,** 1751–1757.
5. Hirota, T.; Tomita, K.-I.; Sasaki, K.; Okuda, K.; Yoshida, M.; Kashino, S. *Heterocycles* **2001,** *55*, 741–752.
6. Selvakumar, N.; Srinivas, D.; Azhagan, A. M. *Synthesis* **2002,** 2421–2425.
7. Mizuno, M.; Yamano, M. *Org. Lett.* **2005,** *7*, 3629–3631.
8. Bacque, E.; El Qacemi, M.; Zard, S. Z. *Org. Lett.* **2005,** *7*, 3817–3820.
9. Bi, C. F.; Aspnes, G. E.; Guzman-Perez, A.; Walker, D. P. *Tetrahedron Lett.* **2008,** *49*, 1832–1835.
10. Jin, Y. L.; Kim, S.; Kim, Y. S.; Kim, S.-A.; Kim, H. S. *Tetrahedron Lett.* **2008,** *49*, 6835–6837.
11. Niu, X.; Yang, B.; Li, Y.; Fang, S.; Huang, Z.; Xie, C.; Ma, C. *Org. Biomol. Chem.* **2013,** *11*, 4102–4108.
12. Zhang, Z.; Li, Y.; He, H.; Qian, X.; Yang, Y. *Org. Lett.* **2016,** *18*, 4674–4677.
13. Holden, C. M.; Greaney, M. F. *Chem. Eur. J.* **2017,** *23*, 8992–9008.
14. Wang, P.; Hong, G. J.; Wilson, M. R.; Balskus, E. P. *J. Am. Chem. Soc.* **2017,** *139*, 2864–2867.
15. Chang, X.; Zhang, Q.; Guo, C. *Org. Lett.* **2019,** *21*, 4915–4918.
16. Wang, Z.-S.; Chen, Y.-B.; Zhang, H.-W.; Sun, Z.; Zhu, C.; Ye, L.-W. *J. Am. Chem. Soc.* **2020,** *142*, 3636–3644.

Truce-Smile 重排反应

Smiles 重排反应的变异(Y 是碳)。

Example 1[6]

Example 2[7]

Example 3[8]

Example 4[10]

Example 4, 取代苯基醚的Truce–Smile 重排反应[11]

Example 5, 一个苯炔的Truce–Smile 重排反应[12]

Example 6, 铜化物催化的一锅煮Truce–Smile 重排反应得到α-芳基咪[13]

References

1. Truce, W. E.; Ray, W. J. Jr.; Norman, O. L.; Eickemeyer, D. B. *J. Am. Chem. Soc.* **1958**, *80*, 3625–3629. 特鲁斯(W. E. Truce)是普渡大学(Purdue University)教授。
2. Truce, W. E.; Hampton, D. C. *J. Org. Chem.* **1963**, *28*, 2276–2279.
3. Bayne, D. W; Nicol, A. J.; Tennant, G. *J. Chem. Soc., Chem. Comm.* **1975**, *19*, 782–783.
4. Fukazawa, Y.; Kato, N.; Ito, S.; *Tetrahedron Lett.* **1982**, *23*, 437–438.
5. Hoffman, R. V.; Jankowski, B. C.; Carr, C. S.; Düsler, E. N *J. Org. Chem.* **1986**, *51*, 130–135.
6. Erickson, W. R.; McKennon, M. J. *Tetrahedron Lett.* **2000**, *41*, 4541–4544.
7. Kimbaris, A.; Cobb, J.; Tsakonas, G.; Varvounis, G. *Tetrahedron* **2004**, *60*, 8807–8815.
8. Mitchell, L. H.; Barvian, N. C. *Tetrahedron Lett.* **2004**, *45*, 5669–5672.
9. Snape, T. *J. Chem. Soc. Rev.* **2008**, *37*, 2452–2458. (Review).
10. Snape, T. J. *Synlett* **2008**, 2689–2691.
11. Kosowan, J. R.; W'Giorgis, Z.; Grewal, R.; Wood, T. E. *Org. Biomol. Chem.* **2015**, *13*, 6754–6765.
12. Holden, C. M.; Sohel, S. M. A.; Greaney, M. F. *Angew. Chem. Int. Ed.* **2016**, *55*, 2450–2453.
13. Huang, Y.; Yi, W.; Sun, Q.; Yi, F. *Adv. Synth. Catal.* **2018**, *360*, 3074–3082.

Sommelet–Hauser 重排反应

苄基季铵盐用氨基碱金属处理经叶立德中间体发生 [2,3]Wittig 重排反应。参见第520页上的Stevens重排反应。

Example 1，检测到中间体[3]

Example 2，Stevens反应和Sommelet–Hauser重排反应的竞争[4]

Example 3, 非对映选择性Sommelet–Hauser 重排反应[8]

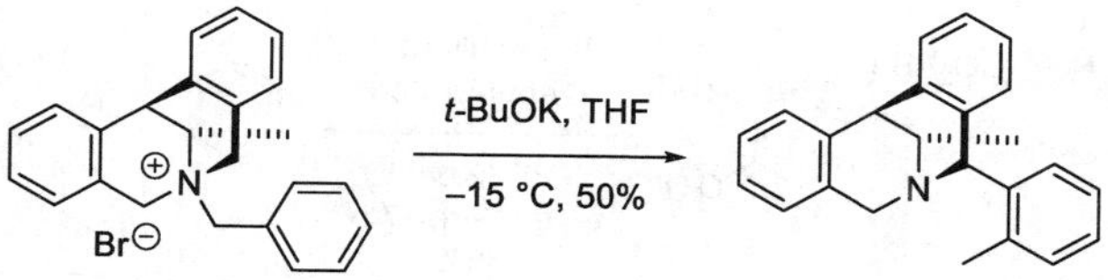

Example 4, 从非对映选择性Sommelet–Hauser 重排反应产生的季碳中心[10]

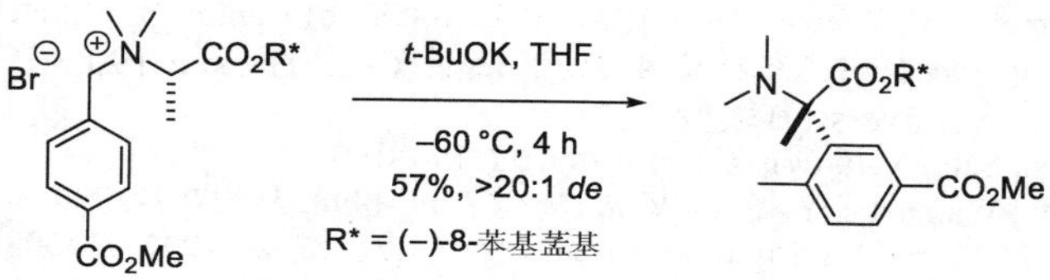

R* = (−)-8-苯基薄荷基

Example 5, 制备氨基酸的一个潜在方案[12]

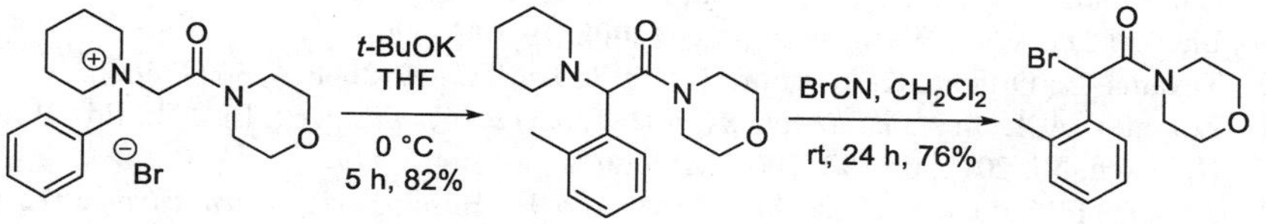

Example 6, 环张力效应[13]

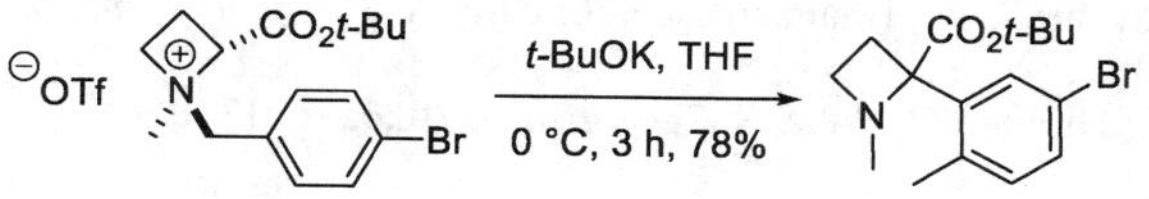

Example 7, 铜化物催化的Sommelet–Hauser 重排反应发生去芳构化[14]

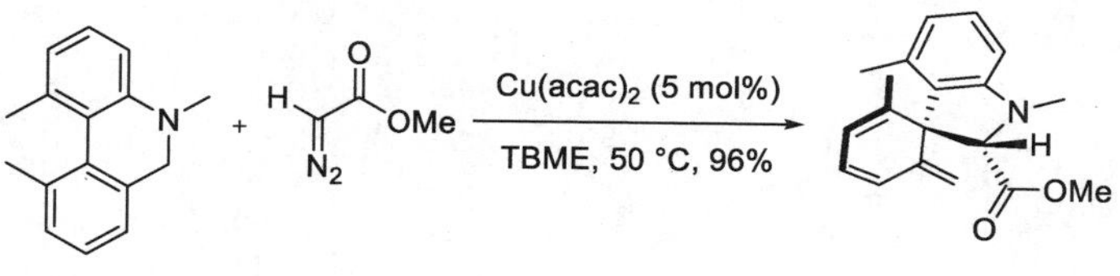

Example 8, 芳炔的Sommelet–Hauser 重排反应[15]

References

1. (a) Sommelet, M. *Compt. Rend.* **1937**, *205*, 56–58. (b) Kantor, S. W.; Hauser, C. R. *J. Am. Chem. Soc.* **1951**, *73*, 4122–4131. 豪塞斯(C. R. Hauser, 1900–1970)是杜克大学(Duke University)教授。
2. Shirai, N.; Sato, Y. *J. Org. Chem.* **1988**, *53*, 194–196.
3. Shirai, N.; Watanabe, Y.; Sato, Y. *J. Org. Chem.* **1990**, *55*, 2767–2770.
4. Tanaka, T.; Shirai, N.; Sugimori, J.; Sato, Y. *J. Org. Chem.* **1992**, *57*, 5034–5036.
5. Klunder, J. M. *J. Heterocycl. Chem.* **1995**, *32*, 1687–1691.
6. Maeda, Y.; Sato, Y. *J. Org. Chem.* **1996**, *61*, 5188–5190.
7. Endo, Y.; Uchida, T.; Shudo, K. *Tetrahedron Lett.* **1997**, *38*, 2113–2116.
8. Hanessian, S.; Talbot, C.; Saravanan, P. *Synthesis* **2006**, 723–734.
9. Liao, M.; Peng, L.; Wang, J. *Org. Lett.* **2008**, *10*, 693–696.
10. Tayama, E.; Orihara, K.; Kimura, H. *Org. Biomol. Chem.* **2008**, *6*, 3673–3680.
11. Zografos, A. L. In *Name Reactions in Heterocyclic Chemistry-II*, Li, J. J., Ed.; Wiley: Hoboken, NJ, 2011, pp 197–206. (Review).
12. Tayama, E.; Sato, R.; Takedachi, K.; Iwamoto, H.; Hasegawa, E. *Tetrahedron* **2012**, *68*, 4710–4718.
13. Tayama, E.; Watanabe, K.; Matano, Y. *Eur. J. Org. Chem.* **2016**, 3631–3641.
14. Pan, C.; Guo, W.; Gu, Z. *Chem. Sci.* **2018**, *9*, 5850–5854.
15. Roy, T.; Gaykar, R. N.; Bhattacharjee, S.; Biju, A. T. *Chem. Commun.* **2019**, *55*, 3004–3007.
16. Tayama, E.; Hirano, K.; Baba, S. *Tetrahedron* **2020**, *76*, 131064.

Sonogashira 反应

Pd/Cu 配合物催化下卤代烃和端基炔烃之间的交叉偶联反应。参见 67 页上的 Cadiot–Chodkiewicz 交叉偶联反应和 Castro–Stephens 交叉偶联反应。Castro–Stephens 交叉偶联反应要用到化学计量的铜，而其变异反应的 Sonogashira 交叉偶联反应只需催化量的 Pd–Cu。

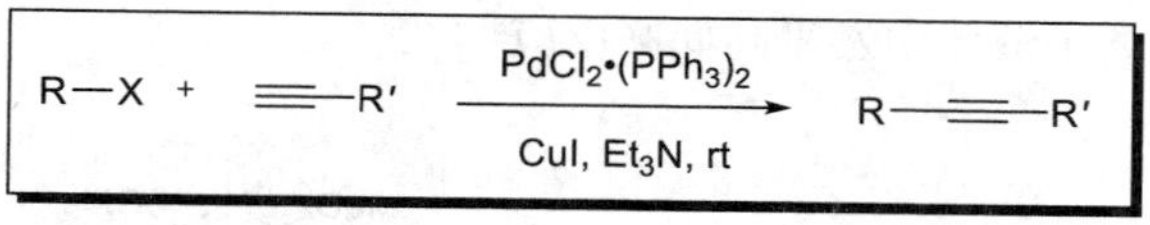

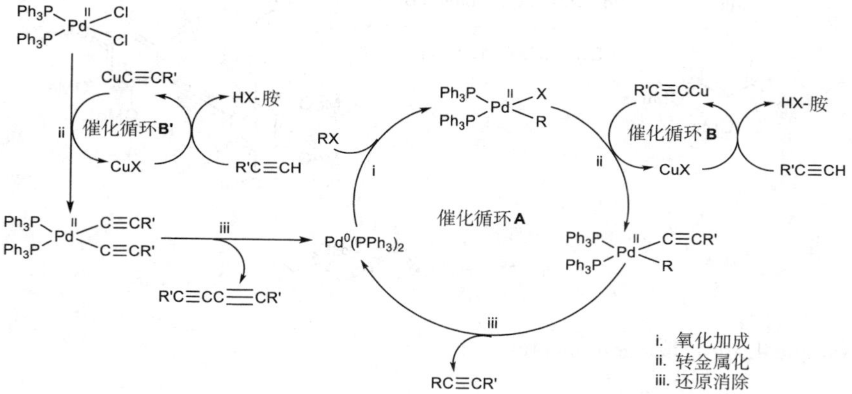

$$R-X + \equiv -R' \xrightarrow[\text{CuI, Et}_3\text{N, rt}]{\text{PdCl}_2 \cdot (\text{PPh}_3)_2} R-\equiv-R'$$

i. 氧化加成
ii. 转金属化
iii. 还原消除

Et_3N 也可还原 Pd(II) 到 Pd(0)，同时其自身被氧化到亚胺离子：

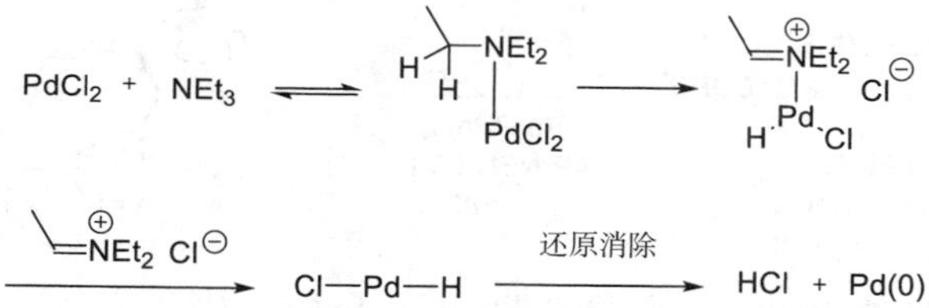

Example 1[2]

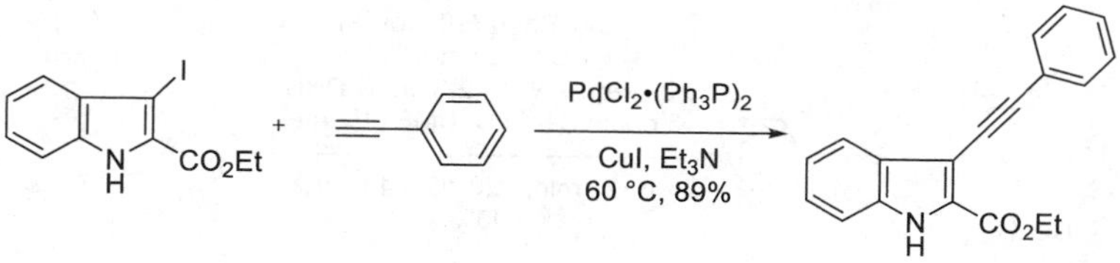

Example 2, 2,5-二溴吡啶的化学选择性[3]

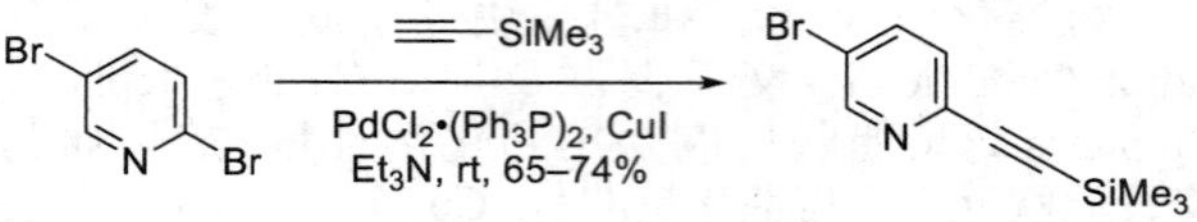

Example 3, 在离子液体中发生高偶联反应[8]

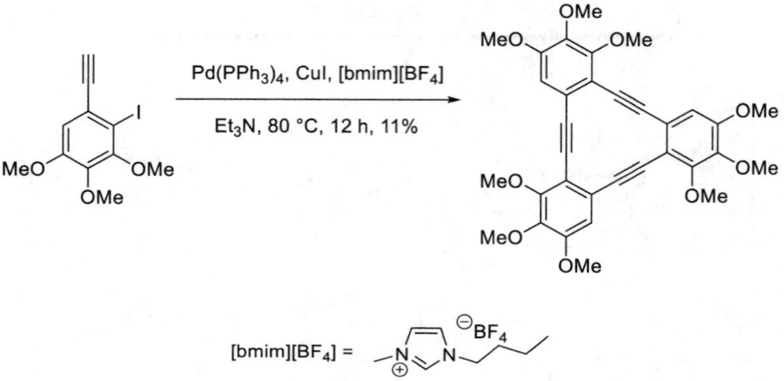

[bmim][BF$_4$] =

Example 4, 全合成maduropeptin[9]

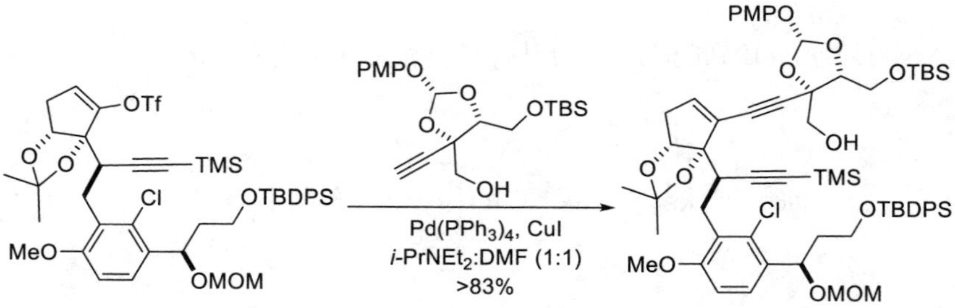

Example 5, 钯化物催化下的脱羧溴化Sonogashira反应[14]

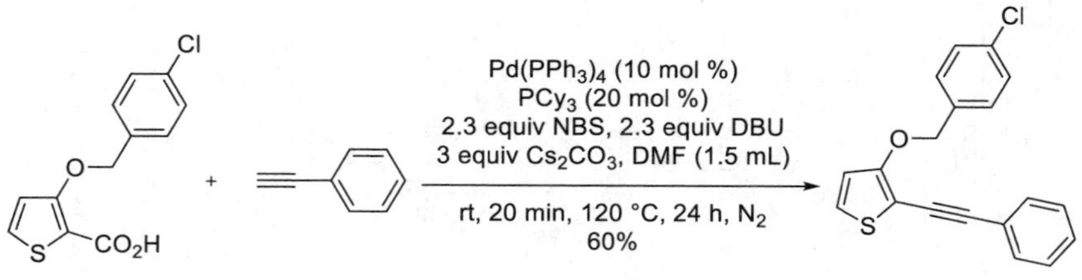

Example 6, *Si*–Sonogashira反应[15]

Example 7, 一锅煮Sonogashira反应再Cacchi反应*[16]

References

1. (a) Sonogashira K.; Tohda, Y.; Hagihara, N. *Tetrahedron Lett.* **1975**, *50*, 4467–4470. 薗头(K. Sonogashira)是福井大学(Fukui University)教授。赫克(R. F. Heck)也发现了同样的转化反应，但用的是Pd而不是Cu。*J. Organomet. Chem.* **1975**, *93*, 259–263.
2. Sakamoto, T.; Nagano, T.; Kondo, Y.; Yamanaka, H. *Chem. Pharm. Bull.* **1988**, *36*, 2248–2252.
3. Ernst, A.; Gobbi, L.; Vasella, A. *Tetrahedron Lett.* **1996**, *37*, 7959–7962.
4. Hundermark, T.; Littke, A.; Buchwald, S. L.; Fu, G. C. *Org. Lett.* **2000**, *2*, 1729–1731.
5. Batey, R. A.; Shen, M.; Lough, A. J. *Org. Lett.* **2002**, *4*, 1411–1414.
6. Sonogashira, K. In *Metal-Catalyzed Cross-Coupling Reactions*; Diederich, F.; de Meijere, A., Eds.; Wiley-VCH: Weinheim, **2004**; *Vol. 1*, 319. (Review).
7. Lemhadri, M.; Doucet, H.; Santelli, M. *Tetrahedron* **2005**, *61*, 9839–9847.
8. Li, Y.; Zhang, J.; Wang, W.; Miao, Q.; She, X.; Pan, X. *J. Org. Chem.* **2005**, *70*, 3285–3287.
9. Komano, K.; Shimamura, S.; Inoue, M.; Hirama, M. *J. Am. Chem. Soc.* **2007**, *129*, 14184–14186.
10. Nakatsuji, H.; Ueno, K.; Misaki, T.; Tanabe, Y. *Org. Lett.* **2008**, *10*, 2131–2134.
11. Gray, D. L. *Sonogashira Reaction*. In *Name Reactions for Homologations-Part II*; Li, J. J., Ed.; Wiley: Hoboken, NJ, **2009**, pp 100–133. (Review).
12. Shigeta, M.; Watanabe, J.; Konishi, G.-i. *Tetrahedron Lett.* **2013**, *54*, 1761–1764.
13. Karak, M.; Barbosa, L. C. A.; Hargaden, G. C. *RSC Adv.* **2014**, *4*, 53442–53466. (Review).
14. Jiang, Q.; Li, H.; Zhang, X.; Xu, B.; Su, W. *Org. Lett.* **2018**, *20*, 2424–2427.
15. Capani, J. S.; Cochran, J. E.; Liang, J. *J. Org. Chem.* **2019**, *84*, 9378–9384.
16. Li, J.; Smith, D.; Krishnananthan, S.; Mathur, A. *Org. Process Res. Dev.* **2020**, *24*, 454–458.

*译者注：Cacchi反应亦称 Arcadi–Cacchi反应，是由两位意大利药物化学家S. Cacchi 和A. Arcadi于1992年发现的在钯化物催化下，邻炔基三氟乙酰苯胺与乙烯基三氟甲磺酸酯或芳卤反应生成2,3-二取代吲哚的反应。

Stetter 反应

从醛、α,β-不饱和酮和酯生成1,4-二羰基衍生物的反应。噻唑催化剂相当于是一个安全的 $^-$CN。亦称Michael-Stetter反应。参见第32页上的Benzoin(苯偶姻)缩合反应。

Example 1, 分子内Stetter反应[2]

Example 2[3]

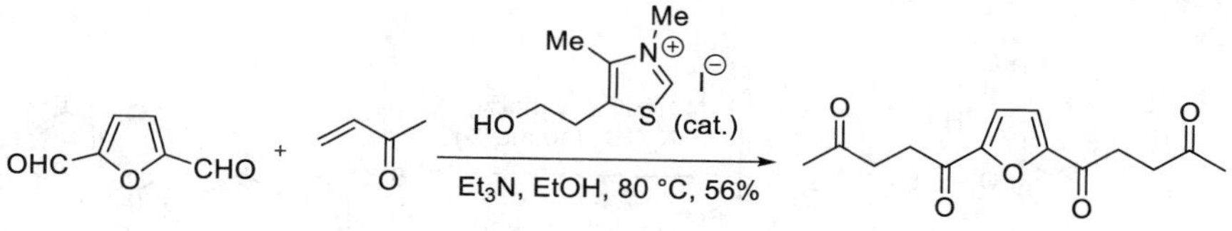

Example 3[5]

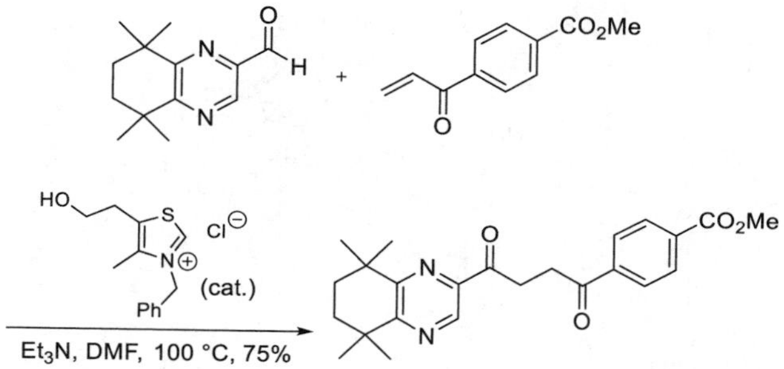

Example 4, *Si*–Stetter反应[9]

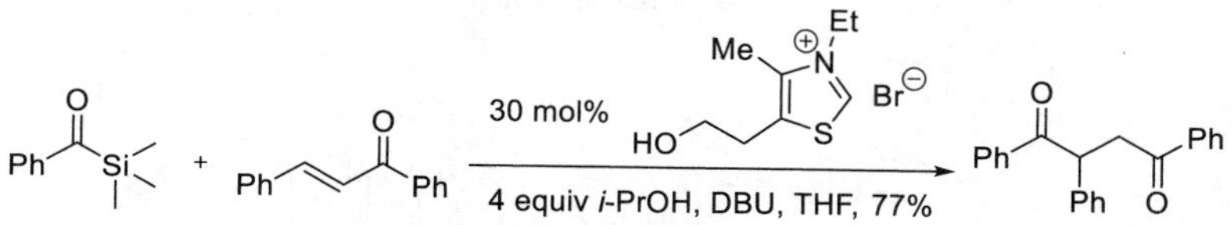

Example 5, 无溶剂环境下NHC 催化的分子内不对称Stetter反应[13]

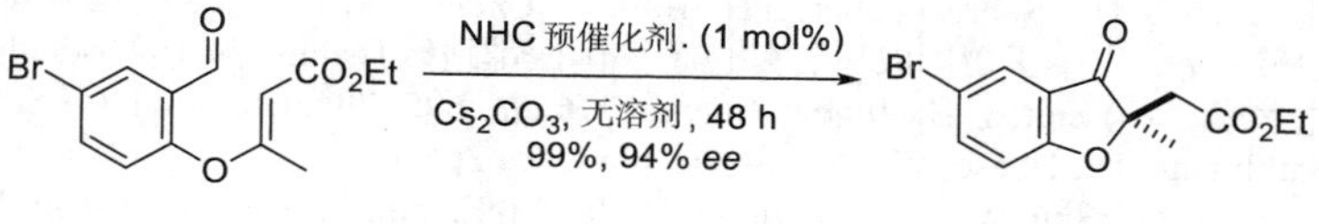

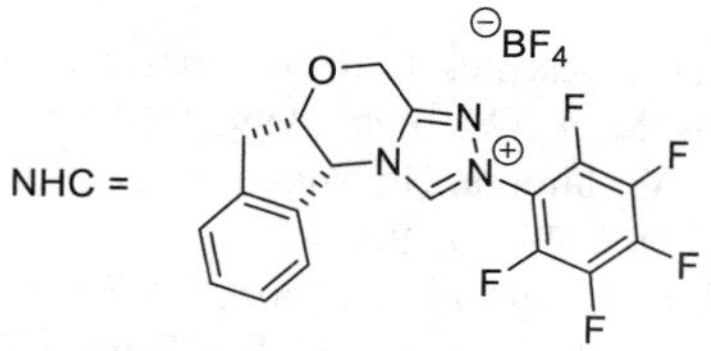

Example 6, 杂环卡宾催化下经分子内氢乙酰化反应-Stetter反应程序构筑双苯并吡喃酮[14]

Example 7, 分子内Stetter反应[15]

References

1. (a) Stetter, H.; Schreckenberg, H. *Angew. Chem.* **1973**, *85*, 89. 施泰特(H. Stetter, 1917–1993)出生于德国波恩，是位于德国西部地区Technische Hochschule Aachen的化学家。(b) Stetter, H. *Angew. Chem.* **1976**, *88*, 695–704. (Review). (c) Stetter, H.; Kuhlmann, H.; Haese, W. *Org. Synth.* **1987**, *65*, 26.
2. Trost, B. M.; Shuey, C. D.; DiNinno, F., Jr.; McElvain, S. S. *J. Am. Chem. Soc.* **1979**, *101*, 1284–1285.
3. El-Haji, T.; Martin, J. C.; Descotes, G. *J. Heterocycl. Chem.* **1983**, *20*, 233–235.
4. Harrington, P. E.; Tius, M. A. *Org. Lett.* **1999**, *1*, 649–651.
5. Kikuchi, K.; Hibi, S.; Yoshimura, H.; Tokuhara, N.; Tai, K.; Hida, T.; Yamauchi, T.; Nagai, M. *J. Med. Chem.* **2000**, *43*, 409–419.
6. Kobayashi, N.; Kaku, Y.; Higurashi, K. *Bioorg. Med. Chem. Lett.* **2002**, *12*, 1747–1750.
7. Read de Alaniz, J.; Rovis, T. *J. Am. Chem. Soc.* **2005**, *127*, 6284–6289.
8. Reynolds, N. T.; Rovis, T. *Tetrahedron* **2005**, *61*, 6368–6378.

9. Mattson, A. E.; Bharadwaj, A. R.; Zuhl, A. M.; Scheidt, K. A. *J. Org. Chem.* **2006**, *71*, 5715–5724.
10. Cee, V. J. *Stetter Reaction*. In *Name Reactions for Homologations-Part I*; Li, J. J., Ed.; Wiley: Hoboken, NJ, **2009,** pp 576–587. (Review).
11. Zhang, J.; Xing, C.; Tiwari, B.; Chi, Y. R. *J. Am. Chem. Soc.* **2013**, *135*, 8113–8116.
12. Yetra, S. R.; Patra, A.; Biju, A. T. *Synth.* **2015**, *47*, 1357–1378. (Review).
13. Ema, T.; Nanjo, Y.; Shiratori, S.; Terao, Y.; Kimura, R. *Org. Lett.* **2016**, *18*, 5764–5767.
14. Zhao, M.; Liu, J.-L.; Liu, H.-F.; Chen, J.; Zhou, L. *Org. Lett.* **2018**, *20*, 2676–2679.
15. Hsu, D.-S.; Cheng, C.-Y. *J. Org. Chem.* **2019**, *84*, 10832–10842.
16. Bae, C.; Park, E.; Cho, C.-G.; Cheon, C.-H. *Org. Lett.* **2020**, *22*, 2354–2358.

Stevens 重排反应

分子中与氮原子相连的碳原子上接有一个吸电子基团(Z)的季铵盐用强碱处理生成重排的叔胺。参见510页上的Sommelet–Hauser重排反应。

目前认为的自由基机理：

往昔认为的离子机理：

Example 1, Stevens重排–还原程序[10]

Example 2, 芳炔诱导的对映专一性[2,3]Stevens重排反应[11]

Example 3, Michael加成反应–[1,2]Stevens重排反应[12]

Example 4, 经[2,3]Stevens重排反应构筑α–取代脯氨酸[13]

Example 5, L–2–哌啶酸衍生物在环氧介质中的Stevens重排反应[14]

References

1. Stevens, T. S.; Creighton, E. M.; Gordon, A. B.; MacNicol, M. *J. Chem. Soc.* **1928**, 3193–3197.
2. Schöllkopf, U.; Ludwig, U.; Ostermann, G.; Patsch, M. *Tetrahedron Lett.* **1969**, *10*, 3415–3418.
3. Pine, S. H.; Catto, B. A.; Yamagishi, F. G. *J. Org. Chem.* **1970**, *35*, 3663–3665. (Mechanism).
4. Doyle, M. P.; Ene, D. G.; Forbes, D. C.; Tedrow, J. S. *Tetrahedron Lett.* **1997**, *38*, 4367–4370.
5. Makita, K.; Koketsu, J.; Ando, F.; Ninomiya, Y.; Koga, N. *J. Am. Chem. Soc.* **1998**, *120*, 5764–5770.
6. Feldman, K. S.; Wrobleski, M. L. *J. Org. Chem.* **2000**, *65*, 8659-8668.
7. Kitagaki, S.; Yanamoto, Y.; Tsutsui, H.; Anada, M.; Nakajima, M.; Hashimoto, S. *Tetrahedron Lett.* **2001**, *42*, 6361–6364.
8. Knapp, S.; Morriello, G. J.; Doss, G. A. *Tetrahedron Lett.* **2002**, *43*, 5797–5800.
9. Hanessian, S.; Parthasarathy, S.; Mauduit, M.; Payza, K. *J. Med. Chem.* **2003**, *46*, 34–38.
10. Pacheco, J. C. O.; Lahm, G.; Opatz, T. *J. Org. Chem.* **2013**, *78*, 4985–4992.
11. Roy, T.; Thangaraj, M.; Kaicharla, T.; Kamath, R. V.; Gonnade, R. G.; Biju, A. T. *Org. Lett.* **2016**, *18*, 5428–5431.
12. Kowalkowska, A.; Jończyk, A.; Maurin, J. K. *J. Org. Chem.* **2018**, *83*, 4105–4110.
13. Jin, Y.-X.; Yu, B.-K.; Qin, S.-P.; Tian, S.-K. *Chem. Eur. J.* **2019**, *52*, 5169–5172.
14. Baidilov, D. *Synthesis* **2020**, *52*, 21–26. (Review on mechanism).

Stille 偶联反应

Pd 催化的有机锡化物和卤代烃、三氟磺酸酯等的交叉偶联反应。催化循环请参见第 310 页上的 Kumada 交叉偶联反应。

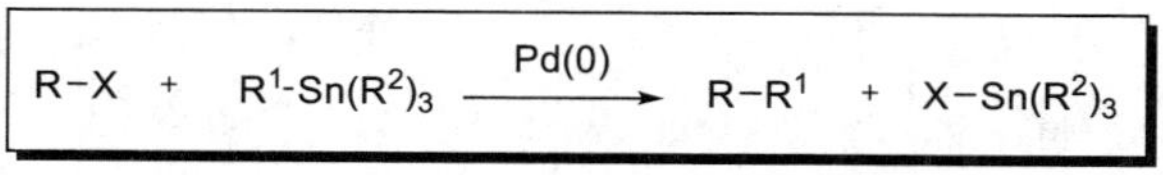

$$R-X + R^1-Sn(R^2)_3 \xrightarrow{Pd(0)} R-R^1 + X-Sn(R^2)_3$$

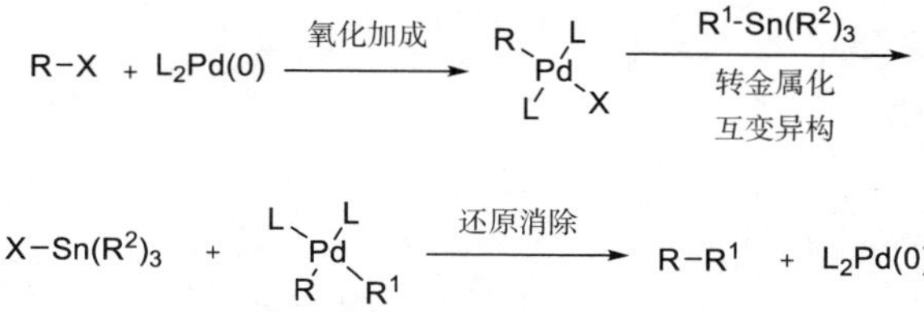

$$R-X + L_2Pd(0) \xrightarrow{\text{氧化加成}} \underset{L}{\overset{L}{R-Pd-X}} \xrightarrow[\text{互变异构}]{R^1-Sn(R^2)_3 \\ \text{转金属化}}$$

$$X-Sn(R^2)_3 + \underset{R}{\overset{L}{Pd}}\underset{R^1}{\overset{L}{}} \xrightarrow{\text{还原消除}} R-R^1 + L_2Pd(0)$$

Example 1[4]

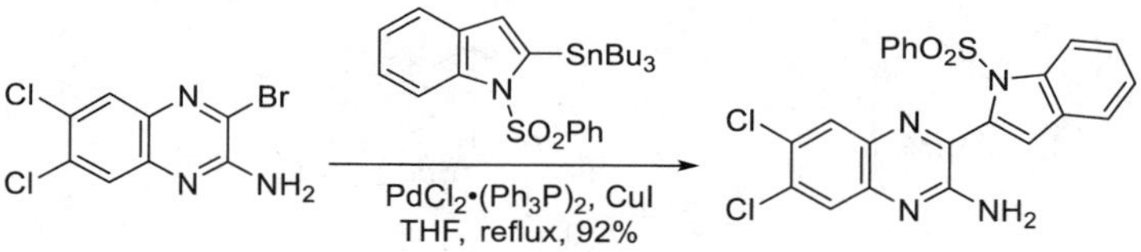

Example 2[5]

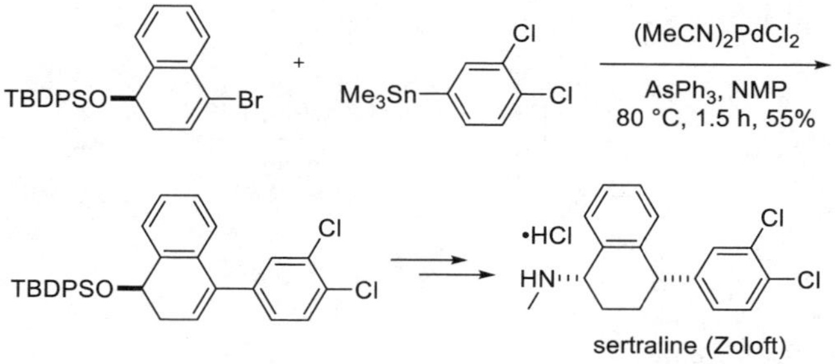

Example 3, π-烯丙基Stille偶联反应[8]

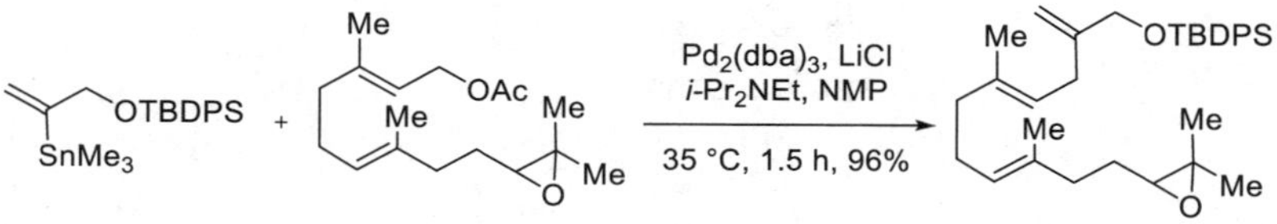

Example 4, 用于全合成[9]

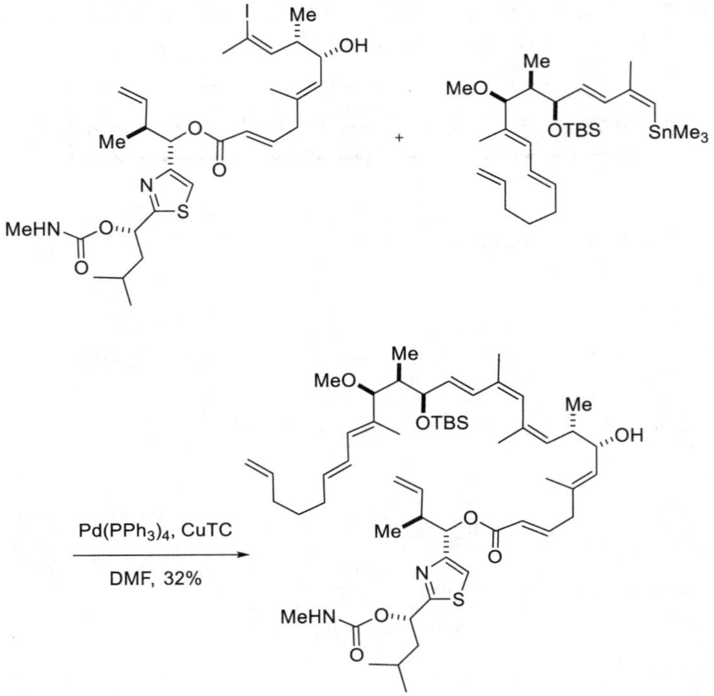

Example 5, 用于全合成[11]

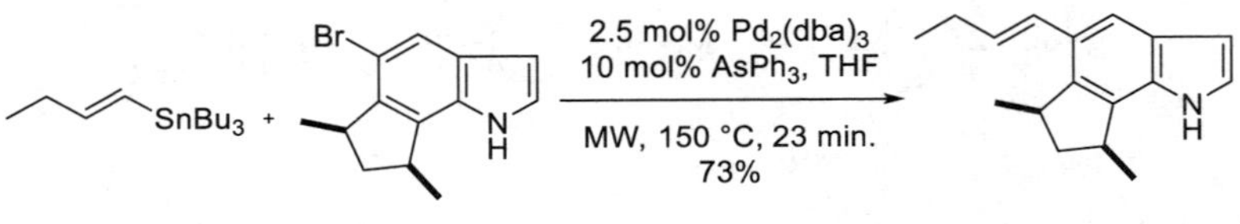

Example 6, 用于全合成[13]

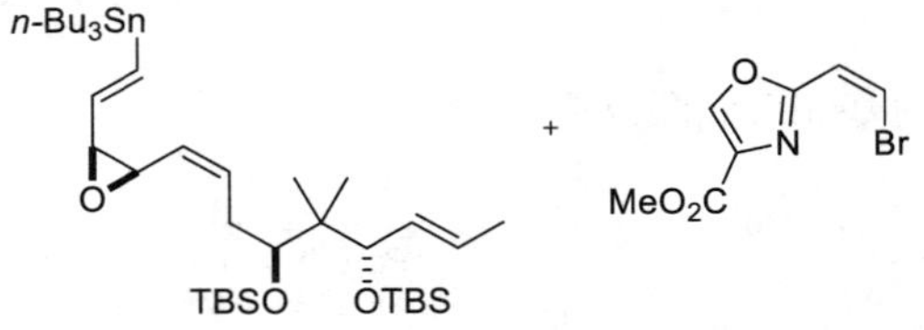

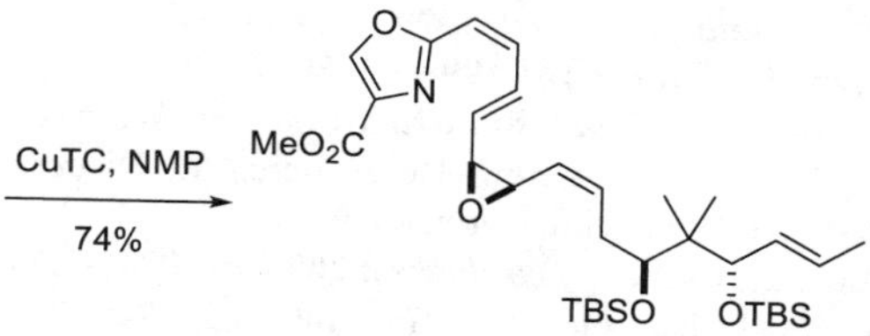

[reaction scheme: CuTC, NMP, 74%]

Example 7, 烯丙基 sp^3 锡烷[14]

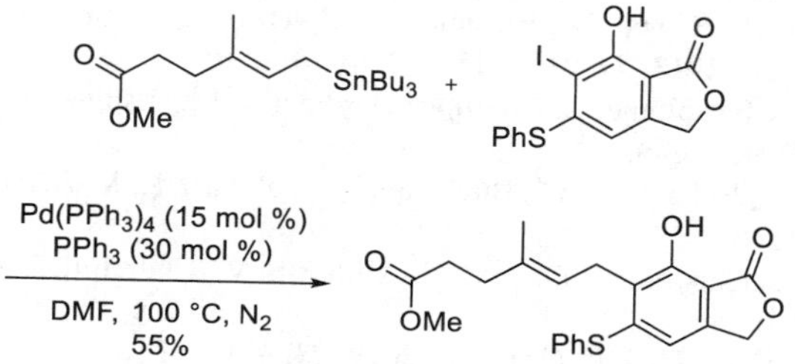

[reaction scheme: Pd(PPh₃)₄ (15 mol %), PPh₃ (30 mol %), DMF, 100 °C, N₂, 55%]

Example 8[15]

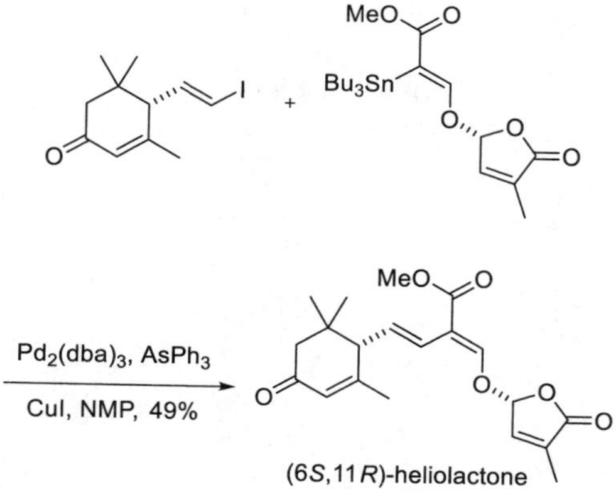

[reaction scheme: Pd₂(dba)₃, AsPh₃, CuI, NMP, 49%]

(6S,11R)-heliolactone

References

1. (a) Milstein, D.; Stille, J. K. *J. Am. Chem. Soc.* **1978**, *100*, 3636–3638. 斯蒂勒(J. K. Stille, 1930–1989)出生于亚利桑那州的Tuscon, 在科罗拉多州立大学(Colorado State University)发现了本反应。不幸的是, 他在正处于学术高峰期间参加美国化学会年会(ACS)后于返程途中因空难去世。 (b) Milstein, D.; Stille, J. K. *J. Am. Chem. Soc.* **1979**, *101*, 4992–4998. (c) Stille, J. K. *Angew. Chem. Int. Ed.* **1986**, *25*, 508–524.
2. Farina, V.; Krishnamurphy, V.; Scott, W. J. *Org. React.* **1997**, *50*, 1–652. (Review).
3. Duncton, M. A. J.; Pattenden, G. *J. Chem. Soc., Perkin Trans. 1* **1999**, 1235–1249. (Review on the intramolecular Stille reaction).

4. Li, J. J.; Yue, W. S. *Tetrahedron Lett.* **1999,** *40*, 4507–4510.
5. Lautens, M.; Rovis, T. *Tetrahedron*, **1999,** *55*, 8967–8976.
6. Mitchell, T. N. *Organotin Reagents in Cross-Coupling Reactions*. In *Metal-Catalyzed Cross-Coupling Reactions* (2nd edn.) De Meijere, A.; Diederich, F. eds., **2004,** 1, 125–161. Wiley-VCH: Weinheim, Germany. (Review).
7. Schröter, S.; Stock, C.; Bach, T. *Tetrahedron* **2005,** *61,* 2245–2267. (Review).
8. Snyder, S. A.; Corey, E. J. *J. Am. Chem. Soc.* **2006,** *128*, 740–742.
9. Roethle, P. A.; Chen, I. T.; Trauner, D. *J. Am. Chem. Soc.* **2007,** *129,* 8960–8961.
10. Mascitti, V. *Stille Coupling*. In *Name Reactions for Homologations-Part I*; Li, J. J., Ed.; Wiley: Hoboken, NJ, **2009,** pp 133–162. (Review).
11. Chandrasoma, N.; Brown, N.; Brassfield, A.; Nerurkar, A.; Suarez, S.; Buszek, K. R. *Tetrahedron Lett.* **2013,** *54,* 913–917.
12. Cordovilla, C.; Bartolome, C.; Martinez-Ilarduya, J. M.; Espinet, P. *ACS Catal.* **2015,** *5,* 3040–3053. (Review).
13. Nicolaou, K. C.; Bellavance, G.; Buchman, M.; Pulukuri, K. K. *J. Am. Chem. Soc.* **2017,** *139*, 15636–15639.
14. Halle, M. B.; Yudhistira, T.; Lee, W.-H.; Mulay, S. V.; Churchill, D. G. *Org. Lett.* **2018,** *20*, 3557–3561.
15. Woo, S.; McErlean, C. S. P. *Org. Lett.* **2019,** *21*, 4215–4218.
16. Drescher, C.; Keller, M.; Potterat, O.; Hamburger, M.; Brueckner, R. *Org. Lett.* **2020,** *22*, 2559–2563.

Strecker 氨基酸合成反应

NaCN 促进的醛(酮)和氨缩合给出 α-氨基腈再水解生成 α-氨基酸。

Example 1, 可溶的氰根源[2]

Example 2[3]

Example 3[8]

Example 4[9]

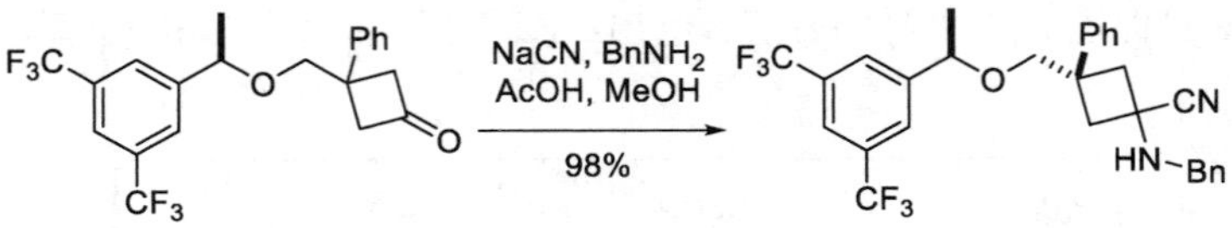

Example 5, 硝酮的不对称Strecker类反应[11]

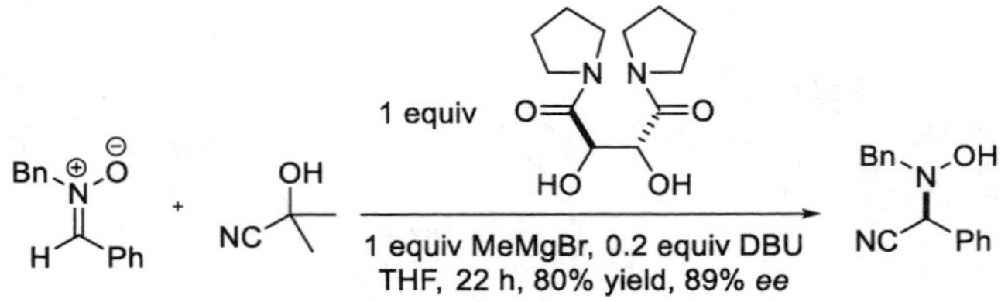

Example 6[13]

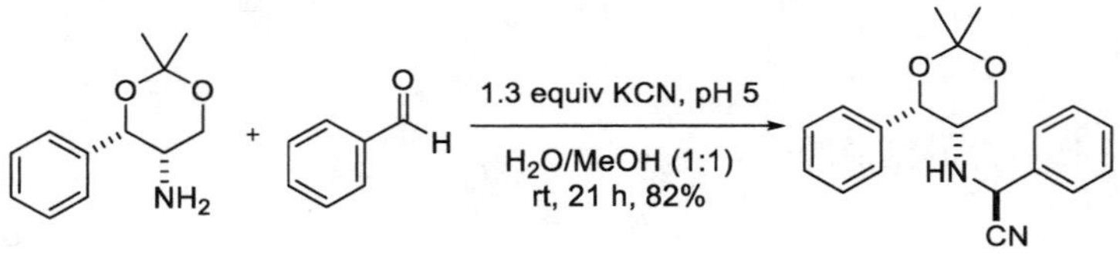

Example 7, 酰胺在铱化物促进催化下的还原Strecker反应[14]

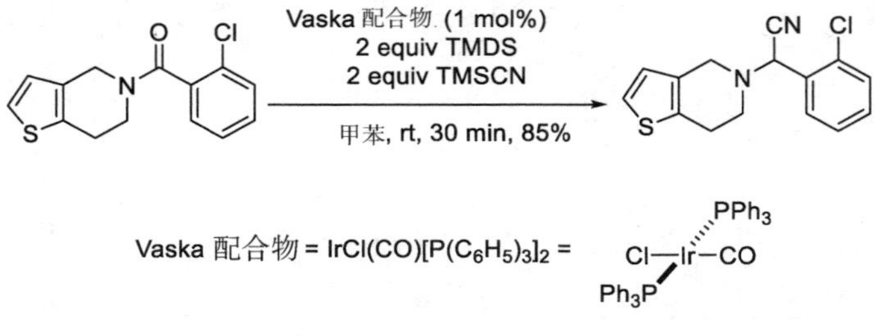

Vaska 配合物 = $IrCl(CO)[P(C_6H_5)_3]_2$ =

Example 8, 缩酮在MgI_2–Et_2O催化下的化学选择性Strecker反应[15]

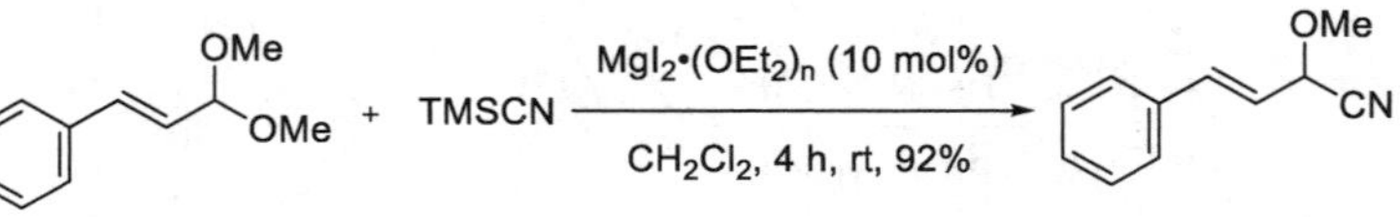

Example 9, Borono–Strecker反应[16]

References

1. Strecker, A. *Ann.* **1850,** *75,* 27–45. 斯特莱克(A. Strecker)发明的这个反应已有160多年了，他在论文中说道："硬硬的有着珍珠般底色的大颗粒丙氨酸晶体在齿缝间嘣脆作响。"
2. Harusawa, S.; Hamada, Y.; Shioiri, T. *Tetrahedron Lett.* **1979,** *20,* 4663–4666.
3. Burgos, A.; Herbert, J. M.; Simpson, I. *J. Labelled Compd. Radiopharm.* **2000,** *43,* 891–898.
4. Ishitani, H.; Komiyama, S.; Hasegawa, Y.; Kobayashi, S. *J. Am. Chem. Soc.* **2000,** *122,* 762–766.
5. Yet, L. *Recent Developments in Catalytic Asymmetric Strecker-Type Reactions,* in *Organic Synthesis Highlights V,* Schmalz, H.-G.; Wirth, T. eds.; Wiley–VCH: Weinheim, Germany, **2003,** pp 187–193. (Review).
6. Meyer, U.; Breitling, E.; Bisel, P.; Frahm, A. W. *Tetrahedron: Asymmetry* **2004,** *15,* 2029–2037.
7. Huang, J.; Corey, E. J. *Org. Lett.* **2004,** *6,* 5027–5029.
8. Cativiela, C.; Lasa, M.; Lopez, P. *Tetrahedron: Asymmetry* **2005,** *16,* 2613–2523.
9. Wrobleski, M. L.; Reichard, G. A.; Paliwal, S.; Shah, S.; Tsui, H.-C.; Duffy, R. A.; Lachowicz, J. E.; Morgan, C. A.; Varty, G. B.; Shih, N.-Y. *Bioorg. Med. Chem. Lett.* **2006,** *16,* 3859–3863.
10. Galatsis, P. *Strecker Amino Acid Synthesis.* In *Name Reactions for Functional Group Transformations*; Li, J. J., Ed.; Wiley: Hoboken, NJ, **2007,** pp 477–499. (Review).
11. Belokon, Y. N.; Hunt, J.; North, M. *Tetrahedron: Asymmetry* **2008,** *19,* 2804–2815.
12. Sakai, T.; Soeta, T.; Endo, K.; Fujinami, S.; Ukaji, Y. *Org. Lett.* **2013,** *15,* 2422–2425.
13. Netz, I.; Kucukdisli, M.; Opatz, T. *J. Org. Chem.* **2015,** *80,* 6864–6869.
14. Fuentes de Arriba, A. L.; Lenci, E.; Sonawane, M.; Formery, O.; Dixon, D. J. *Angew. Chem. Int. Ed.* **2017,** *56,* 3655–3659.
15. Li, H.; Pan, H.; Meng, X.; Zhang, X. *Synth. Commun.* **2020,** *50,* 684–691.
16. Ming, W.; Liu, X.; Friedrich, A.; Krebs, J.; Marder, T. B. *Org. Lett.* **2020,** *22,* 365–370.

Suzuki–Miyaura 偶联反应

钯化物催化下有机硼化物和卤代烃、三氟磺酸酯等在碱存在下(若无碱作为活化剂,转金属化将难以发生)进行的交叉偶联反应。催化循环请参见310页上的Kumada交叉偶联反应。

$$R-X + R^1-B(R^2)_2 \xrightarrow[NaOR^3]{L_2Pd(0)} R-R^1$$

R–X + L$_2$Pd(0) →(氧化加成) R–Pd(L)(L)–X + R^1–B(R^2)$_2$ →(NaOR^3, base) R^1–B(R^2)$_2$(OR^3)$^-$ + R–Pd(L)(L)–X

→(转金属化 / 异构化) R^{3}O–B(R^2)$_2$ + L–Pd(L)–R / R^1 →(还原消除) R–R^1 + L$_2$Pd(0)

Example 1[2]

Example 2[4]

Example 3, 分子内 Suzuki–Miyaura 偶联反应[8]

Example 4, Stille偶联反应后再接着Suzuki反应[9]

Example 5, 镍化物催化的Suzuki–Miyaura偶联反应[12]

Example 6, 非环酰胺在催化C—N键断裂中发生的Suzuki–Miyaura偶联反应[15]

Example 7, 钯化物催化下吡咯磺酰化物的Suzuki–Miyaura偶联反应[16]

Example 8, 先后进行的Sandmeyer溴化反应和室温下的Suzuki–Miyaura 偶联反应(1 kg规模)[17]

References

1. (a) Miyaura, N.; Yamada, K.; Suzuki, A. *Tetrahedron Lett.* **1979**, *36*, 3437–3440. (b) Miyaura, N.; Suzuki, A. *Chem. Commun.* **1979**, 866–867. 铃木(A. Suzuki)、赫克(R. F. Heck)和根岸(E. Negishi)三人因有机合成中的钯催化交叉偶联反应而共享2010年度诺贝尔化学奖。
2. Tidwell, J. H.; Peat, A. J.; Buchwald, S. L. *J. Org. Chem.* **1994**, *59*, 7164–7168.
3. Miyaura, N.; Suzuki, A. *Chem. Rev.* **1995**, *95*, 2457–2483. (Review).
4. (a) Kawasaki, I.; Katsuma, H.; Nakayama, Y.; Yamashita, M.; Ohta, S. *Heterocycles* **1998**, *48*, 1887–1901. (b) Kawaski, I.; Yamashita, M.; Ohta, S. *Chem. Pharm. Bull.* **1996**, *44*, 1831–1839.
5. Suzuki, A. In *Metal-catalyzed Cross-coupling Reactions*; Diederich, F.; Stang, P. J., Eds.; Wiley–VCH: Weinhein, Germany, **1998**, 49–97. (Review).
6. Stanforth, S. P. *Tetrahedron* **1998**, *54*, 263–303. (Review).
7. Zapf, A. *Coupling of Aryl and Alkyl Halides with Organoboron Reagents (Suzuki Reaction)*. In *Transition Metals for Organic Synthesis* (2nd edn.); Beller, M.; Bolm, C. eds., **2004**, 1, 211–229. Wiley–VCH: Weinheim, Germany. (Review).
8. Molander, G. A.; Dehmel, F. *J. Am. Chem. Soc.* **2004**, *126*, 10313–10318.
9. Coleman, R. S.; Lu, X.; Modolo, I. *J. Am. Chem. Soc.* **2007**, *129*, 3826–3827.
10. Wolfe, J. P.; Nakhla, J. S. *Suzuki Coupling*. In *Name Reactions for Homologations-Part I*; Li, J. J., Ed.; Wiley: Hoboken, NJ, **2009**, pp 163–184. (Review).
11. Weimar, M.; Fuchter, M. J. *Org. Biomol. Chem.* **2013**, *11*, 31–34.
12. Ramgren, S.; Hie, L.; Ye, Y.; Garg, N. K. *Org. Lett.* **2013**, *15*, 3950–3953.
13. Almond-Thynne, J.; Blakemore, D. C.; Pryde, D. C.; Spivey, A. C. *Chem. Sci.* **2017**, *8*, 40–62. (Review).
14. Taheri Kal Koshvandi, A.; Heravi, M. M.; Momeni, T. *Appl. Organomet. Chem.* **2018**, *32(3)*, 1–59. (Review).
15. Liu, C.; Li, G.; Shi, S.; Meng, G.; Lalancette, R.; Szostak, R.; Szostak, M. *ACS Catal.* **2018**, *8*, 9131–9139.
16. Sirindil, F.; Weibel, J.-M.; Pale, P.; Blanc, A. *Org. Lett.* **2019**, *21*, 5542–5546.
17. Schafer, G.; Fleischer, T.; Ahmetovic, M.; Abele, S. *Org. Process Res. Dev.* **2020**, *24*, 228–234.

Swern 氧化反应

醇用(COCl)$_2$、DMSO 氧化并用 Et$_3$N 淬灭后生成相应的羰基化合物。

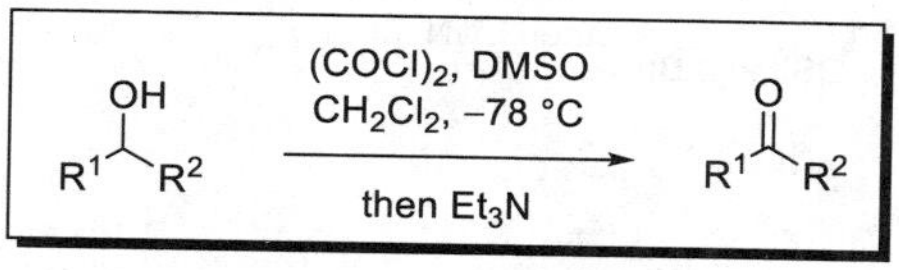

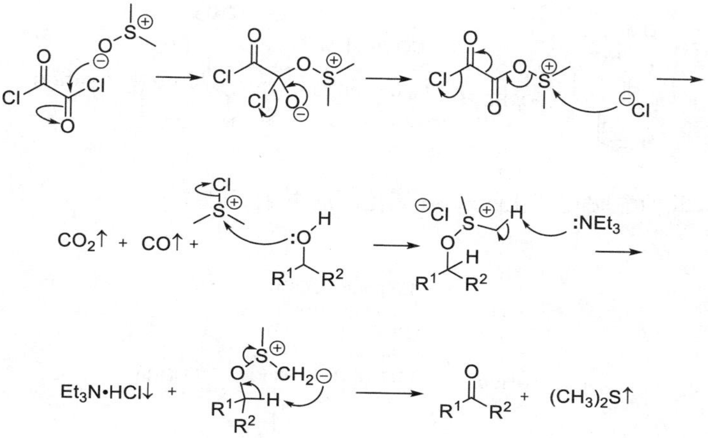

$$R^1R^2CHOH \xrightarrow[\text{then Et}_3\text{N}]{\text{(COCl)}_2,\ \text{DMSO},\ \text{CH}_2\text{Cl}_2,\ -78\ ^\circ\text{C}} R^1COR^2$$

（机理示意：经氯代亚砜盐中间体，生成 CO$_2$↑ + CO↑，随后醇进攻形成烷氧基锍盐，Et$_3$N 脱质子形成硫叶立德，分解得到 Et$_3$N·HCl↓ + R^{1}COR^2 + (CH$_3$)$_2$S↑）

硫叶立德

Example 1[2]

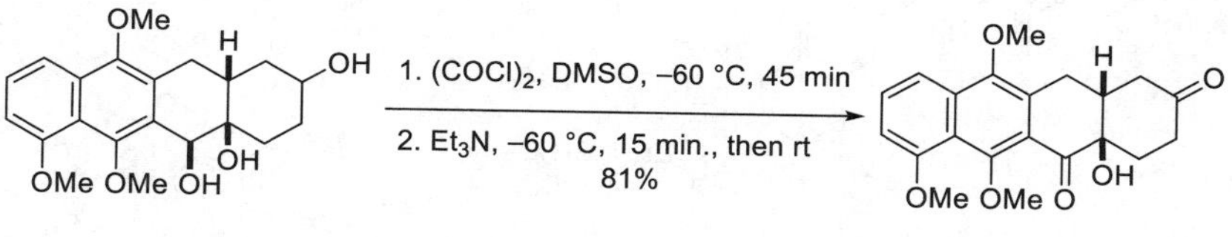

四环芳香二醇（含 OMe, OMe, OMe, OH, OH 取代基）
1. (COCl)$_2$, DMSO, −60 °C, 45 min
2. Et$_3$N, −60 °C, 15 min., then rt
81%
生成相应的酮

Example 2[3]

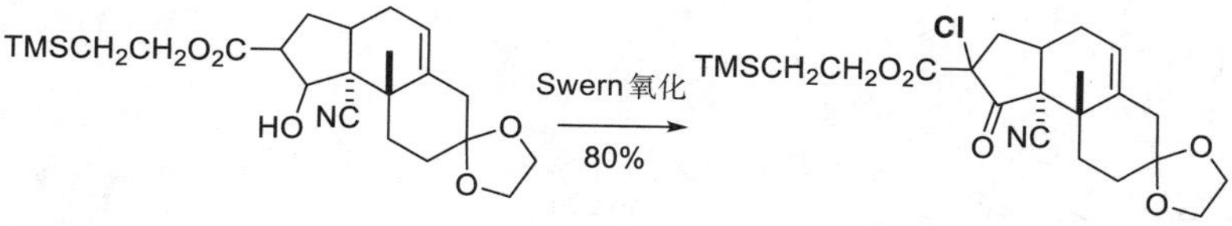

TMSCH$_2$CH$_2$O$_2$C—环戊烷稠合甾体（含 HO, NC, 二氧戊环）

Swern 氧化, 80%

→ 对应的 α-氯代酮产物（Cl, NC, O, 二氧戊环）

Example 3[5]

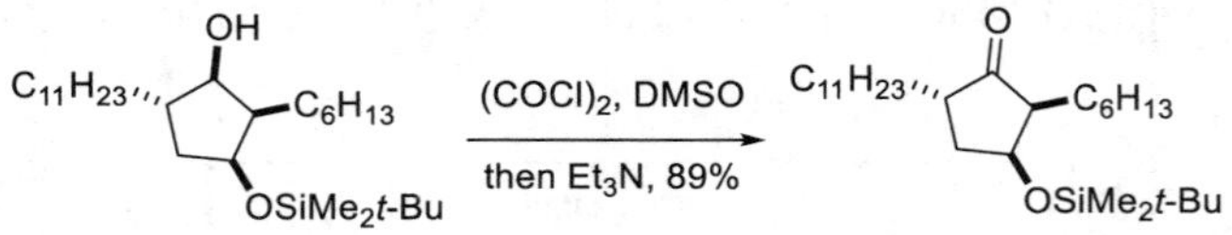

Example 4[7]

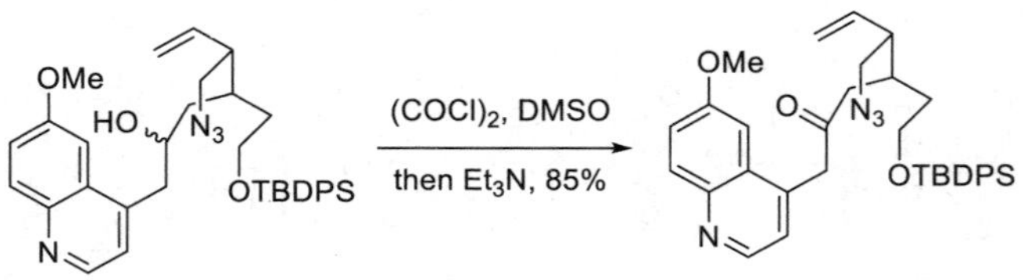

Example 5, 伯酰胺在催化的Swern氧化反应下生成腈[12]

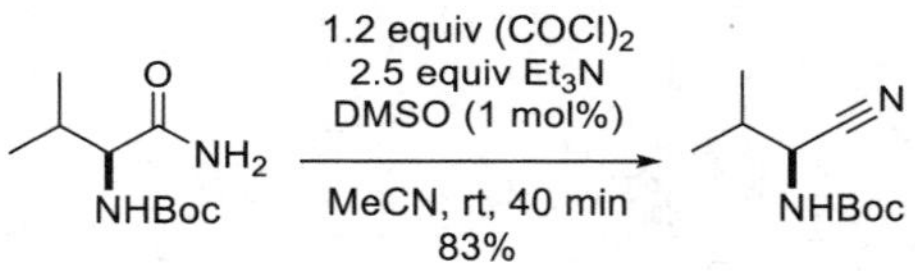

Example 6, 规模级合成tesirine，一种用于癌症研究的抗体偶联药物(ADC)的连接物[13]

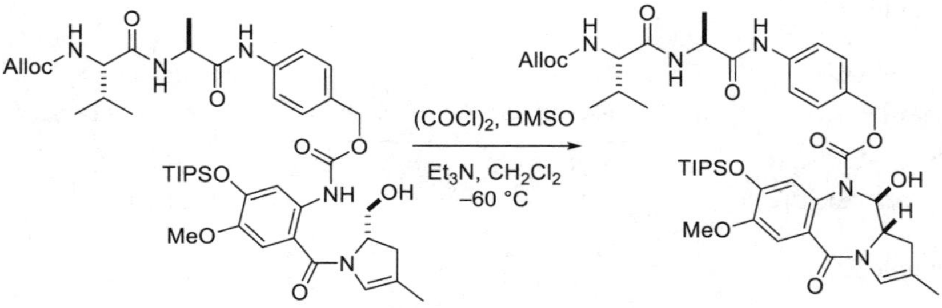

Example 7[14]

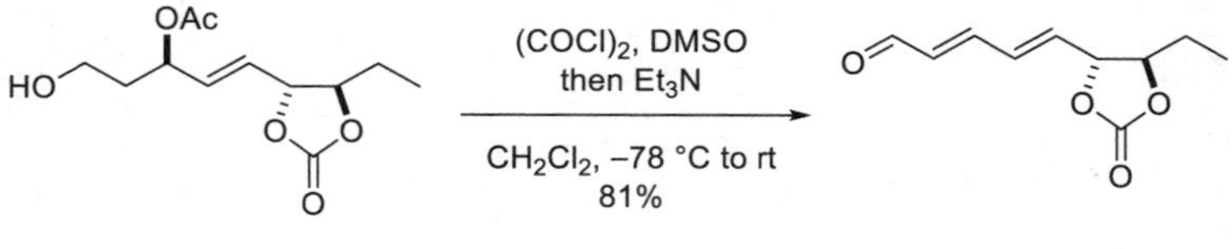

References

1. (a) Huang, S. L.; Omura, K.; Swern, D. *J. Org. Chem.* **1976**, *41*, 3329–3331. (b) Huang, S. L.; Omura, K.; Swern, D. *Synthesis* **1978**, *4*, 297–299. (c) Mancuso, A. J.; Huang, S. L.; Swern, D. *J. Org. Chem.* **1978**, *43*, 2480–2482. 斯韦恩(D. Swern，1916–1982)是坦帕大学(Temple University)教授。
2. Ghera, E.; Ben-David, Y. *J. Org. Chem.* **1988**, *53*, 2972–2979.
3. Smith, A. B., III; Leenay, T. L.; Liu, H. J.; Nelson, L. A. K.; Ball, R. G. *Tetrahedron Lett.* **1988**, *29*, 49–52.
4. Tidwell, T. T. *Org. React.* **1990**, *39*, 297–572. (Review).
5. Chadka, N. K.; Batcho, A. D.; Tang P. C.; Courtney, L. F.; Cook C. M.; Wovliulich, P. M.; Usković, M. R. *J. Org. Chem.* **1991**, *56*, 4714–4718.
6. Harris, J. M.; Liu, Y.; Chai, S.; Andrews, M. D.; Vederas, J. C. *J. Org. Chem.* **1998**, *63*, 2407–2409. (Odorless protocols).
7. Stork, G.; Niu, D.; Fujimoto, R. A.; Koft, E. R.; Bakovec, J. M.; Tata, J. R.; Dake, G. R. *J. Am. Chem. Soc.* **2001**, *123*, 3239–3242.
8. Nishide, K.; Ohsugi, S.-i.; Fudesaka, M.; Kodama, S.; Node, M. *Tetrahedron Lett.* **2002**, *43*, 5177–5179. (Another odorless protocols).
9. Ahmad, N. M. *Swern Oxidation*. In *Name Reactions for Functional Group Transformations*; Li, J. J., Ed.; Wiley: Hoboken, NJ, **2007**, pp 291–308. (Review).
10. Lopez-Alvarado, P; Steinhoff, J; Miranda, S; Avendano, C; Menendez, J. C. *Tetrahedron* **2009**, *65*, 1660–1672.
11. Zanatta, N.; Aquino, E. da C.; da Silva, F. M.; Bonacorso, H. G.; Martins, M. A. P. *Synthesis* **2012**, *44*, 3477–3482.
12. Ding, R.; Liu, Y.; Han, M.; Jiao, W.; Li, J.; Tian, H.; Sun, B. *J. Org. Chem.* **2018**, *83*, 12939–12944.
13. Tiberghien, A. C.; von Bulow, C.; Barry, C.; Ge, H.; Noti, C.; Collet Leiris, F.; McCormick, M.; Howard, P. W.; Parker, J. S. *Org. Process Res. Dev.* **2018**, *22*, 1241–1256.
14. Tanabe, S.; Kobayashi, Y. *Org. Biomol. Chem.* **2019**, *217*, 2393–2402.
15. Zhang, Z.-W.; Li, H.-B.; Li, J.; Wang, C.-C.; Feng, J.; Yang, Y.-H.; Liu, S. *J. Org. Chem.* **2020**, *85*, 537–547.

Takai 反应

用CHI_3和$CrCl_2$立体选择性地将醛转化为*E*-烯基碘代物。

一个自由基机理[1]

Example 1[2]

© Springer Nature Switzerland AG 2021
J. J. Li, *Name Reactions*, https://doi.org/10.1007/978-3-030-50865-4_149

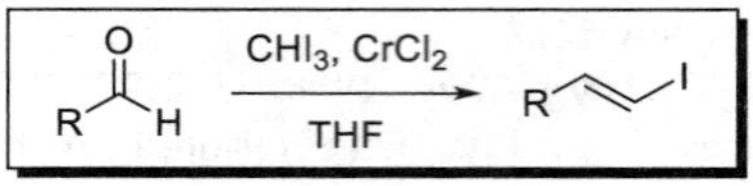

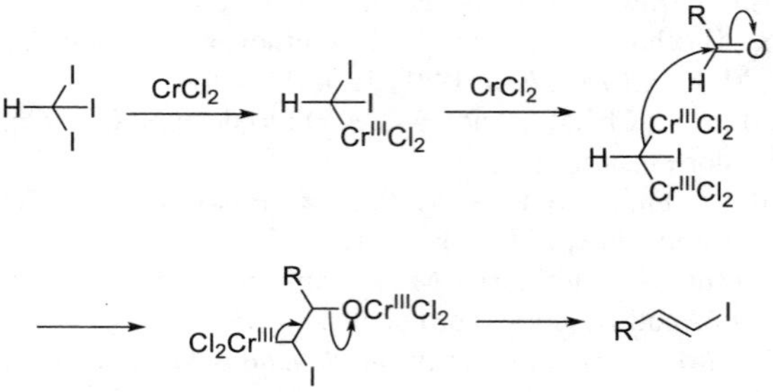

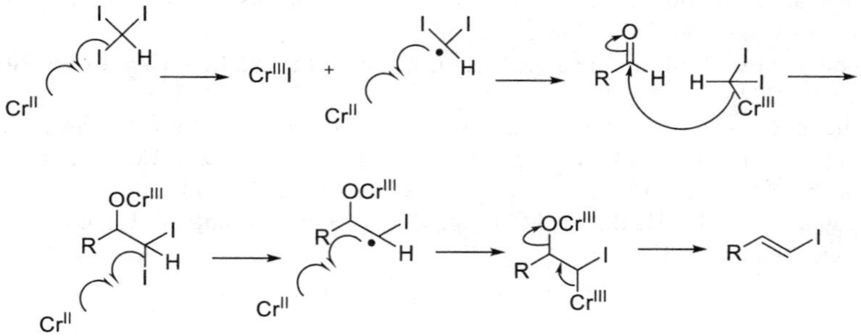

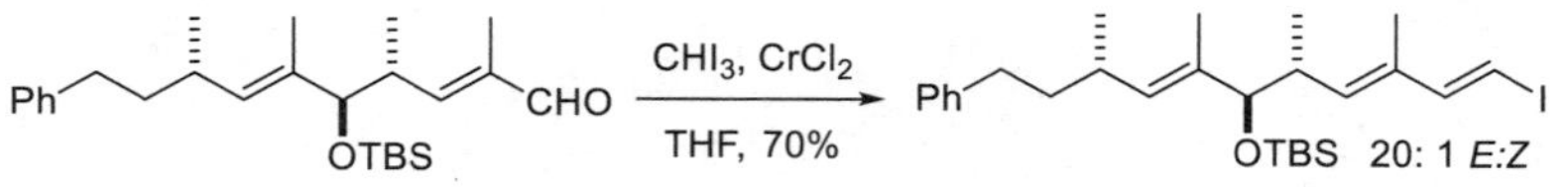

Example 2[3]

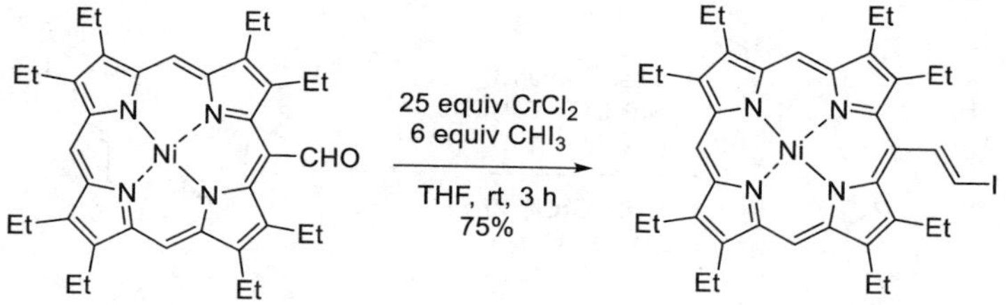

Example 3[4]

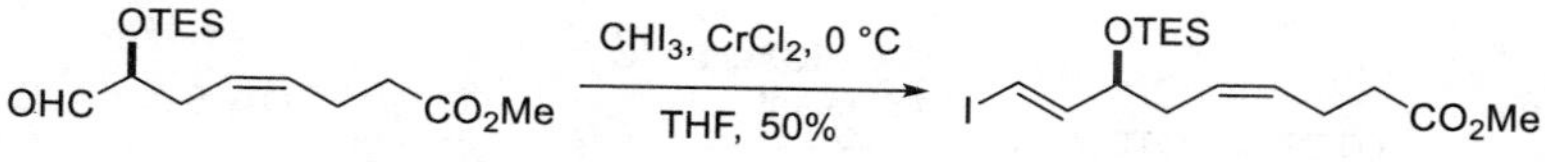

Example 4, 溴化物或氯化物都可生成[9]

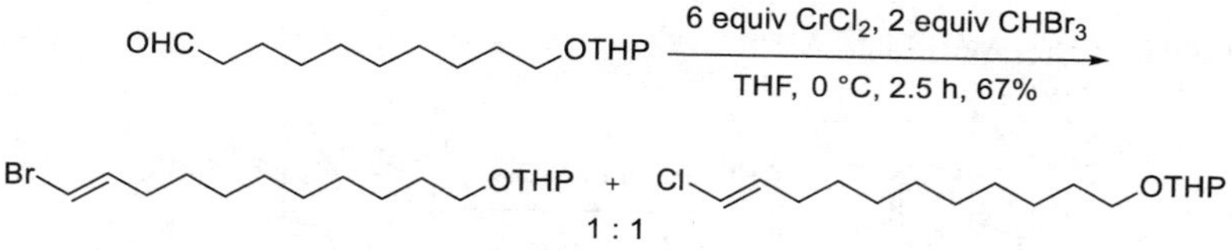

Example 4[10]

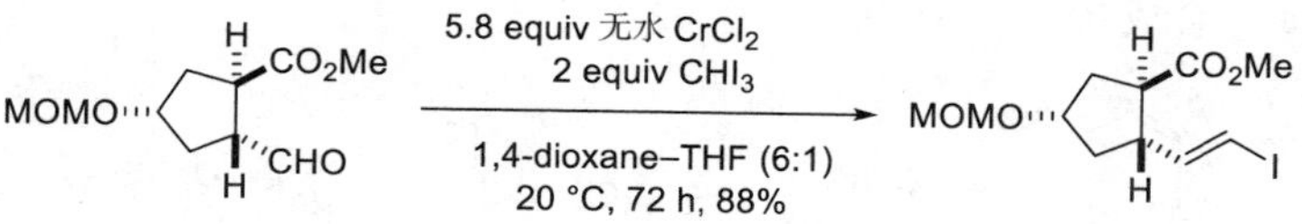

Example 5[11]

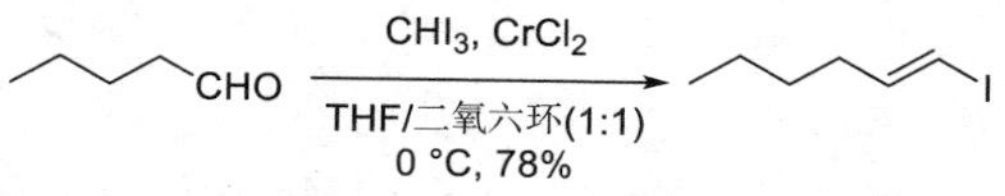

Example 6, 合成mandelalide A[12]

Example 7, 合成pestalotioprolide E[13]

Example 8, 合成raputindole A[14]

Example 9, 合成MaR2$_{n-3}$ DPA[15]

References

1. Takai, K.; Nitta, Utimoto, K. *J. Am. Chem. Soc.* **1986**, *108*, 7408–7410. 高井(K. Takai)是京都大学(Kyoto University)教授。
2. Andrus, M. B.; Lepore, S. D.; Turner, T. M. *J. Am. Chem. Soc.* **1997**, *119*, 12159–12169.
3. Arnold, D. P.; Hartnell, R. D. *Tetrahedron* **2001**, *57*, 1335–1345.
4. Rodriguez, A. R.; Spur, B. W. *Tetrahedron Lett.* **2004**, *45*, 8717–8724.
5. Dineen, T. A.; Roush, W. R. *Org. Lett.* **2004**, *6*, 2043–2046.
6. Lipomi, D. J.; Langille, N. F.; Panek, J. S. *Org. Lett.* **2004**, *6*, 3533–3536.
7. Paterson, I.; Mackay, A. C. *Synlett* **2004**, 1359–1362.
8. Concellón, J. M.; Bernad, P. L.; Méjica, C. *Tetrahedron Lett.* **2005**, *46*, 569–571.

9. Gung, B. W.; Gibeau, C.; Jones, A. *Tetrahedron: Asymmetry* **2005,** *16*, 3107–3114.
10. Legrand, F.; Archambaud, S.; Collet, S.; Aphecetche-Julienne, K.; Guingant, A.; Evain, M. *Synlett* **2008,** 389–393.
11. Saikia, B.; Joymati Devi, T.; Barua, N. C. *Org. Biomol. Chem.* **2013,** *11*, 905–913.
12. Athe, S.; Ghosh, S. *Synthesis* **2016,** *48*, 917–923.
13. Paul, D.; Saha, S.; Goswami, R. K. *Org. Lett.* **2018,** *20*, 4606–4609.
14. Kock, M.; Lindel, T. *Org. Lett.* **2018,** *6*, 5444–5447.
15. Sønderskov, J.; Tungen, J. E.; Palmas, F.; Dalli, J.; Serhan, C. N.; Stenstrøm, Y.; Vidar Hansen, T. *Tetrahedron Lett.* **2020,** *61*, 151510.

Tebbe 试剂

Tebbe试剂，即μ–氯双环戊二烯基二甲基铝–μ–亚甲基钛，可将羰基化合物转化为*exo*–烯烃。

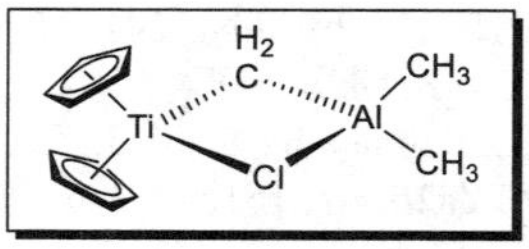

制备：[2,6]

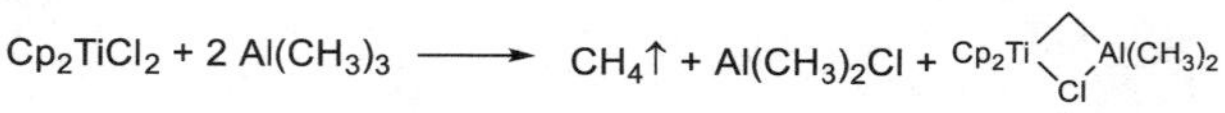

机理：[3]

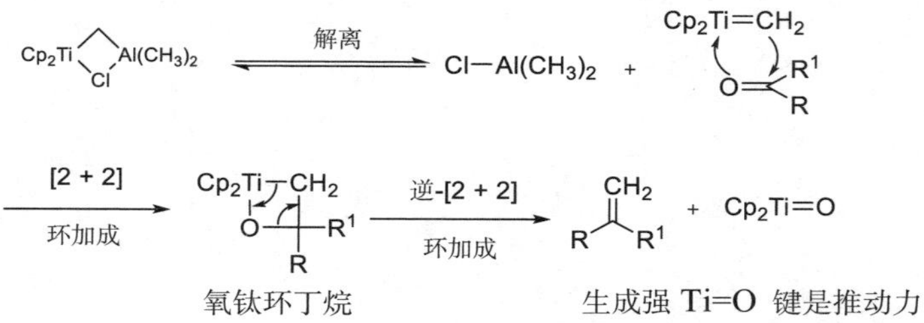

Example 1, 酯基存在下化学选择性地与酮反应[2]

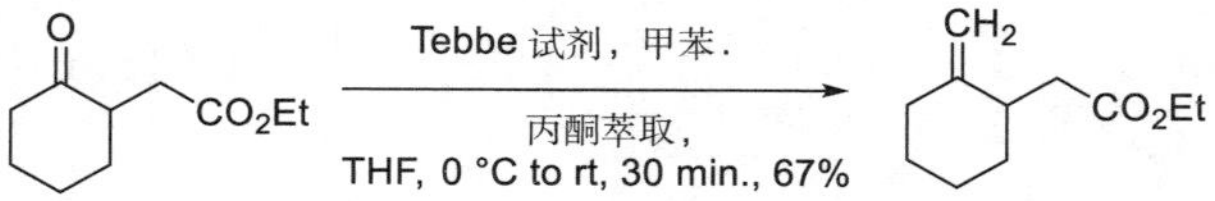

Example 2, 二重Tebbe反应[4]

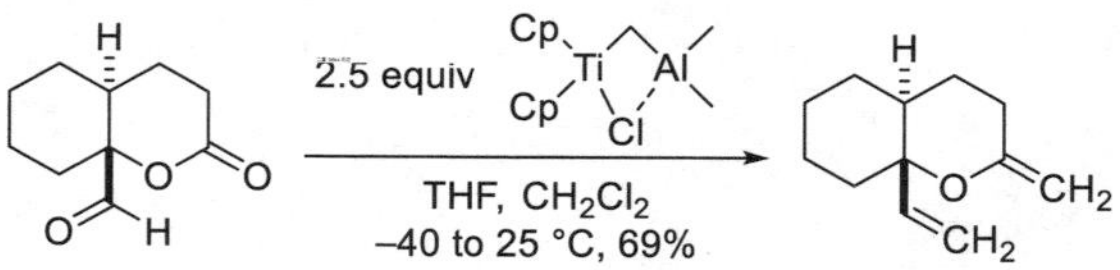

© Springer Nature Switzerland AG 2021
J. J. Li, *Name Reactions*, https://doi.org/10.1007/978-3-030-50865-4_150

Example 3, 二重Tebbe反应[5]

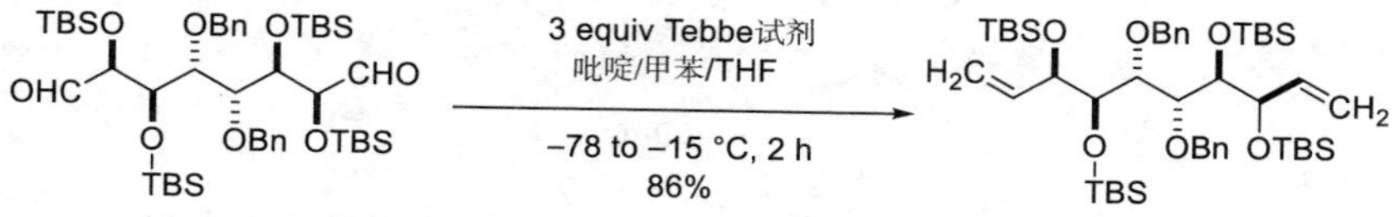

Example 4, *N*-氧化物的Tebbe反应[6]

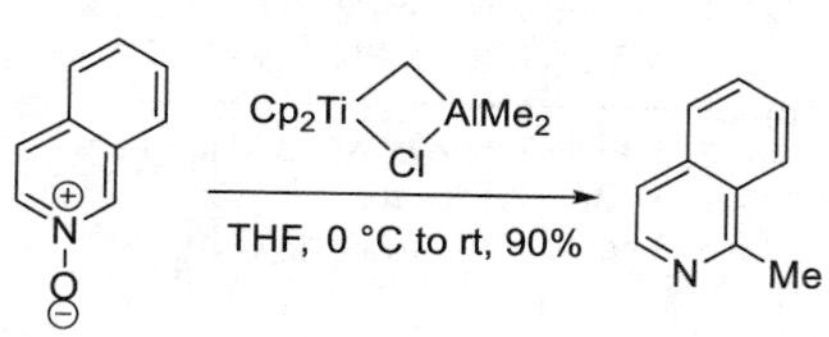

Example 5, 酰胺的Tebbe反应[11]

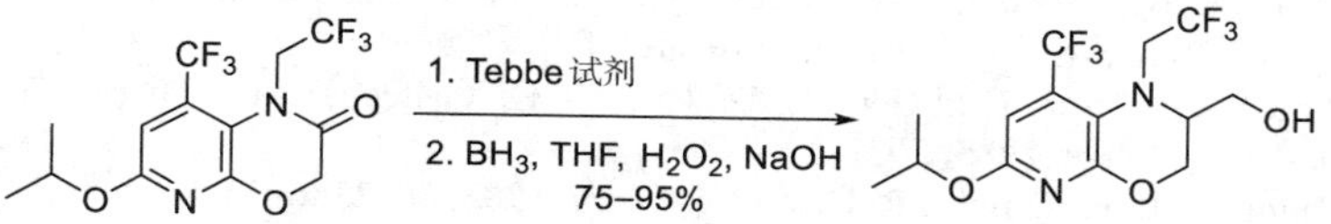

Example 6, 叶绿素类化合物的Tebbe反应[14]

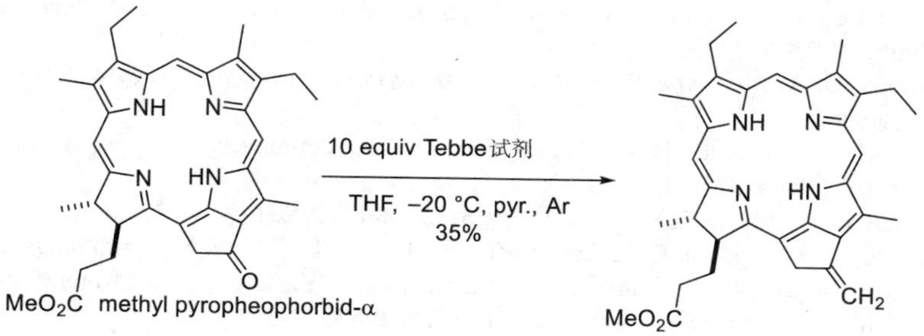

Example 7, 合成具抗癌活性的海洋天然产物leiodermatolide[15]

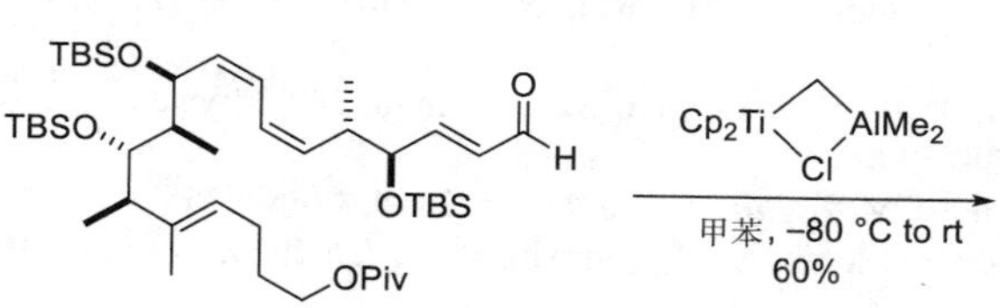

Example 8, 一个串联的亚甲基化反应– Claisen反应–亚甲基化反应程序[16]

References

1. Tebbe, F. N.; Parshall, G. W.; Reddy, G. S. *J. Am. Chem. Soc.* **1978,** *100*, 3611–3613. 特伯(F. Tebbe)在Dupont Central Research工作。
2. Pine, S. H.; Pettit, R. J.; Geib, G. D.; Cruz, S. G.; Gallego, C. H.; Tijerina, T.; Pine, R. D. *J. Org. Chem.* **1985,** *50*, 1212–1216.
3. Cannizzo, L. F.; Grubbs, R. H. *J. Org. Chem.* **1985,** *50*, 2386–2387.
4. Philippo, C. M. G.; Vo, N. H.; Paquette, L. A. *J. Am. Chem. Soc.* **1991,** *113*, 2762–2764.
5. Ikemoto, N.; Schreiber, L. S. *J. Am. Chem. Soc.* **1992,** *114*, 2524–2536.
6. Pine, S. H. *Org. React.* **1993,** *43*, 1–98. (Review).
7. Nicolaou, K. C.; Koumbis, A. E.; Snyder, S. A.; Simonsen, K. B. *Angew. Chem. Int. Ed.* **2000,** *39*, 2529–2533.
8. Straus, D. A. *Encyclopedia of Reagents for Organic Synthesis;* Wiley & Sons, **2000**. (Review).
9. Payack, J. F.; Hughes, D. L.; Cai, D.; Cottrell, I. F.; Verhoeven, T. R. *Org. Synth., Coll. Vol. 10,* **2004,** p 355.
10. Beadham, I.; Micklefield, J. *Curr. Org. Synth.* **2005,** *2*, 231–250. (Review).
11. Long, Y. O.; Higuchi, R. I.; Caferro, T.s R.; Lau, T. L. S.; Wu, M.; Cummings, M. L.; Martinborough, E. A.; Marschke, K. B.; Chang, W. Y.; Lopez, F. J.; Karanewsky, D. S.; Zhi, L. *Bioorg. Med. Chem. Lett.* **2008,** *18*, 2967–2971.
12. Zhang, J. *Tebbe reagent.* In *Name Reactions for Homolotions-Part I*; Li, J. J., Corey, E. J., Eds., Wiley: Hoboken, NJ, **2009,** pp 319–333. (Review).
13. Yamashita, S.; Suda, N.; Hayashi, Y.; Hirama, M. *Tetrahedron Lett.* **2013,** *54*, 1389–1391.
14. Tamiaki, H.; Tsuji, K.; Machida, S.; Teramura, M.; Miyatake, T. *Tetrahedron Lett.* **2016,** *57*, 788–790.
15. Reiss, A.; Maier, M. E. *Eur. J. Org. Chem.* **2018,** 4246–4255.
16. Domzalska-Pieczykolan, A. M.; Furman, B. *Synlett* **2020,** *31*, 730–736.

Tsuji–Trost 烯丙基化反应

Tsuji–Trost 反应是钯化物催化下碳亲核物种在烯丙基位上的取代反应。这些反应经过 π-烯丙基钯中间体过程。

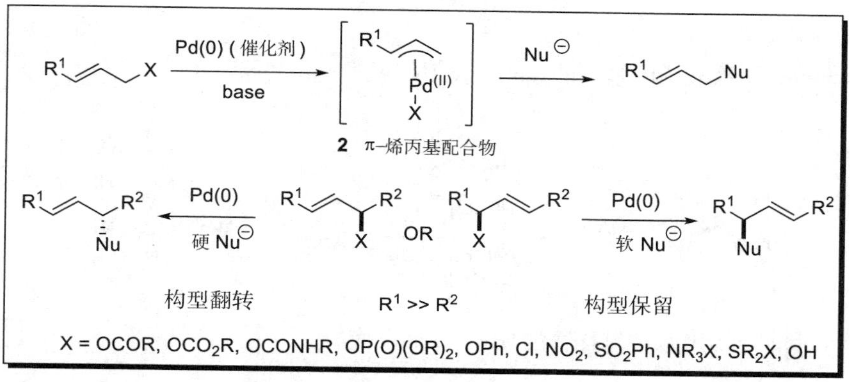

催化循环：

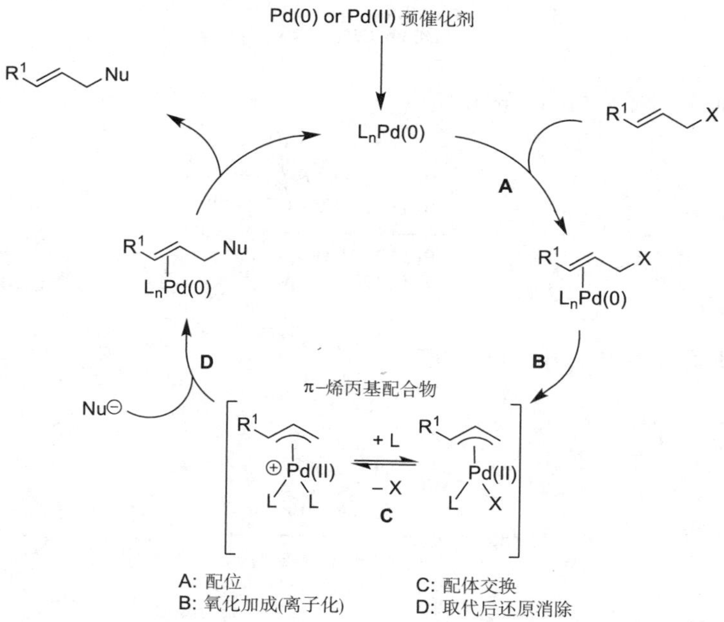

A: 配位
B: 氧化加成(离子化)
C: 配体交换
D: 取代后还原消除

Example 1, 烯丙基醚的Tsuji–Trost反应[3]

Example 2, 乙酸烯丙基酯的Tsuji–Trost反应[3]

Example 3, 烯丙基环氧化物的Tsuji–Trost反应[5]

Example 4, 分子内Tsuji–Trost反应[6]

Example 5, 分子内Tsuji–Trost反应[7]

Example 6, 不对称Tsuji–Trost反应[8]

Example 7, 脱羧再脱氢的Tsuji–Trost反应程序[12]

1. 烯丙醇, 甲苯, reflux, 93%
2. 烯丙基溴, K_2CO_3, 丙酮, 89%
3. 5 mol% Pd(OAc)$_2$, 5 mol% PPh$_3$
   MeCN, reflux, 90%

Example 8, 分子内Tsuji–Trost反应[13]

Pd$_2$(dba)$_3$, (R)-t-PHOX
THF, 50 °C, 52%

Example 9, 立体选择性Tsuji–Trost烷基化反应[14]

Pd(acac)$_2$, PPh$_3$ (12 mol%)
THF, 0 °C–rt, 24 h, 91%

Example 10, 丙二酸二乙酯是亲核试剂[15]

References

1. (a) Tsuji, J.; Takahashi, H.; Morikawa, M. *Tetrahedron Lett.* **1965**, *6,* 4387–4388. (b) Tsuji, J. *Acc. Chem. Res.* **1969**, *2*, 144–152. (Review). 津路(J. Tsuji，1927–)在日本的 Toyo Rayon Company工作。
2. Godleski, S. A. In *Comprehensive Organic Synthesis;* Trost, B. M.; Fleming, I., eds.; *Vol. 4*. Chapter 3.3. Pergamon: Oxford, 1991. (Review).
3. Bolitt, V.; Chaguir, B.; Sinou, D. *Tetrahedron Lett.* **1992**, *33,* 2481–2484.
4. Moreno-Mañas, M.; Pleixats, R. In *Advances in Heterocyclic Chemistry;* Katritzky, A. R., ed.; Academic Press: San Diego, **1996**, *66*, 73. (Review).
5. Arnau, N.; Cortes, J.; Moreno-Mañas, M.; Pleixats, R.; Villarroya, M. *J. Heterocycl. Chem.* **1997**, *34*, 233–239.
6. Seki, M.; Mori, Y.; Hatsuda, M.; Yamada, S. *J. Org. Chem.* **2002**, *67*, 5527–5536.
7. Vanderwal, C. D.; Vosburg, D. A.; Weiler, S.; Sorenson, E. J. *J. Am. Chem. Soc.* **2003**, *125*, 5393–5407.
8. Trost, B. M.; Toste, F. D. *J. Am. Chem. Soc.* **2003**, *125*, 3090–3100.
9. Behenna, D. C.; Stoltz, B. M. *J. Am. Chem. Soc.* **2004**, *126,* 15044–15045.
10. Fuchter, M. J. *Tsuji–Trost Reaction*. In *Name Reactions for Homologations-Part I*; Li, J. J., Ed.; Wiley: Hoboken, NJ, **2009**, pp 185–211. (Review).
11. Shi, L.; Meyer, K.; Greaney, M. F. *Angew. Chem. Int. Ed.* **2010**, *49*, 9250–9253.
12. Brehm, E.; Breinbauer, R. *Org. Biomol. Chem.* **2013**, *11*, 4750–4756.
13. Meng, L. *J. Org. Chem.* **2016**, *81*, 7784–7789.
14. Burtea, A.; Rychnovsky, S. D. *Org. Lett.* **2018**, *20*, 5849–5852.
15. Kučera, R.; Goetzke, F. W.; Fletcher, S. P. *Org. Lett.* **2020**, *22*, 2991–2994.

Ugi 反应

羧酸、异氰、苯胺和羰基化合物的四组分缩合(4CC)给出二酰胺的反应,亦称四组分反应(4CR)。参见第424页上的Passerini反应。

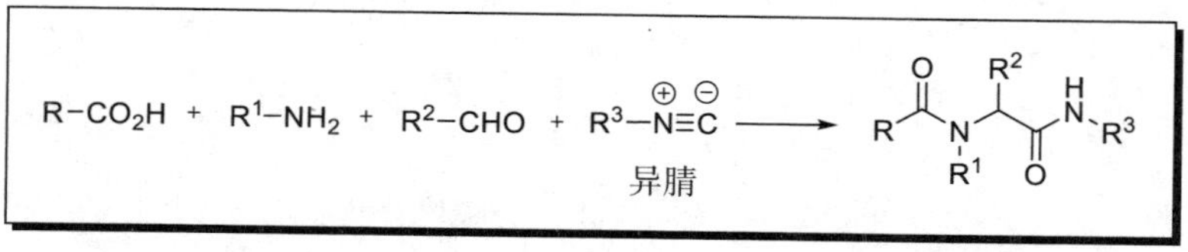

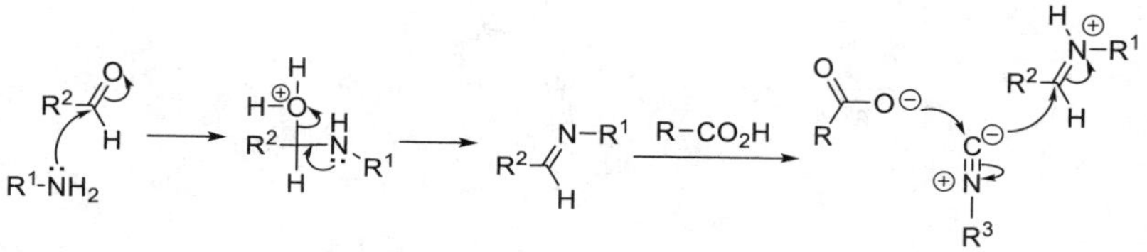

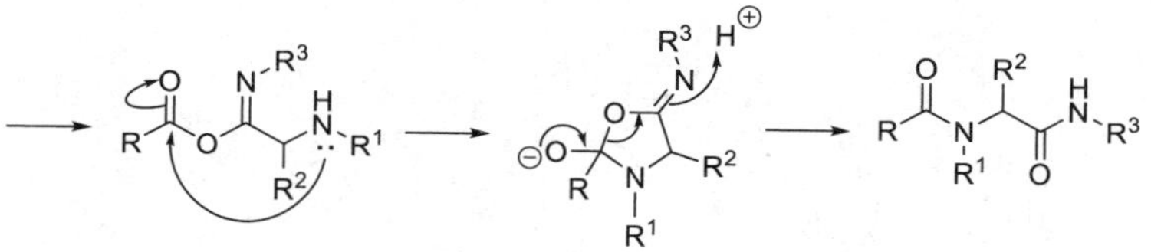

$$R-CO_2H + R^1-NH_2 + R^2-CHO + R^3-\overset{\oplus}{N}\equiv\overset{\ominus}{C} \longrightarrow R\underset{O}{\overset{O}{\|}}C-\underset{R^1}{N}-\underset{}{\overset{R^2}{C}H}-\underset{O}{\overset{O}{\|}}C-\underset{}{N}H-R^3$$

异腈

[机理图]

Example 1[2]

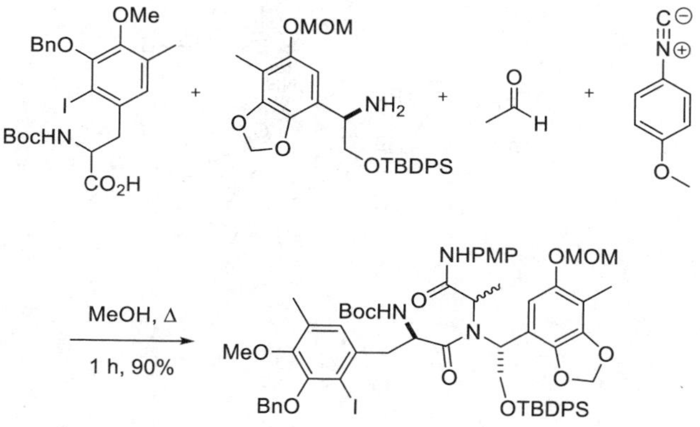

[反应式图]

MeOH, Δ, 1 h, 90%

Example 2[5]

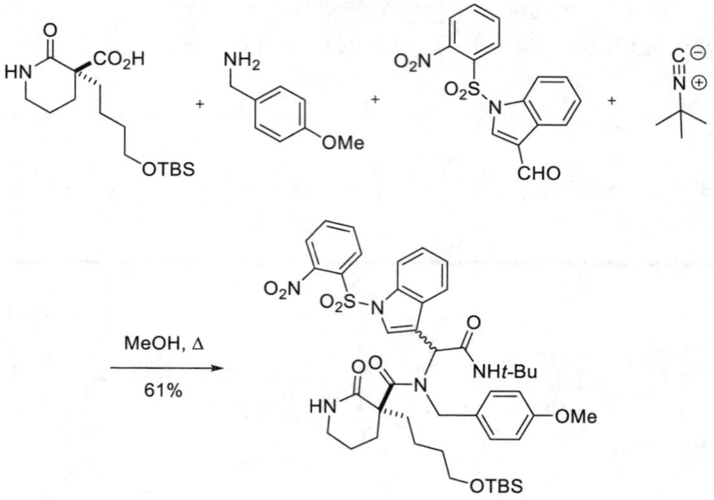

MeOH, Δ
61%

Example 3[7]

TFE, rt
78%

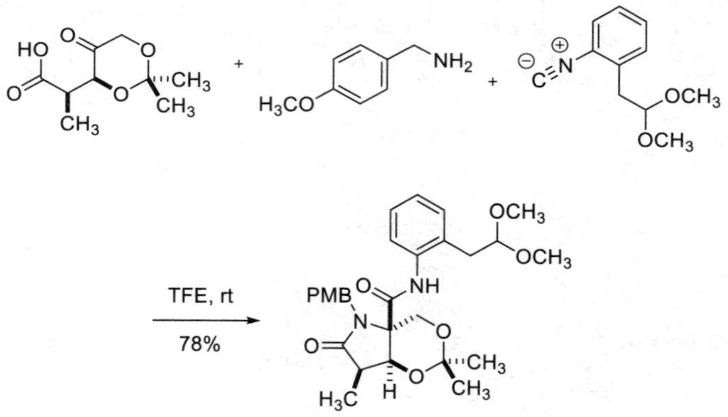

Example 4 [8]

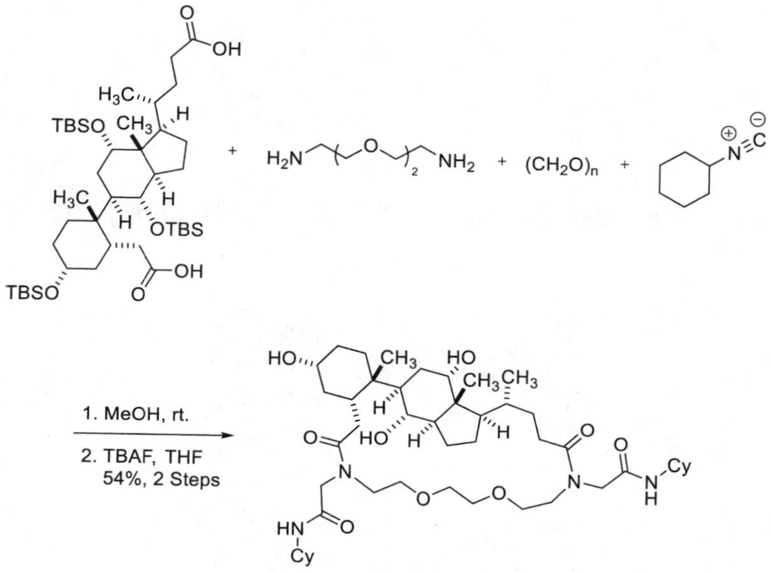

1. MeOH, rt.
2. TBAF, THF
54%, 2 Steps

Example 5 [11]

91%

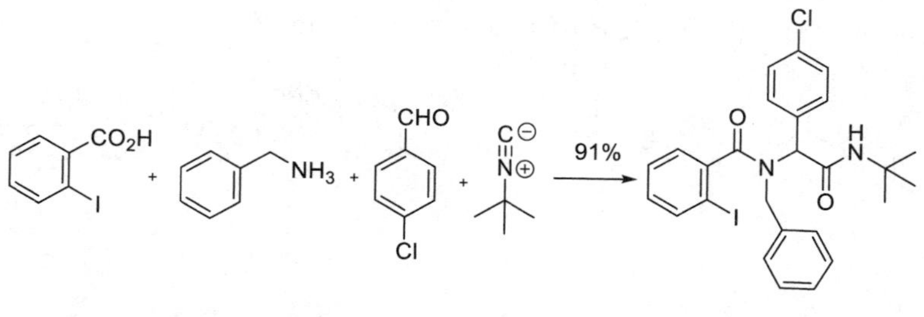

Example 6，合成突变胆管癌靶向药ivosidenib(Tibsovo)，一个异柠檬酸脱氢酶1 (IDH1) 抑制剂[12]

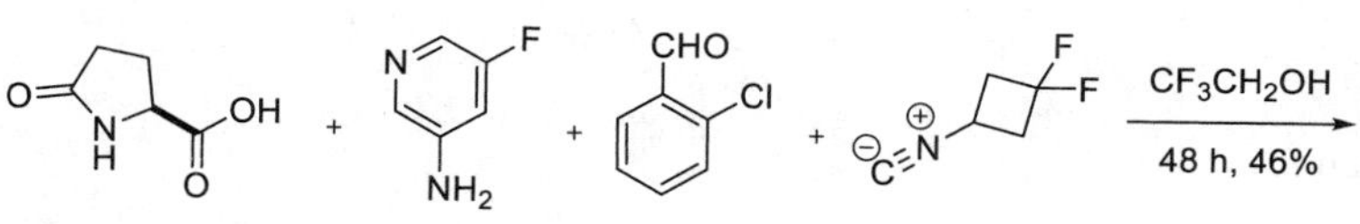

CF_3CH_2OH

48 h, 46%

Example 7, 硼基质的肽模拟物，一个很有效的人类酪蛋白酶抑制剂[13]

Example 8, 一个先导硫氧化还原蛋白还原酶(TrxR)抑制剂[14]

References

1. (a) Ugi, I. *Angew. Chem. Int. Ed.* **1962**, *1*, 8–21. (b) Ugi, I.; Offermann, K.; Herlinger, H.; Marquarding, D. *Liebigs Ann. Chem.* **1967**, *709*, 1–10. (c) Ugi, I.; Kaufhold, G. *Ann.* **1967**, *709*, 11–28. (d) Ugi, I.; Lohberger, S.; Karl, R. In *Comprehensive Organic Synthesis*; Trost, B. M.; Fleming, I., Eds.; Pergamon: Oxford, **1991**, *Vol. 2*, 1083. (Review). (e) Dömling, A.; Ugi, I. *Angew. Chem. Int. Ed.* **2000**, *39*, 3168. (Review). (f) Ugi, I.

Pure Appl. Chem. **2001,** *73*, 187–191. (Review). 厄奇(I. K .Ugi, 1930–2005)在Rolf Huisgen教授指导下取得Ph.D., 1962年起在Bayer AG工作并逐级晋升为总监。1969年他离开Bayer到南加州大学(USC)开始独立的科学生涯，1973年又移居到Technische Universit at Munchen直至1999年退休。厄奇是多组分反应(MCRs)的开创者。

2. Endo, A.; Yanagisawa, A.; Abe, M.; Tohma, S.; Kan, T.; Fukuyama, T. *J. Am. Chem. Soc.* **2002,** *124,* 6552–6554.
3. Hebach, C.; Kazmaier, U. *Chem. Commun.* **2003,** 596–597.
4. *Multicomponent Reactions* J. Zhu, H. Bienaymé, Eds.; Wiley-VCH, Weinheim, **2005**.
5. Oguri, H.; Schreiber, S. L. *Org. Lett.* **2005,** *7*, 47–50.
6. Dömling, A. *Chem. Rev.* **2006,** *106*, 17–89.
7. Gilley, C. B.; Buller, M. J.; Kobayashi, Y. *Org. Lett.* **2007,** *9*, 3631–3634.
8. Rivera, D. G.; Pando, O.; Bosch, R.; Wessjohann, L. A. *J. Org. Chem.* **2008,** *73*, 6229–6238.
9. Bonger, K. M.; Wennekes, T.; Filippov, D. V.; Lodder, G.; van der Marel, G. A.; Overkleeft, H. S. *Eur. J. Org. Chem.* **2008,** 3678–3688.
10. Williams, D. R.; Walsh, M. J. *Ugi Reaction.* In *Name Reactions for Homologations-Part II*; Li, J. J., Ed.; Wiley: Hoboken, NJ, **2009**, pp 786–805. (Review).
11. Tyagi, V.; Shahnawaz Khan, S.; Chauhan, P. M. S. *Tetrahedron Lett.* **2013,** *54*, 1279–1284.
12. Popovici-Muller, J.; Lemieux, R. M.; Artin, E.; Saunders, J. O.; Salituro, F. G.; Travins, J.; Cianchetta, G.; Cai, Z.; Zhou, D.; Cui, D.; et al. *ACS Med. Chem. Lett.* **2018,** *9*, 300–305.
13. Wang, Q.; Wang, D.-X.; Wang, M.-X.; Zhu, J. *Acc. Chem. Res.* **2018,** *51*, 1290–1300. (Review).
14. Reguera, L.; Rivera, D. G. *Chem. Rev.* **2019,** *119*, 9836–9860. (Review).
15. Tan, J.; Grouleff, J. J.; Jitkova, Y.; Diaz, D. B.; Griffith, E. C.; Shao, W.; Bogdanchikova, A. F.; Poda, G.; Schimmer, A. D.; Lee, R. E.; et al. *J. Med. Chem.* **2019,** *62*, 6377–6390.
16. Jovanović, M.; Zhukovsky, D.; Podolski-Renić, A.; Žalubovskis, R.; Dar'in, D.; Sharoyko, V.; Tennikova, T.; Pešić, M.; Krasavin, M. *Eur. J. Med. Chem.* **2020,** *191*, 112119.

Ullmann 偶联反应

芳基卤在 Cu、Ni 或 Pd 存在下偶联为联芳基化合物。

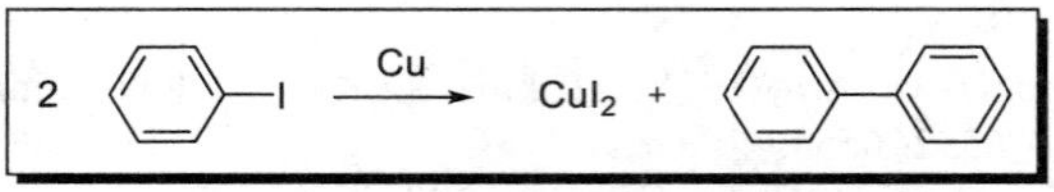

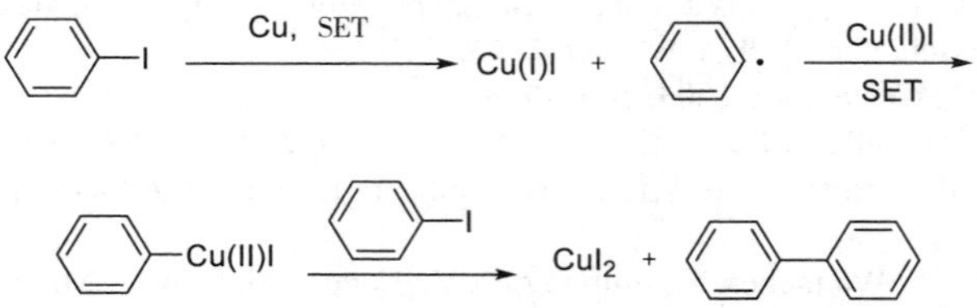

$$2 \text{ PhI} \xrightarrow{\text{Cu}} \text{CuI}_2 + \text{Ph–Ph}$$

$$\text{PhI} \xrightarrow{\text{Cu, SET}} \text{Cu(I)I} + \text{Ph·} \xrightarrow{\text{Cu(II)I, SET}}$$

$$\text{Ph–Cu(II)I} + \text{PhI} \longrightarrow \text{CuI}_2 + \text{Ph–Ph}$$

从 PhI 到 PhCuI 是一个氧化加成过程。

Example 1[3]

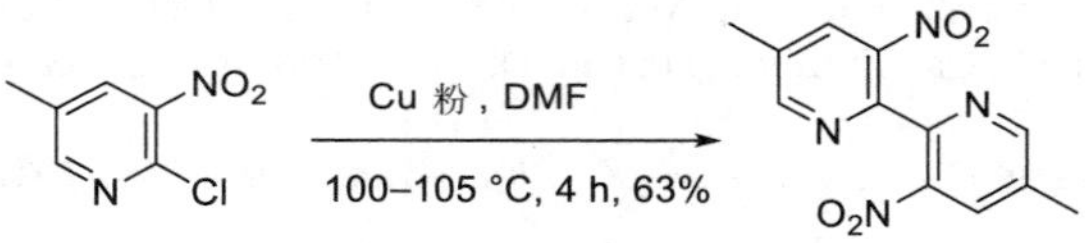

2-氯-5-甲基-3-硝基吡啶 →(Cu 粉, DMF, 100–105 °C, 4 h, 63%) 联吡啶产物

Example 2, CuTC 催化的 Ullmann 偶联反应[4]

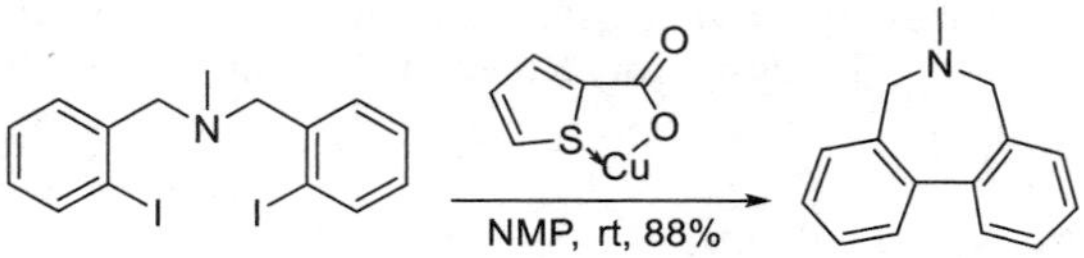

N-甲基-双(2-碘苄基)胺 + CuTC →(NMP, rt, 88%) N-甲基二苯并氮杂䓬

Example 3[5]

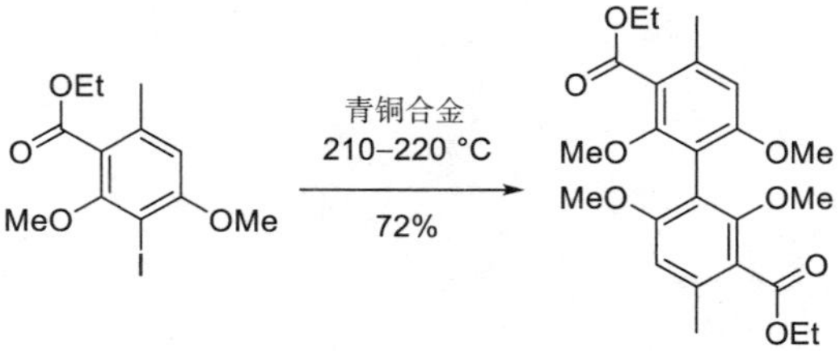

芳基碘 →(青铜合金, 210–220 °C, 72%) 联芳基产物

Example 4[8]

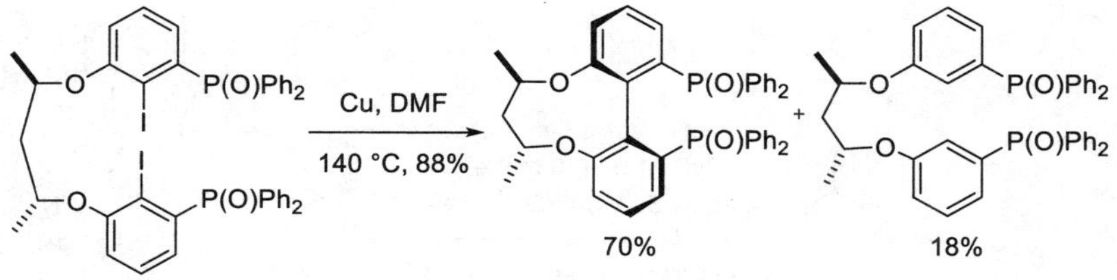

Example 5[9]

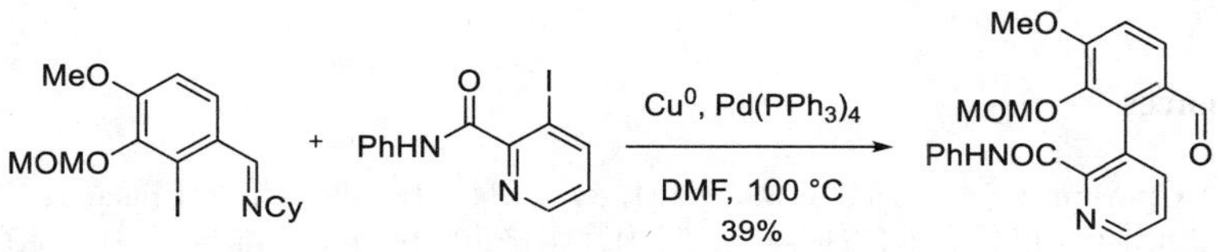

Example 6, Ullman类C—N偶联反应[11]

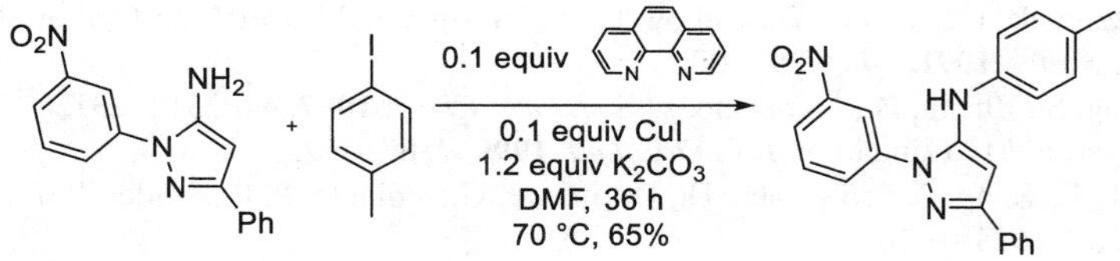

Example 7, Ullman类C—N偶联反应[12]

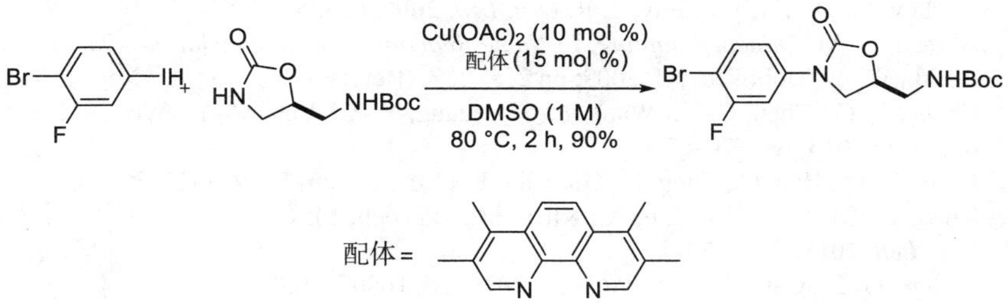

配体 =

Example 8, 钯化物催化的Ullman偶联反应[13]

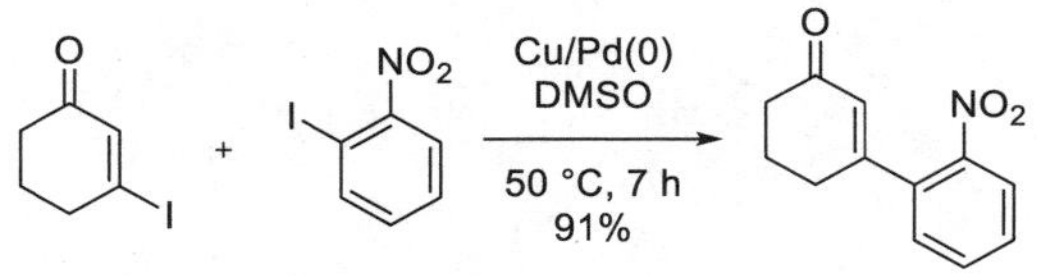

Example 8, 钯化物催化的Ullman类偶联反应[13]

References

1. (a) Ullmann, F.; Bielecki, J. *Ber.* **1901,** *34,* 2174–2185. 厄尔曼(F. Ullmann，1875–1939)出生于巴伐利亚的Helsa，在日内瓦跟格雷贝(K. J. P. Graebe)学习。他在柏林理工学院(Technische Hochschule in Berlin)和日内瓦大学任教。(b) Ullmann, F. *Ann.* **1904,** *332,* 38–81.
2. Fanta, P. E. *Synthesis* **1974,** 9–21. (Review).
3. Kaczmarek, L.; Nowak, B.; Zukowski, J.; Borowicz, P.; Sepiol, J.; Grabowska, A. *J. Mol. Struct.* **1991,** *248,* 189–200.
4. Zhang, S.; Zhang, D.; Liebskind, L. S. *J. Org. Chem.* **1997,** *62,* 2312–2313.
5. Hauser, F. M.; Gauuan, P. J. F. *Org. Lett.* **1999,** *1*, 671–672.
6. Buck, E.; Song, Z. J.; Tschaen, D.; Dormer, P. G.; Volante, R. P.; Reider, P. J. *Org. Lett.* **2002,** *4*, 1623–1626.
7. Nelson, T. D.; Crouch, R. D. *Org. React.* **2004,** *63,* 265–556. (Review).
8. Qui, L.; Kwong, F. Y.; Wu, J.; Wai, H. L.; Chan, S.; Yu, W.-Y.; Li, Y.-M.; Guo, R.; Zhou, Z.; Chan, A. S. C. *J Am. Chem. Soc.* **2006,** *128*, 5955–5965.
9. Markey, M. D.; Fu, Y.; Kelly, T. R. *Org. Lett.* **2007,** *9*, 3255–3257.
10. Ahmad, N. M. *Ullman Coupling.* In *Name Reactions for Homologations-Part I*; Li, J. J., Ed.; Wiley: Hoboken, NJ, 2009; pp 255–267. (Review).
11. Chang, E. C.; Chen, C.-Y.; Wang, L.-Y.; Huang, Y.-Y.; Yeh, M.-Y.; Wong, F. F. *Tetrahedron* **2013,** *69*, 570–576.
12. Kelly, S. M.; Han, C.; Tung, L.; Gosselin, F. *Org. Lett.* **2017,** *19*, 3021–3024.
13. Khan, F.; Dlugosch, M.; Liu, X.; Khan, M.; Banwell, M. G.; Ward, J. S.; Carr, P. D. *Org. Lett.* **2018,** *20*, 2770–2773.
14. Waters, G. D.; Carrick, J. D. *RSC Adv.* **2020,** *10*, 10807–10815.

Vilsmeier–Haack 反应

Vilsmeier 试剂，即氯代亚胺盐，是一个弱亲电物种，能很好地与富电子的碳环或杂环化合物反应。

Example 1[2]

Example 2[3]

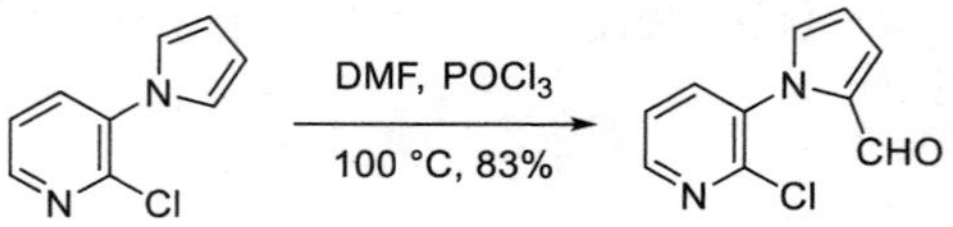

Example 3[9]

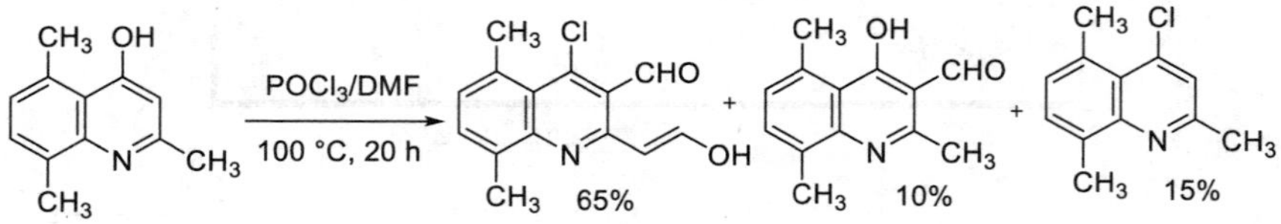

Example 4, 反应温度不同, 结果也不一样[10]

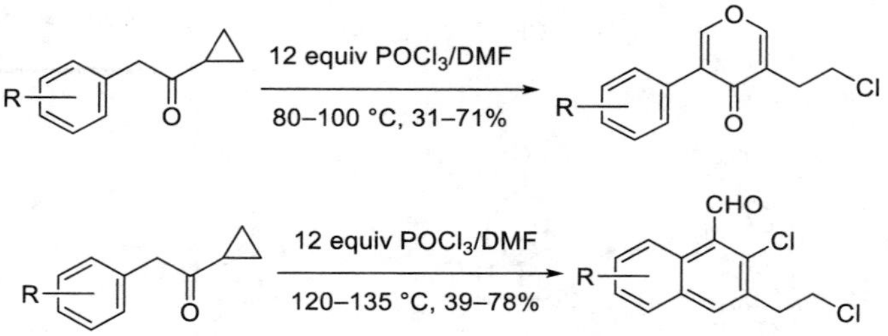

Example 5, 一个蛮有意思的反应[11]

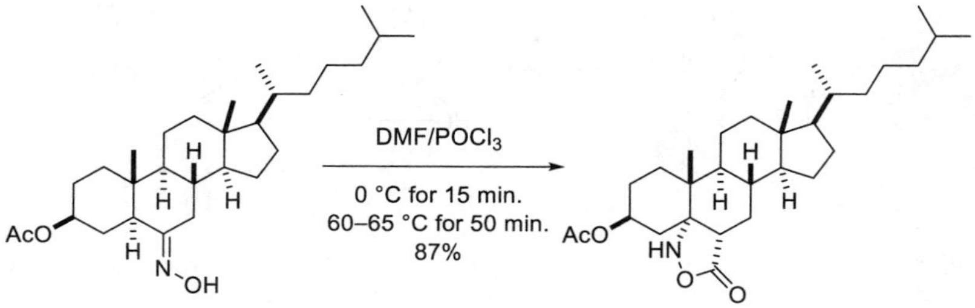

Example 6, 一锅煮Vilsmeier–Haack–重氮次甲基叶立得的环加成反应[12]

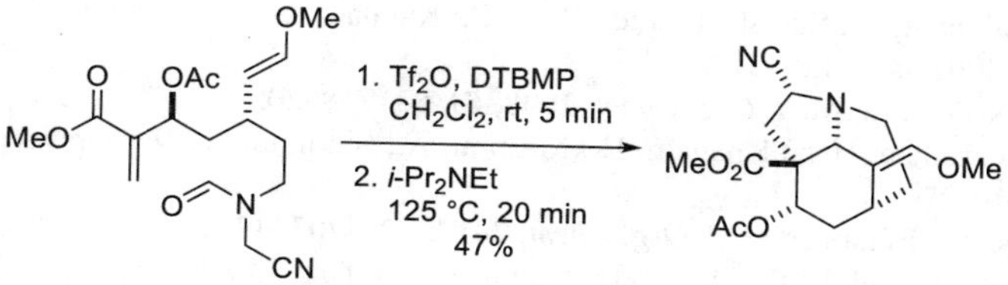

Example 7, XtalFluoro-E可替代POCl$_3$用于C2-烯糖的生成反应[13]

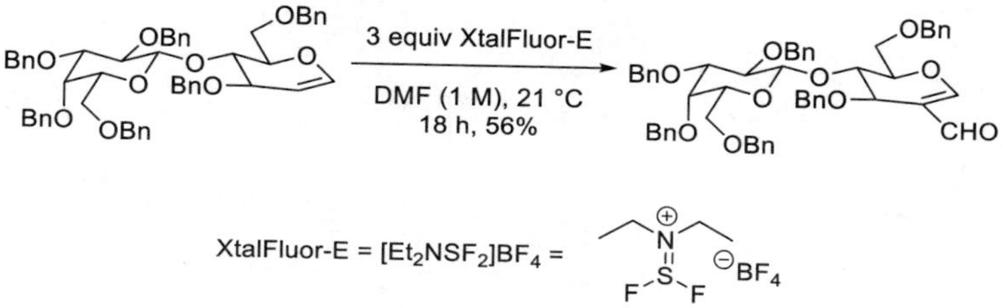

XtalFluor-E = [Et$_2$NSF$_2$]BF$_4$ =

Example 8, 先后进行的一锅煮Vilsmeier–Haack–有机催化的Mannich环化反应[14]

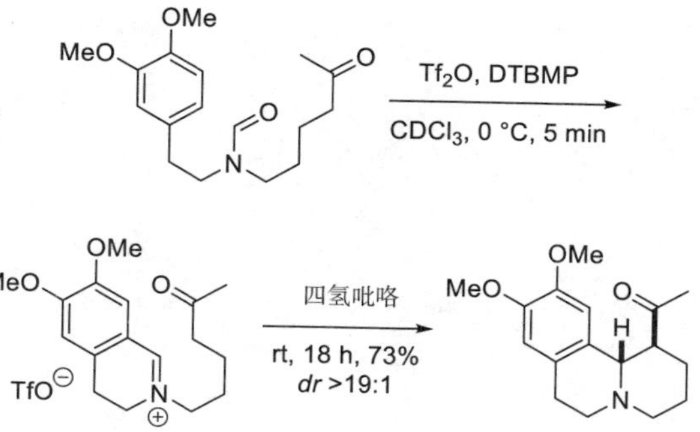

四氢吡咯

rt, 18 h, 73%
dr >19:1

References

1. Vilsmeier, A.; Haack, A. *Ber.* **1927**, *60*, 119–122. 维尔斯迈耶(A. Vilsmeier)和哈克 (A. Haack)都是德国人，于1927年发现此反应。
2. Reddy, M. P.; Rao, G. S. K. *J. Chem. Soc., Perkin Trans. 1* **1981**, 2662–2665.
3. Lancelot, J.-C.; Ladureé, D.; Robba, M. *Chem. Pharm. Bull.* **1985**, *33*, 3122–3128.
4. Marson, C. M.; Giles, P. R. *Synthesis Using Vilsmeier Reagents* CRC Press, **1994**. (Book).
5. Seybold, G. *J. Prakt. Chem.* **1996**, *338*, 392–396 (Review).

6. Jones, G.; Stanforth, S. P. *Org. React.* **1997,** *49*, 1–330. (Review).
7. Jones, G.; Stanforth, S. P. *Org. React.* **2000,** *56*, 355–659. (Review).
8. Tasneem, *Synlett* **2003,** 138–139. (Review of the Vilsmeier–Haack reagent).
9. Nandhakumar, R.; Suresh, T.; Jude, A. L. C.; Kannan, V. R.; Mohan, P. S. *Eur. J. Med. Chem.* **2007,** *42*, 1128–1136.
10. Tang, X.-Y.; Shi, M. *J. Org. Chem.* **2008,** *73*, 8317–8320.
11. Shamsuzzaman, Hena Khanam, H.; Mashrai, A.; Siddiqui, N. *Tetrahedron Lett.* **2013,** *54*, 874–877.
12. Hauduc, C.; Bélanger, G. *J. Org. Chem.* **2017,** *82*, 4703–4712.
13. Roudias, M.; Vallée, F.; Martel, J.; Paquin, J.-F. *J. Org. Chem.* **2018,** *83*, 8731–8738.
14. Outin, J.; Quellier, P.; Bélanger, G. *J. Org. Chem.* **2020,** *85*, 4712–4729.

von Braun 反应

与 von Braun 降解反应（酰胺到腈）不同，von Braun 反应是叔胺和 BrCN 反应生成氰基酰胺的反应。

Example 1[4]

Example 2[5]

Example 3[9]

Example 4, 一个烯基的Rosenmund–von Braun反应[11]

Example 5, 氮杂环丁烷经von Braun反应开环[12]

Example 6, 开环裂解C—N键[13]

References

1. von Braun, J. *Ber.* **1907,** *40*, 3914–3933. 冯布劳恩(J. von Braun，1875–1940)出生于波兰华沙，是法兰克福的化学教授。
2. Hageman, H. A. *Org. React.* **1953,** *7*, 198–262. (Review).
3. Fodor, G.; Nagubandi, S. *Tetrahedron* **1980,** *36*, 1279–1300. (Review).
4. Mody, S. B.; Mehta, B. P.; Udani, K. L.; Patel, M. V.; Mahajan, Rajendra N.. Indian Patent IN177159 (1996).
5. McLean, S.; Reynolds, W. F.; Zhu, X. *Can. J. Chem.* **1987,** *65*, 200–204.
6. Chambert, S.; Thomasson, F.; Décout, J.-L. *J. Org. Chem.* **2002,** *67*, 1898–1904.
7. Hatsuda, M.; Seki, M. *Tetrahedron* **2005,** *61*, 9908–9917.
8. Thavaneswaran, S.; McCamley, K.; Scammells, P. J. *Nat. Prod. Commun.* **2006,** *1*, 885–897. (Review).
9. McCall, W. S.; Abad Grillo, T.; Comins, D. L. *Org. Lett.* **2008,** *10*, 3255–3257.
10. Tayama, E.; Sato, R.; Ito, M.; Iwamoto, H.; Hasegawa, E. *Heterocycles* **2013,** *87*, 381–388.
11. Pradal, A.; Evano, G. *Chem. Commun.* **2014,** *50*, 11907–11910.
12. Wright, K.; Drouillat, B.; Menguy, L.; Marrot, J.; Couty, F. *Eur. J. Org. Chem.* **2017,** 7195–7201.
13. Wahl, M. H.; Jandl, C.; Bach, T. *Org. Lett.* **2018,** *20*, 7674–7678.

Wacker 氧化工序

Pd 催化下烯烃氧化为酮，根据条件也可氧化为醛。

Example 1[5]

Example 2[7]

Example 3[9]

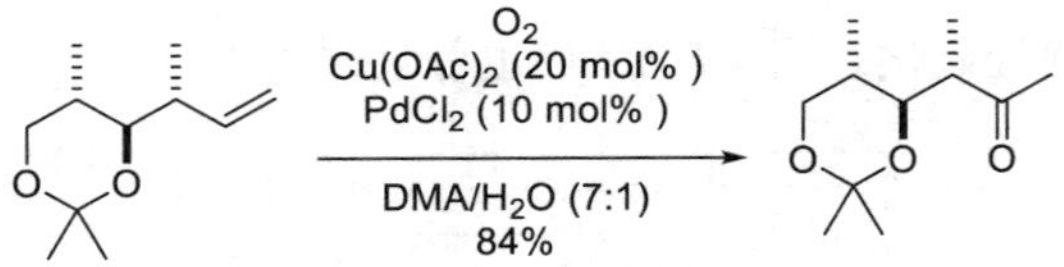

Example 4[10]

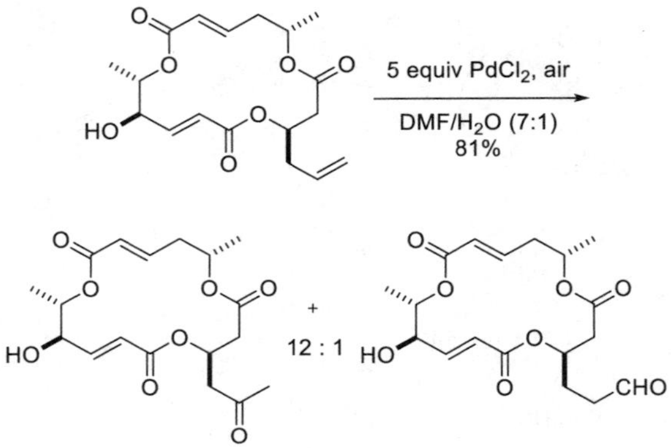

Example 5[10]

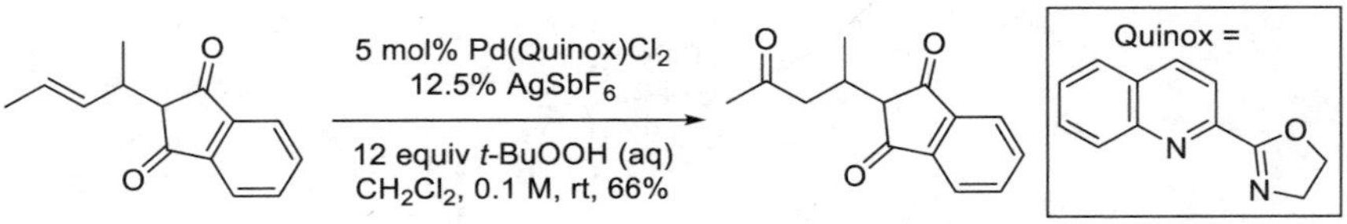

Example 6, 氧化为醛的Wacker工序[16]

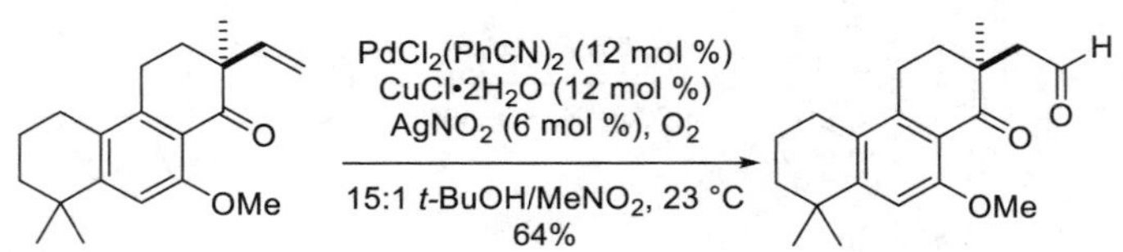

Example 7, 分子间的不对称N-Wacker类氧化工序[17]

Example 8, 未保护的糖基终端烯基经Uemura体系生成半缩酮和不饱和二酮[18]

References

1. Smidt, J.; Sieber, R. *Angew. Chem. Int. Ed.* **1962**, *1*, 80–88. Wacker是德国的一个地名，该处的瓦克化工公司(Wacker Chemie)开发了本氧化工序。赫歇特公司(Hoechst AG)后来对其作了改进，故有时又被称为Hoechst–Wacker工艺。
2. Tsuji, J. *Synthesis* **1984**, 369–384. (Review).
3. Hegedus, L. S. In *Comp. Org. Syn.* Trost, B. M.; Fleming, I., Eds.; Pergamon, **1991**, *Vol. 4*, 552. (Review).
4. Tsuji, J. In *Comp. Org. Syn.* Trost, B. M.; Fleming, I., Eds.; Pergamon, **1991**, *Vol. 7*, 449. (Review).
5. Larock, R. C.; Hightower, T. R. *J. Org. Chem.* **1993**, *58*, 5298–5300.
6. Hegedus, L. S. *Transition Metals in the Synthesis of Complex Organic Molecule* **1994**, University Science Books: Mill Valley, CA, pp 199–208. (Review).
7. Pellissier, H.; Michellys, P.-Y.; Santelli, M. *Tetrahedron* **1997**, *53*, 10733–10742.
8. Feringa, B. L. *Wacker Oxidation*. In *Transition Met. Org. Synth*. Beller, M.; Bolm, C., eds.; Wiley–VCH: Weinheim, Germany. **1998**, *2*, 307–315. (Review).
9. Smith, A. B.; Friestad, G. K.; Barbosa, J.; Bertounesque, E.; Hull, K. G.; Iwashima, M.; Qiu, Y.; Salvatore, B. A.; Spoors, P. G.; Duan, J. J.-W. *J. Am. Chem. Soc.* **1999**, *121*, 10468–10477.
10. Kobayashi, Y.; Wang, Y.-G. *Tetrahedron Lett.* **2002**, *43*, 4381–4384.
11. Hintermann, L. *Wacker-type Oxidations* in *Transition Met. Org. Synth. (2nd edn.)* Beller, M.; Bolm, C., eds., Wiley–VCH: Weinheim, Germany. **2004**, *2*, pp 379–388. (Review).
12. Li, J. J. *Wacker–Tsuji oxidation*. In *Name Reactions for Functional Group Transformations*; Li, J. J., Ed.; Wiley: Hoboken, NJ, **2007**, pp 309–326. (Review).
13. Okamoto, M.; Taniguchi, Y. *J. Catal.* **2009**, *261*, 195–200.
14. DeLuca, R. J.; Edwards, J. L.; Steffens, L. D.; Michel, B. W.; Qiao, X.; Zhu, C.; Cook, S. P.; Sigman, M. S. *J. Org. Chem.* **2013**, *78*, 1682–1686.
15. Baiju, T. V.; Gravel, E.; Doris, E.; Namboothiri, I. N. N. *Tetrahedron Lett.* **2016**, *57*, 3993–4000. (Review).
16. Kim, K. E.; Li, J.; Grubbs, R. H.; Stoltz, B. M. *J. Am. Chem. Soc.* **2016**, *138*, 13179–12182.
17. Allen, J. R.; Bahamonde, A.; Furukawa, Y.; Sigman, M. S. *J. Am. Chem. Soc.* **2019**, *141*, 8670–8674.
18. Runeberg, P. A.; Eklund, P. C. *Org. Lett.* **2019**, *21*, 8145–8148.
19. Tang, S.; Ben-David, Y.; Milstein, D. *J. Am. Chem. Soc.* **2020**, *142*, 5980–5984.

Wagner–Meerwein 重排反应

酸催化下醇中的烷基迁移给出多取代烯烃的反应。

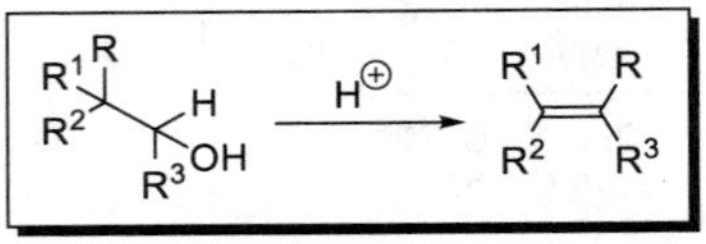

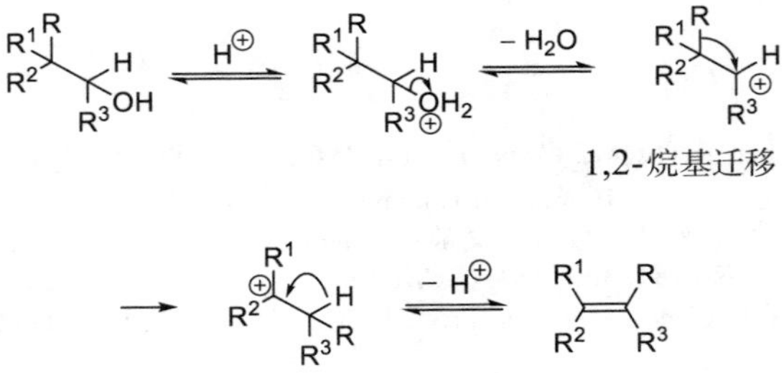

1,2-烷基迁移

Example 1[3]

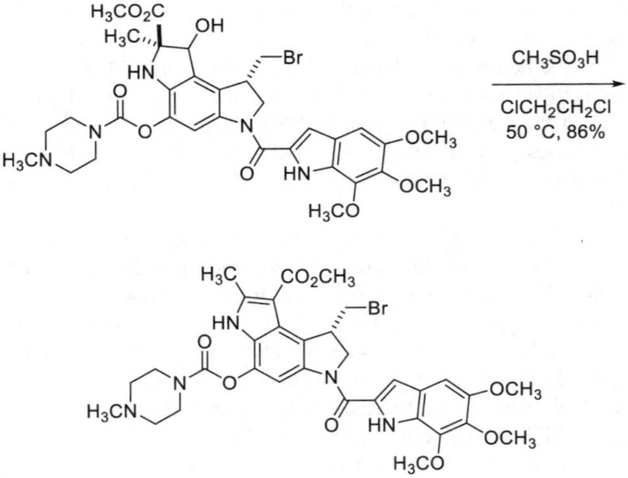

Example 2[6]

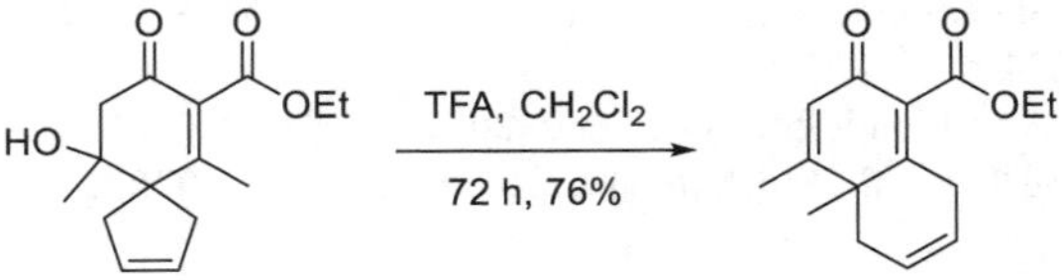

Example 3[7]

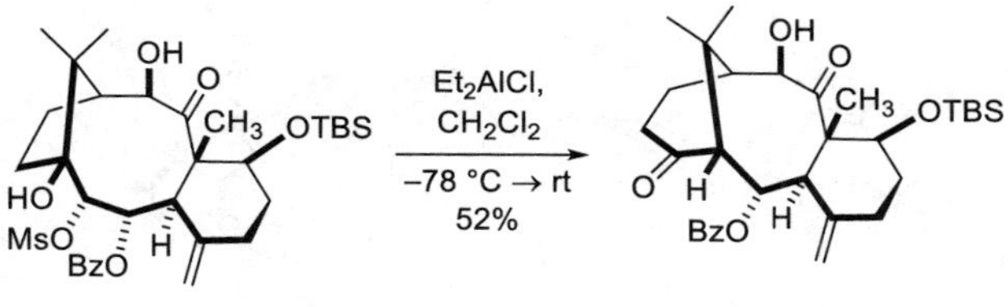

Example 4[9]

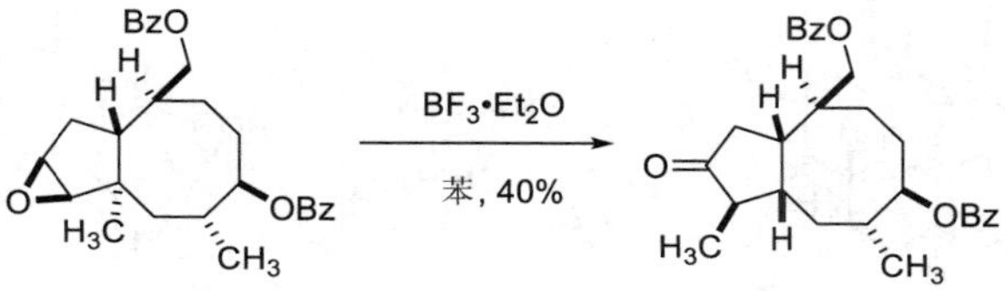

Example 5, 烯基比芳基更易迁移[12]

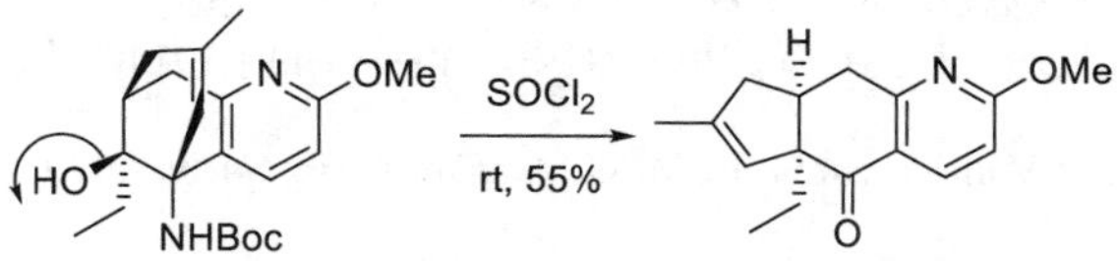

Example 6, 应用于二萜生物碱cardiopetaline合成中的Wagner–Meerwein重排反应[13]

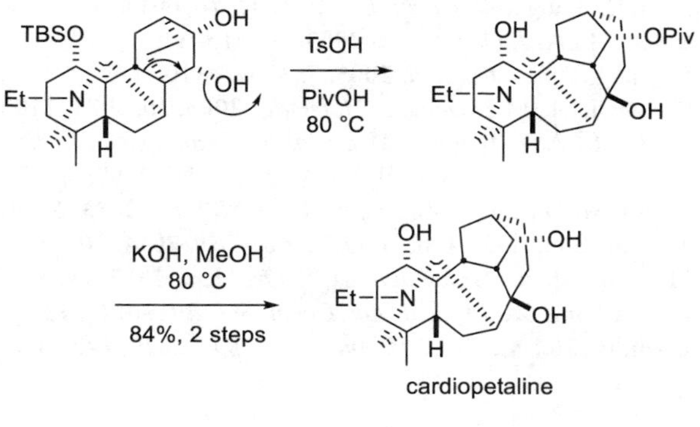

cardiopetaline

Example 7, Prins–Wagner–Meerwein 重排反应程序[14]

Example 8, 合成降三萜化合物 propindilactone G[15]

References

1. Wagner, G. *J. Russ. Phys. Chem. Soc.* **1899,** *31,* 690. 瓦格纳(G. Wagner)于1899年第一个发现此反应，德国化学家梅尔维因(H. Meerwein)于1914年给出了该反应的机理。
2. Hogeveen, H.; Van Kruchten, E. M. G. A. *Top. Curr. Chem.* **1979,** *80,* 89–124. (Review).
3. Kinugawa, M.; Nagamura, S.; Sakaguchi, A.; Masuda, Y.; Saito, H.; Ogasa, T.; Kasai, M. *Org. Process Res. Dev.* **1998,** *2,* 344–350.
4. Trost, B. M.; Yasukata, T. *J. Am. Chem. Soc.* **2001,** *123,* 7162–7163.
5. Guizzardi, B.; Mella, M.; Fagnoni, M.; Albini, A. *J. Org. Chem.* **2003,** *68,* 1067–1074.
6. Bose, G.; Ullah, E.; Langer, P. *Chem. Eur. J.* **2004,** *10,* 6015–6028.
7. Guo, X.; Paquette, L. A. *J. Org. Chem.* **2005,** *70,* 315–320.
8. Li, W.-D. Z.; Yang, Y.-R. *Org. Lett.* **2005,** *7,* 3107–3110.
9. Michalak, K.; Michalak, M.; Wicha, J. *Molecules* **2005,** *10,* 1084–1100.
10. Mullins, R. J.; Grote, A. L. *Wagner–Meerwein Rearrangement.* In *Name Reactions for Homologations-Part II*; Li, J. J., Ed.; Wiley: Hoboken, NJ, **2009,** pp 373–394. (Review).
11. Ghorpade, S.; Su, M.-D.; Liu, R.-S. *Angew. Chem. Int. Ed.* **2013,** *52,* 4229–4234.
12. Fu, J.-G.; Ding, R.; Sun, B.-F.; Lin, G.-Q. *Tetrahedron* **2014,** *70,* 8374–8379.
13. Nishiyama, Y.; Yokoshima, S.; Fukuyama, T. *Org. Lett.* **2017,** *19,* 5833–5835.
14. Zhou, S.; Xia, K.; Leng, X.; Li, A. *J. Am. Chem. Soc.* **2019,** *141,* 13718–13723.
15. Wang, Y.; Chen, B.; He, X.; Gui, J. *J. Am. Chem. Soc.* **2020,** *142,* 5007–5012.

Williamson 醚合成

卤代烃与烷氧化物作用生成醚。为使反应顺利,卤代烃应是伯卤代烃,有时也可用仲卤代烃,叔卤代烃是不合适的,因为此时E2消除反应成了主反应。

Example 1, 非对映选择性的分子间S_N2反应[9]

Example 2, 用Pd(PPh$_3$)$_4$和K$_2$CO$_3$反应后能保留酚盐结构[10]

Example 3, 分子内Willamson 醚环化反应[11]

Example 4, 酚对立体障碍碳中心的Willamson 醚反应：β-酮酯上的对映选择性苯氧化[12]

Example 5, 分子内S_N2取代[13]

Example 6, 一个串联 O-Michael/N-Michael/Willamson 醚环化反应程序[15]

Example 7, 一锅煮合成带有含氮双环化物的苄基醚[16]

References

1. Williamson, A. W. *J. Chem. Soc.* **1852,** *4,* 229–239. 威廉姆森(A. W. Williamson，1824–1904)于1850年在伦敦的大学学院(University College，London)发现了此反应。
2. Dermer, O. C. *Chem. Rev.* **1934,** *14,* 385–430. (Review).
3. Freedman, H. H.; Dubois, R. A. *Tetrahedron Lett.* **1975,** *16,* 3251–3254.
4. Jursic, B. *Tetrahedron* **1988,** *44*, 6677–6680.
5. Tan, S. N.; Dryfe, R. A.; Girault, H. H. *Helv. Chim. Acta* **1994,** *77*, 231–242.
6. Silva, A. L.; Quiroz, B.; Maldonado, L. A. *Tetrahedron Lett.* **1998,** *39*, 2055–2058.
7. Peng, Y.; Song, G. *Green Chem.* **2002,** *4,* 349–351.
8. Stabile, R. G.; Dicks, A. P. *J. Chem. Educ.* **2003,** *80,* 313–315.
9. Aikins, J. A.; Haurez, M.; Rizzo, J. R.; Van Hoeck, J.-P.; Brione, W.; Kestemont, J.-P.; Stevens, C.; Lemair, X.; Stephenson, G. A.; Marlot, E.; et al. *J. Org. Chem.* **2005,** *70*, 4695–4705.
10. Barnickel, B.; Schobert, R. *J. Org. Chem.* **2010,** *75*, 6716–6719.
11. Austad, B. C.; Benayoud, F.; Calkins, T. L.; et al. *Synlett* **2013,** *17*, 327–332.
12. Shibatomi, K.; Kotozaki, M.; Sasaki, N.; Fujisawa, I.; Iwasa, S. *Chem. Eur. J.* **2015,** *21*, 14095–14098.
13. Haase, R. G.; Schobert, R. *Org. Lett.* **2016,** *18*, 6352–6355.
14. Mandal, S.; Mandal, S.; Ghosh, S. K.; Sar, P.; Ghosh, A.; Saha, R.; Saha, B. *RSC Adv.* **2016,** *6*, 69605–69614. (Review).
15. El Bouakher, A.; Tasserie, J.; Le Goff, R.; Lhoste, J.; Martel, A.; Comesse, S. *J. Org. Chem.* **2017,** *82*, 5798–5809.
16. López, J. J.; Pérez, E. G. *Synth. Commun.* **2019,** *49*, 715–723.
17. Yearty, K. L.; Maynard, R. K.; Cortes, C. N.; Morrison, R. W. *J. Chem. Educ.* **2020,** *97*, 578–581.

Wittig 反应

用磷叶立德使羰基进行烯基化的反应。通常得到 Z–烯烃为主的产物。

$$R_1R_2C=O + Ph_3P=CR_3R_4 \longrightarrow R_1R_2C=CR_3R_4 + Ph_3P=O$$

机理：

Ph₃P: + R–CHR¹–X —SN2→ Ph₃P⁺–CHR¹R ... :B → Ph₃P=CR¹R

R²C(=O)R³ + Ph₃P=CR¹R → 缩笼的过渡态，不可逆的，协同的 —[2+2] 环加成→ 内鎓盐 → 氧磷杂环丁烷 → PPh₃=O + R₁R₂C=CR₃R₄

Example 1[3]

邻醛基-N-Ts-苯胺 + CH₂=CHPPh₃⁺Br⁻, NaH, Et₂O; 再加 DMF, reflux, 48 h, 50% → N-Ts-1,2-二氢喹啉

Example 2[4]

(三甲基环己烯基-丁二烯基-CH₂-PPh₃⁺Cl⁻) + HO-丁烯酸内酯 —1.8 N NaOEt, EtOH, −30 °C to rt→ 2-*cis*-4-*cis*-维A酸 + 异维A酸 (Accutane)

Example 3, 分子内Wittig反应[5]

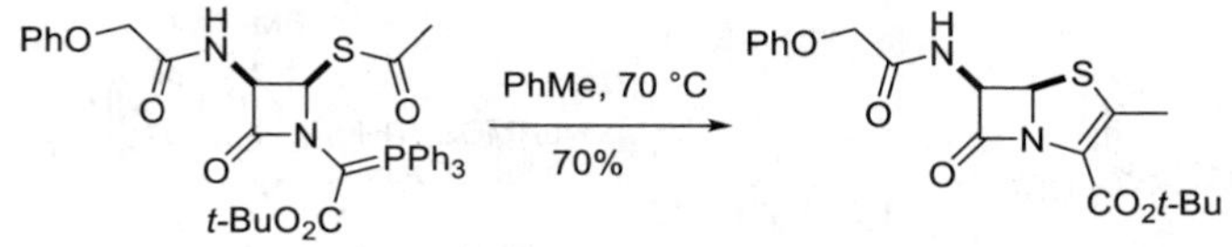

Example 4[9]

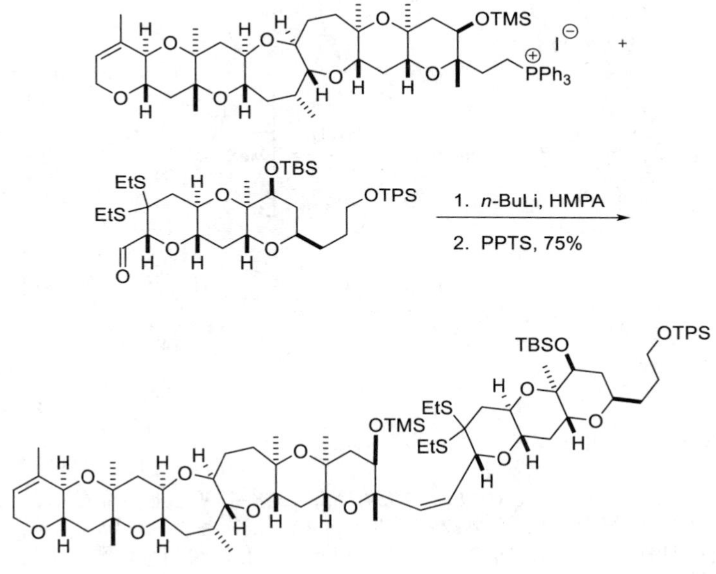

Example 5[11]

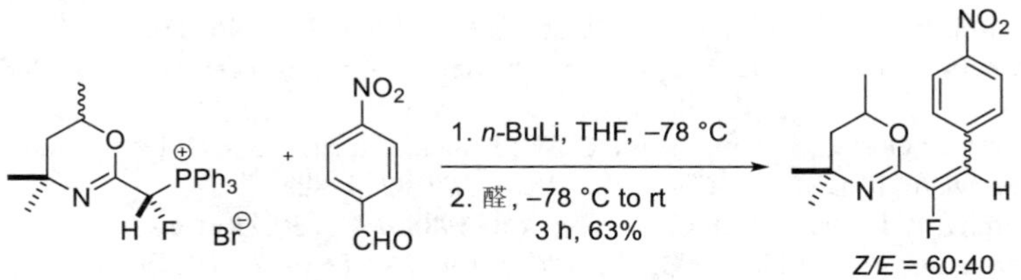

Example 6, 工艺级[14]

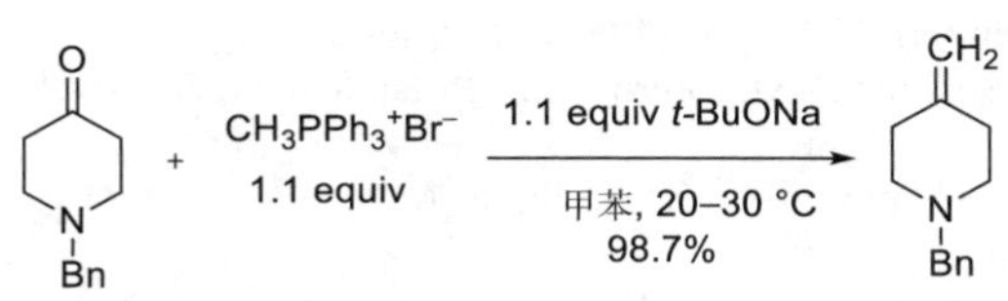

Example 7, 生产两面神激酶(Janus kinase，JAK)抑制剂ASP3627的工艺路线[16]

Example 8, *N*-Wittig 反应[17]

References

1. Wittig, G.; Schöllkopf, U. *Ber.* **1954**, *87*, 1318–1330. 维梯希(G. Wittig，1897–1987)出生于德国柏林，在奥威尔斯(K. von Auwers)指导下获得Ph.D.学位。他和美国人布朗(H. C. Brown，1912–2004)于1981年各因有机磷和有机硼的工作共享诺贝尔化学奖。
2. Maercker, A. *Org. React.* **1965**, *14*, 270–490. (Review).
3. Schweizer, E. E.; Smucker, L. D. *J. Org. Chem.* **1966**, *31*, 3146–3149.
4. Garbers, C. F.; Schneider, D. F.; van der Merwe, J. P. *J. Chem. Soc. (C)* **1968**, 1982–1983.
5. Ernest, I.; Gosteli, J.; Greengrass, C. W.; Holick, W.; Jackman, D. E.; Pfaendler, H. R.; Woodward, R. B. *J. Am. Chem. Soc.* **1978**, *100*, 8214–8222.
6. Murphy, P. J.; Brennan, J. *Chem. Soc. Rev.* **1988**, *17*, 1–30. (Review).
7. Maryanoff, B. E.; Reitz, A. B. *Chem. Rev.* **1988**, *89*, 863–927. (Review).
8. Vedejs, E.; Peterson, M. J. *Top. Stereochem.* **1994**, *21*, 1–157. (Review).
9. Nicolaou, K. C. *Angew. Chem. Int. Ed.* **1996**, *35*, 589–607. (Review).
10. Rong, F. *Wittig reaction* in. In *Name Reactions for Homologations-Part I*; Li, J. J., Ed.; Wiley: Hoboken, NJ, **2009**, pp 588–612. (Review).
11. Kajjout, M.; Smietana, M.; Leroy, J.; Rolando, C. *Tetrahedron Lett.* **2013**, *38*, 1658–1660.
12. Rocha, D. H. A.; Pinto, D. C. G. A.; Silva, A. M. S. *Eur. J. Org. Chem.* **2018**, 2443–2457. (Review).
13. Karanam, P.; Reddy, G. M.; Lin, W. *Synlett* **2018**, *29*, 2608–2622. (Review).

14. Zhu, F.; Aisa, H. A.; Zhang, J.; Hu, T.; Sun, C.; He, Y.; Xie, Y.; Shen, J. *Org. Process Res. Dev.* **2018,** *22*, 91–96.
15. Longwitz, L.; Werner, T. *Pure Appl. Chem.* **2019,** *91*, 95–102. (Review).
16. Hirasawa, S.; Kikuchi, T.; Kawazoe, S. *Org. Process Res. Dev.* **2019,** *23*, 2378–2387.
17. Luo, J.; Kang, Q.; Huang, W.; Zhu, J.; Wang, T. *Synth. Commun.* **2020,** *50*, 692–699.

[1,2]Wittig重排反应

醚用烷基锂一类碱处理后转化为醇的反应。

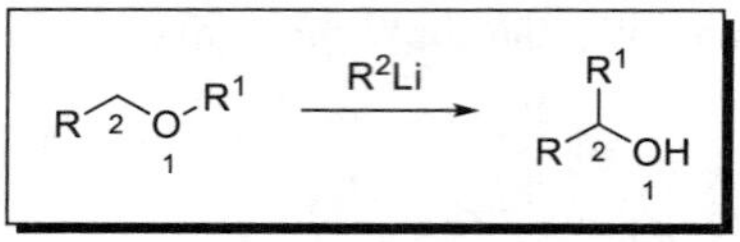

[1,2]Wittig重排反应经由一个自由基过程:

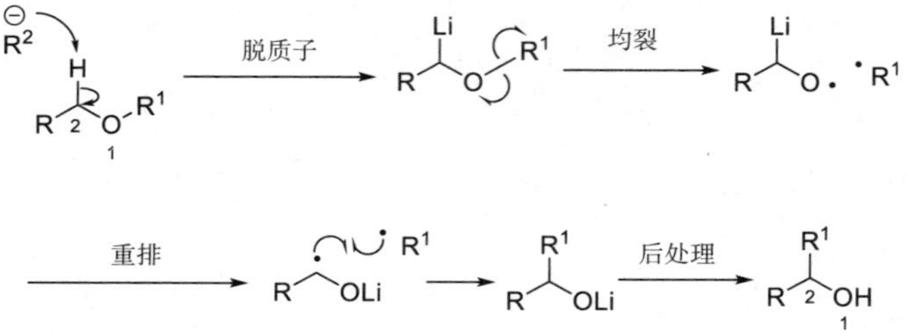

Example 1, N–[1,2]Wittig重排反应[2]

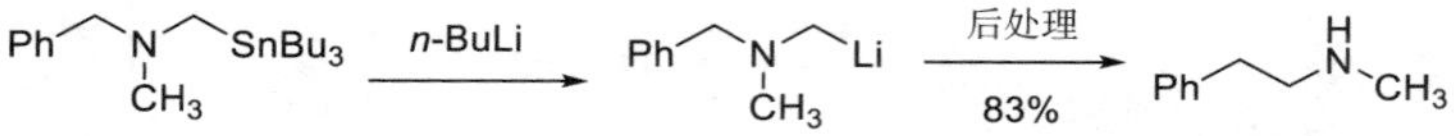

Example 2[3]

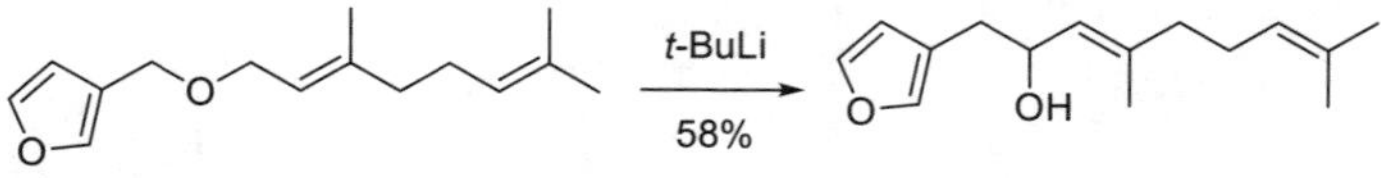

Example 3[4]

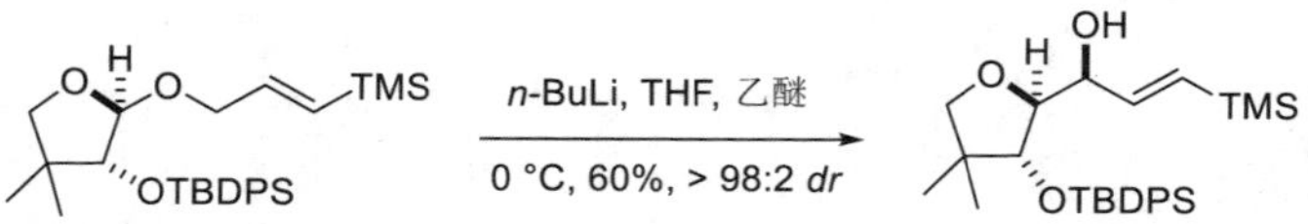

Example 4[6]

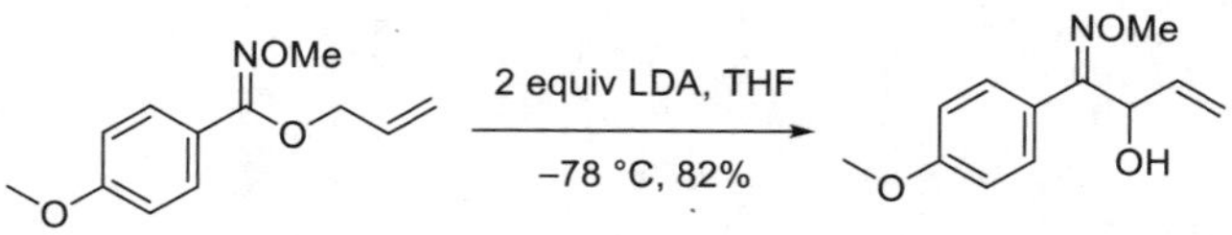

Example 5[8]

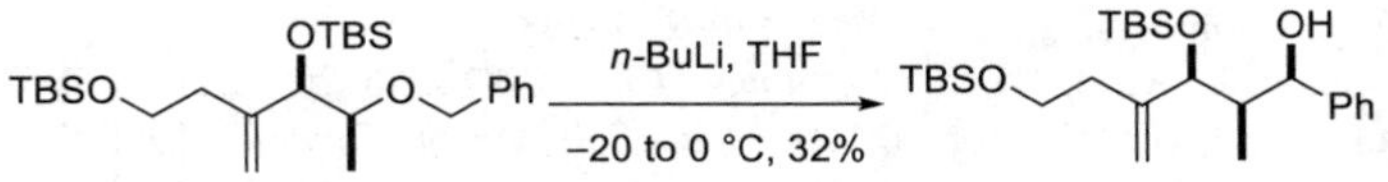

Example 6[9]

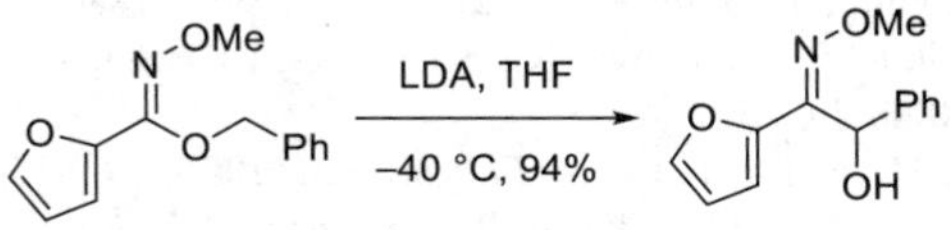

Example 7[11]

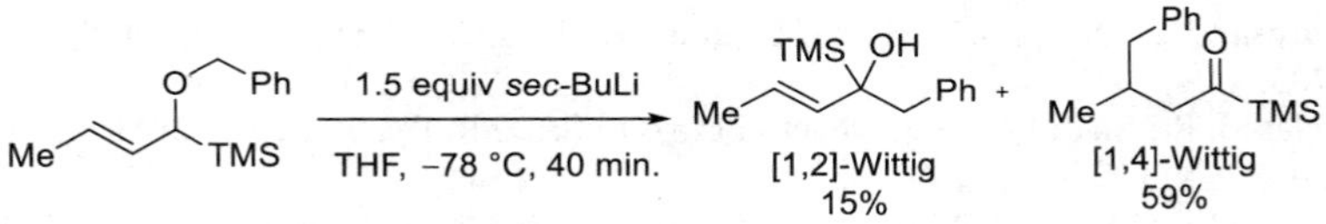

Example 8, 合成Z-烯丙基醇[12]

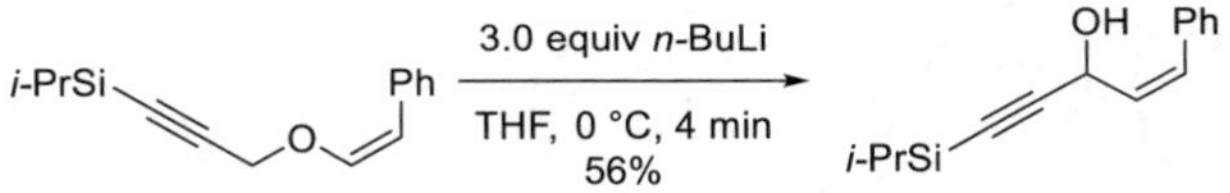

Example 9, 6H-苯并[c]苯并呋喃的[1,2]Wittig重排反应[13]

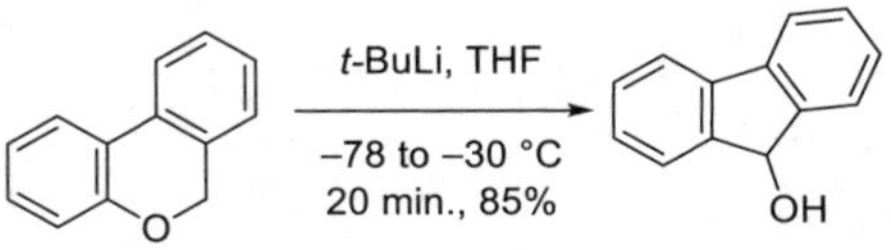

Example 10[14]

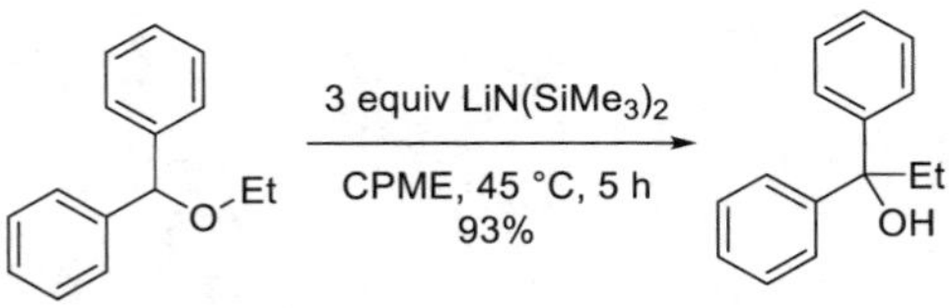

References

1. Wittig, G.; Löhmann, L. *Ann.* **1942,** *550*, 260–268.
2. Peterson, D. J.; Ward, J. F. *J. Organomet. Chem.* **1974,** *66*, 209–217.
3. Tsubuki, M.; Okita, H.; Honda, T. *J. Chem. Soc., Chem. Commun.* **1995,** 2135–2136.
4. Tomooka, K.; Yamamoto, H.; Nakai, T. *J. Am. Chem. Soc.* **1996,** *118*, 3317–3318.
5. Maleczka, R. E., Jr.; Geng, F. *J. Am. Chem. Soc.* **1998,** *120*, 8551–8552.
6. Miyata, O.; Asai, H.; Naito, T. *Synlett* **1999,** 1915–1916.
7. Katritzky, A. R.; Fang, Y. *Heterocycles* **2000,** *53*, 1783–1788.
8. Tomooka, K.; Kikuchi, M.; Igawa, K.; Suzuki, M.; Keong, P.-H.; Nakai, T. *Angew. Chem. Int. Ed.* **2000,** *39*, 4502–4505.
9. Miyata, O.; Asai, H.; Naito, T. *Chem. Pharm. Bull.* **2005,** *53*, 355–360.
10. Wolfe, J. P.; Guthrie, N. J. *[1,2]-Wittig Rearrangement*. In *Name Reactions for Homologations-Part II*; Li, J. J., Ed.; Wiley: Hoboken, NJ, **2009,** pp 226–240. (Review).
11. Onyeozili, E. N.; Mori-Quiroz, L. M.; Maleczka, R. E., Jr. *Tetrahedron* **2013,** *69*, 849–860.
12. Kurosawa, F.; Nakano, T.; Soeta, T.; Endo, K.; Ukaji, Y. *J. Org. Chem.* **2015,** *80*, 5696–5703.
13. Velasco, R.; Silva López, C.; Nieto Faza, O.; Sanz, R. *Chem. Eur. J.* **2016,** *22*, 15058–15068.
14. Liu, Z.; Li, M.; Wang, B.; Deng, G.; Chen, W.; Kim, B.-S.; Zhang, H.; Yang, X.; Walsh, P. J. *Org. Chem. Front.* **2018,** *5*, 1870–1876.

[2,3]Wittig 重排反应

烯丙基醚用碱处理转化为高烯丙基醇的反应。亦称 Still-Wittig 重排反应。参见第 510 页上的 Sommelet-Hauser 重排反应。

R^1 = 炔基、烯基 Ph, COR, CN.

Example 1[4]

Example 2[5]

Example 3, 全合成 pseudopterolide kalllolide A[6]

Example 4, 串联的Wittig重排反应-烷基化环化反应[11]

Example 5, N−[2,3]Wittig重排反应[12]

Example 6, 手性完美地得以保持[14]

Example 7, 高烯丙基醇是唯一立体异构体产物[15]

Example 8, 制备糖苷水解酶α−L−arabinofuranosidases的机制导向抑制剂 (MBIs)[16]

References

1. Cast, J.; Stevens, T. S.; Holmes, J. *J. Chem. Soc.* **1960,** 3521–3527.
2. Thomas, A. F.; Dubini, R. *Helv. Chim. Acta* **1974,** *57*, 2084–2087.
3. Nakai, T.; Mikami, K.; Taya, S.; Kimura, Y.; Mimura, T. *Tetrahedron Lett.* **1981,** *22*, 69–72.
4. Nakai, T.; Mikami, K. *Org. React.* **1994,** *46*, 105–209. (Review).
5. Kress, M. H.; Yang, C.; Yasuda, N.; Grabowski, E. J. J. *Tetrahedron Lett.* **1997,** *38*, 2633–2636.
6. Marshall, J. A.; Liao, J. *J. Org. Chem.* **1998,** *63*, 5962–5970.
7. Maleczka, R. E., Jr.; Geng, F. *Org. Lett.* **1999,** *1*, 1111–1113.
8. Tsubuki, M.; Kamata, T.; Nakatani, M.; Yamazaki, K.; Matsui, T.; Honda, T. *Tetrahedron: Asymmetry* **2000,** *11*, 4725–4736.
9. Schaudt, M.; Blechert, S. *J. Org. Chem.* **2003,** *68*, 2913–2920.
10. Ahmad, N. M. *[2,3]-Wittig Rearrangement.* In *Name Reactions for Homologations-Part II*; Li, J. J., Ed.; Wiley: Hoboken, NJ, 2009, pp 241–256. (Review).
11. Everett, R. K.; Wolfe, J. P. *Org. Lett.* **2013,** *15*, 2926–2929.
12. Everett, R. K.; Wolfe, J. P. *J. Org. Chem.* **2015,** *80*, 9041–9056.
13. Rycek, L.; Hudlicky, T. *Angew. Chem. Int. Ed.* **2017,** *56*, 6022–6066. (Review).
14. Han, P.; Zhou, Z.; Si, C.-M.; Sha, X.-Y.; Gu, Z.-Y.; Wei, B.-G.; Lin, G.-Q. *Org. Lett.* **2017,** *19*, 6732–6735.
15. Leon, R. M.; Ravi, D.; An, J. S.; del Genio, C. L.; Rheingold, A. L.; Gaur, A. B.; Micalizio, G. C. *Org. Lett.* **2019,** *21*, 3193–3197.
16. McGregor, N. G. S.; Artola, M.; Nin-Hill, A.; Linzel, D.; Haon, M.; Reijngoud, J.; Ram, A.; Rosso, M.-N.; van der Marel, G. A.; Codee, J. D. C.; et al. *J. Am. Chem. Soc.* **2020,** *142*, 4648–4662.

Wolff 重排反应

α-重氮酮转化为烯酮的反应，常见于缩环反应。

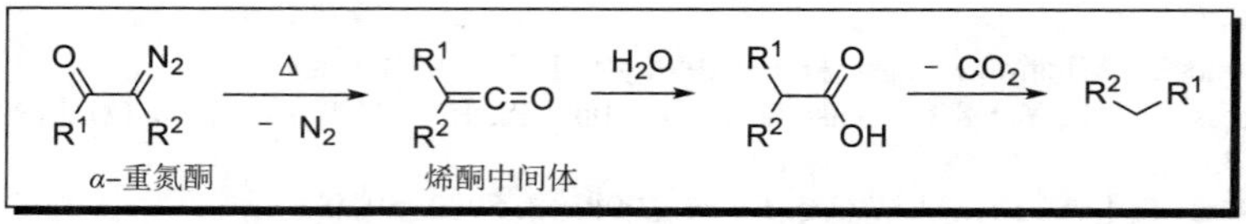

$$\text{R}^1\text{C(O)C(N}_2\text{)R}^2 \xrightarrow[-\text{N}_2]{\Delta} \text{R}^1\text{(R}^2\text{)C=C=O} \xrightarrow{\text{H}_2\text{O}} \text{R}^1\text{CH(R}^2\text{)COOH} \xrightarrow{-\text{CO}_2} \text{R}^2\text{CH}_2\text{R}^1$$

α-重氮酮 → 烯酮中间体

分步机理：

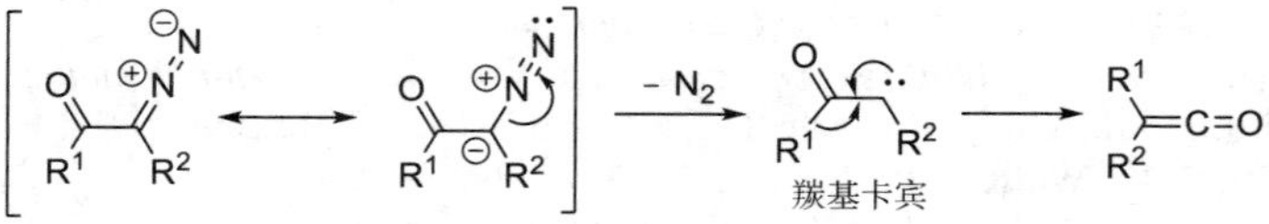

[共振结构] → -N$_2$ → 羰基卡宾 → R^1(R^2)C=C=O

烯酮用水处理给出相应的同碳羧酸

协同机理：

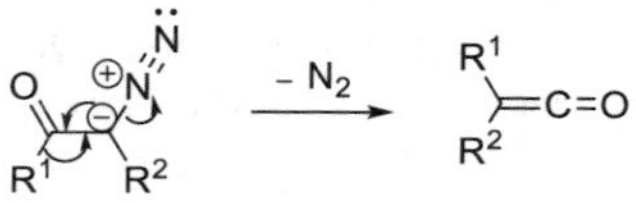

[重氮酮] → -N$_2$ → R^1(R^2)C=C=O

Example 1, 负氢有较大的迁移性[2]

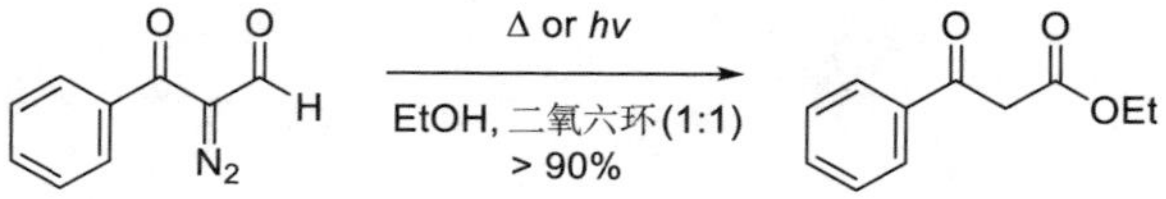

PhC(O)C(N$_2$)CHO $\xrightarrow[\text{EtOH, 二氧六环(1:1)}]{\Delta \text{ or } h\nu}$ PhC(O)CH$_2$CO$_2$Et
> 90%

Example 2, 氧化吲哚[3]

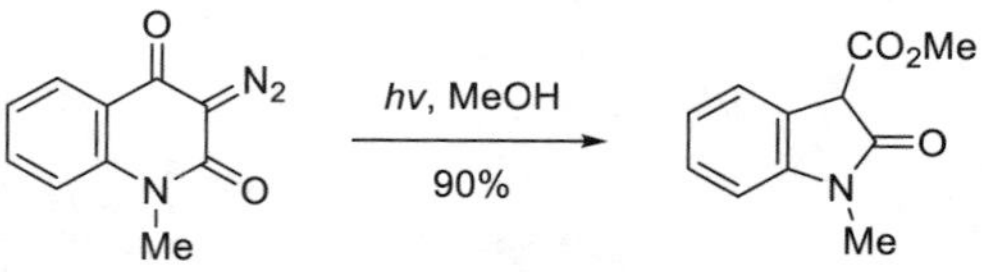

N-甲基喹啉-2,4-二酮-3-重氮 $\xrightarrow[90\%]{h\nu, \text{MeOH}}$ 3-甲氧羰基-N-甲基氧化吲哚

Example 3[4]

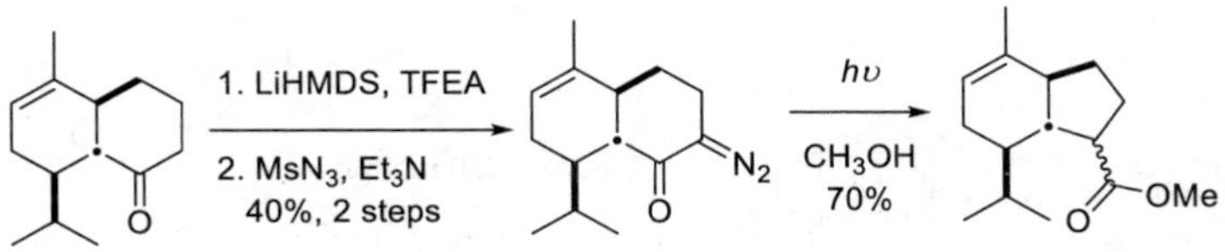

Example 4,吲哚环迁移[9]

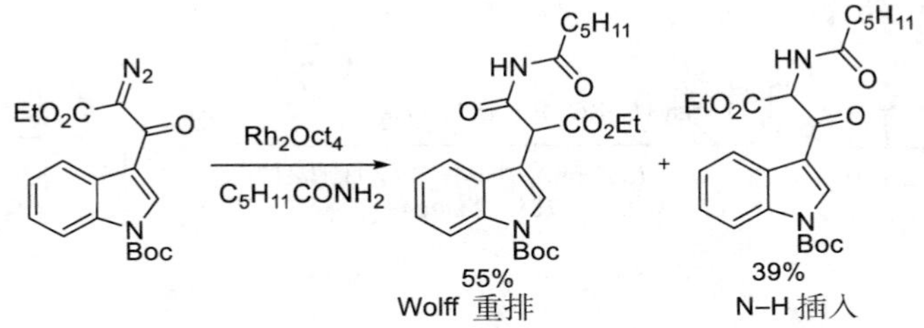

Example 5[11]

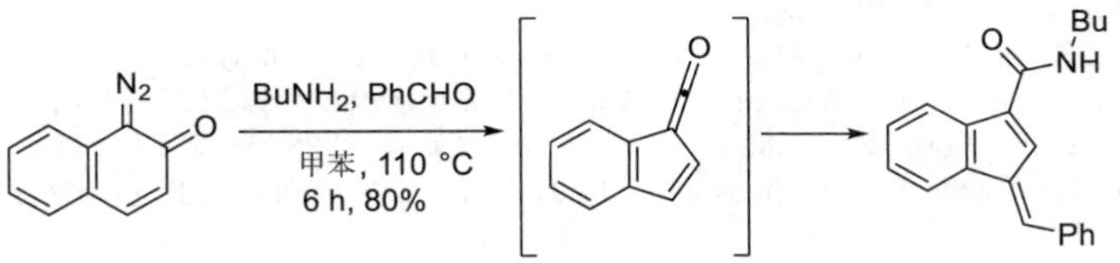

Example 6,第一个串联的Wolff重排–催化的烯酮加成反应[12]

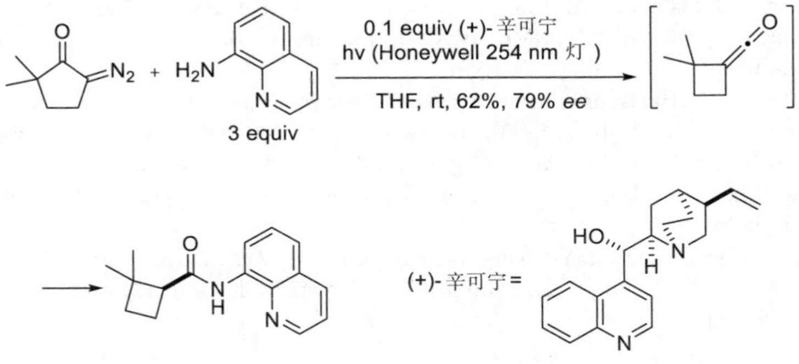

Example 7, 吲哚作为亲核物种在Wolff重排反应中加成到烯酮中间体[13]

Example 8, 缩环反应[14]

References

1. Wolff, L. *Ann.* **1912**, *394*, 23–108. 沃尔夫(J. L. Wolff, 1857–1919)1982年跟费歇尔在斯特拉斯堡获得Ph.D. 学位，后来成为该校的讲师。1891年成为Jena的一员并和克诺尔(L. Knorr)共事达27年。
2. Zeller, K.-P.; Meier, H.; Müller, E. *Tetrahedron* **1972**, *28,* 5831–5838.
3. Kappe, C.; Fäber, G.; Wentrup, C.; Kappe, T. *Ber.* **1993**, *126,* 2357–2360.
4. Taber, D. F.; Kong, S.; Malcolm, S. C. *J. Org. Chem.* **1998**, *63,* 7953–7956.
5. Yang, H.; Foster, K.; Stephenson, C. R. J.; Brown, W.; Roberts, E. *Org. Lett.* **2000**, *2,* 2177–2179.
6. Kirmse, W. "100 years of the Wolff Rearrangement" *Eur. J. Org. Chem.* **2002**, 2193–2256. (Review).
7. Julian, R. R.; May, J. A.; Stoltz, B. M.; Beauchamp, J. L. *J. Am. Chem. Soc.* **2003**, *125*, 4478–4486.
8. Zeller, K.-P.; Blocher, A.; Haiss, P. *Minirev. Org. Chem.* **2004**, *1*, 291–308. (Review).
9. Davies, J. R.; Kane, P. D.; Moody, C. J.; Slawin, A. M. Z. *J. Org. Chem.* **2005**, *70*, 5840–5851.
10. Kumar, R. R.; Balasubramanian, M. *Wolff Rearrangement.* In *Name Reactions for Homologations-Part II*; Li, J. J., Ed.; Wiley: Hoboken, NJ, **2009**, pp 257–273. (Review).
11. Somai Magar, K. B.; Lee, Y. R. *Org. Lett.* **2013**, *15,* 4288–4291.
12. Chapman, L. M.; Beck, J. C.; Wu, L.; Reisman, S. E. *J. Am. Chem. Soc.* **2016**, *138*, 9803–9806.
13. Hu, X.; Chen, F.; Deng, Y.; Jiang, H.; Zeng, W. *Org. Lett.* **2018**, *20,* 6140–6143.
14. Hancock, E. N.; Kuker, E. L.; Tantillo, D. J.; Brown, M. K. *Angew. Chem. Int. Ed.* **2020**, *59*, 436–441.

Wolff–Kishner -黄鸣龙还原反应

羰基用碱性肼还原为亚甲基的反应。

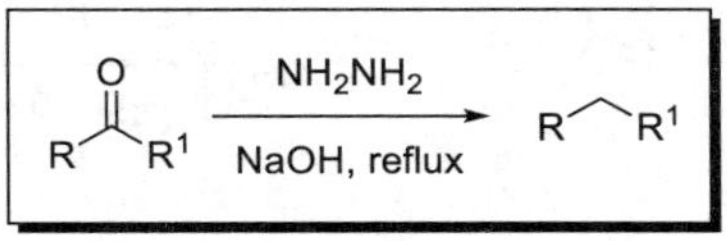

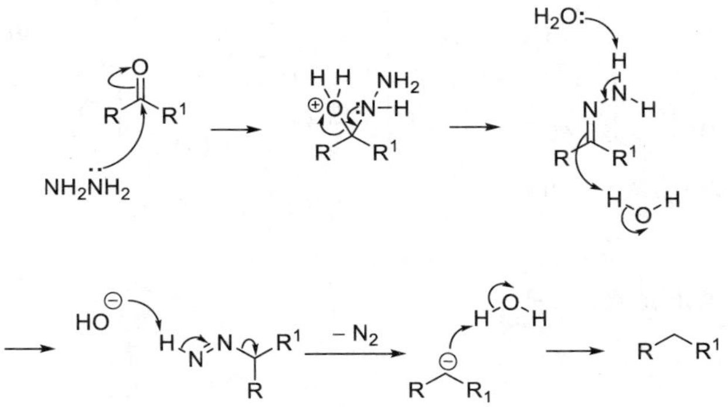

Example 1，黄鸣龙修正法，此处失去了一分子乙烯[5]

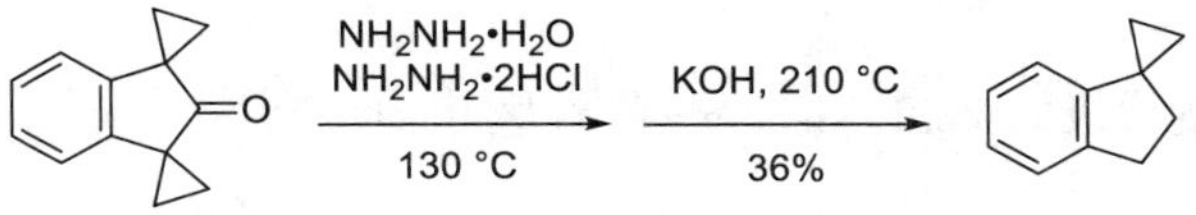

Example 2[7]

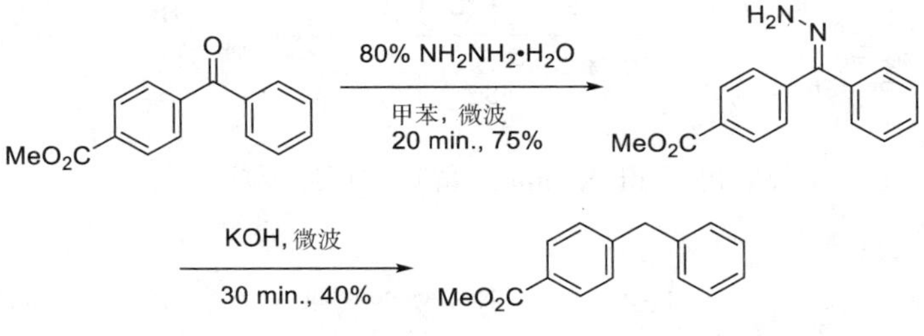

© Springer Nature Switzerland AG 2021
J. J. Li, *Name Reactions*, https://doi.org/10.1007/978-3-030-50865-4_161

Example 3[8]

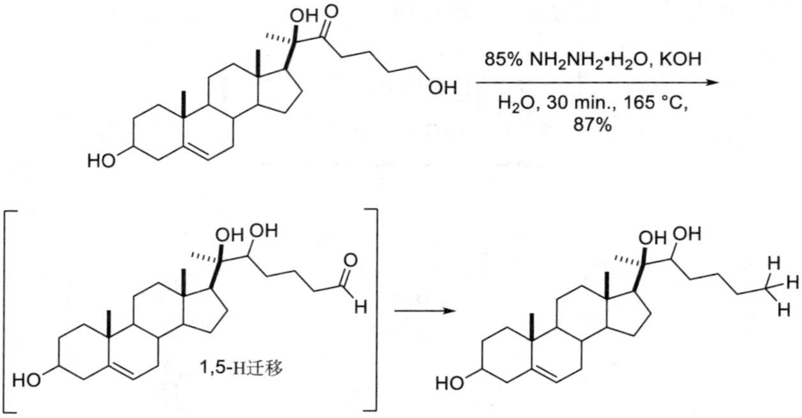

Example 4, 黄鸣龙修正法[10]

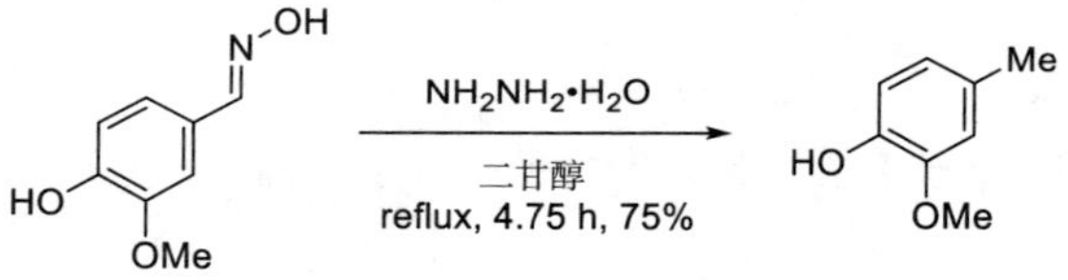

Example 3, 规模级的Wolff–Kishner–黄鸣龙还原反应[13]

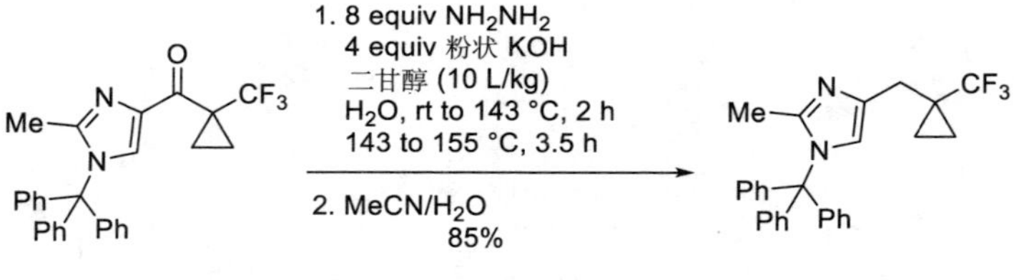

Example 4, 氧化脱氧再Wolff–Kishner–黄鸣龙还原反应[14]

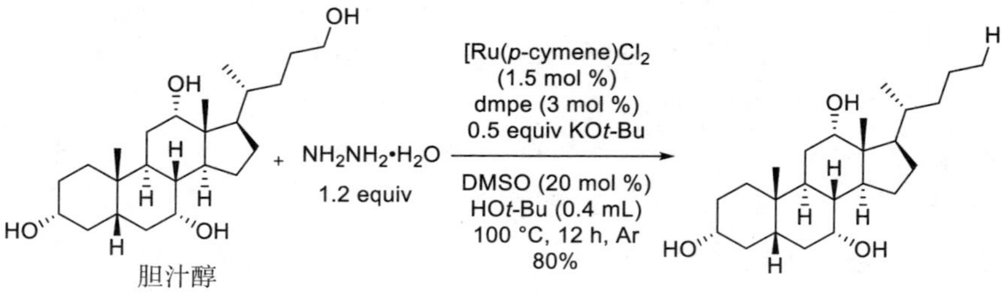

Example 5, 此处Wolff–Kishner–黄鸣龙还原反应的脱氧效果比Baron–McCombie 反应好[15,16]

References

1. (a) Kishner, N. *J. Russ. Phys. Chem. Soc.* **1911**, *43*, 582–595. 基希讷(N. Kishner) 是俄国化学家。 (b) Wolff, L. *Ann.* **1912**, *394*, 86. (c) Huang, Minlon *J. Am. Chem. Soc.* **1946**, *68*, 2487–2488. (d) Huang, Minlon *J. Am. Chem. Soc.* **1949**, *71*, 3301–3303. (The Huang Minlon modification).
2. Cram, D. J.; Sahyun, M. R. V.; Knox, G. R. *J. Am. Chem. Soc.* **1962**, *84*, 1734–1735.
3. Szmant, H. H. *Angew. Chem. Int. Ed.* **1968**, *7*, 120–128. (Review).
4. Murray, R. K., Jr.; Babiak, K. A. *J. Org. Chem.* **1973**, *38*, 2556–2557.
5. Lemieux, R. P.; Beak, P. *Tetrahedron Lett.* **1989**, *30*, 1353–1356.
6. Taber, D. F.; Stachel, S. J. *Tetrahedron Lett.* **1992**, *33*, 903–906.
7. Gadhwal, S.; Baruah, M.; Sandhu, J. S. *Synlett* **1999**, 1573–1592.
8. Szendi, Z.; Forgó, P.; Tasi, G.; Böcskei, Z.; Nyerges, L.; Sweet, F. *Steroids* **2002**, *67*, 31–38.
9. Bashore, C. G.; Samardjiev, I. J.; Bordner, J.; Coe, J. W. *J. Am. Chem. Soc.* **2003**, *125*, 3268–3272.
10. Pasha, M. A. *Synth. Commun.* **2006**, *36*, 2183–2187.
11. Song, Y.-H.; Seo, J. *J. Heterocycl. Chem.* **2007**, *44*, 1439–1443.
12. Shibahara, M.; Watanabe, M.; Aso, K.; Shinmyozu, T. *Synthesis* **2008**, 3749–3754.
13. Kuethe, J. T.; Childers, K. G.; Peng, Z.; Journet, M.; Humphrey, G. R.; Vickery, T.; Bachert, D.; Lam, T. T. *Org. Process Res. Dev.* **2009**, *13*, 576–580.
14. Dai, X.-J.; Li, C.-J. *J. Am. Chem. Soc.* **2016**, *138*, 5433–5440.
15. Wu, G.-J.; Zhang, Y.-H.; Tan, D.-X.; Han, F.-S. *Nat. Commun.* **2018**, *9*, 1–8.
16. Wu, G.-J.; Zhang, Y.-H.; Tan, D.-X.; He, L.; Cao, B.-C.; He, Y.-P.; Han, F.-S. *J. Org. Chem.* **2019**, *84*, 3223–3238.
17. Li, C.-J.; Huang, J.; Dai, X.-J.; Wang, H.; Chen, N.; Wei, W.; Zeng, H.; Tang, J.; Li, C.; Zhu, D.; et al. *Synlett* **2019**, *30*, 1508–1524. (Review).
18. Wang, S.; Cheng, B.-Y.; Srsen, M.; Koenig, B. *J. Am. Chem. Soc.* **2020**, *142*, 7524–7531.